TARIF

GENERAL

DES BOIS

DE

CHARPENTE.

TARIF GENERAL DES BOIS

DE

CHARPENTE,

DANS UN GOUT NOUVEAU,

Où les valeurs font reduites en Pieces, Pieds, Pouces & Lignes fuivant les groffeurs des bois, depuis deux pouces de gros jufqu'à 45 pouces, & fuivant leurs longueurs, depuis un quart de pied jufqu'à 72 pieds.

Par MATHIAS MESANGE, Garde de la Biblio-theque de l'Abbaye de S. Germain des Prez.

SECONDE PARTIE

A PARIS, RUE DAUPHINE,

Chez CH. ANT. JOMBERT, Libraire du Roy pour l'Artillerie & le Génie, à l'Image Notre-Dame.

M. DCC. LIII.

Avec Approbation & Privilege du Roy.

EXPLICATION

DU PRESENT TARIF.

ON a commencé ce Tarif par deux pouces de gros, à cause de certaines membrures, ais de batteau, planches, petites plate-formes & autres pieces de sciage minces que l'on voudroit reduire à la piece. On l'a continué jusqu'à quarante pouces de gros, & on l'a ensuite repris depuis quarante jusqu'à quarante-cinq pouces pour les plus grosses pieces, les gros billots & les plus gros arbres, quoiqu'il arrive rarement qu'on en ait besoin, si ce n'est dans les forêts.

On a mis à chaque page, en trois colonnes, les longueurs depuis 1 pied jusqu'à 72 pieds, & à la fin de la troisiéme colonne de chaque page sont les parties du pied, sçavoir le $\frac{1}{4}$, le $\frac{1}{2}$, & les $\frac{3}{4}$.

Rien n'est plus facile que la maniere de se servir de ce Tarif, les moins intelligens la saisiront d'abord qu'ils auront jetté les yeux dessus, n'ayant besoin que de suivre l'ordre des chiffres, 2, 3, 4, 5, 6, 7, &c. de page en page, selon les grosseurs des pieces, qui commencent toujours par leur quarré, & que l'on trouvera au haut des pages avec les longueurs dans les colonnes au-dessous & leurs produits ensuite sur la même ligne. Si on ne trouve pas dans la premiere colonne la longueur que l'on cherche, on la trouvera dans la seconde ; si ce n'est dans la seconde, ce sera dans la troisiéme, suivant que la longueur est plus ou moins grande ; observant néanmoins de reduire les longueurs en pieds, si elles sont en toises, comme, si on a 4 toises, 5 pieds, il faut chercher pour 29 pieds de longueur.

Les longueurs qu'on a porté jusqu'à 72 pieds à

chaque page avec les parties du pied à la fin , font certainement plus que fuffifantes , ne fe trouvant gueres de pieces de bois de charpente qui ayent 12 toifes ou 72 pieds de longueur ; mais cela peut quelquefois fervir dans les foréts quand on les exploite. Et même fi les longueurs excedoient les 72 pieds , on n'auroit qu'à prendre la moitié de la longueur & doubler le produit qu'on auroit trouvé pour cette moitié felon la groffeur , ce qui donneroit par l'addition des produits de ces deux moitiés la quantité des pieces de bois contenues dans quelque arbre plus grand que 72 pieds ; comme fi on avoit une longueur de 76 , on prendroit deux fois le produit de 38 pieds , que l'on ajouteroit enfemble;& ainfi des autres. Et fi la moitié de la longueur ne fe pouvoit pas prendre juftement , le nombre étant impair , on prendroit d'abord pour une moitié , puis on augmenteroit 1 à l'autre moitié , c'eft-à-dire que fi on avoit par fuppofition 77 pieds de longueur , on feroit pour 38 pieds , puis pour 39 , qui font enfemble les 77.

On ne s'eft point fervi dans ce Tarif, comme on faifoit autrefois , de demi & tiers , de demi & quart , ou trois quarts , de tiers & quart , ou de quart & tiers de pieces , ni des pouces au-deffus de 11 , cela paroiffant trop obfcur & même très-embarraffant dans les Additions. Mais la méthode qu'on a fuivie & qui eft la plus ufitée parmi les meilleurs Ouvriers , eft des plus claires & des plus faciles , n'embarraffant point du tout l'efprit. La voici.

METHODE
Pour fe fervir utilement de ce Tarif.

Suivant les Us & Coutumes de Paris , la piece de bois de charpente ayant été reglée à foixante-douze

pouces quarrés fur fix pieds ou une toife de longueur,
il faut ici confiderer que l'ufage d'à prefent, veut que
pour plus de facilité, & ce qui revient au même,
l'on compte fix pieds pour une piece au lieu des foixante-douze pouces, & qu'un pied de bois ne foit
douze pouces & un pouce douze lignes. Sur ce prin-
cipe, 3 pieds de bois font la moitié d'une piece auffi
bien que 36 pouces; 2 pieds, le tiers, au lieu de
24 pouces; 4 pieds, les deux tiers, auffi bien que
48 pouces; 5 pieds, les cinq fixiémes, ou mieux,
la moitié & le tiers, au lieu de 60 pouces; 1 pied,
le fixiéme d'une piece, qui eft 12 pouces : pareillement 1 pied 6 pouces fait le quart d'une piece auffi
bien que 18 pouces; & 4 pieds 6 pouces en font auffi
les trois-quarts comme 54 pouces.

Les pouces fuivant leur quantité au-deffous de 12,
font pareillement partie d'un pied de bois, parce
qu'il faut 12 pouces pour en faire un pied; 6 pouces pour la moitié, 9 pouces pour les trois quarts;
4 pouces pour le tiers; 8 pouces pour les deux
tiers, &c.

Semblablement les lignes fuivant leur quantité au-
deffous de 12, font des parties d'un pouce de bois,
d'autant qu'il faut 12 lignes pour en faire un pouce,
6 pour la moitié, 9 pour les trois quarts, 4 pour
le tiers, ainfi des autres parties de 12.

Confiderant donc qu'il faut 6 pieds de bois pour
en faire une piece, 12 pouces pour en faire un pied,
& 12 lignes pour en faire un pouce, il n'y a point
de doute que quand on dit, par exemple, 8 pieces 2
pieds, ce ne foit la même chofe que de dire, 8 pieces & un tiers de piece, puifque 2 pieds font le tiers
de 6 pieds dont la piece de bois eft compofée; il en
eft de même des autres parties.

Il ne s'agit plus maintenant que de fçavoir faire
l'Addition des produits trouvés : or elle eft des plus

faciles, ne se faisant pas autrement que celle des livres,
sols & deniers ; sçavoir qu'il faut à chaque fois 12
lignes retenir autant de fois 1 pouce pour les joindre
aux pouces qui sont à la colonne qui précéde immé-
diatement, & à chaque fois 12 pouces retenir autant
de fois 1 pied pour les joindre ensuite avec les pieds,
& enfin à chaque fois 6 pieds qui font une piece, il
faut retenir autant de fois une piece pour les joindre
avec les pieces. Quelques exemples éclairciront ceci,
où l'on verra qu'il n'y a aucune difficulté, & qui don-
neront même à connoître comment il faut disposer les
choses sans confusion.

E X E M P L E.

Un Bourgeois a reçû d'un Charpentier pour ses
bâtimens six différentes poutres, sçavoir,

Pieces de grosseur.	Pieds de longueur.	Produits en Pieces.		
Une de 10 & 11.	sur 22	5 piec.	3 piés	7 pou. 4 lig.
Une de 11 & 15.	sur 28	10	4	2 .. 0
Une de 13 & 16.	sur 29	13	5	9 .. 4
Une de 14 & 20.	sur 31	20	0	6 .. 8
Une de 15 & 17.	sur 33	19	2	10 .. 6
& l'autre de 17.	sur 38	25	2	6 .. 4
T O T A L		95	1	6 .. 2

En cherchant dans le Tarif toutes ces grosseurs
l'une après l'autre, on en trouvera indubitablement
sans peine les produits tels qu'ils sont ici ; il en sera
de même de toutes les autres grosseurs indifféremment
telles qu'elles soient, les longueurs se trouvant re-
petées à toutes les pages, n'y ayant que les grosseurs
& les produits qui changent selon la quantité des pouces desdites grosseurs. Ainsi il est évident que l'on
peut faire avec beaucoup de facilité l'Addition de
tous ces produits trouvés, puisqu'en commençant
toujours par les plus petites parties qui sont les lignes,

il n'y a qu'à retenir, comme nous avons dit ci-deffus, autant d'unités, c'eſt-à-dire autant de pouces qu'il ſe trouvera de fois 12 lignes, pour les tranſporter & les joindre aux pouces de la colonne qui précéde, en poſant en bas ſous la colonne des lignes le reſtant qui ſe trouvera moins de 12, & s'il ne reſte rien, il faut poſer un 0. Il en eſt de même pour les pouces, puis pour les pieds, avec cette différence pour les pieds ſeulement, qu'il faut retenir autant de pieces qu'il y a de fois 6 pieds, dont la piece eſt compoſée, pour les joindre avec celles qui précédent. L'Addition étant faite, on aura pour total, 95 pieces, 1 pied, 6 pouces, 2 lignes.

AUTRE EXEMPLE.

Un Marchand a vendu à un Charpentier des bois en grume reduits au quarré, comme s'ils étoient équarris des quatre faces, ſçavoir.

Pieds de longueur.	Pouces de groſſeur.	Produits en pieces.			
36. de	15 & 16 font	20 piec.	0 piés	0 pou.	0 lig.
18	14	8	1	0	0
27	14 & 15	13	0	9	0
57	17	38	0	9	6
36	16 & 17	22	4	0	0
47	15	24	2	10	6
45	19	37	3	7	6
TOTAL		164	1	0	6

L'Addition ſe fait toujours de la même maniere que nous avons dit ci-devant.

Ceux qui voudront une plus grande préciſion, comme il arrive quelquefois qu'en toiſant il ſe trouve dans la longueur un quart de pied, ou un demi, ou trois quarts de plus que les pieds, ils n'ont qu'à joindre au produit qu'ils auront trouvé, ce qu'il y a à la fin de la même page, ſoit pour un quart, ſoit pour un demi, ſoit pour trois quarts, & faire l'Addition des deux produits.

Un Charpentier a livré une poutre qui a 22 & 23 pouces d'équarriſſage & 20 pieds ½ de longueur, ſçavoir combien elle contient de pieces?

En cherchant dans le Tarif à la page où eſt 22 & 23 pouc. on y trouvera pour 20 pieds 23$^{\text{piec.}}$ 2^{piés} 6$^{\text{pou.}}$ 8$^{\text{lig.}}$ & au bas de la page pour ½ pied . . . 0 . . 3 . . 6 . . 2

Faiſant enſemble . . . . 24 . . 0 . . 0 . . 10

Il en eſt de même des autres parties.

S'il ſe trouvoit quelque groſſe piece de bois qui eut beaucoup plus de largeur que d'épaiſſeur, comme une poutre qui auroit 18 & 32 pouces d'équarriſſage ſur la longueur de 36 pieds, il faudroit alors faire deux recherches, parce qu'on ne trouveroit pas 18 & 32 pouces de groſſeur dans le Tarif qui ne va que juſqu'à 18 & 30. C'eſt pourquoi on chercheroit en premier lieu pour 18 pouces de gros, c'eſt-à-dire le quarré de 18, ſur la longueur de 36 pieds, & en ſecond lieu pour 14 & 18 pouces d'équarriſſage ſur la même longueur de 36 pieds, parce que 14 eſt la différence de 18 à 32. L'Addition des deux produits 27 pieces & 21 pieces qu'on auroit trouvées, donneroit pour total 48 pieces juſte que contiendroit une groſſe poutre qui auroit par ſuppoſition 18 & 32 pouces d'équarriſſage ſur 36 pieds de longueur.

La raiſon pour laquelle on prend ainſi la différence, comme ici 14 qui eſt celle de 18 à 32, eſt que dans la Multiplication, *la différence des deux nombres multipliée par le plus petit, étant jointe au quarré du plus petit nombre, eſt égale au produit de l'un par l'autre*; c'eſt-à-dire que ſi on multiplie, comme ici, le plus petit nombre 18 par lui-même, & 14 qui eſt la différence de 18 à 32, par le même plus petit nombre 18, la ſomme des deux produits ſera égale à celui qui ſeroit venu de la Multiplication de 32 par 18, ou de 18 par 32.

La démonstration en est sensible par ce Rectangle qui représente le bout d'une piece de bois.

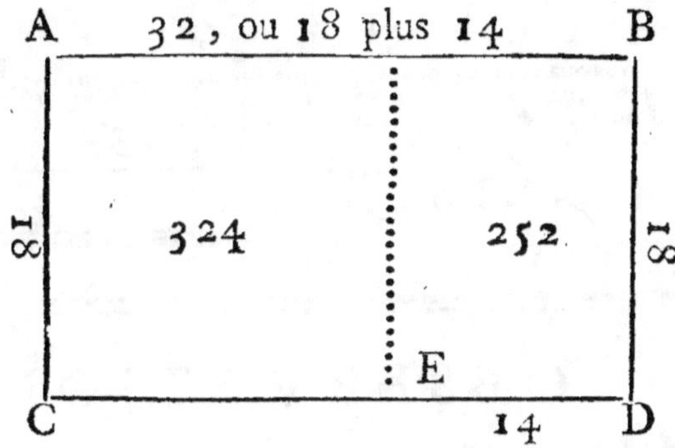

La ligne AB plus grand côté est de 32, ou 18 plus 14, la ligne AC qui est le plus petit côté, est de 18. Or si on multiplie le petit côté AC, ou 18 par lui-même, son quarré sera 324. Si on multiplie aussi la différence ED, ou le plus petit 14, par DB égal à AC, ou par 18 plus petit côté, on aura 252, & en ajoutant ensemble ces deux produits 324 & 252, on aura 576 pour la superficie totale dudit Rectangle, aussi bien que si on eût multiplié tout d'un coup AB par AC, ou 32 par 18. Donc *si l'on joint le quarré du plus petit nombre à la différence des deux nombres multipliée par le plus petit, la somme en sera égale au produit de la Multiplication.* Ce qu'il falloit démontrer.

EXEMPLE.

Une grosse piece de bois qui auroit 23 & 33 pouces d'équarrissage sur la longueur de 44 pieds, sçavoir ce qu'elle contient ?

Pour parvenir à la réponse, il faut faire deux recherches, comme si on avoit deux pieces de bois. La premiere pour une de 23 pouces de gros sur 44 pieds de longueur : & la seconde pour une de 10 & 23 pouces d'équarrissage sur les mêmes 44 pieds de longueur,

& l'addition des deux produits trouvés fera le total &
la réponfe.

R E G L E.

On trouvera pour 23 pouces de gros fur 44 pieds de long : 53 piec. 5 piés 3 pou. 4 lig.

Et pour 10 & 23 pouces fur 44 pieds de long : 23 .. 2 .. 6 .. 8

T O T A L ...... 77 .. 1 . 10 .. 0

OBSERVATION.

Dans toute la rigueur, une piece de bois qui n'eft pas égale par les deux bouts, devroit être regardée comme une pyramide tronquée, & par conféquent me-furée comme telle, y ayant véritablement un peu de différence ; car fi on avoit une petite piece de bois qui eût 5 pouces par un bout & 3 pouces par l'autre fur la longueur de 4 toifes, on diroit, en fuivant la mé-thode ordinaire, 5 & 3 font 8, la moitié de 8 eft 4, & 4 fois 4 font 16 pouces quarrés, lefquels multi-pliés par les 4 toifes de la longueur, donneroient 64 pouces de bois qui font 5 piéds 4 pouces pour le con-tenu de cette petite piece. Si cependant je mefure cette même piece comme une pyramide tronquée, je trouve qu'elle contient 65 pouces $\frac{1}{3}$, ou 5 pieds 5 pouces 4 lignes, ce qui fait un pouce quatre lignes de diffé-rence, comme pourront le connoître ceux qui en vou-dront faire la vérification. Mais ce n'eft point la cou-tume d'en ufer ainfi à l'égard du bois de charpente, vû le peu de différence qui fe trouve entre fes deux bouts ; on fe contente feulement quand cette différen-ce eft grande, de prendre le moyen proportionnel arith-metique entre les deux extrêmités de la piece, lequel on quarre enfuite & on le multiplie par les toifes de la longueur comme ci-deffus.

TARIF

TARIF
GENERAL
DES BOIS
DE
CHARPENTE.

A

Grosseur de 2 pouces.

sur Pieds de Longueur.	Pièces.	Pieds.	Pouces.	Lignes.	sur pieds de Longueur.	Pièces.	Pieds.	Pouces.	Lignes.	sur Pieds de Longueur.	Pièces.	Pieds.	Pouces.	Lignes.
1	0	0	0	8	27	0	1	6	0	53	0	2	11	4
2	0	0	1	4	28	0	1	6	8	54	0	3	0	0
3	0	0	2	0	29	0	1	7	4	55	0	3	0	8
4	0	0	2	8	30	0	1	8	0	56	0	3	1	4
5	0	0	3	4	31	0	1	8	8	57	0	3	2	0
6	0	0	4	0	32	0	1	9	4	58	0	3	2	8
7	0	0	4	8	33	0	1	10	0	59	0	3	3	4
8	0	0	5	4	34	0	1	10	8	60	0	3	4	0
9	0	0	6	0	35	0	1	11	4	61	0	3	4	8
10	0	0	6	8	36	0	2	0	0	62	0	3	5	4
11	0	0	7	4	37	0	2	0	8	63	0	3	6	0
12	0	0	8	0	38	0	2	1	4	64	0	3	6	8
13	0	0	8	8	39	0	2	2	0	65	0	3	7	4
14	0	0	9	4	40	0	2	2	8	66	0	3	8	0
15	0	0	10	0	41	0	2	3	4	67	0	3	8	8
16	0	0	10	8	42	0	2	4	0	68	0	3	9	4
17	0	0	11	4	43	0	2	4	8	69	0	3	10	0
18	0	1	0	0	44	0	2	5	4	70	0	3	10	8
19	0	1	0	8	45	0	2	6	0	71	0	3	11	4
20	0	1	1	4	46	0	2	6	8	72	0	4	0	0
21	0	1	2	0	47	0	2	7	4					
22	0	1	2	8	48	0	2	8	0	¼	0	0	0	2
23	0	1	3	4	49	0	2	8	8	½	0	0	0	4
24	0	1	4	0	50	0	2	9	4	¾	0	0	0	6
25	0	1	4	8	51	0	2	10	0					
26	0	1	5	4	52	0	2	10	8					

Grosseur de 2 & 3 pouces.

sur Pieds de Longueur.	Produit Pieces.	Pieds.	Pouces.	Lignes.	sur Pieds de Longueur.	Produit Pieces.	Pieds.	Pouces.	Lignes.	sur Pieds de Longueur.	Produit Pieces.	Pieds.	Pouces.	Lignes.
1	0	0	1	0	27	0	2	3	0	53	0	4	5	0
2	0	0	2	0	28	0	2	4	0	54	0	4	6	0
3	0	0	3	0	29	0	2	5	0	55	0	4	7	0
4	0	0	4	0	30	0	2	6	0	56	0	4	8	0
5	0	0	5	0	31	0	2	7	0	57	0	4	9	0
6	0	0	6	0	32	0	2	8	0	58	0	4	10	0
7	0	0	7	0	33	0	2	9	0	59	0	4	11	0
8	0	0	8	0	34	0	2	10	0	60	0	5	0	0
9	0	0	9	0	35	0	2	11	0	61	0	5	1	0
10	0	0	10	0	36	0	3	0	0	62	0	5	2	0
11	0	0	11	0	37	0	3	1	0	63	0	5	3	0
12	0	1	0	0	38	0	3	2	0	64	0	5	4	0
13	0	1	1	0	39	0	3	3	0	65	0	5	5	0
14	0	1	2	0	40	0	3	4	0	66	0	5	6	0
15	0	1	3	0	41	0	3	5	0	67	0	5	7	0
16	0	1	4	0	42	0	3	6	0	68	0	5	8	0
17	0	1	5	0	43	0	3	7	0	69	0	5	9	0
18	0	1	6	0	44	0	3	8	0	70	0	5	10	0
19	0	1	7	0	45	0	3	9	0	71	0	5	11	0
20	0	1	8	0	46	0	3	10	0	72	1	0	0	0
21	0	1	9	0	47	0	3	11	0	$\frac{1}{4}$	0	0	0	3
22	0	1	10	0	48	0	4	0	0	$\frac{1}{2}$	0	0	0	6
23	0	1	11	0	49	0	4	1	0	$\frac{3}{4}$	0	0	0	9
24	0	2	0	0	50	0	4	2	0					
25	0	2	1	0	51	0	4	3	0					
26	0	2	2	0	52	0	4	4	0					

A 2

Grosseur de 2 & 4 pouces.

sur Pieds de Longueur.	Produit. Pieces.	Pieds.	Pouces.	Lignes.
1	0	0	1	4
2	0	0	2	8
3	0	0	4	0
4	0	0	5	4
5	0	0	6	8
6	0	0	8	0
7	0	0	9	4
8	0	0	10	8
9	0	1	0	0
10	0	1	1	4
11	0	1	2	8
12	0	1	4	0
13	0	1	5	4
14	0	1	6	8
15	0	1	8	0
16	0	1	9	4
17	0	1	10	8
18	0	2	0	0
19	0	2	1	4
20	0	2	2	8
21	0	2	4	0
22	0	2	5	4
23	0	2	6	8
24	0	2	8	0
25	0	2	9	4
26	0	2	10	8

sur Pieds de Longueur.	Produit. Pieces.	Pieds.	Pouces.	Lignes.
27	0	3	0	0
28	0	3	1	4
29	0	3	2	8
30	0	3	4	0
31	0	3	5	4
32	0	3	6	8
33	0	3	8	0
34	0	3	9	4
35	0	3	10	8
36	0	4	0	0
37	0	4	1	4
38	0	4	2	8
39	0	4	4	0
40	0	4	5	4
41	0	4	6	8
42	0	4	8	0
43	0	4	9	4
44	0	4	10	8
45	0	5	0	0
45	0	5	1	4
47	0	5	2	8
48	0	5	4	0
49	0	5	5	4
50	0	5	6	8
51	0	5	8	0
52	0	5	9	4

sur Pieds de Longueur.	Produit. Pieces.	Pieds.	Pouces.	Lignes.
53	0	5	10	8
54	1	0	0	0
55	1	0	1	4
56	1	0	2	8
57	1	0	4	0
58	1	0	5	4
59	1	0	6	8
60	1	0	8	0
61	1	0	9	4
62	1	0	10	8
63	1	1	0	0
64	1	1	1	4
65	1	1	2	8
66	1	1	4	0
67	1	1	5	4
68	1	1	6	8
69	1	1	8	0
70	1	1	9	4
71	1	1	10	8
72	1	2	0	0
1/4	0	0	0	4
1/2	0	0	0	8
3/4	0	0	1	0

Grosseur de 2 & 5 pouces.

sur Pieds de Longueur.	Produit. Pieces.	Pieds.	Pouces.	Lignes.	sur Pieds de Longueur.	Produit. Pieces.	Pieds.	Pouces.	Lignes.	sur Pieds de Longueur.	Produit. Pieces.	Pieds.	Pouces.	Lignes.
1	0	0	1	8	27	0	3	9	0	53	1	1	4	4
2	0	0	3	4	28	0	3	10	8	54	1	1	6	0
3	0	0	5	0	29	0	4	0	4	55	1	1	7	8
4	0	0	6	8	30	0	4	2	0	56	1	1	9	4
5	0	0	8	4	31	0	4	3	8	57	1	1	11	0
6	0	0	10	0	32	0	4	5	4	58	1	2	0	8
7	0	0	11	8	33	0	4	7	0	59	1	2	2	4
8	0	1	1	4	34	0	4	8	8	60	1	2	4	0
9	0	1	3	0	35	0	4	10	4	61	1	2	5	8
10	0	1	4	8	36	0	5	0	0	62	1	2	7	4
11	0	1	6	4	37	0	5	1	8	63	1	2	9	0
12	0	1	8	0	38	0	5	3	4	64	1	2	10	8
13	0	1	9	8	39	0	5	5	0	65	1	3	0	4
14	0	1	11	4	40	0	5	6	8	66	1	3	2	0
15	0	2	1	0	41	0	5	8	4	67	1	3	3	8
16	0	2	2	8	42	0	5	10	0	68	1	3	5	4
17	0	2	4	4	43	0	5	11	8	69	1	3	7	0
18	0	2	6	0	44	1	0	1	4	70	1	3	8	8
19	0	2	7	8	45	1	0	3	0	71	1	3	10	4
20	0	2	9	4	46	1	0	4	8	72	1	4	0	0
21	0	2	11	0	47	1	0	6	4					
22	0	3	0	8	48	1	0	8	0					
23	0	3	2	4	49	1	0	9	8	$\frac{1}{4}$	0	0	0	5
24	0	3	4	0	50	1	0	11	4	$\frac{1}{2}$	0	0	0	10
25	0	3	5	8	51	1	1	1	0	$\frac{3}{4}$	0	0	1	3
26	0	3	7	4	52	1	1	2	8					

A 3

Grosseur de 2 & 6 pouces.

sur Pieds de Longueur.	Produit.				sur Pieds de Longueur.	Produit.				sur Peds de Longueur.	Produit.			
	Pieces.	Pieds.	Pouces.	Lignes.		Pieces.	Pieds.	Pouces.	Lignes.		Pieces.	Pieds.	Pouces.	Lignes.
1	0	0	2	0	27	0	4	6	0	53	1	2	10	0
2	0	0	4	0	28	0	4	8	0	54	1	3	0	0
3	0	0	6	0	29	0	4	10	0	55	1	3	2	0
4	0	0	8	0	30	0	5	0	0	56	1	3	4	0
5	0	0	10	0	31	0	5	2	0	57	1	3	6	0
6	0	1	0	0	32	0	5	4	0	58	1	3	8	0
7	0	1	2	0	33	0	5	6	0	59	1	3	10	0
8	0	1	4	0	34	0	5	8	0	60	1	4	0	0
9	0	1	6	0	35	0	5	10	0	61	1	4	2	0
10	0	1	8	0	36	1	0	0	0	62	1	4	4	0
11	0	1	10	0	37	1	0	2	0	63	1	4	6	0
12	0	2	0	0	38	1	0	4	0	64	1	4	8	0
13	0	2	2	0	39	1	0	6	0	65	1	4	10	0
14	0	2	4	0	40	1	0	8	0	66	1	5	0	0
15	0	2	6	0	41	1	0	10	0	67	1	5	2	0
16	0	2	8	0	42	1	1	0	0	68	1	5	4	0
17	0	2	10	0	43	1	1	2	0	69	1	5	6	0
18	0	3	0	0	44	1	1	4	0	70	1	5	8	0
19	0	3	2	0	45	1	1	6	0	71	1	5	10	0
20	0	3	4	0	46	1	1	8	0	72	2	0	0	0
21	0	3	6	0	47	1	1	10	0					
22	0	3	8	0	48	1	2	0	0					
23	0	3	10	0	49	1	2	2	0	1/4	0	0	0	6
24	0	4	0	0	50	1	2	4	0	1/2	0	0	1	0
25	0	4	2	0	51	1	2	6	0	3/4	0	0	1	6
26	0	4	4	0	52	1	2	8	0					

Groffeur de 2 & 7 pouces.

fur Pieds de Lon-gueur.	Produit.				fur Pieds de Lon-gueur.	Produit.				fur Pieds de Lon-gueur.	Produit.			
	Pieces.	*Pieds.*	*Pouces.*	*Lignes.*		*Pieces.*	*Pieds.*	*Pouces.*	*Lignes.*		*Pieces.*	*Pieds.*	*Pouces.*	*Lignes.*
1	0	0	2	4	27	0	5	3	0	53	1	4	3	8
2	0	0	4	8	28	0	5	5	4	54	1	4	6	0
3	0	0	7	0	29	0	5	7	8	55	1	4	8	4
4	0	0	9	4	30	0	5	10	0	56	1	4	10	8
5	0	0	11	8	31	1	0	0	4	57	1	5	1	0
6	0	1	2	0	32	1	0	2	8	58	1	5	3	4
7	0	1	4	4	33	1	0	5	0	59	1	5	5	8
8	0	1	6	8	34	1	0	7	4	60	1	5	8	0
9	0	1	9	0	35	1	0	9	8	61	1	5	10	4
10	0	1	11	4	36	1	1	0	0	62	2	0	0	8
11	0	2	1	8	37	1	1	2	4	63	2	0	3	0
12	0	2	4	0	38	1	1	4	8	64	2	0	5	4
13	0	2	6	4	39	1	1	7	0	65	2	0	7	8
14	0	2	8	8	40	1	1	9	4	66	2	0	10	0
15	0	2	11	0	41	1	1	11	8	67	2	1	0	4
16	0	3	1	4	42	1	2	2	0	68	2	1	2	8
17	0	3	3	8	43	1	2	4	4	69	2	1	5	0
18	0	3	6	0	44	1	2	6	8	70	2	1	7	4
19	0	3	8	4	45	1	2	9	0	71	2	1	9	8
20	0	3	10	8	46	1	2	11	4	72	2	2	0	0
21	0	4	1	0	47	1	3	1	8					
22	0	4	3	4	48	1	3	4	0					
23	0	4	5	8	49	1	3	6	4	1/4	0	0	0	7
24	0	4	8	0	50	1	3	8	8	1/2	0	0	1	2
25	0	4	10	4	51	1	3	11	0	3/4	0	0	1	9
26	0	5	0	8	52	1	4	1	4					

Grosseur de 2 & 8 pouces.

sur Pieds de Longueur.	Pieces.	Pieds.	Pouces.	Lignes.
1	0	0	2	8
2	0	0	5	4
3	0	0	8	0
4	0	0	10	8
5	0	1	1	4
6	0	1	4	0
7	0	1	6	8
8	0	1	9	4
9	0	2	0	0
10	0	2	2	8
11	0	2	5	4
12	0	2	8	0
13	0	2	10	8
14	0	3	1	4
15	0	3	4	0
16	0	3	6	8
17	0	3	9	4
18	0	4	0	0
19	0	4	2	8
20	0	4	5	4
21	0	4	8	0
22	0	4	10	8
23	0	5	1	4
24	0	5	4	0
25	0	5	6	8
26	0	5	9	4

sur Pieds de Longueur.	Pieces.	Pieds.	Pouces.	Lignes.
27	1	0	0	0
28	1	0	2	8
29	1	0	5	4
30	1	0	8	0
31	1	0	10	8
32	1	1	1	4
33	1	1	4	0
34	1	1	6	8
35	1	1	9	4
36	1	2	0	0
37	1	2	2	8
38	1	2	5	4
39	1	2	8	0
40	1	2	10	8
41	1	3	1	4
42	1	3	4	0
43	1	3	6	8
44	1	3	9	4
45	1	4	0	0
46	1	4	2	8
47	1	4	5	4
48	1	4	8	0
49	1	4	10	8
50	1	5	1	4
51	1	5	4	0
52	1	5	6	8

sur Pieds de Longueur.	Pieces.	Pieds.	Pouces.	Lignes.
53	1	5	9	4
54	2	0	0	0
55	2	0	2	8
56	2	0	5	4
57	2	0	8	0
58	2	0	10	8
59	2	1	1	4
60	2	1	4	0
61	2	1	6	8
62	2	1	9	4
63	2	2	0	0
64	2	2	2	8
65	2	2	5	4
66	2	2	8	0
67	2	2	10	8
68	2	3	1	4
69	2	3	4	0
70	2	3	6	8
71	2	3	9	4
72	2	4	0	0
$\frac{1}{4}$	0	0	0	8
$\frac{1}{2}$	0	0	1	4
$\frac{3}{4}$	0	0	2	0

Grosseur de 2 & 9 pouces.

sur Pieds de Longueur.	Produit. Pieces.	Pieds.	Pouces.	Lignes.
1	0	0	3	0
2	0	0	6	0
3	0	0	9	0
4	0	1	0	0
5	0	1	3	0
6	0	1	6	0
7	0	1	9	0
8	0	2	0	0
9	0	2	3	0
10	0	2	6	0
11	0	2	9	0
12	0	3	0	0
13	0	3	3	0
14	0	3	6	0
15	0	3	9	0
16	0	4	0	0
17	0	4	3	0
18	0	4	6	0
19	0	4	9	0
20	0	5	0	0
21	0	5	3	0
22	0	5	6	0
23	0	5	9	0
24	1	0	0	0
25	1	0	3	0
26	1	0	6	0

sur Pieds de Longueur.	Produit. Pieces.	Pieds.	Pouces.	Lignes.
27	1	0	9	0
28	1	1	0	0
29	1	1	3	0
30	1	1	6	0
31	1	1	9	0
32	1	2	0	0
33	1	2	3	0
34	1	2	6	0
35	1	2	9	0
36	1	3	0	0
37	1	3	3	0
38	1	3	6	0
39	1	3	9	0
40	1	4	0	0
41	1	4	3	0
42	1	4	6	0
43	1	4	9	0
44	1	5	0	0
45	1	5	3	0
46	1	5	6	0
47	1	5	9	0
48	2	0	0	0
49	2	0	3	0
50	2	0	6	0
51	2	0	9	0
52	2	1	0	0

sur Pieds de Longueur.	Produit. Pieces.	Pieds.	Pouces.	Lignes.
53	2	1	3	0
54	2	1	6	0
55	2	1	9	0
56	2	2	0	0
57	2	2	3	0
58	2	2	6	0
59	2	2	9	0
60	2	3	0	0
61	2	3	3	0
62	2	3	6	0
63	2	3	9	0
64	2	4	0	0
65	2	4	3	0
66	2	4	6	0
67	2	4	9	0
68	2	5	0	0
69	2	5	3	0
70	2	5	6	0
71	2	5	9	0
72	3	0	0	0
1/4	0	0	0	9
1/2	0	0	1	6
3/4	0	0	2	3

B

Grosseur de 2 & 10 pouces.

sur Pieds de Longueur.	Pieces.	Pieds.	Pouces.	Lignes.
1	0	0	3	4
2	0	0	6	8
3	0	0	10	0
4	0	1	1	4
5	0	1	4	8
6	0	1	8	0
7	0	1	11	4
8	0	2	2	8
9	0	2	6	0
10	0	2	9	4
11	0	3	0	8
12	0	3	4	0
13	0	3	7	4
14	0	3	10	8
15	0	4	2	0
16	0	4	5	4
17	0	4	8	8
18	0	5	0	0
19	0	5	3	4
20	0	5	6	8
21	0	5	10	0
22	1	0	1	4
23	1	0	4	8
24	1	0	8	0
25	1	0	11	4
26	1	1	2	8

sur Pieds de Longueur.	Pieces.	Pieds.	Pouces.	Lignes.
27	1	1	6	0
28	1	1	9	4
29	1	2	0	8
30	1	2	4	0
31	1	2	7	4
32	1	2	10	8
33	1	3	2	0
34	1	3	5	4
35	1	3	8	8
36	1	4	0	0
37	1	4	3	4
38	1	4	6	8
39	1	4	10	0
40	1	5	1	4
41	1	5	4	8
42	1	5	8	0
43	1	5	11	4
44	2	0	2	8
45	2	0	6	0
46	2	0	9	4
47	2	1	0	8
48	2	1	4	0
49	2	1	7	4
50	2	1	10	8
51	2	2	2	0
52	2	2	5	4

sur Pieds de Longueur.	Pieces.	Pieds.	Pouces.	Lignes.
53	2	2	8	8
54	2	3	0	0
55	2	3	3	4
56	2	3	6	8
57	2	3	10	0
58	2	4	1	4
59	2	4	4	8
60	2	4	8	0
61	2	4	11	4
62	2	5	2	8
63	2	5	6	0
64	2	5	9	4
65	3	0	0	8
66	3	0	4	0
67	3	0	7	4
68	3	0	10	8
69	3	1	2	0
70	3	1	5	4
71	3	1	8	8
72	3	2	0	0
$\frac{1}{4}$	0	0	0	10
$\frac{1}{2}$	0	0	1	8
$\frac{3}{4}$	0	0	2	6

Grosseur de 2 & 11 pouces.

sur Pieds de Longueur.	Pieces.	Pieds.	Pouces.	Lignes.	sur Pieds de Longueur.	Pieces.	Pieds.	Pouces.	Lignes.	sur Pieds de Longueur.	Pieces.	Pieds.	Pouces.	Lignes.
1	0	0	3	8	27	1	2	3	0	53	2	4	2	4
2	0	0	7	4	28	1	2	6	8	54	2	4	6	0
3	0	0	11	0	29	1	2	10	4	55	2	4	9	8
4	0	1	2	8	30	1	3	2	0	56	2	5	1	4
5	0	1	6	4	31	1	3	5	8	57	2	5	5	0
6	0	1	10	0	32	1	3	9	4	58	2	5	8	8
7	0	2	1	8	33	1	4	1	0	59	3	0	0	4
8	0	2	5	4	34	1	4	4	8	60	3	0	4	0
9	0	2	9	0	35	1	4	8	4	61	3	0	7	8
10	0	3	0	8	36	1	5	0	0	62	3	0	11	4
11	0	3	4	4	37	1	5	3	8	63	3	1	3	0
12	0	3	8	0	38	1	5	7	4	64	3	1	6	8
13	0	3	11	8	39	1	5	11	0	65	3	1	10	4
14	0	4	3	4	40	2	0	2	8	66	3	2	2	0
15	0	4	7	0	41	2	0	6	4	67	3	2	5	8
16	0	4	10	8	42	2	0	10	0	68	3	2	9	4
17	0	5	2	4	43	2	1	1	8	69	3	3	1	0
18	0	5	6	0	44	2	1	5	4	70	3	3	4	8
19	0	5	9	8	45	2	1	9	0	71	3	3	8	4
20	1	0	1	4	46	2	2	0	8	72	3	4	0	0
21	1	0	5	0	47	2	2	4	4					
22	1	0	8	8	48	2	2	8	0	1/4	0	0	0	11
23	1	1	0	4	49	2	2	11	8	1/2	0	0	1	10
24	1	1	4	0	50	2	3	3	4	3/4	0	0	2	9
25	1	1	7	8	51	2	3	7	0					
26	1	1	11	4	52	2	3	10	8					

Grosseur de 2 & 12 pouces.

sur Pieds de Longueur.	Pieces.	Pieds.	Pouces.	Lignes.
1	0	0	4	0
2	0	0	8	0
3	0	1	0	0
4	0	1	4	0
5	0	1	8	0
6	0	2	0	0
7	0	2	4	0
8	0	2	8	0
9	0	3	0	0
10	0	3	4	0
11	0	3	8	0
12	0	4	0	0
13	0	4	4	0
14	0	4	8	0
15	0	5	0	0
16	0	5	4	0
17	0	5	8	0
18	1	0	0	0
19	1	0	4	0
20	1	0	8	0
21	1	1	0	0
22	1	1	4	0
23	1	1	8	0
24	1	2	0	0
25	1	2	4	0
26	1	8	8	0

sur Pieds de Longueur.	Pieces.	Pieds.	Pouces.	Lignes.
27	1	3	0	0
28	1	3	4	0
29	1	3	8	0
30	1	4	0	0
31	1	4	4	0
32	1	4	8	0
33	1	5	0	0
34	1	5	4	0
35	1	5	8	0
36	2	0	0	0
37	2	0	4	0
38	2	0	8	0
39	2	1	0	0
40	2	1	4	0
41	2	1	8	0
42	2	2	0	0
43	2	2	4	0
44	2	2	8	0
45	2	3	0	0
46	2	3	4	0
47	2	3	8	0
48	2	4	0	0
49	2	4	4	0
50	2	4	8	0
51	2	5	0	0
52	2	5	4	0

sur Pieds de Longueur.	Pieces.	Pieds.	Pouces.	Lignes.
53	2	5	8	0
54	3	0	0	0
55	3	0	4	0
56	3	0	8	0
57	3	1	0	0
58	3	1	4	0
59	3	1	8	0
60	3	2	0	0
61	3	2	4	0
62	3	2	8	0
63	3	3	0	0
64	3	3	4	0
65	3	3	8	0
66	3	4	0	0
67	3	4	4	0
68	3	4	8	0
69	3	5	0	0
70	3	5	4	0
71	3	5	8	0
72	3	0	0	0
1/4	0	0	1	0
1/2	0	0	2	0
3/4	0	0	3	0

Grosseur de 2 & 13 pouces.

sur Pieds de Longueur.	Produit. Pieces.	Pieds.	Pouces.	Lignes.	sur Pieds de Longueur.	Produit. Pieces.	Pieds.	Pouces.	Lignes.	sur Pieds de Longueur.	Produit. Pieces.	Pieds.	Pouces.	Lignes.
1	0	0	4	4	27	1	3	9	0	53	3	1	1	8
2	0	0	8	8	28	1	4	1	4	54	3	1	6	0
3	0	1	1	0	29	1	4	5	8	55	3	1	10	4
4	0	1	5	4	30	1	4	10	0	56	3	2	2	8
5	0	1	9	8	31	1	5	2	4	57	3	2	7	0
6	0	2	2	0	32	1	5	6	8	58	3	2	11	4
7	0	2	6	4	33	1	5	11	0	59	3	3	3	8
8	0	2	10	8	34	2	0	3	4	60	3	3	8	0
9	0	3	3	0	35	2	0	7	8	61	3	4	0	4
10	0	3	7	4	36	2	1	0	0	62	3	4	4	8
11	0	3	11	8	37	2	1	4	4	63	3	4	9	0
12	0	4	4	0	38	2	1	8	8	64	3	5	1	4
13	0	4	8	4	39	2	2	1	0	65	3	5	5	8
14	0	5	0	8	40	2	2	5	4	66	3	5	10	0
15	0	5	5	0	41	2	2	9	8	67	4	0	2	4
16	0	5	9	4	42	2	3	2	0	68	4	0	6	8
17	1	0	1	8	43	2	3	6	4	69	4	0	11	0
18	1	0	6	0	44	2	3	10	8	70	4	1	3	4
19	1	0	10	4	45	2	4	3	0	71	4	1	7	8
20	1	1	2	8	46	2	4	7	4	72	4	2	0	0
21	1	1	7	0	47	2	4	11	8					
22	1	1	11	4	48	2	5	4	0	$\frac{1}{4}$	0	0	1	1
23	1	2	3	8	49	2	5	8	4	$\frac{1}{2}$	0	0	2	2
24	1	2	8	0	50	3	0	0	8	$\frac{3}{4}$	0	0	3	3
25	1	3	0	4	51	3	0	5	0					
26	1	3	4	8	52	3	0	9	4					

Grosseur de 2 & 14 pouces.

sur Pieds de Longueur.	Pieces.	Pieds.	Pouces.	Lignes.
1	0	0	4	8
2	0	0	9	4
3	0	1	2	0
4	0	1	6	8
5	0	1	11	4
6	0	2	4	0
7	0	2	8	8
8	0	3	1	4
9	0	3	6	0
10	0	3	10	8
11	0	4	3	4
12	0	4	8	0
13	0	5	0	8
14	0	5	5	4
15	0	5	10	0
16	1	0	2	8
17	1	0	7	4
18	1	1	0	0
19	1	1	4	8
20	1	1	9	4
21	1	2	2	0
22	1	2	6	8
23	1	2	11	4
24	1	3	4	0
25	1	3	8	8
26	1	4	1	4

sur Pieds de Longueur.	Pieces.	Pieds.	Pouces.	Lignes.
27	1	4	6	0
28	1	4	10	8
29	1	5	3	4
30	1	5	8	0
31	2	0	0	8
32	2	0	5	4
33	2	0	10	0
34	2	1	2	8
35	2	1	7	4
36	2	2	0	0
37	2	2	4	8
38	2	2	9	4
39	2	3	2	0
40	2	3	6	8
41	2	3	11	4
42	2	4	4	0
43	2	4	8	8
44	2	5	1	4
45	2	5	6	0
46	2	5	10	8
47	3	0	3	4
48	3	0	8	0
49	3	1	0	8
50	3	1	5	4
51	3	1	10	0
52	3	2	2	8

sur Pieds de Longueur.	Pieces.	Pieds.	Pouces.	Lignes.
53	3	2	7	4
54	3	3	0	0
55	3	3	4	8
56	3	3	9	4
57	3	4	2	0
58	3	4	6	8
59	3	4	11	4
60	3	5	4	0
61	3	5	8	8
62	4	0	1	4
63	4	0	6	0
64	4	0	10	8
65	4	1	3	4
66	4	1	8	0
67	4	2	0	8
68	4	2	5	4
69	4	2	10	0
70	4	3	2	8
71	4	3	7	4
72	4	4	0	0
¼	0	0	1	2
½	0	0	2	4
¾	0	0	3	6

Grosseur de 2 & 15 pouces.

sur Pieds de Longueur.	Produit. Pieces.	Pieds.	Pouces.	Lignes.
1	0	0	5	0
2	0	0	10	0
3	0	1	3	0
4	0	1	8	0
5	0	2	1	0
6	0	2	6	0
7	0	2	11	0
8	0	3	4	0
9	0	3	9	0
10	0	4	2	0
11	0	4	7	0
12	0	5	0	0
13	0	5	5	0
14	0	5	10	0
15	1	0	3	0
16	1	0	8	0
17	1	1	1	0
18	1	1	6	0
19	1	1	11	0
20	1	2	4	0
21	1	2	9	0
22	1	3	2	0
23	1	3	7	0
24	1	4	0	0
25	1	4	5	0
26	1	4	10	0

sur Pieds de Longueur.	Produit. Pieces.	Pieds.	Pouces.	Lignes.
27	1	5	3	0
28	1	5	8	0
29	2	0	1	0
30	2	0	6	0
31	2	0	11	0
32	2	1	4	0
33	2	1	9	0
34	2	2	2	0
35	2	2	7	0
36	2	3	0	0
37	2	3	5	0
38	2	3	10	0
39	2	4	3	0
40	2	4	8	0
41	2	5	1	0
42	2	5	6	0
43	2	5	11	0
44	3	0	4	0
45	3	0	9	0
46	3	1	2	0
47	3	1	7	0
48	3	2	0	0
49	3	2	5	0
50	3	2	10	0
51	3	3	3	0
52	3	3	8	0

sur Pieds de Longueur.	Produit. Pieces.	Pieds.	Pouces.	Lignes.
53	3	4	1	0
54	3	4	6	0
55	3	4	11	0
56	3	5	4	0
57	3	5	9	0
58	4	0	2	0
59	4	0	7	0
60	4	1	0	0
61	4	1	5	0
62	4	1	10	0
63	4	2	3	0
64	4	2	8	0
65	4	3	1	0
66	4	3	6	0
67	4	3	11	0
68	4	4	4	0
69	4	4	9	0
70	4	5	2	0
71	4	5	7	0
72	5	0	0	0
1/4	0	0	1	3
1/2	0	0	2	6
3/4	0	0	3	9

Groſſeur de 2 & 16 pouces.

fur Pieds de Longueur.	Pieces.	Pieds.	Pouces.	Lignes.	fur Pieds de Longueur.	Pieces.	Pieds.	Pouces.	Lignes.	fur Pieds de Longueur.	Pieces.	Pieds.	Pouces.	Lignes.
1	0	0	5	4	27	2	0	0	0	53	3	5	6	8
2	0	0	10	8	28	2	0	5	4	54	4	0	0	0
3	0	1	4	0	29	2	0	10	8	55	4	0	5	4
4	0	1	9	4	30	2	1	4	0	56	4	0	10	8
5	0	2	2	8	31	2	1	9	4	57	4	1	4	0
6	0	2	8	0	32	2	2	2	8	58	4	1	9	4
7	0	3	1	4	33	2	2	8	0	59	4	2	2	8
8	0	3	6	8	34	2	3	1	4	60	4	2	8	0
9	0	4	0	0	35	2	3	6	8	61	4	3	1	4
10	0	4	5	4	36	2	4	0	0	62	4	3	6	8
11	0	4	10	8	37	2	4	5	4	63	4	4	0	0
12	0	5	4	0	38	2	4	10	8	64	4	4	5	4
13	0	5	9	4	39	2	5	4	0	65	4	4	10	8
14	1	0	2	8	40	2	5	9	4	66	4	5	4	0
15	1	0	8	0	41	3	0	2	8	67	4	5	9	4
16	1	1	1	4	42	3	0	8	0	68	5	0	2	8
17	1	1	6	8	43	3	1	1	4	69	5	0	8	0
18	1	2	0	0	44	3	1	6	8	70	5	1	1	4
19	1	2	5	4	45	3	2	0	0	71	5	1	6	8
20	1	2	10	8	46	3	2	5	4	72	5	2	0	0
21	1	3	4	0	47	3	2	10	8					
22	1	3	9	4	48	3	3	4	0	1/4	0	0	1	4
23	1	4	2	8	49	3	3	9	4	1/2	0	0	2	8
24	1	4	8	0	50	3	4	2	8	3/4	0	0	4	0
25	1	5	1	4	51	3	4	8	0					
26	1	5	6	8	52	3	5	1	4					

Groſſeur de 2 & 17 pouces.

fur Pieds de Longueur.	Produit.				fur Pieds de Longueur.	Produit.				fur Pieds de Longueur.	Produit.			
	Pieces.	*Pieds.*	*Pouces.*	*Lignes.*		*Pieces.*	*Pieds.*	*Pouces.*	*Lignes.*		*Pieces.*	*Pieds.*	*Pouces.*	*Lignes.*
1	0	0	5	8	27	2	0	9	0	53	4	1	0	4
2	0	0	11	4	28	2	1	2	8	54	4	1	6	0
3	0	1	5	0	29	2	1	8	4	55	4	1	11	8
4	0	1	10	8	30	2	2	2	0	56	4	2	5	4
5	0	2	4	4	31	2	2	7	8	57	4	2	11	0
6	0	2	10	0	32	2	3	1	4	58	4	3	4	8
7	0	3	3	8	33	2	3	7	0	59	4	3	10	4
8	0	3	9	4	34	2	4	0	8	60	4	4	4	0
9	0	4	3	0	35	2	4	6	4	61	4	4	9	8
10	0	4	8	8	36	2	5	0	0	62	4	5	3	4
11	0	5	2	4	37	2	5	5	8	63	4	5	9	0
12	0	5	8	0	38	2	5	11	4	64	5	0	2	8
13	1	0	1	8	39	3	0	5	0	65	5	0	8	4
14	1	0	7	4	40	3	0	10	8	66	5	1	2	0
15	1	1	1	0	41	3	1	4	4	67	5	1	7	8
16	1	1	6	8	42	3	1	10	0	68	5	2	1	4
17	1	2	0	4	43	3	2	3	8	69	5	2	7	0
18	1	2	6	0	44	3	2	9	4	70	5	3	0	8
19	1	2	11	8	45	3	3	3	0	71	5	3	6	4
20	1	3	5	4	46	3	3	8	8	72	5	4	0	0
21	1	3	11	0	47	3	4	2	4					
22	1	4	4	8	48	3	4	8	0	1/4	0	0	1	5
23	1	4	10	4	49	3	5	1	8	1/2	0	0	2	10
24	1	5	4	0	50	3	5	7	4	3/4	0	0	4	3
25	1	5	9	8	51	4	0	1	0					
26	2	0	3	4	52	4	0	6	8					

Grosseur de 2 & 18 pouces.

sur Pieds de Longueur.	Pieces.	Pieds.	Pouces.	Lignes.	sur pieds de Longueur.	Pieces.	Pieds.	Pouces.	Lignes.	sur Pieds de Longueur.	Pieces.	Pieds.	Pouces.	Lignes.
	Produit.					Produit.					Produit.			
1	0	0	6	0	27	2	1	6	0	53	4	2	6	0
2	0	1	0	0	28	2	2	0	0	54	4	3	0	0
3	0	1	6	0	29	2	2	6	0	55	4	3	6	0
4	0	2	0	0	30	2	3	0	0	56	4	4	0	0
5	0	2	6	0	31	2	3	6	0	57	4	4	6	0
6	0	3	0	0	32	2	4	0	0	58	4	5	0	0
7	0	3	6	0	33	2	4	6	0	59	4	5	6	0
8	0	4	0	0	34	2	5	0	0	60	5	0	0	0
9	0	4	6	0	35	2	5	6	0	61	5	0	6	0
10	0	5	0	0	36	3	0	0	0	62	5	1	0	0
11	0	5	6	0	37	3	0	6	0	63	5	1	6	0
12	1	0	0	0	38	3	1	0	0	64	5	2	0	0
13	1	0	6	0	39	3	1	6	0	65	5	2	6	0
14	1	1	0	0	40	3	2	0	0	66	5	3	0	0
15	1	1	6	0	41	3	2	6	0	67	5	3	6	0
16	1	2	0	0	42	3	3	0	0	68	5	4	0	0
17	1	2	6	0	43	3	3	6	0	69	5	4	6	0
18	1	3	0	0	44	3	4	0	0	70	5	5	0	0
19	1	3	6	0	45	3	4	6	0	71	5	5	6	0
20	1	4	0	0	46	3	5	0	0	72	6	0	0	0
21	1	4	6	0	47	3	5	6	0					
22	1	5	0	0	48	4	0	0	0					
23	1	5	6	0	49	4	0	6	0	1/4	0	0	1	6
24	2	0	0	0	50	4	1	0	0	1/2	0	0	3	0
25	2	0	6	0	51	4	1	6	0	3/4	0	0	4	6
26	2	1	0	0	52	4	2	0	0					

Grosseur de 2 & 19 pouces.

sur Pieds de Longueur.	Produit.				sur Pieds de Longueur.	Produit.				sur Pieds de Longueur.	Produit.			
	Pieces.	*Pieds.*	*Pouces.*	*Lignes.*		*Pieces.*	*Pieds.*	*Pouces.*	*Lignes.*		*Pieces.*	*Pieds.*	*Pouces.*	*Lignes.*
1	0	0	6	4	27	2	2	3	0	53	4	3	11	8
2	0	1	0	8	28	2	2	9	4	54	4	4	6	0
3	0	1	7	0	29	2	3	3	8	55	4	5	0	4
4	0	2	1	4	30	2	3	10	0	56	4	5	6	8
5	0	2	7	8	31	2	4	4	4	57	5	0	1	0
6	0	3	2	0	32	2	4	10	8	58	5	0	7	4
7	0	3	8	4	33	2	5	5	0	59	5	1	1	8
8	0	4	2	8	34	2	5	11	4	60	5	1	8	0
9	0	4	9	0	35	3	0	5	8	61	5	2	2	4
10	0	5	3	4	36	3	1	0	0	62	5	2	8	8
11	0	5	9	8	37	3	1	6	4	63	5	3	3	0
12	1	0	4	0	38	3	2	0	8	64	5	3	9	4
13	1	0	10	4	39	3	2	7	0	65	5	4	3	8
14	1	1	4	8	40	3	3	1	4	66	5	4	10	0
15	1	1	11	0	41	3	3	7	8	67	5	5	4	4
16	1	2	5	4	42	3	4	2	0	68	5	5	10	8
17	1	2	11	8	43	3	4	8	4	69	6	0	5	0
18	1	3	6	0	44	3	5	2	8	70	6	0	11	4
19	1	4	0	4	45	3	5	9	0	71	6	1	5	8
20	1	4	6	8	46	3	0	3	4	72	6	2	0	0
21	1	5	1	0	47	3	0	9	8					
22	1	5	7	4	48	3	1	4	0					
23	2	0	1	8	49	3	1	10	4	¼	0	0	1	7
24	2	0	8	0	50	3	2	4	8	½	0	0	3	2
25	2	1	2	4	51	3	2	11	0	¾	0	0	4	9
26	2	1	8	8	52	3	3	5	4					

Grosseur de 2 & 20 pouces.

sur Pieds de Longueur.	Produit. Pieces.	Pieds.	Pouces.	Lignes.
1	0	0	6	8
2	0	1	1	4
3	0	1	8	0
4	0	2	2	8
5	0	2	9	4
6	0	3	4	0
7	0	3	10	8
8	0	4	5	4
9	0	5	0	0
10	0	5	6	8
11	1	0	1	4
12	1	0	8	0
13	1	1	2	8
14	1	1	9	4
15	1	2	4	0
16	1	2	10	8
17	1	3	5	4
18	1	4	0	0
19	1	4	6	8
20	1	5	1	4
21	1	5	8	0
22	2	0	2	8
23	2	0	9	4
24	2	1	4	0
25	2	1	10	8
26	2	2	5	4

sur Pieds de Longueur.	Produit. Pieces.	Pieds.	Pouces.	Lignes.
27	2	3	0	0
28	2	3	6	8
29	2	4	1	4
30	2	4	8	0
31	2	5	2	8
32	2	5	9	4
33	3	0	4	0
34	3	0	10	8
35	3	1	5	4
36	3	2	0	0
37	3	2	6	8
38	3	3	1	4
39	3	3	8	0
40	3	4	2	8
41	3	4	9	4
42	3	5	4	0
43	3	5	10	8
44	4	0	5	4
45	4	1	0	0
45	4	1	6	8
47	4	2	1	4
48	4	2	8	0
49	4	3	2	8
50	4	3	9	4
51	4	4	4	0
52	4	4	10	8

sur Pieds de Longueur.	Produit. Pieces.	Pieds.	Pouces.	Lignes.
53	4	5	15	4
54	5	0	0	0
55	5	0	6	8
56	5	1	1	4
57	5	1	8	0
58	5	2	2	8
59	5	2	9	4
60	5	3	4	0
61	5	3	10	8
62	5	4	5	4
63	5	5	0	0
64	5	5	6	8
65	6	0	1	4
66	6	0	8	0
67	6	1	2	8
68	6	1	9	4
69	6	2	4	0
70	6	2	10	8
71	6	3	5	4
72	6	4	0	0
1/4	0	0	1	8
1/2	0	0	3	4
3/4	0	0	5	0

Grosseur de 2 & 2½ pouces.

sur Pieds de Longueur.	Produit.			
	Pieces.	Pieds.	Pouces.	Lignes.
1	0	0	7	0
2	0	1	2	0
3	0	1	9	0
4	0	2	4	0
5	0	2	11	0
6	0	3	6	0
7	0	4	1	0
8	0	4	8	0
9	0	5	3	0
10	0	5	10	0
11	1	0	5	0
12	1	1	0	0
13	1	1	7	0
14	1	2	2	0
15	1	2	9	0
16	1	3	4	0
17	1	3	11	0
18	1	4	6	0
19	1	5	1	0
20	1	5	8	0
21	2	0	3	0
22	2	0	10	0
23	2	1	5	0
24	2	2	0	0
25	2	2	7	0
26	2	3	2	0

sur Pieds de Longueur.	Produit.			
	Pieces.	Pieds.	Pouces.	Lignes.
27	2	3	9	0
28	2	4	4	0
29	2	4	11	0
30	2	5	6	0
31	3	0	1	0
32	3	0	8	0
33	3	1	3	0
34	3	1	10	0
35	3	2	5	0
36	3	3	0	0
37	3	3	7	0
38	3	4	2	0
39	3	4	9	0
40	3	5	4	0
41	3	5	11	0
42	4	0	6	0
43	4	1	1	0
44	4	1	8	0
45	4	2	3	0
46	4	2	10	0
47	4	3	5	0
48	4	4	0	0
49	4	4	7	0
50	4	5	2	0
51	4	5	9	0
52	5	0	4	0

sur Pieds de Longueur.	Produit.			
	Pieces.	Pieds.	Pouces.	Lignes.
53	5	0	11	0
54	5	1	6	0
55	5	2	1	0
56	5	2	8	0
57	5	3	3	0
58	5	3	10	0
59	5	4	5	0
60	5	5	0	0
61	5	5	7	0
62	6	0	2	0
63	6	0	9	0
64	6	1	4	0
65	6	1	11	0
66	6	2	6	0
67	6	3	1	0
68	6	3	8	0
69	6	4	3	0
70	6	4	10	0
71	6	5	5	0
72	7	0	0	0
¼	0	0	1	9
½	0	0	3	6
¾	0	0	5	3

Grosseur de 2 & 22 pouces.

sur Pieds de Longueur.	Pieces.	Pieds.	Pouces.	Lignes.
1	0	0	7	4
2	0	1	2	8
3	0	1	10	0
4	0	2	5	4
5	0	3	0	8
6	0	3	8	0
7	0	4	3	4
8	0	4	10	8
9	0	5	6	0
10	1	0	1	4
11	1	0	8	8
12	1	1	4	0
13	1	1	11	4
14	1	2	6	8
15	1	3	2	0
16	1	3	9	4
17	1	4	4	8
18	1	5	0	0
19	2	5	7	4
20	2	0	2	8
21	2	0	10	0
22	2	1	5	4
23	2	2	0	8
24	2	2	8	0
25	2	3	3	4
26	2	3	10	8

sur Pieds de Longueur.	Pieces.	Pieds.	Pouces.	Lignes.
27	2	4	6	0
28	2	5	1	4
29	2	5	8	8
30	3	0	4	0
31	3	0	11	4
32	3	1	6	8
33	3	2	2	0
34	3	2	9	4
35	3	3	4	8
36	3	4	0	0
37	3	4	7	4
38	3	5	2	8
39	3	5	10	0
40	4	0	5	4
41	4	1	0	8
42	4	1	8	0
43	4	2	3	4
44	4	2	10	8
45	4	3	6	0
46	4	4	1	4
47	4	4	8	8
48	4	5	4	0
49	4	5	11	4
50	5	0	6	8
51	5	1	2	0
52	5	1	9	4

sur Pieds de Longueur.	Pieces.	Pieds.	Pouces.	Lignes.
53	5	2	4	8
54	5	3	0	0
55	5	3	7	4
56	5	4	2	8
57	5	4	10	0
58	5	5	5	4
59	6	0	0	8
60	6	0	8	0
61	6	1	3	4
62	6	1	10	8
63	6	2	6	0
64	6	3	1	4
65	6	3	8	8
66	6	4	4	0
67	6	4	11	4
68	6	5	6	8
69	7	0	2	0
70	7	0	9	4
71	7	1	4	8
72	7	2	0	0
1/4	0	0	1	10
1/2	0	0	3	8
3/4	0	0	5	6

Grosseur de 2 & 2¾ pouces.

sur Pieds de Longueur.	Produit. Pieces.	Pieds.	Pouces.	Lignes.	sur Pieds de Longueur.	Produit. Pieces.	Pieds.	Pouces.	Lignes.	sur Pieds de Longueur.	Produit. Pieces.	Pieds.	Pouces.	Lignes.
1	0	0	7	8	27	2	5	3	0	53	5	3	10	4
2	0	1	3	4	28	2	5	10	8	54	5	4	6	0
3	0	1	11	0	29	3	0	6	4	55	5	5	1	8
4	0	2	6	8	30	3	1	2	0	56	5	5	9	4
5	0	3	2	4	31	3	1	9	8	57	6	0	5	0
6	0	3	10	0	32	3	2	5	4	58	6	1	0	8
7	0	4	5	8	33	3	3	1	0	59	6	1	8	4
8	0	5	1	4	34	3	3	8	8	60	6	2	4	0
9	0	5	9	0	35	3	4	4	4	61	6	2	11	8
10	1	0	4	8	36	3	5	0	0	62	6	3	7	4
11	1	1	0	4	37	3	5	7	8	63	6	4	3	0
12	1	1	8	0	38	4	0	3	4	64	6	4	10	8
13	1	2	3	8	39	4	0	11	0	65	6	5	6	4
14	1	2	11	4	40	4	1	6	8	66	7	0	2	0
15	1	3	7	0	41	4	2	2	4	67	7	0	9	8
16	1	4	2	8	42	4	2	10	0	68	7	1	5	4
17	1	4	10	4	43	4	3	5	8	69	7	2	1	0
18	1	5	6	0	44	4	4	1	4	70	7	2	8	8
19	2	0	1	8	45	4	4	9	0	71	7	3	4	4
20	2	0	9	4	46	4	5	4	8	72	7	4	0	0
21	2	1	5	0	47	5	0	0	4					
22	2	2	0	8	48	5	0	8	0	¼	0	0	1	11
23	2	2	8	4	49	5	1	3	8	½	0	0	3	10
24	2	3	4	0	50	5	1	11	4	¾	0	0	5	9
25	2	3	11	8	51	5	2	7	0					
26	2	4	7	4	52	5	3	2	8					

Grosseur de 2 & 24 pouces.

sur Pieds de Longueur.	Produit. Pieces.	Pieds.	Pouces.	Lignes.	sur Pieds de Longueur.	Produit. Pieces.	Pieds.	Pouces.	Lignes.	sur Pieds de Longueur.	Produit. Pieces.	Pieds.	Pouces.	Lignes.
1	0..0.	8.	0		27	3..0.	0.	0		53	5..5.	4.	0
2	0..1.	4.	0		28	3..0.	8.	0		54	6..0.	0.	0
3	0..2.	0.	0		29	3..1.	4.	0		55	6..0.	8.	0
4	0..2.	8.	0		30	3..2.	0.	0		56	6..1.	4.	0
5	0..3.	4.	0		31	3..2.	8.	0		57	6..2.	0.	0
6	0..4.	0.	0		32	3..3.	4.	0		58	6..2.	8.	0
7	0..4.	8.	0		33	3..4.	0.	0		59	6..3.	4.	0
8	0..5.	4.	0		34	3..4.	8.	0		60	6..4.	0.	0
9	1..0.	0.	0		35	3..5.	4.	0		61	6..4.	8.	0
10	1..0.	8.	0		36	4..0.	0.	0		62	6..5.	4.	0
11	1..1.	4.	0		37	4..0.	8.	0		63	7..0.	0.	0
12	1..2.	0.	0		38	4..1.	4.	0		64	7..0.	8.	0
13	1..2.	8.	0		39	4..2.	0.	0		65	7..1.	4.	0
14	1..3.	4.	0		40	4..2.	8.	0		66	7..2.	0.	0
15	1..4.	0.	0		41	4..3.	4.	0		67	7..2.	8.	0
16	1..4.	8.	0		42	4..4.	0.	0		68	7..3.	4.	0
17	1..5.	4.	0		43	4..4.	8.	0		69	7..4.	0.	0
18	2..0.	0.	0		44	4..5.	4.	0		70	7..4.	8.	0
19	2..0.	8.	0		45	5..0.	0.	0		71	7..5.	4.	0
20	2..1.	4.	0		46	5..0.	8.	0		72	8..0.	0.	0
21	2..2.	0.	0		47	5..1.	4.	0					
22	2..2.	8.	0		48	5..2.	0.	0		1/4	0..0.	2.	0
23	2..3.	4.	0		49	5..2.	8.	0		1/2	0..0.	4.	0
24	2..4.	0.	0		50	5..3.	4.	0		3/4	0..0.	6.	0
25	2..4.	8.	0		51	5..4.	0.	0					
26	2..5.	4.	0		52	5..4.	8.	0					

Groffeur de 2 & 2½ pouces.

fur Pieds de Longueur.	Produit. Pieces.	Pieds.	Pouces.	Lignes.	fur Pieds de Longueur.	Produit. Pieces.	Pieds.	Pouces.	Lignes.	fur Pieds de Longueur.	Produit. Pieces.	Pieds.	Pouces.	Lignes.
1	0	0	8	4	27	3	0	9	0	53	6	0	9	8
2	0	1	4	8	28	3	1	5	4	54	6	1	6	0
3	0	2	1	0	29	3	2	1	8	55	6	2	2	4
4	0	2	9	4	30	3	2	10	0	56	6	2	10	8
5	0	3	5	8	31	3	3	6	4	57	6	3	7	0
6	0	4	2	0	32	3	4	2	8	58	6	4	3	4
7	0	4	10	4	33	3	4	11	0	59	6	4	11	8
8	0	5	6	8	34	3	5	7	4	60	6	5	8	0
9	1	0	3	0	35	4	0	3	8	61	7	0	4	4
10	1	0	11	4	36	4	1	0	0	62	7	1	0	8
11	1	1	7	8	37	4	1	8	4	63	7	1	9	0
12	1	2	4	0	38	4	2	4	8	64	7	2	5	4
13	1	3	0	4	39	4	3	1	0	65	7	3	1	8
14	1	3	8	8	40	4	3	9	4	66	7	3	10	0
15	1	4	5	0	41	4	4	5	8	67	7	4	6	4
16	1	5	1	4	42	4	5	2	0	68	7	5	2	8
17	1	5	9	8	43	4	5	10	4	69	7	5	11	0
18	2	0	6	0	44	5	0	6	8	70	8	0	7	4
19	2	1	2	4	45	5	1	3	0	71	8	1	3	8
20	2	1	10	8	46	5	1	11	4	72	8	2	0	0
21	2	2	7	0	47	5	2	7	8					
22	2	3	3	4	48	5	3	4	0	¼	0	0	2	1
23	2	3	11	8	49	5	4	0	4	½	0	0	4	2
24	2	4	8	0	50	5	4	8	8	¾	0	0	6	3
25	2	5	4	4	51	5	5	5	0					
26	3	0	[illegible]	8	52	6	0	1	4					

D

Groſſeur de 2 & 26 pouces.

ſur Pieds de Longueur.	Pieces.	Pieds.	Pouces.	Lignes.	ſur Pieds de Longueur.	Pieces.	Pieds.	Pouces.	Lignes.	ſur Pieds de Longueur.	Pieces.	Pieds.	Pouces.	Lignes.
1	0	0	8	8	27	3	1	6	0	53	6	2	3	4
2	0	1	5	4	28	3	2	2	8	54	6	3	0	0
3	0	2	2	0	29	3	2	11	4	55	6	3	8	8
4	0	2	10	8	30	3	3	8	0	56	6	4	5	4
5	0	3	7	4	31	3	4	4	8	57	6	5	2	0
6	0	4	4	0	32	3	5	1	4	58	6	5	10	8
7	0	5	0	8	33	3	5	10	0	59	7	0	7	4
8	0	5	9	4	34	4	0	6	8	60	7	1	4	0
9	1	0	6	0	35	4	1	3	4	61	7	2	0	8
10	1	1	2	8	36	4	2	0	0	62	7	2	9	4
11	1	1	11	4	37	4	2	8	8	63	7	3	6	0
12	1	2	8	0	38	4	3	5	4	64	7	4	2	8
13	1	3	4	8	39	4	4	2	0	65	7	4	11	4
14	1	4	1	4	40	4	4	10	8	66	7	5	8	0
15	1	4	10	0	41	4	5	7	4	67	8	0	4	8
16	1	5	6	8	42	5	0	4	0	68	8	1	1	4
17	2	0	3	4	43	5	1	0	8	69	8	1	10	0
18	2	1	0	0	44	5	1	9	4	70	8	2	6	8
19	2	1	8	8	45	5	2	6	0	71	8	3	3	4
20	2	2	5	4	46	5	3	2	8	72	8	4	0	0
21	2	3	2	0	47	5	3	11	4					
22	2	3	10	8	48	5	4	8	0	1/4	0	0	2	2
23	2	4	7	4	49	5	5	4	8	1/2	0	0	4	4
24	2	5	4	0	50	6	0	1	4	3/4	0	0	6	6
25	3	0	0	8	51	6	0	10	0					
26	3	0	9	4	52	6	1	6	8					

Grosseur de 2 & 27 pouces.

sur Pieds de Longueur.	Produit.				sur Pieds de Longueur.	Produit.				sur Pieds de Longueur.	Produit.			
	Pieces.	Pieds.	Pouces.	Lignes.		Pieces.	Pieds.	Pouces.	Lignes.		Pieces.	Pieds.	Pouces.	Lignes.
1	0	0	9	0	27	3	2	3	0	53	6	3	9	0
2	0	1	6	0	28	3	3	0	0	54	6	4	6	0
3	0	2	3	0	29	3	3	9	0	55	6	5	3	0
4	0	3	0	0	30	3	4	6	0	56	7	0	0	0
5	0	3	9	0	31	3	5	3	0	57	7	0	9	0
6	0	4	6	0	32	4	0	0	0	58	7	1	6	0
7	0	5	3	0	33	4	0	9	0	59	7	2	3	0
8	1	0	0	0	34	4	1	6	0	60	7	3	0	0
9	1	0	9	0	35	4	2	3	0	61	7	3	9	0
10	1	1	6	0	36	4	3	0	0	62	7	4	6	0
11	1	2	3	0	37	4	3	9	0	63	7	5	3	0
12	1	3	0	0	38	4	4	6	0	64	8	0	0	0
13	1	3	9	0	39	4	5	3	0	65	8	0	9	0
14	1	4	6	0	40	5	0	0	0	66	8	1	6	0
15	1	5	3	0	41	5	0	9	0	67	8	2	3	0
16	2	0	0	0	42	5	1	6	0	68	8	3	0	0
17	2	0	9	0	43	5	2	3	0	69	8	3	9	0
18	2	1	6	0	44	5	3	0	0	70	8	4	6	0
19	2	2	3	0	45	5	3	9	0	71	8	5	3	0
20	2	3	0	0	46	5	4	6	0	72	9	0	0	0
21	2	3	9	0	47	5	5	3	0					
22	2	4	6	0	48	6	0	0	0					
23	2	5	3	0	49	6	0	9	0	1/4	0	0	2	3
24	3	0	0	0	50	6	1	6	0	1/2	0	0	4	6
25	3	0	9	0	51	6	2	3	0	3/4	0	0	6	9
26	3	1	6	0	52	6	3	0	0					

Grosseur de 2 & 28 pouces.

sur Pieds de Longueur.	Produit. Pieces.	Pieds.	Pouces.	Lignes.	sur Pieds de Longueur.	Produit. Pieces.	Pieds.	Pouces.	Lignes.	sur Pieds de Longueur.	Produit. Pieces.	Pieds.	Pouces.	Lignes.
1	0..0.	9.	4		27	3..3.	0.	0		53	6..5.	2.	8
2	0..1.	6.	8		28	3..3.	9.	4		54	7..0.	0.	0
3	0..2.	4.	0		29	3..4.	6.	8		55	7..0.	9.	4
4	0..3.	1.	4		30	3..5.	4.	0		56	7..1.	6.	8
5	0..3.	10.	8		31	4..0.	1.	4		57	7..2.	4.	0
6	0..4.	8.	0		32	4..0.	10.	8		58	7..3.	1.	4
7	0..5.	5.	4		33	4..1.	8.	0		59	7..3.	10.	8
8	1..0.	2.	8		34	4..2.	5.	4		60	7..4.	8.	0
9	1..1.	0.	0		35	4..3.	2.	8		61	7..5.	5.	4
10	1..1.	9.	4		36	4..4.	0.	0		62	8..0.	2.	8
11	1..2.	6.	8		37	4..4.	9.	4		63	8..1.	0.	0
12	1..3.	4.	0		38	4..5.	6.	8		64	8..1.	9.	4
13	1..4.	1.	4		39	5..0.	4.	0		65	8..2.	6.	8
14	1..4.	10.	8		40	5..1.	1.	4		66	8..3.	4.	0
15	1..5.	8.	0		41	5..1.	10.	8		67	8..4.	1.	4
16	2..0.	5.	4		42	5..2.	8.	0		68	8..4.	10.	8
17	2..1.	2.	8		43	5..3.	5.	4		69	8..5.	8.	0
18	2..2.	0.	0		44	5..4.	2.	8		70	9..0.	5.	4
19	2..2.	9.	4		45	5..5.	0.	0		71	9..1.	2.	8
20	2..3.	6.	8		46	5..5.	9.	4		72	9..2.	0.	0
21	2..4.	4.	0		47	6..0.	6.	8					
22	2..5.	1.	4		48	6..1.	4.	0		1/4	0..0.	2.	4
23	2..5.	10.	8		49	6..2.	1.	4		1/2	0..0.	4.	8
24	3..0.	8.	0		50	6..2.	10.	8		3/4	0..0.	7.	0
25	3..1.	5.	4		51	6..3.	8.	0					
26	3..2.	2.	8		52	6..4.	5.	4					

Grosseur de 2 & 29 pouces.

sur Pieds de Longueur.	Produit.				sur Pieds de Longueur.	Produit.				sur Pieds de Longueur.	Produit.			
	Pieces.	*Pieds.*	*Pouces.*	*Lignes.*		*Pieces.*	*Pieds.*	*Pouces.*	*Lignes.*		*Pieces.*	*Pieds.*	*Pouces.*	*Lignes.*
1	0	0	9	8	27	3	3	9	0	53	7	0	8	4
2	0	1	7	4	28	3	4	6	8	54	7	1	6	0
3	0	2	5	0	29	3	5	4	4	55	7	2	3	8
4	0	3	2	8	30	4	0	2	0	56	7	3	1	4
5	0	4	0	4	31	4	0	11	8	57	7	3	11	0
6	0	4	10	0	32	4	1	9	4	58	7	4	8	8
7	0	5	7	8	33	4	2	7	0	59	7	5	6	4
8	1	0	5	4	34	4	3	4	8	60	8	0	4	0
9	1	1	3	0	35	4	4	2	4	61	8	1	1	8
10	1	2	0	8	36	4	5	0	0	62	8	1	11	4
11	1	2	10	4	37	4	5	9	8	63	8	2	9	0
12	1	3	8	0	38	5	0	7	4	64	8	3	6	8
13	1	4	5	8	39	5	1	5	0	65	8	4	4	4
14	1	5	3	4	40	5	2	2	8	66	8	5	2	0
15	2	0	1	0	41	5	3	0	4	67	8	5	11	8
16	2	0	10	8	42	5	3	10	0	68	9	0	9	4
17	2	1	8	4	43	5	4	7	8	69	9	1	7	0
18	2	2	6	0	44	5	5	5	4	70	9	2	4	8
19	2	3	3	8	45	6	0	3	0	71	9	3	2	4
20	2	4	1	4	46	6	1	0	8	72	9	4	0	0
21	2	4	11	0	47	6	1	10	4					
22	2	5	8	8	48	6	2	8	0					
23	3	0	6	4	49	6	3	5	8	1/4	0	0	2	5
24	3	1	4	0	50	6	4	3	4	1/2	0	0	4	10
25	3	2	1	8	51	6	5	1	0	3/4	0	0	7	3
26	3	2	11	4	52	6	5	10	8					

Grosseur de 2 & 30 pouces.

fu Pieds de Longueur.	Produit. Pieces.	Pieds.	Pouces.	Lignes.	fur Pieds de Longueur.	Produit. Pieces.	Pieds.	Pouces.	Lignes.	fur Pieds de Longueur.	Produit. Pieces.	Pieds.	Pouces.	Lignes.
1	0	0	10	0	27	3	4	6	0	53	7	2	2	0
2	0	1	8	0	28	3	5	4	0	54	7	3	0	0
3	0	2	6	0	29	4	0	2	0	55	7	3	10	0
4	0	3	4	0	30	4	1	0	0	56	7	4	8	0
5	0	4	2	0	31	4	1	10	0	57	7	5	6	0
6	0	5	0	0	32	4	2	8	0	58	8	0	4	0
7	0	5	10	0	33	4	3	6	0	59	8	1	2	0
8	1	0	8	0	34	4	4	4	0	60	8	2	0	0
9	1	1	6	0	35	4	5	2	0	61	8	2	10	0
10	1	2	4	0	36	5	0	0	0	62	8	3	8	0
11	1	3	2	0	37	5	0	10	0	63	8	4	6	0
12	1	4	0	0	38	5	1	8	0	64	8	5	4	0
13	1	4	10	0	39	5	2	6	0	65	9	0	2	0
14	1	5	8	0	40	5	3	4	0	66	9	1	0	0
15	2	0	6	0	41	5	4	2	0	67	9	1	10	0
16	2	1	4	0	42	5	5	0	0	68	9	2	8	0
17	2	2	2	0	43	5	5	10	0	69	9	3	6	0
18	2	3	0	0	44	6	0	8	0	70	9	4	4	0
19	2	3	10	0	45	6	1	6	0	71	9	5	2	0
20	2	4	8	0	46	6	2	4	0	72	10	0	0	0
21	2	5	6	0	47	6	3	2	0					
22	3	0	4	0	48	6	4	0	0	1/4	0	0	2	6
23	3	1	2	0	49	6	4	10	0	1/2	0	0	5	0
24	3	2	0	0	50	6	5	8	0	3/4	0	0	7	6
25	3	2	10	0	51	7	0	6	0					
26	3	3	8	0	52	7	1	4	0					

Grosseur de 3 pouces.

sur Pieds de Longueur.	Produit.				sur Pieds de Longueur.	Produit.				sur Pieds de Longueur.	Produit.			
	Pieces.	Pieds.	Pouces.	Lignes.		Pieces.	Pieds.	Pouces.	Lignes.		Pieces.	Pieds.	Pouces.	Lignes.
1	0	0	1	6	27	0	3	4	6	53	1	0	7	6
2	0	0	3	0	28	0	3	6	0	54	1	0	9	0
3	0	0	4	6	29	0	3	7	6	55	1	0	10	6
4	0	0	6	0	30	0	3	9	0	56	1	1	0	0
5	0	0	7	6	31	0	3	10	6	57	1	1	1	6
6	0	0	9	0	32	0	4	0	0	58	1	1	3	0
7	0	0	10	6	33	0	4	1	6	59	1	1	4	6
8	0	1	0	0	34	0	4	3	0	60	1	1	6	0
9	0	1	1	6	35	0	4	4	6	61	1	1	7	6
10	0	1	3	0	36	0	4	6	0	62	1	1	9	0
11	0	1	4	6	37	0	4	7	6	63	1	1	10	6
12	0	1	6	0	38	0	4	9	0	64	1	2	0	0
13	0	1	7	6	39	0	4	10	6	65	1	2	1	6
14	0	1	9	0	40	0	5	0	0	66	1	2	3	0
15	0	1	10	6	41	0	5	1	6	67	1	2	4	6
16	0	2	0	0	42	0	5	3	0	68	1	2	6	0
17	0	2	1	6	43	0	5	4	6	69	1	2	7	6
18	0	2	3	0	44	0	5	6	0	70	1	2	9	0
19	0	2	4	6	45	0	5	7	6	71	1	2	10	6
20	0	2	6	0	46	0	5	9	0	72	1	3	0	0
21	0	2	7	6	47	0	5	10	6					
22	0	2	9	0	48	1	0	0	0	$\frac{1}{4}$	0	0	0	$4\frac{1}{2}$
23	0	2	10	6	49	1	0	1	6	$\frac{1}{2}$	0	0	0	9
24	0	3	0	0	50	1	0	3	0	$\frac{3}{4}$	0	0	1	$1\frac{1}{2}$
25	0	3	1	6	51	1	0	4	6					
26	0	3	3	0	52	1	0	6	0					

Grosseur de 3 & 4 pouces.

sur Pieds de Longueur	Pieces	Pieds	Pouces	Lignes
1	0	0	12	0
2	0	0	4	0
3	0	0	6	0
4	0	0	8	0
5	0	0	10	0
6	0	1	0	0
7	0	1	2	0
8	0	1	4	0
9	0	1	6	0
10	0	1	8	0
11	0	1	10	0
12	0	2	0	0
13	0	2	2	0
14	0	2	4	0
15	0	2	6	0
16	0	2	8	0
17	0	2	10	0
18	0	3	0	0
19	0	3	2	0
20	0	3	4	0
21	0	3	6	0
22	0	3	8	0
23	0	3	10	0
24	0	4	0	0
25	0	4	2	0
26	0	4	4	0

sur Pieds de Longueur	Pieces	Pieds	Pouces	Lignes
27	0	4	6	0
28	0	4	8	0
29	0	4	10	0
30	0	5	0	0
31	0	5	2	0
32	0	5	4	0
33	0	5	6	0
34	0	5	8	0
35	0	5	10	0
36	1	0	0	0
37	1	0	2	0
38	1	0	4	0
39	1	0	6	0
40	1	0	8	0
41	1	0	10	0
42	1	1	0	0
43	1	1	2	0
44	1	1	4	0
45	1	1	6	0
46	1	1	8	0
47	1	1	10	0
48	1	2	0	0
49	1	2	2	0
50	1	2	4	0
51	1	2	6	0
52	1	2	8	0

sur Pieds de Longueur	Pieces	Pieds	Pouces	Lignes
53	1	2	10	0
54	1	3	0	0
55	1	3	2	0
56	1	3	4	0
57	1	3	6	0
58	1	3	8	0
59	1	3	10	0
60	1	4	0	0
61	1	4	2	0
62	1	4	4	0
63	1	4	6	0
64	1	4	8	0
65	1	4	10	0
66	1	5	0	0
67	1	5	2	0
68	1	5	4	0
69	1	5	6	0
70	1	5	8	0
71	1	5	10	0
72	2	0	0	0
1/4	0	0	0	6
1/2	0	0	1	0
3/4	0	0	1	6

Grosseur de 3 & 5 pouces.

sur Pieds de Longueur.	Pieces.	Pieds.	Pouces.	Lignes.
I	0	0	2	6
2	0	0	5	0
3	0	0	7	6
4	0	0	10	0
5	0	1	0	6
6	0	1	3	0
7	0	1	5	6
8	0	1	8	0
9	0	1	10	6
10	0	2	1	0
11	0	2	3	6
12	0	2	6	0
13	0	2	8	6
14	0	2	11	0
15	0	3	1	6
16	0	3	4	0
17	0	3	6	6
18	0	3	9	0
19	0	3	11	6
20	0	4	2	0
21	0	4	4	6
22	0	4	7	0
23	0	4	9	6
24	0	5	0	0
25	0	5	2	6
26	0	5	5	0

sur Pieds de Longueur.	Pieces.	Pieds.	Pouces.	Lignes.
27	0	5	7	6
28	0	5	10	0
29	1	0	0	6
30	1	0	3	0
31	1	0	5	6
32	1	0	8	0
33	1	0	10	6
34	1	1	1	0
35	1	1	3	6
36	1	1	6	0
37	1	1	8	6
38	1	1	11	0
39	1	2	1	6
40	1	2	4	0
41	1	2	6	6
42	1	2	9	0
43	1	2	11	6
44	1	3	2	0
45	1	3	4	6
46	1	3	7	0
47	1	3	9	6
48	1	4	0	0
49	1	4	2	6
50	1	4	5	0
51	1	4	7	6
52	1	4	10	0

sur Pieds de Longueur.	Pieces.	Pieds.	Pouces.	Lignes.
53	1	5	0	6
54	1	5	3	0
55	1	5	5	6
56	1	5	8	0
57	1	5	10	6
58	2	0	1	0
59	2	0	3	6
60	2	0	6	0
61	2	0	8	6
62	2	0	11	0
63	2	1	1	6
64	2	1	4	0
65	2	1	6	6
66	0	1	9	0
67	2	1	11	6
68	2	2	2	0
69	2	2	4	6
70	2	2	7	0
71	2	2	9	6
72	2	3	0	0
$\frac{1}{4}$	0	0	0	$7\frac{1}{2}$
$\frac{1}{2}$	0	0	1	3
$\frac{3}{4}$	0	0	1	$10\frac{1}{2}$

Grosseur de 3 & 6 pouces.

sur Pieds de Longueur.	Pieces.	Pieds.	Pouces.	Lignes.	sur Pieds de Longueur.	Pieces.	Pieds.	Pouces.	Lignes.	sur Pieds de Longueur.	Pieces.	Pieds.	Pouces.	Lignes.
1	0	0	3	0	27	1	0	9	0	53	2	1	3	0
2	0	0	6	0	28	1	1	0	0	54	2	1	6	0
3	0	0	9	0	29	1	1	3	0	55	2	1	9	0
4	0	1	0	0	30	1	1	6	0	56	2	2	0	0
5	0	1	3	0	31	1	1	9	0	57	2	2	3	0
6	0	1	6	0	32	1	2	0	0	58	2	2	6	0
7	0	1	9	0	33	1	2	3	0	59	2	2	9	0
8	0	2	0	0	34	1	2	6	0	60	2	3	0	0
9	0	2	3	0	35	1	2	9	0	61	2	3	3	0
10	0	2	6	0	36	1	3	0	0	62	2	3	6	0
11	0	2	9	0	37	1	3	3	0	63	2	3	9	0
12	0	3	0	0	38	1	3	6	0	64	2	4	0	0
13	0	3	3	0	39	1	3	9	0	65	2	4	3	0
14	0	3	6	0	40	1	4	0	0	66	2	4	6	0
15	0	3	9	0	41	1	4	3	0	67	2	4	9	0
16	0	4	0	0	42	1	4	6	0	68	2	5	0	0
17	0	4	3	0	43	1	4	9	0	69	2	5	3	0
18	0	4	6	0	44	1	5	0	0	70	2	5	6	0
19	0	4	9	0	45	1	5	3	0	71	2	5	9	0
20	0	5	0	0	46	1	5	6	0	72	3	0	0	0
21	0	5	3	0	47	1	5	9	0					
22	0	5	6	0	48	2	0	0	0	1/4	0	0	0	9
23	0	5	9	0	49	2	0	3	0	1/2	0	0	1	6
24	1	0	0	0	50	2	0	6	0	3/4	0	0	2	3
25	1	0	3	0	51	2	0	9	0					
26	1	0	6	0	52	2	1	0	0					

Grosseur de 3 & 7 pouces.

sur Pieds de Longueur.	Produit.				sur Pieds de Longueur.	Produit.				sur Pieds de Longueur.	Produit.			
	Pieces.	Pieds.	Pouces.	Lignes.		Pieces.	Pieds.	Pouces.	Lignes.		Pieces.	Pieds.	Pouces.	Lignes.
1	0	0	3	6	27	1	1	10	6	53	2	3	5	6
2	0	0	7	0	28	1	2	2	0	54	2	3	9	0
3	0	0	10	6	29	1	2	5	6	55	2	4	0	6
4	0	1	2	0	30	1	2	9	0	56	2	4	4	0
5	0	1	5	6	31	1	3	0	6	57	2	4	7	6
6	0	1	9	0	32	1	3	4	0	58	2	4	11	0
7	0	2	0	6	33	1	3	7	6	59	2	5	2	6
8	0	2	4	0	34	1	3	11	0	60	2	5	6	0
9	0	2	7	6	35	1	4	2	6	61	2	5	9	6
10	0	2	11	0	36	1	4	6	0	62	3	0	1	0
11	0	3	2	6	37	1	4	9	6	63	3	0	4	6
12	0	3	6	0	38	1	5	1	0	64	3	0	8	0
13	0	3	9	6	39	1	5	4	6	65	3	0	11	6
14	0	4	1	0	40	1	5	8	0	66	3	1	3	0
15	0	4	4	6	41	1	5	11	6	67	3	1	6	6
16	0	4	8	0	42	2	0	3	0	68	3	1	10	0
17	0	4	11	6	43	2	0	6	6	69	3	2	1	6
18	0	5	3	0	44	2	0	10	0	70	3	2	5	0
19	0	5	6	6	45	2	1	1	6	71	3	2	8	6
20	0	5	10	0	46	2	1	5	0	72	3	3	0	0
21	1	0	1	6	47	2	1	8	6					
22	1	0	5	0	48	2	2	0	0					
23	1	0	8	6	49	2	2	3	6	$\frac{1}{4}$	0	0	0	$10\frac{1}{2}$
24	1	1	0	0	50	2	2	7	0	$\frac{1}{2}$	0	0	1	9
25	1	1	3	6	51	2	2	10	6	$\frac{3}{4}$	0	0	2	$7\frac{1}{2}$
26	1	1	7	0	52	2	3	2	0					

E 2

Grosseur de 3 & 8 pouces.

sur Pieds de Longueur.	Produit. Pieces.	Pieds.	Pouces.	Lignes.
1	0	0	4	0
2	0	0	8	0
3	0	1	0	0
4	0	1	4	0
5	0	1	8	0
6	0	2	0	0
7	0	2	4	0
8	0	2	8	0
9	0	3	0	0
10	0	3	4	0
11	0	3	8	0
12	0	4	0	0
13	0	4	4	0
14	0	4	8	0
15	0	5	0	0
16	0	5	4	0
17	0	5	8	0
18	1	0	0	0
19	1	0	4	0
20	1	0	8	0
21	1	1	0	0
22	1	1	4	0
23	1	1	8	0
24	1	2	0	0
25	1	2	4	0
26	1	2	8	0

sur Pieds de Longueur.	Produit. Pieces.	Pieds.	Pouces.	Lignes.
27	1	3	0	0
28	1	3	4	0
29	1	3	8	0
30	1	4	0	0
31	1	4	4	0
32	1	4	8	0
33	1	5	0	0
34	1	5	4	0
35	1	5	8	0
36	2	0	0	0
37	2	0	4	0
38	2	0	8	0
39	2	1	0	0
40	2	1	4	0
41	2	1	8	0
42	2	2	0	0
43	2	2	4	0
44	2	2	8	0
45	2	3	0	0
46	2	3	4	0
47	2	3	8	0
48	2	4	0	0
49	2	4	4	0
50	2	4	8	0
51	2	5	0	0
52	2	5	4	0

sur Pieds de Longueur.	Produit. Pieces.	Pieds.	Pouces.	Lignes.
53	2	5	8	0
54	3	0	0	0
55	3	0	4	0
56	3	0	8	0
57	3	1	0	0
58	3	1	4	0
59	3	1	8	0
60	3	2	0	0
61	3	2	4	0
62	3	2	8	0
63	3	3	0	0
64	3	3	4	0
65	3	3	8	0
66	3	4	0	0
67	3	4	4	0
68	3	4	8	0
69	3	5	0	0
70	3	5	4	0
71	3	5	8	0
72	4	0	0	0
1/4	0	0	1	0
1/2	0	0	2	0
3/4	0	0	3	0

Groffeur de 3 & 9 pouces.

fur Pieds de Longueur.	Pieces.	Pieds.	Pouces.	Lignes.	fur Pieds de Longueur.	Pieces.	Pieds.	Pouces.	Lignes.	fur Pieds de Longueur.	Pieces.	Pieds.	Pouces.	Lignes.
1	0	0	4	6	27	1	4	1	6	53	3	1	10	6
2	0	0	9	0	28	1	4	6	0	54	3	2	3	0
3	0	1	1	6	29	1	4	10	6	55	3	2	7	6
4	0	1	6	0	30	1	5	3	0	56	3	3	0	0
5	0	1	10	6	31	1	5	7	6	57	3	3	4	6
6	0	2	3	0	32	1	0	0	0	58	3	3	9	0
7	0	2	7	6	33	2	0	4	6	59	3	4	1	6
8	0	3	0	0	34	2	0	9	0	60	3	4	6	0
9	0	3	4	6	35	2	1	1	6	61	3	4	10	6
10	0	3	9	0	36	2	1	6	0	62	3	5	3	0
11	0	4	1	6	37	2	1	10	6	63	3	5	7	6
12	0	4	6	0	38	2	2	3	0	64	4	0	0	0
13	0	4	10	6	39	2	2	7	6	65	4	0	4	6
14	0	5	3	0	40	2	3	0	0	66	4	0	9	0
15	0	5	7	6	41	2	3	4	6	67	4	1	1	6
16	1	0	0	0	42	2	3	9	0	68	4	1	6	0
17	1	0	4	6	43	2	4	1	6	69	4	1	10	6
18	1	0	9	0	44	2	4	6	0	70	4	2	3	0
19	1	1	1	6	45	2	4	10	6	71	4	2	7	6
20	1	1	6	0	46	2	5	3	0	72	4	3	0	0
21	1	1	10	6	47	2	5	7	6					
22	1	2	3	0	48	3	0	0	0	¼	0	0	1	1½
23	1	2	7	6	49	3	0	4	6	½	0	0	2	3
24	1	3	0	0	50	3	0	9	0	¾	0	0	3	4½
25	1	3	4	6	51	3	1	1	6					
26	1	3	9	0	52	3	1	6	0					

Grosseur de 3/8. & 10 pouces.

sur Pieds de Longueur.	Produit. Pieces.	Pieds.	Pouces.	Lignes.	sur Pieds de Longueur.	Produit. Pieces.	Pieds.	Pouces.	Lignes.	sur Pieds de Longueur.	Produit. Pieces.	Pieds.	Pouces.	Lignes.
1	0	0	5	0	27	1	5	3	0	53	3	4	1	0
2	0	0	10	0	28	1	5	8	0	54	3	4	6	0
3	0	1	3	0	29	2	0	1	0	55	3	4	11	0
4	0	1	8	0	30	2	0	6	0	56	3	5	4	0
5	0	2	1	0	31	2	0	11	0	57	3	5	9	0
6	0	2	6	0	32	2	1	4	0	58	4	0	2	0
7	0	2	11	0	33	2	1	9	0	59	4	0	7	0
8	0	3	4	0	34	2	2	2	0	60	4	1	0	0
9	0	3	9	0	35	2	2	7	0	61	4	1	5	0
10	0	4	2	0	36	2	3	0	0	62	4	1	10	0
11	0	4	7	0	37	2	3	5	0	63	4	2	3	0
12	0	5	0	0	38	2	3	10	0	64	4	2	8	0
13	0	5	5	0	39	2	4	3	0	65	4	3	1	0
14	0	5	10	0	40	2	4	8	0	66	4	3	6	0
15	1	0	3	0	41	2	5	1	0	67	4	3	11	0
16	1	0	8	0	42	2	5	6	0	68	4	4	4	0
17	1	1	1	0	43	2	5	11	0	69	4	4	9	0
18	1	1	6	0	44	3	0	4	0	70	4	5	2	0
19	1	1	11	0	45	3	0	9	0	71	4	5	7	0
20	1	2	4	0	46	3	1	2	0	72	5	0	0	0
21	1	2	9	0	47	3	1	7	0					
22	1	3	2	0	48	3	2	0	0	1/4	0	0	1	3
23	1	3	7	0	49	3	2	5	0	1/2	0	0	2	6
24	1	4	0	0	50	3	2	10	0	3/4	0	0	3	9
25	1	4	5	0	51	3	3	3	0					
26	1	4	10	0	52	3	3	8	0					

Grosseur de 3 & 11 pouces.

sur Pieds de Longueur.	Pieces.	Pieds.	Pouces.	Lignes.
1	0	0	5	6
2	0	0	11	0
3	0	1	4	6
4	0	1	10	0
5	0	2	3	6
6	0	2	9	0
7	0	3	2	6
8	0	3	8	0
9	0	4	1	6
10	0	4	7	0
11	0	5	0	6
12	0	5	6	0
13	0	5	11	6
14	1	0	5	0
15	1	0	10	6
16	1	1	4	0
17	1	1	9	6
18	1	2	3	0
19	1	2	8	6
20	1	3	2	0
21	1	3	7	6
22	1	4	1	0
23	1	4	6	6
24	1	5	0	0
25	1	5	5	6
26	1	5	11	0

sur Pieds de Longueur.	Pieces.	Pieds.	Pouces.	Lignes.
27	2	0	4	6
28	2	0	10	0
29	2	1	3	6
30	2	1	9	0
31	2	2	2	6
32	2	2	8	0
33	2	3	1	6
34	2	3	7	0
35	2	4	0	6
36	2	4	6	0
37	2	4	11	6
38	2	5	5	0
39	2	5	10	6
40	3	0	4	0
41	3	0	9	6
42	3	1	3	0
43	3	1	8	6
44	3	2	2	0
45	3	2	7	6
46	3	3	1	0
47	3	3	6	6
48	3	4	0	0
49	3	4	5	6
50	3	4	11	0
51	3	5	4	6
52	3	5	10	0

sur Pieds de Longueur.	Pieces.	Pieds.	Pouces.	Lignes.
53	4	0	3	6
54	4	0	9	0
55	4	1	2	6
56	4	1	8	0
57	4	2	1	6
58	4	2	7	0
59	4	3	0	6
60	4	3	6	0
61	4	3	11	6
62	4	4	5	0
63	4	4	10	6
64	4	5	4	0
65	4	5	9	6
66	5	0	3	0
67	5	0	3	6
68	5	1	2	0
69	5	1	7	6
70	5	2	1	0
71	5	2	6	6
72	5	3	0	0
$\frac{1}{4}$	0	0	1	$4\frac{1}{2}$
$\frac{1}{2}$	0	0	2	9
$\frac{3}{4}$	0	0	4	$1\frac{1}{2}$

Grosseur de 3 & 12 pouces.

sur Pieds de Longueur.	Pieces.	Pieds.	Pouces.	Lignes.
1	0	0.	6.	0
2	0	1.	0.	0
3	0	1.	6.	0
4	0	2.	0.	0
5	0	2.	6.	0
6	0	3.	0.	0
7	0	3.	6.	0
8	0	4.	0.	0
9	0	4.	6.	0
10	0	5.	0.	0
11	0	5.	6.	0
12	1	0.	0.	0
13	1	0.	6.	0
14	1	1.	0.	0
15	1	1.	6.	0
16	1	2.	0.	0
17	1	2.	6.	0
18	1	3.	0.	0
19	1	3.	6.	0
20	1	4.	0.	0
21	1	4.	6.	0
22	1	5.	0.	0
23	1	5.	6.	0
24	2	0.	0.	0
25	2	0.	6.	0
26	2	1.	0.	0

sur Pieds de Longueur.	Pieces.	Pieds.	Pouces.	Lignes.
27	2	1.	6.	0
28	2	2.	0.	0
29	2	2.	6.	0
30	2	3.	0.	0
31	2	3.	6.	0
32	2	4.	0.	0
33	2	4.	6.	0
34	2	5.	0.	0
35	2	5.	6.	0
36	3	0.	0.	0
37	3	0.	6.	0
38	3	1.	0.	0
39	3	1.	6.	0
40	3	2.	0.	0
41	3	2.	6.	0
42	3	3.	0.	0
43	3	3.	6.	0
44	3	4.	0.	0
45	3	4.	6.	0
46	3	5.	0.	9
47	3	5.	6.	0
48	4	0.	0.	0
49	4	0.	6.	0
50	4	1.	0.	0
51	4	1.	6.	0
52	4	2.	0.	0

sur Pieds de Longueur.	Pieces.	Pieds.	Pouces.	Lignes.
53	4	2.	6.	0
54	4	3.	0.	0
55	4	3.	6.	0
56	4	4.	0.	0
57	4	4.	6.	0
58	4	5.	0.	0
59	4	5.	6.	0
60	5	0.	0.	0
61	5	0.	6.	0
62	5	1.	0.	0
63	5	1.	6.	0
64	5	2.	0.	0
65	5	2.	6.	0
66	5	3.	0.	0
67	5	3.	6.	0
68	5	4.	0.	0
69	5	4.	6.	0
70	5	5.	0.	0
71	5	5.	6.	0
72	6	0.	0.	0
1/4	0	0.	1.	6
1/2	0	0.	3.	0
3/4	0	0.	4.	6

Grosseur de 3 & 13 pouces.

fur Pieds de Longueur.	Produit. Pieces.	Pieds.	Pouces.	Lignes.
1	0..0.	6.	6	
2	0..1.	1.	0	
3	0..1.	7.	6	
4	0..2.	2.	0	
5	0..2.	8.	6	
6	0..3.	3.	0	
7	0..3.	9.	6	
8	0..4.	4.	0	
9	0..4.	10.	6	
10	0..5.	5.	0	
11	0..5.	11.	6	
12	1..0.	6.	0	
13	1..1.	0.	6	
14	1..1.	7.	0	
15	1..2.	1.	6	
16	1..2.	8.	0	
17	1..3.	2.	6	
18	1..3.	9.	0	
19	1..4.	3.	6	
20	1..4.	10.	0	
21	1..5.	4.	6	
22	1..5.	11.	0	
23	2..0.	5.	6	
24	2..1.	0.	0	
25	2..1.	6.	6	
26	2..2.	1.	0	

fur Pied de Longueur.	Produit. Pieces.	Pieds.	Pouces.	Lignes.
27	2..2.	7.	6	
28	2..3.	2.	0	
29	2..3.	8.	6	
30	2..4.	3.	0	
31	2..4.	9.	6	
32	2..5.	4.	0	
33	2..5.	10.	6	
34	3..0.	5.	0	
35	3..0.	11.	6	
36	3..1.	6.	0	
37	3..2.	0.	6	
38	3..2.	7.	0	
39	3..3.	1.	6	
40	3..3.	8.	0	
41	3..4.	2.	6	
42	3..4.	9.	0	
43	3..5.	3.	6	
44	3..5.	10.	0	
45	4..0.	4.	6	
46	4..0.	11.	0	
47	4..1.	5.	6	
48	4..2.	0.	0	
49	4..2.	6.	6	
50	4..3.	1.	0	
51	4..3.	7.	6	
52	4..4.	2.	0	

fur Pieds de Longueur.	Produit. Pieces.	Pieds.	Pouces.	Lignes.
53	4..4.	8.	6	
54	4..5.	3.	0	
55	4..5.	9.	6	
56	5..0.	4.	0	
57	5..0.	10.	6	
58	5..1.	5.	0	
59	5..1.	11.	6	
60	5..2.	6.	0	
61	5..3.	0.	6	
62	5..3.	7.	0	
63	5..4.	1.	6	
64	5..4.	8.	0	
65	5..5.	2.	6	
66	5..5.	9.	0	
67	6..0.	3.	6	
68	6..0.	10.	0	
69	6..1.	4.	6	
70	6..1.	11.	0	
71	6..2.	5.	6	
72	6..3.	0.	0	
$\frac{1}{4}$	0..0.	1.	$7\frac{1}{2}$	
$\frac{1}{2}$	0..0.	3.	3	
$\frac{3}{4}$	0..0.	4.	$10\frac{1}{2}$	

F

Grosseur de 3 & 14 pouces.

sur Pieds de Longueur.	Produit. Pieces.	Pieds.	Pouces.	Lignes.	sur Pieds de Longueur.	Produit. Pieces.	Pieds.	Pouces.	Lignes.	sur Pieds de Longueur.	Produit. Pieces.	Pieds.	Pouces.	Lignes.
1	0	0	7	0	27	2	3	9	0	53	5	0	11	0
2	0	1	2	0	28	2	4	4	0	54	5	1	6	0
3	0	1	9	0	29	2	4	11	0	55	5	2	1	0
4	0	2	4	0	30	2	5	6	0	56	5	2	8	0
5	0	2	11	0	31	3	0	1	0	57	5	3	3	0
6	0	3	6	0	32	3	0	8	0	58	5	3	10	0
7	0	4	1	0	33	3	1	3	0	59	5	4	5	0
8	0	4	8	0	34	3	1	10	0	60	5	5	0	0
9	0	5	3	0	35	3	2	5	0	61	5	5	7	0
10	0	5	10	0	36	3	3	0	0	62	6	0	2	0
11	1	0	5	0	37	3	3	7	0	63	6	0	9	0
12	1	1	0	0	38	3	4	2	0	64	6	1	4	0
13	1	1	7	0	39	3	4	9	0	65	6	1	11	0
14	1	2	2	0	40	3	5	4	0	66	6	2	6	0
15	1	2	9	0	41	3	5	11	0	67	6	3	1	0
16	1	3	4	0	42	4	0	6	0	68	6	3	8	0
17	1	3	11	0	43	4	1	1	0	69	6	4	3	0
18	1	4	6	0	44	4	1	8	0	70	6	4	10	0
19	1	5	1	0	45	4	2	3	0	71	6	5	5	0
20	1	5	8	0	46	4	2	10	0	72	7	0	0	0
21	2	0	3	0	47	4	3	5	0					
22	2	0	10	0	48	4	4	0	0					
23	2	1	5	0	49	4	4	7	0	1/4	0	0	1	9
24	2	2	0	0	50	4	5	2	0	1/2	0	0	3	6
25	2	2	7	0	51	4	5	9	0	3/4	0	0	5	3
26	2	3	2	0	52	5	0	4	0					

Grosseur de 3 & 15 pouces.

sur Pieds de Longueur.	Produit.				sur Pieds de Longueur.	Produit.				sur Pieds de Longueur.	Produit.			
	Pieces.	Pieds.	Pouces.	Lignes.		Pieces.	Pieds.	Pouces.	Lignes.		Pieces.	Pieds.	Pouces.	Lignes.
1	0	0	7	6	27	2	4	10	6	53	5	3	1	6
2	0	1	3	0	28	2	5	6	0	54	5	3	9	0
3	0	1	10	6	29	3	0	1	6	55	5	4	4	6
4	0	2	6	0	30	3	0	9	0	56	5	5	0	0
5	0	3	1	6	31	3	1	4	6	57	5	5	7	6
6	0	3	9	0	32	3	2	0	0	58	6	0	3	0
7	0	4	4	6	33	3	2	7	6	59	6	0	10	6
8	0	5	0	0	34	3	3	3	0	60	6	1	6	0
9	0	5	7	6	35	3	3	10	6	61	6	2	1	6
10	1	0	3	0	36	3	4	6	0	62	6	2	9	0
11	1	0	10	6	37	3	5	1	6	63	6	3	4	6
12	1	1	6	0	38	3	5	9	0	64	6	4	0	0
13	1	2	1	6	39	4	0	4	6	65	6	4	7	6
14	1	2	9	0	40	4	1	0	0	66	6	5	3	0
15	1	3	4	6	41	4	1	7	6	67	6	5	10	6
16	1	4	0	0	42	4	2	3	0	68	7	0	6	0
17	1	4	7	6	43	4	2	10	6	69	7	1	1	6
18	1	5	3	0	44	4	3	6	0	70	7	1	9	0
19	1	5	10	6	45	4	4	1	6	71	7	2	4	6
20	2	0	6	0	46	4	4	9	0	72	7	9	0	0
21	2	1	1	6	47	4	5	4	6					
22	2	1	9	0	48	5	0	0	0					
23	2	2	4	6	49	5	0	7	6	$\frac{1}{4}$	0	0	1	10$\frac{1}{2}$
24	2	3	0	0	50	5	1	3	0	$\frac{1}{2}$	0	0	3	9
25	2	3	7	6	51	5	1	10	6	$\frac{3}{4}$	0	0	5	7$\frac{1}{2}$
26	2	4	3	0	52	5	2	6	0					

Grosseur de 3 & 16 pouces.

sur Pieds de Longueur.	Pièces.	Pieds.	Pouces.	Lignes.
1	0	0	8	0
2	0	1	4	0
3	0	2	0	0
4	0	2	8	0
5	0	3	4	0
6	0	4	0	0
7	0	4	8	0
8	0	5	4	0
9	1	0	0	0
10	1	0	8	0
11	1	1	4	0
12	1	2	0	0
13	1	2	8	0
14	1	3	4	0
15	1	4	0	0
16	1	4	8	0
17	1	5	4	0
18	2	0	0	0
19	2	0	8	0
20	2	1	4	0
21	2	2	0	0
22	2	2	8	0
23	2	3	4	0
24	2	4	0	0
25	2	4	8	0
26	2	5	4	0

sur Pieds de Longueur.	Pièces.	Pieds.	Pouces.	Lignes.
27	3	0	0	0
28	3	0	8	0
29	3	1	4	0
30	3	2	0	0
31	3	2	8	0
32	3	3	4	0
33	3	4	0	0
34	3	4	8	0
35	3	5	4	0
36	4	0	0	0
37	4	0	8	0
38	4	1	4	0
39	4	2	0	0
40	4	2	8	0
41	4	3	4	0
42	4	4	0	0
43	4	4	8	0
44	4	5	4	0
45	5	0	0	0
46	5	0	8	0
47	5	1	4	0
48	5	2	0	0
49	5	2	8	0
50	5	3	4	0
51	5	4	0	0
52	5	4	8	0

sur Pieds de Longueur.	Pièces.	Pieds.	Pouces.	Lignes.
53	5	5	4	0
54	6	0	0	0
55	6	0	8	0
56	6	1	4	0
57	6	2	0	0
58	6	2	8	0
59	6	3	4	0
60	6	4	0	0
61	6	4	8	0
62	6	5	4	0
63	7	0	0	0
64	7	0	8	0
65	7	1	4	0
66	7	2	0	0
67	7	2	8	0
68	7	3	4	0
69	7	4	0	0
70	7	4	8	0
71	7	5	4	0
72	8	0	0	0
1/4	0	0	2	0
1/2	0	0	4	0
3/4	0	0	6	0

Grosseur de 3 & 17 pouces.

sur Pieds de Longueur.	Produit. Pieces.	Pieds.	Pouces.	Lignes.	sur Pieds de Longueur.	Produit. Pieces.	Pieds.	Pouces.	Lignes.	sur Pieds de Longueur.	Produit. Pieces.	Pieds.	Pouces.	Lignes.
1	0	0	8	6	27	3	1	1	6	53	6	1	6	6
2	0	1	5	0	28	3	1	10	0	54	6	2	3	0
3	0	2	1	6	29	3	2	6	6	55	6	2	11	6
4	0	2	10	0	30	3	3	3	0	56	6	3	8	0
5	0	3	6	6	31	3	3	11	6	57	6	4	4	6
6	0	4	3	0	32	3	4	8	0	58	6	5	1	0
7	0	4	11	6	33	3	5	4	6	59	6	5	9	6
8	0	5	8	0	34	4	0	1	0	60	7	0	6	0
9	1	0	4	6	35	4	0	9	6	61	7	1	2	6
10	1	1	1	0	36	4	1	6	0	62	7	1	11	0
11	1	1	9	6	37	4	2	2	6	63	7	2	7	6
12	1	2	6	0	38	4	2	11	0	64	7	3	4	0
13	1	3	2	6	39	4	3	7	6	65	7	4	0	6
14	1	3	11	0	40	4	4	4	0	66	7	4	9	0
15	1	4	7	6	41	4	5	0	6	67	7	5	5	6
16	6	5	4	0	42	4	5	9	0	68	8	0	2	0
17	2	0	0	6	43	5	0	5	6	69	8	0	10	6
18	2	0	9	0	44	5	1	2	0	70	8	1	7	0
19	2	1	5	6	45	5	1	10	6	71	8	2	3	6
20	2	2	2	0	46	5	2	7	0	72	8	3	0	0
21	2	2	10	6	47	5	3	3	6					
22	2	3	7	0	48	5	4	0	0					
23	2	4	3	6	49	5	4	8	6	$\frac{1}{4}$	0	0	2	$1\frac{1}{2}$
24	2	5	0	0	50	5	5	5	0	$\frac{1}{2}$	0	0	4	3
25	2	5	8	6	51	6	0	1	6	$\frac{3}{4}$	0	0	6	$4\frac{1}{2}$
26	3	0	5	0	52	6	0	10	0					

Grosseur de 3 & 18 pouces.

sur Pieds de Longueur.	Produit. Pieces.	Pieds.	Pouces.	Lignes.
1	0	0	9	0
2	0	1	6	0
3	0	2	3	0
4	0	3	0	0
5	0	3	9	0
6	0	4	6	0
7	0	5	3	0
8	1	0	0	0
9	1	0	9	0
10	1	1	6	0
11	1	2	3	0
12	1	3	0	0
13	1	3	9	0
14	1	4	6	0
15	1	5	3	0
16	2	0	0	0
17	2	0	9	0
18	2	1	6	0
19	2	2	3	0
20	2	3	0	0
21	2	3	9	0
22	2	4	6	0
23	2	5	3	0
24	3	0	0	0
25	3	0	9	0
26	3	1	6	0

sur Pieds de Longueur.	Produit. Pieces.	Pieds.	Pouces.	Lignes.
27	3	2	3	0
28	3	3	0	0
29	3	3	9	0
30	3	4	6	0
31	3	5	3	0
32	4	0	0	0
33	4	0	9	0
34	4	1	6	0
35	4	2	3	0
36	4	3	0	0
37	4	3	9	0
38	4	4	6	0
39	4	5	3	0
40	5	0	0	0
41	5	0	9	0
42	5	1	6	0
43	5	2	3	0
44	5	3	0	0
45	5	3	9	0
46	5	4	6	0
47	5	5	3	0
48	6	0	0	0
49	6	0	9	0
50	6	1	6	0
51	6	2	3	0
52	6	3	0	0

sur Pieds de Longueur.	Produit. Pieces.	Pieds.	Pouces.	Lignes.
53	6	3	9	0
54	6	4	6	0
55	6	5	3	0
56	7	0	0	0
57	7	0	9	0
58	7	1	6	0
59	7	2	3	0
60	7	3	0	0
61	7	3	9	0
62	7	4	6	0
63	7	5	3	0
64	8	0	0	0
65	8	0	9	0
66	8	1	6	0
67	8	2	3	0
68	8	3	0	0
69	8	3	9	0
70	8	4	6	0
71	8	5	3	0
72	9	0	0	0
1/4	0	0	2	3
1/2	0	0	4	6
3/4	0	0	6	9

Grosseur de 3 & 19 pouces.

sur Pieds de Longueur.	Produit.				sur Pieds de Longueur.	Produit.				sur Pieds de Longueur.	Produit.			
	Pieces.	*Pieds.*	*Pouces.*	*Lignes.*		*Pieces.*	*Pieds.*	*Pouces.*	*Lignes.*		*Pieces.*	*Pieds.*	*Pouces.*	*Lignes.*
1	0	0	9	6	27	3	3	4	6	53	6	5	11	6
2	0	1	7	0	28	3	4	2	0	54	7	0	9	0
3	0	2	4	6	29	3	4	11	6	55	7	1	6	6
4	0	3	2	0	30	3	5	9	0	56	7	2	4	0
5	0	3	11	6	31	4	0	6	6	57	7	3	1	6
6	0	4	9	0	32	4	1	4	0	58	7	3	11	0
7	0	5	6	6	33	4	2	1	6	59	7	4	8	6
8	1	0	4	0	34	4	2	11	0	60	7	5	6	0
9	1	1	1	6	35	4	3	8	6	61	8	0	3	6
10	1	1	11	0	36	4	4	6	0	62	8	1	1	0
11	1	2	8	6	37	4	5	3	6	63	8	1	10	6
12	1	3	6	0	38	5	0	1	0	64	8	2	8	0
13	1	4	3	6	39	5	0	10	6	65	8	3	5	6
14	1	5	1	0	40	5	1	8	0	66	8	4	3	0
15	1	5	10	6	41	5	2	5	6	67	8	5	3	6
16	2	0	8	0	42	5	3	3	0	68	8	5	10	0
17	2	1	5	6	43	5	4	0	6	69	9	0	7	6
18	2	2	3	0	44	5	4	10	0	70	9	1	5	0
19	2	3	0	6	45	5	5	7	6	71	9	2	2	6
20	2	3	10	0	46	6	0	5	0	72	9	3	0	0
21	2	4	7	6	47	6	1	2	6					
22	2	5	5	0	48	6	2	0	0					
23	3	0	2	6	49	6	2	9	6	$\frac{1}{4}$	0	0	2	$4\frac{1}{2}$
24	3	1	0	0	50	6	3	7	0	$\frac{1}{2}$	0	0	4	9
25	3	1	9	6	51	6	4	4	6	$\frac{3}{4}$	0	0	7	$1\frac{1}{2}$
26	3	2	7	0	52	6	5	2	0					

Grosseur de 3 & 20 pouces.

sur Pieds de Longueur.	Produit.			
	Pieces.	Pieds.	Pouces.	Lignes.
1	0	0	10	0
2	0	1	8	0
3	0	2	6	0
4	0	3	4	0
5	0	4	2	0
6	0	5	0	0
7	0	5	10	0
8	1	0	8	0
9	1	1	6	0
10	1	2	4	0
11	1	3	2	0
12	1	4	0	0
13	1	4	10	0
14	1	5	8	0
15	2	0	6	0
16	2	1	4	0
17	2	2	2	0
18	2	3	0	0
19	2	3	10	0
20	2	4	8	0
21	2	5	6	0
22	3	0	4	0
23	3	1	2	0
24	3	2	0	0
25	3	2	10	0
26	3	3	8	0

sur Pieds de Longueur.	Produit.			
	Pieces.	Pieds.	Pouces.	Lignes.
27	3	4	6	0
28	3	5	4	0
29	4	0	2	0
30	4	1	0	0
31	4	1	10	0
32	4	2	8	0
33	4	3	6	0
34	4	4	4	0
35	4	5	2	0
36	5	0	0	0
37	5	0	10	0
38	5	1	8	0
39	5	2	6	0
40	5	3	4	0
41	5	4	2	0
42	5	5	0	0
43	5	5	10	0
44	6	0	8	0
45	6	1	6	0
46	6	2	4	0
47	6	3	2	0
48	6	4	0	0
49	6	4	10	0
50	6	5	8	0
51	7	0	6	0
52	7	1	4	0

sur Pieds de Longueur.	Produit.			
	Pieces.	Pieds.	Pouces.	Lignes.
53	7	2	2	0
54	7	3	0	0
55	7	3	10	0
56	7	4	8	0
57	7	5	6	0
58	8	0	4	0
59	8	1	2	0
60	8	2	0	0
61	8	2	10	0
62	8	3	8	0
63	8	4	6	0
64	8	5	4	0
65	9	0	2	0
66	9	1	0	0
67	9	1	10	0
68	9	2	8	0
69	9	3	6	0
70	9	4	4	0
71	9	5	2	0
72	10	0	0	0
1/4	0	0	2	6
1/2	0	0	5	0
3/4	0	0	7	6

Grosseur de 3 & 21 pouces.

sur Pieds de Longueur.	Pieces.	Pieds.	Pouces.	Lignes.	sur Pieds de Longueur.	Pieces.	Pieds.	Pouces.	Lignes.	sur Pieds de Longueur.	Pieces.	Pieds.	Pouces.	Lignes.
1	0	0	10	6	27	3	5	7	6	53	7	4	4	6
2	0	1	9	0	28	4	0	6	0	54	7	5	3	0
3	0	2	7	6	29	4	1	4	6	55	8	0	1	6
4	0	3	6	0	30	4	2	3	0	56	8	1	0	0
5	0	4	4	6	31	4	3	1	6	57	8	1	10	6
6	0	5	3	0	32	4	4	0	0	58	8	2	9	0
7	1	0	1	6	33	4	4	10	6	59	8	3	7	6
8	1	1	0	0	34	4	5	9	0	60	8	4	6	0
9	1	1	10	6	35	5	0	7	6	61	8	5	4	6
10	1	2	9	0	36	5	1	6	0	62	9	0	3	0
11	1	3	7	6	37	5	2	4	6	63	9	1	1	6
12	1	4	6	0	38	5	3	3	0	64	9	2	0	0
13	1	5	4	6	39	5	4	1	6	65	9	2	10	6
14	2	0	3	0	40	5	5	0	0	66	9	3	9	0
15	2	1	1	6	41	5	5	10	6	67	9	4	7	6
16	2	2	0	0	42	6	0	9	0	68	9	5	6	0
17	2	2	10	6	43	6	1	7	6	69	10	0	4	6
18	2	3	9	0	44	6	2	6	0	70	10	1	3	0
19	2	4	7	6	45	6	3	4	6	71	10	2	1	6
20	2	5	6	0	46	6	4	3	0	72	10	3	0	0
21	3	0	4	6	47	6	5	1	6					
22	3	1	3	0	48	7	0	0	0	1/4	0	0	2	9
23	3	2	1	6	49	7	0	10	6	1/2	0	0	5	3
24	3	3	0	0	50	7	1	9	0	3/4	0	0	8	0
25	3	3	10	6	51	7	2	7	6					
26	3	4	9	0	52	7	3	6	0					

Grosseur de 3 & 22 pouces.

sur Pieds de Longueur.	Produit. Pieces.	Pieds.	Pouces.	Lignes.
1	0	0	11	0
2	0	1	10	0
3	0	2	9	0
4	0	3	8	0
5	0	4	7	0
6	0	5	6	0
7	1	0	5	0
8	1	1	4	0
9	1	2	3	0
10	1	3	2	0
11	1	4	1	0
12	1	5	0	0
13	1	5	11	0
14	2	0	10	0
15	2	1	9	0
16	2	2	8	0
17	2	3	7	0
18	2	4	6	0
19	2	5	5	0
20	3	0	4	0
21	3	1	3	0
22	3	2	2	0
23	3	3	1	0
24	3	4	0	0
25	3	4	11	0
26	3	5	10	0

sur Pieds de Longueur.	Produit. Pieces.	Pieds.	Pouces.	Lignes.
27	4	0	9	0
28	4	1	8	0
29	4	2	7	0
30	4	3	6	0
31	4	4	5	0
32	4	5	4	0
33	5	0	3	0
34	5	1	2	0
35	5	2	1	0
36	5	3	0	0
37	5	3	11	0
38	5	4	10	0
39	5	5	9	0
40	6	0	8	0
41	6	1	7	0
42	6	2	6	0
43	6	3	5	0
44	6	4	4	0
45	6	5	3	0
46	7	0	2	0
47	7	1	1	0
48	7	2	0	0
49	7	2	11	0
50	7	3	10	0
51	7	4	9	0
52	7	5	8	0

sur Pieds de Longueur.	Produit. Pieces.	Pieds.	Pouces.	Lignes.
53	8	0	7	0
54	8	1	6	0
55	8	2	5	0
56	8	3	4	0
57	8	4	3	0
58	8	5	2	0
59	9	0	1	0
60	9	1	0	0
61	9	1	11	0
62	9	2	10	0
63	9	3	9	0
64	9	4	8	0
65	9	5	7	0
66	10	0	6	0
67	10	1	5	0
68	10	2	4	0
69	10	3	3	0
70	10	4	2	0
71	10	5	1	0
72	11	0	0	0
1/4	0	0	2	9
2/4	0	0	5	6
3/4	0	0	8	3

Grosseur de 3 & 23 pouces.

sur Pieds de Longueur.	Produit. Pieces.	Pieds.	Pouces.	Lignes.	sur Pieds de Longueur.	Produit. Pieces.	Pieds.	Pouces.	Lignes.	sur Pieds de Longueur.	Produit. Pieces.	Pieds.	Pouces.	Lignes.
1	0..0.11.6				27	4..1.10.6				53	8..2.9.6			
2	0..1.11.0				28	4..2.10.0				54	8..3.9.0			
3	0..2.10.6				29	4..3.9.6				55	8..4.8.6			
4	0..3.10.0				30	4..4.9.0				56	8..5.8.0			
5	0..4.9.6				31	4..5.8.6				57	9..0.7.6			
6	0..5.9.0				32	5..0.8.0				58	9..1.7.0			
7	1..0.8.6				33	5..1.7.6				59	2..2.6.6			
8	1..1.8.0				34	5..2.7.0				60	9..3.6.0			
9	1..2.7.6				35	5..3.6.6				61	9..4.5.6			
10	1..3.7.0				36	5..4.6.0				62	9..5.5.0			
11	1..4.6.6				37	5..5.5.6				63	10..0.4.6			
12	1..5.6.0				38	6..0.5.0				64	10..1.4.0			
13	2..0.5.6				39	6..1.4.6				65	10..2.3.6			
14	2..1.5.0				40	6..2.4.0				66	10..3.3.0			
15	2..2.4.6				41	6..3.3.6				67	10..4.2.6			
16	2..3.4.0				42	6..4.3.0				68	10..5.2.0			
17	2..4.3.6				43	6..5.2.6				69	11..0.1.6			
18	2..5.3.0				44	7..0.2.0				70	11..1.1.0			
19	3..0.2.6				45	7..1.1.6				71	11..2.0.6			
20	3..1.2.0				46	7..2.1.0				72	11..3.0.0			
21	3..2.1.6				47	7..3.0.6								
22	3..3.1.0				48	7..4.0.0								
23	3..4.0.6				49	7..4.11.6				$\frac{1}{4}$	0..0.2.10$\frac{1}{2}$			
24	3..5.0.0				50	7..5.11.0				$\frac{1}{2}$	0..0.5.9			
25	3..5.11.6				51	8..0.10.6				$\frac{3}{4}$	0..0.8.7$\frac{1}{2}$			
26	4..0.11.0				52	8..1.10.0								

Grosseur de 3 & 24 pouces.

sur Pieds de Longueur.	Pieces.	Pieds.	Pouces.	Lignes.	sur Pieds de Longueur.	Pieces.	Pieds.	Pouces.	Lignes.	sur Pieds de Longueur.	Pieces.	Pieds.	Pouces.	Lignes.
1	0..1.	0,	0		27	4..3.	0.	0		53	8..5.	0.	0	
2	0..2.	0.	0		28	4..4.	0.	0		54	9..0.	0.	0	
3	0..3.	0.	0		29	4..5.	0.	0		55	9..1.	0.	0	
4	0..4.	0.	0		30	5..0.	0.	0		56	9..2.	0.	0	
5	0..5.	0.	0		31	5..1.	0.	0		57	9..3.	0.	0	
6	1..0.	0.	0		32	5..2.	0,	0		58	9..4.	0.	0	
7	1..1.	0.	0		33	5..3.	0,	0		59	9..5.	0.	0	
8	1..2.	0.	0		34	5..4.	0.	0		60	10..0.	0.	0	
9	1..3.	0.	0		35	5..5.	0.	0		61	10..1.	0.	0	
10	1..4.	0.	0		36	6..0.	0.	0		62	10..2.	0.	0	
11	1..5.	0.	0		37	6..1.	0.	0		63	10..3.	0.	0	
12	2..0.	0.	0		38	6..2.	0.	0		64	10..4.	0.	0	
13	2..1.	0.	0		39	6..3.	0.	0		65	10..5.	0.	0	
14	2..2.	0.	0		40	6..4.	0.	0		66	11..0.	0.	0	
15	2..3.	0.	0		41	6..5.	0.	0		67	11..1.	0.	0	
16	2..4.	0.	0		42	7..0.	0.	0		68	11..2.	0.	0	
17	2..5.	0.	0		43	7..1.	0.	0		69	11..3.	0.	0	
18	3..0.	0.	0		44	7..2.	0.	0		70	11..4.	0.	0	
19	3..1.	0.	0		45	7..3.	0.	0		71	11..5.	0.	0	
20	3..2.	0.	0		46	7..4.	0.	0		72	12..0.	0.	0	
21	3..3.	0.	0		47	7..5.	0.	0						
22	3..4.	0.	0		48	8..0.	0.	0						
23	3..5.	0.	0		49	8..1.	0.	0		1/4	0..0.	3.	0	
24	4..0.	0.	0		50	8..2.	0.	0		1/2	0..0.	6.	0	
25	4..1.	0.	0		51	8..3.	0.	0		3/4	0..0.	9.	0	
26	4..2.	0.	0		52	8..4.	0.	0						

Grosseur de 3 & 25 pouces.

sur Pieds de Longueur.	Produit. Pièces.	Pieds.	Pouces.	Lignes.	sur Pieds de Longueur.	Produit. Pièces.	Pieds.	Pouces.	Lignes.	sur Pieds de Longueur.	Produit. Pièces.	Pieds.	Pouces.	Lignes.
1	0	1	0	6	27	4	4	1	6	53	9	1	2	6
2	0	2	1	0	28	4	5	2	0	54	9	2	3	0
3	0	3	1	6	29	5	0	2	6	55	9	3	3	6
4	0	4	2	0	30	5	1	3	0	56	9	4	4	0
5	0	5	2	6	31	5	2	3	6	57	9	5	4	6
6	1	0	3	0	32	5	3	4	0	58	10	0	5	0
7	1	1	3	6	33	5	4	4	6	59	10	1	5	6
8	1	2	4	0	34	5	5	5	0	60	10	2	6	0
9	1	3	4	6	35	6	0	5	6	61	10	3	6	6
10	1	4	5	0	36	6	1	6	0	62	10	4	7	0
11	1	5	5	6	37	6	2	6	6	63	10	5	7	6
12	2	0	6	0	38	6	3	7	0	64	11	0	8	0
13	2	1	6	6	39	6	4	7	6	65	11	1	8	6
14	2	2	7	0	40	6	5	8	0	66	11	2	9	0
15	2	3	7	6	41	7	0	8	6	67	11	3	9	6
16	2	4	8	0	42	7	1	9	0	68	11	4	10	0
17	2	5	8	6	43	7	2	9	6	69	11	5	10	6
18	3	0	9	0	44	7	3	10	0	70	12	0	11	0
19	3	1	9	6	45	7	4	10	6	71	12	1	11	6
20	3	2	10	0	46	7	5	11	0	72	12	3	0	0
21	3	3	10	6	47	8	0	11	6					
22	3	4	11	0	48	8	2	0	0	$\frac{1}{4}$	0	0	3	$1\frac{1}{2}$
23	3	5	11	6	49	8	3	0	6	$\frac{1}{2}$	0	0	6	3
24	4	1	0	0	50	8	4	1	0	$\frac{3}{4}$	0	0	9	$4\frac{1}{2}$
25	4	2	0	6	51	8	5	1	6					
26	4	3	1	0	52	9	0	2	0					

Grosseur de 3 & 26 pouces.

sur Pieds de Longueur.	Produit. Pieces.	Pieds.	Pouces.	Lignes.
1	0	1	1	0
2	0	2	2	0
3	0	3	3	0
4	0	4	4	0
5	0	5	5	0
6	1	0	6	0
7	1	1	7	0
8	1	2	8	0
9	1	3	9	0
10	1	4	10	0
11	1	5	11	0
12	2	1	0	0
13	2	2	1	0
14	2	3	2	0
15	2	4	3	0
16	2	5	4	0
17	3	0	5	0
18	3	1	6	0
19	3	2	7	0
20	3	3	8	0
21	3	4	9	0
22	3	5	10	0
23	4	0	11	0
24	4	2	0	0
25	4	3	1	0
26	4	4	2	0

sur Pieds de Longueur.	Produit. Pieces.	Pieds.	Pouces.	Lignes.
27	4	5	3	0
28	5	0	4	0
29	5	1	5	0
30	5	2	6	0
31	5	3	7	0
32	5	4	8	0
33	5	5	9	0
34	6	0	10	0
35	6	1	11	0
36	6	3	0	0
37	6	4	1	0
38	6	5	2	0
39	7	0	3	0
40	7	1	4	0
41	7	2	5	0
42	7	3	6	0
43	7	4	7	0
44	7	5	8	0
45	8	0	9	0
46	8	1	10	0
47	8	2	11	0
48	8	4	0	0
49	8	5	1	0
50	9	0	2	0
51	9	1	3	0
52	9	2	4	0

sur Pieds de Longueur.	Produit. Pieces.	Pieds.	Pouces.	Lignes.
53	9	3	5	0
54	9	4	6	0
55	9	5	7	0
56	10	0	8	0
57	10	1	9	0
58	10	2	10	0
59	10	3	11	0
60	10	5	0	0
61	11	0	1	0
62	11	1	2	0
63	11	2	3	0
64	11	3	4	0
65	11	4	5	0
66	11	5	6	0
67	12	0	7	0
68	12	1	8	0
69	12	2	9	0
70	12	3	10	0
71	12	4	11	0
72	13	0	0	0
$\frac{1}{4}$	0	0	3	3
$\frac{1}{2}$	0	0	6	6
$\frac{3}{4}$	0	0	9	9

Grosseur de 3 & 27 pouces.

sur Pieds de Longueur.	Produit.				sur Pieds de Longueur.	Produit.				sur Pieds de Longueur.	Produit.			
	Pieces.	Pieds.	Pouces.	Lignes.		Pieces.	Pieds.	Pouces.	Lignes.		Pieces.	Pieds.	Pouces.	Lignes.
1	0	1	1	6	27	5	0	4	6	53	9	5	7	6
2	0	2	3	0	28	5	1	6	0	54	10	0	9	0
3	0	3	4	6	29	5	2	7	6	55	10	1	10	6
4	0	4	6	0	30	5	3	9	0	56	10	3	0	0
5	0	5	7	6	31	5	4	10	6	57	10	4	1	6
6	1	0	9	0	32	6	0	0	0	58	10	5	3	0
7	1	1	10	6	33	6	1	1	6	59	11	0	4	6
8	1	3	0	0	34	6	2	3	0	60	11	1	6	0
9	1	4	1	6	35	6	3	4	6	61	11	2	7	6
10	1	5	3	0	36	6	4	6	0	62	11	3	9	0
11	2	0	4	6	37	6	5	7	6	63	11	4	10	6
12	2	1	6	0	38	7	0	9	0	64	12	0	0	0
13	2	2	7	6	39	7	1	10	6	65	12	1	1	6
14	2	3	9	0	40	7	3	0	0	66	12	2	3	0
15	2	4	10	6	41	7	4	1	6	67	12	3	4	6
16	3	0	0	0	42	7	5	3	0	68	12	4	6	0
17	3	1	1	6	43	8	0	4	6	69	12	5	7	6
18	3	2	3	0	44	8	1	6	0	70	13	0	9	0
19	3	3	4	6	45	8	2	7	6	71	13	1	10	6
20	3	4	6	0	46	8	3	9	0	72	13	3	0	0
21	3	5	7	6	47	8	4	10	6					
22	4	0	9	0	48	9	0	0	0	$\frac{1}{4}$	0	0	3	$4\frac{1}{2}$
23	4	1	10	6	49	9	1	1	6	$\frac{2}{4}$	0	0	6	9
24	4	3	0	0	50	9	2	3	0	$\frac{3}{4}$	0	0	10	$1\frac{1}{2}$
25	4	4	1	6	51	9	3	4	6					
26	4	5	3	0	52	9	4	6	0					

Grosseur de 3 & 28 pouces.

sur Pieds de Longueur	Produit.				sur Pieds de Longueur	Produit.				sur Pieds de Longueur	Produit.			
	Pieces.	Pieds.	Pouces.	Lignes.		Pieces.	Pieds.	Pouces.	Lignes.		Pieces.	Pieds.	Pouces.	Lignes.
1	0	1	2	0	27	5	1	6	0	53	10	1	10	0
2	0	2	4	0	28	5	2	8	0	54	10	3	0	0
3	0	3	6	0	29	5	3	10	0	55	10	4	2	0
4	0	4	8	0	30	5	5	0	0	56	10	5	4	0
5	0	5	10	0	31	6	0	2	0	57	11	0	6	0
6	1	1	0	0	32	6	1	4	0	58	11	1	8	0
7	1	2	2	0	33	6	2	6	0	59	11	2	10	0
8	1	3	4	0	34	6	3	8	0	60	11	4	0	0
9	1	4	6	0	35	6	4	10	0	61	11	5	2	0
10	1	5	8	0	36	7	0	0	0	62	12	0	4	0
11	2	0	10	0	37	7	1	2	0	63	12	1	6	0
12	2	2	0	0	38	7	2	4	0	64	12	2	8	0
13	2	3	2	0	39	7	3	6	0	65	12	3	10	0
14	2	4	4	0	40	7	4	8	0	66	12	5	0	0
15	2	5	6	0	41	7	5	10	0	67	13	0	2	0
16	3	0	8	0	42	8	1	0	0	68	13	1	4	0
17	3	1	10	0	43	8	2	2	0	69	13	2	6	0
18	3	3	0	0	44	8	3	4	0	70	13	3	8	0
19	3	4	2	0	45	8	4	6	0	71	13	4	10	0
20	3	5	4	0	46	8	5	8	0	72	14	0	0	0
21	4	0	6	0	47	9	0	10	0					
22	4	1	8	0	48	9	2	0	0					
23	4	2	10	0	49	9	3	2	0	$\frac{1}{4}$	0	0	3	$6\frac{1}{2}$
24	4	4	0	0	50	9	4	4	0	$\frac{1}{2}$	0	0	7	0
25	4	5	2	0	51	9	5	6	0	$\frac{3}{4}$	0	0	10	$6\frac{1}{2}$
26	5	0	4	0	52	10	0	8	0					

Grosseur de 3 & 29 pouces.

sur Pieds de Longueur.	Pieces.	Pieds.	Pouces.	Lignes.
1	0	1	2	6
2	0	2	5	0
3	0	3	7	6
4	0	4	10	0
5	1	0	0	6
6	1	1	3	0
7	1	2	5	6
8	1	3	8	0
9	1	4	10	6
10	2	0	1	0
11	2	1	3	6
12	2	2	6	0
13	2	3	8	6
14	2	4	11	0
15	3	0	1	6
16	3	1	4	0
17	3	2	6	6
18	3	3	9	0
19	3	4	11	6
20	4	0	2	0
21	4	1	4	6
22	4	2	7	0
23	4	3	9	6
24	4	5	0	0
25	5	0	2	6
26	5	1	5	0

sur Pieds de Longueur.	Pieces.	Pieds.	Pouces.	Lignes.
27	5	2	7	6
28	5	3	10	0
29	5	5	0	6
30	6	0	3	0
31	6	1	5	6
32	6	2	8	0
33	6	3	10	6
34	6	5	1	0
35	7	0	3	6
36	7	1	6	0
37	7	2	8	6
38	7	3	11	0
39	7	5	1	6
40	8	0	4	0
41	8	1	6	6
42	8	2	9	0
43	8	3	11	6
44	8	5	2	0
45	9	0	4	6
46	9	1	7	0
47	9	2	9	6
48	9	4	0	0
49	9	5	2	6
50	10	0	5	0
51	10	1	7	6
52	10	2	10	0

sur Pieds de Longueur.	Pieces.	Pieds.	Pouces.	Lignes.
53	10	4	0	6
54	10	5	3	0
55	11	0	5	6
56	11	1	8	0
57	11	2	10	6
58	11	4	1	0
59	11	5	3	6
60	12	0	6	0
61	12	1	8	6
62	12	2	11	0
63	12	4	1	6
64	12	5	4	0
65	13	0	6	6
66	13	1	9	0
67	13	2	11	6
68	13	4	2	0
69	13	5	4	6
70	14	0	7	0
71	14	1	9	6
72	14	3	0	0
$\frac{1}{4}$	0	0	3	$7\frac{1}{2}$
$\frac{2}{4}$	0	0	7	3
$\frac{3}{4}$	0	0	10	$10\frac{1}{2}$

H

Grosseur de 3 & 30 pouces.

sur Pieds de Longueur.	Produit Pieces.	Pieds.	Pouces.	Lignes.
1	0	1	3	0
2	0	2	6	0
3	0	3	9	0
4	0	5	0	0
5	1	0	3	0
6	1	1	6	0
7	1	2	9	0
8	1	4	0	0
9	1	5	3	0
10	2	0	6	0
11	2	1	9	0
12	2	3	0	0
13	2	4	3	0
14	2	5	6	0
15	3	0	9	0
16	3	2	0	0
17	3	3	3	0
18	3	4	6	0
19	3	5	9	0
20	4	1	0	0
21	4	2	3	0
22	4	3	6	0
23	4	4	9	0
24	5	0	0	0
25	5	1	3	0
26	5	2	6	0

sur Pieds de Longueur.	Produit Pieces.	Pieds.	Pouces.	Lignes.
27	5	3	9	0
28	5	5	0	0
29	6	0	3	0
30	6	1	6	0
31	6	2	9	0
32	6	4	0	0
33	6	5	3	0
34	7	0	6	0
35	7	1	9	0
36	7	3	0	0
37	7	4	3	0
38	7	5	6	0
39	8	0	9	0
40	8	2	0	0
41	8	3	3	0
42	8	4	6	0
43	8	5	9	0
44	9	1	0	0
45	9	2	3	0
46	9	3	6	0
47	9	4	9	0
48	10	0	0	0
49	10	1	3	0
50	10	2	6	0
51	10	3	9	0
52	10	5	0	0

sur Pieds de Longueur.	Produit Pieces.	Pieds.	Pouces.	Lignes.
53	11	0	3	0
54	11	1	6	0
55	11	2	9	0
56	11	4	0	0
57	11	5	3	0
58	12	0	6	0
59	12	1	9	0
60	12	3	0	0
61	12	4	3	0
62	12	5	6	0
63	13	0	9	0
64	13	2	0	0
65	13	3	3	0
66	13	4	6	0
67	13	5	9	0
68	14	1	0	0
69	14	2	3	0
70	14	3	6	0
71	14	4	9	0
72	15	0	0	0
$\frac{1}{4}$	0	0	3	9
$\frac{1}{2}$	0	0	7	6
$\frac{3}{4}$	0	0	11	3

Grosseur de 4 pouces.

sur Pieds de Longueur.	Produit. Pieces.	Pieds.	Pouces.	Lignes.	sur Pieds de Longueur.	Produit. Pieces.	Pieds.	Pouces.	Lignes.	sur Pieds de Longueur.	Produit. Pieces.	Pieds.	Pouces.	Lignes.
1	0	0	2	8	27	1	0	0	0	53	1	5	9	4
2	0	0	5	4	28	1	0	2	8	54	2	0	0	0
3	0	0	8	0	29	1	0	5	4	55	2	0	2	8
4	0	0	10	8	30	1	0	8	0	56	2	0	5	4
5	0	1	1	4	31	1	0	10	8	57	2	0	8	0
6	0	1	4	0	32	1	1	1	4	58	2	0	10	8
7	0	1	6	8	33	1	1	4	0	59	2	1	1	4
8	0	1	9	4	34	1	1	6	8	60	2	1	4	0
9	0	2	0	0	35	1	1	9	4	61	2	1	6	8
10	0	2	2	8	36	1	2	0	0	62	2	1	9	4
11	0	2	5	4	37	1	2	2	8	63	2	2	0	0
12	0	2	8	0	38	1	2	5	4	64	2	2	2	8
13	0	2	10	8	39	1	2	8	0	65	2	2	5	4
14	0	3	1	4	40	1	2	10	8	66	2	2	8	0
15	0	3	4	0	41	1	3	1	4	67	2	2	10	8
16	0	3	6	8	42	1	3	4	0	68	2	3	1	4
17	0	3	9	4	43	1	3	6	8	69	2	3	4	0
18	0	4	0	0	44	1	3	9	4	70	2	3	6	8
19	0	4	2	8	45	1	4	0	0	71	2	3	9	4
20	0	4	5	4	46	1	4	2	8	72	1	4	0	0
21	0	4	8	0	47	1	4	5	4					
22	0	4	10	8	48	1	4	8	0					
23	0	5	1	4	49	1	4	10	8	1/4	0	0	0	8
24	0	5	4	0	50	1	5	1	4	1/2	0	0	1	4
25	0	5	6	8	51	1	5	4	0	3/4	0	0	2	0
26	0	5	9	4	52	1	5	6	8					

Grosseur de 4 & 5 pouces.

sur Pieds de Longueur.	Produit. Pieces.	Pieds.	Pouces.	Lignes.	sur Pieds de Longueur.	Produit. Pieces.	Pieds.	Pouces.	Lignes.	sur Pieds de Longueur.	Produit. Pieces.	Pieds.	Pouces.	Lignes.
1	0	0	3	4	27	1	1	6	0	53	2	2	8	8
2	0	0	6	8	28	1	1	9	4	54	2	3	0	0
3	0	0	10	0	29	1	2	0	8	55	2	3	3	4
4	0	1	1	4	30	1	2	4	0	56	2	3	6	8
5	0	1	4	8	31	1	2	7	4	57	2	3	10	0
6	0	1	8	0	32	1	2	10	8	58	2	4	1	4
7	0	1	11	4	33	1	3	2	0	59	2	4	4	8
8	0	2	2	8	34	1	3	5	4	60	2	4	8	0
9	0	2	6	0	35	1	3	8	8	61	2	4	11	4
10	0	2	9	4	36	1	4	0	0	62	2	5	2	8
11	0	3	0	8	37	1	4	3	4	63	2	5	6	0
12	0	3	4	0	38	1	4	6	8	64	2	5	9	4
13	0	3	7	4	39	1	4	10	0	65	3	0	0	8
14	0	3	10	8	40	1	5	1	4	66	3	0	4	0
15	0	4	2	0	41	1	5	4	8	67	3	0	7	4
16	0	4	5	4	42	1	5	8	0	68	3	0	10	8
17	0	4	8	8	43	1	5	11	4	69	3	1	2	0
18	0	5	0	0	44	2	0	2	8	70	3	1	5	4
19	0	5	3	4	45	2	0	6	0	71	3	1	8	8
20	0	5	6	8	46	2	0	9	4	72	3	2	0	0
21	0	5	10	0	47	2	1	0	8					
22	1	0	1	4	48	2	1	4	0	1/4	0	0	0	10
23	1	0	4	8	49	2	1	7	4	1/2	0	0	1	8
24	1	0	8	0	50	2	1	10	8	3/4	0	0	2	6
25	1	0	11	4	51	2	2	2	0					
26	1	1	2	8	52	2	2	5	4					

Grosseur de 4 & 6 pouces.

sur Pieds de Longueur.	Pieces.	Pieds.	Pouces.	Lignes.
1	0	0	4	0
2	0	0	8	0
3	0	1	0	0
4	0	1	4	0
5	0	1	8	0
6	0	2	0	0
7	0	2	4	0
8	0	2	8	0
9	0	3	0	0
10	0	3	4	0
11	0	3	8	0
12	0	4	0	0
13	0	4	4	0
14	0	4	8	0
15	0	5	0	0
16	0	5	4	0
17	0	5	8	0
18	1	0	0	0
19	1	0	4	0
20	1	0	8	0
21	1	1	0	0
22	1	1	4	0
23	1	1	8	0
24	1	2	0	0
25	1	2	4	0
26	1	2	8	0

sur Pieds de Longueur.	Pieces.	Pieds.	Pouces.	Lignes.
27	1	3	0	0
28	1	3	4	0
29	1	3	8	0
30	1	4	0	0
31	1	4	4	0
32	1	4	8	0
33	1	5	0	0
34	1	5	4	0
35	1	5	8	0
36	2	0	0	0
37	2	0	4	0
38	2	0	8	0
39	2	1	0	0
40	2	1	4	0
41	2	1	8	0
42	2	2	0	0
43	2	2	4	0
44	2	2	8	0
45	2	3	0	0
46	2	3	4	0
47	2	3	8	0
48	2	4	0	0
49	2	4	4	0
50	2	4	8	0
51	2	5	0	0
52	2	5	4	0

sur Pieds de Longueur.	Pieces.	Pieds.	Pouces.	Lignes.
53	2	5	8	0
54	3	0	0	0
55	3	0	4	0
56	3	0	8	0
57	3	1	0	0
58	3	1	4	0
59	3	1	8	0
60	3	2	0	0
61	3	2	4	0
62	3	2	8	0
63	3	3	0	0
64	3	3	4	0
65	3	3	8	0
66	3	4	0	0
67	3	4	4	0
68	3	4	8	0
69	3	5	0	0
70	3	5	4	0
71	3	5	8	0
72	4	0	0	0
$\frac{1}{4}$	0	0	1	0
$\frac{1}{2}$	0	0	2	0
$\frac{3}{4}$	0	0	3	0

Grosseur de 4 & 7 pouces.

sur Pieds de Longueur.	Produit. Pièces.	Pieds.	Pouces.	Lignes.	sur Pieds de Longueur.	Produit. Pièces.	Pieds.	Pouces.	Lignes.	sur Pieds de Longueur.	Produit. Pièces.	Pieds.	Pouces.	Lignes.
1	0	0	4	8	27	1	4	6	0	53	3	2	7	4
2	0	0	9	4	28	1	4	10	8	54	3	3	0	0
3	0	1	2	0	29	1	5	3	4	55	3	3	4	8
4	0	1	6	8	30	1	5	8	0	56	3	3	9	4
5	0	1	11	4	31	2	0	0	8	57	3	4	2	0
6	0	2	4	0	32	2	0	5	4	58	3	4	6	8
7	0	2	8	8	33	2	0	10	0	59	3	4	11	4
8	0	3	1	4	34	2	1	2	8	60	3	5	4	0
9	0	3	6	0	35	2	1	7	4	61	3	5	8	8
10	0	3	10	8	36	2	2	0	0	62	4	0	1	4
11	0	4	3	4	37	2	2	4	8	63	4	0	6	0
12	0	4	8	0	38	2	2	9	4	64	4	0	10	8
13	0	5	0	8	39	2	3	2	0	65	4	1	3	4
14	0	5	5	4	40	2	3	6	8	66	4	1	8	0
15	0	5	10	0	41	2	3	11	4	67	4	2	0	8
16	1	0	2	8	42	2	4	4	0	68	4	2	5	4
17	1	0	7	4	43	2	4	8	8	69	4	2	10	0
18	1	1	0	0	44	2	5	1	4	70	4	3	2	8
19	1	1	4	8	45	2	5	6	0	71	4	3	7	4
20	1	1	9	4	46	2	5	10	8	72	4	4	0	0
21	1	2	2	0	47	3	0	3	4					
22	1	2	6	8	48	3	0	8	0	$\frac{1}{4}$	0	0	1	2
23	1	2	11	4	49	3	1	0	8	$\frac{1}{2}$	0	0	2	4
24	1	3	4	0	50	3	1	5	4	$\frac{3}{4}$	0	0	3	6
25	1	3	8	8	51	3	1	10	0					
26	1	4	1	4	52	3	2	2	8					

Grosseur de 4 & 8 pouces.

sur Pieds de Longueur.	Produit. Pieces.	Pieds.	Pouces.	Lignes.
1	0	0	5	4
2	0	0	10	8
3	0	1	4	0
4	0	1	9	4
5	0	2	2	8
6	0	2	8	0
7	0	3	1	4
8	0	3	6	8
9	0	4	0	0
10	0	4	5	4
11	0	4	10	8
12	0	5	4	0
13	0	5	9	4
14	1	0	2	8
15	1	0	8	0
16	1	1	1	4
17	1	1	6	8
18	1	2	0	0
19	1	2	5	4
20	1	2	10	8
21	1	3	4	0
22	1	3	9	4
23	1	4	2	8
24	1	4	8	0
25	1	5	1	4
26	1	5	6	8

sur Pieds de Longueur.	Produit. Pieces.	Pieds.	Pouces.	Lignes.
27	2	0	0	0
28	2	0	5	4
29	2	0	10	8
30	2	1	4	0
31	2	1	9	4
32	2	2	2	8
33	2	2	8	0
34	2	3	1	4
35	2	3	6	8
36	2	4	0	0
37	2	4	5	4
38	2	4	10	8
39	2	5	4	0
40	2	5	9	4
41	3	0	2	8
42	3	0	8	0
43	3	1	1	4
44	3	1	6	8
45	3	2	0	0
46	3	2	5	4
47	3	2	10	8
48	3	3	4	0
49	3	3	9	4
50	3	4	2	8
51	3	4	8	0
52	3	5	1	4

sur Pieds de Longueur.	Produit. Pieces.	Pieds.	Pouces.	Lignes.
53	3	5	6	8
54	4	0	0	0
55	4	0	5	4
56	4	0	10	8
57	4	1	4	0
58	4	1	9	4
59	4	2	2	8
60	4	2	8	0
61	4	3	1	4
62	4	3	6	8
63	4	4	0	0
64	4	4	5	4
65	4	4	10	8
66	4	5	4	0
67	4	5	9	4
68	5	0	2	8
69	5	0	8	0
70	5	1	1	4
71	5	1	6	8
72	5	2	0	0
1/4	0	0	1	4
1/2	0	0	2	8
3/4	0	0	4	0

Grosseur de 4 & 9 pouces.

sur Pieds de Longueur	Produit. Pieces.	Pieds.	Pouces.	Lignes.	sur Pieds de Longueur	Produit. Pieces.	Pieds.	Pouces.	Lignes.	sur Pieds de Longueur	Produit. Pieces.	Pieds.	Pouces.	Lignes.
1	0	0	6	0	27	2	1	6	0	53	4	2	6	0
2	0	1	0	0	28	2	2	0	0	54	4	3	0	0
3	0	1	6	0	29	2	2	6	0	55	4	3	6	0
4	0	2	0	0	30	2	3	0	0	56	4	4	0	0
5	0	2	6	0	31	2	3	6	0	57	4	4	6	0
6	0	3	0	0	32	2	4	0	0	58	4	5	0	0
7	0	3	6	0	33	2	4	6	0	59	4	5	6	0
8	0	4	0	0	34	2	5	0	0	60	5	0	0	0
9	0	4	6	0	35	2	5	6	0	61	5	0	6	0
10	0	5	0	0	36	3	0	0	0	62	5	1	0	0
11	0	5	6	0	37	3	0	6	0	63	5	1	6	0
12	1	0	0	0	38	3	1	0	0	64	5	2	0	0
13	1	0	6	0	39	3	1	6	0	65	5	2	6	0
14	1	1	0	0	40	3	2	0	0	66	5	3	0	0
15	1	1	6	0	41	3	2	6	0	67	5	3	6	0
16	1	2	0	0	42	3	3	0	0	68	5	4	0	0
17	1	2	6	0	43	3	3	6	0	69	5	4	6	0
18	1	3	0	0	44	3	4	0	0	70	5	5	0	0
19	1	3	6	0	45	3	4	6	0	71	5	5	6	0
20	1	4	0	0	46	3	5	0	0	72	6	0	0	0
21	1	4	6	0	47	3	5	6	0					
22	1	5	0	0	48	4	0	0	0	$\frac{1}{4}$	0	0	1	6
23	1	5	6	0	49	4	0	6	0	$\frac{1}{2}$	0	0	3	0
24	2	0	0	0	50	4	1	0	0	$\frac{3}{4}$	0	0	4	6
25	2	0	6	0	51	4	1	6	0					
26	2	1	0	0	52	4	2	0	0					

Grosseur de 4 & 10 pouces.

sur Pieds de Longueur.	Produit. Pieces.	Pieds.	Pouces.	Lignes.	sur Pieds de Longueur.	Produit. Pieces.	Pieds.	Pouces.	Lignes.	sur Pieds de Longueur.	Produit. Pieces.	Pieds.	Pouces.	Lignes.
1	0	0	6	8	27	2	3	0	0	53	4	5	5	4
2	0	1	1	4	28	2	3	6	8	54	5	0	0	0
3	0	1	8	0	29	2	4	1	4	55	5	0	6	8
4	0	2	2	8	30	2	4	8	0	56	5	1	1	4
5	0	2	9	4	31	2	5	2	8	57	5	1	8	0
6	0	3	4	0	32	2	5	9	4	58	5	2	2	8
7	0	3	10	8	33	3	0	4	0	59	5	2	9	4
8	0	4	5	4	34	3	0	10	8	60	5	3	4	0
9	0	5	0	0	35	3	1	5	4	61	5	3	10	8
10	0	5	6	8	36	3	2	0	0	62	5	4	5	4
11	1	0	1	4	37	3	2	6	8	63	5	5	0	0
12	1	0	8	0	38	3	3	1	4	64	5	5	6	8
13	1	1	2	8	39	3	3	8	0	65	6	0	1	4
14	1	1	9	4	40	3	4	2	8	66	6	0	8	0
15	1	2	4	0	41	3	4	9	4	67	6	1	2	1
16	1	2	10	8	42	3	5	4	0	68	6	1	9	4
17	1	3	5	4	43	3	5	10	8	69	6	2	4	0
18	1	4	0	0	44	4	0	5	4	70	6	2	10	8
19	1	4	6	8	45	4	1	0	0	71	6	3	5	4
20	1	5	1	4	46	4	1	6	8	72	6	4	0	0
21	1	5	8	0	47	4	2	1	4					
22	2	0	2	8	48	4	2	8	0	$\frac{1}{4}$	0	0	1	8
23	2	0	9	4	49	4	3	2	8	$\frac{1}{2}$	0	0	3	4
24	2	1	4	0	50	4	3	9	4	$\frac{3}{4}$	0	0	5	0
25	2	1	10	8	51	4	4	4	0					
26	2	2	5	4	52	4	4	10	8					

I

Grosseur de 4 & 11 pouces.

sur Pieds de Longueur.	Pieces.	Pieds.	Pouces.	Lignes.
1	0	0	7	4
2	0	1	2	8
3	0	1	10	0
4	0	2	5	4
5	0	3	0	8
6	0	3	8	0
7	0	4	3	4
8	0	4	10	8
9	0	5	6	0
10	1	0	1	4
11	1	0	8	8
12	1	1	4	0
13	1	1	11	4
14	1	2	6	8
15	1	3	2	0
16	1	3	9	4
17	1	4	4	8
18	1	5	0	0
19	1	5	7	4
20	2	0	2	8
21	2	0	10	0
22	2	1	5	4
23	2	2	0	8
24	2	2	8	0
25	2	3	3	4
26	2	3	10	8

sur Pieds de Longueur.	Pieces.	Pieds.	Pouces.	Lignes.
27	2	4	6	0
28	2	5	1	4
29	2	5	8	8
30	3	0	4	0
31	3	0	11	4
32	3	1	6	8
33	3	2	2	0
34	3	2	9	4
35	3	3	4	8
36	3	4	0	0
37	3	4	7	4
38	3	5	2	8
39	3	5	10	0
40	4	0	5	4
41	4	1	0	8
42	4	1	8	0
43	4	2	3	4
44	4	2	10	8
45	4	3	6	0
46	4	4	1	4
47	4	4	8	8
48	4	5	4	0
49	4	5	11	4
50	5	0	6	8
51	5	1	2	0
52	5	1	9	4

sur Pieds de Longueur.	Pieces.	Pieds.	Pouces.	Lignes.
53	5	2	4	8
54	5	3	0	0
55	5	3	7	4
56	5	4	2	8
57	5	4	10	0
58	5	5	5	4
59	6	0	0	8
60	6	0	8	0
61	6	1	3	4
62	6	1	10	8
63	6	2	6	0
64	6	3	1	4
65	6	3	8	8
66	6	4	4	0
67	6	4	11	4
68	6	5	6	8
69	7	0	2	0
70	7	0	9	4
71	7	1	4	8
72	7	2	0	0
1/4	0	0	1	10
1/2	0	0	3	8
3/4	0	0	5	6

Grosseur de 4 & 12 pouces.

sur Pieds de Longueur	Produit — Pièces.	Pieds.	Pouces.	Lignes.	sur Pieds de Longueur	Produit — Pièces.	Pieds.	Pouces.	Lignes.	sur Pieds de Longueur	Produit — Pièces.	Pieds.	Pouces.	Lignes.
1	0	0	8	0	27	3	0	0	0	53	5	5	4	0
2	0	1	4	0	28	3	0	8	0	54	6	0	0	0
3	0	2	0	0	29	3	1	4	0	55	6	0	8	0
4	0	2	8	0	30	3	2	0	0	56	6	1	4	0
5	0	3	4	0	31	3	2	8	0	57	6	2	0	0
6	0	4	0	0	32	3	3	4	0	58	6	2	8	0
7	0	4	8	0	33	3	4	0	0	59	6	3	4	0
8	0	5	4	0	34	3	4	8	0	60	6	4	0	0
9	1	0	0	0	35	3	5	4	0	61	6	4	8	0
10	1	0	8	0	36	4	0	0	0	62	6	5	4	0
11	1	1	4	0	37	4	0	8	0	63	7	0	0	0
12	1	2	0	0	38	4	1	4	0	64	7	0	8	0
13	1	2	8	0	39	4	2	0	0	65	7	1	4	0
14	1	3	4	0	40	4	2	8	0	66	7	2	0	0
15	1	4	0	0	41	4	3	4	0	67	7	2	8	0
16	1	4	8	0	42	4	4	0	0	68	7	3	4	0
17	1	5	4	0	43	4	4	8	0	69	7	4	0	0
18	2	0	0	0	44	4	5	4	0	70	7	4	8	0
19	2	0	8	0	45	5	0	0	0	71	7	5	4	0
20	2	1	4	0	46	5	0	8	0	72	8	0	0	0
21	2	2	0	0	47	5	1	4	0					
22	2	2	8	0	48	5	2	0	0					
23	2	3	4	0	49	5	2	8	0	1/4	0	0	2	0
24	2	4	0	0	50	5	3	4	0	1/2	0	0	4	0
25	2	4	8	0	51	5	4	0	0	3/4	0	0	6	0
26	2	5	4	0	52	5	4	8	0					

Grosseur de 4 & 13 pouces.

sur Pieds de Longueur.	Produit.				sur Pieds de Longueur.	Produit.				sur Pieds de Longueur.	Produit.			
	Pieces.	*Pieds.*	*Pouces.*	*Lignes.*		*Pieces.*	*Pieds.*	*Pouces.*	*Lignes.*		*Pieces.*	*Pieds.*	*Pouces.*	*Lignes.*
1	0	0	8	8	27	3	1	6	0	53	6	2	3	4
2	0	1	5	4	28	3	2	2	8	54	6	3	0	0
3	0	2	2	0	29	3	2	11	4	55	6	3	8	8
4	0	2	10	8	30	3	3	8	0	56	6	4	5	4
5	0	3	7	4	31	3	4	4	8	57	6	5	2	0
6	0	4	4	0	32	3	5	1	4	58	6	5	10	8
7	0	5	0	8	33	3	5	10	0	59	7	0	7	4
8	0	5	9	4	34	4	0	6	8	60	7	1	4	0
9	1	0	6	0	35	4	1	3	4	61	7	2	0	8
10	1	1	2	8	36	4	2	0	0	62	7	2	9	4
11	1	1	11	4	37	4	2	8	8	63	7	3	6	0
12	1	2	8	0	38	4	3	5	4	64	7	4	2	8
13	1	3	4	8	39	4	4	2	0	65	7	4	11	4
14	1	4	1	4	40	4	4	10	8	66	7	5	8	0
15	1	4	10	0	41	4	5	7	4	67	8	0	4	8
16	1	5	6	8	42	5	0	4	0	68	8	1	1	4
17	2	0	3	4	43	5	1	0	8	69	8	1	10	0
18	2	1	0	0	44	5	1	9	4	70	8	2	6	8
19	2	1	8	8	45	5	2	6	0	71	8	3	3	4
20	2	2	5	4	46	5	3	2	8	72	8	4	0	0
21	2	3	2	0	47	5	3	11	4					
22	2	3	10	8	48	5	4	8	0	1/4	0	0	2	2
23	2	4	7	4	49	5	5	4	8	1/2	0	0	4	4
24	2	5	4	0	50	6	0	1	4	3/4	0	0	6	6
25	3	0	0	8	51	6	0	10	0					
26	3	0	9	4	52	6	1	6	8					

Grosseur de 4 & 14 pouces.

sur Pieds de Longueur.	Produit.			
	Pieces.	Pieds.	Pouces.	Lignes.
1	0	0	9	4
2	0	1	6	8
3	0	2	4	0
4	0	3	1	4
5	0	3	10	8
6	0	4	8	0
7	0	5	5	4
8	1	0	2	8
9	1	1	0	0
10	1	1	9	4
11	1	2	6	8
12	1	3	4	0
13	1	4	1	4
14	1	4	10	8
15	1	5	8	0
16	2	0	5	4
17	2	1	2	8
18	2	2	0	0
19	2	2	9	4
20	2	3	6	8
21	2	4	4	0
22	2	5	1	4
23	2	5	10	8
24	3	0	8	0
25	3	1	5	4
26	3	2	2	8

sur Pieds de Longueur.	Produit.			
	Pieces.	Pieds.	Pouces.	Lignes.
27	3	3	0	0
28	3	3	9	4
29	3	4	6	8
30	3	5	4	0
31	4	0	1	4
32	4	0	10	8
33	4	1	8	0
34	4	2	5	4
35	4	3	2	8
36	4	4	0	0
37	4	4	9	4
38	4	5	6	8
39	5	0	4	0
40	5	1	1	4
41	5	1	10	8
42	5	2	8	0
43	5	3	5	4
44	5	4	2	8
45	5	5	0	0
46	5	5	9	4
47	6	0	6	8
48	6	1	4	0
49	6	2	1	4
50	6	2	10	8
51	6	3	8	0
52	6	4	5	4

sur Pieds de Longueur.	Produit.			
	Pieces.	Pieds.	Pouces.	Lignes.
53	6	5	2	8
54	7	0	0	0
55	7	0	9	4
56	7	1	6	8
57	7	2	4	0
58	7	3	1	4
59	7	3	10	8
60	7	4	8	0
61	7	5	5	4
62	8	0	2	8
63	8	1	0	0
64	8	1	9	4
65	8	2	6	8
66	8	3	4	0
67	8	4	1	4
68	8	4	10	8
69	8	5	8	0
70	9	0	5	4
71	9	1	2	8
72	9	2	0	0
1/4	0	0	2	4
1/2	0	0	4	8
3/4	0	0	7	0

Grosseur de 4 & 15 pouces.

sur Pieds de Longueur.	Produit.				sur Pieds de Longueur.	Produit.				sur Pied de Longueur.	Produit.			
	Pieces.	Pieds.	Pouces.	Lignes.		Pieces.	Pieds.	Pouces.	Lignes.		Pieces.	Pieds.	Pouces.	Lignes.
1	0	0	10	0	27	3	4	6	0	53	7	2	2	0
2	0	1	8	0	28	3	5	4	0	54	7	3	0	0
3	0	2	6	0	29	4	0	2	0	55	7	3	10	0
4	0	3	4	0	30	4	1	0	0	56	7	4	8	0
5	0	4	2	0	31	4	1	10	0	57	7	5	6	0
6	0	5	0	0	32	4	2	8	0	58	8	0	4	0
7	0	5	10	0	33	4	3	6	0	59	8	1	2	0
8	1	0	8	0	34	4	4	4	0	60	8	2	0	0
9	1	1	6	0	35	4	5	2	0	61	8	2	10	0
10	1	2	4	0	36	5	0	0	0	62	8	3	8	0
11	1	3	2	0	37	5	0	10	0	63	8	4	6	0
12	1	4	0	0	38	5	1	8	0	64	8	5	4	0
13	1	4	10	0	39	5	2	6	0	65	9	0	2	0
14	1	5	8	0	40	5	3	4	0	66	9	1	0	0
15	2	0	6	0	41	5	4	2	0	67	9	1	10	0
16	2	1	4	0	42	5	5	0	0	68	9	2	8	0
17	2	2	2	0	43	5	5	10	0	69	9	3	6	0
18	2	3	0	0	44	6	0	8	0	70	9	4	4	0
19	2	3	10	0	45	6	1	6	0	71	9	5	2	0
20	2	4	8	0	46	6	2	4	0	72	10	0	0	0
21	2	5	6	0	47	6	3	2	0					
22	3	0	4	0	48	6	4	0	0	¼	0	0	2	6
23	3	1	2	0	49	6	4	10	0	½	0	0	5	0
24	3	2	0	0	50	6	5	8	0	¾	0	0	7	6
25	3	2	10	0	51	7	0	6	0					
26	3	3	8	0	52	7	1	4	0					

Grosseur de 4 & 16 pouces.

sur Pieds de Longueur.	Pieces.	Pieds.	Pouces.	Lignes.
1	0	0	10	8
2	0	1	9	4
3	0	2	8	0
4	0	3	6	8
5	0	4	5	4
6	0	5	4	0
7	1	0	2	8
8	1	1	1	4
9	1	2	0	0
10	1	2	10	8
11	1	3	9	4
12	1	4	8	0
13	1	5	6	8
14	2	0	5	4
15	2	1	4	0
16	2	2	2	8
17	2	3	1	4
18	2	4	0	0
19	2	4	10	8
20	2	5	9	4
21	3	0	8	0
22	3	1	6	8
23	3	2	5	4
24	3	3	4	0
25	3	4	2	8
26	3	5	1	4

sur Pieds de Longueur.	Pieces.	Pieds.	Pouces.	Lignes.
27	4	0	0	0
28	4	0	10	8
29	4	1	9	4
30	4	2	8	0
31	4	3	6	8
32	4	4	5	4
33	4	5	4	0
34	5	0	2	8
35	5	1	1	4
36	5	2	0	0
37	5	2	10	8
38	5	3	9	4
39	5	4	8	0
40	5	5	6	8
41	6	0	5	4
42	6	1	4	0
43	6	2	2	8
44	6	3	1	4
45	6	4	0	0
46	6	4	10	8
47	6	5	9	4
48	7	0	8	0
49	7	1	6	8
50	7	2	5	4
51	7	3	4	0
52	7	4	2	8

sur Pieds de Longueur	Pieces.	Pieds.	Pouces.	Lignes.
53	7	5	1	4
54	8	0	0	0
55	8	0	10	8
56	8	1	9	4
57	8	2	8	0
58	8	3	6	8
59	8	4	5	4
60	8	5	4	0
61	9	0	2	8
62	9	1	1	4
63	9	2	0	0
64	9	2	10	8
65	9	3	9	4
66	9	4	8	0
67	9	5	6	8
68	10	0	5	4
69	10	1	4	0
70	10	2	2	8
71	10	3	1	4
72	10	4	0	0
1/4	0	0	2	8
1/2	0	0	5	4
3/4	0	0	8	0

Grosseur de 4 & 17 pouces.

sur Pieds de Longueur.	Pieces.	Pieds.	Pouces.	Lignes.
1	0	0	11	4
2	0	1	10	8
3	0	2	10	0
4	0	3	9	4
5	0	4	8	8
6	0	5	8	0
7	1	0	7	4
8	1	1	6	8
9	1	2	6	0
10	1	3	5	4
11	1	4	4	8
12	1	5	4	0
13	2	0	3	4
14	2	1	2	8
15	2	2	2	0
16	2	3	1	4
17	2	4	0	8
18	2	5	0	0
19	2	5	11	4
20	3	0	10	8
21	3	1	10	0
22	3	2	9	4
23	3	3	8	8
24	3	4	8	0
25	3	5	7	4
26	4	0	6	8

sur Pieds de Longueur.	Pieces.	Pieds.	Pouces.	Lignes.
27	4	1	6	0
28	4	2	5	4
29	4	3	4	8
30	4	4	4	0
31	4	5	3	4
32	5	0	2	8
33	5	1	2	0
34	5	2	1	4
35	5	3	0	8
36	5	4	0	0
37	5	4	11	4
38	5	5	10	8
39	6	0	10	0
40	6	1	9	4
41	6	2	8	8
42	6	3	8	0
43	6	4	7	4
44	6	5	6	8
45	7	0	6	0
46	7	1	5	4
47	7	2	4	8
48	7	3	4	0
49	7	4	3	4
50	7	5	2	8
51	8	0	2	0
52	8	1	1	4

sur Pieds de Longueur.	Pieces.	Pieds.	Pouces.	Lignes.
53	8	2	0	8
54	8	3	0	0
55	8	3	11	4
56	8	4	10	8
57	8	5	10	0
58	9	0	9	4
59	9	1	8	8
60	9	2	8	0
61	9	3	7	4
62	9	4	6	8
63	9	5	6	0
64	10	0	5	4
65	10	1	4	8
66	10	2	4	0
67	10	3	3	4
68	10	4	2	8
69	10	5	2	0
70	11	0	1	4
71	11	1	0	8
72	11	2	0	0
$\frac{1}{4}$	0	0	2	10
$\frac{1}{2}$	0	0	5	8
$\frac{3}{4}$	0	0	8	6

Grosseur de 4 & 18 pouces.

sur Pieds de Longueur.	Produit. Pieces.	Pieds.	Pouces.	Lignes.
1	0..1.	0.	0	
2	0..2.	0.	0	
3	0..3.	0.	0	
4	0..4.	0.	0	
5	0..5.	0.	0	
6	1..0.	0.	0	
7	1..1.	0.	0	
8	1..2.	0.	0	
9	1..3.	0.	0	
10	1..4.	0.	0	
11	1..5.	0.	0	
12	2..0.	0.	0	
13	2..1.	0.	0	
14	2..2.	0.	0	
15	2..3.	0.	0	
16	2..4.	0.	0	
17	2..5.	0.	0	
18	3..0.	0.	0	
19	3..1.	0.	0	
20	3..2.	0.	0	
21	3..3.	0.	0	
22	3..4.	0.	0	
23	3..5.	0.	0	
24	4..0.	0.	0	
25	4..1.	0.	0	
26	4..2.	0.	0	

sur Pieds de Longueur.	Produit. Pieces.	Pieds.	Pouces.	Lignes.
27	4..3.	0.	0	
28	4..4.	0.	0	
29	4..5.	0.	0	
30	5..0.	0.	0	
31	5..1.	0.	0	
32	5..2.	0.	0	
33	5..3.	0.	0	
34	5..4.	0.	0	
35	5..5.	0.	0	
36	6..0.	0.	0	
37	6..1.	0.	0	
38	6..2.	0.	0	
39	6..3.	0.	0	
40	6..4.	0.	0	
41	6..5.	0.	0	
42	7..0.	0.	0	
43	7..1.	0.	0	
44	7..2.	0.	0	
45	7..3.	0.	0	
46	7..4.	0.	0	
47	7..5.	0.	0	
48	8..0.	0.	0	
49	8..1.	0.	0	
50	8..2.	0.	0	
51	8..3.	0.	0	
52	8..4.	0.	0	

sur Pieds de Longueur.	Produit. Pieces.	Pieds.	Pouces.	Lignes.
53	8..5.	0.	0	
54	9..0.	0.	0	
55	9..1.	0.	0	
56	9..2.	0.	0	
57	9..3.	0.	0	
58	9..4.	0.	0	
59	9..5.	0.	0	
60	10..0.	0.	0	
61	10..1.	0.	0	
62	10..2.	0.	0	
63	10..3.	0.	0	
64	10..4.	0.	0	
65	10..5.	0.	0	
66	11..0.	0.	0	
67	11..1.	0.	0	
68	11..2.	0.	0	
69	11..3.	0.	0	
70	11..4.	0.	0	
71	11..5.	0.	0	
72	12..0.	0.	0	
1/4	0..0.	3.	0	
1/2	0..0.	6.	0	
3/4	0..0.	9.	0	

K

Groſſeur de 4 & 19 pouces.

ſur Pieds de Longueur.	Produit. Pieces.	Pieds.	Pouces.	Lignes.
1	0	1	0	8
2	0	2	1	4
3	0	3	2	0
4	0	4	2	8
5	0	5	3	4
6	1	0	4	0
7	1	1	4	8
8	1	2	5	4
9	1	3	6	0
10	1	4	6	8
11	1	5	7	4
12	2	0	8	0
13	2	1	8	8
14	2	2	9	4
15	2	3	10	0
16	2	4	10	8
17	2	5	11	4
18	3	1	0	0
19	3	2	0	8
20	3	3	1	4
21	3	4	2	0
22	3	5	2	8
23	4	0	3	4
24	4	1	4	0
25	4	2	4	8
26	4	3	5	4

ſur Pieds de Longueur.	Produit. Pieces.	Pieds.	Pouces.	Lignes.
27	4	4	6	0
28	4	5	6	8
29	5	0	7	4
30	5	1	8	0
31	5	2	8	8
32	5	3	9	4
33	5	4	10	0
34	5	5	10	8
35	6	0	11	4
36	6	2	0	0
37	6	3	0	8
38	6	4	1	4
39	6	5	2	0
40	7	0	2	8
41	7	1	3	4
42	7	2	4	0
43	7	3	4	8
44	7	4	5	4
45	7	5	6	0
46	8	0	6	8
47	8	1	7	4
48	8	2	8	0
49	8	3	8	8
50	8	4	9	4
51	8	5	10	0
52	9	0	10	8

ſur Pieds de Longueur.	Produit. Pieces.	Pieds.	Pouces.	Lignes.
53	9	1	11	4
54	9	3	0	0
55	9	4	0	8
56	9	5	1	4
57	10	0	2	0
58	10	1	2	8
59	10	2	3	4
60	10	3	4	0
61	10	4	4	8
62	10	5	5	4
63	11	0	6	0
64	11	1	6	8
65	11	2	7	4
66	11	3	8	0
67	11	4	8	8
68	11	5	9	4
69	12	0	10	0
70	12	1	10	8
71	12	2	11	4
72	12	4	0	0
1/4	0	0	3	2
1/2	0	0	6	4
3/4	0	0	9	6

Grosseur de 4 & 20 pouces.

sur Pieds de Longueur.	Produit. Pieces.	Pieds.	Pouces.	Lignes.	sur Pieds de Longueur.	Produit. Pieces.	Pieds.	Pouces.	Lignes.	sur Pieds de Longueur.	Produit. Pieces.	Pieds.	Pouces.	Lignes.
1	0	1	1	4	27	5	0	0	0	53	9	4	10	8
2	0	2	2	8	28	5	1	1	4	54	10	0	0	0
3	0	3	4	0	29	5	2	2	8	55	10	1	1	4
4	0	4	5	4	30	5	3	4	0	56	10	2	2	8
5	0	5	6	8	31	5	4	5	4	57	10	3	4	0
6	1	0	8	0	32	5	5	6	8	58	10	4	5	4
7	1	1	9	4	33	6	0	8	0	59	10	5	6	8
8	1	2	10	8	34	6	1	9	4	60	11	0	8	0
9	1	4	0	0	35	6	2	10	8	61	11	1	9	4
10	1	5	1	4	36	6	4	0	0	62	11	2	10	8
11	2	0	2	8	37	6	5	1	4	63	11	4	0	0
12	2	1	4	0	38	7	0	2	8	64	11	5	1	4
13	2	2	5	4	39	7	1	4	0	65	12	0	2	8
14	2	3	6	8	40	7	2	5	4	66	12	1	4	0
15	2	4	8	0	41	7	3	6	8	67	12	2	5	4
16	2	5	9	4	42	7	4	8	0	68	12	3	6	8
17	3	0	10	8	43	7	5	9	4	69	12	4	8	0
18	3	2	0	0	44	8	0	10	8	70	12	5	9	4
19	3	3	1	4	45	8	2	0	0	71	13	0	10	8
20	3	4	2	8	46	8	3	1	4	72	13	2	0	0
21	3	5	4	0	47	8	4	2	8					
22	4	0	5	4	48	8	5	4	0					
23	4	1	6	8	49	9	0	5	4					
24	4	2	8	0	50	9	1	6	8					
25	4	3	9	4	51	9	2	8	0					
26	4	4	10	8	52	9	3	9	4					

1/4, 1/2, 3/4	Pieces.	Pieds.	Pouces.	Lignes.
	0	0	3	4
	0	0	6	8
	0	0	10	0

Grosseur de 4 & 21 pouces.

sur Pieds de Longueur.	Produit. Pieces.	Pieds.	Pouces.	Lignes.
1	0	1	2	0
2	0	2	4	0
3	0	3	6	0
4	0	4	8	0
5	0	5	10	0
6	1	1	0	0
7	1	2	2	0
8	1	3	4	0
9	1	4	6	0
10	1	5	8	0
11	2	0	10	0
12	2	2	0	0
13	2	3	2	0
14	2	4	4	0
15	2	5	6	0
16	3	0	8	0
17	3	1	10	0
18	3	3	0	0
19	3	4	2	0
20	3	5	4	0
21	4	0	6	0
22	4	1	8	0
23	4	2	10	0
24	4	4	0	0
25	4	5	2	0
26	5	0	4	0

sur Pieds de Longueur.	Produit. Pieces.	Pieds.	Pouces.	Lignes.
27	5	1	6	0
28	5	2	8	0
29	5	3	10	0
30	5	5	0	0
31	6	0	2	0
32	6	1	4	0
33	6	2	6	0
34	6	3	8	0
35	6	4	10	0
36	7	0	0	0
37	7	1	2	0
38	7	2	4	0
39	7	3	6	0
40	7	4	8	0
41	7	5	10	0
42	8	1	0	0
43	8	2	2	0
44	8	3	4	0
45	8	4	6	0
45	8	5	8	0
47	9	0	10	0
48	9	2	0	0
49	9	3	2	0
50	9	4	4	0
51	9	5	6	0
52	10	0	8	0

sur Fieds de Longueur.	Produit. Fieces.	Pieds.	Pouces.	Lignes.
53	10	1	10	0
54	10	3	0	0
55	10	4	2	0
56	10	5	4	0
57	11	0	6	0
58	11	1	8	0
59	11	2	10	0
60	11	4	0	0
61	11	5	2	0
62	12	0	4	0
63	12	1	6	0
64	12	2	8	0
65	12	3	10	0
66	12	5	0	0
67	13	0	2	0
68	13	1	4	0
69	13	2	6	0
70	13	3	8	0
71	13	4	10	0
72	14	0	0	0
$\frac{1}{4}$	0	0	3	6
$\frac{1}{2}$	0	0	7	0
$\frac{3}{4}$	0	0	10	6

Grosseur de 4 & 22 pouces.

sur Pied de Longueur.	Produit.				sur Pied de Longueur.	Produit.				sur Pied de Longueur.	Produit.			
	Pieces.	Pieds.	Pouces.	Lignes.		Pieces.	Pieds.	Pouces.	Lignes.		Pieces.	Pieds.	Pouces.	Lignes.
1	0	1	2	8	27	5	3	0	0	53	10	4	9	4
2	0	2	5	4	28	5	4	2	8	54	11	0	0	0
3	0	3	8	0	29	5	5	5	4	55	11	1	2	8
4	0	4	10	8	30	6	0	8	0	56	11	2	5	4
5	1	0	1	4	31	6	1	10	8	57	11	3	8	0
6	1	1	4	0	32	6	3	1	4	58	11	4	10	8
7	1	2	6	8	33	6	4	4	0	59	12	0	1	4
8	1	3	9	4	34	6	5	6	8	60	12	1	4	0
9	1	5	0	0	35	7	0	9	4	61	12	2	6	8
10	2	0	2	8	36	7	2	0	0	62	12	3	9	4
11	2	1	5	4	37	7	3	2	8	63	12	5	0	0
12	2	2	8	0	38	7	4	5	4	64	13	0	2	8
13	2	3	10	8	39	7	5	8	0	65	13	1	5	4
14	2	5	1	4	40	8	0	10	8	66	13	2	8	0
15	3	0	4	0	41	8	2	1	4	67	13	3	10	8
16	3	1	6	8	42	8	3	4	0	68	13	5	1	4
17	3	2	9	4	43	8	4	6	8	69	14	0	4	0
18	3	4	0	0	44	8	5	9	4	70	14	1	6	8
19	3	5	2	8	45	9	1	0	0	71	14	2	9	4
20	4	0	5	4	46	9	2	2	8	72	14	4	0	0
21	4	1	8	0	47	9	3	5	4					
22	4	2	10	8	48	9	4	8	0	1/4	0	0	3	8
23	4	4	1	4	49	9	5	10	8	1/2	0	0	7	4
24	4	5	4	0	50	10	1	1	4	3/4	0	0	11	0
25	5	0	6	8	51	10	2	4	0					
26	5	1	9	4	52	10	3	6	8					

Grosseur de 4 & 23 pouces.

sur Pieds de Longueur.	Produit. Pieces.	Pieds.	Pouces.	Lignes.
1	0	1	3	4
2	0	2	6	8
3	0	3	10	0
4	0	5	1	4
5	1	0	4	8
6	1	1	8	0
7	1	2	11	4
8	1	4	2	8
9	1	5	6	0
10	2	0	9	4
11	2	2	0	8
12	2	3	4	0
13	2	4	7	4
14	2	5	10	8
15	3	1	2	0
16	3	2	5	4
17	3	3	8	8
18	3	5	0	0
19	4	0	3	4
20	4	1	6	8
21	4	2	10	0
22	4	4	1	4
23	4	5	4	8
24	5	0	8	0
25	5	1	11	4
26	5	3	2	8

sur Pieds de Longueur.	Produit. Pieces.	Pieds.	Pouces.	Lignes.
27	5	4	6	0
28	5	5	9	4
29	6	1	0	8
30	6	2	4	0
31	6	3	7	4
32	6	4	10	8
33	7	0	2	0
34	7	1	5	4
35	7	2	8	8
36	7	4	0	0
37	7	5	3	4
38	8	0	6	8
39	8	1	10	0
40	8	3	1	4
41	8	4	4	8
42	8	5	8	0
43	9	0	11	4
44	9	2	2	8
45	9	3	6	0
46	9	4	9	4
47	10	0	0	8
48	10	1	4	0
49	10	2	7	4
50	10	3	10	8
51	10	5	2	0
52	11	0	5	4

sur Pieds de Longueur.	Produit. Pieces.	Pieds.	Pouces.	Lignes.
53	11	1	8	8
54	11	3	0	0
55	11	4	3	4
56	11	5	6	8
57	12	0	10	0
58	12	2	1	4
59	12	3	4	8
60	12	4	8	0
61	12	5	11	4
62	13	1	2	8
63	13	2	6	0
64	13	3	9	4
65	13	5	0	8
66	14	0	4	0
67	14	1	7	4
68	14	2	10	8
69	14	4	4	0
70	14	5	5	4
71	15	0	8	8
72	15	2	0	0
$\frac{1}{4}$	0	0	3	10
$\frac{1}{2}$	0	0	7	8
$\frac{3}{4}$	0	0	11	6

Grosseur de 4 & 24 pouces.

sur Pieds de Longueur.	Produit.				sur Pieds de Longueur.	Produit.				sur Pieds de Longueur.	Produit.			
	Pieces.	Pieds.	Pouces.	Lignes.		Pieces.	Pieds.	Pouces.	Lignes.		Pieces.	Pieds.	Pouces.	Lignes.
1	0	1	4	0	27	6	0	0	0	53	11	4	8	0
2	0	2	8	0	28	6	1	4	0	54	12	0	0	0
3	0	4	0	0	29	6	2	8	0	55	12	1	4	0
4	0	5	4	0	30	6	4	0	0	56	12	2	8	0
5	1	0	8	0	31	6	5	4	0	57	12	4	0	0
6	1	2	0	0	32	7	0	8	0	58	12	5	4	0
7	1	3	4	0	33	7	2	0	0	59	13	0	8	0
8	1	4	8	0	34	7	3	4	0	60	13	2	0	0
9	2	0	0	0	35	7	4	8	0	61	13	3	4	0
10	2	1	4	0	36	8	0	0	0	62	13	4	8	0
11	2	2	8	0	37	8	1	4	0	63	14	0	0	0
12	2	4	0	0	38	8	2	8	0	64	14	1	4	0
13	2	5	4	0	39	8	4	0	0	65	14	2	8	0
14	3	0	8	0	40	8	5	4	0	66	14	4	0	0
15	3	2	0	0	41	9	0	8	0	67	14	5	4	0
16	3	3	4	0	42	9	2	0	0	68	15	0	8	0
17	3	4	8	0	43	9	3	4	0	69	15	2	0	0
18	4	0	0	0	44	9	4	8	0	70	15	3	4	0
19	4	1	4	0	45	10	0	0	0	71	15	4	8	0
20	4	2	8	0	46	10	1	4	0	72	16	0	0	0
21	4	4	0	0	47	10	2	8	0					
22	4	5	4	0	48	10	4	0	0	1/4	0	0	4	0
23	5	0	8	0	49	10	5	4	0	1/2	0	0	8	0
24	5	2	0	0	50	11	0	8	0	3/4	0	1	0	0
25	5	3	4	0	51	11	2	0	0					
26	5	4	8	0	52	11	3	4	0					

Grosseur de 4 & 25 pouces.

sur Pieds de Longueur	Pieces.	Fieds.	Pouces.	Lignes.
1	0	1	4	8
2	0	2	9	4
3	0	4	2	0
4	0	5	6	8
5	1	0	11	4
6	1	2	4	0
7	1	3	8	8
8	1	5	1	4
9	2	0	6	0
10	2	1	10	8
11	2	3	3	4
12	2	4	8	0
13	3	0	0	8
14	3	1	5	4
15	3	2	10	0
16	3	4	2	8
17	3	5	7	4
18	4	1	0	0
19	4	2	4	8
20	4	3	9	4
21	4	5	2	0
22	5	0	6	8
23	5	1	11	4
24	5	3	4	0
25	5	4	8	8
26	6	0	1	4

sur Pieds de Longueur	Pieces.	Fieds.	Pouces.	Lignes.
27	6	1	6	0
28	6	2	10	8
29	6	4	3	4
30	6	5	8	0
31	7	1	0	8
32	7	2	5	4
33	7	3	10	0
34	7	5	2	8
35	8	0	7	4
36	8	2	0	0
37	8	3	4	8
38	8	4	9	4
39	9	0	2	0
40	9	1	6	8
41	9	2	11	4
42	9	4	4	0
43	9	5	8	8
44	10	1	1	4
45	10	2	6	0
46	10	3	10	8
47	10	5	3	4
48	11	0	8	0
49	11	2	0	8
50	11	3	5	4
51	11	4	10	0
52	12	0	2	8

sur Pied de Longueur	Pieces.	Fieds.	Pouces.	Lignes.
53	12	1	7	4
54	12	3	0	0
55	12	4	4	8
56	12	5	9	4
57	13	1	2	0
58	13	2	6	8
59	13	3	11	4
60	13	5	4	0
61	14	0	8	8
62	14	2	1	4
63	14	3	6	0
64	14	4	10	8
65	15	0	1	4
66	15	1	8	0
67	15	3	0	8
68	15	4	5	4
69	15	5	10	0
70	16	1	2	8
71	16	2	7	4
72	16	4	0	8
$\frac{1}{4}$	0	0	4	2
$\frac{1}{2}$	0	0	8	4
$\frac{3}{4}$	0	1	0	6

Grosseur de 4 & 26 pouces.

sur Pieds de Longueur.	Produit. Pièces.	Pieds.	Pouces.	Lignes.	sur Pieds de Longueur.	Produit. Pièces.	Pieds.	Pouces.	Lignes.	sur Pieds de Longueur.	Produit. Pièces.	Pieds.	Pouces.	Lignes.
1	0	1	5	4	27	6	3	0	0	53	12	4	6	8
2	0	2	10	8	28	6	4	5	4	54	13	0	0	0
3	0	4	4	0	29	6	5	10	8	55	13	1	5	4
4	0	5	9	4	30	7	1	4	0	56	13	2	10	8
5	1	1	2	8	31	7	2	9	4	57	13	4	4	0
6	1	2	8	0	32	7	4	2	8	58	13	5	9	4
7	1	4	1	4	33	7	5	8	0	59	14	1	2	8
8	1	5	6	8	34	8	1	1	4	60	14	2	8	0
9	2	1	0	0	35	8	2	6	8	61	14	4	1	4
10	2	2	5	4	36	8	4	0	0	62	14	5	6	8
11	2	3	10	8	37	8	5	5	4	63	15	1	0	0
12	2	5	4	0	38	9	0	10	8	64	15	2	5	4
13	3	0	9	4	39	9	2	4	0	65	15	3	10	8
14	3	2	2	8	40	9	3	9	4	66	15	5	4	0
15	3	3	8	0	41	9	5	2	8	67	16	0	9	4
16	3	5	1	4	42	10	0	8	0	68	16	2	2	8
17	4	0	6	8	43	10	2	1	4	69	16	3	8	0
18	4	2	0	0	44	10	3	6	8	70	16	5	1	4
19	4	3	5	4	45	10	5	0	0	71	17	0	6	8
20	4	4	10	8	46	11	0	5	4	72	17	2	0	0
21	5	0	4	0	47	11	1	10	8					
22	5	1	9	4	48	11	3	4	0	1/4	0	0	4	4
23	5	3	2	8	49	11	4	9	4	1/2	0	0	8	8
24	5	4	8	0	50	12	0	2	8	3/4	0	1	1	0
25	6	0	1	4	51	12	1	8	0					
26	6	1	6	8	52	12	3	1	4					

L

Grosseur de 4 & 27 pouces.

sur Pieds de Longueur.	Produit. Pieces.	Pieds.	Pouces.	Lignes.	sur Pieds de Longueur.	Produit. Pieces.	Pieds.	Pouces.	Lignes.	sur Pieds de Longueur.	Produit. Pieces.	Pieds.	Pouces.	Lignes.
1	0	1	6	0	27	6	4	6	0	53	13	1	6	0
2	0	3	0	0	28	7	0	0	0	54	13	3	0	0
3	0	4	6	0	29	7	1	6	0	55	13	4	6	0
4	1	0	0	0	30	7	3	0	0	56	14	0	0	0
5	1	1	6	0	31	7	4	6	0	57	14	1	6	0
6	1	3	0	0	32	8	0	0	0	58	14	3	0	0
7	1	4	6	0	33	8	1	6	0	59	14	4	6	0
8	2	0	0	0	34	8	3	0	0	60	15	0	0	0
9	2	1	6	0	35	8	4	6	0	61	15	1	6	0
10	2	3	0	0	36	9	0	0	0	62	15	3	0	0
11	2	4	6	0	37	9	1	6	0	63	15	4	6	0
12	3	0	0	0	38	9	3	0	0	64	16	0	0	0
13	3	1	6	0	39	9	4	6	0	65	16	1	6	0
14	3	3	0	0	40	10	0	0	0	66	16	3	0	0
15	3	4	6	0	41	10	1	6	0	67	16	4	6	0
16	4	0	0	0	42	10	3	0	0	68	17	0	0	0
17	4	1	6	0	43	10	4	6	0	69	17	1	6	0
18	4	3	0	0	44	11	0	0	0	70	17	3	0	0
19	4	4	6	0	45	11	1	6	0	71	17	4	6	0
20	5	0	0	0	46	11	3	0	0	72	18	0	0	0
21	5	1	6	0	47	11	4	6	0					
22	5	3	0	0	48	12	0	0	0					
23	5	4	6	0	49	12	1	6	0	$\frac{1}{4}$	0	0	4	6
24	6	0	0	0	50	12	3	0	0	$\frac{1}{2}$	0	0	9	0
25	6	1	6	0	51	12	4	6	0	$\frac{3}{4}$	0	1	1	6
26	6	3	0	0	52	13	0	0	0					

Grosseur de 4 & 28 pouces.

sur Pieds de Longueur.	Pieces.	Pieds.	Pouces.	Lignes.	sur Pieds de Longueur.	Pieces.	Pieds.	Pouces.	Lignes.	sur Pieds de Longueur.	Pieces.	Pieds.	Pouces.	Lignes.
1	0	1	6	8	27	7	0	0	0	53	13	4	5	4
2	0	3	1	4	28	7	1	6	8	54	14	0	0	0
3	0	4	8	0	29	7	3	1	4	55	14	1	6	8
4	1	0	2	8	30	7	4	8	0	56	14	3	1	4
5	1	1	9	4	31	8	0	2	8	57	14	4	8	0
6	1	3	4	0	32	8	1	9	4	58	15	0	2	8
7	1	4	10	8	33	8	3	4	0	59	15	1	9	4
8	2	0	5	4	34	8	4	10	8	60	15	3	4	0
9	2	2	0	0	35	9	0	5	4	61	15	4	10	8
10	2	3	6	8	36	9	2	0	0	62	16	0	5	4
11	2	5	1	4	37	9	3	6	8	63	16	2	0	0
12	3	0	8	0	38	9	5	1	4	64	16	3	6	8
13	3	2	2	8	39	10	0	8	0	65	16	5	1	4
14	3	3	9	4	40	10	2	2	8	66	17	0	8	0
15	3	5	4	0	41	10	3	9	4	67	17	2	2	8
16	4	0	10	8	42	10	5	4	0	68	17	3	9	4
17	4	2	5	4	43	11	0	10	8	69	17	5	4	0
18	4	4	0	0	44	11	2	5	4	70	18	0	10	8
19	4	5	6	8	45	11	4	0	0	71	18	2	5	4
20	5	1	1	4	46	11	5	6	8	72	18	4	0	0
21	5	2	8	0	47	12	1	1	4					
22	5	4	2	8	48	12	2	8	0	$\frac{1}{4}$	0	0	4	8
23	5	5	9	4	49	12	4	2	8	$\frac{1}{2}$	0	0	9	4
24	6	1	4	0	50	12	5	9	4	$\frac{3}{4}$	0	1	2	0
25	6	2	10	8	51	13	1	4	0					
26	6	4	5	4	52	13	2	10	8					

Grosseur de 4 & 29 pouces.

sur Pieds de Longueur.	Pieces.	Pieds.	Pouces.	Lignes.
1	0	1	7	4
2	0	3	2	8
3	0	4	10	0
4	1	0	5	4
5	1	2	0	8
6	1	3	8	0
7	1	5	3	4
8	2	0	10	8
9	2	2	6	0
10	2	4	1	4
11	2	5	8	8
12	3	1	4	0
13	3	2	11	4
14	3	4	6	8
15	4	0	2	0
16	4	1	9	4
17	4	3	4	8
18	4	5	0	0
19	5	0	7	4
20	5	2	2	8
21	5	3	10	0
22	5	5	5	4
23	6	1	0	8
24	6	2	8	0
25	6	4	3	4
26	6	5	10	8

sur Pieds de Longueur.	Pieces.	Pieds.	Pouces.	Lignes.
27	7	1	6	0
28	7	3	1	4
29	7	4	8	8
30	8	0	4	0
31	8	1	11	4
32	8	3	6	8
33	8	5	2	0
34	9	0	9	4
35	9	2	4	8
36	9	4	0	0
37	9	5	7	4
38	10	1	2	8
39	10	2	10	0
40	10	4	5	4
41	11	0	0	8
42	11	1	8	0
43	11	3	3	4
44	11	4	10	8
45	12	0	6	0
46	12	2	1	4
47	12	3	8	8
48	12	5	4	0
49	13	0	11	4
50	13	2	6	8
51	13	4	2	0
52	13	5	9	4

sur Pieds de Longueur.	Pieces.	Pieds.	Pouces.	Lignes.
53	14	1	4	8
54	14	3	0	0
55	14	4	7	4
56	15	0	2	8
57	15	1	10	0
58	15	3	5	4
59	15	5	0	8
60	16	0	8	0
61	16	2	3	4
62	16	3	10	8
63	16	5	6	0
64	17	1	1	4
65	17	2	8	8
66	17	4	4	0
67	17	5	11	4
68	18	1	6	8
69	18	3	2	0
70	18	4	9	4
71	19	0	4	8
72	19	2	0	0
1/4	0	0	4	10
1/2	0	0	9	8
3/4	0	1	2	6

Groffeur de 4 & 30 pouces.

fur Pieds de Longueur.	Produit. Pieces.	Pieds.	Pouces.	Lignes.
1	0	1	8	0
2	0	3	4	0
3	0	5	0	0
4	1	0	8	0
5	1	2	4	0
6	1	4	0	0
7	1	5	8	0
8	2	1	4	0
9	2	3	0	0
10	2	4	8	0
11	3	0	4	0
12	3	2	0	0
13	3	3	8	0
14	3	5	4	0
15	4	1	0	0
16	4	2	8	0
17	4	4	4	0
18	5	0	0	0
19	5	2	8	0
20	5	3	4	0
21	5	5	0	0
22	6	0	8	0
23	6	2	4	0
24	6	4	0	0
25	6	5	8	0
26	7	1	4	0

fur Pieds de Longueur.	Produit. Pieces.	Pieds.	Pouces.	Lignes.
27	7	3	0	0
28	7	4	8	0
29	8	0	4	0
30	8	2	0	0
31	8	3	8	0
32	8	5	4	0
33	9	1	0	0
34	9	2	8	0
35	9	4	4	0
36	10	0	0	0
37	10	1	8	0
38	10	3	4	0
39	10	5	0	0
40	11	0	8	0
41	11	2	4	0
42	11	4	0	0
43	11	5	8	0
44	12	1	4	0
45	12	3	0	0
46	12	4	8	0
47	13	0	4	0
48	13	2	0	0
49	13	3	8	0
50	13	5	4	0
51	14	1	0	0
52	14	2	8	0

fur Picds de Longueur.	Produit. Pieces.	Pieds.	Pouces.	Lignes.
53	14	4	4	0
54	15	0	0	0
55	15	1	8	0
56	15	3	4	0
57	15	5	0	0
58	16	0	8	0
59	16	2	4	0
60	16	4	0	0
61	16	5	8	0
62	17	1	4	0
63	17	3	0	0
64	17	4	8	0
65	18	0	4	0
66	18	2	0	0
67	18	3	8	0
68	18	5	4	0
69	19	1	0	0
70	19	2	8	0
71	19	4	4	0
72	20	0	0	0
1/4	0	0	5	0
1/2	0	0	10	0
3/4	0	1	3	0

Grosseur de 5 pouces.

sur Pieds de Longueur.	Produit. Pieces.	Pieds.	Pouces.	Lignes.	sur Pieds de Longueur.	Produit. Pieces.	Pieds.	Pouces.	Lignes.	sur Pieds de Longueur.	Produit. Pieces.	Pieds.	Pouces.	Lignes.
1	0	0	4	2	27	1	3	4	6	53	3	0	4	10
2	0	0	8	4	28	1	3	8	8	54	3	0	9	0
3	0	1	0	6	29	1	4	0	10	55	3	1	1	2
4	0	1	4	8	30	1	4	5	0	56	3	1	5	4
5	0	1	8	10	31	1	4	9	2	57	3	1	9	6
6	0	2	1	0	32	1	5	1	4	58	3	2	1	8
7	0	2	5	2	33	1	5	5	6	59	3	2	5	10
8	0	2	9	4	34	1	5	9	8	60	3	2	10	0
9	0	3	1	6	35	2	0	1	10	61	3	3	2	2
10	0	3	5	8	36	2	0	6	0	62	3	3	6	4
11	0	3	9	10	37	2	0	10	2	63	3	3	10	6
12	0	4	2	0	38	2	1	2	4	64	3	4	2	8
13	0	4	6	2	39	2	1	6	6	65	3	4	6	10
14	0	4	10	4	40	2	1	10	8	66	3	4	11	0
15	0	5	2	6	41	2	2	2	10	67	3	5	3	2
16	0	5	6	8	42	2	2	7	0	68	3	5	7	4
17	0	5	10	10	43	2	2	11	2	69	3	5	11	6
18	1	0	3	0	44	2	3	3	4	70	4	0	3	8
19	1	0	7	2	45	2	3	7	6	71	4	0	7	10
20	1	0	11	4	46	2	3	11	2	72	4	1	0	0
21	1	1	3	6	47	2	4	3	10					
22	1	1	7	8	48	2	4	8	0	1/4	0	0	1	0½
23	1	1	11	10	49	2	5	0	2	1/2	0	0	2	1
24	1	2	4	0	50	2	5	4	4	3/4	0	0	3	1½
25	1	2	8	2	51	2	5	8	6					
26	1	3	0	4	52	3	0	0	8					

Grosseur de 5 & 6 pouces.

sur Pieds de Longueur	Produit Pieces.	Pieds.	Pouces.	Lignes.	sur Pieds de Longueur	Produit Pieces.	Pieds.	Pouces.	Lignes.	sur Pieds de Longueur	Produit Pieces.	Pieds.	Pouces.	Lignes.
1	0	0	5	0	27	1	5	3	0	53	3	4	1	0
2	0	0	10	0	28	1	5	8	0	54	3	4	6	0
3	0	1	3	0	29	2	0	1	0	55	3	4	11	0
4	0	1	8	0	30	2	0	6	0	56	3	5	4	0
5	0	2	1	0	31	2	0	11	0	57	3	5	9	0
6	0	2	6	0	32	2	1	4	0	58	4	0	2	0
7	0	2	11	0	33	2	1	9	0	59	4	0	7	0
8	0	3	4	0	34	2	2	2	0	60	4	1	0	0
9	0	3	9	0	35	2	2	7	0	61	4	1	5	0
10	0	4	2	0	36	2	3	0	0	62	4	1	10	0
11	0	4	7	0	37	2	3	5	0	63	4	2	3	0
12	0	5	0	0	38	2	3	10	0	64	4	2	8	0
13	0	5	5	0	39	2	4	3	0	65	4	3	1	0
14	0	5	10	0	40	2	4	8	0	66	4	3	6	0
15	1	0	3	0	41	2	5	1	0	67	4	3	11	0
16	1	0	8	0	42	2	5	6	0	68	4	4	4	0
17	1	1	1	0	43	2	5	11	0	69	4	4	9	0
18	1	1	6	0	44	3	0	4	0	70	4	5	2	0
19	1	1	11	0	45	3	0	9	0	71	4	5	7	0
20	1	2	4	0	46	3	1	2	0	72	5	0	0	0
21	1	2	9	0	47	3	1	7	0					
22	1	3	2	0	48	3	2	0	0	1/4	0	0	1	3
23	1	3	7	0	49	3	2	5	0	1/2	0	0	2	6
24	1	4	0	0	50	3	2	10	0	3/4	0	1	3	9
25	1	4	5	0	51	3	3	3	0					
26	1	4	10	0	52	3	3	8	0					

Grosseur de 5 & 7 pouces.

sur Pieds de Longueur.	Piéces.	Pieds.	Pouces.	Lignes.	sur Pieds de Longueur.	Pieces.	Pieds.	Pouces.	Lignes.	sur Pieds de Longueur.	Pièces.	Pieds.	Pouces.	Lignes.
1	0	0	5	10	27	2	1	1	6	53	4	1	9	2
2	0	0	11	8	28	2	1	7	4	54	4	2	3	0
3	0	1	5	6	29	2	2	1	2	55	4	2	8	10
4	0	1	11	4	30	2	2	7	0	56	4	3	2	8
5	0	2	5	2	31	2	3	0	10	57	4	3	8	6
6	0	2	11	0	32	2	3	6	8	58	4	4	2	4
7	0	3	4	10	33	2	4	0	6	59	4	4	8	2
8	0	3	10	8	34	2	4	6	4	60	4	5	2	0
9	0	4	4	6	35	2	5	0	2	61	4	5	7	10
10	0	4	10	4	36	2	5	6	0	62	5	0	1	8
11	0	5	4	2	37	2	5	11	10	63	5	0	7	6
12	0	5	10	0	38	3	0	5	8	64	5	1	1	4
13	1	0	3	10	39	3	0	11	6	65	5	1	7	2
14	1	0	9	8	40	3	1	5	4	66	5	2	1	0
15	1	1	3	6	41	3	1	11	2	67	5	2	6	10
16	1	1	9	4	42	3	2	5	0	68	5	3	0	8
17	1	2	4	2	43	3	2	10	10	69	5	3	6	6
18	1	2	9	0	44	3	3	4	8	70	5	4	0	4
19	1	3	2	10	45	3	3	10	6	71	5	4	6	2
20	1	3	8	8	46	3	4	4	4	72	5	5	0	0
21	1	4	2	6	47	3	4	10	2					
22	1	4	8	4	48	3	5	4	0	$\frac{1}{4}$	0	0	1	$5\frac{1}{2}$
23	1	5	2	2	49	3	5	9	10	$\frac{1}{2}$	0	0	2	11
24	1	5	8	0	50	4	0	3	8	$\frac{3}{4}$	0	0	4	$4\frac{1}{2}$
25	2	0	1	10	51	4	0	9	6					
26	2	0	7	8	52	4	1	3	4					

Grosseur de 5 & 8 pouces.

sur Pieds de Longueur.	Produit. Pieces.	Pieds.	Pouces.	Lignes.	sur Pieds de Longueur.	Produit. Pieces.	Pieds.	Pouces.	Lignes.	sur Pieds de Longueur.	Produit. Pieces.	Pieds.	Pouces.	Lignes.
1	0	0	6	8	27	2	3	0	0	53	4	5	5	4
2	0	1	1	4	28	2	3	6	8	54	5	0	0	0
3	0	1	8	0	29	2	4	1	4	55	5	0	6	8
4	0	2	2	8	30	2	4	8	0	56	5	1	1	4
5	0	2	9	4	31	2	5	2	8	57	5	1	8	0
6	0	3	4	0	32	2	5	9	4	58	5	2	2	8
7	0	3	10	8	33	3	0	4	0	59	5	2	9	4
8	0	4	5	4	34	3	0	10	8	60	5	3	4	0
9	0	5	0	0	35	3	1	5	4	61	5	3	10	8
10	0	5	6	8	36	3	2	0	0	62	5	4	5	4
11	1	0	1	4	37	3	2	6	8	63	5	5	0	0
12	1	0	8	0	38	3	3	1	4	64	5	5	6	8
13	1	1	2	8	39	3	3	8	0	65	6	0	1	4
14	1	1	9	4	40	3	4	2	8	66	6	0	8	0
15	1	2	4	0	41	3	4	9	4	67	6	1	2	8
16	1	2	10	8	42	3	5	4	0	68	6	1	9	4
17	1	3	5	4	43	3	5	10	8	69	6	2	4	0
18	1	4	0	0	44	4	0	5	4	70	6	2	10	8
19	1	4	6	8	45	4	1	0	0	71	6	3	5	4
20	1	5	1	4	46	4	1	6	8	72	6	4	0	0
21	1	5	8	0	47	4	2	1	4					
22	2	0	2	8	48	4	2	8	0	$\frac{1}{4}$	0	0	1	8
23	2	0	9	4	49	4	3	2	8	$\frac{1}{2}$	0	0	3	4
24	2	1	4	0	50	4	3	9	4	$\frac{3}{4}$	0	0	5	0
25	2	1	10	8	51	4	4	4	0					
26	2	2	5	4	52	4	4	10	8					

M

Grosseur de 5 & 9 pouces.

sur Pieds de Longueur.	Produit. Pieces.	Pieds.	Pouces.	Lignes.	sur Pieds de Longueur.	Produit. Pieces.	Pieds.	Pouces.	Lignes.	sur Pieds de Longueur.	Produit. Pieces.	Pieds.	Pouces.	Lignes.
1	0	0	7	6	27	2	4	10	6	53	5	3	1	6
2	0	1	3	0	28	2	5	6	0	54	5	3	9	0
3	0	1	10	6	29	3	0	1	6	55	5	4	4	6
4	0	2	6	0	30	3	0	9	0	56	5	5	0	0
5	0	3	1	6	31	3	1	4	6	57	5	5	7	6
6	0	3	9	0	32	3	2	0	0	58	6	0	3	0
7	0	4	4	6	33	3	2	7	6	59	6	0	10	6
8	0	5	0	0	34	3	3	3	0	60	6	1	6	0
9	0	5	7	6	35	3	3	10	6	61	6	2	1	6
10	1	0	3	0	36	3	4	6	0	62	6	2	9	0
11	1	0	10	6	37	3	5	1	6	63	6	3	4	6
12	1	1	6	0	38	3	5	9	0	64	6	4	0	0
13	1	2	1	6	39	4	0	4	6	65	6	4	7	6
14	1	2	9	0	40	4	1	0	0	66	6	5	3	0
15	1	3	4	6	41	4	1	7	6	67	6	5	10	6
16	1	4	0	0	42	4	2	3	0	68	7	0	6	0
17	1	4	7	6	43	4	2	10	6	69	7	1	1	6
18	1	5	3	0	44	4	3	6	0	70	7	1	9	0
19	1	5	10	6	45	4	4	1	6	71	7	2	4	6
20	2	0	6	0	46	4	4	9	0	72	7	3	0	0
21	2	1	1	6	47	4	5	4	6					
22	2	1	9	0	48	5	0	0	0	$\frac{1}{4}$	0	0	1	$10\frac{1}{2}$
23	2	2	4	6	49	5	0	7	6	$\frac{1}{2}$	0	0	3	9
24	2	3	0	0	50	5	1	3	0	$\frac{3}{4}$	0	0	5	$7\frac{1}{2}$
25	2	3	7	6	51	5	1	10	6					
26	2	4	3	0	52	5	2	6	0					

Grosseur de 5 & 10 pouces.

sur Pieds de Longueur.	Produit. Pieces.	Pieds.	Pouces.	Lignes.
1	0	0	8	4
2	0	1	4	8
3	0	2	1	0
4	0	2	9	4
5	0	3	5	8
6	0	4	2	0
7	0	4	10	4
8	0	5	6	8
9	1	0	3	0
10	1	0	11	4
11	1	1	7	8
12	1	2	4	0
13	1	3	0	4
14	1	3	8	8
15	1	4	5	0
16	1	5	1	4
17	1	5	9	8
18	2	0	6	0
19	2	1	2	4
20	2	1	10	8
21	2	2	7	0
22	2	3	3	4
23	2	3	11	8
24	2	4	8	0
25	2	5	4	4
26	3	0	0	8

sur Pieds de Longueur.	Produit. Pieces.	Pieds.	Pouces.	Lignes.
27	3	0	9	0
28	3	1	5	4
29	3	2	1	8
30	3	2	10	0
31	3	3	6	4
32	3	4	2	8
33	3	4	11	0
34	3	5	7	4
35	4	0	3	8
36	4	1	0	0
37	4	1	8	4
38	4	2	4	8
39	4	3	1	0
40	4	3	9	4
41	4	4	5	8
42	4	5	2	0
43	4	5	10	4
44	5	0	6	8
45	5	1	3	0
46	5	1	11	4
47	5	2	7	8
48	5	3	4	0
49	5	4	0	4
50	5	4	8	8
51	5	5	5	0
52	6	0	1	4

sur Pieds de Longueur.	Produit. Pieces.	Pieds.	Pouces.	Lignes.
53	6	0	9	8
54	6	1	6	0
55	6	2	2	4
56	6	3	10	8
57	6	3	7	0
58	6	4	3	4
59	6	4	11	8
60	6	5	8	0
61	7	0	4	4
62	7	1	0	8
63	7	1	9	0
64	7	2	5	4
65	7	3	1	8
66	7	3	10	0
67	7	4	6	4
68	7	5	2	8
69	7	5	11	0
70	8	0	7	4
71	8	1	3	8
72	8	2	0	0
1/4	0	0	2	1
1/2	0	0	4	3
3/4	0	0	6	3

Grosseur de 5 & 11 pouces.

sur Pieds de Longueur.	Produit. Pieces.	Pieds.	Pouces.	Lignes.
1	0	0	9	2
2	0	1	6	4
3	0	2	3	6
4	0	3	0	8
5	0	3	9	10
6	0	4	7	0
7	0	5	4	2
8	1	0	1	4
9	1	0	10	6
10	1	1	7	8
11	1	2	4	10
12	1	3	2	0
13	1	3	11	2
14	1	4	8	4
15	1	5	5	6
16	2	0	2	8
17	2	0	11	10
18	2	1	9	0
19	2	2	6	2
20	2	3	3	4
21	2	4	0	6
22	2	4	9	8
23	2	5	6	10
24	3	0	4	0
25	3	1	1	2
26	3	1	10	4

sur Pieds de Longueur.	Produit. Pieces.	Pieds.	Pouces.	Lignes.
27	3	2	7	6
28	3	3	4	8
29	3	4	1	10
30	3	4	11	0
31	3	5	8	2
32	4	0	5	4
33	4	1	2	6
34	4	1	11	8
35	4	2	8	10
36	4	3	6	0
37	4	4	3	2
38	4	5	0	4
39	4	5	9	6
40	5	0	6	8
41	5	1	3	10
42	5	2	1	0
43	5	2	10	2
44	5	3	7	4
45	5	4	4	6
46	5	5	1	8
47	5	5	10	10
48	6	0	8	0
49	6	1	5	2
50	6	2	2	4
51	6	2	11	6
52	6	3	8	8

sur Pieds de Longueur.	Produit. Pieces.	Pieds.	Pouces.	Lignes.
53	6	4	5	10
54	6	5	3	0
55	7	0	0	2
56	7	0	9	4
57	7	1	6	6
58	7	2	3	8
59	7	3	0	10
60	7	3	10	0
61	7	4	7	2
62	7	5	4	4
63	8	0	1	6
64	8	0	10	8
65	8	1	7	10
66	8	2	5	0
67	8	3	2	2
68	8	3	11	4
69	8	4	8	6
70	8	5	5	8
71	9	0	2	10
72	9	1	0	0
$\frac{1}{4}$	0	0	2	$3\frac{1}{2}$
$\frac{1}{2}$	0	0	4	7
$\frac{3}{4}$	0	0	6	$10\frac{1}{2}$

Grosseur de 5 & 12 pouces.

fur Pieds de Longueur.	Produit. Pieces.	Pieds.	Pouces.	Lignes.	fur Pieds de Longueur.	Produit. Pieces.	Pieds.	Pouces.	Lignes.	fur Pieds de Longueur	Produit. Pieces.	Pieds.	Pouces.	Lignes.
1	0	0	10	0	27	3	4	6	0	53	7	2	2	0
2	0	1	8	0	28	3	5	4	0	54	7	3	0	0
3	0	2	6	0	29	4	0	2	0	55	7	3	10	0
4	0	3	4	0	30	4	1	0	0	56	7	4	8	0
5	0	4	2	0	31	4	1	10	0	57	7	5	6	0
6	0	5	0	0	32	4	2	8	0	58	8	0	4	0
7	0	5	10	0	33	4	3	6	0	59	8	1	2	0
8	1	0	8	0	34	4	4	4	0	60	8	2	0	0
9	1	1	6	0	35	4	5	2	0	61	8	2	10	0
10	1	2	4	0	36	5	0	0	0	62	8	3	8	0
11	1	3	2	0	37	5	0	10	0	63	8	4	6	0
12	1	4	0	0	38	5	1	8	0	64	8	5	4	0
13	1	4	10	0	39	5	2	6	0	65	9	0	2	0
14	1	5	8	0	40	5	3	4	0	66	9	1	0	0
15	2	0	6	0	41	5	4	2	0	67	9	1	10	0
16	2	1	4	0	42	5	5	0	0	68	9	2	8	0
17	2	2	2	0	43	5	5	10	0	69	9	3	6	0
18	2	3	0	0	44	6	0	8	0	70	9	4	4	0
19	2	3	10	0	45	6	1	6	0	71	9	5	2	0
20	2	4	8	0	46	6	2	4	0	72	10	0	0	0
21	2	5	6	0	47	6	3	2	0					
22	3	0	4	0	48	6	4	0	0					
23	3	1	2	0	49	6	4	10	0	1/4	0	0	2	6
24	3	2	0	0	50	6	5	8	0	1/2	0	0	5	0
25	3	2	10	0	51	7	0	6	0	3/4	0	0	7	6
26	3	3	8	0	52	7	1	4	0					

Grosseur de 5 & 13 pouces.

sur Pieds de Longueur.	Produit. Pieces.	Pieds.	Pouces.	Lignes.
1	0	0	10	10
2	0	1	9	8
3	0	2	8	6
4	0	3	7	4
5	0	4	6	2
6	0	5	5	0
7	1	0	3	10
8	1	1	2	8
9	1	2	1	6
10	1	3	0	4
11	1	3	11	2
12	1	4	10	0
13	1	5	8	10
14	2	0	7	8
15	2	1	6	6
16	2	2	5	4
17	2	3	4	2
18	2	4	3	0
19	2	5	1	10
20	3	0	0	8
21	3	0	11	6
22	3	1	10	4
23	3	2	9	2
24	3	3	8	0
25	3	4	6	10
26	3	5	5	8

sur Pieds de Longueur.	Produit. Pieces.	Pieds.	Pouces.	Lignes.
27	4	0	4	6
28	4	1	3	4
29	4	2	2	2
30	4	3	1	0
31	4	3	11	10
32	4	4	10	8
33	4	5	9	6
34	5	0	8	4
35	5	1	7	2
36	5	2	6	0
37	5	3	4	10
38	5	4	3	8
39	5	5	2	6
40	6	0	1	4
41	6	1	0	2
42	6	1	11	0
43	6	2	9	10
44	6	3	8	8
45	6	4	7	6
46	6	5	6	4
47	7	0	5	2
48	7	1	4	0
49	7	2	2	10
50	7	3	1	8
51	7	4	0	6
52	7	4	11	4

sur Pieds de Longueur.	Produit. Pieces.	Pieds.	Pouces.	Lignes.
53	7	5	10	2
54	8	0	9	0
55	8	1	7	10
56	8	2	6	8
57	8	3	5	6
58	8	4	4	4
59	8	5	3	2
60	9	0	2	0
61	9	1	0	10
62	9	1	11	8
63	9	2	10	6
64	9	3	9	4
65	9	4	8	2
66	9	5	7	0
67	10	0	5	10
68	10	1	4	8
69	10	2	3	6
70	10	3	2	4
71	10	4	1	2
72	10	5	0	0
¼	0	0	2	8½
½	0	0	5	5
¾	0	0	8	1½

Grosseur de 5 & 14 pouces.

sur Pieds de Longueur.	Pieces.	Pieds.	Pouces.	Lignes.	sur Pieds de Longueur.	Pieces.	Pieds.	Pouces.	Lignes.	sur Fieds de Longueur.	Pieces.	Pieds.	Pouces.	Lignes.
1	0	0	11	8	27	4	2	3	0	53	8	3	6	4
2	0	1	11	4	28	4	3	2	8	54	8	4	6	0
3	0	2	11	0	29	4	4	2	4	55	8	5	5	8
4	0	3	10	8	30	4	5	2	0	56	9	0	5	4
5	0	4	10	4	31	5	0	1	8	57	9	1	5	0
6	0	5	10	0	32	5	1	1	4	58	9	2	4	8
7	1	0	9	8	33	5	2	1	0	59	9	3	4	4
8	1	1	9	4	34	5	3	0	8	60	9	4	4	0
9	1	2	9	0	35	5	4	0	4	61	9	5	3	8
10	1	3	8	8	36	5	5	0	0	62	10	0	3	4
11	1	4	8	4	37	5	5	11	8	63	10	1	3	0
12	1	5	8	0	38	6	0	11	4	64	10	2	2	8
13	2	0	7	8	39	6	1	11	0	65	10	3	2	4
14	2	1	7	4	40	6	2	10	8	66	10	4	2	0
15	2	2	7	0	41	6	3	10	4	67	10	5	1	8
16	2	3	6	8	42	6	4	10	0	68	11	0	1	4
17	2	4	6	4	43	6	5	9	8	69	11	1	1	0
18	2	5	6	0	44	7	0	9	4	70	11	2	0	8
19	3	0	5	8	45	7	1	9	0	71	11	3	0	4
20	3	1	5	4	46	7	2	8	8	72	11	4	0	0
21	3	2	5	0	47	7	3	8	4					
22	3	3	4	8	48	7	4	8	0					
23	3	4	4	4	49	7	5	7	8	1/4	0	0	2	11
24	3	5	4	0	50	8	0	7	4	1/2	0	0	5	10
25	4	0	3	8	51	8	1	7	0	3/4	0	0	8	9
26	4	1	3	4	52	8	2	6	8					

Grosseur de 5 & 15 pouces.

sur Pieds de Longueur	Produit.				sur Pieds de Longueur	Produit.				sur Pieds de Longueur	Produit.			
	Pieces.	Pieds.	Pouces.	Lignes.		Pieces.	Pieds.	Pouces.	Lignes.		Pieces.	Pieds.	Pouces.	Lignes.
1	0	1	0	6	27	4	4	1	6	53	9	1	2	6
2	0	2	1	0	28	4	5	2	0	54	9	2	3	0
3	0	3	1	6	29	5	0	2	6	55	9	3	3	6
4	0	4	2	0	30	5	1	3	0	56	9	4	4	0
5	0	5	2	6	31	5	2	3	6	57	9	5	4	6
6	1	0	3	0	32	5	3	4	0	58	10	0	5	0
7	1	1	3	6	33	5	4	4	6	59	10	1	5	6
8	1	2	4	0	34	5	5	5	0	60	10	2	6	0
9	1	3	4	6	35	6	0	5	6	61	10	3	6	6
10	1	4	5	0	36	6	1	6	0	62	10	4	7	0
11	1	5	5	6	37	6	2	6	6	63	10	5	7	6
12	2	0	6	0	38	6	3	7	0	64	11	0	8	0
13	2	1	6	6	39	6	4	7	6	65	11	1	8	6
14	2	2	7	0	40	6	5	8	0	66	11	2	9	0
15	2	3	7	6	41	7	0	8	6	67	11	3	9	6
16	2	4	8	0	42	7	1	9	0	68	11	4	10	0
17	2	5	8	6	43	7	2	9	6	69	11	5	10	6
18	3	0	9	0	44	7	3	10	0	70	12	0	11	0
19	3	1	9	6	45	7	4	10	6	71	12	1	11	6
20	3	2	10	0	46	7	5	11	0	72	12	3	0	0
21	3	3	10	6	47	8	0	11	6					
22	3	4	11	0	48	8	2	0	0					
23	3	5	11	6	49	8	3	0	6	$\frac{1}{4}$	0	0	3	$1\frac{1}{2}$
24	4	1	0	0	50	8	4	1	0	$\frac{1}{2}$	0	0	6	3
25	4	2	0	6	51	8	5	1	6	$\frac{3}{4}$	0	1	9	$4\frac{1}{2}$
26	4	3	1	0	52	9	0	2	0					

Grosseur de 5 & 16 pouces.

sur Pieds de Longueur	Produit.			
	Pieces.	Pieds.	Pouces.	Lignes.
1	0	1	1	4
2	0	2	2	8
3	0	3	4	0
4	0	4	5	4
5	0	5	6	8
6	1	0	8	0
7	1	1	9	4
8	1	2	10	8
9	1	4	0	0
10	1	5	1	4
11	2	0	2	8
12	2	1	4	0
13	2	2	5	4
14	2	3	6	8
15	2	4	8	0
16	2	5	9	4
17	3	0	10	8
18	3	2	0	0
19	3	3	1	4
20	3	4	2	8
21	3	5	4	0
22	4	0	5	4
23	4	1	6	8
24	4	2	8	0
25	4	3	9	4
26	4	4	10	8

sur Pieds de Longueur	Produit.			
	Pieces.	Pieds.	Pouces.	Lignes.
27	5	0	0	0
28	5	1	1	4
29	5	2	2	8
30	5	3	4	0
31	5	4	5	4
32	5	5	6	8
33	6	0	8	0
34	6	1	9	4
35	6	2	10	8
36	6	4	0	0
37	6	5	1	4
38	7	0	2	8
39	7	1	4	0
40	7	2	5	4
41	7	3	6	8
42	7	4	8	0
43	7	5	9	4
44	8	0	10	8
45	8	2	0	0
46	8	3	1	4
47	8	4	2	8
48	8	5	4	0
49	9	0	5	4
50	9	1	6	8
51	9	2	8	0
52	9	3	9	4

sur Pied de Longueur	Produit.			
	Pieces.	Pieds.	Pouces.	Lignes.
53	9	4	10	8
54	10	0	0	0
55	10	1	1	4
56	10	2	2	8
57	10	3	4	0
58	10	4	5	4
59	10	5	6	8
60	11	0	8	0
61	11	1	9	4
62	11	2	10	8
63	11	4	0	0
64	11	5	1	4
65	12	0	2	8
66	12	1	4	0
67	12	2	5	4
68	12	3	6	8
69	12	4	8	0
70	13	5	9	4
71	13	0	10	8
72	13	2	0	0
1/4	0	0	3	4
1/2	0	0	6	8
3/4	0	0	10	0

Grosseur de 5 & 17 pouces.

sur Pieds de Longueur.	Produit. Pieces.	Pieds.	Pouces.	Lignes.
1	0	1	2	2
2	0	2	4	4
3	0	3	6	6
4	0	4	8	8
5	0	5	10	10
6	1	1	1	0
7	1	2	3	2
8	1	3	5	4
9	1	4	7	6
10	1	5	9	8
11	2	0	11	10
12	2	2	2	0
13	2	3	4	2
14	2	4	6	4
15	2	5	8	6
16	3	0	10	8
17	3	2	0	10
18	3	3	3	0
19	3	4	5	2
20	3	5	7	4
21	4	0	9	6
22	4	1	11	8
23	4	3	1	10
24	4	4	4	0
25	4	5	6	2
26	5	0	8	4

sur Pieds de Longueur.	Produit. Pieces.	Pieds.	Pouces.	Lignes.
27	5	1	10	6
28	5	3	0	8
29	5	4	2	10
30	5	5	5	0
31	6	0	7	2
32	6	1	9	4
33	6	2	11	6
34	6	4	1	8
35	6	5	3	10
36	7	0	6	0
37	7	1	8	2
38	7	2	10	4
39	7	4	0	6
40	7	5	2	8
41	8	0	4	10
42	8	1	7	0
43	8	2	9	2
44	8	3	11	4
45	8	5	1	6
46	9	0	3	8
47	9	1	5	10
48	9	2	8	0
49	9	3	10	2
50	9	5	0	4
51	10	0	2	6
52	10	1	4	8

sur Pieds de Longueur.	Produit. Pieces.	Pieds.	Pouces.	Lignes.
53	10	2	6	10
54	10	3	9	0
55	10	4	11	2
56	11	0	1	4
57	11	1	3	6
58	11	2	5	8
59	11	3	7	10
60	11	4	10	0
61	12	0	0	2
62	12	1	2	4
63	12	2	4	6
64	12	3	6	8
65	12	4	8	10
66	12	5	11	0
67	13	1	1	2
68	13	2	3	4
69	13	3	5	6
70	13	4	7	8
71	13	5	9	10
72	14	1	0	0
$\frac{1}{4}$	0	0	3	$6\frac{1}{2}$
$\frac{1}{2}$	0	0	7	1
$\frac{3}{4}$	0	1	10	$7\frac{1}{2}$

Grosseur de 5 & 18 pouces.

sur Pieds de Longueur	Produit. Pieces.	Pieds.	Pouces.	Lignes.
1	0	1	3	0
2	0	2	6	0
3	0	3	9	0
4	0	5	0	0
5	1	0	3	0
6	1	1	6	0
7	1	2	9	0
8	1	4	0	0
9	1	5	3	0
10	2	0	6	0
11	2	1	9	0
12	2	3	0	0
13	2	4	3	0
14	2	5	6	0
15	3	0	9	0
16	3	2	0	0
17	3	3	3	0
18	3	4	6	0
19	3	5	9	0
20	4	1	0	0
21	4	2	3	0
22	4	3	6	0
23	4	4	9	0
24	5	0	0	0
25	5	1	3	0
26	5	2	6	0

sur Pieds de Longueur	Produit. Pieces.	Pieds.	Pouces.	Lignes.
27	5	3	9	0
28	5	5	0	0
29	6	0	3	0
30	6	1	6	0
31	6	2	9	0
32	6	4	0	0
33	6	5	3	0
34	7	0	6	0
35	7	1	9	0
36	7	3	0	0
37	7	4	3	0
38	7	5	6	0
39	8	0	9	0
40	8	2	0	0
41	8	3	3	0
42	8	4	6	0
43	8	5	9	0
44	9	1	0	0
45	9	2	3	0
46	9	3	6	0
47	9	4	9	0
48	10	0	0	0
49	10	1	3	0
50	10	2	6	0
51	10	3	9	0
52	10	5	0	0

sur Pieds de Longueur	Produit. Pieces.	Pieds.	Pouces.	Lignes.
53	11	0	3	0
54	11	1	6	0
55	11	2	9	0
56	11	4	0	0
57	11	5	3	0
58	12	0	6	0
59	12	1	9	0
60	12	3	0	0
61	12	4	3	0
62	12	5	6	0
63	13	0	9	0
64	13	2	0	0
65	13	3	3	0
66	13	4	6	0
67	13	5	9	0
68	14	1	0	0
69	14	2	3	0
70	14	3	6	0
71	14	4	9	0
72	15	0	0	0
$\frac{1}{4}$	0	0	3	9
$\frac{1}{2}$	0	0	7	6
$\frac{3}{4}$	0	0	11	3

N 2

Grosseur de 5 & 19 pouces.

sur Pieds de Longueur.	Produit. Pieces.	Pieds.	Pouces.	Lignes.	sur Pieds de Longueur.	Produit. Pieces.	Pieds.	Pouces.	Lignes.	sur Pieds de Longueur.	Produit. Pieces.	Pieds.	Pouces.	Lignes.
1	0	1	3	10	27	5	5	7	6	53	11	3	11	2
2	0	2	7	8	28	6	0	11	4	54	11	5	3	0
3	0	3	11	6	29	6	2	3	2	55	12	0	6	10
4	0	5	3	4	30	6	3	7	0	56	12	1	10	8
5	1	0	7	2	31	6	4	10	10	57	12	3	2	6
6	1	1	11	0	32	7	0	2	8	58	12	4	6	4
7	1	3	2	10	33	7	1	6	6	59	12	5	10	2
8	1	4	6	8	34	7	2	10	4	60	13	1	2	0
9	1	5	10	6	35	7	4	2	2	61	13	2	5	10
10	2	1	2	4	36	7	5	6	0	62	13	3	9	8
11	2	2	6	2	37	8	0	9	10	63	13	5	1	6
12	2	3	10	0	38	8	2	1	8	64	14	0	5	4
13	2	5	1	10	39	8	3	5	6	65	14	1	9	2
14	3	0	5	8	40	8	4	9	4	66	14	3	1	0
15	3	1	9	6	41	9	0	1	2	67	14	4	4	10
16	3	3	1	4	42	9	1	5	0	68	14	5	8	8
17	3	4	5	2	43	9	2	8	10	69	15	1	0	6
18	3	5	9	0	44	9	4	0	8	70	15	2	4	4
19	4	1	0	10	45	9	5	4	6	71	15	3	8	2
20	4	2	4	8	46	10	0	8	4	72	15	5	0	0
21	4	3	8	6	47	10	2	0	2					
22	4	5	0	4	48	10	3	4	0	$\frac{1}{4}$	0	0	3	$11\frac{1}{2}$
23	5	0	4	2	49	10	4	7	10	$\frac{1}{2}$	0	0	7	11
24	5	1	8	0	50	10	5	11	8	$\frac{3}{4}$	0	0	11	$10\frac{1}{2}$
25	5	2	11	10	51	11	1	3	6					
26	5	4	3	8	52	11	2	7	4					

Grosseur de 5 & 20 pouces.

sur Pieces de Longueur	Pièces	Pieds	Pouces	Lignes	sur Pieds de Longueur	Pièces	Pieds	Pouces	Lignes	sur Pieds de Longueur	Pièces	Pieds	Pouces	Lignes
1	0	1	4	8	27	6	1	6	0	53	12	1	7	4
2	0	2	9	4	28	6	2	10	8	54	12	3	0	0
3	0	4	2	0	29	6	4	3	4	55	12	4	4	8
4	0	5	6	8	30	6	5	8	0	56	12	5	9	4
5	1	0	11	4	31	7	1	0	8	57	13	1	2	0
6	1	2	4	0	32	7	2	5	4	58	13	2	6	8
7	1	3	8	8	33	7	3	10	0	59	13	3	11	4
8	1	5	1	4	34	7	5	2	8	60	13	5	4	0
9	2	0	6	0	35	8	0	7	4	61	14	0	8	8
10	2	1	10	8	36	8	2	0	0	62	14	2	1	4
11	2	3	3	4	37	8	3	4	8	63	14	3	6	0
12	2	4	8	0	38	8	4	9	4	64	14	4	10	8
13	3	0	0	8	39	9	0	2	0	65	15	0	3	4
14	3	1	5	4	40	9	1	6	8	66	15	1	8	0
15	3	2	10	0	41	9	2	11	4	67	15	3	0	8
16	3	4	2	8	42	9	4	4	0	68	15	4	5	4
17	3	5	7	4	43	9	5	8	8	69	15	5	10	0
18	4	1	0	0	44	10	1	1	4	70	16	1	2	8
19	4	2	4	8	45	10	2	6	0	71	16	2	7	4
20	4	3	9	4	46	10	3	10	8	72	16	4	0	0
21	4	5	2	0	47	10	5	3	4					
22	5	0	6	8	48	11	0	8	0	1/4	0	0	4	2
23	5	1	11	4	49	11	2	0	8	1/2	0	0	8	4
24	5	3	4	0	50	11	3	5	4	3/4	0	1	0	6
25	5	4	8	8	51	11	4	10	0					
26	6	0	1	4	52	12	0	2	8					

Grosseur de 5 & 21 pouces.

sur Pieds de Longueur	Pieces.	Pieds.	Pouces.	Lignes.
1	0	1	5	6
2	0	2	11	0
3	0	4	4	6
4	0	5	10	0
5	1	1	3	6
6	1	2	9	0
7	1	4	2	6
8	1	5	8	0
9	2	1	3	6
10	2	2	7	0
11	3	4	0	6
12	2	5	6	0
13	3	0	11	6
14	3	2	5	0
15	3	3	10	6
16	3	5	4	0
17	4	0	9	6
18	4	2	3	0
19	4	3	8	6
20	4	5	2	0
21	5	0	7	6
22	5	2	1	0
23	5	3	6	6
24	5	5	0	0
25	6	0	5	6
26	6	1	11	0

sur Pieds de Longueur	Pieces.	Pieds.	Pouces.	Lignes.
27	6	3	4	6
28	6	4	10	0
29	7	0	3	6
30	7	1	9	0
31	7	3	2	6
32	7	4	8	0
33	8	0	1	6
34	8	1	7	0
35	8	3	0	6
36	8	4	6	0
37	8	5	11	6
38	9	1	5	0
39	9	2	10	6
40	9	4	4	0
41	9	5	9	6
42	10	1	3	0
43	10	2	8	6
44	10	4	2	0
45	10	5	7	6
46	11	1	1	0
47	11	2	6	6
48	11	4	0	0
49	11	5	5	6
50	12	0	11	0
51	12	2	4	6
52	12	3	10	0

sur Pieds de Longueur	Pieces.	Pieds.	Pouces.	Lignes.
53	12	5	3	6
54	13	0	9	0
55	13	2	2	6
56	13	3	8	0
57	13	5	1	6
58	14	0	7	0
59	14	2	0	6
60	14	3	6	0
61	14	4	11	6
62	15	0	5	0
63	15	1	10	6
64	15	3	4	0
65	15	4	9	6
66	16	0	3	0
67	16	1	8	6
68	16	3	2	0
69	16	4	7	6
70	17	0	1	0
71	17	1	6	6
72	17	3	0	0
$\frac{1}{4}$	0	0	4	$4\frac{1}{2}$
$\frac{1}{2}$	0	0	8	9
$\frac{3}{4}$	0	1	1	$1\frac{1}{2}$

Grosseur de 5 & 22 pouces.

sur Pieds de Longueur.	Produit.				sur Pieds de Longueur.	Produit.				sur Pieds de Longueur.	Produit.			
	Pieces.	Pieds.	Pouces.	Lignes.		Pieces.	Pieds.	Pouces.	Lignes.		Pieces.	Pieds.	Pouces.	Lignes.
1	0	1	6	4	27	6	5	3	0	53	13	2	11	8
2	0	3	0	8	28	7	0	9	4	54	13	4	6	0
3	0	4	7	0	29	7	2	3	8	55	14	0	0	4
4	1	0	1	4	30	7	3	10	0	56	14	1	6	8
5	1	1	7	8	31	7	5	4	4	57	14	3	1	0
6	1	3	2	0	32	8	0	10	8	58	14	4	7	4
7	1	4	8	4	33	8	2	5	0	59	15	0	1	8
8	2	0	2	8	34	8	3	11	4	60	15	1	8	0
9	2	1	9	0	35	8	5	5	8	61	15	3	2	4
10	2	3	3	4	36	9	1	0	0	62	15	4	8	8
11	2	4	9	8	37	9	2	6	4	63	16	0	3	0
12	3	0	4	0	38	9	4	0	8	64	16	1	9	4
13	3	1	10	4	39	9	5	7	0	65	16	3	8	8
14	3	3	4	8	40	10	1	1	4	66	16	4	10	0
15	3	4	11	0	41	10	2	7	8	67	17	0	4	4
16	4	0	5	4	42	10	4	2	0	68	17	1	10	8
17	4	1	11	8	43	10	5	8	4	69	17	3	5	0
18	4	3	6	0	44	11	1	2	8	70	17	4	11	4
19	4	5	0	4	45	11	2	9	0	71	18	0	5	8
20	5	0	6	8	46	11	4	3	4	72	18	2	0	0
21	5	2	1	0	47	11	5	9	8					
22	5	3	7	4	48	12	1	4	0	1/4	0	0	4	7
23	5	5	1	8	49	12	2	10	4	1/2	0	0	9	2
24	6	0	8	0	50	12	4	4	8	3/4	0	1	1	9
25	6	2	2	4	51	12	5	11	0					
26	6	3	8	8	52	13	1	5	4					

Groſſeur de 5 & 23 pouces.

ſur Pieds de Longueur.	Produit. Pieces.	Pieds.	Pouces.	Lignes.
1	0	1	7	2
2	0	3	2	4
3	0	4	9	6
4	1	0	4	8
5	1	1	11	10
6	1	3	7	0
7	1	5	2	2
8	2	0	9	4
9	2	2	4	6
10	2	3	11	8
11	2	5	6	10
12	3	1	2	0
13	3	2	9	2
14	3	4	4	4
15	3	5	11	6
16	4	1	6	8
17	4	3	1	10
18	4	4	9	0
19	5	0	4	2
20	5	1	11	4
21	5	3	6	6
22	5	5	1	8
23	6	0	8	10
24	6	2	4	0
25	6	3	11	2
26	6	5	6	4

ſur Pieds de Longueur	Produit. Pieces.	Pieds.	Pouces.	Lignes.
27	7	1	1	6
28	7	2	8	8
29	7	4	3	10
30	7	5	11	0
31	8	1	6	2
32	8	3	1	4
33	8	4	8	6
34	9	0	3	8
35	9	1	10	10
36	9	3	6	0
37	9	5	1	2
38	10	0	8	4
39	10	2	3	6
40	10	3	10	8
41	10	5	5	10
42	11	1	1	0
43	11	2	8	2
44	11	4	3	4
45	11	5	10	6
46	12	1	5	8
47	12	3	0	10
48	12	4	8	0
49	13	0	3	2
50	13	1	10	4
51	13	3	5	6
52	13	5	0	8

ſur Pieds de Longueur	Produit. Pieces.	Pieds.	Pouces.	Lignes.
53	14	0	7	10
54	14	2	3	0
55	14	3	10	2
56	14	5	5	4
57	15	1	0	6
58	15	2	7	8
59	15	4	2	10
60	15	5	10	0
61	16	1	5	2
62	16	3	0	4
63	16	4	7	6
64	17	0	2	8
65	17	1	9	10
66	17	3	5	0
67	17	5	0	2
68	18	0	7	4
69	18	2	2	6
70	18	3	9	8
71	18	5	4	10
72	19	1	0	0
¼	0	0	4	9½
½	0	0	9	7
¾	0	1	2	4½

Grosseur de 5 & 24 pouces.

sur Pieds de Longueur.	Produit. Pieces.	Pieds.	Pouces.	Lignes.	sur Pieds de Longueur.	Produit. Pieces.	Pieds.	Pouces.	Lignes.	sur Pieds de Longueur.	Produit. Pieces.	Pieds.	Pouces.	Lignes.
1	0	1	8	0	27	7	3	0	0	53	14	4	4	0
2	0	3	4	0	28	7	4	8	0	54	15	0	0	0
3	0	5	0	0	29	8	0	4	0	55	15	1	8	0
4	1	0	8	0	30	8	2	0	0	56	15	3	4	0
5	1	2	4	0	31	8	3	8	0	57	15	5	0	0
6	1	4	0	0	32	8	5	4	0	58	16	0	8	0
7	1	5	8	0	33	9	1	0	0	59	16	2	4	0
8	2	1	4	0	34	9	2	8	0	60	16	4	0	0
9	2	3	0	0	35	9	4	4	0	61	16	5	8	0
10	2	4	8	0	36	10	0	0	0	62	17	1	4	0
11	3	0	4	0	37	10	1	8	0	63	17	3	0	0
12	3	2	0	0	38	10	3	4	0	64	17	4	8	0
13	3	3	8	0	39	10	5	0	0	65	18	0	4	0
14	3	5	4	0	40	11	0	8	0	66	18	2	0	0
15	4	1	0	0	41	11	2	4	0	67	18	3	8	0
16	4	2	8	0	42	11	4	0	0	68	18	5	4	0
17	4	4	4	0	43	11	5	8	0	69	19	1	0	0
18	5	0	0	0	44	12	1	4	0	70	19	2	8	0
19	5	1	8	0	45	12	3	0	0	71	19	4	4	0
20	5	3	4	0	46	12	4	8	0	72	20	0	0	0
21	5	5	0	0	47	13	0	4	0					
22	6	0	8	0	48	13	2	0	0					
23	6	2	4	0	49	13	3	8	0	1/4	0	0	5	0
24	6	4	0	0	50	13	5	4	0	1/2	0	0	10	0
25	6	5	8	0	51	14	1	0	0	3/4	0	1	3	0
26	7	1	4	0	52	14	2	8	0					

Groſſeur de 5 & 25 pouces.

sur Pieds de Longueur.	Produit.				sur Pieds de Longueur.	Produit.				sur Pieds de Longueur.	Produit.			
	Pieces.	Pieds.	Pouces.	Lignes.		Pieces.	Pieds.	Pouces.	Lignes.		Pieces.	Pieds.	Pouces.	Lignes.
1	0	1	8	10	27	7	4	10	6	53	15	2	0	2
2	0	3	5	8	28	8	0	7	4	54	15	3	9	0
3	0	5	2	6	29	8	2	4	2	55	15	5	5	10
4	1	0	11	4	30	8	4	1	0	56	16	1	2	8
5	1	2	8	2	31	8	5	9	10	57	16	2	11	6
6	1	4	5	0	32	9	1	6	8	58	16	4	8	4
7	2	0	1	10	33	9	3	3	6	59	17	0	5	2
8	2	1	10	8	34	9	5	0	4	60	17	2	2	0
9	2	3	7	6	35	10	0	9	2	61	17	3	10	10
10	2	5	4	4	36	10	2	6	0	62	17	5	7	8
11	3	1	1	2	37	10	4	2	10	63	18	1	4	6
12	3	2	10	0	38	10	5	11	8	64	18	3	1	4
13	3	4	6	10	39	11	1	8	6	65	18	4	10	2
14	4	0	3	8	40	11	3	5	4	66	19	0	7	0
15	4	1	0	6	41	11	5	2	2	67	19	2	3	10
16	4	3	9	4	42	12	0	11	0	68	19	4	0	8
17	4	5	6	2	43	12	2	7	10	69	19	5	9	6
18	5	1	3	0	44	12	4	4	8	70	20	1	6	4
19	5	2	11	10	45	13	0	1	6	71	20	3	3	2
20	5	4	8	8	46	13	1	10	4	72	20	5	0	0
21	6	0	5	6	47	13	3	7	2					
22	6	2	2	4	48	13	5	4	0	¼	0	0	5	2½
23	6	3	11	2	49	14	1	0	10	½	0	0	10	5
24	6	5	8	0	50	14	2	9	8	¾	0	1	3	7½
25	7	1	4	10	51	14	4	6	6					
26	7	3	1	8	52	15	0	3	4					

Grosseur de 5 & 26 pouces.

sur Pieds de Longueur.	Produit. Pieces.	Pieds.	Pouces.	Lignes.	sur Pieds de Longueur.	Produit. Pieces.	Pieds.	Pouces.	Lignes.	sur Pieds de Longueur.	Produit. Pieces.	Pieds.	Pouces.	Lignes.
1	0	1	9	8	27	8	0	9	0	53	15	5	8	4
2	0	3	7	4	28	8	2	6	8	54	16	1	6	0
3	0	5	5	0	29	8	4	4	4	55	16	3	3	8
4	1	1	2	8	30	9	0	2	0	56	16	5	1	4
5	1	3	0	4	31	9	1	11	8	57	17	0	11	0
6	1	4	10	0	32	9	3	9	4	58	17	2	8	8
7	2	0	7	8	33	9	5	7	0	59	17	4	6	4
8	2	2	5	4	34	10	1	4	8	60	18	0	4	0
9	2	4	3	0	35	10	3	2	4	61	18	2	1	8
10	3	0	0	8	36	10	5	0	0	62	18	3	11	4
11	3	1	10	4	37	11	0	9	8	63	18	5	9	0
12	3	3	8	0	38	11	2	7	4	64	19	1	6	8
13	3	5	5	8	39	11	4	5	0	65	19	3	4	4
14	4	1	3	4	40	12	0	2	8	66	19	5	2	0
15	4	3	1	0	41	12	2	0	4	67	20	0	11	8
16	4	4	10	8	42	12	3	10	0	68	20	2	9	4
17	5	0	8	4	43	12	5	7	8	69	20	4	7	0
18	5	2	6	0	44	13	1	5	4	70	21	0	4	8
19	5	4	3	8	45	13	3	3	0	71	21	2	2	4
20	6	0	1	4	46	13	5	0	8	72	21	4	0	0
21	6	1	11	0	47	14	0	10	4					
22	6	3	8	8	48	14	2	8	0	1/4	0	0	5	5
23	6	5	6	4	49	14	4	5	8	1/2	0	0	10	10
24	7	1	4	0	50	15	0	3	4	3/4	0	1	4	3
25	7	3	1	8	51	15	2	1	0					
26	7	4	11	4	52	15	3	10	8					

Grosseur de 5 & 27 pouces.

sur Pieds de Longueur	Produit. Pieces.	Pieds.	Pouces.	Lignes.	sur Pieds de Longueur	Produit. Pieces.	Pieds.	Pouces.	Lignes.	sur Pieds de Longueur	Produit. Pieces.	Pieds.	Pouces.	Lignes.
1	0	1	10	6	27	8	2	7	6	53	16	3	4	6
2	0	3	9	0	28	8	4	6	0	54	16	5	3	0
3	0	5	7	6	29	9	0	4	6	55	17	1	1	6
4	1	1	6	0	30	9	2	3	0	56	17	3	0	0
5	1	3	4	6	31	9	4	1	6	57	17	4	10	6
6	1	5	3	0	32	10	0	0	0	58	18	0	9	0
7	2	1	1	6	33	10	1	10	6	59	18	2	7	6
8	2	3	0	0	34	10	3	9	0	60	18	4	6	0
9	2	4	10	6	35	10	5	7	6	61	19	0	4	6
10	3	0	9	0	36	11	1	6	0	62	19	2	3	0
11	3	2	7	6	37	11	3	4	6	63	19	4	1	6
12	3	4	6	0	38	11	5	3	0	64	20	0	0	0
13	4	0	4	6	39	12	1	1	6	65	20	1	10	6
14	4	2	3	0	40	12	3	0	0	66	20	3	9	0
15	4	4	1	6	41	12	4	10	6	67	20	5	7	6
16	5	0	0	0	42	13	0	9	0	68	21	1	6	0
17	5	1	10	6	43	13	2	7	6	69	21	3	4	6
18	5	3	9	0	44	13	4	6	0	70	21	5	3	0
19	5	5	7	6	45	14	0	4	6	71	22	1	1	6
20	6	1	6	0	45	14	2	3	0	72	22	3	0	0
21	6	3	4	6	47	14	4	1	6					
22	6	5	3	0	48	15	0	0	0					
23	7	1	1	6	49	15	1	10	6	$\frac{1}{4}$	0	0	5	$7\frac{1}{2}$
24	7	3	0	0	50	15	3	9	0	$\frac{1}{2}$	0	0	11	3
25	7	4	10	6	51	15	5	7	6	$\frac{3}{4}$	0	1	4	$10\frac{1}{2}$
26	8	0	9	0	52	16	1	6	0					

Groſſeur de 5 & 28 pouces.

ſur Pied de Longueur.	Produit. Pièces.	Pieds.	Pouces.	Lignes.	ſur Pieds de Longueur.	Produit. Pièces.	Pieds.	Pouces.	Lignes.	ſur Pieds de Longueur.	Produit. Pièces.	Pieds.	Pouces.	Lignes.
1	0	1	11	4	27	8	4	6	0	53	17	1	0	8
2	0	3	10	8	28	9	0	5	4	54	17	3	0	0
3	0	5	10	0	29	9	2	4	8	55	17	4	11	4
4	1	1	9	4	30	9	4	4	0	56	18	0	10	8
5	1	3	8	8	31	10	0	3	4	57	18	2	10	0
6	1	5	8	0	32	10	2	2	8	58	18	4	9	4
7	2	1	7	4	33	10	4	2	0	59	19	0	8	8
8	2	3	6	8	34	11	0	1	4	60	19	2	8	0
9	2	5	6	0	35	11	2	0	8	61	19	4	7	4
10	3	1	5	4	36	11	4	0	0	62	20	0	6	8
11	3	3	4	8	37	11	5	11	4	63	20	2	6	0
12	3	5	4	0	38	12	1	10	8	64	30	4	5	4
13	4	1	3	4	39	12	3	10	0	65	21	0	4	8
14	4	3	2	8	40	12	5	9	4	66	21	2	4	0
15	4	5	2	0	41	13	1	8	8	67	21	4	3	4
16	5	1	1	4	42	13	3	8	0	68	22	0	2	8
17	5	3	0	8	43	13	5	7	4	69	22	2	2	0
18	5	5	0	0	44	14	1	6	8	70	22	4	1	4
19	6	0	11	4	45	14	3	6	0	71	23	0	0	8
20	6	2	10	8	46	14	5	5	4	72	23	2	0	0
21	6	4	10	0	47	15	1	4	8					
22	7	0	9	4	48	15	3	4	0	$\frac{1}{4}$	0	0	5	10
23	7	2	8	8	49	15	5	3	4	$\frac{1}{2}$	0	0	11	8
24	7	4	8	0	50	16	1	2	8	$\frac{3}{4}$	0	1	5	6
25	8	0	7	4	51	16	3	2	0					
26	8	2	6	8	52	16	5	1	4					

Groſſeur de 5 & 29 pouces.

sur Pied de Longueur	Produit. Pieces.	Pieds.	Pouces.	Lignes.
1	0	2	0	2
2	0	4	0	4
3	1	0	0	6
4	1	2	0	8
5	1	4	0	10
6	2	0	1	0
7	2	2	1	2
8	2	4	1	4
9	3	0	1	6
10	3	2	1	8
11	3	4	1	10
12	4	0	2	0
13	4	2	2	2
14	4	4	2	4
15	5	0	2	6
16	5	2	2	8
17	5	4	2	10
18	6	0	3	0
19	6	2	3	2
20	6	4	3	4
21	7	0	3	6
22	7	2	3	8
23	7	4	3	10
24	8	0	4	0
25	8	2	4	2
26	8	4	4	4

sur Pieds de Longueur	Produit. Pieces.	Pieds.	Pouces.	Lignes.
27	9	0	4	6
28	9	2	4	8
29	9	4	4	10
30	10	0	5	0
31	10	2	5	2
32	10	4	5	4
33	11	0	5	6
34	11	2	5	8
35	11	4	5	10
36	12	0	6	0
37	12	2	6	2
38	12	4	6	4
39	13	0	6	6
40	13	2	6	8
41	13	4	6	10
42	14	0	7	0
43	14	2	7	2
44	14	4	7	4
45	15	0	7	6
46	15	2	7	8
47	15	4	7	10
48	16	0	8	0
49	16	2	8	2
50	16	4	8	4
51	17	0	8	6
52	17	2	8	8

sur Pieds de Longueur	Produit. Pieces.	Pieds.	Pouces.	Lignes.
53	17	4	8	10
54	18	0	9	0
55	18	2	9	2
56	18	4	9	4
57	19	0	9	6
58	19	2	9	8
59	19	4	9	10
60	20	0	10	0
61	20	2	10	2
62	20	4	10	4
63	21	0	10	6
64	21	2	10	8
65	21	4	10	10
66	22	0	11	0
67	22	2	11	2
68	22	4	11	4
69	23	0	11	6
70	23	2	11	8
71	23	4	11	10
72	24	1	0	0
¼	0	0	6	0
½	0	1	0	1
¾	0	1	6	1

Grosseur de 5 & 30 pouces.

sur Pieds de Longueur.	Pieces.	Pieds.	Pouces.	Lignes.	sur Pieds de Longueur.	Pieces.	Pieds.	Pouces.	Lignes.	sur Pieds de Longueur.	Pieces.	Pieds.	Pouces.	Lignes.
1	0	2	1	0	27	9	2	3	0	53	18	2	5	0
2	0	4	2	0	28	9	4	4	0	54	18	4	6	0
3	1	0	3	0	29	10	0	5	0	55	19	0	7	0
4	1	2	4	0	30	10	2	6	0	56	19	2	8	0
5	1	4	5	0	31	10	4	7	0	57	19	4	9	0
6	2	0	6	0	32	11	0	8	0	58	20	0	10	0
7	2	2	7	0	33	11	2	9	0	59	20	2	11	0
8	2	4	8	0	34	11	4	10	0	60	20	5	0	0
9	3	0	9	0	35	12	0	11	0	61	21	1	1	0
10	3	2	10	0	36	12	3	0	0	62	21	3	2	0
11	3	4	11	0	37	12	5	1	0	63	21	5	3	0
12	4	1	0	0	38	13	1	2	0	64	22	1	4	0
13	4	3	1	0	39	13	3	3	0	65	22	3	5	0
14	4	5	2	0	40	13	5	4	0	66	22	5	6	0
15	5	1	3	0	41	14	1	5	0	67	23	1	7	0
16	5	3	4	0	42	14	3	6	0	68	23	3	8	0
17	5	5	5	0	43	14	5	7	0	69	23	5	9	0
18	6	1	6	0	44	15	1	8	0	70	24	1	10	0
19	6	3	7	0	45	15	3	9	0	71	24	3	11	0
20	6	5	8	0	46	15	5	10	0	72	25	0	0	0
21	7	1	9	0	47	16	1	11	0					
22	7	3	10	0	48	16	4	0	0	1/4	0	0	6	3
23	7	5	11	0	49	17	0	1	0	1/2	0	1	0	6
24	8	2	0	0	50	17	2	2	0	3/4	0	1	6	9
25	8	4	1	0	51	17	4	3	0					
26	9	0	2	0	52	18	0	4	0					

Grosseur de 6 pouces.

sur Pieds de Longueur	Produit.			
	Pieces.	Pieds.	Pouces.	Lignes.
1	0	0	6	0
2	0	1	0	0
3	0	1	6	0
4	0	2	0	0
5	0	2	6	0
6	0	3	0	0
7	0	3	6	0
8	0	4	0	0
9	0	4	6	0
10	0	5	0	0
11	0	5	6	0
12	1	0	0	0
13	1	0	6	0
14	1	1	0	0
15	1	1	6	0
16	1	2	0	0
17	1	2	6	0
18	1	3	0	0
19	1	3	6	0
20	1	4	0	0
21	1	4	6	0
22	1	5	0	0
23	1	5	6	0
24	2	0	0	0
25	2	0	6	0
26	2	1	0	0

sur Pieds de Longueur	Produit.			
	Pieces.	Pieds.	Pouces.	Lignes.
27	2	1	6	0
28	2	2	0	0
29	2	2	6	0
30	2	3	0	0
31	2	3	6	0
32	2	4	0	0
33	2	4	6	0
34	2	5	0	0
35	2	5	6	0
36	3	0	0	0
37	3	0	6	0
38	3	1	0	0
39	3	1	6	0
40	3	2	0	0
41	3	2	6	0
42	3	3	0	0
43	3	3	6	0
44	3	4	0	0
45	3	4	6	0
46	3	5	0	0
47	3	5	6	0
48	4	0	0	0
49	4	0	6	0
50	4	1	0	0
51	4	1	6	0
52	4	2	0	0

sur Pieds de Longueur	Produit.			
	Pieces.	Pieds.	Pouces.	Lignes.
53	4	2	6	0
54	4	3	0	0
55	4	3	6	0
56	4	4	0	0
57	4	4	6	0
58	4	5	0	0
59	4	5	6	0
60	5	0	0	0
61	5	0	6	0
62	5	1	0	0
63	5	1	6	0
64	5	2	0	0
65	5	2	6	0
66	5	3	0	0
67	5	3	6	0
68	5	4	0	0
69	5	4	6	0
70	5	5	0	0
71	5	5	6	0
72	6	0	0	0
1/4	0	0	1	6
1/2	0	0	3	0
3/4	0	0	4	6

Grosseur de 6 & 7 pouces.

sur Pieds de Longueur	Produit. Pieces.	Pieds.	Pouces.	Lignes.	sur Pied de Longueur	Produit. Pieces.	Pieds.	Pouces.	Lignes.	sur Pied de Longueur	Produit. Pieces.	Pieds.	Pouces.	Lignes.
1	0	0	7	0	27	2	3	9	0	53	5	0	11	0
2	0	1	2	0	28	2	4	4	0	54	5	1	6	0
3	0	1	9	0	29	2	4	11	0	55	5	2	1	0
4	0	2	4	0	30	2	5	6	0	56	5	2	8	0
5	0	2	11	0	31	3	0	1	0	57	5	3	3	0
6	0	3	6	0	32	3	0	8	0	58	5	3	10	0
7	0	4	1	0	33	3	1	3	0	59	5	4	5	0
8	0	4	8	0	34	3	1	10	0	60	5	5	0	0
9	0	5	3	0	35	3	2	5	0	61	5	5	7	0
10	0	5	10	0	36	3	3	0	0	62	6	0	2	0
11	1	0	5	0	37	3	3	7	0	63	6	0	9	0
12	1	1	0	0	38	3	4	2	0	64	6	1	4	0
13	1	1	7	0	39	3	4	9	0	65	6	1	11	0
14	1	2	2	0	40	3	5	4	0	66	6	2	6	0
15	1	2	9	0	41	3	5	11	0	67	6	3	1	0
16	1	3	4	0	42	4	0	6	0	68	6	3	8	0
17	1	3	11	0	43	4	1	1	0	69	6	4	3	0
18	1	4	6	0	44	4	1	8	0	70	6	4	10	0
19	1	5	1	0	45	4	2	3	0	71	6	5	5	0
20	1	5	8	0	46	4	2	10	0	72	7	0	0	0
21	2	0	3	0	47	4	3	5	0					
22	2	0	10	0	48	4	4	0	0					
23	2	1	5	0	49	4	4	7	0	1/4	0	0	1	9
24	2	2	0	0	50	4	5	2	0	1/2	0	0	3	6
25	2	2	7	0	51	4	5	9	0	3/4	0	0	5	3
26	2	3	2	0	52	5	0	4	0					

P

Grosseur de 6 & 8 pouces.

sur Pieds de Longueur.	Produit. Pieces.	Pieds.	Pouces.	Lignes.	sur Pieds de Longueur.	Produit. Pieces.	Pieds.	Pouces.	Lignes.	sur Pieds de Longueur.	Produit. Pieces.	Pieds.	Pouces.	Lignes.
1	0..0.	8.	0		27	3..0.	0.	0		53	5..5.	4.	0	
2	0..1.	4.	0		28	3..0.	8.	0		54	6..0.	0.	0	
3	0..2.	0.	0		29	3..1.	4.	0		55	6..0.	8.	0	
4	0..2.	8.	0		30	3..2.	0.	0		56	6..1.	4.	0	
5	0..3.	4.	0		31	3..2.	8.	0		57	6..2.	0.	0	
6	0..4.	0.	0		32	3..3.	4.	0		58	6..2.	8.	0	
7	0..4.	8.	0		33	3..4.	0.	0		59	6..3.	4.	0	
8	0..5.	4.	0		34	3..4.	8.	0		60	6..4.	0.	0	
9	1..0.	0.	0		35	3..5.	4.	0		61	6..4.	8.	0	
10	1..0.	8.	0		36	4..0.	0.	0		62	6..5.	4.	0	
11	1..1.	4.	0		37	4..0.	8.	0		63	7..0.	0.	0	
12	1..2.	0.	0		38	4..1.	4.	0		64	7..0.	8.	0	
13	1..2.	8.	0		39	4..2.	0.	0		65	7..1.	4.	0	
14	1..3.	4.	0		40	4..2.	8.	0		66	7..2.	0.	0	
15	1..4.	0.	0		41	4..3.	4.	0		67	7..2.	8.	0	
16	1..4.	8.	0		42	4..4.	0.	0		68	7..3.	4.	0	
17	1..5.	4.	0		43	4..4.	8.	0		69	7..4.	0.	0	
18	2..0.	0.	0		44	4..5.	4.	0		70	7..4.	8.	0	
19	2..0.	8.	0		45	5..0.	0.	0		71	7..5.	4.	0	
20	2..1.	4.	0		46	5..0.	8.	0		72	8..0.	0.	0	
21	2..2.	0.	0		47	5..1.	4.	0						
22	2..2.	8.	0		48	5..2.	0.	0		$\frac{1}{4}$	0..0.	2.	0	
23	2..3.	4.	0		49	5..2.	8.	0		$\frac{1}{2}$	0..0.	4.	0	
24	2..4.	0.	0		50	5..3.	4.	0		$\frac{3}{4}$	0..0.	6.	0	
25	2..4.	8.	0		51	5..4.	0.	0						
26	2..5.	4.	0		52	5..4.	8.	0						

Grosseur de 6 & 9 pouces.

sur Pieds de Longueur	Produit Pieces.	Pieds.	Pouces.	Lignes.
1	0	0	9	0
2	0	1	6	0
3	0	2	3	0
4	0	3	0	0
5	0	3	9	0
6	0	4	6	0
7	0	5	3	0
8	1	0	0	0
9	1	0	9	0
10	1	1	6	0
11	1	2	3	0
12	1	3	0	0
13	1	3	9	0
14	1	4	6	0
15	1	5	3	0
16	2	0	0	0
17	2	0	9	0
18	2	1	6	0
19	2	2	3	0
20	2	3	0	0
21	2	3	9	0
22	2	4	6	0
23	2	5	3	0
24	3	0	0	0
25	3	0	9	0
26	3	1	6	0

sur Pieds de Longueur	Produit Pieces.	Pieds.	Pouces.	Lignes.
27	3	2	3	0
28	3	3	0	0
29	3	3	9	0
30	3	4	6	0
31	3	5	3	0
32	4	0	0	0
33	4	0	9	0
34	4	1	6	0
35	4	2	3	0
36	4	3	0	0
37	4	3	9	0
38	4	4	6	0
39	4	5	3	0
40	5	0	0	0
41	5	0	9	0
42	5	1	6	0
43	5	2	3	0
44	5	3	0	0
45	5	3	9	0
46	5	4	6	0
47	5	5	3	0
48	6	0	0	0
49	6	0	9	0
50	6	1	6	0
51	6	2	3	0
52	6	3	0	0

sur Pieds de Longueur	Produit Pieces.	Pieds.	Pouces.	Lignes.
53	6	3	9	0
54	6	4	6	0
55	6	5	3	0
56	7	0	0	0
57	7	0	9	0
58	7	1	6	0
59	7	2	3	0
60	7	3	0	0
61	7	3	9	0
62	7	4	6	0
63	7	5	3	0
64	8	0	0	0
65	8	0	9	0
66	8	1	6	0
67	8	2	3	0
68	8	3	0	0
69	8	3	9	0
70	8	4	6	0
71	8	5	3	0
72	9	0	0	0
$\frac{1}{4}$	0	0	2	3
$\frac{1}{2}$	0	0	4	6
$\frac{3}{4}$	0	0	6	9

Grosseur de 6 & 10 pouces.

sur Pieds de Longueur.	Produit.				sur Pieds de Longueur.	Produit.				sur Pieds de Longueur.	Produit.			
	Pieces.	Pieds.	Pouces.	Lignes.		Pieces.	Pieds.	Pouces.	Lignes.		Pieces.	Pieds.	Pouces.	Lignes.
1	0	0	10	0	27	3	4	6	0	53	7	2	2	0
2	0	1	8	0	28	3	5	4	0	54	7	3	0	0
3	0	2	6	0	29	4	0	2	0	55	7	3	10	0
4	0	3	4	0	30	4	1	0	0	56	7	4	8	0
5	0	4	2	0	31	4	1	10	0	57	7	5	6	0
6	0	5	0	0	32	4	2	8	0	58	8	0	4	0
7	0	5	10	0	33	4	3	6	0	59	8	1	2	0
8	1	0	8	0	34	4	4	4	0	60	8	2	0	0
9	1	1	6	0	35	4	5	2	0	61	8	2	10	0
10	1	2	4	0	36	5	0	0	0	62	8	3	8	0
11	1	3	2	0	37	5	0	10	0	63	8	4	6	0
12	1	4	0	0	38	5	1	8	0	64	8	5	4	0
13	1	4	10	0	39	5	2	6	0	65	9	0	2	0
14	1	5	8	0	40	5	3	4	0	66	9	1	0	0
15	2	0	6	0	41	5	4	2	0	67	9	1	10	0
16	2	1	4	0	42	5	5	0	0	68	9	2	8	0
17	2	2	2	0	43	5	5	10	0	69	9	3	6	0
18	2	3	0	0	44	6	0	8	0	70	9	4	4	0
19	2	3	10	0	45	6	1	6	0	71	9	5	2	0
20	2	4	8	0	46	6	2	4	0	72	10	0	0	0
21	2	5	6	0	47	6	3	2	0					
22	3	0	4	0	48	6	4	0	0					
23	3	1	2	0	49	6	4	10	0	$\frac{1}{4}$	0	0	2	6
24	3	2	0	0	50	6	5	8	0	$\frac{1}{2}$	0	0	5	0
25	3	2	10	0	51	7	0	6	0	$\frac{3}{4}$	0	0	7	6
26	3	3	8	0	52	7	1	4	0					

Grosseur de 6 & 11 pouces.

sur Pieds de Longueur.	Pieces.	Pieds.	Pouces.	Lignes.	sur Pieds de Longueur.	Pieces.	Pieds.	Pouces.	Lignes.	sur Pieds de Longueur.	Pieces.	Pieds.	Pouces.	Lignes.
1	0	0	11	0	27	4	0	9	0	53	8	0	7	0
2	0	1	10	0	28	4	1	8	0	54	8	1	6	0
3	0	2	9	0	29	4	2	7	0	55	8	2	5	0
4	0	3	8	0	30	4	3	6	0	56	8	3	4	0
5	0	4	7	0	31	4	4	5	0	57	8	4	3	0
6	0	5	6	0	32	4	5	4	0	58	8	5	2	0
7	1	0	5	0	33	5	0	3	0	59	9	0	1	0
8	1	1	4	0	34	5	1	2	0	60	9	1	0	0
9	1	2	3	0	35	5	2	1	0	61	9	1	11	0
10	1	3	2	0	36	5	3	0	0	62	9	2	10	0
11	1	4	1	0	37	5	3	11	0	63	9	3	9	0
12	1	5	0	0	38	5	4	10	0	64	9	4	8	0
13	1	5	11	0	39	5	5	9	0	65	9	5	7	0
14	2	0	10	0	40	6	0	8	0	66	10	0	6	0
15	2	1	9	0	41	6	1	7	0	67	10	1	5	0
16	2	2	8	0	42	6	2	6	0	68	10	2	4	0
17	2	3	7	0	43	6	3	5	0	69	10	3	3	0
18	2	4	6	0	44	6	4	4	0	70	10	4	2	0
19	2	5	5	0	45	6	5	3	0	71	10	5	1	0
20	3	0	4	0	46	7	0	2	0	72	11	0	0	0
21	3	1	3	0	47	7	1	1	0					
22	3	2	2	0	48	7	2	0	0					
23	3	3	1	0	49	7	2	11	0	1/4	0	0	2	9
24	3	4	0	0	50	7	3	10	0	1/2	0	0	5	6
25	3	4	11	0	51	7	4	9	0	3/4	0	0	8	3
26	3	5	10	0	52	7	5	8	0					

Grosseur de 6 & 12 pouces.

sur Pieds de Longueur	Produit.				sur Pieds de Longueur	Produit.				sur Pieds de Longueur	Produit.			
	Pieces.	Pieds.	Pouces.	Lignes.		Pieces.	Pieds.	Pouces.	Lignes.		Pieces.	Pieds.	Pouces.	Lignes.
1	0	1	0	0	27	4	3	0	0	53	8	5	0	0
2	0	2	0	0	28	4	4	0	0	54	9	0	0	0
3	0	3	0	0	29	4	5	0	0	55	9	1	0	0
4	0	4	0	0	30	5	0	0	0	56	9	2	0	0
5	0	5	0	0	31	5	1	0	0	57	9	3	0	0
6	1	0	0	0	32	5	2	0	0	58	9	4	0	0
7	1	1	0	0	33	5	3	0	0	59	9	5	0	0
8	1	2	0	0	34	5	4	0	0	60	10	0	0	0
9	1	3	0	0	35	5	5	0	0	61	10	1	0	0
10	1	4	0	0	36	6	0	0	0	62	10	2	0	0
11	1	5	0	0	37	6	1	0	0	63	10	3	0	0
12	2	0	0	0	38	6	2	0	0	64	10	4	0	0
13	2	1	0	0	39	6	3	0	0	65	10	5	0	0
14	2	2	0	0	40	6	4	0	0	66	11	0	0	0
15	2	3	0	0	41	6	5	0	0	67	11	1	0	0
16	2	4	0	0	42	7	0	0	0	68	11	2	0	0
17	2	5	0	0	43	7	1	0	0	69	11	3	0	0
18	3	0	0	0	44	7	2	0	0	70	11	4	0	0
19	3	1	0	0	45	7	3	0	0	71	11	5	0	0
20	3	2	0	0	46	7	4	0	0	72	12	0	0	0
21	3	3	0	0	47	7	5	0	0					
22	3	4	0	0	48	8	0	0	0	1/4	0	0	3	0
23	3	5	0	0	49	8	1	0	0	1/2	0	0	6	0
24	4	0	0	0	50	8	2	0	0	3/4	0	0	9	0
25	4	1	0	0	51	8	3	0	0					
26	4	2	0	0	52	8	4	0	0					

Grosseur de 6 & 13 pouces.

sur Pieds de Longueur.	Produit. Pieces.	Pieds.	Pouces.	Lignes.
1	0	1	1	0
2	0	2	2	0
3	0	3	3	0
4	0	4	4	0
5	0	5	5	0
6	1	0	6	0
7	1	1	7	0
8	1	2	8	0
9	1	3	9	0
10	1	4	10	0
11	1	5	11	0
12	2	1	0	0
13	2	2	1	0
14	2	3	2	0
15	2	4	3	0
16	2	5	4	0
17	3	0	5	0
18	3	1	6	0
19	3	2	7	0
20	3	3	8	0
21	3	4	9	0
22	3	5	10	0
23	4	0	11	0
24	4	2	0	0
25	4	3	1	0
26	4	4	2	0

sur Pieds de Longueur.	Produit. Pieces.	Pieds.	Pouces.	Lignes.
27	4	5	3	0
28	5	0	4	0
29	5	1	5	0
30	5	2	6	0
31	5	3	7	0
32	5	4	8	0
33	5	5	9	0
34	6	0	10	0
35	6	1	11	0
36	6	3	0	0
37	6	4	1	0
38	6	5	2	0
39	7	0	3	0
40	7	1	4	0
41	7	2	5	0
42	7	3	6	0
43	7	4	7	0
44	7	5	8	0
45	8	0	9	0
46	8	1	10	0
47	8	2	11	0
48	8	4	0	0
49	8	5	1	0
50	9	0	2	0
51	9	1	3	0
52	9	2	4	0

sur Pieds de Longueur.	Produit. Pieces.	Pieds.	Pouces.	Lignes.
53	9	3	5	0
54	9	4	6	0
55	9	5	7	0
56	10	0	8	0
57	10	1	9	0
58	10	2	10	0
59	10	3	11	0
60	10	5	0	0
61	11	0	1	0
62	11	1	2	0
63	11	2	3	0
64	11	3	4	0
65	11	4	5	0
66	11	5	6	0
67	12	0	7	0
68	12	1	8	0
69	12	2	9	0
70	12	3	10	0
71	12	4	11	0
72	13	0	0	0
1/4	0	0	3	3
1/2	0	0	6	6
3/4	0	0	9	9

Grosseur de 6 & 14 pouces.

sur Pieds de Longueur.	Produit. Pièces.	Pieds.	Pouces.	Lignes.	sur Pieds de Longueur.	Produit. Pièces.	Pieds.	Pouces.	Lignes.	sur Pieds de Longueur.	Produit. Pièces.	Pieds.	Pouces.	Lignes.
1	0	1	2	0	27	5	1	6	0	53	10	1	10	0
2	0	2	4	0	28	5	2	8	0	54	10	3	0	0
3	0	3	6	0	29	5	3	10	0	55	10	4	2	0
4	0	4	8	0	30	5	5	0	0	56	10	5	4	0
5	0	5	10	0	31	6	0	2	0	57	11	0	6	0
6	1	1	0	0	32	6	1	4	0	58	11	1	8	0
7	1	2	2	0	33	6	2	6	0	59	11	2	10	0
8	1	3	4	0	34	6	3	8	0	60	11	4	0	0
9	1	4	6	0	35	6	4	10	0	61	11	5	2	0
10	1	5	8	0	36	7	0	0	0	62	12	0	4	0
11	2	0	10	0	37	7	1	2	0	63	12	1	6	0
12	2	2	0	0	38	7	2	4	0	64	12	2	8	0
13	2	3	2	0	39	7	3	6	0	65	12	3	10	0
14	2	4	4	0	40	7	4	8	0	66	12	5	0	0
15	2	5	6	0	41	7	5	10	0	67	13	0	2	0
16	3	0	8	0	42	8	1	0	0	68	13	1	4	0
17	3	1	10	0	43	8	2	2	0	69	13	2	6	0
18	3	3	0	0	44	8	3	4	0	70	13	3	8	0
19	3	4	2	0	45	8	4	6	0	71	13	4	10	0
20	3	5	4	0	46	8	5	8	0	72	14	0	0	0
21	4	0	6	0	47	9	0	10	0					
22	4	1	8	0	48	9	2	0	0	1/4	0	0	3	6
23	4	2	10	0	49	9	3	2	0	1/2	0	0	7	0
24	4	4	0	0	50	9	4	4	0	3/4	0	0	10	6
25	4	5	2	0	51	9	5	6	0					
26	5	0	4	0	52	10	0	8	0					

Grosseur de 8 & 15 pouces.

sur Pieds de Longueur.	Pieces.	Pieds.	Pouces.	Lignes.	sur Pieds de Longueur.	Pieces.	Pieds.	Pouces.	Lignes.	sur Pieds de Longueur.	Pieces.	Pieds.	Pouces.	Lignes.
1	0	1	3	0	27	5	3	9	0	53	11	0	3	0
2	0	2	6	0	28	5	5	0	0	54	11	1	6	0
3	0	3	9	0	29	6	0	3	0	55	11	2	9	0
4	0	5	0	0	30	6	1	6	0	56	11	4	0	0
5	1	0	3	0	31	6	2	9	0	57	11	5	3	0
6	1	1	6	0	32	6	4	0	0	58	12	0	6	0
7	1	2	9	0	33	6	5	3	0	59	12	1	9	0
8	1	4	0	0	34	7	0	6	0	60	12	3	0	0
9	1	5	3	0	35	7	1	9	0	61	12	4	3	0
10	2	0	6	0	36	7	3	0	0	62	12	5	6	0
11	2	1	9	0	37	7	4	3	0	63	13	0	9	0
12	2	3	0	0	38	7	5	6	0	64	13	2	0	0
13	2	4	3	0	39	8	0	9	0	65	13	3	3	0
14	2	5	6	0	40	8	2	0	0	66	13	4	6	0
15	3	0	9	0	41	8	3	3	0	67	13	5	9	0
16	3	2	0	0	42	8	4	6	0	68	14	1	0	0
17	3	3	3	0	43	8	5	9	0	69	14	2	3	0
18	3	4	6	0	44	9	1	0	0	70	14	3	6	0
19	3	5	9	0	45	9	2	3	0	71	14	4	9	0
20	4	1	0	0	46	0	3	6	0	72	15	0	0	0
21	4	2	3	0	47	9	4	9	0					
22	4	3	6	0	48	10	0	0	0	1/4	0	0	3	9
23	4	4	9	0	49	10	1	3	0	1/2	0	0	7	6
24	5	0	0	0	50	10	2	6	0	3/4	0	0	11	3
25	5	1	3	0	51	10	3	9	0					
26	5	2	6	0	52	10	5	0	0					

Grosseur de 6 & 16 pouces.

sur Pieds de Longueur.	Produit. Pieces.	Pieds.	Pouces.	Lienes.
1	0	1	4	0
2	0	2	8	0
3	0	4	0	0
4	0	5	4	0
5	1	0	8	0
6	1	2	0	0
7	1	3	4	0
8	1	4	8	0
9	2	0	0	0
10	2	1	4	0
11	2	2	8	0
12	2	4	0	0
13	2	5	4	0
14	3	0	8	0
15	3	2	0	0
16	3	3	4	0
17	3	4	8	0
18	4	0	0	0
19	4	1	4	0
20	4	2	8	0
21	4	4	0	0
22	4	5	4	0
23	5	0	8	0
24	5	2	0	0
25	5	3	4	0
26	5	4	8	0

sur Pieds de Longueur.	Produit. Pieces.	Pieds.	Pouces.	Lignes.
27	6	0	0	0
28	6	1	4	0
29	6	2	8	0
30	6	4	0	0
31	6	5	4	0
32	7	0	8	0
33	7	2	0	0
34	7	3	4	0
35	7	4	8	0
36	8	0	0	0
37	8	1	4	0
38	8	2	8	0
39	8	4	0	0
40	8	5	4	0
41	9	0	8	0
42	9	2	0	0
43	9	3	4	0
44	9	4	8	0
45	10	0	0	0
46	10	1	4	0
47	10	9	8	0
48	10	4	0	0
49	10	5	4	0
50	11	0	8	0
51	11	2	0	0
52	11	3	4	0

sur Pieds de Longueur.	Produit. Pieces.	Pieds.	Pouces.	Lignes.
53	11	4	8	0
54	12	0	0	0
55	12	1	4	0
56	12	2	8	0
57	12	4	0	0
58	12	5	4	0
59	13	0	8	0
60	13	2	0	0
61	13	3	4	0
62	13	4	8	0
63	14	0	0	0
64	14	1	4	0
65	14	2	8	0
66	14	4	0	0
67	14	5	4	0
68	15	0	8	0
69	15	2	0	0
70	15	3	4	0
71	15	4	8	0
72	16	0	0	0
$\frac{1}{4}$	0	0	4	0
$\frac{1}{2}$	0	0	8	0
$\frac{3}{4}$	0	1	0	0

Grosseur de 6 & 17 pouces.

sur Pieds de Longueur	Produit — Pieces.	Pieds.	Pouces.	Lignes.
1	0	1	5	0
2	0	2	10	0
3	0	4	3	0
4	0	5	8	0
5	1	1	1	0
6	1	2	6	0
7	1	3	11	0
8	1	5	4	0
9	2	0	9	0
10	2	2	2	0
11	2	3	7	0
12	2	5	0	0
13	3	0	5	0
14	3	1	10	0
15	3	3	3	0
16	3	4	8	0
17	4	0	1	0
18	4	1	6	0
19	4	2	11	0
20	4	4	4	0
21	4	5	9	0
22	5	1	2	0
23	5	2	7	0
24	5	4	0	0
25	5	5	5	0
26	6	0	10	0

sur Pieds de Longueur	Produit — Pieces.	Pieds.	Pouces.	Lignes.
27	6	2	3	0
28	6	3	8	0
29	6	5	1	0
30	7	0	6	0
31	7	1	11	0
32	7	3	4	0
33	7	4	9	0
34	8	0	2	0
35	8	1	7	0
36	8	3	0	0
37	8	4	5	0
38	8	5	10	0
39	9	1	3	0
40	9	2	8	0
41	9	4	1	0
42	9	5	6	0
43	10	0	11	0
44	10	2	4	0
45	10	3	9	0
46	10	5	2	0
47	11	0	7	0
48	11	2	0	0
49	11	3	5	0
50	11	4	10	0
51	12	0	3	0
52	12	1	8	0

sur Pieds de Longueur	Produit — Pieces.	Pieds.	Pouces.	Lignes.
53	12	3	1	0
54	12	4	6	0
55	12	5	11	0
56	13	1	4	0
57	13	2	9	0
58	13	4	2	0
59	13	5	7	0
60	14	1	0	0
61	14	2	5	0
62	14	3	10	0
63	14	5	3	0
64	15	0	8	0
65	15	2	1	0
66	15	3	6	0
67	15	4	11	0
68	16	0	4	0
69	16	1	9	0
70	16	3	2	0
71	16	4	7	0
72	17	0	0	0
$\frac{1}{4}$	0	0	4	3
$\frac{1}{2}$	0	0	8	6
$\frac{3}{4}$	0	1	0	9

Grosseur de 6 & 18 pouces.

sur Pieds de Longueur.	Produit. Pièces.	Pieds.	Pouces.	Lignes.	sur Pieds de Longueur	Produit. Pièces.	Pieds.	Pouces.	Lignes.	sur Pieds de Longueur.	Produit. Pièces.	Pieds.	Pouces.	Lignes.
1	0.. 1.	6.	0		27	6.. 4.	6.	0		53	13.. 1.	6.	0	
2	0.. 3.	0.	0		28	7.. 0.	0.	0		54	13.. 3.	0.	0	
3	0.. 4.	6.	0		29	7.. 1.	6.	0		55	13.. 4.	6.	0	
4	1.. 0.	0.	0		30	7.. 3.	0.	0		56	14.. 0.	0.	0	
5	1.. 1.	6.	0		31	7.. 4.	6.	0		57	14.. 1.	6.	0	
6	1.. 3.	0.	0		32	8.. 0.	0.	0		58	14.. 3.	0.	0	
7	1.. 4.	6.	0		33	8.. 1.	6.	0		59	14.. 4.	6.	0	
8	2.. 0.	0.	0		34	8.. 3.	0.	0		60	15.. 0.	0.	0	
9	2.. 1.	6.	0		35	8.. 4.	6.	0		61	15.. 1.	6.	0	
10	2.. 3.	0.	0		36	9.. 0.	0.	0		62	15.. 3.	0.	0	
11	2.. 4.	6.	0		37	9.. 1.	6.	0		63	15.. 4.	6.	0	
12	3.. 0.	0.	0		38	9.. 3.	0.	0		64	16.. 0.	0.	0	
13	3.. 1.	6.	0		39	9.. 4.	6.	0		65	16.. 1.	6.	0	
14	3.. 3.	0.	0		40	10.. 0.	0.	0		66	16.. 3.	0.	0	
15	3.. 4.	6.	0		41	10.. 1.	6.	0		67	16.. 4.	6.	0	
16	4.. 0.	0.	0		42	10.. 3.	0.	0		68	17.. 0.	0.	0	
17	4.. 1.	6.	0		43	10.. 4.	6.	0		69	17.. 1.	6.	0	
18	4.. 3.	0.	0		44	11.. 0.	0.	0		70	17.. 3.	0.	0	
19	4.. 4.	6.	0		45	11.. 1.	6.	0		71	17.. 4.	6.	0	
20	5.. 0.	0.	0		46	11.. 3.	0.	0		72	18.. 0.	0.	0	
21	5.. 1.	6.	0		47	11.. 4.	6.	0						
22	5.. 3.	0.	0		48	12.. 0.	0.	0		1/4	0.. 0.	4.	6	
23	5.. 4.	6.	0		49	12.. 1.	6.	0		1/2	0.. 0.	9.	0	
24	6.. 0.	0.	0		50	12.. 3.	0.	0		3/4	0.. 1.	1.	6	
25	6.. 1.	6.	0		51	12.. 4.	6.	0						
26	6.. 3.	0.	0		52	13.. 0.	0.	0						

Grosseur de 6 & 19 pouces.

sur Pieds de Longueur.	Produit. Pieces.	Pieds.	Pouces.	Lignes.	sur Pieds de Longueur.	Produit. Pieces.	Pieds.	Pouces.	Lignes.	sur Pieds de Longueur.	Produit. Pieces.	Pieds.	Pouces.	Lignes.
1	0	1	7	0	27	7	0	9	0	53	13	5	11	0
2	0	3	2	0	28	7	2	4	0	54	14	1	6	0
3	0	4	9	0	29	7	3	11	0	55	14	3	1	0
4	1	0	4	0	30	7	5	6	0	56	14	4	8	0
5	1	1	11	0	31	8	1	1	0	57	15	0	3	0
6	1	3	6	0	32	8	2	8	0	58	15	1	10	0
7	1	5	1	0	33	8	4	3	0	59	15	3	5	0
8	2	0	8	0	34	8	5	10	0	60	15	5	0	0
9	2	2	3	0	35	9	1	5	0	61	16	0	7	0
10	2	3	10	0	36	9	3	0	0	62	16	2	2	0
11	2	5	5	0	37	9	4	7	0	63	16	3	9	0
12	3	1	0	0	38	10	0	2	0	64	16	5	4	0
13	3	2	7	0	39	10	1	9	0	65	17	0	11	0
14	3	4	2	0	40	10	3	4	0	66	17	2	6	0
15	3	5	9	0	41	10	4	11	0	67	17	4	1	0
16	4	1	4	0	42	11	0	6	0	68	17	5	8	0
17	4	2	11	0	43	11	2	1	0	69	18	1	3	0
18	4	4	6	0	44	11	3	8	0	70	18	2	10	0
19	5	0	1	0	45	11	5	3	0	71	18	4	5	0
20	5	1	8	0	46	12	0	10	0	72	19	0	0	0
21	5	3	3	0	47	12	2	5	0					
22	5	4	10	0	48	12	4	0	0	$\frac{1}{4}$	0	0	4	9
23	6	0	5	0	49	12	5	7	0	$\frac{1}{2}$	0	0	9	6
24	6	2	0	0	50	13	1	2	0	$\frac{3}{4}$	0	1	2	3
25	6	3	7	0	51	13	2	9	0					
26	6	5	2	0	52	13	4	4	0					

Grosseur de 6 & 20 pouces.

sur Pieds de Longueur	Pieces.	Pieds.	Pouces.	Lignes.
1	0	1	8	0
2	0	3	4	0
3	0	5	0	0
4	1	0	8	0
5	1	2	4	0
6	1	4	0	0
7	1	5	8	0
8	2	1	4	0
9	2	3	0	0
10	2	4	8	0
11	3	0	4	0
12	3	2	0	0
13	3	3	8	0
14	3	5	4	0
15	4	1	0	0
16	4	2	8	0
17	4	4	4	0
18	5	0	0	0
19	5	1	8	0
20	5	3	4	0
21	5	5	0	0
22	6	0	8	0
23	6	2	4	0
24	6	4	0	0
25	6	5	8	0
26	7	1	4	0

sur Pieds de Longueur	Pieces.	Pieds.	Pouces.	Lignes.
27	7	3	0	0
28	7	4	8	0
29	8	0	4	0
30	8	2	0	0
31	8	3	8	0
32	8	5	4	0
33	9	1	0	0
34	9	2	8	0
35	9	4	4	0
36	10	0	0	0
37	10	1	8	0
38	10	3	4	0
39	10	5	0	0
40	11	0	8	0
41	11	2	4	0
42	11	4	0	0
43	11	5	8	0
44	12	1	4	0
45	12	3	0	0
46	12	4	8	0
47	13	0	4	0
48	13	2	0	0
49	13	3	8	0
50	13	5	4	0
51	14	1	0	0
52	14	2	8	0

sur Pied de Longueur	Pieces.	Pieds.	Pouces.	Lignes.
53	14	4	4	0
54	15	0	0	0
55	15	1	8	0
56	15	3	4	0
57	15	5	0	0
58	16	0	8	0
59	16	2	4	0
60	16	4	0	0
61	16	5	8	0
62	17	1	4	0
63	17	3	0	0
64	17	4	8	0
65	18	0	4	0
66	18	2	0	0
67	18	3	8	0
68	18	5	4	0
69	19	1	0	0
70	19	2	8	0
71	19	4	4	0
72	20	0	0	0
1/4	0	0	5	0
1/2	0	0	10	0
3/4	0	1	3	0

Grosseur de 6 & 21 pouces.

fur Pieds de Longueur.	Pieces.	Pieds.	Pouces.	Lignes.
1	0	1	9	0
2	0	3	6	0
3	0	5	3	0
4	1	1	0	0
5	1	2	9	0
6	1	4	6	0
7	2	0	3	0
8	2	2	0	0
9	2	3	9	0
10	2	5	6	0
11	3	1	3	0
12	3	3	0	0
13	3	4	9	0
14	4	0	6	0
15	4	2	3	0
16	4	4	0	0
17	4	5	9	0
18	5	1	6	0
19	5	3	3	0
20	5	5	0	0
21	6	0	9	0
22	6	2	6	0
23	6	4	3	0
24	7	0	0	0
25	7	1	9	0
26	7	3	6	0

fur Pieds de Longueur.	Pieces.	Pieds.	Pouces.	Lignes.
27	7	5	3	0
28	8	1	0	0
29	8	2	9	0
30	8	4	6	0
31	9	0	3	0
32	9	2	0	0
33	9	3	9	0
34	9	5	6	0
35	10	1	3	0
36	10	3	0	0
37	10	4	9	0
38	11	0	6	0
39	11	2	3	0
40	11	4	0	0
41	11	5	9	0
42	12	1	6	0
43	12	3	3	0
44	12	5	0	0
45	13	0	9	0
46	13	2	6	0
47	13	4	3	0
48	14	0	0	0
49	14	1	9	0
50	14	3	6	0
51	14	5	3	0
52	15	1	0	0

fur Pieds de Longueur.	Pieces.	Pieds.	Pouces.	Lignes.
53	15	2	9	0
54	15	4	6	0
55	16	0	3	0
56	16	2	0	0
57	16	3	9	0
58	16	5	6	0
59	17	1	3	0
60	17	3	0	0
61	17	4	9	0
62	18	0	6	0
63	18	2	3	0
64	18	4	0	0
65	18	5	9	0
66	19	1	6	0
67	19	3	3	0
68	19	5	0	0
69	20	0	9	0
70	20	2	6	0
71	20	4	3	0
72	21	0	0	0
$\frac{1}{4}$	0	0	5	3
$\frac{1}{2}$	0	0	10	6
$\frac{3}{4}$	0	1	3	9

Grosseur de 6 & 22 pouces.

sur Pieds de Longueur.	Pieces.	Pieds.	Pouces.	Lignes.
1	0	1	10	0
2	0	3	8	0
3	0	5	6	0
4	1	1	4	0
5	1	3	2	0
6	1	5	0	0
7	2	0	10	0
8	2	2	8	0
9	2	4	6	0
10	3	0	4	0
11	3	2	2	0
12	3	4	0	0
13	3	5	10	0
14	4	1	8	0
15	4	3	6	0
16	4	5	4	0
17	5	1	2	0
18	5	3	0	0
19	5	4	10	0
20	6	0	8	0
21	6	2	6	0
22	6	4	4	0
23	7	0	2	0
24	7	2	0	0
25	7	3	10	0
26	7	5	8	0

sur Pieds de Longueur.	Pieces.	Pieds.	Pouces.	Lignes.
27	8	1	6	0
28	8	3	4	0
29	8	5	2	0
30	9	1	0	0
31	9	2	10	0
32	9	4	8	0
33	10	0	6	0
34	10	2	4	0
35	10	4	2	0
36	11	0	0	0
37	11	1	10	0
38	11	3	8	0
39	11	5	6	0
40	12	1	4	0
41	12	3	2	0
42	12	5	0	0
43	13	0	10	0
44	13	2	8	0
45	13	4	6	0
46	14	0	4	0
47	14	2	2	0
48	14	4	0	0
49	14	5	10	0
50	15	1	8	0
51	15	3	6	0
52	15	5	4	0

sur Pieds de Longueur.	Pieces.	Pieds.	Pouces.	Lignes.
53	16	1	2	0
54	16	3	0	0
55	16	4	10	0
56	17	0	8	0
57	17	2	6	0
58	17	4	4	0
59	18	0	2	0
60	18	2	0	0
61	18	3	10	0
62	18	5	8	0
63	19	1	6	0
64	19	3	4	0
65	19	5	2	0
66	20	1	0	0
67	20	2	10	0
68	20	4	8	0
69	21	0	6	0
70	21	2	4	0
71	21	4	2	0
72	22	0	0	0
$\frac{1}{4}$	0	0	5	6
$\frac{1}{2}$	0	0	11	0
$\frac{3}{4}$	0	1	4	6

Grosseur de 6 & 23 pouces.

sur Pieds de Longueur.	Produit. Pieces.	Pieds.	Pouces.	Lignes.	sur Pieds de Longueur.	Produit. Pieces.	Pieds.	Pouces.	Lignes.	sur Pied de Longueur.	Produit. Pieces.	Pieds.	Pouces.	Lignes.
1	0	1	11	0	27	8	3	9	0	53	16	5	7	0
2	0	3	10	0	28	8	5	8	0	54	17	1	6	0
3	0	5	9	0	29	9	1	7	0	55	17	3	5	0
4	1	1	8	0	30	9	3	6	0	56	17	5	4	0
5	1	3	7	0	31	9	5	5	0	57	18	1	3	0
6	1	5	6	0	32	10	1	4	0	58	18	3	2	0
7	2	1	5	0	33	10	3	3	0	59	18	5	1	0
8	2	3	4	0	34	10	5	2	0	60	19	1	0	0
9	2	5	3	0	35	11	1	1	0	61	19	2	11	0
10	3	1	2	0	36	11	3	0	0	62	19	4	10	0
11	3	3	1	0	37	11	4	11	0	63	20	0	9	0
12	3	5	0	0	38	12	0	10	0	64	20	2	8	0
13	4	0	11	0	39	12	2	9	0	65	20	4	7	0
14	4	2	10	0	40	12	4	8	0	66	21	0	6	0
15	4	4	9	0	41	13	0	7	0	67	21	2	5	0
16	5	0	8	0	42	13	2	6	0	68	21	4	4	0
17	5	2	7	0	43	13	4	5	0	69	22	0	3	0
18	5	4	6	0	44	14	0	4	0	70	22	2	2	0
19	6	0	5	0	45	14	2	3	0	71	22	4	1	0
20	6	2	4	0	46	14	4	2	0	72	23	0	0	0
21	6	4	3	0	47	15	0	1	0					
22	7	0	2	0	48	15	2	0	0	$\frac{1}{4}$	0	0	5	9
23	7	2	1	0	49	15	3	11	0	$\frac{1}{2}$	0	0	11	6
24	7	4	0	0	50	15	5	10	0	$\frac{3}{4}$	0	1	5	3
25	7	5	11	0	51	16	1	9	0					
26	8	1	10	0	52	16	3	8	0					

Grosseur de 6 & 24 pouces.

sur Pieds de Longueur.	Produit. Pieces.	Pieds.	Pouces.	Lignes.	sur Pieds de Longueur.	Produit. Pieces.	Pieds.	Pouces.	Lignes.	sur Pieds de Longueur.	Produit. Pieces.	Pieds.	Pouces.	Lignes.
1	0..2.	0.	0		27	9..0.	0.	0		53	17..4.	0.	0
2	0..4.	0.	0		28	9..2.	0.	0		54	18..0.	0.	0
3	1..0.	0.	0		29	9..4.	0.	0		55	18..2.	0.	0
4	1..2.	0.	0		30	10..0.	0.	0		56	18..4.	0.	0
5	1..4.	0.	0		31	10..2.	0.	0		57	19..0.	0.	0
6	2..0.	0.	0		32	10..4.	0.	0		58	19..2.	0.	0
7	2..2.	0.	0		33	11..0.	0.	0		59	19..4.	0.	0
8	2..4.	0.	0		34	11..2.	0.	0		60	20..0.	0.	0
9	3..0.	0.	0		35	11..4.	0.	0		61	20..2.	0.	0
10	3..2.	0.	0		36	12..0.	0.	0		62	20..4.	0.	0
11	3..4.	0.	0		37	12..2.	0.	0		63	21..0.	0.	0
12	4..0.	0.	0		38	12..4.	0.	0		64	21..2.	0.	0
13	4..2.	0.	0		39	13..0.	0.	0		65	21..4.	0.	0
14	4..4.	0.	0		40	13..2.	0.	0		66	22..0.	0.	0
15	5..0.	0.	0		41	13..4.	0.	0		67	22..2.	0.	0
16	5..2.	0.	0		42	14..0.	0.	0		68	22..4.	0.	0
17	5..4.	0.	0		43	14..2.	0.	0		69	23..0.	0.	0
18	6..0.	0.	0		44	14..4.	0.	0		70	23..2.	0.	0
19	6..2.	0.	0		45	15..0.	0.	0		71	23..4.	0.	0
20	6..4.	0.	0		46	15..2.	0.	0		72	24..0.	0.	0
21	7..0.	0.	0		47	15..4.	0.	0					
22	7..2.	0.	0		48	16..0.	0.	0		1/4	0..0.	6.	0
23	7..4.	0.	0		49	16..2.	0.	0		1/2	0..1.	0.	0
24	8..0.	0.	0		50	16..4.	0.	0		3/4	0..1.	6.	0
25	8..2.	0.	0		51	17..0.	0.	0					
26	8..4.	0.	0		52	17..2.	0.	0					

Grosseur de 6 & 25 pouces.

sur Pieds de Longueur.	Produit. Pieces.	Pieds.	Pouces.	Lignes.	sur Pieds de Longueur.	Produit. Pieces.	Pieds.	Pouces.	Lignes.	sur Pieds de Longueur.	Produit. Pieces.	Pieds.	Pouces.	Lignes.
1	0..2.	1.	0		27	9..2.	3.	0		53	18..2.	5.	0	
2	0..4.	2.	0		28	9..4.	4.	0		54	18..4.	6.	0	
3	1..0.	3.	0		29	10..0.	5.	0		55	19..0.	7.	0	
4	1..2.	4.	0		30	10..2.	6.	0		56	19..2.	8.	0	
5	1..4.	5.	0		31	10..4.	7.	0		57	19..4.	9.	0	
6	2..0.	6.	0		32	11..0.	8.	0		58	20..0.	10.	0	
7	2..2.	7.	0		33	11..2.	9.	0		59	20..2.	11.	0	
8	2..4.	8.	0		34	11..4.	10.	0		60	20..5.	0.	0	
9	3..0.	9.	0		35	12..0.	11.	0		61	21..1.	1.	0	
10	3..2.	10.	0		36	12..3.	0.	0		62	21..3.	2.	0	
11	3..4.	11.	0		37	12..5.	1.	0		63	21..5.	3.	0	
12	4..1.	0.	0		38	13..1.	2.	0		64	22..1.	4.	0	
13	4..3.	1.	0		39	13..3.	3.	0		65	22..3.	5.	0	
14	4..5.	2.	0		40	13..5.	4.	0		66	22..5.	6.	0	
15	5..1.	3.	0		41	14..1.	5.	0		67	23..1.	7.	0	
16	5..3.	4.	0		42	14..3.	6.	0		68	23..3.	8.	0	
17	5..5.	5.	0		43	14..5.	7.	0		69	23..5.	9.	0	
18	6..1.	6.	0		44	15..1.	8.	0		70	24..1.	10.	0	
19	6..3.	7.	0		45	15..3.	9.	0		71	24..3.	11.	0	
20	6..5.	8.	0		46	15..5.	10.	0		72	25..0.	0.	0	
21	7..1.	9.	0		47	16..1.	11.	0						
22	7..3.	10.	0		48	16..4.	0.	0						
23	7..5.	11.	0		49	17..0.	1.	0		1/4	0..0.	6.	3	
24	8..2.	0.	0		50	17..2.	2.	0		1/2	0..1.	0.	6	
25	8..4.	1.	0		51	17..4.	3.	0		3/4	0..1.	6.	9	
26	9..0.	2.	0		52	18..0.	4.	0						

 ## TARIF GENERAL

Grosseur de 6 & 26 pouces.

sur Pieds de Longueur.	Produit.				sur Pieds de Longueur.	Produit.				sur Pieds de Longueur.	Produit.			
	Pieces.	Pieds.	Pouces.	Lignes.		Pieces.	Pieds.	Pouces.	Lignes.		Pieces.	Pieds.	Pouces.	Lignes.
1	0	2	2	0	27	9	4	6	0	53	19	0	10	0
2	0	4	4	0	28	10	0	8	0	54	19	3	0	0
3	1	0	6	0	29	10	2	10	0	55	19	5	2	0
4	1	2	8	0	30	10	5	0	0	56	20	1	4	0
5	1	4	10	0	31	11	1	2	0	57	20	3	6	0
6	2	1	0	0	32	11	3	4	0	58	20	5	8	0
7	2	3	2	0	33	11	5	6	0	59	21	1	10	0
8	2	5	4	0	34	12	1	8	0	60	21	4	0	0
9	3	1	6	0	35	12	3	10	0	61	22	0	2	0
10	3	3	8	0	36	13	0	0	0	62	22	2	4	0
11	3	5	10	0	37	13	2	2	0	63	22	4	6	0
12	4	2	0	0	38	13	4	4	0	64	23	0	8	0
13	4	4	2	0	39	14	0	6	0	65	23	2	10	0
14	5	0	4	0	40	14	2	8	0	66	23	5	0	0
15	5	2	6	0	41	14	4	10	0	67	24	1	2	0
16	5	4	8	0	42	15	1	0	0	68	24	3	4	0
17	6	0	10	0	43	15	3	2	0	69	24	5	6	0
18	6	3	0	0	44	15	5	4	0	70	25	1	8	0
19	6	5	2	0	45	16	1	6	0	71	25	3	10	0
20	7	1	4	0	46	16	3	8	0	72	26	0	0	0
21	7	3	6	0	47	16	5	10	0					
22	7	5	8	0	48	17	2	0	0	1/4	0	0	6	6
23	8	1	10	0	49	17	4	2	0	1/2	0	1	1	0
24	8	4	0	0	50	18	0	4	0	3/4	0	1	7	6
25	9	0	2	0	51	18	2	6	0					
26	9	2	4	0	52	18	4	8	0					

Grosseur de 6 & 27 pouces.

sur Pieds de Longueur.	Produit. Pieces.	Pieds.	Pouces.	Lignes.	sur Pieds de Longueur	Produit. Pieces.	Pieds.	Pouces.	Lignes.	sur Pieds de Longueur	Produit. Pieces.	Pieds.	Pouces.	Lignes.
1	0	2	3	0	27	10	0	9	0	53	19	5	3	0
2	0	4	6	0	28	10	3	0	0	54	20	1	6	0
3	1	0	9	0	29	10	5	3	0	55	20	3	9	0
4	1	3	0	0	30	11	1	6	0	56	21	0	0	0
5	1	5	3	0	31	11	3	9	0	57	21	2	3	0
6	2	1	6	0	32	12	0	0	0	58	21	4	6	0
7	2	3	9	0	33	12	2	3	0	59	22	0	9	0
8	3	0	0	0	34	12	4	6	0	60	22	3	0	0
9	3	2	3	0	35	13	0	9	0	61	22	5	3	0
10	3	4	6	0	36	13	3	0	0	62	23	1	6	0
11	4	0	9	0	37	13	5	3	0	63	23	3	9	0
12	4	3	0	0	38	14	1	6	0	64	24	0	0	0
13	4	5	3	0	39	14	3	9	0	65	24	2	3	0
14	5	1	6	0	40	15	0	0	0	66	24	4	6	0
15	5	3	9	0	41	15	2	3	0	67	25	0	9	0
16	6	0	0	0	42	15	4	6	0	68	25	3	0	0
17	6	2	3	0	43	16	0	9	0	69	25	5	3	0
18	6	4	6	0	44	16	3	0	0	70	26	1	6	0
19	7	0	9	0	45	16	5	3	0	71	26	3	9	0
20	7	3	0	0	46	17	1	6	0	72	27	0	0	0
21	7	5	3	0	47	17	3	9	0					
22	8	1	6	0	48	18	0	0	0					
23	8	3	9	0	49	18	2	3	0	$\frac{1}{4}$	0	0	6	9
24	9	0	0	0	50	18	4	6	0	$\frac{1}{2}$	0	1	1	6
25	9	2	3	0	51	19	0	9	0	$\frac{3}{4}$	0	1	8	3
26	9	4	6	0	52	19	3	0	0					

Grosseur de 6 & 28 pouces.

sur Pied de Longueur.	Produit. Pieces.	Pieds.	Pouces.	Lignes.	sur Pieds de Longueur.	Produit. Pieces.	Pieds.	Pouces.	Lignes.	sur Pieds de Longueur.	Produit. Pieces.	Pieds.	Pouces.	Lignes.
1	0	2	4	0	27	10	3	0	0	53	20	3	8	0
2	0	4	8	0	28	10	5	4	0	54	21	0	0	0
3	1	1	0	0	29	11	1	8	0	55	21	2	4	0
4	1	3	4	0	30	11	4	0	0	56	21	4	8	0
5	1	5	8	0	31	12	0	4	0	57	22	1	0	0
6	2	2	0	0	32	12	2	8	0	58	22	3	4	0
7	2	4	4	0	33	12	5	0	0	59	22	5	8	0
8	3	0	8	0	34	13	1	4	0	60	23	2	0	0
9	3	3	0	0	35	13	3	8	0	61	23	4	4	0
10	3	5	4	0	36	14	0	0	0	62	24	0	8	0
11	4	1	8	0	37	14	2	4	0	63	24	3	0	0
12	4	4	0	0	38	14	4	8	0	64	24	5	4	0
13	5	0	4	0	39	15	1	0	0	65	25	1	8	0
14	5	2	8	0	40	15	3	4	0	66	25	4	0	0
15	5	5	0	0	41	15	5	8	0	67	26	0	4	0
16	6	1	4	0	42	16	2	0	0	68	26	2	8	0
17	6	3	8	0	43	16	4	4	0	69	26	5	0	0
18	7	0	0	0	44	17	0	8	0	70	27	1	4	0
19	7	2	4	0	45	17	3	0	0	71	27	3	8	0
20	7	4	8	0	46	17	5	4	0	72	28	0	0	0
21	8	1	0	0	47	18	1	8	0					
22	8	3	4	0	48	18	4	0	0	1/4	0	0	7	0
23	8	5	8	0	49	19	0	4	0	1/2	0	1	2	0
24	9	2	0	0	50	19	2	8	0	3/4	0	1	9	0
25	9	4	4	0	51	19	5	0	0					
26	10	0	8	0	52	20	1	4	0					

Grosseur de 6 & 29 pouces.

sur Pieds de Longueur.	Produit. Pieces.	Pieds.	Pouces.	Lignes.	sur Pieds de Longueur.	Produit. Pieces.	Pieds.	Pouces.	Lignes.	sur Pieds de Longueur.	Produit. Pieces.	Pieds.	Pouces.	Lignes.
1	0	2	5	0	27	10	5	3	0	53	21	2	1	0
2	0	4	10	0	28	11	1	8	0	54	21	4	6	0
3	1	1	3	0	29	11	4	1	0	55	22	0	11	0
4	1	3	8	0	30	12	0	6	0	56	22	3	4	0
5	2	0	1	0	31	12	2	11	0	57	22	5	9	0
6	2	2	6	0	32	12	5	4	0	58	23	2	2	0
7	2	4	11	0	33	13	1	9	0	59	23	4	7	0
8	3	1	4	0	34	13	4	2	0	60	24	1	0	0
9	3	3	9	0	35	14	0	7	0	61	24	3	5	0
10	4	0	2	0	36	14	3	0	0	62	24	5	10	0
11	4	2	7	0	37	14	5	5	0	63	25	2	3	0
12	4	5	0	0	38	15	1	10	0	64	25	4	8	0
13	5	1	5	0	39	15	4	3	0	65	26	1	1	0
14	5	3	10	0	40	16	0	8	0	66	26	3	6	0
15	6	0	3	0	41	16	3	1	0	67	26	5	11	0
16	6	2	8	0	42	16	5	6	0	68	27	2	4	0
17	6	5	1	0	43	17	1	11	0	69	27	4	9	0
18	7	1	6	0	44	17	4	4	0	70	28	1	2	0
19	7	3	11	0	45	18	0	0	0	71	28	3	7	0
20	8	0	4	0	46	18	3	2	0	72	29	0	0	0
21	8	2	9	0	47	18	5	9	0					
22	8	5	2	0	48	19	2	0	0					
23	9	1	7	0	49	19	4	5	0	1/4	0	0	7	3
24	9	4	0	0	50	20	0	10	0	1/2	0	1	2	6
25	10	0	5	0	51	20	2	3	0	3/4	0	1	9	9
26	10	2	10	0	52	20	5	8	0					

Grosseur de 6 & 30 pouces.

sur Pieds de Longueur	Produit. Pieces.	Pieds.	Pouces.	Lignes.	sur Pieds de Longueur.	Produit. Pieces.	Pieds.	Pouces.	Lignes.	sur Pieds de Longueur	Produit. Pieces.	Pieds.	Pouces.	Lignes.
1	0..2.	6.	0		27	11..1.	6.	0		53	22..0.	6.	0	
2	0..5.	0.	0		28	11..4.	0.	0		54	22..3.	0.	0	
3	1..1.	6.	0		29	12..0.	6.	0		55	22..5.	6.	0	
4	1..4.	0.	0		30	12..3.	0.	0		56	23..2.	0.	0	
5	2..0.	6.	0		31	12..5.	6.	0		57	23..4.	6.	0	
6	2..3.	0.	0		32	13..2.	0.	0		58	24..1.	0.	0	
7	2..5.	6.	0		33	13..4.	6.	0		59	24..3.	6.	0	
8	3..2.	0.	0		34	14..1.	0.	0		60	25..0.	0.	0	
9	3..4.	6.	0		35	14..3.	6.	0		61	25..2.	6.	0	
10	4..1.	0.	0		36	15..0.	0.	0		62	25..5.	0.	0	
11	4..3.	6.	0		37	15..2.	6.	0		63	26..1.	6.	0	
12	5..0.	0.	0		38	15..5.	0.	0		64	26..4.	0.	0	
13	5..2.	6.	0		39	16..1.	6.	0		65	27..0.	6.	0	
14	5..5.	0.	0		40	16..4.	0.	0		66	27..3.	0.	0	
15	6..1.	6.	0		41	17..0.	6.	0		67	27..5.	6.	0	
16	6..4.	0.	0		42	17..3.	0.	0		68	28..2.	0.	0	
17	7..0.	6.	0		43	17..5.	6.	0		69	28..4.	6.	0	
18	7..3.	0.	0		44	18..2.	0.	0		70	29..1.	0.	0	
19	7..5.	6.	0		45	18..4.	6.	0		71	29..3.	6.	0	
20	8..2.	0.	0		46	19..1.	0.	0		72	30..0.	0.	0	
21	8..4.	6.	0		47	19..3.	6.	0						
22	9..1.	0.	0		48	20..0.	0.	0		$\frac{1}{4}$	0..0.	7.	6	
23	9..3.	6.	0		49	20..2.	6.	0		$\frac{1}{2}$	0..1.	3.	0	
24	10..0.	0.	0		50	20..5.	0.	0		$\frac{3}{4}$	0..1.10.	6		
25	10..2.	6.	0		51	21..1.	6.	0						
26	10..5.	0.	0		52	21..4.	0.	0						

Grosseur de 7 pouces.

sur Pieds de Longueur.	Produit Pieces.	Pieds.	Pouces.	Lignes.
1	0	0	8	2
2	0	1	4	4
3	0	2	0	6
4	0	2	8	8
5	0	3	4	10
6	0	4	1	0
7	0	4	9	2
8	1	5	5	4
9	1	0	1	6
10	1	0	9	8
11	1	1	5	10
12	1	2	2	0
13	1	2	10	2
14	1	3	6	4
15	1	4	2	6
16	1	4	10	8
17	1	5	6	10
18	2	0	3	0
19	2	0	11	2
20	2	1	7	4
21	2	2	3	6
22	2	2	11	8
23	2	3	7	10
24	2	4	4	0
25	2	5	0	2
26	2	5	8	4

sur Pieds de Longueur.	Produit Pieces.	Pieds.	Pouces.	Lignes.
27	3	0	4	6
28	3	1	0	8
29	3	1	8	10
30	3	2	5	0
31	3	3	1	2
32	3	3	9	4
33	3	4	5	6
34	3	5	1	8
35	3	5	9	10
36	4	0	6	0
37	4	1	2	2
38	4	1	10	4
39	4	2	6	6
40	4	3	2	8
41	4	3	10	10
42	4	4	3	0
43	4	5	7	2
44	4	5	11	4
45	5	0	7	6
46	5	1	3	8
47	5	1	11	10
48	5	2	8	0
49	5	3	4	2
50	5	4	0	4
51	5	4	8	6
52	5	5	4	8

sur Pied de Longueur	Produit Pieces.	Pieds.	Pouces.	Lignes.
53	6	0	0	10
54	6	0	9	0
55	6	1	5	2
56	6	2	1	4
57	6	2	9	6
58	6	3	5	8
59	6	4	1	10
60	6	4	10	0
61	6	5	6	2
62	7	0	2	4
63	7	0	10	6
64	7	1	6	8
65	7	2	2	10
66	7	2	11	0
67	7	3	7	2
68	7	4	3	4
69	7	4	11	6
70	7	5	7	8
71	8	0	3	10
72	8	1	0	0
$\frac{1}{4}$	0	0	2	$0\frac{1}{2}$
$\frac{1}{2}$	0	0	4	1
$\frac{3}{4}$	0	0	6	$1\frac{1}{2}$

Grosseur de 7 & 8 pouces.

sur Pieds de Longueur.	Produit.				sur Pieds de Longueur.	Produit.				sur Pieds de Longueur.	Produit.			
	Pieces.	Pieds.	Pouces.	Lignes.		Pieces.	Pieds.	Pouces.	Lignes.		Pieces.	Pieds.	Pouces.	Lignes.
1	0	0	9	4	27	3	3	0	0	53	6	5	2	8
2	0	1	6	8	28	3	3	9	4	54	7	0	0	0
3	0	2	4	0	29	3	4	6	8	55	7	0	9	4
4	0	3	1	4	30	3	5	4	0	56	7	1	6	8
5	0	3	10	8	31	4	0	1	4	57	7	2	4	0
6	0	4	8	0	32	4	0	10	8	58	7	3	1	4
7	0	5	5	4	33	4	1	8	0	59	7	3	10	8
8	1	0	2	8	34	4	2	5	4	60	7	4	8	0
9	1	1	0	0	35	4	3	2	8	61	7	5	5	4
10	1	1	9	4	36	4	4	0	0	62	8	0	2	8
11	1	2	6	8	37	4	4	9	4	63	8	1	0	0
12	1	3	4	0	38	4	5	6	8	64	8	1	9	4
13	1	4	1	4	39	5	0	4	0	65	8	2	6	8
14	1	4	10	8	40	5	1	1	4	66	8	3	4	0
15	1	5	8	0	41	5	1	10	8	67	8	4	1	4
16	2	0	5	4	42	5	2	8	0	68	8	4	10	8
17	2	1	2	8	43	5	3	5	4	69	8	5	8	0
18	2	2	0	0	44	5	4	2	8	70	9	0	5	4
19	2	2	9	4	45	5	5	0	0	71	9	1	2	8
20	2	3	6	8	46	5	5	9	4	72	9	2	0	0
21	2	4	4	0	47	6	0	6	8					
22	2	5	1	4	48	6	1	4	0	1/4	0	0	2	4
23	2	5	10	8	49	6	2	1	4	1/2	0	0	4	8
24	3	0	8	0	50	6	2	10	8	3/4	0	0	7	0
25	3	1	5	4	51	6	3	8	0					
26	3	2	2	8	52	6	4	5	4					

Grosseur de 7 & 9 pouces.

sur Pieds de Longueur	Produit. Pieces.	Pieds.	Pouces.	Lignes.
1	0	0	10	6
2	0	1	9	0
3	0	2	7	6
4	0	3	6	0
5	0	4	4	6
6	0	5	3	0
7	1	0	1	6
8	1	1	0	0
9	1	1	10	6
10	1	2	9	0
11	1	3	7	6
12	1	4	6	0
13	1	5	4	6
14	2	0	3	0
15	2	1	1	6
16	2	2	0	0
17	2	3	10	6
18	2	3	9	0
19	2	4	7	6
20	2	5	6	0
21	3	0	4	6
22	3	1	3	0
23	3	2	1	6
24	3	3	0	0
25	3	3	10	6
26	3	4	9	0

sur Pieds de Longueur	Produit. Pieces.	Pieds.	Pouces.	Lignes.
27	3	5	7	6
28	4	0	6	0
29	4	1	4	6
30	4	2	3	0
31	4	3	1	6
32	4	4	0	0
33	4	4	10	6
34	4	5	9	0
35	5	0	7	6
36	5	1	6	0
37	5	2	4	6
38	5	3	3	0
39	5	4	1	6
40	5	5	0	0
41	5	5	10	6
42	6	0	9	0
43	6	1	7	6
44	6	2	6	0
45	6	3	4	6
46	6	4	3	0
47	6	5	1	6
48	7	0	0	0
49	7	0	10	6
50	7	1	9	0
51	7	2	7	6
52	7	3	6	0

sur Pieds de Longueur	Produit. Pieces.	Pieds.	Pouces.	Lignes.
53	7	4	4	6
54	7	5	3	0
55	8	0	1	6
56	8	1	0	0
57	8	1	10	6
58	8	2	9	0
59	8	3	7	6
60	8	4	6	0
61	8	5	4	6
62	9	0	3	0
63	9	1	1	6
64	9	2	0	0
65	9	2	10	6
66	9	3	9	0
67	9	4	7	6
68	9	5	6	0
69	10	0	4	6
70	10	1	3	0
71	10	2	1	6
72	10	3	0	0
$\frac{1}{4}$	0	0	2	$7\frac{1}{2}$
$\frac{2}{4}$	0	0	5	3
$\frac{3}{4}$	0	0	7	$10\frac{1}{2}$

Grosseur de 7 & 10 pouces.

sur Pieds de Longueur.	Produit.				sur Pieds de Longueur.	Produit.				sur Pieds de Longueur.	Produit.			
	Pieces.	Pieds.	Pouces.	Lignes.		Pieces.	Pieds.	Pouces.	Lignes.		Pieces.	Pieds.	Pouces.	Lignes.
1	0	0	11	8	27	4	2	3	0	53	8	3	6	4
2	0	1	11	4	28	4	3	2	8	54	8	4	6	0
3	0	2	11	0	29	4	4	2	4	55	8	5	5	8
4	0	3	10	8	30	4	5	2	0	56	9	0	5	4
5	0	4	10	4	31	5	0	1	8	57	9	1	5	0
6	0	5	10	0	32	5	1	1	4	58	9	2	4	8
7	1	0	9	8	33	5	2	1	0	59	9	3	4	4
8	1	1	9	4	34	5	3	0	8	60	9	4	4	0
9	1	2	9	0	35	5	4	0	4	61	9	5	3	8
10	1	3	8	8	36	5	5	0	0	62	10	0	3	4
11	1	4	8	4	37	5	5	11	8	63	10	1	3	0
12	1	5	8	0	38	6	0	11	4	64	10	2	2	8
13	2	0	7	8	39	6	1	11	0	65	10	3	2	4
14	2	1	7	4	40	6	2	10	8	66	10	4	2	0
15	2	2	7	0	41	6	3	10	4	67	10	5	1	8
16	2	3	6	8	42	6	4	10	0	68	11	0	1	4
17	2	4	6	4	43	6	5	9	8	69	11	1	1	0
18	2	5	6	0	44	7	0	9	4	70	11	2	0	8
19	3	0	5	8	45	7	1	9	0	71	11	3	0	4
20	3	1	5	4	46	7	2	8	8	72	11	4	0	0
21	3	2	5	0	47	7	3	8	4					
22	3	3	4	8	48	7	4	8	0	1/4	0	0	2	11
23	3	4	4	4	49	7	5	7	8	1/2	0	0	5	10
24	3	5	4	0	50	8	0	7	4	3/4	0	0	8	9
25	4	0	3	8	51	8	1	7	0					
26	4	1	3	4	52	8	2	6	8					

Grosseur de 7 & 11 pouces.

sur Pieds de Longueur.	Pieces.	Pieds.	Pouces.	Lignes.	sur Pieds de Longueur.	Pieces.	Pieds.	Pouces.	Lignes.	sur Pieds de Longueur	Pieces.	Pieds.	Pouces.	Lignes.
1	0	1	0	10	27	4	4	10	6	53	9	2	8	2
2	0	2	1	8	28	4	5	11	4	54	9	3	9	0
3	0	3	2	6	29	5	1	0	2	55	9	4	9	10
4	0	4	3	4	30	5	2	1	0	56	9	5	10	8
5	0	5	4	2	31	5	3	1	10	57	10	0	11	6
6	1	0	5	0	32	5	4	2	8	58	10	2	0	4
7	1	1	5	10	33	5	5	3	6	59	10	3	1	2
8	1	2	6	8	34	6	0	4	4	60	10	4	2	0
9	1	3	7	6	35	6	1	5	2	61	10	5	2	10
10	1	4	8	4	36	6	2	6	0	62	11	0	3	8
11	1	5	9	2	37	6	3	6	10	63	11	1	4	6
12	2	0	10	0	38	6	4	7	8	64	11	2	5	4
13	2	1	10	10	39	6	5	8	6	65	11	3	6	2
14	2	2	11	8	40	7	0	9	4	66	11	4	7	0
15	2	4	0	6	41	7	1	10	2	67	11	5	7	10
16	2	5	1	4	42	7	2	11	0	68	12	0	8	8
17	3	0	2	2	43	7	3	11	10	69	12	1	9	6
18	3	1	3	0	44	7	5	0	8	70	12	2	10	4
19	3	2	3	10	45	8	0	1	6	71	12	3	11	2
20	3	3	4	8	46	8	1	2	4	72	12	5	0	0
21	3	4	5	6	47	8	2	3	2					
22	3	5	6	4	48	8	3	4	0					
23	4	0	7	2	49	8	4	4	10	$\frac{1}{4}$	0	0	3	$2\frac{1}{2}$
24	4	1	8	0	50	8	5	5	8	$\frac{1}{2}$	0	0	6	5
25	4	2	8	10	51	9	0	6	6	$\frac{3}{4}$	0	0	9	$7\frac{1}{2}$
26	4	3	9	8	52	9	1	7	4					

Grosseur de 7 & 12 pouces.

sur Pieds de Longueur	Pieces	Pieds	Pouces	Lignes
1	0	1	2	0
2	0	2	4	0
3	0	3	6	0
4	0	4	8	0
5	0	5	10	0
6	1	1	0	0
7	1	2	2	0
8	1	3	4	0
9	1	4	6	0
10	1	5	8	0
11	2	0	10	0
12	2	2	0	0
13	2	3	2	0
14	2	4	4	0
15	2	5	6	0
16	3	0	8	0
17	3	1	10	0
18	3	3	0	0
19	3	4	2	0
20	3	5	4	0
21	4	0	6	0
22	4	1	8	0
23	4	2	10	0
24	4	4	0	0
25	4	5	2	0
26	5	0	4	0

sur Pieds de Longueur	Pieces	Pieds	Pouces	Lignes
27	5	1	6	0
28	5	2	8	0
29	5	3	10	0
30	5	5	0	0
31	6	0	2	0
32	6	1	4	0
33	6	2	6	0
34	6	3	8	0
35	6	4	10	0
36	7	0	0	0
37	7	1	2	0
38	7	2	4	0
39	7	3	6	0
40	7	4	8	0
41	7	5	10	0
42	8	1	0	0
43	8	2	2	0
44	8	3	4	0
45	8	4	6	0
46	8	5	8	0
47	9	0	10	0
48	9	2	0	0
49	9	3	2	0
50	9	4	4	0
51	9	5	6	0
52	10	0	8	0

sur Pieds de Longueur	Pieces	Pieds	Pouces	Lignes
53	10	1	10	0
54	10	3	0	0
55	10	4	2	0
56	10	5	4	0
57	11	0	6	0
58	11	1	8	0
59	11	2	10	0
60	11	4	0	0
61	11	5	2	0
62	12	0	4	0
63	12	1	6	0
64	12	2	8	0
65	12	3	10	0
66	12	5	0	0
67	13	0	2	0
68	13	1	4	0
69	13	2	6	0
70	13	3	8	0
71	13	4	10	0
72	14	0	0	0
$\frac{1}{4}$	0	0	3	6
$\frac{1}{2}$	0	0	7	0
$\frac{3}{4}$	0	0	10	6

Grosseur de 7 & 13 pouces.

sur Pieds de Longueur.	Produit. Pieces.	Pieds.	Pouces.	Lignes.	sur Pieds de Longueur.	Produit. Pieces.	Pieds.	Pouces.	Lignes.	sur Pieds de Longueur.	Produit. Pieces.	Pieds.	Pouces.	Lignes.
1	0	1	3	2	27	5	4	1	6	53	11	0	11	10
2	0	2	6	4	28	5	5	4	8	54	11	2	3	0
3	0	3	9	6	29	6	0	7	10	55	11	3	6	2
4	0	5	0	8	30	6	1	11	0	56	11	4	9	4
5	1	0	3	10	31	6	3	2	2	57	12	0	0	6
6	1	1	7	0	32	6	4	5	4	58	12	1	3	8
7	1	2	10	2	33	6	5	8	6	59	12	2	6	10
8	1	4	1	4	34	7	0	11	8	60	12	3	10	0
9	1	5	4	6	35	7	2	2	10	61	12	5	1	2
10	2	0	7	8	36	7	3	6	0	62	13	0	4	4
11	2	1	10	10	37	7	4	9	2	63	13	1	7	6
12	2	3	2	0	38	8	0	0	4	64	13	2	10	8
13	2	4	5	2	39	8	1	3	6	65	13	4	1	10
14	2	5	8	4	40	8	2	6	8	66	13	5	5	0
15	3	0	11	6	41	8	3	9	10	67	14	0	8	2
16	3	2	2	8	42	8	5	1	0	68	14	1	11	4
17	3	3	5	10	43	9	0	4	2	69	14	3	2	6
18	3	4	9	0	44	9	1	7	4	70	14	4	5	8
19	4	0	0	2	45	9	2	10	6	71	14	5	8	10
20	4	1	3	4	46	9	4	1	8	72	15	1	0	0
21	4	2	6	6	47	9	5	4	10					
22	4	3	9	8	48	10	0	8	0	1/4	0	0	3	9½
23	4	5	0	10	49	10	1	11	2	1/2	0	0	7	7
24	5	0	4	0	50	10	3	2	4	3/4	0	0	11	4½
25	5	1	7	2	51	10	4	5	6					
26	5	2	10	4	52	10	5	8	8					

Grosseur de 7 & 14 pouces.

sur Pieds de Longueur	Produit. Pieces.	Pieds.	Pouces.	Lignes.	sur Pieds de Longueur.	Produit. Pieces.	Pieds.	Pouces.	Lignes.	sur Pieds de Longueur	Produit. Pieces.	Pieds.	Pouces.	Lignes.
1	0	1	4	4	27	6	0	9	0	53	12	0	1	8
2	0	2	8	8	28	6	2	1	4	54	12	1	6	0
3	0	4	1	0	29	6	3	5	8	55	12	2	10	4
4	0	5	5	4	30	6	4	10	0	56	12	4	2	8
5	1	0	9	8	31	7	0	2	4	57	12	5	7	0
6	1	2	2	0	32	7	1	6	8	58	13	0	11	4
7	1	3	6	4	33	7	2	11	0	59	13	2	3	8
8	1	4	10	8	34	7	4	3	4	60	13	3	8	0
9	2	0	3	0	35	7	5	7	8	61	13	5	0	4
10	2	1	7	4	36	8	1	0	0	62	14	0	4	8
11	2	2	11	8	37	8	2	4	4	63	24	1	9	0
12	2	4	4	0	38	8	3	8	8	64	14	3	1	4
13	2	5	8	4	39	8	5	1	0	65	14	4	5	8
14	3	1	0	8	40	9	0	5	4	66	14	5	10	0
15	3	2	5	0	41	9	1	9	8	67	15	1	2	4
16	3	3	9	4	42	9	3	2	0	68	15	2	6	8
17	3	5	1	8	43	9	4	6	4	69	15	3	11	0
18	4	0	6	0	44	9	5	10	8	70	15	5	3	4
19	4	1	10	4	45	10	1	3	0	71	16	0	7	8
20	4	3	2	8	46	10	2	7	4	72	16	2	0	0
21	4	4	7	0	47	10	3	11	8					
22	4	5	11	4	48	10	5	4	0	1/4	0	0	4	1
23	5	1	3	8	49	11	0	8	4	1/2	0	0	8	2
24	5	2	8	0	50	11	2	0	8	3/4	0	1	0	3
25	5	4	0	4	51	11	3	5	0					
26	5	5	4	8	52	11	4	9	4					

Grosseur de 7 & 15 pouces.

sur Pieds de Longueur.	Pieces.	Pieds.	Pouces.	Lignes.
1	0	1	5	6
2	0	2	11	0
3	0	4	4	6
4	0	5	10	0
5	1	1	3	6
6	1	2	9	0
7	1	4	2	6
8	1	5	8	0
9	2	1	1	6
10	2	2	7	0
11	2	4	0	6
12	2	5	6	0
13	3	0	11	6
14	3	2	5	0
15	3	3	10	6
16	3	5	4	0
17	4	0	9	6
18	4	2	3	0
19	4	3	8	6
20	4	5	2	0
21	5	0	7	6
22	5	2	1	0
23	5	3	6	6
24	5	5	0	0
25	6	0	5	6
26	6	1	11	0

sur Pieds de Longueur.	Pieces.	Pieds.	Pouces.	Lignes.
27	6	3	4	6
28	6	4	10	0
29	7	0	3	6
30	7	1	9	0
31	7	3	2	6
32	7	4	8	0
33	8	0	1	6
34	8	1	7	0
35	8	3	0	6
36	8	4	6	0
37	8	5	11	6
38	9	1	5	0
39	9	2	10	6
40	9	4	4	0
41	9	5	9	6
42	10	1	3	0
43	10	2	8	6
44	10	4	2	0
45	10	5	7	6
46	11	1	1	0
47	11	2	6	6
48	11	4	0	0
49	11	5	5	6
50	12	0	11	0
51	12	2	4	6
52	12	3	10	0

sur Pied de Longueur.	Pieces.	Pieds.	Pouces.	Lignes.
53	12	5	3	6
54	13	0	6	0
55	13	2	2	6
56	13	3	8	0
57	13	5	1	6
58	14	0	7	0
59	14	2	0	6
60	14	3	6	0
61	14	4	11	6
62	15	0	5	0
63	15	1	10	6
64	15	3	4	0
65	15	4	9	6
66	16	0	3	0
67	16	1	8	6
68	16	3	2	0
69	16	4	7	6
70	17	0	1	0
71	17	1	6	6
72	17	3	0	0
$\frac{1}{4}$	0	0	4	$4\frac{1}{2}$
$\frac{1}{2}$	0	0	8	9
$\frac{3}{4}$	0	1	1	$1\frac{1}{2}$

T

Grosseur de 7 & 16 pouces.

sur Pieds de Longueur.	Produit. Pieces.	Pieds.	Pouces.	Lignes.
1	0	1	6	8
2	0	3	1	4
3	0	4	8	0
4	1	0	2	8
5	1	1	9	4
6	1	3	4	0
7	1	4	10	8
8	2	0	5	4
9	2	2	0	0
10	2	3	6	8
11	2	5	1	4
12	3	0	8	0
13	3	2	2	8
14	3	3	9	4
15	3	5	4	0
16	4	0	10	8
17	4	2	5	4
18	4	4	0	0
19	4	5	6	8
20	5	1	1	4
21	5	2	8	0
22	5	4	2	8
23	5	5	9	4
24	6	1	4	0
25	6	2	10	8
26	6	4	5	4

sur Pieds de Longueur.	Produit. Pieces.	Pieds.	Pouces.	Lignes.
27	7	0	0	0
28	7	1	6	8
29	7	3	1	4
30	7	4	8	0
31	8	0	2	8
32	8	1	9	4
33	8	3	4	0
34	8	4	10	8
35	9	0	5	4
36	9	2	0	0
37	9	3	6	8
38	9	5	1	4
39	10	0	8	0
40	10	2	2	8
41	10	3	9	4
42	10	5	4	0
43	11	0	10	8
44	11	2	5	4
45	11	4	0	0
46	11	5	6	8
47	12	1	1	4
48	12	2	8	0
49	12	4	2	8
50	12	5	9	4
51	13	1	4	0
52	13	2	10	8

sur Pieds de Longueur.	Produit. Pieces.	Pieds.	Pouces.	Lignes.
53	13	4	5	4
54	14	0	0	0
55	14	1	6	8
56	14	3	1	4
57	14	4	8	0
58	15	0	2	8
59	15	1	9	4
60	15	3	4	0
61	15	4	10	8
62	16	0	5	4
63	16	2	0	0
64	16	3	6	8
65	16	5	1	4
66	17	0	8	0
67	17	2	2	8
68	17	3	9	4
69	17	5	4	0
70	18	0	10	8
71	18	2	5	4
72	18	4	0	0
1/4	0	0	4	8
1/2	0	0	9	4
3/4	0	1	2	0

Grosseur de 7 & 17 pouces.

sur Pieds de Longueur	Produit. Pieces.	Pieds.	Pouces.	Lignes.
1	0	1	7	10
2	0	3	3	8
3	0	4	11	6
4	1	0	7	4
5	1	2	3	2
6	1	3	11	0
7	1	5	6	10
8	2	1	2	8
9	2	2	10	6
10	2	4	6	4
11	3	0	2	2
12	3	1	10	0
13	3	3	5	10
14	3	5	1	8
15	4	0	9	6
16	4	2	5	4
17	4	4	1	2
18	4	5	9	0
19	5	1	4	10
20	5	3	0	8
21	5	4	8	6
22	6	0	4	4
23	6	2	0	2
24	6	3	8	0
25	6	5	3	10
26	7	0	11	8

sur Pieds de Longueur	Produit. Pieces.	Pieds.	Pouces.	Lignes.
27	7	2	7	6
28	7	4	3	4
29	7	5	11	2
30	8	1	7	0
31	8	3	2	10
32	8	4	10	8
33	9	0	6	6
34	9	2	2	4
35	9	3	10	2
36	9	5	6	0
37	10	1	1	10
38	10	2	9	8
39	10	4	5	6
40	11	0	1	4
41	11	1	9	2
42	11	3	5	0
43	11	5	0	10
44	12	0	8	8
45	12	2	4	6
46	12	4	0	4
47	12	5	8	2
48	13	1	4	0
49	13	2	11	10
50	13	4	7	8
51	14	0	3	6
52	14	1	11	4

sur Pieds de Longueur	Produit. Pieces.	Pieds.	Pouces.	Lignes.
53	14	3	7	2
54	14	5	3	0
55	15	0	10	10
56	15	2	6	8
57	15	4	2	6
58	15	5	10	4
59	16	1	6	2
60	16	3	2	0
61	16	4	9	10
62	17	0	5	8
63	17	2	1	6
64	17	3	9	4
65	17	5	5	2
66	18	1	1	0
67	18	2	8	10
68	18	4	4	8
69	19	0	0	6
70	19	1	8	4
71	19	3	4	2
72	19	5	0	0
$\frac{1}{4}$	0	0	4	$11\frac{1}{2}$
$\frac{1}{2}$	0	0	9	11
$\frac{3}{4}$	0	1	2	$10\frac{1}{2}$

Groſſeur de 7 & 18 pouces.

ſur Pieds de Longueur.	Pieces.	Pieds.	Pouces.	Lignes.
1	0	1	9	0
2	0	3	6	0
3	0	5	3	0
4	1	1	0	0
5	1	2	9	0
6	1	4	6	0
7	2	0	3	0
8	2	2	0	0
9	2	3	9	0
10	2	5	6	0
11	3	1	3	0
12	3	3	0	0
13	3	4	9	0
14	4	0	6	0
15	4	2	3	0
16	4	4	0	0
17	4	5	9	0
18	5	1	6	0
19	5	3	3	0
20	5	5	0	0
21	6	0	9	0
22	6	2	6	0
23	6	4	3	0
24	7	0	0	0
25	7	1	9	0
26	7	3	6	0

ſur Pieds de Longueur	Pieces.	Pieds.	Pouces.	Lignes.
27	7	5	3	0
28	8	1	0	0
29	8	2	9	0
30	8	4	6	0
31	9	0	3	0
32	9	2	0	0
33	9	3	9	0
34	9	5	6	0
35	10	1	3	0
36	10	3	0	0
37	10	4	9	0
38	11	0	6	0
39	11	2	3	0
40	11	4	0	0
41	11	5	9	0
42	12	1	6	0
43	12	3	3	0
44	12	5	0	0
45	13	0	9	0
46	13	2	6	0
47	13	4	3	0
48	14	0	0	0
49	14	1	9	0
50	14	3	6	0
51	14	5	3	0
52	15	1	0	0

ſur Pieds de Longueur.	Pieces.	Pieds.	Pouces.	Lignes.
53	15	2	9	0
54	15	4	6	0
55	16	0	3	0
56	16	2	0	0
57	16	3	9	0
58	16	5	6	0
59	17	1	3	0
60	17	3	0	0
61	17	4	9	0
62	18	0	6	0
63	18	2	3	0
64	18	4	0	0
65	18	5	9	0
66	19	1	6	0
67	19	3	3	0
68	19	5	0	0
69	20	0	9	0
70	20	2	6	0
71	20	4	3	0
72	21	0	0	0
$\frac{1}{4}$	0	0	5	3
$\frac{1}{2}$	0	0	10	6
$\frac{3}{4}$	0	1	3	9

Grosseur de 7 & 19 pouces.

sur Pieds de Longueur.	Pieces.	Pieds.	Pouces.	Lignes.	sur Pieds de Longueur.	Pieces.	Pieds.	Pouces.	Lignes.	sur Pieds de Longueur.	Pieces.	Pieds.	Pouces.	Lignes.
1	0	1	10	2	27	8	1	10	6	53	16	1	10	10
2	0	3	8	4	28	8	3	8	8	54	16	3	9	0
3	0	5	6	6	29	8	5	6	10	55	16	5	7	2
4	1	1	4	8	30	9	1	5	0	56	17	1	5	4
5	1	3	2	10	31	9	3	3	2	57	17	3	3	6
6	1	5	1	0	32	9	5	1	4	58	17	5	1	8
7	2	0	11	2	33	10	0	11	6	59	18	0	11	10
8	2	2	9	4	34	10	2	9	8	60	18	2	10	0
9	2	4	7	6	35	10	4	7	10	61	18	4	8	2
10	3	0	5	8	36	11	0	6	0	62	19	0	6	4
11	3	2	3	10	37	11	2	4	2	63	19	2	4	6
12	3	4	2	0	38	11	4	2	4	64	19	4	2	8
13	4	0	0	2	39	12	0	0	6	65	20	0	0	10
14	4	1	10	4	40	12	1	10	8	66	20	1	11	0
15	4	3	8	6	41	12	3	8	10	67	20	3	9	2
16	4	5	6	8	42	12	5	7	0	68	20	5	7	4
17	5	1	4	10	43	13	1	5	2	69	21	1	5	6
18	5	3	3	0	44	13	3	3	4	70	21	3	3	8
19	5	5	1	2	45	13	5	1	6	71	21	5	1	10
20	6	0	11	4	46	14	0	11	8	72	22	1	0	0
21	6	2	9	6	47	14	2	9	10					
22	6	4	7	8	48	14	4	8	0	$\frac{1}{4}$	0	0	5	$6\frac{1}{2}$
23	7	0	5	10	49	15	0	6	2	$\frac{1}{2}$	0	0	11	1
24	7	2	4	0	50	15	2	4	4	$\frac{3}{4}$	0	1	4	$7\frac{1}{2}$
25	7	4	2	2	51	15	4	2	6					
26	8	0	0	4	52	16	0	0	8					

Grosseur de 7 & 20 pouces.

sur Pieds de Longueur	Produit. Pieces.	Pieds.	Pouces.	Lignes.	sur Pieds de Longueur.	Produit. Pieces.	Pieds.	Pouces.	Lignes.	sur Pieds de Longueur	Produit. Pieces.	Pieds.	Pouces.	Lignes.
1	0	1	11	4	27	8	4	6	0	53	17	1	0	8
2	0	3	10	8	28	9	0	5	4	54	17	3	0	0
3	0	5	10	0	29	9	2	4	8	55	17	4	11	4
4	1	1	9	4	30	9	4	4	0	56	18	0	10	8
5	1	3	8	8	31	10	0	3	4	57	18	2	10	0
6	1	5	8	0	32	10	2	2	8	58	18	4	9	4
7	2	1	7	4	33	10	4	2	0	59	19	0	8	8
8	2	3	6	8	34	11	0	1	4	60	19	2	8	0
9	2	5	6	0	35	11	2	0	8	61	19	4	7	4
10	3	1	5	4	36	11	4	0	0	62	20	0	6	8
11	3	3	4	8	37	11	5	11	4	63	20	2	6	0
12	3	5	4	0	38	12	1	10	8	64	20	4	5	4
13	4	1	3	4	39	12	3	10	0	65	21	0	4	8
14	4	3	2	8	40	12	5	9	4	66	21	2	4	0
15	4	5	2	0	41	13	1	8	8	67	21	4	3	4
16	5	1	1	4	42	13	3	8	0	68	22	0	2	8
17	5	3	0	8	43	13	5	7	4	69	22	2	2	0
18	5	5	0	0	44	14	1	6	8	70	22	4	1	4
19	6	0	11	4	45	14	3	6	0	71	23	0	0	8
20	6	2	10	8	46	14	5	5	4	72	23	2	0	0
21	6	4	10	0	47	15	1	4	8					
22	7	0	9	4	48	15	3	4	0					
23	7	2	8	8	49	15	5	3	4	$\frac{1}{4}$	0	0	5	10
24	7	4	8	0	50	16	1	2	8	$\frac{1}{2}$	0	0	11	8
25	8	0	7	4	51	16	3	2	0	$\frac{3}{4}$	0	1	5	6
26	8	2	6	8	52	16	5	1	4					

Groſſeur de 7 & 21 pouces.

ſur Pieds de Longueur.	Produit. Pieces.	Pieds.	Pouces.	Lignes.	ſur Pieds de Longueur.	Produit. Pieces.	Pieds.	Pouces.	Lignes.	ſur Pieds de Longueur.	Produit. Pieces.	Pieds.	Pouces.	Lignes.
1	0	2	0	6	27	9	1	1	6	53	18	0	2	6
2	0	4	1	0	28	9	3	2	0	54	18	2	3	0
3	1	0	1	6	29	9	5	2	6	55	18	4	3	6
4	1	2	2	0	30	10	1	3	0	56	19	0	4	0
5	1	4	2	6	31	10	3	3	6	57	19	2	4	6
6	2	0	3	0	32	10	5	4	0	58	19	4	5	0
7	2	2	3	6	33	11	1	4	6	59	20	0	5	6
8	2	4	4	0	34	11	3	5	0	60	20	2	6	0
9	3	0	4	6	35	11	5	5	6	61	20	4	6	6
10	3	2	5	0	36	12	1	6	0	62	21	0	7	0
11	3	4	5	6	37	12	3	6	6	63	21	2	7	6
12	4	0	6	0	38	12	5	7	0	64	21	4	8	0
13	4	2	6	6	39	13	1	7	6	65	22	0	8	6
14	4	4	7	0	40	13	3	8	0	66	22	2	9	0
15	5	0	7	6	41	13	5	8	6	67	22	4	9	6
16	5	2	8	0	42	14	1	9	0	68	23	0	10	0
17	5	4	8	6	43	14	3	9	6	69	23	2	10	6
18	6	0	9	0	44	14	5	10	0	70	23	4	11	0
19	6	2	9	6	45	15	1	10	6	71	24	0	11	6
20	6	4	10	0	46	15	3	11	0	72	24	3	0	0
21	7	0	10	6	47	15	5	11	6					
22	7	2	11	0	48	16	2	0	0					
23	7	4	11	6	49	16	4	0	6	$\frac{1}{4}$	0	0	6	$1\frac{1}{2}$
24	8	1	0	0	50	17	0	1	0	$\frac{1}{2}$	0	1	0	3
25	8	3	0	6	51	17	2	1	6	$\frac{3}{4}$	0	1	6	$4\frac{1}{2}$
26	8	5	1	0	52	17	4	2	0					

Grosseur de 7 & 22 pouces.

sur Pieds de Longueur.	Produit. Pieces.	Pieds.	Pouces.	Lignes.	sur Pieds de Longueur.	Produit. Pieces.	Pieds.	Pouces.	Lignes.	sur Pieds de Longueur.	Produit. Pieces.	Pieds.	Pouces.	Lignes.
1	0	2	1	8	27	9	3	9	0	53	18	5	4	4
2	0	4	3	4	28	9	5	10	8	54	19	1	6	0
3	1	0	5	0	29	10	2	0	4	55	19	3	7	8
4	1	2	6	8	30	10	4	2	0	56	19	5	9	4
5	1	4	8	4	31	11	0	3	8	57	20	1	11	0
6	2	0	10	0	32	11	2	5	4	58	20	4	0	8
7	2	2	11	8	33	11	4	7	0	59	21	0	2	4
8	2	5	1	4	34	12	0	8	8	60	21	2	4	0
9	3	1	3	0	35	12	2	10	4	61	21	4	5	8
10	3	3	4	8	36	12	5	0	0	62	22	0	7	4
11	3	5	6	4	37	13	1	1	8	63	22	2	9	0
12	4	1	8	0	38	13	3	3	4	64	22	4	10	8
13	4	3	9	8	39	13	5	5	0	65	23	1	0	4
14	4	5	11	4	40	14	1	6	8	66	23	3	2	0
15	5	2	1	0	41	14	3	8	4	67	23	5	3	8
16	5	4	2	8	42	14	5	10	0	68	24	1	5	4
17	6	0	4	4	43	15	1	11	8	69	24	3	7	0
18	6	2	6	0	44	15	4	1	4	70	24	5	8	8
19	6	4	7	8	45	16	0	3	0	71	25	1	10	4
20	7	0	9	4	46	16	2	4	8	72	25	4	0	0
21	7	2	11	0	47	16	4	6	4					
22	7	5	0	8	48	17	0	8	0	1/4	0	0	6	5
23	8	1	2	4	49	17	2	9	8	1/2	0	1	0	10
24	8	3	4	0	50	17	4	11	4	3/4	0	1	7	3
25	8	5	5	8	51	18	1	1	0					
26	9	1	7	4	52	18	3	2	8					

Grosseur de 7 & 23 pouces.

sur Pieds de Longueur.	Produit. Pieces.	Pieds.	Pouces.	Lignes.	sur Pieds de Longueur.	Produit. Pieces.	Pieds.	Pouces.	Lignes.	sur Pieds de Longueur	Produit. Pieces.	Pieds.	Pouces.	Lignes.
1	0	2	2	10	27	10	0	4	6	53	19	4	6	2
2	0	4	5	8	28	10	2	7	4	54	20	0	9	0
3	1	0	8	6	29	10	4	10	2	55	20	2	11	10
4	1	2	11	4	30	11	1	1	0	56	20	5	2	8
5	1	5	2	2	31	11	3	3	10	57	21	1	5	6
6	2	1	5	0	32	11	5	6	8	58	21	3	8	4
7	2	3	7	10	33	12	1	9	6	59	21	5	11	2
8	2	5	10	8	34	12	4	0	4	60	22	2	2	0
9	3	2	1	6	35	13	0	3	2	61	22	4	4	10
10	3	4	4	4	36	13	2	6	0	62	23	0	7	8
11	4	0	7	2	37	13	4	8	10	63	23	2	10	6
12	4	2	10	0	38	14	0	11	8	64	23	5	1	4
13	4	5	0	10	39	14	3	2	6	65	24	1	4	2
14	5	1	3	8	40	14	5	5	4	66	24	3	7	0
15	5	3	6	6	41	15	1	8	2	67	24	5	9	10
16	5	5	9	4	42	15	3	11	0	68	25	2	0	8
17	6	2	0	2	43	16	0	1	10	69	25	4	3	6
18	6	4	3	0	44	16	2	4	8	70	26	0	6	4
19	7	0	5	10	45	16	4	7	6	71	26	2	9	2
20	7	2	8	8	46	17	0	10	4	72	26	5	0	0
21	7	4	11	6	47	17	3	1	2					
22	8	1	2	4	48	17	5	4	0	$\frac{1}{4}$	0	0	6	8$\frac{1}{2}$
23	8	3	5	2	49	18	1	6	10	$\frac{1}{2}$	0	1	1	5
24	8	5	8	0	50	18	3	9	8	$\frac{3}{4}$	0	1	8	1$\frac{1}{2}$
25	9	1	10	10	51	19	0	0	6					
26	9	4	1	8	52	19	2	3	4					

V

Grosseur de 7 & 24 pouces.

sur Pieds de Longueur.	Pieces.	Pieds.	Pouces.	Lignes.
1	0..2.	4.	0	
2	0..4.	8.	0	
3	1..1.	0.	0	
4	1..3.	4.	0	
5	1..5.	8.	0	
6	2..2.	0.	0	
7	2..4.	4.	0	
8	3..0.	8.	0	
9	3..3.	0.	0	
10	3..5.	4.	0	
11	4..1.	8.	0	
12	4..4.	0.	0	
13	5..0.	4.	0	
14	5..2.	8.	0	
15	5..5.	0.	0	
16	6..1.	4.	0	
17	6..3.	8.	0	
18	7..0.	0.	0	
19	7..2.	4.	0	
20	7..4.	8.	0	
21	8..1.	0.	0	
22	8..3.	4.	0	
23	8..5.	8.	0	
24	9..2.	0.	0	
25	9..4.	4.	0	
26	10..0.	8.	0	

sur Pieds de Longueur.	Pieces.	Pieds.	Pouces.	Lignes.
27	10..3.	0.	0	
28	10..5.	4.	0	
29	11..1.	8.	0	
30	11..4.	0.	0	
31	12..0.	4.	0	
32	12..2.	8.	0	
33	12..5.	0.	0	
34	13..1.	4.	0	
35	13..3.	8.	0	
36	14..0.	0.	0	
37	14..2.	4.	0	
38	14..4.	8.	0	
39	15..1.	0.	0	
40	15..3.	4.	0	
41	15..5.	8.	0	
42	16..2.	0.	0	
43	16..4.	4.	0	
44	17..0.	8.	0	
45	17..3.	0.	0	
46	17..5.	4.	0	
47	18..1.	8.	0	
48	18..4.	0.	0	
49	19..0.	4.	0	
50	19..2.	8.	0	
51	19..5.	0.	0	
52	20..1.	4.	0	

sur Pieds de Longueur.	Pieces.	Pieds.	Pouces.	Lignes.
53	20..3.	8.	0	
54	21..0.	0.	0	
55	21..2.	4.	0	
56	21..4.	8.	0	
57	22..1.	0.	0	
58	22..3.	4.	0	
59	22..5.	8.	0	
60	23..2.	0.	0	
61	23..4.	4.	0	
62	24..0.	8.	0	
63	24..3.	0.	0	
64	24..5.	4.	0	
65	25..1.	8.	0	
66	25..4.	0.	0	
67	26..0.	4.	0	
68	26..2.	8.	0	
69	26..5.	0.	0	
70	27..1.	4.	0	
71	27..3.	8.	0	
72	28..0.	0.	0	
1/4	0..0.	7.	0	
1/2	0..1.	2.	0	
3/4	0..1.	9.	0	

Grosseur de 7 & 25 pouces.

sur Pieds de Longueur.	Produit. Pieces.	Pieds.	Pouces.	Lignes.	sur Pieds de Longueur.	Produit. Pieces.	Pieds.	Pouces.	Lignes.	sur Pieds de Longueur.	Produit. Pieces.	Pieds.	Pouces.	Lignes.
1	0	2	5	2	27	10	5	7	6	53	21	2	9	10
2	0	4	10	4	28	11	2	0	8	54	21	5	3	0
3	1	1	3	6	29	11	4	5	10	55	22	1	8	2
4	1	3	8	8	30	12	0	11	0	56	22	4	1	4
5	2	0	1	10	31	12	3	4	2	57	23	0	6	6
6	2	2	7	0	32	12	5	9	4	58	23	2	11	8
7	2	5	0	2	33	13	2	2	6	59	23	5	4	10
8	3	1	5	4	34	13	4	7	8	60	24	1	10	0
9	3	3	10	6	35	14	1	0	10	61	24	4	3	2
10	4	0	3	8	36	14	3	6	0	62	25	0	8	4
11	4	2	8	10	37	14	5	11	2	63	25	3	1	6
12	4	5	2	0	38	15	2	4	4	64	25	5	6	8
13	5	1	7	2	39	15	4	9	6	65	26	1	11	10
14	5	4	0	4	40	16	1	2	8	66	26	4	5	0
15	6	0	5	6	41	16	3	7	10	67	27	0	10	2
16	6	2	10	8	42	17	0	1	0	68	27	3	3	4
17	6	5	3	10	43	17	2	6	2	69	27	5	8	6
18	7	1	9	0	44	17	4	11	4	70	28	2	1	8
19	7	4	2	2	45	18	1	4	6	71	28	4	6	10
20	8	0	7	4	46	18	3	9	8	72	29	1	0	0
21	8	3	0	6	47	19	0	2	10					
22	8	5	5	8	48	19	2	8	0	$\frac{1}{4}$	0	0	7	$3\frac{1}{2}$
23	9	1	10	10	49	19	5	1	2	$\frac{1}{2}$	0	1	2	7
24	9	4	4	0	50	22	1	6	4	$\frac{3}{4}$	0	1	9	$10\frac{1}{2}$
25	10	0	9	2	51	22	3	11	6					
26	10	3	2	4	52	21	0	4	8					

Grosseur de 7 & 26 pouces.

sur Pieds de Longueur	Produit. Pieces.	Pieds.	Pouces.	Lignes.
1	0	2	6	4
2	0	5	0	8
3	1	1	7	0
4	1	4	1	4
5	2	0	7	8
6	2	3	2	0
7	2	5	8	4
8	3	2	2	8
9	3	4	9	0
10	4	1	3	4
11	4	3	9	8
12	5	0	4	0
13	5	2	10	4
14	5	5	4	8
15	6	1	11	0
16	6	4	5	4
17	7	0	11	8
18	7	3	6	0
19	8	0	0	4
20	8	2	6	8
21	8	5	1	0
22	9	1	7	4
23	9	4	1	8
24	10	0	8	0
25	10	3	2	4
26	10	5	8	8

sur Pieds de Longueur	Produit. Pieces.	Pieds.	Pouces.	Lignes.
27	11	2	3	0
28	11	4	9	4
29	12	1	3	8
30	12	3	10	0
31	13	0	4	4
32	13	2	10	8
33	13	5	5	0
34	14	1	11	4
35	14	4	5	8
36	15	1	0	0
37	15	3	6	4
38	16	0	0	8
39	16	2	7	0
40	16	5	1	4
41	17	1	7	8
42	17	4	2	0
43	18	0	8	4
44	18	3	2	8
45	18	5	9	0
45	19	2	3	4
47	19	4	9	8
48	20	1	4	0
49	20	3	10	4
50	21	0	4	8
51	21	2	11	0
52	21	5	5	4

sur Pieds de Longueur	Produit. Pieces.	Pieds.	Pouces.	Lignes.
53	22	1	11	8
54	22	4	6	0
55	23	1	0	4
56	23	3	6	8
57	24	0	1	0
58	24	2	7	4
59	24	5	1	8
60	25	1	8	0
61	25	4	2	4
62	26	0	8	8
63	26	3	3	0
64	26	5	9	4
65	27	2	3	8
66	27	4	10	0
67	28	1	4	4
68	28	3	10	8
69	29	0	5	0
70	29	2	11	4
71	29	5	5	8
72	30	2	0	0
1/4	0	0	7	7
1/2	0	1	3	2
3/4	0	1	10	9

Grosseur de 7 & 27 pouces.

sur Pieds de Longueur.	Produit.				sur Pieds de Longueur.	Produit.				sur Pieds de Longueur	Produit.			
	Pieces.	Pieds.	Pouces.	Lignes.		Pieces.	Pieds.	Pouces.	Lignes.		Pieces.	Pieds.	Pouces.	Lignes.
1	0	2	7	6	27	11	4	10	6	53	23	1	1	6
2	0	5	3	0	28	12	1	6	0	54	23	3	9	0
3	1	1	10	6	29	12	4	1	6	55	24	0	4	6
4	1	4	6	0	30	13	0	9	0	56	24	3	0	0
5	2	1	1	6	31	13	3	4	6	57	24	5	7	6
6	2	3	9	0	32	14	0	0	0	58	25	2	3	0
7	3	0	4	6	33	14	2	7	6	59	25	4	10	6
8	3	3	0	0	34	14	5	3	0	60	26	1	6	0
9	3	5	7	6	35	15	1	10	6	61	26	4	1	6
10	4	2	3	0	36	15	4	6	0	62	27	0	9	0
11	4	4	10	6	37	16	1	1	6	63	27	3	4	6
12	5	1	6	0	38	16	3	9	0	64	28	0	0	0
13	5	4	1	6	39	17	0	4	6	65	28	2	7	6
14	6	0	9	0	40	17	3	0	0	66	28	5	3	0
15	6	3	4	6	41	17	5	7	6	67	29	1	10	6
16	7	0	0	0	42	18	2	3	0	68	29	4	6	0
17	7	2	7	6	43	18	4	10	6	69	30	1	1	6
18	7	5	3	0	44	19	1	6	0	70	30	3	9	0
19	8	1	10	6	45	19	4	1	6	71	31	0	4	6
20	8	4	6	0	46	20	0	9	0	72	31	3	0	0
21	9	1	1	6	47	20	3	4	6					
22	9	3	9	0	48	21	0	0	0					
23	10	0	4	6	49	21	2	7	6	$\frac{1}{4}$	0	0	7	$10\frac{1}{2}$
24	10	3	0	0	50	21	5	3	0	$\frac{1}{2}$	0	1	3	9
25	10	5	7	6	51	22	1	10	6	$\frac{3}{4}$	0	1	11	$7\frac{1}{2}$
26	11	2	3	0	52	22	4	6	0					

Grosseur de 7 & 28 pouces.

sur Pieds de Longueur.	Produit. Pieces.	Pieds.	Pouces.	Lignes.	sur Pieds de Longueur.	Produit. Pieces.	Pieds.	Pouces.	Lignes.	sur Pieds de Longueur.	Produit. Pieces.	Pieds.	Pouces.	Lignes.
1	0	2	8	8	27	12	1	6	0	53	24	0	3	4
2	0	5	5	4	28	12	4	2	8	54	24	3	0	0
3	1	2	2	0	29	13	0	11	4	55	24	5	8	8
4	1	4	10	8	30	13	3	8	0	56	25	2	5	4
5	2	1	7	4	31	14	0	4	8	57	25	5	2	0
6	2	4	4	0	32	14	3	1	4	58	26	1	10	8
7	3	1	0	8	33	14	5	10	0	59	26	4	7	4
8	3	3	9	4	34	15	2	6	8	60	27	1	4	0
9	4	0	6	0	35	15	5	3	4	61	27	4	0	8
10	4	3	2	8	36	16	2	0	0	62	28	0	9	4
11	4	5	11	4	37	16	4	8	8	63	28	3	6	0
12	5	2	8	0	38	17	1	5	4	64	29	0	2	8
13	5	5	4	8	39	17	4	2	0	65	29	2	11	4
14	6	2	1	4	40	18	0	10	8	66	29	5	8	0
15	6	4	10	0	41	18	3	7	4	67	30	2	4	8
16	7	1	6	8	42	19	0	4	0	68	30	5	1	4
17	7	4	3	4	43	19	3	0	8	69	31	1	10	0
18	8	1	0	0	44	19	5	9	4	70	31	4	6	8
19	8	3	8	8	45	20	2	6	0	71	32	1	3	4
20	9	0	5	4	46	20	5	2	8	72	32	4	0	0
21	9	3	2	0	47	21	1	11	4					
22	9	5	10	8	48	21	4	8	0	1/4	0	0	8	2
23	10	2	7	4	49	22	1	4	8	1/2	0	1	4	4
24	10	5	4	0	50	22	4	1	4	3/4	0	2	0	6
25	11	2	0	8	51	23	0	10	0					
26	11	4	9	4	52	23	3	6	8					

Grosseur de 7 & 29 pouces.

sur Pieds de Longueur.	Produit. Pieces.	Pieds.	Pouces.	Lignes.
1	0	2	9	10
2	0	5	7	8
3	1	2	5	6
4	1	5	3	4
5	2	2	1	2
6	2	4	11	0
7	3	1	8	10
8	3	4	6	8
9	4	1	4	6
10	4	4	2	4
11	5	1	0	2
12	5	3	10	0
13	6	0	7	10
14	6	3	5	8
15	7	0	3	6
16	7	3	1	4
17	7	5	11	2
18	8	2	9	0
19	8	5	6	10
20	9	2	4	8
21	9	5	2	6
22	10	2	0	4
23	10	4	10	2
24	11	1	8	0
25	11	4	5	10
26	12	1	3	8

sur Pieds de Longueur.	Produit. Pieces.	Pieds.	Pouces.	Lignes.
27	12	4	1	6
28	13	0	11	4
29	13	3	9	2
30	14	0	7	0
31	14	3	4	10
32	15	0	2	8
33	15	3	0	6
34	15	5	10	4
35	16	2	8	2
36	16	5	6	0
37	17	2	3	10
38	17	5	1	8
39	18	1	11	6
40	18	4	9	4
41	19	1	7	2
42	19	4	5	0
43	20	1	2	10
44	20	4	0	8
45	21	0	10	6
46	21	3	8	4
47	22	0	6	2
48	22	3	4	0
49	23	0	1	10
50	23	2	11	8
51	23	5	9	6
52	24	2	7	4

sur Pieds de Longueur.	Produit. Pieces.	Pieds.	Pouces.	Lignes.
53	24	5	1	2
54	25	2	3	0
55	25	5	0	10
56	26	1	10	8
57	26	4	8	6
58	27	1	6	4
59	27	4	4	2
60	28	1	2	0
61	28	3	11	10
62	29	0	9	8
63	29	3	7	6
64	30	0	5	4
65	30	3	3	2
66	31	0	1	0
67	31	2	10	10
68	31	5	8	8
69	32	2	6	6
70	32	5	4	4
71	33	2	2	2
72	33	5	0	0
$\frac{1}{4}$	0	0	8	$5\frac{1}{2}$
$\frac{1}{2}$	0	1	4	11
$\frac{3}{4}$	0	2	1	$4\frac{1}{2}$

Grosseur de 7 & 30 pouces.

sur Pieds de Longueur	Pieces.	Pieds.	Pouces.	Lignes.
1	0	2	11	0
2	0	5	10	0
3	1	2	9	0
4	1	5	8	0
5	2	2	7	0
6	2	5	6	0
7	3	2	5	0
8	3	5	4	0
9	4	2	3	0
10	4	5	2	0
11	5	2	1	0
12	5	5	0	0
13	6	1	11	0
14	6	4	10	0
15	7	1	9	0
16	7	4	8	0
17	8	1	7	0
18	8	4	6	0
19	9	1	5	0
20	9	4	4	0
21	10	1	3	0
22	10	4	2	0
23	11	1	1	0
24	11	4	0	0
25	12	0	11	0
26	12	3	10	0

sur Pieds de Longueur	Pieces.	Pieds.	Pouces.	Lignes.
27	13	0	9	0
28	13	3	8	0
29	14	0	7	0
30	14	3	6	0
31	15	0	5	0
32	15	3	4	0
33	16	0	3	0
34	16	3	2	0
35	17	0	1	0
36	17	3	0	0
37	17	5	11	0
38	18	2	10	0
39	18	5	9	0
40	19	2	8	0
41	19	5	7	0
42	20	2	6	0
43	20	5	5	0
44	21	2	4	0
45	21	5	3	0
46	22	2	2	0
47	22	5	1	0
48	23	2	0	0
49	23	4	11	0
50	24	1	10	0
51	24	4	9	0
52	25	1	8	0

sur Pieds de Longueur	Pieces.	Pieds.	Pouces.	Lignes.
53	25	4	7	0
54	26	1	6	0
55	26	4	5	0
56	27	1	4	0
57	27	4	3	0
58	28	1	2	0
59	28	4	1	0
60	29	1	0	0
61	29	3	11	0
62	30	0	10	0
63	30	3	9	0
64	31	0	8	0
65	31	3	7	0
66	32	0	6	0
67	32	3	5	0
68	33	0	4	0
69	33	3	3	0
70	34	0	2	0
71	34	3	1	0
72	35	0	0	0
$\frac{1}{4}$	0	0	8	9
$\frac{1}{2}$	0	1	5	6
$\frac{3}{4}$	0	2	4	3

Grosseur de 8 pouces.

sur Pieds de Longueur.	Produit. Pieces.	Pieds.	Pouces.	Lignes.
1	0	0	10	8
2	0	1	9	4
3	0	2	8	0
4	0	3	6	8
5	0	4	5	4
6	0	5	4	0
7	1	0	2	8
8	1	1	1	4
9	1	2	0	0
10	1	2	10	8
11	1	3	9	4
12	1	4	8	0
13	1	5	6	8
14	2	0	5	4
15	2	1	4	0
16	2	2	2	8
17	2	3	1	4
18	2	4	0	0
19	2	4	10	8
20	2	5	9	4
21	3	0	8	0
22	3	1	6	8
23	3	2	5	4
24	3	3	4	0
25	3	4	2	8
26	3	5	1	4

sur Pieds de Longueur.	Produit. Pieces.	Pieds.	Pouces.	Lignes.
27	4	0	0	0
28	4	0	10	8
29	4	1	9	4
30	4	2	8	0
31	4	3	6	8
32	4	4	5	4
33	4	5	4	0
34	5	0	2	8
35	5	1	1	4
36	5	2	0	0
37	5	2	10	8
38	5	3	9	4
39	5	4	8	0
40	5	5	6	8
41	6	0	5	4
42	6	1	4	0
43	6	2	2	8
44	6	3	1	4
45	6	4	0	0
46	6	4	10	8
47	6	5	9	4
48	7	0	8	0
49	7	1	6	8
50	7	2	5	4
51	7	3	4	0
52	7	4	2	8

sur Pieds de Longueur.	Produit. Pieces.	Pieds.	Pouces.	Lignes.
53	7	5	1	4
54	8	0	0	0
55	8	0	10	8
56	8	1	9	4
57	8	2	8	0
58	8	3	6	8
59	8	4	5	4
60	8	5	4	0
61	9	0	2	8
62	9	1	1	4
63	9	2	0	0
64	9	2	10	8
65	9	3	9	4
66	9	4	8	0
67	9	5	6	8
68	10	0	5	4
69	10	1	4	0
70	10	2	2	8
71	10	3	1	4
72	10	4	0	0
$\frac{1}{4}$	0	0	2	8
$\frac{1}{2}$	0	0	5	4
$\frac{3}{4}$	0	0	8	0

Grosseur de 8 & 9 pouces.

sur Pieds de Longueur.	Pieces.	Pieds.	Pouces.	Lignes.
1	0	1	0	0
2	0	2	0	0
3	0	3	0	0
4	0	4	0	0
5	0	5	0	0
6	1	0	0	0
7	1	1	0	0
8	1	2	0	0
9	1	3	0	0
10	1	4	0	0
11	1	5	0	0
12	2	0	0	0
13	2	1	0	0
14	2	2	0	0
15	2	3	0	0
16	2	4	0	0
17	2	5	0	0
18	3	0	0	0
19	3	1	0	0
20	2	2	0	0
21	3	3	0	0
22	3	4	0	0
23	3	5	0	0
24	4	0	0	0
25	4	1	0	0
26	4	2	0	0

sur Pieds de Longueur.	Pieces.	Pieds.	Pouces.	Lignes.
27	4	3	0	0
28	4	4	0	0
29	4	5	0	0
30	5	0	0	0
31	5	1	0	0
32	5	2	0	0
33	5	3	0	0
34	5	4	0	0
35	5	5	0	0
36	6	0	0	0
37	6	1	0	0
38	6	2	0	0
39	6	3	0	0
40	6	4	0	0
41	6	5	0	0
42	7	0	0	0
43	7	1	0	0
44	7	2	0	0
45	7	3	0	0
46	7	4	0	0
47	7	5	0	0
48	8	0	0	0
49	8	1	0	0
50	8	2	0	0
51	8	3	0	0
52	8	4	0	0

sur Pieds de Longueur.	Pieces.	Pieds.	Pouces.	Lignes.
53	8	5	0	0
54	9	0	0	0
55	9	1	0	0
56	9	2	0	0
57	9	3	0	0
58	9	4	0	0
59	9	5	0	0
60	10	0	0	0
61	10	1	0	0
62	10	2	0	0
63	10	3	0	0
64	10	4	0	0
65	10	5	0	0
66	11	0	0	0
67	11	1	0	0
68	11	2	0	0
69	11	3	0	0
70	11	4	0	0
71	11	5	0	0
72	12	0	0	0
1/4	0	0	3	0
1/2	0	0	6	0
3/4	0	0	9	0

Grosseur de 8 & 10 pouces.

sur Pieds de Longueur.	Pieces.	Pieds.	Pouces.	Lignes.
1	0	1	1	4
2	0	2	2	8
3	0	3	4	0
4	0	4	5	4
5	0	5	6	8
6	1	0	8	0
7	1	1	9	4
8	1	2	10	8
9	1	4	0	0
10	1	5	1	4
11	2	0	2	8
12	2	1	4	0
13	2	2	5	4
14	2	3	6	8
15	2	4	8	0
16	2	5	9	4
17	3	0	10	8
18	3	2	0	0
19	3	3	1	4
20	3	4	2	8
21	3	5	4	0
22	4	0	5	4
23	4	1	6	8
24	4	2	8	0
25	4	3	9	4
26	4	4	10	8

sur Pieds de Longueur.	Pieces.	Pieds.	Pouces.	Lignes.
27	5	0	0	0
28	5	1	1	4
29	5	2	2	8
30	5	3	4	0
31	5	4	5	4
32	5	5	6	8
33	6	0	8	0
34	6	1	9	4
35	6	2	10	8
36	6	4	0	0
37	6	5	1	4
38	7	0	2	8
39	7	1	4	0
40	7	2	5	4
41	7	3	6	8
42	7	4	8	0
43	7	5	9	4
44	8	0	10	8
45	8	2	0	0
46	8	3	1	4
47	8	4	2	8
48	8	5	4	0
49	9	0	5	4
50	9	1	6	8
51	9	2	8	0
52	9	3	9	4

sur Pieds de Longueur.	Pieces.	Pieds.	Pouces.	Lignes.
53	9	4	10	8
54	10	0	0	0
55	10	1	1	4
56	10	2	2	8
57	10	3	4	0
58	10	4	5	4
59	10	5	6	8
60	11	0	8	0
61	11	1	9	4
62	11	2	10	8
63	11	4	0	0
64	11	5	1	4
65	12	0	2	8
66	12	1	4	0
67	12	2	5	4
68	12	3	6	8
69	12	4	8	0
70	12	5	9	4
71	13	0	10	8
72	13	2	0	0
$\frac{1}{4}$	0	0	3	4
$\frac{1}{2}$	0	0	6	8
$\frac{3}{4}$	0	0	10	0

Grosseur de 8 & 11 pouces.

sur Pieds de Longueur.	Pieces.	Pieds.	Pouces.	Lignes.
1	0	1	2	8
2	0	2	5	4
3	0	3	8	0
4	0	4	10	8
5	1	0	1	4
6	1	1	4	0
7	1	2	6	8
8	1	3	9	4
9	1	5	0	0
10	2	0	2	8
11	2	1	5	4
12	2	2	8	0
13	2	3	10	8
14	2	5	1	4
15	3	0	4	0
16	3	1	6	8
17	3	2	9	4
18	3	4	0	0
19	3	5	2	8
20	4	0	5	4
21	4	1	8	0
22	4	2	10	8
23	4	4	1	4
24	4	5	4	0
25	5	0	6	8
26	5	1	9	4

sur Pieds de Longueur.	Pieces.	Pieds.	Pouces.	Lignes.
27	5	3	0	0
28	5	4	2	8
29	5	5	5	4
30	6	0	8	0
31	6	1	10	8
32	6	3	1	4
33	6	4	4	0
34	6	5	6	8
35	7	0	9	4
36	7	2	0	0
37	7	3	2	8
38	7	4	5	4
39	7	5	8	0
40	8	0	10	8
41	8	2	1	4
42	8	3	4	0
43	8	4	6	8
44	8	5	9	4
45	9	1	0	0
46	9	2	2	8
47	9	3	5	4
48	9	4	8	0
49	9	5	10	8
50	10	1	1	4
51	10	2	4	0
52	10	3	6	8

sur Pieds de Longueur.	Pieces.	Pieds.	Pouces.	Lignes.
53	10	4	9	4
54	11	0	0	0
55	11	1	2	8
56	11	2	5	4
57	11	3	8	0
58	11	4	10	8
59	12	0	1	4
60	12	1	4	0
61	12	2	6	8
62	12	3	9	4
63	12	5	0	0
64	13	0	2	8
65	13	1	5	4
66	13	2	8	0
67	13	3	10	8
68	13	5	1	4
69	14	0	4	0
70	14	1	6	8
71	14	2	9	4
72	14	4	0	0
1/4	0	0	3	8
1/2	0	0	7	4
3/4	0	0	11	0

Grosseur de 8 & 12 pouces.

sur Pieds de Longueur.	Produit.			
	Pieces.	Pieds.	Pouces.	Lignes.
1	0	1	4	0
2	0	2	8	0
3	0	4	0	0
4	0	5	4	0
5	1	0	8	0
6	1	2	0	0
7	1	3	4	0
8	1	4	8	0
9	2	0	0	0
10	2	1	4	0
11	2	2	8	0
12	2	4	0	0
13	2	5	4	0
14	3	0	8	0
15	3	2	0	0
16	3	3	4	0
17	3	4	8	0
18	4	0	0	0
19	4	1	4	0
20	4	2	8	0
21	4	4	0	0
22	4	5	4	0
23	5	0	8	0
24	5	2	0	0
25	5	3	4	0
26	5	4	8	0

sur Pieds de Longueur.	Produit.			
	Pieces.	Pieds.	Pouces.	Lignes.
27	6	0	0	0
28	6	1	4	0
29	6	2	8	0
30	6	4	0	0
31	6	5	4	0
32	7	0	8	0
33	7	2	0	0
34	7	3	4	0
35	7	4	8	0
36	8	0	0	0
37	8	1	4	0
38	8	2	8	0
39	8	4	0	0
40	8	5	4	0
41	9	0	8	0
42	9	2	0	0
43	9	3	4	0
44	9	4	8	0
45	10	0	0	0
46	10	1	4	0
47	10	2	8	0
48	10	4	0	0
49	10	5	4	0
50	11	0	8	0
51	11	2	0	0
52	11	3	4	0

sur Pieds de Longueur.	Produit.			
	Pieces.	Pieds.	Pouces.	Lignes.
53	11	4	8	0
54	12	0	0	0
55	12	1	4	0
56	12	2	8	0
57	12	4	0	0
58	12	5	4	0
59	13	0	8	0
60	13	2	0	0
61	13	3	4	0
62	13	4	8	0
63	14	0	0	0
64	14	1	4	0
65	14	2	8	0
66	14	4	0	0
67	15	5	4	0
68	15	0	8	0
69	15	2	0	0
70	15	3	4	0
71	15	4	8	0
72	16	0	0	0
1/4	0	0	4	0
1/2	0	0	8	0
3/4	0	1	0	0

Groffeur de 8 & 13 pouces.

fur Pieds de Longueur	Produit. Pieces.	Pieds.	Pouces.	Lignes.
1	0	1	5	4
2	0	2	10	8
3	0	4	4	0
4	0	5	9	4
5	1	1	2	8
6	1	2	8	0
7	1	4	1	4
8	1	5	6	8
9	2	1	0	0
10	2	2	5	4
11	2	3	10	8
12	2	5	4	0
13	3	0	9	4
14	3	2	2	8
15	3	3	8	0
16	3	5	1	4
17	4	0	6	8
18	4	2	0	0
19	4	3	5	4
20	4	4	10	8
21	5	0	4	0
22	5	1	9	4
23	5	3	2	8
24	5	4	8	0
25	6	0	1	4
26	6	1	6	8

fur Pieds de Longueur	Produit. Pieces.	Pieds.	Pouces.	Lignes.
27	6	3	0	0
28	6	4	5	4
29	6	5	10	8
30	7	1	4	0
31	7	2	9	4
32	7	4	2	8
33	7	5	8	0
34	8	1	1	4
35	8	2	6	8
36	8	4	0	0
37	8	5	5	4
38	9	0	10	8
39	9	2	4	0
40	9	3	9	4
41	9	5	2	8
42	10	0	8	0
43	10	2	1	4
44	10	3	6	8
45	10	5	0	0
46	11	0	5	4
47	11	1	10	8
48	11	3	4	0
49	11	4	9	4
50	12	0	2	8
51	12	1	8	0
52	12	3	1	4

fur Pieds de Longueur	Produit. Pieces.	Pieds.	Pouces.	Lignes.
53	12	4	6	8
54	13	0	0	0
55	13	1	5	4
56	13	2	10	8
57	13	4	4	0
58	13	5	9	4
59	14	1	2	8
60	14	2	8	0
61	14	4	1	4
62	14	5	6	8
63	15	1	0	0
64	15	2	5	4
65	15	3	10	8
66	15	5	4	0
67	16	0	9	4
68	16	2	2	8
69	16	3	8	0
70	16	5	1	4
71	17	0	6	8
72	17	2	0	0
1/4	0	0	4	4
1/2	0	0	8	8
3/4	0	1	1	0

Grosseur de 8 & 14 pouces.

sur Pieds de Longueur.	Produit. Pieces.	Pieds.	Pouces.	Lignes.	sur Pieds de Longueur.	Produit. Pieces.	Pieds.	Pouces.	Lignes.	sur Pieds de Longueur.	Produit. Pieces.	Pieds.	Pouces.	Lignes.
1	0	1	6	8	27	7	0	0	0	53	13	4	5	4
2	0	3	1	4	28	7	1	6	8	54	14	0	0	0
3	0	4	8	0	29	7	3	1	4	55	14	1	6	8
4	1	0	2	8	30	7	4	8	0	56	14	3	1	4
5	1	1	9	4	31	8	0	2	8	57	14	4	8	0
6	1	3	4	0	32	8	1	9	4	58	15	0	2	8
7	1	4	10	8	33	8	3	4	0	59	15	1	9	4
8	2	0	5	4	34	8	4	10	8	60	15	3	4	0
9	2	2	0	0	35	9	0	5	4	61	15	4	10	8
10	2	3	6	8	36	9	2	0	0	62	16	0	5	4
11	2	5	1	4	37	9	3	6	8	63	16	2	0	0
12	3	0	8	0	38	9	5	1	4	64	16	3	6	8
13	3	2	2	8	39	10	0	8	0	65	16	5	1	4
14	3	3	9	4	40	10	2	2	8	66	17	0	8	0
15	3	5	4	0	41	10	3	9	4	67	17	2	2	8
16	4	0	10	8	42	10	5	4	0	68	17	3	9	4
17	4	2	5	4	43	11	0	10	8	69	17	5	4	0
18	4	4	0	0	44	11	2	5	4	70	18	0	10	8
19	4	5	6	8	45	11	4	0	0	71	18	2	5	4
20	5	1	1	4	46	11	5	6	8	72	18	4	0	0
21	5	2	8	0	47	12	1	1	4					
22	5	4	2	8	48	12	2	8	0	1/4	0	0	4	8
23	5	5	9	4	49	12	4	2	8	1/2	0	0	9	4
24	6	1	4	0	50	12	5	9	4	3/4	0	1	2	0
25	6	2	10	8	51	13	1	4	0					
26	6	4	5	4	52	13	2	10	8					

Grosseur de 8 & 15 pouces.

sur Pieds de Longueur.	Produit. Pieces.	Pieds.	Pouces.	Lignes.
1	0..1.	8.	0	
2	0..3.	4.	0	
3	0..5.	0.	0	
4	1..0.	8.	0	
5	1..2.	4.	0	
6	1..4.	0.	0	
7	1..5.	8.	0	
8	2..1.	4.	0	
9	2..3.	0.	0	
10	2..4.	8.	0	
11	3..0.	4.	0	
12	3..2.	0.	0	
13	3..3.	8.	0	
14	3..5.	4.	0	
15	4..1.	0.	0	
16	4..2.	8.	0	
17	4..4.	4.	0	
18	5..0.	0.	0	
19	5..1.	8.	0	
20	5..3.	4.	0	
21	5..5.	0.	0	
22	6..0.	8.	0	
23	6..2.	4.	0	
24	6..4.	0.	0	
25	6..5.	8.	0	
26	7..1.	4.	0	

sur Pieds de Longueur.	Produit. Pieces.	Pieds.	Pouces.	Lignes.
27	7..3.	0.	0	
28	7..4.	8.	0	
29	8..0.	4.	0	
30	8..2.	0.	0	
31	8..3.	8.	0	
32	8..5.	4.	0	
33	9..1.	0.	0	
34	9..2.	8.	0	
35	9..4.	4.	0	
36	10..0.	0.	0	
37	10..1.	8.	0	
38	10..3.	4.	0	
39	10..5.	0.	0	
40	11..0.	8.	0	
41	11..2.	4.	0	
42	11..4.	0.	0	
43	11..5.	8.	0	
44	12..1.	4.	0	
45	12..3.	0.	0	
46	12..4.	8.	0	
47	13..0.	4.	0	
48	13..2.	0.	0	
49	13..3.	8.	0	
50	13..5.	4.	0	
51	14..1.	0.	0	
52	14..2.	8.	0	

sur Pieds de Longueur.	Produit. Pieces.	Pieds.	Pouces.	Lignes.
53	14..4.	4.	0	
54	15..0.	0.	0	
55	15..1.	8.	0	
56	15..3.	4.	0	
57	15..5.	0.	0	
58	16..0.	8.	0	
59	16..2.	4.	0	
60	16..4.	0.	0	
61	16..5.	8.	0	
62	17..1.	4.	0	
63	17..3.	0.	0	
64	17..4.	8.	0	
65	18..0.	4.	0	
66	18..2.	0.	0	
67	18..3.	8.	0	
68	18..5.	4.	0	
69	19..1.	0.	0	
70	19..2.	8.	0	
71	19..4.	4.	0	
72	20..0.	0.	0	
1/4	0..0.	5.	0	
1/2	0..0.	10.	0	
3/4	0..0.	15.	0	

Grosseur de 8 & 16 pouces.

sur Pieds de Longueur.	Produit. Pieces.	Pieds.	Pouces.	Lignes.
1	0..1.	9.	4	
2	0..3.	6.	8	
3	0..5.	4.	0	
4	1..1.	1.	4	
5	1..2.	10.	8	
6	1..4.	8.	0	
7	2..0.	5.	4	
8	2..2.	2.	8	
9	2..4.	0.	0	
10	2..5.	9.	4	
11	3..1.	6.	8	
12	3..3.	4.	0	
13	3..5.	1.	4	
14	4..0.	10.	8	
15	4..2.	8.	0	
16	4..4.	5.	4	
17	5..0.	2.	8	
18	5..2.	0.	0	
19	5..3.	9.	4	
20	5..5.	6.	8	
21	6..1.	4.	0	
22	6..3.	1.	4	
23	6..4.	10.	8	
24	7..0.	8.	0	
25	7..2.	5.	4	
26	7..4.	2.	8	

sur Pieds de Longueur.	Produit. Pieces.	Pieds.	Pouces.	Lignes.
27	8..0.	0.	0	
28	8..1.	9.	4	
29	8..3.	6.	8	
30	8..5.	4.	0	
31	9..1.	1.	4	
32	9..2.	10.	8	
33	9..4.	8.	0	
34	10..0.	5.	4	
35	10..2.	2.	8	
36	10..4.	0.	0	
37	10..5.	9.	4	
38	11..1.	6.	8	
39	11..3.	4.	0	
40	11..5.	1.	4	
41	12..0.	10.	8	
42	12..2.	8.	0	
43	12..4.	5.	4	
44	13..0.	2.	8	
45	13..2.	0.	0	
46	13..3.	9.	4	
47	13..5.	6.	8	
48	14..1.	4.	0	
49	14..3.	1.	4	
50	14..4.	10.	8	
51	15..0.	8.	0	
52	15..2.	5.	4	

sur Pied de Longueur	Produit. Pieces.	Pieds.	Pouces.	Lignes.
53	15..4.	2.	8	
54	16..0.	0.	0	
55	16..1.	9.	4	
56	16..3.	6.	8	
57	16..5.	4.	0	
58	17..1.	1.	4	
59	17..2.	10.	8	
60	17..4.	3.	0	
61	18..0.	5.	4	
62	18..2.	2.	8	
63	18..4.	0.	0	
64	18..5.	9.	4	
65	19..1.	6.	8	
66	19..3.	4.	0	
67	19..5.	1.	4	
68	20..0.	10.	8	
69	20..2.	8.	0	
70	20..4.	5.	4	
71	21..0.	2.	8	
72	21..2.	0.	0	
1/4	0..0.	5.	4	
1/2	0..0.	10.	8	
3/4	0..1.	4.	0	

Y

Grosseur de 8 & 17 pouces.

sur Pieds de Longueur	Produit.				sur Pieds de Longueur.	Produit.				sur Pieds de Longueur.	Produit.			
	Pieces.	*Pieds.*	*Pouces.*	*Lignes.*		*Pieces.*	*Pieds.*	*Pouces.*	*Lignes.*		*Pieces.*	*Pieds.*	*Pouces.*	*Lignes.*
1	0	1	10	8	27	8	3	0	c	53	16	4	1	4
2	0	3	9	4	28	8	4	10	8	54	17	0	0	0
3	0	5	8	0	29	9	0	9	4	55	17	1	10	8
4	1	1	6	8	30	9	2	8	0	56	17	3	9	4
5	1	3	5	4	31	9	4	6	8	57	17	5	8	0
6	1	5	4	0	32	10	0	5	4	58	18	1	6	8
7	2	1	2	8	33	10	2	4	0	59	18	3	5	4
8	2	3	1	4	34	10	4	2	8	60	18	5	4	0
9	2	5	0	0	35	11	0	1	4	61	19	1	2	8
10	3	0	10	8	36	11	2	0	0	62	19	3	1	4
11	3	2	9	4	37	11	3	10	8	63	19	5	0	0
12	3	4	8	c	38	11	5	9	4	64	20	0	10	8
13	4	0	6	8	39	12	1	8	0	65	20	2	9	4
14	4	2	5	4	40	12	3	6	8	66	20	4	8	0
15	4	4	4	c	41	12	5	5	4	67	21	0	6	8
16	5	0	2	8	42	13	1	4	0	68	21	2	5	4
17	5	2	1	4	43	13	3	2	8	69	21	4	4	0
18	5	4	0	c	44	13	5	1	4	70	22	0	2	8
19	5	5	10	8	45	14	1	0	0	71	22	2	1	4
20	6	1	9	4	46	14	2	10	8	72	22	4	0	0
21	6	3	8	c	47	14	4	9	4					
22	6	5	6	8	48	15	0	8	0	1/4	0	0	5	8
23	7	1	5	4	49	15	2	6	8	1/2	0	0	11	4
24	7	3	4	0	50	15	4	5	4	3/4	0	1	5	0
25	7	5	2	8	51	16	0	4	0					
26	8	1	1	4	52	16	2	2	8					

Grosseur de 8 & 18 pouces.

sur Pied de Longueur.	Produit.				sur Pieds de Longueur.	Produit.				sur Pieds de Longueur.	Produit.			
	Pieces.	*Pieds.*	*Pouces.*	*Lignes.*		*Pieces.*	*Pieds.*	*Pouces.*	*Lignes.*		*Pieces.*	*Pieds.*	*Pouces.*	*Lignes.*
1	0..2.	0.	0		27	9..0.	0.	0		53	17..4.	0.	0	
2	0..4.	0.	0		28	9..2.	0.	0		54	18..0.	0.	0	
3	1..0.	0.	0		29	9..4.	0.	0		55	18..2.	0.	0	
4	1..2.	0.	0		30	10..0.	0.	0		56	18..4.	0.	0	
5	1..4.	0.	0		31	10..2.	0.	0		57	19..0.	0.	0	
6	2..0.	0.	0		32	10..4.	0.	0		58	19..2.	0.	0	
7	2..2.	0.	0		33	11..0.	0.	0		59	19..4.	0.	0	
8	2..4.	0.	0		34	11..2.	0.	0		60	20..0.	0.	0	
9	3..0.	0.	0		35	11..4.	0.	0		61	20..2.	0.	0	
10	3..2.	0.	0		36	12..0.	0.	0		62	20..4.	0.	0	
11	3..4.	0.	0		37	12..2.	0.	0		63	21..0.	0.	0	
12	4..0.	0.	0		38	12..4.	0.	0		64	21..2.	0.	0	
13	4..2.	0.	0		39	13..0.	0.	0		65	21..4.	0.	0	
14	4..4.	0.	0		40	13..2.	0.	0		66	22..0.	0.	0	
15	5..0.	0.	0		41	13..4.	0.	0		67	22..2.	0.	0	
16	5..2.	0.	0		42	14..0.	0.	0		68	22..4.	0.	0	
17	5..4.	0.	0		43	14..2.	0.	0		69	23..0.	0.	0	
18	6..0.	0.	0		44	14..4.	0.	0		70	23..2.	0.	0	
19	6..2.	0.	0		45	15..0.	0.	0		71	23..4.	0.	0	
20	6..4.	0.	0		46	15..2.	0.	0		72	24..0.	0.	0	
21	7..0.	0.	0		47	15..4.	0.	0						
22	7..2.	0.	0		48	16..0.	0.	0						
23	7..4.	0.	0		49	16..2.	0.	0		¼	0.0.	6.	0	
24	8..0.	0.	0		50	16..4.	0.	0		½	0.1.	0.	0	
25	8..2.	0.	0		51	17..0.	0.	0		¾	0.1.	6.	0	
26	8..4.	0.	0		52	17..2.	0.	0						

Grosseur de 8 & 19 pouces.

sur Pieds de Longueur.	Pieces.	Pieds.	Pouces.	Lignes.
1	0	2	1	4
2	0	4	2	8
3	1	0	4	0
4	1	2	5	4
5	1	4	6	8
6	2	0	8	0
7	2	2	9	4
8	2	4	10	8
9	3	1	0	0
10	3	3	1	4
11	3	5	2	8
12	4	1	4	0
13	4	3	5	4
14	4	5	6	8
15	5	1	8	0
16	5	3	9	4
17	5	5	10	8
18	6	2	0	0
19	6	4	1	4
20	7	0	2	8
21	7	2	4	0
22	7	4	5	4
23	8	0	6	8
24	8	2	8	0
25	8	4	9	4
26	9	0	10	8

sur Pieds de Longueur.	Pieces.	Pieds.	Pouces.	Lignes.
27	9	3	0	0
28	9	5	1	4
29	10	1	2	8
30	10	3	4	0
31	10	5	5	4
32	11	1	6	8
33	11	3	8	0
34	11	5	9	4
35	12	1	10	8
36	12	4	0	0
37	13	0	1	4
38	13	2	2	8
39	13	4	4	0
40	14	0	5	4
41	14	2	6	8
42	14	4	8	0
43	15	0	9	4
44	15	2	10	8
45	15	5	0	0
46	16	1	1	4
47	16	3	2	8
48	16	5	4	0
49	17	1	5	4
50	17	3	6	8
51	17	5	8	0
52	18	1	9	4

sur Pieds de Longueur.	Pieces.	Pieds.	Pouces.	Lignes.
53	18	3	10	8
54	19	0	0	0
55	19	2	1	4
56	19	4	2	8
57	20	0	4	0
58	20	2	5	4
59	20	4	6	8
60	21	0	8	0
61	21	2	9	4
62	21	4	10	8
63	22	1	0	0
64	22	3	1	4
65	22	5	2	8
66	23	1	4	0
67	23	3	5	4
68	23	5	6	8
69	24	1	8	0
70	24	3	9	4
71	24	5	10	8
72	25	2	0	0
1/4	0	0	6	4
1/2	0	1	0	8
3/4	0	1	7	0

Groſſeur de 8 & 20 pouces.

ſur Pieds de Longueur.	Pièces.	Pieds.	Pouces.	Lignes.	ſur Pieds de Longueur.	Pièces.	Pieds.	Pouces.	Lignes.	ſur Pieds de Longueur	Pièces.	Pieds.	Pouces.	Lignes.
	Produit.					Produit.					Produit.			
1	0	2	2	8	27	10	0	0	0	53	19	3	9	4
2	0	4	5	4	28	10	2	2	8	54	20	0	0	0
3	1	0	8	0	29	10	4	5	4	55	20	2	2	8
4	1	2	10	8	30	11	0	8	0	56	20	4	5	4
5	1	5	1	4	31	11	2	10	8	57	21	0	8	0
6	2	1	4	0	32	11	5	1	4	58	21	2	10	8
7	2	3	6	8	33	12	1	4	0	59	21	5	1	4
8	2	5	9	4	34	12	3	6	8	60	22	1	4	0
9	3	2	0	0	35	12	5	9	4	61	22	3	6	8
10	3	4	2	8	36	13	2	0	0	62	22	5	9	4
11	4	0	5	4	37	13	4	2	8	63	23	2	0	0
12	4	2	8	0	38	14	0	5	4	64	23	4	2	8
13	4	4	10	8	39	14	2	8	0	65	24	0	5	4
14	5	1	1	4	40	14	4	10	8	66	24	2	8	0
15	5	3	4	0	41	15	1	1	4	67	24	4	10	8
16	5	5	6	8	42	15	3	4	0	68	25	1	1	4
17	6	1	9	4	43	15	5	6	8	69	25	3	4	0
18	6	4	0	0	44	16	1	9	4	70	25	5	6	8
19	7	0	2	8	45	16	4	0	0	71	26	1	9	4
20	7	2	5	4	46	17	0	2	8	72	26	4	0	0
21	7	4	8	0	47	17	2	5	4					
22	8	0	10	8	48	17	4	8	0	1/4	0	0	6	8
23	8	3	1	4	49	18	0	10	8	1/2	0	1	1	4
24	8	5	4	0	50	18	3	1	4	3/4	0	1	8	0
25	9	1	6	8	51	18	5	4	0					
26	9	3	9	4	52	19	1	6	8					

Grosseur de 8 & 21 pouces.

sur Pieds de Longueur.	Pieces.	Pieds.	Pouces.	Lignes.
1	0	2	4	0
2	0	4	8	0
3	1	1	0	0
4	1	3	4	0
5	1	5	8	0
6	2	2	0	0
7	2	4	4	0
8	3	0	8	0
9	3	3	0	0
10	3	5	4	0
11	4	1	8	0
12	4	4	0	0
13	5	0	4	0
14	5	2	8	0
15	5	5	0	0
16	6	1	4	0
17	6	3	8	0
18	7	0	0	0
19	7	2	4	0
20	7	4	8	0
21	8	1	0	0
22	8	3	4	0
23	8	5	8	0
24	9	2	0	0
25	9	4	4	0
26	10	0	8	0

sur Pieds de Longueur.	Pieces.	Pieds.	Pouces.	Lignes.
27	10	3	0	0
28	10	5	4	0
29	11	1	8	0
30	11	4	0	0
31	12	0	4	0
32	12	2	8	0
33	12	5	0	0
34	13	1	4	0
35	13	3	8	0
36	14	0	0	0
37	14	2	4	0
38	14	4	8	0
39	15	1	0	0
40	15	3	4	0
41	15	5	8	0
42	16	2	0	0
43	16	4	4	0
44	17	0	8	0
45	17	3	0	0
46	17	5	4	0
47	18	1	8	0
48	18	4	0	0
49	19	0	4	0
50	19	2	8	0
51	19	5	0	0
52	20	1	4	0

sur Pieds de Longueur.	Pieces.	Pieds.	Pouces.	Lignes.
53	20	3	8	0
54	21	0	0	0
55	21	2	4	0
56	21	4	8	0
57	22	1	0	0
58	22	3	4	0
59	22	5	8	0
60	23	2	0	0
61	23	4	4	0
62	24	0	8	0
63	24	3	0	0
64	24	5	4	0
65	25	1	8	0
66	25	4	0	0
67	26	0	4	0
68	26	2	8	0
69	26	5	0	0
70	27	1	4	0
71	27	3	8	0
72	28	0	0	0
$\frac{1}{4}$	0	0	7	0
$\frac{1}{2}$	0	1	2	0
$\frac{3}{4}$	0	1	9	0

Grosseur de 8 & 22 pouces.

sur Pieds de Longueur.	Produit.			
	Pieces.	Pieds.	Pouces.	Lignes.
1	0	2	5	4
2	0	4	10	8
3	1	1	4	0
4	1	3	9	4
5	2	0	2	8
6	2	2	8	0
7	2	5	1	4
8	3	1	6	8
9	3	4	0	0
10	4	0	5	4
11	4	2	10	8
12	4	5	4	0
13	5	1	9	4
14	5	4	2	8
15	6	0	8	0
16	6	3	1	4
17	6	5	6	8
18	7	2	0	0
19	7	4	5	4
20	8	0	10	8
21	8	3	4	0
22	8	5	9	4
23	9	2	2	8
24	9	4	8	0
25	10	1	1	4
26	10	3	6	8

sur Pieds de Longueur.	Produit.			
	Pieces.	Pieds.	Pouces.	Lignes.
27	11	0	0	0
28	11	2	5	4
29	11	4	10	8
30	12	1	4	0
31	12	3	9	4
32	13	0	2	8
33	13	2	8	0
34	13	5	1	4
35	14	1	6	8
36	14	4	0	0
37	15	0	5	4
38	15	2	10	8
39	15	5	4	0
40	16	1	9	4
41	16	4	2	8
42	17	0	8	0
43	17	3	1	4
44	17	5	6	8
45	18	2	0	0
46	18	4	5	4
47	19	0	10	8
48	19	3	4	0
49	19	5	9	4
50	20	2	2	8
51	20	4	8	0
52	21	1	1	4

sur Fieds de Longueur.	Produit.			
	Pieces.	Pieds.	Pouces.	Lignes.
53	21	3	6	8
54	22	0	0	0
55	22	2	5	4
56	22	4	10	8
57	23	1	4	0
58	23	3	9	4
59	24	0	2	8
60	24	2	8	0
61	24	5	1	4
62	25	1	6	8
63	25	4	0	0
64	26	0	5	4
65	26	2	10	8
66	26	5	4	0
67	27	1	9	4
68	27	4	2	8
69	28	0	8	0
70	28	3	1	4
71	28	5	6	8
72	29	2	0	0
1/4	0	0	7	4
1/2	0	1	2	8
3/4	0	1	10	0

Grosseur de 8 & 23 pouces.

sur Pieds de Longueur	Produit. Pieces.	Pieds.	Pouces.	Lignes.
1	0	2	6	8
2	0	5	1	4
3	1	1	8	0
4	1	4	2	8
5	2	0	9	4
6	2	3	4	0
7	2	5	10	8
8	3	2	5	4
9	3	5	0	0
10	4	1	6	8
11	4	4	1	4
12	5	0	8	0
13	5	3	2	8
14	5	5	9	4
15	6	2	4	0
16	6	4	10	8
17	7	1	5	4
18	7	4	0	0
19	8	0	6	8
20	8	3	1	4
21	8	5	8	0
22	9	2	2	8
23	9	4	9	4
24	10	1	4	0
25	10	3	10	8
26	11	0	5	4

sur Pieds de Longueur	Produit. Pieces.	Pieds.	Pouces.	Lignes.
27	11	3	0	0
28	11	5	6	8
29	12	2	1	4
30	12	4	8	0
31	13	1	2	8
32	13	3	9	4
33	14	0	4	0
34	14	2	10	8
35	14	5	5	4
36	15	2	0	0
37	15	4	6	8
38	16	1	1	4
39	16	3	8	0
40	17	0	2	8
41	17	2	9	4
42	17	5	4	0
43	18	1	10	8
44	18	4	5	4
45	19	1	0	0
46	19	3	6	8
47	20	0	1	4
48	20	2	8	0
49	20	5	2	8
50	21	1	9	4
51	21	4	4	0
52	22	0	10	8

sur Pieds de Longueur	Produit. Pieces.	Pieds.	Pouces.	Lignes.
53	22	3	5	4
54	23	0	0	0
55	23	2	6	8
56	23	5	1	4
57	24	1	8	0
58	24	4	2	8
59	25	0	9	4
60	25	3	4	0
61	25	5	10	8
62	26	2	5	4
63	26	5	0	0
64	27	1	6	8
65	27	4	1	4
66	28	0	8	0
67	28	3	2	8
68	28	5	9	4
69	29	2	4	0
70	29	4	10	8
71	30	1	5	4
72	30	4	0	0
1/4	0	0	7	8
1/2	0	1	3	4
3/4	0	1	11	0

Grosseur de 8 & 24 pouces.

sur Pieds de Longueur.	Produit. Pieces.	Pieds.	Pouces.	Lignes.
1	0	2	8	0
2	0	5	4	0
3	1	2	0	0
4	1	4	8	0
5	2	1	4	0
6	2	4	0	0
7	3	0	8	0
8	3	3	4	0
9	4	0	0	0
10	4	2	8	0
11	4	5	4	0
12	5	2	0	0
13	5	4	8	0
14	6	1	4	0
15	6	4	0	0
16	7	0	8	0
17	7	3	4	0
18	8	0	0	0
19	8	2	8	0
20	8	5	4	0
21	9	2	0	0
22	9	4	8	0
23	10	1	4	0
24	10	4	0	0
25	11	0	8	0
26	11	3	4	0

sur Pieds de Longueur.	Produit. Pieces.	Pieds.	Pouces.	Lignes.
27	12	0	0	0
28	12	2	8	0
29	12	5	4	0
30	13	2	0	0
31	13	4	8	0
32	14	1	4	0
33	14	4	0	0
34	15	0	8	0
35	15	3	4	0
36	16	0	0	0
37	16	2	8	0
38	16	5	4	0
39	17	2	0	0
40	17	4	8	0
41	18	1	4	0
42	18	4	0	0
43	19	0	8	0
44	19	3	4	0
45	20	0	0	0
46	20	2	8	0
47	20	5	4	0
48	21	2	0	0
49	21	4	8	0
50	22	1	4	0
51	22	4	0	0
52	23	0	8	0

sur Pieds de Longueur.	Produit. Pieces.	Pieds.	Pouces.	Lignes.
53	23	3	4	0
54	24	0	0	0
55	24	2	8	0
56	24	5	4	0
57	25	2	0	0
58	25	4	8	0
59	26	1	4	0
60	26	4	0	0
61	27	0	8	0
62	27	3	4	0
63	28	0	0	0
64	28	2	8	0
65	28	5	4	0
66	29	2	0	0
67	29	4	8	0
68	30	1	4	0
69	30	4	0	0
70	31	0	8	0
71	31	3	4	0
72	32	0	0	0
1/4	0	0	8	0
1/2	0	1	4	0
3/4	0	2	0	0

Z

Grosseur de 8 & 25 pouces.

sur Pieds de Longueur.	Pieces.	Pieds.	Pouces.	Lignes.
1	0	2	9	4
2	0	5	6	8
3	1	2	4	0
4	1	5	1	4
5	2	1	10	8
6	2	4	8	0
7	3	1	5	4
8	3	4	2	8
9	4	1	0	6
10	4	3	9	4
11	5	0	6	8
12	5	3	4	0
13	6	0	1	4
14	6	2	10	8
15	6	5	8	0
16	7	2	5	4
17	7	5	2	8
18	8	2	0	0
19	8	4	9	4
20	9	1	6	8
21	9	4	4	0
22	10	1	1	4
23	10	3	10	8
24	11	0	8	0
25	11	3	5	4
26	12	0	2	8

sur Pieds de Longueur.	Pieces.	Pieds.	Pouces.	Lignes.
27	12	3	0	0
28	12	5	9	4
29	13	2	6	8
30	13	5	4	0
31	14	2	1	4
32	14	4	10	8
33	15	1	8	0
34	15	4	5	4
35	16	1	2	8
36	16	4	0	0
37	17	0	9	4
38	17	3	6	8
39	18	0	4	0
40	18	3	1	4
41	18	5	10	8
42	19	2	8	0
43	19	5	5	4
44	20	2	2	8
45	20	5	0	0
46	21	1	9	4
47	21	4	6	8
48	22	1	4	0
49	22	4	1	4
50	23	0	10	8
51	23	3	8	0
52	24	0	5	4

sur Pieds de Longueur.	Pieces.	Pieds.	Pouces.	Lignes.
53	24	3	2	8
54	25	0	0	0
55	25	2	9	4
56	25	5	6	8
57	26	2	4	0
58	26	5	1	4
59	27	1	10	8
60	27	4	8	0
61	28	1	5	4
62	28	4	2	8
63	29	1	0	0
64	29	3	9	4
65	30	0	6	8
66	30	3	4	0
67	31	0	1	4
68	31	2	10	8
69	31	5	8	0
70	32	2	5	4
71	32	5	2	8
72	33	2	0	0
$\frac{1}{4}$	0	0	8	4
$\frac{1}{2}$	0	1	4	8
$\frac{3}{4}$	0	2	1	0

Groffeur de 8 & 26 pouces.

fur Pieds de Longueur.	Produit. Pieces.	Pieds.	Pouces.	Lignes.	fur Pieds de Longueur.	Produit. Pieces.	Pieds.	Pouces.	Lignes.	fur Pieds de Longueur.	Produit. Pieces.	Pieds.	Pouces.	Lignes.
1	0	2	10	8	27	13	0	0	0	53	25	3	1	4
2	0	5	9	4	28	13	2	10	8	54	26	0	0	0
3	1	2	8	0	29	13	5	9	4	55	26	2	10	8
4	1	5	6	8	30	14	2	8	0	56	26	5	9	4
5	2	2	5	4	31	14	5	6	8	57	27	2	8	0
6	2	5	4	0	32	15	2	5	4	58	27	5	6	8
7	3	2	2	8	33	15	5	4	0	59	28	2	5	4
8	3	5	1	4	34	16	2	2	8	60	28	5	4	0
9	4	2	0	0	35	16	5	1	4	61	29	2	2	8
10	4	4	10	8	36	17	2	0	0	62	29	5	1	4
11	5	1	9	4	37	17	4	10	8	63	30	2	0	0
12	5	4	8	0	38	18	1	9	4	64	30	4	10	8
13	6	1	6	8	39	18	4	8	0	65	31	1	9	4
14	6	4	5	4	40	19	1	6	8	66	31	4	8	0
15	7	1	4	0	41	19	4	5	4	67	32	1	6	8
16	7	4	2	8	42	20	1	4	0	68	32	4	5	4
17	8	1	1	4	43	20	4	2	8	69	33	1	4	0
18	8	4	0	0	44	21	1	1	4	70	33	4	2	8
19	9	0	10	8	45	21	4	0	0	71	34	1	1	4
20	9	3	9	4	46	22	0	10	8	72	34	4	0	0
21	10	0	8	0	47	22	3	9	4					
22	10	3	6	8	48	23	0	8	0					
23	11	0	5	4	49	23	3	6	8	$\frac{1}{4}$	0	0	8	8
24	11	3	4	0	50	24	0	5	4	$\frac{1}{2}$	0	1	5	4
25	12	0	2	8	51	24	3	4	0	$\frac{3}{4}$	0	2	2	0
26	12	3	1	4	52	25	0	2	8					

Grosseur de 8 & 27 pouces.

sur Pieds de Longueur.	Produit.			
	Pieces.	*Pieds.*	*Pouces.*	*Lignes.*
1	0..3.	0.	0	
2	1..0.	0.	0	
3	1..3.	0.	0	
4	2..0.	0.	0	
5	2..3.	0.	0	
6	3..0.	0.	0	
7	3..3.	0.	0	
8	4..0.	0.	0	
9	4..3.	0.	0	
10	5..0.	0.	0	
11	5..3.	0.	0	
12	6..0.	0.	0	
13	6..3.	0.	0	
14	7..0.	0.	0	
15	7..3.	0.	0	
16	8..0.	0.	0	
17	8..3.	0.	0	
18	9..0.	0.	0	
19	9..3.	0.	0	
20	10..0.	0.	0	
21	10..3.	0.	0	
22	11..0.	0.	0	
23	11..3.	0.	0	
24	12..0.	0.	0	
25	12..3.	0.	0	
26	13..0.	0.	0	

sur Pieds de Longueur.	Produit.			
	Pieces.	*Pieds.*	*Pouces.*	*Lignes.*
27	13..3.	0.	0	
28	14..0.	0.	0	
29	14..3.	0.	0	
30	15..0.	0.	0	
31	15..3.	0.	0	
32	16..0.	0.	0	
33	16..3.	0.	0	
34	17..0.	0.	0	
35	17..3.	0.	0	
36	18..0.	0.	0	
37	18..3.	0.	0	
38	19..0.	0.	0	
39	19..3.	0.	0	
40	20..0.	0.	0	
41	20..3.	0.	0	
42	21..0.	0.	0	
43	21..3.	0.	0	
44	22..0.	0.	0	
45	22..3.	0.	0	
46	23..0.	0.	0	
47	23..3.	0.	0	
48	24..0.	0.	0	
49	24..3.	0.	0	
50	25..0.	0.	0	
51	25..3.	0.	0	
52	26..0.	0.	0	

sur Pieds de Longueur.	Produit.			
	Pieces.	*Pieds.*	*Pouces.*	*Lignes.*
53	26..3.	0.	0	
54	27..0.	0.	0	
55	27..3.	0.	0	
56	28..0.	0.	0	
57	28..3.	0.	0	
58	29..0.	0.	0	
59	29..3.	0.	0	
60	30..0.	0.	0	
61	30..3.	0.	0	
62	31..0.	0.	0	
63	31..3.	0.	0	
64	32..0.	0.	0	
65	32..3.	0.	0	
66	33..0.	0.	0	
67	33..3.	0.	0	
68	34..0.	0.	0	
69	34..3.	0.	0	
70	35..0.	0.	0	
71	35..3.	0.	0	
72	36..0.	0.	0	
1/4	0..0.	9.	0	
1/2	0..1.	6.	0	
3/4	0..2.	3.	0	

Grosseur de 8 & 28 pouces.

sur Pieds de Longueur.	Produit.				sur Pieds de Longueur.	Produit.				sur Pieds de Longueur.	Produit.			
	Pieces.	Pieds.	Pouces.	Lignes.		Pieces.	Pieds.	Pouces.	Lignes.		Pieces.	Pieds.	Pouces.	Lignes.
1	0	3	1	4	27	14	0	0	0	53	37	2	10	8
2	1	0	2	8	28	14	3	1	4	54	28	0	0	0
3	1	3	4	0	29	15	0	2	8	55	28	3	1	4
4	2	0	5	4	30	15	3	4	0	56	29	0	2	8
5	2	3	6	8	31	16	0	5	4	57	29	3	4	0
6	3	0	8	0	32	16	3	6	8	58	30	0	5	4
7	3	3	9	4	33	17	0	8	0	59	30	3	6	8
8	4	0	10	8	34	17	3	9	4	60	31	0	8	0
9	4	4	0	0	35	18	0	10	8	61	31	3	9	4
10	5	1	1	4	36	18	4	0	0	62	32	0	10	8
11	5	4	2	8	37	19	1	1	4	63	32	4	0	0
12	6	1	4	0	38	19	4	2	8	64	33	1	1	4
13	6	4	5	4	39	20	1	4	0	65	33	4	2	8
14	7	1	6	8	40	20	4	5	4	66	34	1	4	0
15	7	4	8	0	41	21	1	6	8	67	34	4	5	4
16	8	1	9	4	42	21	4	8	0	68	35	1	6	8
17	8	4	10	8	43	22	1	9	4	69	35	4	8	0
18	9	2	0	0	44	22	4	10	8	70	36	1	9	4
19	9	5	1	4	45	23	2	0	0	71	36	4	10	8
20	10	2	2	8	46	23	5	1	4	72	37	2	0	0
21	10	5	4	0	47	24	2	2	8					
22	11	2	5	4	48	24	5	4	0	1/4	0	0	9	4
23	11	5	6	8	49	25	2	5	4	1/2	0	1	6	8
24	12	2	8	0	50	25	5	6	8	3/4	0	2	4	0
25	12	5	9	4	51	26	2	8	0					
26	13	2	10	8	52	26	5	9	4					

Grosseur de 8 & 29 pouces.

sur Pieds de Longueur.	Produit.			
	Pieces.	Pieds.	Pouces.	Lignes.
1	0	3	2	8
2	1	0	5	4
3	1	3	8	0
4	2	0	10	8
5	2	4	1	4
6	3	1	4	0
7	3	4	6	8
8	4	1	9	4
9	4	5	0	0
10	5	2	2	8
11	5	5	5	4
12	6	2	8	0
13	6	5	10	8
14	7	3	1	4
15	8	0	4	0
16	8	3	6	8
17	9	0	9	4
18	9	4	0	0
19	10	1	2	8
20	10	4	5	4
21	11	1	8	0
22	11	4	10	8
23	12	2	1	4
24	12	5	4	0
25	13	2	6	8
26	13	5	9	4

sur Pieds de Longueur.	Produit.			
	Pieces.	Pieds.	Pouces.	Lignes.
27	14	3	0	0
28	15	0	2	8
29	15	3	5	4
30	16	0	8	0
31	16	3	10	8
32	17	1	1	4
33	17	4	4	0
34	18	1	6	8
35	18	4	9	4
36	19	2	0	0
37	19	5	2	8
38	20	2	5	4
39	20	5	8	0
40	21	2	10	8
41	22	0	1	4
42	22	3	4	0
43	23	0	6	8
44	23	3	9	4
45	24	1	0	0
46	24	4	2	8
47	25	1	5	4
48	25	4	8	0
49	26	1	10	8
50	26	5	1	4
51	27	2	4	0
52	27	5	6	8

sur Pieds de Longueur.	Produit.			
	Pieces.	Pieds.	Pouces.	Lignes.
53	28	2	9	4
54	29	0	0	0
55	29	3	2	8
56	30	0	5	4
57	30	3	8	0
58	31	0	10	8
59	31	4	1	4
60	32	1	4	0
61	32	4	6	8
62	33	1	9	4
63	33	5	0	0
64	34	2	2	8
65	34	5	5	4
66	35	2	8	0
67	35	5	10	8
68	36	3	1	4
69	37	0	4	0
70	37	3	6	8
71	38	0	9	4
72	38	4	0	0
1/4	0	0	9	8
1/2	0	1	7	4
3/4	0	2	5	0

Groffeur de 8 & 30 pouces.

fur Pieds de Longueur.	Produit. Pieces.	Pieds.	Pouces.	Lignes.	fur Pieds de Longueur.	Produit. Pieces.	Pieds.	Pouces.	Lignes.	fur Pieds de Longueur.	Produit. Pieces.	Pieds.	Pouces.	Lignes.
1	0	3	4	0	27	15	0	0	0	53	29	2	8	0
2	1	0	8	0	28	15	3	4	0	54	30	0	0	0
3	1	4	0	0	29	16	0	8	0	55	30	3	4	0
4	2	1	4	0	30	16	4	0	0	56	31	0	8	0
5	2	4	8	0	31	17	1	4	0	57	31	4	0	0
6	3	2	0	0	32	17	4	8	0	58	32	1	4	0
7	3	5	4	0	33	18	2	0	0	59	32	4	8	0
8	4	2	8	0	34	18	5	4	0	60	33	2	0	0
9	5	0	0	0	35	19	2	8	0	61	33	5	4	0
10	5	3	4	0	36	20	0	0	0	62	34	2	8	0
11	6	0	8	0	37	20	3	4	0	63	35	0	0	0
12	6	4	0	0	38	21	0	8	0	64	35	3	4	0
13	7	1	4	0	39	21	4	0	0	65	36	0	8	0
14	7	4	8	0	40	22	1	4	0	66	36	4	0	0
15	8	2	0	0	41	22	4	8	0	67	37	1	4	0
16	8	5	4	0	42	23	2	0	0	68	37	4	8	0
17	9	2	8	0	43	23	5	4	0	69	38	2	0	0
18	10	0	0	0	44	24	2	8	0	70	38	5	4	0
19	10	3	4	0	45	25	0	0	0	71	39	2	8	0
20	11	0	8	0	46	25	3	4	0	72	40	0	0	0
21	11	4	0	0	47	26	0	8	0					
22	12	1	4	0	48	26	4	0	0					
23	12	4	8	0	49	27	1	4	0	$\frac{1}{4}$	0	0	10	0
24	13	2	0	0	50	27	4	8	0	$\frac{2}{4}$	0	1	8	0
25	13	5	4	0	51	28	2	0	0	$\frac{3}{4}$	0	2	6	0
26	14	2	8	0	52	28	5	4	0					

Grosseur de 9 pouces.

sur Pieds de Longueur.	Produit.			
	Pieces.	Pieds.	Pouces.	Lignes.
1	0	1	1	6
2	0	2	3	0
3	0	3	4	6
4	0	4	6	0
5	0	5	7	6
6	1	0	9	0
7	1	1	10	6
8	1	3	0	0
9	1	4	1	6
10	1	5	3	0
11	2	0	4	6
12	2	1	6	0
13	2	2	7	6
14	2	3	9	0
15	2	4	10	6
16	3	0	0	0
17	3	1	1	6
18	3	2	3	0
19	3	3	4	6
20	3	4	6	0
21	3	5	7	6
22	4	0	9	0
23	4	1	10	6
24	4	3	0	0
25	4	4	1	6
26	4	5	3	0

sur Pieds de Longueur.	Produit.			
	Pieces.	Pieds.	Pouces.	Lignes.
27	5	0	4	6
28	5	1	6	0
29	5	2	7	6
30	5	3	9	0
31	5	4	10	6
32	6	0	0	0
33	6	1	1	6
34	6	2	3	0
35	6	3	4	6
36	6	4	6	0
37	6	5	7	6
38	7	0	9	0
39	7	1	10	6
40	7	3	0	0
41	7	4	1	6
42	7	5	3	0
43	8	0	4	6
44	8	1	6	0
45	8	2	7	6
46	8	3	9	0
47	8	4	10	0
48	9	0	0	0
49	9	1	1	6
50	9	2	3	0
51	9	3	4	0
52	9	4	6	0

sur Pieds de Longueur.	Produit.			
	Pieces.	Pieds.	Pouces.	Lignes.
53	9	5	7	6
54	10	0	9	0
55	10	1	10	6
56	10	3	0	0
57	10	4	1	6
58	10	5	3	0
59	11	0	4	6
60	11	1	6	0
61	11	2	7	6
62	11	3	9	0
63	11	4	10	6
64	12	0	0	0
65	12	1	1	6
66	12	2	3	0
67	12	3	4	6
68	12	4	6	0
69	12	5	7	6
70	13	0	9	0
71	13	1	10	6
72	13	3	0	0
$\frac{1}{4}$	0	0	3	$4\frac{1}{2}$
$\frac{1}{2}$	0	0	6	9
$\frac{3}{4}$	0	0	10	$1\frac{1}{2}$

Grosseur de 9 pouces.

Grosseur de 9 & 10 pouces.

sur Pieds de Longueur.	Pieces.	Pieds.	Pouces.	Lignes.
1	0	1	3	0
2	0	2	6	0
3	0	3	9	0
4	0	5	0	0
5	1	0	3	0
6	1	1	6	0
7	1	2	9	0
8	1	4	0	0
9	1	5	3	0
10	2	0	6	0
11	2	1	9	0
12	2	3	0	0
13	2	4	3	0
14	2	5	6	0
15	3	0	9	0
16	3	2	0	0
17	3	3	3	0
18	3	4	6	0
19	3	5	9	0
20	4	1	0	0
21	4	2	3	0
22	4	3	6	0
23	4	4	9	0
24	5	0	0	0
25	5	1	3	0
26	5	2	6	0

sur Pieds de Longueur.	Pieces.	Pieds.	Pouces.	Lignes.
27	5	3	9	0
28	5	5	0	0
29	6	0	3	0
30	6	1	6	0
31	6	2	9	0
32	6	4	0	0
33	6	5	3	0
34	7	0	6	0
35	7	1	9	0
36	7	3	0	0
37	7	4	3	0
38	7	5	6	0
39	8	0	9	0
40	8	2	0	0
41	8	3	3	0
42	8	4	6	0
43	8	5	9	0
44	9	1	0	0
45	9	2	3	0
46	9	3	6	0
47	9	4	9	0
48	10	0	0	0
49	10	1	3	0
50	10	2	6	0
51	10	3	9	0
52	10	5	0	0

sur Pieds de Longueur.	Pieces.	Pieds.	Pouces.	Lignes.
53	11	0	3	0
54	11	1	6	0
55	11	2	9	0
56	11	4	0	0
57	11	5	3	0
58	12	0	6	0
59	12	1	9	0
60	12	3	0	0
61	12	4	3	0
62	12	5	6	0
63	13	0	9	0
64	13	2	0	0
65	13	3	3	0
66	13	4	6	0
67	13	5	9	0
68	14	1	0	0
69	14	2	3	0
70	14	3	6	0
71	14	4	9	0
72	15	0	0	0
$\frac{1}{4}$	0	0	3	9
$\frac{1}{2}$	0	0	7	6
$\frac{3}{4}$	0	0	11	3

Grosseur de 9 & 11 pouces.

sur Pieds de Longueur	Produit. Pieces.	Pieds.	Pouces.	Lignes.	sur Pieds de Longueur	Produit. Pieces.	Pieds.	Pouces.	Lignes.	sur Pieds de Longueur	Produit. Pieces.	Pieds.	Pouces.	Lignes.
1	0	1	4	6	27	6	1	1	6	53	12	0	10	6
2	0	2	9	0	28	6	2	6	0	54	12	2	3	0
3	0	4	1	6	29	6	3	10	6	55	12	3	7	6
4	0	5	6	0	30	6	5	3	0	56	12	5	0	0
5	1	0	10	6	31	7	0	7	6	57	13	0	4	6
6	1	2	3	0	32	7	2	0	0	58	13	1	9	0
7	1	3	7	6	33	7	3	4	6	59	13	3	1	6
8	1	5	0	0	34	7	4	9	0	60	13	4	6	0
9	2	0	4	6	35	8	0	1	6	61	13	5	10	6
10	2	1	9	0	36	8	1	6	0	62	14	1	3	0
11	2	3	1	6	37	8	2	10	6	63	14	2	7	6
12	2	4	6	0	38	8	4	3	0	64	14	4	0	0
13	2	5	10	6	39	8	5	7	6	65	14	5	4	6
14	3	1	3	0	40	9	1	0	0	66	15	0	9	0
15	3	2	7	6	41	9	2	4	6	67	15	2	1	6
16	3	4	0	0	42	9	3	9	0	68	15	3	6	0
17	3	5	4	6	43	9	5	1	6	69	15	4	10	6
18	4	0	9	0	44	10	0	6	0	70	16	0	3	0
19	4	2	1	6	45	10	1	10	6	71	16	1	7	6
20	4	3	6	0	46	10	3	3	0	72	16	3	0	0
21	4	4	10	6	47	10	4	7	6					
22	5	0	3	0	48	11	0	0	0					
23	5	1	7	6	49	11	1	4	6	$\frac{1}{4}$	0	0	4	$1\frac{1}{2}$
24	5	3	0	0	50	11	2	9	0	$\frac{1}{2}$	0	0	8	3
25	5	4	4	6	51	11	4	1	6	$\frac{3}{4}$	0	1	0	$4\frac{1}{2}$
26	5	5	9	0	52	11	5	6	0					

Grosseur de 9 & 12 pouces.

sur Pieds de Longueur.	Produit.				sur Pieds de Longueur.	Produit.				sur Pieds de Longueur.	Produit.			
	Pieces.	*Pieds.*	*Pouces.*	*Lignes.*		*Pieces.*	*Pieds.*	*Pouces.*	*Lignes.*		*Pieces.*	*Pieds.*	*Pouces.*	*Lignes.*
1	0	1	6	0	27	6	4	6	0	53	13	1	6	0
2	0	3	0	0	28	7	0	0	0	54	13	3	0	0
3	0	4	6	0	29	7	1	6	0	55	13	4	6	0
4	1	0	0	0	30	7	3	0	0	56	14	0	0	0
5	1	1	6	0	31	7	4	6	0	57	14	1	6	0
6	1	3	0	0	32	8	0	0	0	58	14	3	0	0
7	1	4	6	0	33	8	1	6	0	59	14	4	6	0
8	2	0	0	0	34	8	3	0	0	60	15	0	0	0
9	2	1	6	0	35	8	4	6	0	61	15	1	6	0
10	2	3	0	0	36	9	0	0	0	62	15	3	0	0
11	2	4	6	0	37	9	1	6	0	63	15	4	6	0
12	3	0	0	0	38	9	3	0	0	64	16	0	0	0
13	3	1	6	0	39	9	4	6	0	65	16	1	6	0
14	3	3	0	0	40	10	0	0	0	66	16	3	0	0
15	3	4	6	0	41	10	1	6	0	67	16	4	6	0
16	4	0	0	0	42	10	3	0	0	68	17	0	0	0
17	4	1	6	0	43	10	4	6	0	69	17	1	6	0
18	4	3	0	0	44	11	0	0	0	70	17	3	0	0
19	4	4	6	0	45	11	1	6	0	71	17	4	6	0
20	5	0	0	0	46	11	3	0	0	72	18	0	0	0
21	5	1	6	0	47	11	4	6	0					
22	5	3	0	0	48	12	0	0	0	$\frac{1}{4}$	0	0	4	6
23	5	4	6	0	49	12	1	6	0	$\frac{1}{2}$	0	0	9	0
24	6	0	0	0	50	12	3	0	0	$\frac{3}{4}$	0	1	1	6
25	6	1	6	0	51	12	4	6	0					
26	6	3	0	0	52	13	0	0	0					

Grosseur de 9 & 13 pouces.

sur Pieds de Longueur.	Produit. Pieces.	Pieds.	Pouces.	Lignes.	sur Pieds de Longueur.	Produit. Pieces.	Pieds.	Pouces.	Lignes.	sur Pieds de Longueur.	Produit. Pieces.	Pieds.	Pouces.	Lignes.
1	0	1	7	6	27	7	1	10	6	53	14	2	1	6
2	0	3	3	0	28	7	3	6	0	54	14	3	9	0
3	0	4	10	6	29	7	5	1	6	55	14	5	4	6
4	1	0	6	0	30	8	0	9	0	56	15	1	0	0
5	1	2	1	6	31	8	2	4	6	57	15	2	7	6
6	1	3	9	0	32	8	4	0	0	58	15	4	3	0
7	1	5	4	6	33	8	5	7	6	59	15	5	10	6
8	2	1	0	0	34	9	1	3	0	60	16	1	6	0
9	2	2	7	6	35	9	2	10	6	61	16	3	1	6
10	2	4	3	0	36	9	4	6	0	62	16	4	9	0
11	2	5	10	6	37	10	0	1	6	63	17	0	4	6
12	3	1	6	0	38	10	1	9	0	64	17	2	0	0
13	3	3	1	6	39	10	3	4	6	65	17	3	7	6
14	3	4	9	0	40	10	5	0	0	66	17	5	3	0
15	4	0	4	6	41	11	0	7	6	67	18	0	10	6
16	4	2	0	0	42	11	2	3	0	68	18	2	6	0
17	4	3	7	6	43	11	3	10	6	69	18	4	1	6
18	4	5	3	0	44	11	5	6	0	70	18	5	9	0
19	5	0	10	6	45	12	1	1	6	71	19	1	4	6
20	5	2	6	0	46	12	2	9	0	72	19	3	0	0
21	5	4	1	6	47	12	4	4	6					
22	5	5	9	0	48	13	0	0	0	$\frac{1}{4}$	0	0	4	$10\frac{1}{2}$
23	6	1	4	6	49	13	1	7	6	$\frac{1}{2}$	0	0	9	9
24	6	3	0	0	50	13	3	3	0	$\frac{3}{4}$	0	1	2	$7\frac{1}{2}$
25	6	4	7	6	51	13	4	10	6					
26	7	0	3	0	52	14	0	6	0					

Grosseur de 9 & 14 pouces.

sur Pieds de Longueur.	Produit. Pieces.	Pieds.	Pouces.	Lignes.	sur Pieds de Longueur.	Produit. Pieces.	Pieds.	Pouces.	Lignes.	sur Pieds de Longueur.	Produit. Pieces.	Pieds.	Pouces.	Lignes.
1	0	1	9	0	27	7	5	3	0	53	15	2	9	0
2	0	3	6	0	28	8	1	0	0	54	15	4	6	0
3	0	5	3	0	29	8	2	9	0	55	16	0	3	0
4	1	1	0	0	30	8	4	6	0	56	16	2	0	0
5	1	2	9	0	31	9	0	3	0	57	16	3	9	0
6	1	4	6	0	32	9	2	0	0	58	16	5	6	0
7	2	0	3	0	33	9	3	9	0	59	17	1	3	0
8	2	2	0	0	34	9	5	6	0	60	17	3	0	0
9	2	3	9	0	35	10	1	3	0	61	17	4	9	0
10	2	5	6	0	36	10	3	0	0	62	18	0	6	0
11	3	1	3	0	37	10	4	9	0	63	18	2	3	0
12	3	3	0	0	38	11	0	6	0	64	18	4	0	0
13	3	4	9	0	39	11	2	3	0	65	18	5	9	0
14	4	0	6	0	40	11	4	0	0	66	19	1	6	0
15	4	2	3	0	41	11	5	9	0	67	19	3	3	0
16	4	4	0	0	42	12	1	6	0	68	19	5	0	0
17	4	5	9	0	43	12	3	3	0	69	20	0	9	0
18	5	1	6	0	44	12	5	0	0	70	20	2	6	0
19	5	3	3	0	45	13	0	9	0	71	20	4	3	0
20	5	5	0	0	46	13	2	6	0	72	21	0	0	0
21	6	0	9	0	47	13	4	3	0					
22	6	2	6	0	48	14	0	0	0	$\frac{1}{4}$	0	0	5	3
23	6	4	3	0	49	14	1	9	0	$\frac{1}{2}$	0	0	10	6
24	7	0	0	0	50	14	3	6	0	$\frac{3}{4}$	0	1	3	9
25	7	1	9	0	51	14	5	3	0					
26	7	3	6	0	52	15	1	0	0					

Grosseur de 9 & 15 pouces.

sur Pieds de Longueur	Produit. Pieces.	Pieds.	Pouces.	Lignes.	sur Pieds de Longueur	Produit. Pieces.	Pieds.	Pouces.	Lignes.	sur Pieds de Longueur	Produit. Pieces.	Pieds.	Pouces.	Lignes.
1	0	1	10	6	27	8	2	7	6	53	16	3	4	6
2	0	3	9	0	28	8	4	6	0	54	16	5	3	0
3	0	5	7	6	29	9	0	4	6	55	17	1	1	6
4	1	1	6	0	30	9	2	3	0	56	17	3	0	0
5	1	3	4	6	31	9	4	1	6	57	17	4	10	6
6	1	5	3	0	32	10	0	0	0	58	18	0	9	0
7	2	1	1	6	33	10	1	10	6	59	18	2	7	6
8	2	3	0	0	34	10	3	9	0	60	18	4	6	0
9	2	4	10	6	35	10	5	7	6	61	19	0	4	6
10	3	0	9	0	36	11	1	6	0	62	19	2	3	0
11	3	2	7	6	37	11	3	4	6	63	19	4	1	6
12	3	4	6	0	38	11	5	3	0	64	20	0	0	0
13	4	0	4	6	39	12	1	1	6	65	20	1	10	6
14	4	2	3	0	40	12	3	0	0	66	20	3	9	0
15	4	4	1	6	41	12	4	10	6	67	20	5	7	6
16	5	0	0	0	42	13	0	9	0	68	21	1	6	0
17	5	1	10	6	43	13	2	7	6	69	21	3	4	6
18	5	3	9	0	44	13	4	6	0	70	21	5	3	0
19	5	5	7	6	45	14	0	4	6	71	22	1	1	6
20	6	1	6	0	46	14	2	3	0	72	22	3	0	0
21	6	3	4	6	47	14	4	1	6					
22	6	5	3	0	48	15	0	0	0	$\frac{1}{4}$	0	0	5	$7\frac{1}{2}$
23	7	1	1	6	49	15	1	10	6	$\frac{1}{2}$	0	0	11	3
24	7	3	0	0	50	15	3	9	0	$\frac{3}{4}$	0	1	4	$10\frac{1}{2}$
25	7	4	10	6	51	15	5	7	6					
26	8	0	9	0	52	16	1	6	0					

Grosseur de 9 & 16 pouces.

sur Pieds de Longueur	Produit Pieces.	Pieds.	Pouces.	Lignes.
1	0..2.	0.	0	
2	0..4.	0.	0	
3	1..0.	0.	0	
4	1..2.	0.	0	
5	1..4.	0.	0	
6	2..0.	0.	0	
7	2..2.	0.	0	
8	2..4.	0.	0	
9	3..0.	0.	0	
10	3..2.	0.	0	
11	3..4.	0.	0	
12	4..0.	0.	0	
13	4..2.	0.	0	
14	4..4.	0.	0	
15	5..0.	0.	0	
16	5..2.	0.	0	
17	5..4.	0.	0	
18	6..0.	0.	0	
19	6..2.	0.	0	
20	6..4.	0.	0	
21	7..0.	0.	0	
22	7..2.	0.	0	
23	7..4.	0.	0	
24	8..0.	0.	0	
25	8..2.	0.	0	
26	8..4.	0.	0	

sur Pieds de Longueur	Produit Pieces.	Pieds.	Pouces.	Lignes.
27	9..0.	0.	0	
28	9..2.	0.	0	
29	9..4.	0.	0	
30	10..0.	0.	0	
31	10..2.	0.	0	
32	10..4.	0.	0	
33	11..0.	0.	0	
34	11..2.	0.	0	
35	11..4.	0.	0	
36	12..0.	0.	0	
37	12..2.	0.	0	
38	12..4.	0.	0	
39	13..0.	0.	0	
40	13..2.	0.	0	
41	13..4.	0.	0	
42	14..0.	0.	0	
43	14..2.	0.	0	
44	14..4.	0.	0	
45	15..0.	0.	0	
46	15..2.	0.	0	
47	15..4.	0.	0	
48	16..0.	0.	0	
49	16..2.	0.	0	
50	16..4.	0.	0	
51	17..0.	0.	0	
52	17..2.	0.	0	

sur Pieds de Longueur	Produit Pieces.	Pieds.	Pouces.	Lignes.
53	17..4.	0.	0	
54	18..0.	0.	0	
55	18..2.	0.	0	
56	18..4.	0.	0	
57	19..0.	0.	0	
58	19..2.	0.	0	
59	19..4.	0.	0	
60	20..0.	0.	0	
61	20..2.	0.	0	
62	20..4.	0.	0	
63	21..0.	0.	0	
64	21..2.	0.	0	
65	21..4.	0.	0	
66	22..0.	0.	0	
67	22..2.	0.	0	
68	22..4.	0.	0	
69	23..0.	0.	0	
70	23..2.	0.	0	
71	23..4.	0.	0	
72	24..0.	0.	0	
1/4	0..0.	6.	0	
1/2	0..1.	0.	0	
3/4	0..1.	6.	0	

Grosseur de 9 & 17 pouces.

sur Pieds de Longueur.	Produit. Pieces.	Pieds.	Pouces.	Lignes.
1	0..2.	1.	6
2	0..4.	3.	0
3	1..0.	4.	6
4	1..2.	6.	0
5	1..4.	7.	6
6	2..0.	9.	0
7	2..2.	10.	6
8	2..5.	0.	0
9	3..1.	1.	6
10	3..3.	3.	0
11	3..5.	4.	6
12	4..1.	6.	0
13	4..3.	7.	6
14	4..5.	9.	0
15	5..1.	10.	6
16	5..4.	0.	0
17	6..0.	1.	6
18	6..2.	3.	0
19	6..4.	4.	6
20	7..0.	6.	0
21	7..2.	7.	6
22	7..4.	9.	0
23	8..0.	10.	6
24	8..3.	0.	0
25	8..5.	1.	6
26	9..1.	3.	0

sur Pieds de Longueur.	Produit. Pieces.	Pieds.	Pouces.	Lignes.
27	9..3.	4.	6
28	9..5.	6.	0
29	10..1.	7.	6
30	10..3.	9.	0
31	10..5.	10.	6
32	11..2.	0.	0
33	11..4.	1.	6
34	12..0.	3.	0
35	12..2.	4.	6
36	12..4.	6.	0
37	13..0.	7.	6
38	13..2.	9.	0
39	13..4.	10.	6
40	14..1.	0.	0
41	14..3.	1.	6
42	14..5.	3.	0
43	15..1.	4.	6
44	15..3.	6.	0
45	15..5.	7.	6
46	16..1.	9.	0
47	16..3.	10.	6
48	17..0.	0.	0
49	17..2.	1.	6
50	17..4.	3.	0
51	18..0.	4.	6
52	18..2.	6.	0

sur Pieds de Longueur.	Produit. Pieces.	Pieds.	Pouces.	Lignes.
53	18..4.	7.	6
54	19..0.	9.	0
55	19..2.	10.	6
56	19..5.	0.	0
57	20..1.	1.	6
58	20..3.	3.	0
59	20..5.	4.	6
60	21..1.	6.	0
61	21..3.	7.	6
62	21..5.	9.	0
63	22..1.	10.	6
64	22..4.	0.	0
65	23..0.	1.	6
66	23..2.	3.	0
67	23..4.	4.	6
68	24..0.	6.	0
69	24..2.	7.	6
70	24..4.	9.	0
71	25..0.	10.	6
72	25..3.	0.	0
$\frac{1}{4}$	0..0.	6.	$4\frac{1}{2}$
$\frac{1}{2}$	0..1.	0.	9
$\frac{3}{4}$	0..1.	7.	$1\frac{1}{2}$

Grosseur de 9 & 18 pouces.

sur Pieds de Longueur	Produit. Pieces.	Pieds.	Pouces.	Lignes.	sur Pieds de Longueur	Produit. Pieces.	Pieds.	Pouces.	Lignes.	sur Pieds de Longueur	Produit. Pieces.	Pieds.	Pouces.	Lignes.
1	0	2	3	0	27	10	0	9	0	53	19	5	3	0
2	0	4	6	0	28	10	3	0	0	54	20	1	6	0
3	1	0	9	0	29	10	5	3	0	55	20	3	9	0
4	1	3	0	0	30	11	1	6	0	56	21	0	0	0
5	1	5	3	0	31	11	3	9	0	57	21	2	3	0
6	2	1	6	0	32	12	0	0	0	58	21	4	6	0
7	2	3	9	0	33	12	2	3	0	59	22	0	9	0
8	3	0	0	0	34	12	4	6	0	60	22	3	0	0
9	3	2	3	0	35	13	0	9	0	61	22	5	3	0
10	3	4	6	0	36	13	3	0	0	62	23	1	6	0
11	4	0	9	0	37	13	5	3	0	63	23	3	9	0
12	4	3	0	0	38	14	1	6	0	64	24	0	0	0
13	4	5	3	0	39	14	3	9	0	65	24	2	3	0
14	5	1	6	0	40	15	0	0	0	66	24	4	6	0
15	5	3	9	0	41	15	2	3	0	67	25	0	9	0
16	6	0	0	0	42	15	4	6	0	68	25	3	0	0
17	6	2	3	0	43	16	0	9	0	69	25	5	3	0
18	6	4	6	0	44	16	3	0	0	70	26	1	6	0
19	7	0	9	0	45	16	5	3	0	71	26	3	9	0
20	7	3	0	0	46	17	1	6	0	72	27	0	0	0
21	7	5	3	0	47	17	3	9	0					
22	8	1	6	0	48	18	0	0	0	1/4	0	0	6	9
23	8	3	9	0	49	18	2	3	0	1/2	0	1	1	6
24	9	0	0	0	50	18	4	6	0	3/4	0	2	8	3
25	9	2	3	0	51	19	0	9	0					
26	9	4	6	0	52	19	3	0	0					

Grosseur de 9 & 19 pouces.

sur Pieds de Longueur	Produit Pieces.	Pieds.	Pouces.	Lignes.
1	0	2	4	6
2	0	4	9	0
3	1	1	1	6
4	1	3	6	0
5	1	5	10	6
6	2	2	3	0
7	2	4	7	6
8	3	1	0	0
9	3	3	4	6
10	3	5	9	0
11	4	2	1	6
12	4	4	6	0
13	5	0	10	6
14	5	3	3	0
15	5	5	7	6
16	6	2	0	0
17	6	4	4	6
18	7	0	9	0
19	7	3	1	6
20	7	5	6	0
21	8	1	10	6
22	8	4	3	0
23	9	0	7	6
24	9	3	0	0
25	9	5	4	6
26	10	1	9	0

sur Pieds de Longueur	Produit Pieces.	Pieds.	Pouces.	Lignes.
27	10	4	1	6
28	11	0	6	0
29	11	2	10	6
30	11	5	3	0
31	12	1	7	6
32	12	4	0	0
33	13	0	4	6
34	13	2	9	0
35	13	5	1	6
36	14	1	6	0
37	14	3	10	6
38	15	0	3	0
39	15	2	7	6
40	15	5	0	0
41	16	1	4	6
42	16	3	9	0
43	17	0	1	6
44	17	2	6	0
45	17	4	10	6
46	18	1	3	0
47	18	3	7	6
48	19	0	0	0
49	19	2	4	6
50	19	4	9	0
51	20	1	1	6
52	20	3	6	0

sur Pieds de Longueur	Produit Pieces.	Pieds.	Pouces.	Lignes.
53	20	5	10	6
54	21	2	3	0
55	21	4	7	6
56	22	1	0	0
57	22	3	4	6
58	22	5	9	0
59	23	2	1	6
60	23	4	6	0
61	24	0	10	6
62	24	3	3	0
63	24	5	7	6
64	25	2	0	0
65	25	4	4	6
66	26	0	9	0
67	26	3	1	6
68	26	5	6	0
69	27	1	10	6
70	27	4	3	0
71	28	0	7	6
72	28	3	0	0
1/4	0	0	7	1½
1/2	0	1	2	3
3/4	0	1	9	4½

Grosseur de 9 & 20 pouces.

sur Pieds de Longueur.	Produit. Pieces.	Pieds.	Pouces.	Lignes.
1	0..2.	6.	0	
2	0..5.	0.	0	
3	1..1.	6.	0	
4	1..4.	0.	0	
5	2..0.	6.	0	
6	2..3.	0.	0	
7	2..5.	6.	0	
8	3..2.	0.	0	
9	3..4.	6.	0	
10	4..1.	0.	0	
11	4..3.	6.	0	
12	5..0.	0.	0	
13	5..2.	6.	0	
14	5..5.	0.	0	
15	6..1.	6.	0	
16	6..4.	0.	0	
17	7..0.	6.	0	
18	7..3.	0.	0	
19	7..5.	6.	0	
20	8..2.	0.	0	
21	8..4.	6.	0	
22	9..1.	0.	0	
23	9..3.	6.	0	
24	10..0.	0.	0	
25	10..2.	6.	0	
26	10..5.	0.	0	

sur Pieds de Longueur.	Produit. Pieces.	Pieds.	Pouces.	Lignes.
27	11..1.	6.	0	
28	11..4.	0.	0	
29	12..0.	6.	0	
30	12..3.	0.	0	
31	12..5.	6.	0	
32	13..2.	0.	0	
33	13..4.	6.	0	
34	14..1.	0.	0	
35	14..3.	6.	0	
36	15..0.	0.	0	
37	15..2.	6.	0	
38	15..5.	0.	0	
39	16..1.	6.	0	
40	16..4.	0.	0	
41	17..0.	6.	0	
42	17..3.	0.	0	
43	17..5.	6.	0	
44	18..2.	0.	0	
45	18..4.	6.	0	
46	19..1.	0.	0	
47	19..3.	6.	0	
48	20..0.	0.	0	
49	20..2.	6.	0	
50	20..5.	0.	0	
51	21..1.	6.	0	
52	21..4.	0.	0	

sur Pieds de Longueur.	Produit. Pieces.	Pieds.	Pouces.	Lignes.
53	22..0.	6.	0	
54	22..3.	0.	0	
55	22..5.	6.	0	
56	23..2.	0.	0	
57	23..4.	6.	0	
58	24..1.	0.	0	
59	24..3.	6.	0	
60	25..0.	0.	0	
61	25..2.	6.	0	
62	25..5.	0.	0	
63	26..1.	6.	0	
64	26..4.	0.	0	
65	27..0.	6.	0	
66	27..3.	0.	0	
67	27..5.	6.	0	
68	28..2.	0.	0	
69	28..4.	6.	0	
70	29..1.	0.	0	
71	29..3.	6.	0	
72	30..0.	0.	0	
1/4	0..0.	7.	6	
1/2	0..1.	3.	0	
3/4	0..1.	10.	6	

Grosseur de 9 & 21 pouces.

sur Pieds de Longueur.	Pieces.	Pieds.	Pouces.	Lignes.
1	0	2	7	6
2	0	5	3	0
3	1	1	10	6
4	1	4	6	0
5	2	1	1	6
6	2	3	9	0
7	3	0	4	6
8	3	3	0	0
9	3	5	7	6
10	4	2	3	0
11	4	4	10	6
12	5	1	6	0
13	5	4	1	6
14	6	0	9	0
15	6	3	4	6
16	7	0	0	0
17	7	2	7	6
18	7	5	3	0
19	8	1	10	6
20	8	4	6	0
21	9	1	1	6
22	9	3	9	0
23	10	0	4	6
24	10	3	0	0
25	10	5	7	6
26	11	2	3	0

sur Pieds de Longueur.	Pieces.	Pieds.	Pouces.	Lignes.
27	11	4	10	6
28	12	1	6	0
29	12	4	1	6
30	13	0	9	0
31	13	3	4	6
32	14	0	0	0
33	14	2	7	6
34	14	5	3	0
35	15	1	10	6
36	15	4	6	0
37	16	1	1	6
38	16	3	9	0
39	17	0	4	6
40	17	3	0	0
41	17	5	7	6
42	18	2	3	0
43	18	4	10	6
44	19	1	6	0
45	19	4	1	6
46	20	0	9	0
47	20	3	4	6
48	21	0	0	0
49	21	2	7	6
50	21	5	3	0
51	22	1	10	6
52	22	4	6	0

sur Pieds de Longueur.	Pieces.	Pieds.	Pouces.	Lignes.
53	23	1	1	6
54	23	3	9	0
55	24	0	4	6
56	24	3	0	0
57	24	5	7	6
58	25	2	3	0
59	25	4	10	6
60	26	1	6	0
61	26	4	1	6
62	27	0	9	0
63	27	3	4	6
64	28	0	0	0
65	28	2	7	6
66	28	5	3	0
67	29	1	10	6
68	29	4	6	0
69	30	1	1	6
70	30	3	9	0
71	31	0	4	6
72	31	3	0	0
$\frac{1}{4}$	0	0	7	$10\frac{1}{2}$
$\frac{1}{2}$	0	1	3	9
$\frac{3}{4}$	0	1	11	$7\frac{1}{2}$

Grosseur de 9 & 22 pouces.

sur Pieds de Longueur.	Pieces.	Pieds.	Pouces.	Lignes.	sur Pieds de Longueur.	Pieces.	Pieds.	Pouces.	Lignes.	sur Pieds de Longueur.	Pieces.	Pieds.	Pouces.	Lignes.
1	0	2	9	0	27	12	2	3	0	53	24	1	9	0
2	0	5	6	0	28	12	5	0	0	54	24	4	6	0
3	1	2	3	0	29	13	1	9	0	55	25	1	3	0
4	2	5	0	0	30	13	4	6	0	56	25	4	0	0
5	2	1	9	0	31	14	1	3	0	57	26	0	9	0
6	2	4	6	0	32	14	4	0	0	58	26	3	6	0
7	3	1	3	0	33	15	0	9	0	59	27	0	3	0
8	3	4	0	0	34	15	3	6	0	60	27	3	0	0
9	4	0	9	0	35	16	0	3	0	61	27	5	9	0
10	4	3	6	0	36	16	3	0	0	62	28	2	6	0
11	5	0	3	0	37	16	5	9	0	63	28	5	3	0
12	5	3	0	0	38	17	2	6	0	64	29	2	0	0
13	5	5	9	0	39	17	5	3	0	65	29	4	9	0
14	6	2	6	0	40	18	2	0	0	66	30	1	6	0
15	6	5	3	0	41	18	4	9	0	67	30	4	3	0
16	7	2	0	0	42	19	1	6	0	68	31	1	0	0
17	7	4	9	0	43	19	4	3	0	69	31	3	9	0
18	8	1	6	0	44	20	1	0	0	70	32	0	6	0
19	8	4	3	0	45	20	3	9	0	71	32	3	3	0
20	9	1	0	0	46	21	0	6	0	72	33	0	0	0
21	9	3	9	0	47	21	3	3	0					
22	10	0	6	0	48	22	0	0	0					
23	10	3	3	0	49	22	2	9	0	1/4	0	0	8	3
24	11	0	0	0	50	22	5	6	0	1/2	0	1	4	6
25	11	2	9	0	51	23	2	3	0	3/4	0	2	0	9
26	11	5	6	0	52	23	5	0	0					

Grosseur de 9 & 23 pouces.

sur Pieds de Longueur.	Pieces.	Pieds.	Pouces.	Lignes.	sur Pieds de Longueur.	Pieces.	Pieds.	Pouces.	Lignes.	sur Pieds de Longueur.	Pieces.	Pieds.	Pouces.	Lignes.
1	0	2	10	6	27	12	5	7	6	53	25	2	4	6
2	0	5	9	0	28	13	2	6	0	54	25	5	3	0
3	1	2	7	6	29	13	5	4	6	55	26	2	1	6
4	1	5	6	0	30	14	2	3	0	56	26	5	0	0
5	2	2	4	6	31	14	5	1	6	57	27	1	10	6
6	2	5	3	0	32	15	2	0	0	58	27	4	9	0
7	3	2	1	6	33	15	4	10	6	59	28	1	7	6
8	3	5	0	0	34	16	1	9	0	60	28	4	6	0
9	4	1	10	6	35	16	4	7	6	61	29	1	4	6
10	4	4	9	0	36	17	1	6	0	62	29	4	3	0
11	5	1	7	6	37	17	4	4	6	63	30	1	1	6
12	5	4	6	0	38	18	1	3	0	64	30	4	0	0
13	6	1	4	6	39	18	4	1	6	65*	31	0	10	6
14	6	4	3	0	40	19	1	0	0	66	31	3	9	0
15	7	1	1	6	41	19	3	10	6	67	32	0	7	6
16	7	4	0	0	42	20	0	9	0	68	32	3	6	0
17	8	0	10	6	43	20	3	7	6	69	33	0	4	6
18	8	3	9	0	44	21	0	6	0	70	33	3	3	0
19	9	0	7	6	45	21	3	4	6	71	34	0	1	6
20	9	3	6	0	46	22	0	3	0	72	34	3	0	0
21	10	0	4	6	47	22	3	1	6					
22	10	3	3	0	48	23	0	0	0	$\frac{1}{4}$	0	0	8	$7\frac{1}{2}$
23	11	0	1	6	49	23	2	10	6	$\frac{1}{2}$	0	1	5	3
24	11	3	0	0	50	23	5	9	0	$\frac{3}{4}$	0	2	1	$10\frac{1}{2}$
25	11	5	10	6	51	24	2	7	6					
26	12	2	9	0	52	24	5	6	0					

Grosseur de 9 & 24 pouces.

sur Pieds de Longueur.	Produit. Pieces.	Pieds.	Pouces.	Lignes.	sur Pieds de Longueur.	Produit. Pieces.	Pieds.	Pouces.	Lignes.	sur Pieds de Longueur.	Produit. Pieces.	Pieds.	Pouces.	Lignes.
1	0..3.	0.	0		27	13..3.	0.	0		53	26..3.	0.	0
2	1..0.	0.	0		28	14..0.	0.	0		54	27..0.	0.	0
3	1..3.	0.	0		29	14..3.	0.	0		55	27..3.	0.	0
4	2..0.	0.	0		30	15..0.	0.	0		56	28..0.	0.	0
5	2..3.	0.	0		31	15..3.	0.	0		57	28..3.	0.	0
6	3..0.	0.	0		32	16..0.	0.	0		58	29..0.	0.	0
7	3..3.	0.	0		33	16..3.	0.	0		59	29..3.	0.	0
8	4..0.	0.	0		34	17..0.	0.	0		60	30..0.	0.	0
9	4..3.	0.	0		35	17..3.	0.	0		61	30..3.	0.	0
10	5..0.	0.	0		36	18..0.	0.	0		62	31..0.	0.	0
11	5..3.	0.	0		37	18..3.	0.	0		63	31..3.	0.	0
12	6..0.	0.	0		38	19..0.	0.	0		64	32..0.	0.	0
13	6..3.	0.	0		39	19..3.	0.	0		65	32..3.	0.	0
14	7..0.	0.	0		40	20..0.	0.	0		66	33..0.	0.	0
15	7..3.	0.	0		41	20..3.	0.	0		67	33..3.	0.	0
16	8..0.	0.	0		42	21..0.	0.	0		68	34..0.	0.	0
17	8..3.	0.	0		43	21..3.	0.	0		69	34..3.	0.	0
18	9..0.	0.	0		44	22..0.	0.	0		70	35..0.	0.	0
19	9..3.	0.	0		45	22..3.	0.	0		71	35..3.	0.	0
20	10..0.	0.	0		46	23..0.	0.	0		72	36..0.	0.	0
21	10..3.	0.	0		47	23..3.	0.	0						
22	11..0.	0.	0		48	24..0.	0.	0		1/4	0..0.	0.	0
23	11..3.	0.	0		49	24..3.	0.	0		1/2	0..1.	6.	0
24	12..0.	0.	0		50	25..0.	0.	0		3/4	0..2.	3.	0
25	12..3.	0.	0		51	25..3.	0.	0						
26	13..0.	0.	0		52	26..0.	0.	0						

Grosseur de 9 & 25 pouces.

sur Pieds de Longueur.	Produit. Pieces.	Pieds.	Pouces.	Lignes.	sur Pieds de Longueur.	Produit. Pieces.	Pieds.	Pouces.	Lignes.	sur Pieds de Longueur.	Produit. Pieces.	Pieds.	Pouces.	Lignes.
1	0	3	1	6	27	14	0	4	6	53	27	3	7	6
2	1	0	3	0	28	14	3	6	0	54	28	0	9	0
3	1	3	4	6	29	15	0	7	6	55	28	3	10	6
4	2	0	6	0	30	15	3	9	0	56	29	1	0	0
5	2	3	7	6	31	16	0	10	6	57	29	4	1	6
6	3	0	9	0	32	16	4	0	0	58	30	1	3	0
7	3	3	10	6	33	17	1	1	6	59	30	4	4	6
8	4	1	0	0	34	17	4	3	0	60	31	1	6	0
9	4	4	1	6	35	18	1	4	6	61	31	4	7	6
10	5	1	3	0	36	18	4	6	0	62	32	1	9	0
11	5	4	4	6	37	19	1	7	6	63	32	4	10	6
12	6	1	6	0	38	19	4	9	0	64	33	2	0	0
13	6	4	7	6	39	20	1	10	6	65	33	5	1	6
14	7	1	9	0	40	20	5	0	0	66	34	2	3	0
15	7	4	10	6	41	21	2	1	6	67	34	5	4	6
16	8	2	0	0	42	21	5	3	0	68	35	2	6	0
17	8	5	1	6	43	22	2	4	6	69	35	5	7	6
18	9	2	3	0	44	22	5	6	0	70	36	2	9	0
19	9	5	4	6	45	23	2	7	6	71	36	5	10	6
20	10	2	6	0	46	23	5	9	0	72	37	3	0	0
21	10	5	7	6	47	24	2	10	6					
22	11	2	9	0	48	25	0	0	0	$\frac{1}{4}$	0	0	9	$4\frac{1}{2}$
23	11	5	10	6	49	25	3	1	6	$\frac{1}{2}$	0	1	6	9
24	12	3	0	0	50	26	0	3	0	$\frac{3}{4}$	0	2	4	$1\frac{1}{2}$
25	13	0	1	6	51	26	3	4	6					
26	13	3	3	0	52	27	0	6	0					

Grosseur de 9 & 26 pouces.

sur Pieds de Longueur.	Produit. Pieces.	Pieds.	Pouces.	Lignes.	sur Pieds de Longueur.	Produit. Pieces.	Pieds.	Pouces.	Lignes.	sur Pieds de Longueur.	Produit. Pieces.	Pieds.	Pouces.	Lignes.
1	0	3	3	0	27	14	3	9	0	53	28	4	3	0
2	1	0	6	0	28	15	1	0	0	54	29	1	6	0
3	1	3	9	0	29	15	4	3	0	55	29	4	9	0
4	2	1	0	0	30	16	1	6	0	56	30	2	0	0
5	2	4	3	0	31	16	4	9	0	57	30	5	3	0
6	3	1	6	0	32	17	2	0	0	58	31	2	6	0
7	3	4	9	0	33	17	5	3	0	59	31	5	9	0
8	4	2	0	0	34	18	2	6	0	60	32	3	0	0
9	4	5	3	0	35	18	5	9	0	61	33	0	3	0
10	5	2	6	0	36	19	3	0	0	62	33	3	6	0
11	5	5	9	0	37	20	0	3	0	63	34	0	9	0
12	6	3	0	0	38	20	3	6	0	64	34	4	0	0
13	7	0	3	0	39	21	0	9	0	65	35	1	3	0
14	7	3	6	0	40	21	4	0	0	66	35	4	6	0
15	8	0	9	0	41	22	1	3	0	67	36	1	9	0
16	8	4	0	0	42	22	4	6	0	68	36	5	0	0
17	9	1	3	0	43	23	1	9	0	69	37	2	3	0
18	9	4	6	0	44	23	5	0	0	70	37	5	6	0
19	10	1	9	0	45	24	2	3	0	71	38	2	9	0
20	10	5	0	0	46	24	5	6	0	72	39	0	0	0
21	11	2	3	0	47	25	2	9	0					
22	11	5	6	0	48	26	0	0	0					
23	12	2	9	0	49	26	3	3	0	1/4	0	0	9	9
24	13	0	0	0	50	27	0	6	0	1/2	0	1	7	6
25	13	3	3	0	51	27	3	9	0	3/4	0	2	5	3
26	14	0	6	0	52	28	1	0	0					

Grosseur de 9 & 27 pouces.

sur Pieds de Longueur.	Produit.				sur Pieds de Longueur.	Produit.				sur Pieds de Longueur	Produit.			
	Pièces.	Pieds.	Pouces.	Lignes.		Pièces.	Pieds.	Pouces.	Lignes.		Pièces.	Pieds.	Pouces.	Lignes.
1	0	3	4	6	27	15	1	1	6	53	29	4	10	6
2	1	0	9	0	28	15	4	6	0	54	30	2	3	0
3	1	4	1	6	29	16	1	10	6	55	30	5	7	6
4	2	1	6	0	30	16	5	3	0	56	31	3	0	0
5	2	4	10	6	31	17	2	7	6	57	32	0	4	6
6	3	2	3	0	32	18	0	0	0	58	32	3	9	0
7	3	5	7	6	33	18	3	4	6	59	33	1	1	6
8	4	3	0	0	34	19	0	9	0	60	33	4	6	0
9	5	0	4	6	35	19	4	1	6	61	34	1	10	6
10	5	3	9	0	36	20	1	6	0	62	34	5	3	0
11	6	1	1	6	37	20	4	10	6	63	35	2	7	6
12	6	4	6	0	38	21	2	3	0	64	36	0	0	0
13	7	1	10	6	39	21	5	7	6	65	36	3	4	6
14	7	5	3	0	40	22	3	0	0	66	37	0	9	0
15	8	2	7	6	41	23	0	4	6	67	37	4	1	6
16	9	0	0	0	42	23	3	9	0	68	38	1	6	0
17	9	3	4	6	43	24	1	1	6	69	38	4	10	6
18	10	0	9	0	44	24	4	6	0	70	39	2	3	0
19	10	4	1	6	45	25	1	10	6	71	39	5	7	6
20	11	1	6	0	46	25	5	3	0	72	40	3	0	0
21	11	4	10	6	47	26	2	7	6					
22	12	2	3	0	48	27	0	0	0					
23	12	5	7	6	49	27	3	4	6	1/4	0	0	10	1½
24	13	3	0	0	50	28	0	9	0	1/2	0	1	8	3
25	14	0	4	6	51	28	4	1	6	3/4	0	2	6	4½
26	14	3	9	0	52	29	1	6	0					

Grosseur de 9 & 28 pouces.

sur Pieds de Longueur.	Produit. Pieces.	Pieds.	Pouces.	Lignes.
1	0..3.	6.	0	
2	1..1.	0.	0	
3	1..4.	6.	0	
4	2..2.	0.	0	
5	2..5.	6.	0	
6	3..3.	0.	0	
7	4..0.	6.	0	
8	4..4.	0.	0	
9	5..1.	6.	0	
10	5..5.	0.	0	
11	6..2.	6.	0	
12	7..0.	0.	0	
13	7..3.	6.	0	
14	8..1.	0.	0	
15	8..4.	6.	0	
16	9..2.	0.	0	
17	9..5.	6.	0	
18	10..3.	0.	0	
19	11..0.	6.	0	
20	11..4.	0.	0	
21	12..1.	6.	0	
22	12..5.	0.	0	
23	13..2.	6.	0	
24	14..0.	0.	0	
25	14..3.	6.	0	
26	15..1.	0.	0	

sur Pieds de Longueur.	Produit. Pieces.	Pieds.	Pouces.	Lignes.
27	15..4.	6.	0	
28	16..2.	0.	0	
29	16..5.	6.	0	
30	17..3.	0.	0	
31	18..0.	6.	0	
32	18..4.	0.	0	
33	19..1.	6.	0	
34	19..5.	0.	0	
35	20..2.	6.	0	
36	21..0.	0.	0	
37	21..3.	6.	0	
38	22..1.	0.	0	
39	22..4.	6.	0	
40	23..2.	0.	0	
41	23..5.	6.	0	
42	24..3.	0.	0	
43	25..0.	6.	0	
44	25..4.	0.	0	
45	26..1.	6.	0	
46	26..5.	0.	0	
47	27..2.	6.	0	
48	28..0.	0.	0	
49	28..3.	6.	0	
50	29..1.	0.	0	
51	29..4.	6.	0	
52	30..2.	0.	0	

sur Pieds de Longueur.	Produit. Pieces.	Pieds.	Pouces.	Lignes.
53	30..5.	6.	0	
54	31..3.	0.	0	
55	32..0.	6.	0	
56	32..4.	0.	0	
57	33..1.	6.	0	
58	33..5.	0.	0	
59	34..2.	6.	0	
60	35..0.	0.	0	
61	35..3.	6.	0	
62	36..1.	0.	0	
63	36..4.	6.	0	
64	37..2.	0.	0	
65	37..5.	6.	0	
66	38..3.	0.	0	
67	39..0.	6.	0	
68	39..4.	0.	0	
69	40..1.	6.	0	
70	40..5.	0.	0	
71	41..2.	6.	0	
72	42..0.	0.	0	
1/4	0..0.	10.	6	
1/2	0..1.	9.	0	
3/4	0..2.	7.	6	

Grosseur de 9 & 29 pouces.

sur Pieds de Longueur.	Produit. Pieces.	Pieds.	Pouces.	Lignes.
1	0	3	7	6
2	1	1	3	0
3	1	4	10	6
4	2	2	6	0
5	3	0	1	6
6	3	3	9	0
7	4	1	4	6
8	4	5	0	0
9	5	2	7	6
10	6	0	3	0
11	6	3	10	6
12	7	1	6	0
13	7	5	1	6
14	8	2	9	0
15	9	0	4	6
16	9	4	0	0
17	10	1	7	6
18	10	5	3	0
19	11	2	10	6
20	12	0	6	0
21	12	4	1	6
22	13	1	9	0
23	13	5	4	6
24	14	3	0	0
25	15	0	7	6
26	15	4	3	0

sur Pieds de Longueur.	Produit. Pieces.	Pieds.	Pouces.	Lignes.
27	16	1	10	6
28	16	5	6	0
29	17	3	1	6
30	18	0	9	0
31	18	4	4	6
32	19	2	0	0
33	19	5	7	6
34	20	3	3	0
35	21	0	10	6
36	21	4	6	0
37	22	2	1	6
38	22	5	9	0
39	23	3	4	6
40	24	1	0	0
41	24	4	7	6
42	25	2	3	0
43	25	5	10	6
44	26	3	6	0
45	27	1	1	6
45	27	4	9	0
47	28	2	4	6
48	29	0	0	0
49	29	3	7	6
50	30	1	3	0
51	30	4	10	6
52	31	2	6	0

sur Pieds de Longueur.	Produit. Pieces.	Pieds.	Pouces.	Lignes.
53	32	0	1	6
54	32	3	9	0
55	33	1	4	6
56	33	5	0	0
57	34	2	7	6
58	35	0	3	0
59	35	3	10	6
60	36	1	6	0
61	36	5	1	6
62	37	2	9	0
63	38	0	4	6
64	38	4	0	0
65	39	1	7	6
66	39	5	3	0
67	40	2	10	6
68	41	0	6	0
69	41	4	1	6
70	42	1	9	0
71	42	5	4	6
72	43	3	0	0
$\frac{1}{4}$	0	0	10	10$\frac{1}{2}$
$\frac{1}{2}$	0	1	9	9
$\frac{3}{4}$	0	2	8	7$\frac{1}{2}$

Grosseur de 9 & 30 pouces.

sur Pieds de Longueur.	Produit. Pieces.	Pieds.	Pouces.	Lignes.
1	0	3	9	0
2	1	1	6	0
3	2	5	3	0
4	2	3	0	0
5	3	0	9	0
6	3	4	6	0
7	4	2	3	0
8	5	0	0	0
9	5	3	9	0
10	6	1	6	0
11	6	5	3	0
12	7	3	0	0
13	8	0	9	0
14	8	4	6	0
15	9	2	3	0
16	10	0	0	0
17	10	3	9	0
18	11	1	6	0
19	11	5	3	0
20	12	3	0	0
21	13	0	9	0
22	13	4	6	0
23	14	2	3	0
24	15	0	0	0
25	15	3	9	0
26	16	1	6	0

sur Pieds de Longueur.	Produit. Pieces.	Pieds.	Pouces.	Lignes.
27	16	5	3	0
28	17	3	0	0
29	18	0	9	0
30	18	4	6	0
31	19	2	3	0
32	20	0	0	0
33	20	3	9	0
34	21	1	6	0
35	21	5	3	0
36	22	3	0	0
37	23	0	9	0
38	23	4	6	0
39	24	2	3	0
40	25	0	0	0
41	25	3	9	0
42	26	1	6	0
43	26	5	3	0
44	27	3	0	0
45	28	0	9	0
46	28	4	6	0
47	29	2	3	0
48	30	0	0	0
49	30	3	9	0
50	31	1	6	0
51	31	5	3	0
52	32	3	0	0

sur Pieds de Longueur.	Produit. Pieces.	Pieds.	Pouces.	Lignes.
53	33	0	9	0
54	33	4	6	0
55	34	2	3	0
56	35	0	0	0
57	35	3	9	0
58	36	1	6	0
59	36	5	3	0
60	37	3	0	0
61	38	0	9	0
62	38	4	6	0
63	39	2	3	0
64	40	0	0	0
65	40	3	9	0
66	41	1	6	0
67	41	5	3	0
68	42	3	0	0
69	43	0	9	0
70	43	4	6	0
71	44	2	3	0
72	45	0	0	0
1/4	0	0	11	3
1/2	0	1	10	6
3/4	0	2	9	9

Grosseur de 10 pouces.

sur Pieds de Longueur.	Pieces.	Pieds.	Pouces.	Lignes.
1	0	1	4	8
2	0	2	9	4
3	0	4	2	0
4	0	5	6	8
5	1	0	11	4
6	1	2	4	0
7	1	3	8	8
8	1	5	1	4
9	2	0	6	0
10	2	1	10	8
11	2	3	3	4
12	2	4	8	0
13	3	0	0	8
14	3	1	5	4
15	3	2	10	0
16	3	4	2	8
17	3	5	7	4
18	4	1	0	0
19	4	2	4	8
20	4	3	9	4
21	4	5	2	0
22	5	0	6	8
23	5	1	11	4
24	5	3	4	0
25	5	4	8	8
26	6	0	1	4

sur Pieds de Longueur.	Pieces.	Pieds.	Pouces.	Lignes.
27	6	1	6	0
28	6	2	10	8
29	6	4	3	4
30	6	5	8	0
31	7	1	0	8
32	7	2	5	4
33	7	3	10	0
34	7	5	2	8
35	8	0	7	4
36	8	2	0	0
37	8	3	4	8
38	8	4	9	4
39	9	0	2	0
40	9	1	6	8
41	9	2	11	4
42	9	4	4	0
43	9	5	8	8
44	10	1	1	4
45	10	2	6	0
46	10	3	10	8
47	10	5	3	4
48	11	0	8	0
49	11	2	0	8
50	11	3	5	4
51	11	4	10	0
52	12	0	2	8

sur Pieds de Longueur.	Pieces.	Pieds.	Pouces.	Lignes.
53	12	1	7	4
54	12	3	0	0
55	12	4	4	8
56	12	5	9	4
57	13	1	2	0
58	13	2	6	8
59	13	3	11	4
60	13	5	4	0
61	14	0	8	8
62	14	2	1	4
63	14	3	6	0
64	14	4	10	8
65	15	0	3	4
66	15	1	8	0
67	15	3	0	8
68	15	4	5	4
69	15	5	10	0
70	16	1	2	8
71	16	2	7	4
72	16	4	0	0
1/4	0	0	4	2
1/2	0	0	8	4
3/4	0	1	0	6

Grosseur de 10 & 11 pouces.

sur Pieds de Longueur.	Produit. Pieces.	Pieds.	Pouces.	Lignes.
1	0	1	6	4
2	0	3	0	8
3	0	4	7	0
4	1	0	1	4
5	1	1	7	8
6	1	3	1	0
7	1	4	8	4
8	2	0	2	8
9	2	1	9	0
10	2	3	3	4
11	2	4	9	8
12	3	0	4	0
13	3	1	10	4
14	3	3	4	8
15	3	4	11	0
16	4	0	5	4
17	4	1	11	8
18	4	3	6	0
19	4	5	0	4
20	5	0	6	8
21	5	2	1	0
22	5	3	7	4
23	5	5	1	8
24	6	0	8	0
25	6	2	2	4
26	6	3	8	8

sur Pieds de Longueur.	Produit. Pieces.	Pieds.	Pouces.	Lignes.
27	6	5	3	0
28	7	0	9	4
29	7	2	3	8
30	7	3	10	0
31	7	5	4	4
32	8	0	10	8
33	8	2	5	0
34	8	3	11	4
35	8	5	5	8
36	9	1	0	0
37	9	2	6	4
38	9	4	0	8
39	9	5	7	0
40	10	1	1	4
41	10	2	7	8
42	10	4	2	0
43	10	5	8	4
44	11	1	2	8
45	11	2	9	0
46	11	4	3	4
47	11	5	9	8
48	12	1	4	0
49	12	2	10	4
50	12	4	4	8
51	12	5	11	0
52	13	1	5	4

sur Pieds de Longueur.	Produit. Pieces.	Pieds.	Pouces.	Lignes.
53	13	2	11	8
54	13	4	6	0
55	14	0	0	4
56	14	1	6	8
57	14	3	1	0
58	14	4	7	4
59	15	0	1	8
60	15	1	8	0
61	15	3	2	4
62	15	4	8	8
63	16	0	3	0
64	16	1	9	4
65	16	3	3	8
66	16	4	10	0
67	17	0	4	4
68	17	1	10	8
69	17	3	5	0
70	17	4	11	4
71	18	0	5	8
72	18	2	0	0
1/4	0	0	4	7
1/2	0	0	9	2
3/4	0	1	1	9

Grosseur de 10 & 12 pouces.

sur Pieds de Longueur.	Pieces.	Pieds.	Pouces.	Lignes.	sur Pieds de Longueur.	Pieces.	Pieds.	Pouces.	Lignes.	sur Pieds de Longueur.	Pieces.	Pieds.	Pouces.	Lignes.
1	0	1	8	0	27	7	3	0	0	53	14	4	4	0
2	0	3	4	0	28	7	4	8	0	54	15	0	0	0
3	0	5	0	0	29	8	0	4	0	55	15	1	8	0
4	1	0	8	0	30	8	2	0	0	56	15	3	4	0
5	1	2	4	0	31	8	3	8	0	57	15	5	0	0
6	1	4	0	0	32	8	5	4	0	58	16	0	8	0
7	1	5	8	0	33	9	1	0	0	59	16	2	4	0
8	2	1	4	0	34	9	2	8	0	60	16	4	0	0
9	2	3	0	0	35	9	4	4	0	61	16	5	8	0
10	2	4	8	0	36	10	0	0	0	62	17	1	4	0
11	3	0	4	0	37	10	1	8	0	63	17	3	0	0
12	3	2	0	0	38	10	3	4	0	64	17	4	8	0
13	3	3	8	0	39	10	5	0	0	65	18	0	4	0
14	3	5	4	0	40	11	0	8	0	66	18	2	0	0
15	4	1	0	0	41	11	2	4	0	67	18	3	8	0
16	4	2	8	0	42	11	4	0	0	68	18	5	4	0
17	4	4	4	0	43	11	5	8	0	69	19	1	0	0
18	5	0	0	0	44	12	1	4	0	70	19	2	8	0
19	5	1	8	0	45	12	3	0	0	71	19	4	4	0
20	5	3	4	0	46	12	4	8	0	72	20	0	8	0
21	5	5	0	0	47	13	0	4	0					
22	6	0	8	0	48	13	2	0	0	1/4	0	0	5	0
23	6	2	4	0	49	13	3	8	0	1/2	0	0	10	0
24	6	4	0	0	50	13	5	4	0	3/4	0	1	3	0
25	6	5	8	0	51	14	1	0	0					
26	7	1	4	0	52	14	2	8	0					

Grosseur de 10 & 13 pouces.

sur Pieds de Longueur.	Produit. Pieces.	Pieds.	Pouces.	Lignes.	sur Pieds de Longueur.	Produit. Pieces.	Pieds.	Pouces.	Lignes.	sur Pieds de Longueur.	Produit. Pieces.	Pieds.	Pouces.	Lignes.
1	0	1	9	8	27	8	0	9	0	53	15	5	8	4
2	0	3	7	4	28	8	2	6	8	54	16	1	6	0
3	0	5	5	0	29	8	4	4	4	55	16	3	3	8
4	1	1	2	8	30	9	0	2	0	56	16	5	1	4
5	1	3	0	4	31	9	1	11	8	57	17	0	11	0
6	1	4	10	0	32	9	3	9	4	58	17	2	8	8
7	2	0	7	8	33	9	5	7	0	59	17	4	6	4
8	2	2	5	4	34	10	1	4	8	60	18	0	4	0
9	2	4	3	0	35	10	3	2	4	61	18	2	1	8
10	3	0	0	8	36	10	5	0	0	62	18	3	11	4
11	3	1	10	4	37	11	0	9	8	63	18	5	9	0
12	3	3	8	0	38	11	2	7	4	64	19	1	6	8
13	3	5	5	8	39	11	4	5	0	65	19	3	4	4
14	4	1	3	4	40	12	0	2	8	66	19	5	2	0
15	4	3	1	0	41	12	2	0	4	67	20	0	11	8
16	4	4	10	8	42	12	3	10	0	68	20	2	9	4
17	5	0	8	4	43	12	5	7	8	69	20	4	7	0
18	5	2	6	0	44	13	1	5	4	70	21	0	4	8
19	5	4	3	8	45	13	3	3	0	71	21	2	2	4
20	6	0	1	4	46	13	5	0	8	72	21	4	0	0
21	6	1	11	0	47	14	0	10	4					
22	6	3	8	8	48	14	2	8	0					
23	6	5	6	4	49	14	4	5	8	1/4	0	0	5	5
24	7	1	4	0	50	15	0	3	4	1/2	0	0	10	10
25	7	3	1	8	51	15	2	1	0	3/4	0	1	4	3
26	7	4	11	4	52	15	3	10	8					

Grosseur de 10 & 14 pouces.

sur Pieds de Longueur.	Produit. Pieces. Pieds. Pouces. Lignes.
1	0..1.11. 4
2	0..3.10. 8
3	0..5.10. 0
4	1..1. 9. 4
5	1..3. 8. 8
6	1..5. 8. 0
7	2..1. 7. 4
8	2..3. 6. 8
9	2..5. 6. 0
10	3..1. 5. 4
11	3..3. 4. 8
12	3..5. 4. 0
13	4..1. 3. 4
14	4..3. 2. 8
15	4..5. 2. 0
16	5..1. 1. 4
17	5..3. 0. 8
18	5..5. 0. 0
19	6..0.11. 4
20	6..2.10. 8
21	6..4.10. 0
22	7..0. 9. 4
23	7..2. 8. 8
24	7..4. 8. 0
25	8..0. 7. 4
26	8..2. 6. 8

sur Pieds de Longueur.	Produit. Pieces. Pieds. Pouces. Lignes.
27	8..4. 6. 0
28	9..0. 5. 4
29	9..2. 4. 8
30	9..4. 4. 0
31	10..0. 3. 4
32	10..2. 2. 8
33	10..4. 2. 0
34	11..0. 1. 4
35	11..2. 0. 8
36	11..4. 0. 0
37	11..5.11. 4
38	12..1.10. 8
39	12..3.10. 0
40	12..5. 9. 4
41	13..1. 8. 8
42	13..3. 8. 0
43	13..5. 7. 4
44	14..1. 6. 8
45	14..3. 6. 0
46	14..5. 5. 4
47	15..1. 4. 8
48	15..3. 4. 0
49	15..5. 3. 4
50	16..1. 2. 8
51	16..3. 2. 0
52	16..5. 1. 4

sur Pieds de Longueur.	Produit. Pieces. Pieds. Pouces. Lignes.
53	17..1. 0. 8
54	17..3. 0. 0
55	17..4.11. 4
56	18..0.10. 8
57	18..2.10. 0
58	18..4. 9. 4
59	19..0. 8. 8
60	19..2. 8. 0
61	19..4. 7. 4
62	20..0. 6. 8
63	20..2. 6. 0
64	20..4. 5. 4
65	21..0. 4. 8
66	21..2. 4. 0
67	21..4. 3. 4
68	22..0. 2. 8
69	22..2. 2. 0
70	22..4. 1. 4
71	23..0. 0. 8
72	23..2. 0. 0
1/4	0..0. 5.10
1/2	0..0.11. 8
3/4	0..1. 5. 6

Grosseur de 10 & 15 pouces.

sur Pieds de Longueur.	Produit. Pieces.	Pieds.	Pouces.	Lignes.	sur Pieds de Longueur.	Produit. Pieces.	Pieds.	Pouces.	Lignes.	sur Pieds de Longueur.	Produit. Pieces.	Pieds.	Pouces.	Lignes.
1	0	2	1	0	27	9	2	3	0	53	18	2	5	0
2	0	4	2	0	28	9	4	4	0	54	18	4	6	0
3	1	0	3	0	29	10	0	5	0	55	19	0	7	0
4	1	2	4	0	30	10	2	6	0	56	19	2	8	0
5	1	4	5	0	31	10	4	7	0	57	19	4	9	0
6	2	0	6	0	32	11	0	8	0	58	20	0	10	0
7	2	2	7	0	33	11	2	9	0	59	20	2	11	0
8	2	4	8	0	34	11	4	10	0	60	20	5	0	0
9	3	0	9	0	35	12	0	11	0	61	21	1	1	0
10	3	2	10	0	36	12	3	0	0	62	21	3	2	0
11	3	4	11	0	37	12	5	1	0	63	21	5	3	0
12	4	1	0	0	38	13	1	2	0	64	22	1	4	0
13	4	3	1	0	39	13	3	3	0	65	22	3	5	0
14	4	5	2	0	40	13	5	4	0	66	22	5	6	0
15	5	1	3	0	41	14	1	5	0	67	23	1	7	0
16	5	3	4	0	42	14	3	6	0	68	23	3	8	0
17	5	5	5	0	43	14	5	7	0	69	23	5	9	0
18	6	1	6	0	44	15	1	8	0	70	24	1	10	0
19	6	3	7	0	45	15	3	9	0	71	24	3	11	0
20	6	5	8	0	46	15	5	10	0	72	25	0	0	0
21	7	1	9	0	47	16	1	11	0					
22	7	3	10	0	48	16	4	0	0	1/4	0	0	6	3
23	7	5	11	0	49	17	0	1	0	1/2	0	1	0	6
24	8	2	0	0	50	17	2	2	0	3/4	0	1	6	9
25	8	4	1	0	51	17	4	3	0					
26	9	0	2	0	52	18	0	4	0					

Grosseur de 10 & 16 póuces.

sur Pieds de Longueur.	Produit. Pieces.	Pieds.	Pouces.	Lignes.	sur Pieds de Longueur.	Produit. Pieces.	Pieds.	Pouces.	Lignes.	sur Pieds de Longueur.	Produit. Pieces.	Pieds.	Pouces.	Lignes.
1	0	2	2	8	27	10	0	0	0	53	19	3	9	4
2	0	4	5	4	28	10	2	2	8	54	20	0	0	0
3	1	0	8	0	29	10	4	5	4	55	20	2	2	8
4	1	2	10	8	30	11	0	8	0	56	20	4	5	4
5	1	5	1	4	31	11	2	10	8	57	21	0	8	0
6	2	1	4	0	32	11	5	1	4	58	21	2	10	8
7	2	3	6	8	33	12	1	4	0	59	21	5	1	4
8	2	5	9	4	34	12	3	6	8	60	22	1	4	0
9	3	2	0	0	35	12	5	9	4	61	22	3	6	8
10	3	4	2	8	36	13	2	0	0	62	22	5	9	4
11	4	0	5	4	37	13	4	2	8	63	23	2	0	0
12	4	2	8	0	38	14	0	5	4	64	23	4	2	8
13	4	4	10	8	39	14	2	8	0	65	24	0	5	4
14	5	1	1	4	40	14	4	10	8	66	24	2	8	0
15	5	3	4	0	41	15	1	1	4	67	24	4	10	8
16	5	5	6	8	42	15	3	4	0	68	25	1	1	4
17	6	1	9	4	43	15	5	6	8	69	25	3	4	0
18	6	4	0	0	44	16	1	9	4	70	25	5	6	8
19	7	0	2	8	45	16	4	0	0	71	26	1	9	4
20	7	2	5	4	46	17	0	2	8	72	26	4	0	0
21	7	4	8	0	47	17	2	5	4					
22	8	0	10	8	48	17	4	8	0					
23	8	3	1	4	49	18	0	10	8	1/4	0	0	6	8
24	8	5	4	0	50	18	3	1	4	1/2	0	1	1	4
25	9	1	6	8	51	18	5	4	0	3/4	0	1	8	0
26	9	3	9	4	52	19	1	6	8					

Grosseur de 10 & 17 pouces.

sur Pieds de Longueur.	Produit. Pieces.	Pieds.	Pouces.	Lignes.	sur Pieds de Longueur.	Produit. Pieces.	Pieds.	Pouces.	Lignes.	sur Pieds de Longueur.	Produit. Pieces.	Pieds.	Pouces.	Lignes.
1	0	2	4	4	27	10	3	9	0	53	20	5	1	8
2	0	4	8	8	28	11	0	1	4	54	21	1	6	0
3	1	1	1	0	29	11	2	5	8	55	21	3	10	4
4	1	3	5	4	30	11	4	10	0	56	22	0	2	8
5	1	5	9	8	31	12	1	2	4	57	22	2	7	0
6	2	2	2	0	32	12	3	6	8	58	22	4	11	4
7	2	4	6	4	33	12	5	11	0	59	23	1	3	8
8	3	0	10	8	34	13	2	3	4	60	23	3	8	0
9	3	3	3	0	35	13	4	7	8	61	24	0	0	4
10	3	5	7	4	36	14	1	0	0	62	24	2	4	8
11	4	1	11	8	37	14	3	4	4	63	24	4	9	0
12	4	4	4	0	38	14	5	8	8	64	25	1	1	4
13	5	0	8	4	39	15	2	1	0	65	25	3	5	8
14	5	3	0	8	40	15	4	5	4	66	25	5	10	0
15	5	5	5	0	41	16	0	9	8	67	26	2	2	4
16	6	1	9	4	42	16	3	2	0	68	26	4	6	8
17	6	4	1	8	43	16	5	6	4	69	27	0	11	0
18	7	0	6	0	44	17	1	10	8	70	27	3	3	4
19	7	2	10	4	45	17	4	3	0	71	27	5	7	8
20	7	5	2	8	46	18	0	7	4	72	28	2	0	0
21	8	1	7	0	47	18	2	11	8					
22	8	3	11	4	48	18	5	4	0					
23	9	0	3	8	49	19	1	8	4	1/4	0	0	7	1
24	9	2	8	0	50	19	4	0	8	1/2	0	1	2	2
25	9	5	0	4	51	20	0	5	0	3/4	0	1	9	3
26	10	1	4	8	52	20	2	9	4					

Grosseur de 10 & 18 pouces.

sur Pieds de Longueur.	Produit. Pieces.	Pieds.	Pouces.	Lignes.	sur Pieds de Longueur.	Produit. Pieces.	Pieds.	Pouces.	Lignes.	sur Pieds de Longueur.	Produit. Pieces.	Pieds.	Pouces.	Lignes.
1	0	2	6	0	27	11	1	6	0	53	22	0	6	0
2	0	5	0	0	28	11	4	0	0	54	22	3	0	0
3	1	1	6	0	29	12	0	6	0	55	22	5	6	0
4	1	4	0	0	30	12	3	0	0	56	23	2	0	0
5	2	0	6	0	31	12	5	6	0	57	23	4	6	0
6	2	3	0	0	32	13	2	0	0	58	24	1	0	0
7	2	5	6	0	33	13	4	6	0	59	24	3	6	0
8	3	2	0	0	34	14	1	0	0	60	25	0	0	0
9	3	4	6	0	35	14	3	6	0	61	25	2	6	0
10	4	1	0	0	36	15	0	0	0	62	25	5	0	0
11	4	3	6	0	37	15	2	6	0	63	26	1	6	0
12	5	0	0	0	38	15	5	0	0	64	26	4	0	0
13	5	2	6	0	39	16	1	6	0	65	27	0	6	0
14	5	5	0	0	40	16	4	0	0	66	27	3	0	0
15	6	1	6	0	41	17	0	6	0	67	27	5	6	0
16	6	4	0	0	42	17	3	0	0	68	28	2	0	0
17	7	0	6	0	43	17	5	6	0	69	28	4	6	0
18	7	3	0	0	44	18	2	0	0	70	29	1	0	0
19	7	5	6	0	45	18	4	6	0	71	29	3	6	0
20	8	2	0	0	46	19	1	0	0	72	30	0	0	0
21	8	4	6	0	47	19	3	6	0					
22	9	1	0	0	48	20	0	0	0	1/4	0	0	7	6
23	9	3	6	0	49	20	2	6	0	1/2	0		3	0
24	10	0	0	0	50	20	5	0	0	3/4	0	1	10	6
25	10	2	6	0	51	21	1	6	0					
26	10	5	0	0	52	21	4	0	0					

Grosseur de 10 & 19 pouces.

sur Pieds de Longueur.	Pieces.	Pieds.	Pouces.	Lignes.
1	0	2	7	8
2	0	5	3	4
3	1	1	11	0
4	1	4	6	8
5	2	1	2	4
6	2	3	10	0
7	3	0	5	8
8	3	3	1	4
9	3	5	9	0
10	4	2	4	8
11	4	5	0	4
12	5	1	8	0
13	5	4	3	8
14	6	0	11	4
15	6	3	7	0
16	7	0	2	8
17	7	2	10	4
18	7	5	6	0
19	8	2	1	8
20	8	4	9	4
21	9	1	5	0
22	9	4	0	8
23	10	0	8	4
24	10	3	4	0
25	10	5	11	8
26	11	2	7	4

sur Pieds de Longueur.	Pieces.	Pieds.	Pouces.	Lignes.
27	11	5	3	0
28	12	1	10	8
29	12	4	6	4
30	13	1	2	0
31	13	3	9	8
32	14	0	5	4
33	14	3	1	0
34	14	5	8	8
35	15	2	4	4
36	15	5	0	0
37	16	1	7	8
38	16	4	3	4
39	17	0	11	0
40	17	3	6	8
41	18	0	2	4
42	18	2	10	0
43	18	5	5	8
44	19	2	1	4
45	19	4	9	0
46	20	1	4	8
47	20	4	0	4
48	21	0	8	0
49	21	3	3	8
50	21	5	11	4
51	22	2	7	0
52	22	5	2	8

sur Pieds de Longueur.	Pieces.	Pieds.	Pouces.	Lignes.
53	23	1	10	4
54	23	4	6	0
55	24	1	1	8
56	24	3	9	4
57	25	0	5	0
58	25	3	0	8
59	25	5	8	4
60	26	2	4	0
61	26	4	11	8
62	27	1	7	4
63	27	4	3	0
64	28	0	10	8
65	28	3	6	4
66	29	0	2	0
67	29	2	9	8
68	29	5	5	4
69	30	2	1	0
70	30	4	8	8
71	31	1	4	4
72	31	4	0	0
$\frac{1}{4}$	0	0	7	11
$\frac{1}{2}$	0	1	3	10
$\frac{3}{4}$	0	1	11	9

Groſſeur de 16 & 20 pouces.

ſur Pieds de Longueur	Produit. Pieces.	Pieds.	Pouces.	Lignes.
1	0	2	9	4
2	0	5	6	8
3	1	2	4	0
4	1	5	1	4
5	2	1	10	8
6	2	4	8	0
7	3	1	5	4
8	3	4	2	8
9	4	1	0	0
10	4	3	9	4
11	5	0	6	8
12	5	3	4	0
13	6	0	1	4
14	6	2	10	8
15	6	5	8	0
16	7	2	5	4
17	7	5	2	8
18	8	2	0	0
19	8	4	9	4
20	9	1	6	8
21	9	4	4	0
22	10	1	1	4
23	10	3	10	8
24	11	0	8	0
25	11	3	5	4
26	12	0	2	8

ſur Pieds de Longueur	Produit. Pieces.	Pieds.	Pouces.	Lignes.
27	12	3	0	0
28	12	5	9	4
29	13	2	6	8
30	13	5	4	0
31	14	2	1	4
32	14	4	10	8
33	15	1	8	0
34	15	4	5	4
35	16	1	2	8
36	16	4	0	0
37	17	0	9	4
38	17	3	6	8
39	18	0	4	0
40	18	3	1	4
41	18	5	10	8
42	19	2	8	0
43	19	5	5	4
44	20	2	2	8
45	20	5	0	0
46	21	1	9	4
47	21	4	6	8
48	22	1	4	0
49	22	4	1	4
50	23	0	10	8
51	23	3	8	0
52	24	0	5	4

ſur Pieds de Longueur	Produit. Pieces.	Pieds.	Pouces.	Lignes.
53	24	3	2	8
54	25	0	0	0
55	25	2	9	4
56	25	5	6	8
57	26	2	4	0
58	26	5	1	4
59	27	1	10	8
60	27	4	8	0
61	28	1	5	4
62	28	4	2	8
63	29	1	0	0
64	29	3	9	4
65	30	0	6	8
66	30	3	4	0
67	31	0	1	4
68	31	2	10	8
69	31	5	8	0
70	32	2	5	4
71	32	5	2	8
72	33	2	0	0
1/4	0	0	8	4
1/2	0	1	4	8
3/4	0	2	1	0

Grosseur de 10 & 21 pouces.

sur Pieds de Longueur.	Produit. Pièces.	Pieds.	Pouces.	Lignes.	sur Pieds de Longueur.	Produit. Pièces.	Pieds.	Pouces.	Lignes.	sur Pieds de Longueur.	Produit. Pièces.	Pieds.	Pouces.	Lignes.
1	0	2	11	0	27	13	0	9	0	53	25	4	7	0
2	0	5	10	0	28	13	3	8	0	54	26	1	6	0
3	1	2	9	0	29	14	0	7	0	55	26	4	5	0
4	1	5	8	0	30	14	3	6	0	56	27	1	4	0
5	2	2	7	0	31	15	0	5	0	57	27	4	3	0
6	2	5	6	0	32	15	3	4	0	58	28	1	2	0
7	3	2	5	0	33	16	0	3	0	59	28	4	1	0
8	3	5	4	0	34	16	3	2	0	60	29	1	0	0
9	4	2	3	0	35	17	0	1	0	61	29	3	11	0
10	4	5	2	0	36	17	3	0	0	62	30	0	10	0
11	5	2	1	0	37	17	5	11	0	63	30	3	9	0
12	5	5	0	0	38	18	2	10	0	64	31	0	8	0
13	6	1	11	0	39	18	5	9	0	65	31	3	7	0
14	6	4	10	0	40	19	2	8	0	66	32	0	6	0
15	7	1	9	0	41	19	5	7	0	67	32	3	5	0
16	7	4	8	0	42	20	2	6	0	68	33	0	4	0
17	8	1	7	0	43	20	5	5	0	69	33	3	3	0
18	8	4	6	0	44	21	2	4	0	70	34	0	2	0
19	9	1	5	0	45	21	5	3	0	71	34	3	1	0
20	9	4	4	0	46	22	2	2	0	72	35	0	0	0
21	10	1	3	0	47	22	5	1	0	¼	0	0	8	9
22	10	4	2	0	48	23	2	0	0	½	0	1	5	6
23	11	1	1	0	49	23	4	11	0	¾	0	2	2	3
24	11	4	0	0	50	24	1	10	0					
25	12	0	11	0	51	24	4	9	0					
26	12	3	10	0	52	25	1	8	0					

Grosseur de 10 & 22 pouces.

sur Pieds de Longueur.	Produit. Pieces.	Pieds.	Pouces.	Lignes.	sur Pieds de Longueur.	Produit. Pieces.	Pieds.	Pouces.	Lignes.	sur Pieds de Longueur	Produit. Pieces.	Pieds.	Pouces.	Lignes.
1	0	3	0	8	27	13	4	6	0	53	26	5	11	4
2	1	0	1	4	28	14	1	0	8	54	27	3	0	0
3	1	3	2	0	29	14	4	7	4	55	28	0	0	8
4	2	0	2	8	30	15	1	8	0	56	28	3	1	4
5	2	3	3	4	31	15	4	8	8	57	29	0	2	0
6	3	0	4	0	32	16	1	9	4	58	29	3	2	8
7	3	3	4	8	33	16	4	10	0	59	30	0	3	4
8	4	0	5	4	34	17	1	10	8	60	30	3	4	0
9	4	3	6	0	35	17	4	11	4	61	31	0	4	8
10	5	0	6	8	36	18	2	0	0	62	31	3	5	4
11	5	3	7	4	37	18	5	0	8	63	32	0	6	0
12	6	0	8	0	38	19	2	1	4	64	32	3	6	8
13	6	3	8	8	39	19	5	2	0	65	33	0	7	4
14	7	0	9	4	40	20	2	2	8	66	33	3	8	0
15	7	3	10	0	41	20	5	3	4	67	34	2	8	8
16	8	0	10	8	42	21	2	4	0	68	34	3	9	4
17	8	3	11	4	43	21	5	4	8	69	35	0	10	0
18	9	1	0	0	44	22	2	5	4	70	35	3	10	8
19	9	4	0	8	45	22	5	6	0	71	36	0	11	4
20	10	1	1	4	46	23	2	6	8	72	36	4	0	0
21	10	4	2	0	47	23	5	7	4					
22	11	1	2	8	48	24	2	8	0	¼	0	0	9	2
23	11	4	3	4	49	24	5	8	8	½	0	1	6	4
24	12	1	4	0	50	25	2	9	4	¾	0	2	3	6
25	12	4	4	8	51	25	5	10	0					
26	13	1	5	4	52	26	2	10	8					

Grosseur de 10 & 23 pouces.

sur Pieds de Longueur.	Produit. Pieces.	Pieds.	Pouces.	Lignes.	sur Pieds de Longueur.	Produit. Pieces.	Pieds.	Pouces.	Lignes.	sur Pieds de Longueur.	Produit. Pieces.	Pieds.	Pouces.	Lignes.
1	0	3	2	4	27	14	2	3	0	53	28	1	3	8
2	1	0	4	8	28	14	5	5	4	54	28	4	6	0
3	1	3	7	0	29	15	2	7	8	55	29	1	8	4
4	2	0	9	4	30	15	5	10	0	56	29	4	10	8
5	2	3	11	8	31	16	3	0	4	57	30	2	1	0
6	3	1	2	0	32	17	0	2	8	58	30	5	3	4
7	3	4	4	4	33	17	3	5	0	59	31	2	5	8
8	4	1	6	8	34	18	0	7	4	60	31	5	8	0
9	4	4	9	0	35	18	3	9	8	61	32	2	10	4
10	5	1	11	4	36	19	1	0	0	62	33	0	0	8
11	5	5	1	8	37	19	4	2	4	63	33	3	3	0
12	6	2	4	0	38	20	1	4	8	64	34	0	5	4
13	6	5	6	4	39	20	4	7	0	65	34	3	7	8
14	7	2	8	8	40	21	1	9	4	66	35	0	10	0
15	7	5	11	0	41	21	4	11	8	67	35	4	0	4
16	8	3	1	4	42	22	2	2	0	68	36	1	2	8
17	9	0	3	8	43	22	5	4	4	69	36	4	5	0
18	9	3	6	0	44	23	2	6	8	70	37	1	7	4
19	10	0	8	4	45	23	5	9	0	71	37	4	9	8
20	10	3	10	8	46	34	2	11	4	72	38	2	0	0
21	11	1	1	0	47	25	0	1	8					
22	11	4	3	4	48	25	3	4	0	1/4	0	0	8	7
23	12	1	5	8	49	26	0	6	4	1/2	0	1	7	2
24	12	4	8	0	50	26	3	8	8	3/4	0	2	3	9
25	13	1	10	4	51	27	0	11	0					
26	13	5	0	8	52	27	4	1	4					

Grosseur de 10 & 24 pouces.

sur Pieds de Longueur.	Pieces.	Pieds.	Pouces.	Lignes.
1	0	3	4	0
2	1	0	8	0
3	1	4	0	0
4	2	1	4	0
5	2	4	8	0
6	3	2	0	0
7	3	5	4	0
8	4	2	8	0
9	5	0	0	0
10	5	3	4	0
11	6	0	8	0
12	6	4	0	0
13	7	1	4	0
14	7	4	8	0
15	8	2	0	0
16	8	5	4	0
17	9	2	8	0
18	10	0	0	0
19	10	3	4	0
20	11	0	8	0
21	11	4	0	0
22	12	1	4	0
23	12	4	8	0
24	13	2	0	0
25	13	5	4	0
26	14	2	8	0

sur Pieds de Longueur.	Pieces.	Pieds.	Pouces.	Lignes.
27	15	0	0	0
28	15	3	4	0
29	16	0	8	0
30	16	4	0	0
31	17	1	4	0
32	17	4	8	0
33	18	2	0	0
34	18	5	4	0
35	19	2	8	0
36	20	0	0	0
37	20	3	4	0
38	21	0	8	0
39	21	4	0	0
40	22	1	4	0
41	22	4	8	0
42	23	2	0	0
43	23	5	4	0
44	24	2	8	0
45	25	0	0	0
46	25	3	4	0
47	6	0	8	0
48	26	4	0	0
49	27	1	4	0
50	27	4	8	0
51	28	2	0	0
52	28	5	4	0

sur Pieds de Longueur.	Pieces.	Pieds.	Pouces.	Lignes.
53	29	2	8	0
54	30	0	0	0
55	30	3	4	0
56	31	0	8	0
57	31	4	0	0
58	32	1	4	0
59	32	4	8	0
60	33	2	0	0
61	33	5	4	0
62	34	2	8	0
63	35	0	0	0
64	35	3	4	0
65	36	0	8	0
66	36	4	0	0
67	37	1	4	0
68	37	4	8	0
69	38	2	0	0
70	38	5	4	0
71	39	2	8	0
72	40	0	0	0
$\frac{1}{4}$	0	0	10	0
$\frac{1}{2}$	0	1	8	0
$\frac{3}{4}$	0	2	6	0

Grosseur de 10 & 25 pouces.

sur Pieds de Longueur.	Produit. Pieces.	Pieds.	Pouces.	Lignes.
1	0	3	5	8
2	1	0	11	4
3	2	4	5	0
4	2	1	10	8
5	2	5	4	4
6	3	2	10	0
7	4	0	3	8
8	4	3	9	4
9	5	1	3	0
10	5	4	8	8
11	6	2	2	4
12	6	5	8	0
13	7	3	1	8
14	8	0	7	4
15	8	4	1	0
16	9	1	6	8
17	9	5	0	4
18	10	2	6	0
19	10	5	11	8
20	11	3	5	4
21	12	0	11	0
22	12	4	4	8
23	13	1	10	4
24	13	5	4	0
25	14	2	9	8
26	15	0	3	4

sur Pieds de Longueur.	Produit. Pieces.	Pieds.	Pouces.	Lignes.
27	15	3	9	0
28	16	1	2	8
29	16	4	8	4
30	17	2	2	0
31	17	5	7	8
32	18	3	1	4
33	19	0	7	0
34	19	4	0	8
35	20	1	6	4
36	20	5	0	0
37	21	2	5	8
38	21	5	11	4
39	22	3	5	0
40	23	0	10	8
41	23	4	4	4
42	24	1	10	0
43	24	5	3	8
44	25	2	9	4
45	26	0	3	0
46	26	3	8	8
47	27	1	2	4
48	27	4	8	0
49	28	2	1	8
50	28	5	7	4
51	29	3	1	0
52	30	0	6	8

sur Pieds de Longueur.	Produit. Pieces.	Pieds.	Pouces.	Lignes.
53	30	4	0	4
54	31	1	6	0
55	31	4	11	8
56	32	2	5	4
57	32	5	11	0
58	33	3	4	8
59	34	0	10	4
60	34	4	4	0
61	35	1	9	8
62	35	5	3	4
63	36	2	9	0
64	37	0	2	8
65	37	3	8	4
66	38	1	2	0
67	38	4	7	8
68	39	2	1	4
69	39	5	7	0
70	40	3	0	8
71	41	0	6	4
72	41	4	0	0
$\frac{1}{4}$	0	0	10	5
$\frac{1}{2}$	0	1	8	10
$\frac{3}{4}$	0	2	7	3

Grosseur de 10 & 26 pouces.

sur Pieds de Longueur.	Pieces.	Pieds.	Pouces.	Lignes.	sur Pieds de Longueur.	Pieces.	Pieds.	Pouces.	Lignes.	sur Pieds de Longueur.	Pieces.	Pieds.	Pouces.	Lignes.
1	0	3	7	4	27	16	1	6	0	53	31	5	4	8
2	1	1	2	8	28	16	5	1	4	54	32	3	0	0
3	1	4	10	0	29	17	2	8	8	55	33	0	7	4
4	2	2	5	4	30	18	0	4	0	56	33	4	2	8
5	3	0	0	8	31	18	3	11	4	57	34	1	10	0
6	3	3	8	0	32	19	1	6	8	58	34	5	5	4
7	4	1	3	4	33	19	5	2	0	59	35	3	0	8
8	4	4	10	8	34	20	2	9	4	60	36	0	8	0
9	5	2	6	0	35	21	0	4	8	61	36	4	3	4
10	6	0	1	4	36	21	4	0	0	62	37	1	10	8
11	6	3	8	8	37	22	1	7	4	63	37	5	6	0
12	7	1	4	0	38	22	5	2	8	64	38	3	1	4
13	7	4	11	4	39	23	2	10	0	65	39	0	8	8
14	8	2	6	8	40	24	0	5	4	66	39	4	4	0
15	9	0	2	0	41	24	4	0	8	67	40	1	11	4
16	9	3	9	4	42	25	1	8	0	68	40	5	6	8
17	10	1	4	8	43	25	5	3	4	69	41	3	2	0
18	10	5	0	0	44	26	2	10	8	70	42	0	9	4
19	11	2	7	4	45	27	0	6	0	71	42	4	4	8
20	12	0	2	8	46	27	4	1	4	72	43	2	0	0
21	12	3	10	0	47	28	1	8	8					
22	13	1	5	4	48	28	5	4	0	1/4	0	0	10	10
23	13	5	0	8	49	29	2	11	4	1/2	0	1	9	8
24	14	2	8	0	50	30	0	6	8	3/4	0	2	8	6
25	15	0	3	4	51	30	4	2	0					
26	15	3	10	8	52	31	3	10	4					

Groſſeur de 10 & 27 pouces.

ſur Pieds de Longueur.	Produit.				ſur Pieds de Longueur.	Produit.				ſur Pieds de Longueur.	Produit.			
	Pieces.	Pieds.	Pouces.	Lignes.		Pieces.	Pieds.	Pouces.	Lignes.		Pieces.	Pieds.	Pouces.	Lignes.
1	0	3	9	0	27	16	5	3	0	53	33	0	9	0
2	1	1	6	0	28	17	3	0	0	54	33	4	6	0
3	1	5	3	0	29	18	0	9	0	55	34	2	3	0
4	2	3	0	0	30	18	4	6	0	56	35	0	0	0
5	3	0	9	0	31	19	2	3	0	57	35	3	9	0
6	3	4	6	0	32	20	0	0	0	58	36	1	6	0
7	4	2	3	0	33	20	3	9	0	59	36	5	3	0
8	5	0	0	0	34	21	1	6	0	60	37	3	0	0
9	5	3	9	0	35	21	5	3	0	61	38	0	9	0
10	6	1	6	0	36	22	3	0	0	62	38	4	6	0
11	6	5	3	0	37	23	0	9	0	63	39	2	3	0
12	7	3	0	0	38	23	4	6	0	64	40	0	0	0
13	8	0	9	0	39	24	2	3	0	65	40	3	9	0
14	8	4	6	0	40	25	0	0	0	66	41	1	6	0
15	9	2	3	0	41	25	3	9	0	67	41	5	3	0
16	10	0	0	0	42	26	1	6	0	68	42	3	0	0
17	10	3	9	0	43	26	5	3	0	69	43	0	9	0
18	11	1	6	0	44	27	3	0	0	70	43	4	6	0
19	11	5	3	0	45	28	0	9	0	71	44	2	3	0
20	12	3	0	0	46	28	4	6	0	72	45	0	0	0
21	13	0	9	0	47	29	2	3	0					
22	13	4	6	0	48	30	0	0	0					
23	14	2	3	0	49	30	3	9	0	$\frac{1}{4}$	0	0	11	3
24	15	0	0	0	50	31	1	6	0	$\frac{1}{2}$	0	1	10	6
25	15	3	9	0	51	31	5	3	0	$\frac{3}{4}$	0	2	9	9
26	16	1	6	0	52	32	3	0	0					

Grosseur de 10 & 28 pouces.

sur Pieds de Longueur.	Produit. Pièces.	Pieds.	Pouces.	Lignes.	sur Pieds de Longueur.	Produit. Pièces.	Pieds.	Pouces.	Lignes.	sur Pieds de Longueur.	Produit. Pièces.	Pieds.	Pouces.	Lignes.
1	0..3	10	.	8	27	17..3	0	.	0	53	34..2	1	.	4
2	1..1	9	.	4	28	18..0	10	.	8	54	35..0	0	.	0
3	1..5	8	.	0	29	18..4	9	.	4	55	35..3	10	.	8
4	2..3	6	.	8	30	19..2	8	.	0	56	36..1	9	.	4
5	3..1	5	.	4	31	20..0	6	.	8	57	36..5	8	.	0
6	3..5	4	.	0	32	20..4	5	.	4	58	37..3	6	.	8
7	4..3	2	.	8	33	21..2	4	.	0	59	38..1	5	.	4
8	5..1	1	.	4	34	22..0	2	.	8	60	38..5	4	.	0
9	5..5	0	.	0	35	22..4	1	.	4	61	39..3	2	.	8
10	6..2	10	.	8	36	23..2	0	.	0	62	40..1	1	.	4
11	7..0	9	.	4	37	23..5	10	.	8	63	40..5	0	.	0
12	7..4	8	.	0	38	24..3	9	.	4	64	41..2	10	.	8
13	8..2	6	.	8	39	25..1	8	.	0	65	42..0	9	.	4
14	9..0	5	.	4	40	25..5	6	.	8	66	42..4	8	.	0
15	9..4	4	.	0	41	26..3	5	.	4	67	43..2	6	.	8
16	10..2	2	.	8	42	27..1	4	.	0	68	44..0	5	.	4
17	11..0	1	.	4	43	27..5	2	.	8	69	44..4	4	.	0
18	11..4	0	.	0	44	28..3	1	.	4	70	45..2	2	.	8
19	12..1	10	.	8	45	29..1	0	.	0	71	46..0	1	.	4
20	12..5	9	.	4	46	29..4	10	.	8	72	46..4	0	.	0
21	13..3	8	.	0	47	30..2	9	.	4					
22	14..1	6	.	8	48	31..0	8	.	0	1/4	0..0	11	.	8
23	14..5	5	.	4	49	31..4	6	.	8	1/2	0..1	11	.	4
24	15..3	4	.	0	50	32..2	5	.	4	3/4	0..2	11	.	0
25	16..1	2	.	8	51	33..0	4	.	0					
26	16..5	1	.	4	52	33..4	2	.	8					

Grosseur de 10 & 29 pouces.

sur Pieds de Longueur.	Produit. Pieces.	Pieds.	Pouces.	Lignes.	sur Pieds de Longueur.	Produit. Pieces.	Pieds.	Pouces.	Lignes.	sur Pieds de Longueur.	Produit. Pieces.	Pieds.	Pouces.	Lignes.
1	0..4.	0.	4		27	18..0.	9.	0		53	35..3.	5.	8
2	1..2.	0.	8		28	18..4.	9.	4		54	36..1.	6.	0
3	2..0.	1.	0		29	19..2.	9.	8		55	36..5.	6.	4
4	2..4.	1.	4		30	20..0.10.		0		56	37..3.	6.	8
5	3..2.	1.	8		31	20..4.10.		4		57	38..1.	7.	0
6	4..0.	2.	0		32	21..2.10.		8		58	38..5.	7.	4
7	4..4.	2.	4		33	22..0.11.		0		59	39..3.	7.	8
8	5..2.	2.	8		34	22..4.11.		4		60	40..1.	8.	0
9	6..0.	3.	0		35	23..2.11.		8		61	40..5.	8.	4
10	6..4.	3.	4		36	24..1.	0.	0		62	41..3.	8.	8
11	7..2.	3.	8		37	24..5.	0.	4		63	42..1.	9.	6
12	8..0.	4.	0		38	25..3.	0.	8		64	42..5.	9.	4
13	8..4.	4.	4		39	26..1.	1.	0		65	43..3.	9.	8
14	9..2.	4.	8		40	26..5.	1.	4		66	44..1.10.		0
15	10..0.	5.	0		41	27..3.	1.	8		67	44..5.10.		4
16	10..4.	5.	4		42	28..1.	2.	0		68	45..3.10.		8
17	11..2.	5.	8		43	28..5.	2.	4		69	46..1.11.		0
18	12..0.	6.	0		44	29..3.	2.	8		70	46..5.11.		4
19	12..4.	6.	4		45	30..1.	3.	0		71	47..3.11.		8
20	13..2.	6.	8		46	30..5.	3.	4		72	48..2.	0.	0
21	14..0.	7.	0		47	31..3.	3.	8					
22	14..4.	7.	4		48	32..1.	4.	0					
23	15..2.	7.	8		49	32..5.	4.	4		$\frac{1}{4}$	0..1.	0.	1
24	16..0.	8.	0		50	33..3.	4.	8		$\frac{1}{2}$	0..2.	0.	2
25	16..4.	8.	4		51	34..1.	5.	0		$\frac{3}{4}$	0..3.	0.	3
26	17..2.	8.	8		52	34..5.	5.	4					

Grosseur de 10 & 30 pouces.

sur Pieds de Longueur.	Produit. Pieces.	Pieds.	Pouces.	Lignes.	sur Pieds de Longueur.	Produit. Pieces.	Pieds.	Pouces.	Lignes.	sur Pieds de Longueur.	Produit. Pieces.	Pieds.	Pouces.	Lignes.
1	0	4	2	0	27	18	4	6	0	53	36	4	10	0
2	1	2	4	0	28	19	2	8	0	54	37	3	0	0
3	2	0	6	0	29	20	0	10	0	55	38	1	2	0
4	2	4	8	0	30	20	5	0	0	56	38	5	4	0
5	3	2	10	0	31	21	3	2	0	57	39	3	6	0
6	4	1	0	0	32	22	1	4	0	58	40	1	8	0
7	4	5	2	0	33	22	5	6	0	59	40	5	10	0
8	5	3	4	0	34	23	3	8	0	60	41	4	0	0
9	6	1	6	0	35	24	1	10	0	61	42	2	2	0
10	6	5	8	0	36	25	0	0	0	62	43	0	4	0
11	7	3	10	0	37	25	4	2	0	63	43	4	6	0
12	8	2	0	0	38	26	2	4	0	64	44	2	8	0
13	9	0	2	0	39	27	0	6	0	65	45	0	10	0
14	9	4	4	0	40	27	4	8	0	66	45	5	0	0
15	10	2	6	0	41	28	2	10	0	67	46	3	2	0
16	11	0	8	0	42	29	1	0	0	68	47	1	4	0
17	11	4	10	0	43	29	5	2	0	69	47	5	6	0
18	12	3	0	0	44	30	3	4	0	70	48	3	8	0
19	13	1	2	0	45	31	1	6	0	71	49	1	10	0
20	13	5	4	0	46	31	5	8	0	72	50	0	0	0
21	14	3	6	0	47	32	3	10	0					
22	15	1	8	0	48	33	2	0	0	$\frac{1}{4}$	0	1	0	6
23	15	5	10	0	49	34	0	2	0	$\frac{1}{2}$	0	2	1	0
24	16	4	0	0	50	34	4	4	0	$\frac{3}{4}$	0	3	1	6
25	17	2	2	0	51	35	2	6	0					
26	18	0	4	0	52	36	0	8	0					

Grosseur de 11 pouces.

sur Pieds de Longueur.	Produit. Pieces.	Pieds.	Pouces.	Lignes.	sur Pieds de Longueur.	Produit. Pieces.	Pieds.	Pouces.	Lignes.	sur Pieds de Longueur.	Produit. Pieces.	Pieds.	Pouces.	Lignes.
1	0	1	8	2	27	7	3	4	6	53	14	5	0	10
2	0	3	4	4	28	7	5	0	8	54	15	1	9	0
3	0	5	0	6	29	8	0	8	10	55	15	3	5	2
4	1	0	8	8	30	8	2	5	0	56	15	5	1	4
5	1	2	4	10	31	8	4	1	2	57	16	0	9	6
6	1	4	1	0	32	8	5	9	4	58	16	2	5	8
7	1	5	9	2	33	9	1	5	6	59	16	4	1	10
8	2	1	5	4	34	9	3	1	8	60	16	5	10	0
9	2	3	1	6	35	9	4	9	10	61	17	1	6	2
10	2	4	9	8	36	10	0	6	0	62	17	3	2	4
11	3	0	5	10	37	10	2	2	2	63	17	4	10	6
12	3	2	2	0	38	10	3	10	4	64	18	0	6	8
13	3	3	10	2	39	10	5	6	6	65	18	2	2	10
14	3	5	6	4	40	11	1	2	8	66	18	3	11	0
15	4	1	2	6	41	11	2	10	10	67	18	5	7	2
16	4	2	10	8	42	11	4	7	0	68	19	1	3	4
17	4	4	6	10	43	12	0	3	2	69	19	2	11	6
18	5	0	3	0	44	12	1	11	4	70	19	4	7	8
19	5	1	11	2	45	12	3	7	6	71	20	0	3	10
20	5	3	7	4	46	12	5	3	8	72	20	2	0	0
21	5	5	3	6	47	13	0	11	10	¼	0	0	5	0½
22	6	0	11	8	48	13	2	8	0	½	0	0	10	1
23	6	2	7	10	49	13	4	4	2	¾	0	1	3	a 1¼
24	6	4	4	0	50	14	0	0	4					
25	7	0	0	2	51	14	1	8	6					
26	7	1	8	4	52	14	3	4	8					

Grosseur de 11 & 12 pouces.

sur Pieds de Longueur	Pieces	Pieds	Pouces	Lignes	sur Pieds de Longueur	Pieces	Pieds	Pouces	Lignes	sur Pieds de Longueur	Pieces	Pieds	Pouces	Lignes
1	0	1	10	0	27	8	1	6	0	53	16	1	2	0
2	0	3	8	0	28	8	3	4	0	54	16	3	0	0
3	0	5	6	0	29	8	5	2	0	55	16	4	10	0
4	1	1	4	0	30	9	1	0	0	56	17	0	8	0
5	1	3	2	0	31	9	2	10	0	57	17	2	6	0
6	1	5	0	0	32	9	4	8	0	58	17	4	4	0
7	2	0	10	0	33	10	0	6	0	59	18	0	2	0
8	2	2	8	0	34	10	2	4	0	60	18	2	0	0
9	2	4	6	0	35	10	4	2	0	61	18	3	10	0
10	3	0	4	0	36	11	0	0	0	62	18	5	8	0
11	3	2	2	0	37	11	1	10	0	63	19	1	6	0
12	3	4	0	0	38	11	3	8	0	64	19	3	4	0
13	3	5	10	0	39	11	5	6	0	65	19	5	2	0
14	4	1	8	0	40	12	1	4	0	66	20	1	0	0
15	4	3	6	0	41	12	3	2	0	67	20	2	10	0
16	4	5	4	0	42	12	5	0	0	68	20	4	8	0
17	5	1	2	0	43	13	0	10	0	69	21	0	6	0
18	5	3	0	0	44	13	2	8	0	70	21	2	4	0
19	5	4	10	0	45	13	4	6	0	71	21	4	2	0
20	6	0	8	0	46	14	0	4	0	72	22	0	0	0
21	6	2	6	0	47	14	2	2	0					
22	6	4	4	0	48	14	4	0	0	1/4	0	0	5	6
23	7	0	2	0	49	14	5	10	0	1/2	0	0	11	0
24	7	2	0	0	50	15	1	8	0	3/4	0	1	4	6
25	7	3	10	0	51	15	3	6	0					
26	7	5	8	0	52	15	5	4	0					

Grosseur de 11 & 13 pouces.

sur Pieds de Longueur.	Produit. Pieces.	Pieds.	Pouces.	Lignes.
1	0	1	11	10
2	0	3	11	8
3	0	5	11	6
4	1	1	11	4
5	1	3	11	2
6	1	5	11	0
7	2	1	10	10
8	2	3	10	8
9	2	5	10	6
10	3	1	10	4
11	3	3	10	2
12	3	5	10	0
13	4	1	9	10
14	4	3	9	8
15	4	5	9	6
16	5	1	9	4
17	5	3	9	2
18	5	5	9	0
19	6	1	8	10
20	6	3	8	8
21	6	5	8	6
22	7	1	8	4
23	7	3	8	2
24	7	5	8	0
25	8	1	7	10
26	8	3	7	8

sur Pieds de Longueur.	Produit. Pieces.	Pieds.	Pouces.	Lignes.
27	8	5	7	6
28	9	1	7	4
29	9	3	7	2
30	9	5	7	0
31	10	1	6	10
32	10	3	6	8
33	10	5	6	6
34	11	1	6	4
35	11	3	6	2
36	11	5	6	0
37	12	1	5	10
38	12	3	5	8
39	12	5	5	6
40	13	1	5	4
41	13	3	5	2
42	13	5	5	0
43	14	1	4	10
44	14	3	4	8
45	14	5	4	6
46	15	1	4	4
47	15	3	4	2
48	15	5	4	0
49	16	1	3	10
50	16	3	3	8
51	16	5	3	6
52	17	1	3	4

sur Pieds de Longueur.	Produit. Pieces.	Pieds.	Pouces.	Lignes.
53	17	3	3	2
54	17	5	3	0
55	18	1	2	10
56	18	3	2	8
57	18	5	2	6
58	19	1	2	4
59	19	3	2	2
60	19	5	2	0
61	20	1	1	10
62	20	3	1	8
63	20	5	1	6
64	21	1	1	4
65	21	3	1	2
66	21	5	1	0
67	22	1	0	10
68	22	3	0	8
69	22	5	0	6
70	23	1	0	4
71	23	3	0	2
72	23	5	0	0
$\frac{1}{4}$	0	0	5	$11\frac{1}{2}$
$\frac{1}{2}$	0	0	11	11
$\frac{3}{4}$	0	1	5	$10\frac{1}{2}$

Grosseur de 11 & 14 pouces.

sur Pieds de Longueur.	Pieces.	Pieds.	Pouces.	Lignes.
1	0	2	1	8
2	0	4	3	4
3	1	0	5	0
4	1	2	6	8
5	1	4	8	4
6	2	0	10	0
7	2	2	11	8
8	2	5	1	4
9	3	1	3	0
10	3	3	4	8
11	3	5	6	4
12	4	1	8	0
13	4	3	9	8
14	4	5	11	4
15	5	2	1	0
16	5	4	2	8
17	6	0	4	4
18	6	2	6	0
19	6	4	7	8
20	7	0	9	4
21	7	2	11	0
22	7	5	0	8
23	8	1	2	4
24	8	3	4	0
25	8	5	5	8
26	9	1	7	4

sur Pieds de Longueur.	Pieces.	Pieds.	Pouces.	Lignes.
27	9	3	9	0
28	9	5	10	8
29	10	2	0	4
30	10	4	2	0
31	11	0	3	8
32	11	2	5	4
33	11	4	7	0
34	12	0	8	8
35	12	2	10	4
36	12	5	0	0
37	13	1	1	8
38	13	3	3	4
39	13	5	5	0
40	14	1	6	8
41	14	3	8	4
42	14	5	10	0
43	15	1	11	8
44	15	4	1	4
45	16	0	3	0
46	16	2	4	8
47	16	4	6	4
48	17	0	8	0
49	17	2	9	8
50	17	4	11	4
51	18	1	1	0
52	18	3	2	8

sur Pieds de Longueur.	Pieces.	Pieds.	Pouces.	Lignes.
53	18	5	4	4
54	19	1	6	0
55	19	3	7	8
56	19	5	9	4
57	20	1	11	0
58	20	4	0	8
59	21	0	2	4
60	21	2	4	0
61	21	4	5	8
62	22	0	7	4
63	22	2	9	0
64	22	4	10	8
65	23	1	0	4
66	23	3	2	0
67	23	5	3	8
68	24	1	5	4
69	24	3	7	0
70	24	5	8	8
71	25	1	10	4
72	25	4	0	0
1/4	0	0	6	5
1/2	0	1	0	10
3/4	0	1	7	3

Grosseur de 11 & 15 pouces.

sur Pieds de Longueur.	Pieces.	Pieds.	Pouces.	Lignes.
1	0	2	3	6
2	0	4	7	0
3	1	0	10	6
4	1	3	2	0
5	1	5	5	6
6	2	1	9	0
7	2	4	0	6
8	3	0	4	0
9	3	2	7	6
10	3	4	11	0
11	4	1	2	6
12	4	3	6	0
13	4	5	9	6
14	5	2	1	0
15	5	4	4	6
16	6	0	8	0
17	6	2	11	6
18	6	5	3	0
19	7	1	6	6
20	7	3	10	0
21	8	0	1	6
22	8	2	5	0
23	8	4	8	6
24	9	1	0	0
25	9	3	3	6
26	9	5	7	0

sur Pieds de Longueur.	Pieces.	Pieds.	Pouces.	Lignes.
27	10	1	10	6
28	10	4	2	0
29	11	0	5	6
30	11	2	9	0
31	11	5	0	6
32	12	1	4	0
33	12	3	7	6
34	12	5	11	0
35	13	2	2	6
36	13	4	6	0
37	14	0	9	6
38	14	3	1	0
39	14	5	4	6
40	15	1	8	0
41	15	3	11	6
42	16	0	3	0
43	16	2	6	6
44	16	4	10	0
45	17	1	1	6
46	17	3	5	0
47	17	5	8	6
48	18	2	0	0
49	18	4	3	6
50	19	0	7	0
51	19	2	10	6
52	19	5	2	0

sur Pieds de Longueur.	Pieces.	Pieds.	Pouces.	Lignes.
53	20	1	5	6
54	20	3	9	0
55	21	0	0	6
56	21	2	4	0
57	21	4	7	6
58	22	0	11	0
59	22	3	2	6
60	22	5	6	0
61	23	1	9	6
62	23	4	1	0
63	24	0	4	6
64	24	2	8	0
65	24	4	11	6
66	25	1	3	0
67	25	3	6	6
68	25	5	10	0
69	26	2	1	6
70	26	4	5	0
71	27	0	8	6
72	27	3	0	0
$\frac{1}{4}$	0	0	6	$10\frac{1}{2}$
$\frac{1}{2}$	0	1	1	9
$\frac{3}{4}$	0	1	8	$7\frac{1}{2}$

Grosseur de 11 & 16 pouces.

sur Pieds de Longueur.	Produit. Pièces.	Pieds.	Pouces.	Lignes.	sur Pieds de Longueur.	Produit. Pièce.	Pieds.	Pouces.	Lignes.	sur Pieds de Longueur.	Produit. Pièces.	Pieds.	Pouces.	Lignes.
1	0	2	5	4	27	11	0	0	0	53	21	3	6	8
2	0	4	10	8	28	11	2	5	4	54	22	0	0	0
3	1	1	4	0	29	11	4	10	8	55	22	2	5	4
4	1	3	9	4	30	12	1	4	0	56	22	4	10	8
5	2	0	2	8	31	12	3	9	4	57	23	1	4	0
6	2	2	8	0	32	13	0	2	8	58	23	3	9	4
7	2	5	1	4	33	13	2	8	0	59	24	0	2	8
8	3	1	6	8	34	13	5	1	4	60	24	2	8	0
9	3	4	0	0	35	14	1	6	8	61	24	5	1	4
10	4	0	5	4	36	14	4	0	0	62	25	1	6	8
11	4	2	10	8	37	15	0	5	4	63	25	4	0	0
12	4	5	4	0	38	15	2	10	8	64	26	0	5	4
13	5	1	9	4	39	15	5	4	0	65	26	2	10	8
14	5	4	2	8	40	16	1	9	4	66	26	5	4	0
15	6	0	8	0	41	16	4	2	8	67	27	1	9	4
16	6	3	1	4	42	17	0	8	0	68	27	4	2	8
17	6	5	6	8	43	17	3	1	4	69	28	0	8	0
18	7	2	0	0	44	17	5	6	8	70	28	3	1	4
19	7	4	5	4	45	18	2	0	0	71	28	5	6	8
20	8	0	10	8	46	18	4	5	4	72	29	2	0	0
21	8	3	4	0	47	19	0	10	8					
22	8	5	9	4	48	19	3	4	0					
23	9	2	2	8	49	19	5	9	4	1/4	0	0	7	4
24	9	4	8	0	50	20	2	2	8	1/2	0	1	2	8
25	10	1	1	4	51	20	4	8	0	3/4	0	1	10	0
26	10	3	6	8	52	21	1	1	4					

Grosseur de 11 & 17 pouces.

sur Pieds de Longueur.	Pieces.	Pieds.	Pouces.	Lignes.	sur Pieds de Longueur.	Pieces.	Pieds.	Pouces.	Lignes.	sur Pieds de Longueur.	Pieces.	Pieds.	Pouces.	Lignes.
1	0	2	7	2	27	11	4	1	6	53	22	5	7	10
2	0	5	2	4	28	12	0	8	8	54	23	2	3	0
3	1	1	9	6	29	12	3	3	10	55	23	4	10	2
4	1	4	4	8	30	12	5	11	0	56	24	1	5	4
5	2	0	11	10	31	13	2	6	2	57	24	4	0	6
6	2	3	7	0	32	13	5	1	4	58	25	0	7	8
7	3	0	2	2	33	14	1	8	6	59	25	3	2	10
8	3	2	9	4	34	14	4	3	8	60	25	5	10	0
9	3	5	4	6	35	15	0	10	10	61	26	2	5	2
10	4	1	11	8	36	15	3	6	0	62	26	5	0	4
11	4	4	6	10	37	16	0	1	2	63	27	1	7	6
12	5	1	2	0	38	16	2	8	4	64	27	4	2	8
13	5	3	9	2	39	16	5	3	6	65	28	0	9	10
14	6	0	4	4	40	17	1	10	8	66	28	3	5	0
15	6	2	11	6	41	17	4	5	10	67	29	0	0	2
16	6	5	6	8	42	18	1	1	0	68	29	2	7	4
17	7	2	1	10	43	18	3	8	2	69	29	5	2	6
18	7	4	9	0	44	19	0	3	4	70	30	1	9	8
19	8	1	4	2	45	19	2	10	6	71	30	4	4	10
20	8	3	11	4	46	19	5	5	8	72	31	1	0	0
21	9	0	6	6	47	20	2	0	10	$\frac{1}{4}$	0	0	7	$9\frac{1}{2}$
22	9	3	1	8	48	20	4	8	0	$\frac{1}{2}$	0	1	3	7
23	9	5	8	10	49	21	1	3	2	$\frac{3}{4}$	0	1	11	$4\frac{1}{2}$
24	10	2	4	0	50	21	3	10	4					
25	10	4	11	2	51	22	0	5	6					
26	11	1	6	4	52	22	3	0	8					

Grosseur de 11 & 18 pouces.

sur Pieds de Longueur	Produit. Pieces.	Pieds.	Pouces.	Lignes.	sur Pieds de Longueur	Produit. Pieces.	Pieds.	Pouces.	Lignes.	sur Pieds de Longueur	Produit. Pieces.	Pieds.	Pouces.	Lignes.
1	0..2.	9.	0		27	12..2.	3.	0		53	24..1.	9.	0	
2	0..5.	6.	0		28	12..5.	0.	0		54	24..4.	6.	0	
3	1..2.	3.	0		29	13..1.	9.	0		55	25..1.	3.	0	
4	1..5.	0.	0		30	13..4.	6.	0		56	25..4.	0.	0	
5	2..1.	9.	0		31	14..1.	3.	0		57	26..0.	9.	0	
6	2..4.	6.	0		32	14..4.	0.	0		58	26..3.	6.	0	
7	3..1.	3.	0		33	15..0.	9.	0		59	27..0.	3.	0	
8	3..4.	0.	0		34	15..3.	0.	0		60	27..3.	0.	0	
9	4..0.	9.	0		35	16..0.	3.	0		61	27..5.	9.	0	
10	4..3.	6.	0		36	16..3.	0.	0		62	28..2.	6.	0	
11	5..0.	3.	0		37	16..5.	9.	0		63	28..5.	3.	0	
12	5..3.	0.	0		38	17..2.	6.	0		64	29..2.	0.	0	
13	5..5.	9.	0		39	17..5.	3.	0		65	29..4.	9.	0	
14	6..2.	6.	0		40	18..2.	0.	0		66	30..1.	6.	0	
15	6..5.	3.	0		41	18..4.	9.	0		67	30..4.	3.	0	
16	7..2.	0.	0		42	19..1.	6.	0		68	31..1.	0.	0	
17	7..4.	9.	0		43	19..4.	3.	0		69	31..3.	9.	0	
18	8..1.	6.	0		44	20..1.	0.	0		70	32..0.	6.	0	
19	8..4.	3.	0		45	20..3.	9.	0		71	32..3.	3.	0	
20	9..1.	0.	0		46	21..0.	6.	0		72	33..0.	0.	0	
21	9..3.	9.	0		47	21..3.	3.	0						
22	10..0.	6.	0		48	22..0.	0.	0		¼	0..0.	8.	3	
23	10..3.	3.	0		49	22..2.	9.	0		½	0..1.	4.	6	
24	11..0.	0.	0		50	22..5.	6.	0		¾	0..2.	0.	9	
25	11..2.	9.	0		51	23..2.	3.	0						
26	11..5.	6.	0		52	23..5.	0.	0						

Grosseur de 11 & 19 pouces.

sur Pieds de Longueur.	Produit. Pieces.	Pieds.	Pouces.	Lignes.	sur Pieds de Longueur.	Produit. Pieces.	Pieds.	Pouces.	Lignes.	sur Pieds de Longueur.	Produit. Pieces.	Pieds.	Pouces.	Lignes.
1	0	2	10	10	27	13	0	4	6	53	25	3	10	2
2	0	5	9	8	28	13	3	3	4	54	26	0	9	0
3	1	2	8	6	29	14	0	2	2	55	26	3	7	10
4	1	5	7	4	30	14	3	1	0	56	27	0	6	8
5	2	2	6	2	31	14	5	11	10	57	27	3	5	6
6	2	5	5	0	32	15	2	10	8	58	28	0	4	4
7	3	2	3	10	33	15	5	9	6	59	28	3	3	2
8	3	5	2	8	34	16	2	8	4	60	29	0	2	0
9	4	2	1	6	35	16	5	7	2	61	29	3	0	10
10	4	5	0	4	36	17	2	6	0	62	29	5	11	8
11	5	1	11	2	37	17	5	4	10	63	30	2	10	6
12	5	4	10	0	38	18	2	3	8	64	30	5	9	4
13	6	1	8	10	39	18	5	2	6	65	31	2	8	2
14	6	4	7	8	40	19	2	1	4	66	31	5	7	0
15	7	1	6	6	41	19	5	0	2	67	32	2	5	10
16	7	4	5	4	42	20	1	11	0	68	32	5	4	8
17	8	1	4	2	43	20	4	9	10	69	33	2	3	6
18	8	4	3	0	44	21	1	8	8	70	33	5	2	4
19	9	1	1	10	45	21	4	7	6	71	34	2	1	2
20	9	4	0	8	46	22	1	6	4	72	34	5	0	0
21	10	0	11	6	47	22	4	5	2					
22	10	3	10	4	48	23	1	4	0					
23	11	0	9	2	49	23	4	2	10	$\frac{1}{4}$	0	0	8	8½
24	11	3	8	0	50	24	1	1	8	$\frac{1}{2}$	0	1	5	5
25	12	0	6	10	51	24	4	0	6	$\frac{3}{4}$	0	2	2	1¼
26	12	3	5	8	52	25	0	11	4					

Grosseur de 11 & 20 pouces.

sur Pied de Longueur	Produit. Pieces.	Pieds.	Pouces.	Lignes.	sur Pied de Longueur	Produit. Pieces.	Pieds.	Pouces.	Lignes.	sur Pieds de Longueur.	Produit. Pieces.	Pieds.	Pouces.	Lignes.
1	0	3	0	8	27	13	4	6	0	53	26	5	11	4
2	1	0	1	4	28	14	1	6	8	54	27	3	0	0
3	1	3	2	0	29	14	4	7	4	55	28	0	0	8
4	2	0	2	8	30	15	1	8	0	56	28	3	1	4
5	2	3	3	4	31	15	4	8	8	57	29	0	2	0
6	3	0	4	0	32	16	1	9	4	58	29	3	2	8
7	3	3	4	8	33	16	4	10	0	59	30	0	3	4
8	4	0	5	4	34	17	1	10	8	60	30	3	4	0
9	4	3	6	0	35	17	4	11	4	61	31	0	4	8
10	5	0	6	8	36	18	2	0	0	62	31	3	5	4
11	5	3	7	4	37	18	5	0	8	63	32	0	6	0
12	6	0	8	0	38	19	2	1	4	64	32	3	6	8
13	6	3	8	8	39	19	5	2	0	65	33	0	7	4
14	7	0	9	4	40	20	2	2	8	66	33	3	8	0
15	7	3	10	0	41	20	5	3	4	67	34	0	8	8
16	8	0	10	8	42	21	2	4	0	68	34	3	9	4
17	8	3	11	4	43	21	5	4	8	69	35	0	10	0
18	9	1	0	0	44	22	2	5	4	70	35	3	10	8
19	9	4	0	8	45	22	5	6	0	71	36	0	11	4
20	10	1	1	4	46	23	2	6	8	72	36	4	0	0
21	10	4	2	0	47	23	5	7	4					
22	11	1	2	8	48	24	2	8	0	¼	0	0	9	2
23	11	4	3	4	49	24	5	8	8	½	0	1	6	4
24	12	1	4	0	50	25	2	9	4	¾	0	2	3	6
25	12	4	4	8	51	25	5	10	0					
26	13	1	5	4	52	26	2	10	8					

Grosseur de 11 & 21 pouces.

sur Pieds de Longueur.	Produit. Pieces.	Pieds.	Pouces.	Lignes.
1	0	3	2	6
2	1	0	5	0
3	2	3	7	6
4	2	0	10	0
5	2	4	0	6
6	3	1	3	0
7	3	4	5	6
8	4	1	8	0
9	4	4	10	6
10	5	2	1	0
11	5	5	3	6
12	6	2	6	0
13	6	5	8	6
14	7	2	11	0
15	8	0	1	6
16	8	3	4	0
17	9	0	6	6
18	9	3	9	0
19	10	0	11	6
20	10	4	2	0
21	11	1	4	6
22	11	4	7	0
23	12	1	9	6
24	12	5	0	0
25	13	2	2	6
26	13	5	5	0

sur Pieds de Longueur.	Produit. Pieces.	Pieds.	Pouces.	Lignes.
27	14	2	7	6
28	14	5	10	0
29	15	3	0	6
30	16	0	3	0
31	16	3	5	6
32	17	0	8	0
33	17	3	10	6
34	18	1	1	0
35	18	4	3	6
36	19	1	6	0
37	19	4	8	6
38	20	1	11	0
39	20	5	1	6
40	21	2	4	0
41	21	5	6	6
42	22	2	9	0
43	22	5	11	6
44	23	3	2	0
45	24	0	4	6
46	24	3	7	0
47	25	0	9	6
48	25	4	0	0
49	26	1	2	6
50	26	4	5	0
51	27	1	7	6
52	27	4	10	0

sur Pieds de Longueur	Produit. Pieces.	Pieds.	Pouces.	Lignes.
53	28	2	0	6
54	28	5	3	0
55	29	2	5	6
56	29	5	8	0
57	30	2	10	6
58	31	0	1	0
59	31	3	3	6
60	32	0	6	0
61	32	3	8	6
62	33	0	11	0
63	33	4	1	6
64	34	1	4	0
65	34	4	6	6
66	35	1	9	0
67	35	4	11	6
68	36	2	2	0
69	36	5	4	6
70	37	2	7	0
71	37	5	9	6
72	38	3	0	0
$\frac{1}{4}$	0	0	9	$7\frac{1}{2}$
$\frac{1}{2}$	0	1	7	3
$\frac{3}{4}$	0	2	4	$10\frac{1}{2}$

Grosseur de 11 & 22 pouces.

sur Pieds de Longueur.	Produit. Pieces.	Pieds.	Pouces.	Lignes.	sur Pieds de Longueur.	Produit. Pieces.	Pieds.	Pouces.	Lignes.	sur Pieds de Longueur.	Produit. Pieces.	Pieds.	Pouces.	Lignes.
1	0	3	4	4	27	15	0	9	0	53	29	4	1	8
2	1	0	8	8	28	15	4	1	4	54	30	1	6	0
3	1	4	1	0	29	16	1	5	8	55	30	4	10	4
4	2	1	5	4	30	16	4	10	0	56	31	2	2	8
5	2	4	9	8	31	17	2	2	4	57	31	5	7	0
6	3	2	2	0	32	17	5	6	8	58	32	2	11	4
7	3	5	6	4	33	18	2	11	0	59	33	0	3	8
8	4	2	10	8	34	19	0	3	4	60	33	3	8	0
9	5	0	3	0	35	19	3	7	8	61	34	1	0	4
10	5	3	7	4	36	20	1	0	0	62	34	4	4	8
11	6	0	11	8	37	20	4	4	4	63	35	1	9	0
12	6	4	4	0	38	21	1	8	8	64	35	5	1	4
13	7	1	8	4	39	21	5	1	0	65	36	2	5	8
14	7	5	0	8	40	22	2	5	4	66	36	5	10	0
15	8	2	5	0	41	22	5	9	8	67	37	3	2	4
16	9	5	9	4	42	23	3	2	0	68	38	0	6	8
17	9	3	1	8	43	24	0	6	4	69	38	3	11	0
18	10	0	6	0	44	24	3	10	8	70	39	1	3	4
19	10	3	10	4	45	25	1	3	0	71	39	4	7	8
20	11	1	2	8	46	25	4	7	4	72	40	2	0	0
21	11	4	7	0	47	26	1	11	8					
22	12	1	11	4	48	26	5	4	0					
23	12	5	3	8	49	27	2	8	4	1/4	0	0	10	1
24	13	2	8	0	50	28	0	0	8	1/2	0	1	8	2
25	14	0	0	4	51	28	3	5	0	3/4	0	2	6	3
26	14	3	4	8	52	29	0	9	4					

Grosseur de 11 & 23 pouces.

sur Pieds de Longueur.	Produit. Pieces.	Pieds.	Pouces.	Lignes.
1	0	3	6	2
2	1	1	0	4
3	1	4	6	6
4	2	2	0	8
5	2	5	6	10
6	3	3	1	0
7	4	0	7	2
8	4	4	1	4
9	5	1	7	6
10	5	5	1	8
11	6	2	7	10
12	7	0	2	0
13	7	3	8	2
14	8	1	2	4
15	8	4	8	6
16	9	2	2	8
17	9	5	8	10
18	10	3	3	0
19	11	0	9	2
20	11	4	3	4
21	12	1	9	6
22	12	5	3	8
23	13	2	9	10
24	14	0	4	0
25	14	3	10	2
26	15	1	4	4

sur Pieds de Longueur.	Produit. Pieces.	Pieds.	Pouces.	Lignes.
27	15	4	10	6
28	16	2	4	8
29	16	5	10	10
30	17	3	5	0
31	18	0	11	2
32	18	4	5	4
33	19	1	11	6
34	19	5	5	8
35	20	2	11	10
36	21	0	6	0
37	21	4	0	2
38	22	1	6	4
39	22	5	0	6
40	23	2	6	8
41	24	0	0	10
42	24	3	7	0
43	25	1	1	2
44	25	4	7	4
45	26	2	1	6
46	26	5	7	8
47	27	3	1	10
48	28	0	8	0
49	28	4	2	2
50	29	1	8	4
51	29	5	2	6
52	30	2	8	8

sur Pieds de Longueur.	Produit. Pieces.	Pieds.	Pouces.	Lignes.
53	31	0	2	10
54	31	3	9	0
55	32	1	3	2
56	32	4	9	4
57	33	2	3	6
58	33	5	9	8
59	34	3	3	10
60	35	0	10	0
61	35	4	4	2
62	36	1	10	4
63	36	5	4	6
64	37	2	10	8
65	38	0	4	10
66	38	3	11	0
67	39	1	5	2
68	39	4	11	4
69	40	2	5	6
70	40	5	11	8
71	41	3	5	10
72	42	1	0	0
1/4	0	0	10	6½
1/2	0	1	9	1
3/4	0	2	7	7½

Grosseur de 11 & 24 pouces.

sur Pieds de Longueur	Produit. Pieces.	Fieds.	Pouces.	Lignes.
1	0	3	8	0
2	1	1	4	0
3	1	5	0	0
4	2	2	8	0
5	3	0	4	0
6	3	4	0	0
7	4	1	8	0
8	4	5	4	0
9	5	3	0	0
10	6	0	8	0
11	6	4	4	0
12	7	2	0	0
13	7	5	8	0
14	8	3	4	0
15	9	1	0	0
16	9	4	8	0
17	10	2	4	0
18	11	0	0	0
19	11	3	8	0
20	12	1	4	0
21	12	5	0	0
22	13	2	8	0
23	14	0	4	0
24	14	4	0	0
25	15	1	8	0
26	15	5	4	0

sur Fieds de Longueur	Produit. Pieces.	Fieds.	Pouces.	Lignes.
27	16	3	0	0
28	17	0	8	0
29	17	4	4	0
30	18	2	0	0
31	18	5	8	0
32	19	3	4	0
33	20	1	0	0
34	20	4	8	0
35	21	2	4	0
36	22	0	0	0
37	22	3	8	0
38	23	1	4	0
39	23	5	0	0
40	24	2	8	0
41	25	0	4	0
42	25	4	0	0
43	26	1	8	0
44	26	5	4	0
45	27	3	0	0
46	28	0	8	0
47	28	4	4	0
48	29	2	0	0
49	29	5	8	0
50	30	3	4	0
51	31	1	0	0
52	31	4	8	0

sur Pieds de Longueur	Produit. Pieces.	Pieds.	Pouces.	Lignes.
53	32	2	4	0
54	33	0	0	0
55	33	3	8	0
56	34	1	4	0
57	34	5	0	0
58	35	2	8	0
59	36	0	4	0
60	36	4	0	0
61	37	1	8	0
62	37	5	4	0
63	38	3	0	0
64	39	0	8	0
65	39	4	4	0
66	40	2	0	0
67	40	5	8	0
68	41	3	4	0
69	42	1	0	0
70	42	4	8	0
71	43	2	4	0
72	44	0	0	0
1/4	0	0	11	0
1/2	0	1	10	0
3/4	0	2	9	0

Grosseur de 11 & 25 pouces.

sur Pieds de Longueur.	Produit. Pieces.	Pieds.	Pouces.	Lignes.	sur Pieds de Longueur.	Produit. Pieces.	Pieds.	Pouces.	Lignes.	sur Pieds de Longueur.	Produit. Pieces.	Pieds.	Pouces.	Lignes.
1	0	3	9	10	27	17	1	1	6	53	33	4	5	2
2	1	1	7	8	28	17	4	11	4	54	34	2	3	0
3	1	5	5	6	29	18	2	9	2	55	35	0	0	10
4	2	3	3	4	30	19	0	7	0	56	35	3	10	8
5	3	1	1	2	31	19	4	4	10	57	36	1	8	6
6	3	4	11	0	32	20	2	2	8	58	36	5	6	4
7	4	2	8	10	33	21	0	0	6	59	37	3	4	2
8	5	0	6	8	34	21	3	10	4	60	38	1	2	0
9	5	4	4	6	35	22	1	8	2	61	38	4	11	10
10	6	2	2	4	36	22	5	6	0	62	39	2	9	8
11	7	0	0	2	37	23	3	3	10	63	40	0	7	6
12	7	3	10	0	38	24	1	1	8	64	40	4	5	4
13	8	1	7	10	39	24	4	11	6	65	41	2	3	2
14	8	5	5	8	40	25	2	9	4	66	42	0	1	0
15	9	3	3	6	41	26	0	7	2	67	42	3	10	10
16	10	1	1	4	42	26	4	5	0	68	43	1	8	8
17	10	4	11	2	43	27	2	2	10	69	43	4	6	6
18	11	2	9	0	44	28	0	0	8	70	44	3	5	4
19	12	0	6	10	45	28	3	10	6	71	45	1	2	2
20	12	4	4	8	46	29	1	8	4	72	45	5	0	0
21	13	2	2	6	47	29	5	6	2					
22	14	0	0	4	48	30	3	4	0					
23	14	3	10	2	49	31	1	1	10	$\frac{1}{4}$	0	0	11	$5\frac{1}{2}$
24	15	1	8	0	50	31	4	11	8	$\frac{1}{2}$	0	1	10	11
25	15	5	5	10	51	32	2	9	6	$\frac{3}{4}$	0	2	10	$4\frac{1}{2}$
26	16	3	3	8	52	33	0	7	4					

Grosseur de 11 & 26 pouces.

sur Pieds de Longueur.	Pieces.	Pieds.	Pouces.	Lignes.
1	0	3	11	8
2	1	1	11	4
3	1	5	11	0
4	2	3	10	8
5	3	1	10	4
6	3	5	10	0
7	4	3	9	8
8	5	1	9	4
9	5	5	9	0
10	6	3	8	8
11	7	1	8	4
12	7	5	8	0
13	8	3	7	8
14	9	1	7	4
15	9	5	7	0
16	10	3	6	8
17	11	1	6	4
18	11	5	6	0
19	12	3	5	8
20	13	1	5	4
21	13	5	5	0
22	14	3	4	8
23	15	1	4	4
24	15	5	4	0
25	16	3	3	8
26	17	1	3	4

sur Pieds de Longueur.	Pieces.	Pieds.	Pouces.	Lignes.
27	17	5	3	0
28	18	3	2	8
29	19	1	2	4
30	19	5	2	0
31	20	3	1	8
32	21	1	1	4
33	21	5	1	0
34	22	3	0	8
35	23	1	0	4
36	23	5	0	0
37	24	2	11	8
38	25	0	11	4
39	25	4	11	0
40	26	2	10	8
41	27	0	10	4
42	27	4	10	0
43	28	2	9	8
44	29	0	9	4
45	29	4	9	0
46	30	2	8	8
47	31	0	8	4
48	31	4	8	0
49	32	2	7	8
50	33	0	7	4
51	33	4	7	0
52	34	2	6	8

sur Pieds de Longueur.	Pieces.	Pieds.	Pouces.	Lignes.
53	35	0	6	4
54	35	4	6	0
55	36	2	5	8
56	37	0	5	4
57	37	4	5	0
58	38	2	4	8
59	39	0	4	4
60	39	4	4	0
61	40	2	3	8
62	41	0	3	4
63	41	4	3	0
64	42	2	2	8
65	43	0	2	4
66	43	4	2	0
67	44	2	1	8
68	45	0	1	4
69	45	4	1	0
70	46	2	0	8
71	47	0	0	4
72	47	4	0	0
1/4	0	0	11	11
1/2	0	1	11	10
3/4	0	2	11	9

Grosseur de 11 & 27 pouces.

sur Pieds de Longueur.	Pieces.	Pieds.	Pouces.	Lignes.	sur Pieds de Longueur.	Pieces.	Pieds.	Pouces.	Lignes.	sur Pieds de Longueur.	Pieces.	Pieds.	Pouces.	Lignes.
1	0	4	1	6	27	18	3	4	6	53	36	2	7	6
2	1	2	3	0	28	19	1	6	0	54	37	0	9	0
3	2	0	4	6	29	19	5	7	6	55	37	4	10	6
4	2	4	6	0	30	20	3	9	0	56	38	3	0	0
5	3	2	7	6	31	21	1	10	6	57	39	1	1	6
6	4	0	9	0	32	22	0	0	0	58	39	5	3	0
7	4	4	10	6	33	22	4	1	6	59	40	3	4	6
8	5	3	0	0	34	23	2	3	0	60	41	1	6	0
9	6	1	1	6	35	24	0	4	6	61	41	5	7	6
10	6	5	3	0	36	24	4	6	0	62	42	3	9	0
11	7	3	4	6	37	25	2	7	6	63	43	1	10	6
12	8	1	6	0	38	26	0	9	0	64	44	0	0	0
13	8	5	7	6	39	26	4	10	6	65	44	4	1	6
14	9	3	9	0	40	27	3	0	0	66	45	2	3	0
15	10	1	10	6	41	28	1	1	6	67	46	0	4	5
16	11	0	0	0	42	28	5	3	0	68	46	4	6	0
17	11	4	1	6	43	29	3	4	6	69	47	2	7	6
18	12	2	3	0	44	30	1	6	0	70	48	0	9	0
19	13	0	4	6	45	30	5	7	6	71	48	4	10	6
20	13	4	6	0	46	31	3	9	0	72	49	3	0	0
21	14	2	7	6	47	32	1	10	6					
22	15	0	9	0	48	33	0	0	0	$\frac{1}{4}$	0	1	0	4 $\frac{1}{2}$
23	15	4	10	6	49	33	4	1	6	$\frac{1}{2}$	0	2	0	9
24	16	3	0	0	50	34	2	3	0	$\frac{3}{4}$	0	3	1	1 $\frac{1}{2}$
25	17	1	1	6	51	35	0	4	6					
26	17	5	3	0	52	35	4	6	0					

Grosseur de 11 & 28 pouces.

sur Pieds de Longueur.	Produit. Pièces.	Pieds.	Pouces.	Lignes.
1	0..4.	3.	4	
2	1..2.	6.	8	
3	2..3.10.	0		
4	2..5.	1.	4	
5	3..3.	4.	8	
6	4..1.	8.	0	
7	4..5.11.	4		
8	5..4.	2.	8	
9	6..2.	6.	0	
10	7..0.	9.	4	
11	7..5.	0.	8	
12	8..3.	4.	0	
13	9..1.	7.	4	
14	9..5.10.	8		
15	10..4.	2.	0	
16	11..2.	5.	4	
17	12..0.	8.	8	
18	12..5.	6.	0	
19	13..3.	3.	4	
20	14..1.	6.	8	
21	14..5.10.	0		
22	15..4.	1.	4	
23	16..2.	4.	8	
24	17..0.	8.	0	
25	17..4.11.	4		
26	18..3.	2.	8	

sur Pieds de Longueur.	Produit. Pièces.	Pieds.	Pouces.	Lignes.
27	19..1.	6.	0	
28	19..5.	9.	4	
29	20..4.	0.	8	
30	21..2.	4.	0	
31	22..0.	7.	4	
32	22..4.10.	8		
33	23..3.	2.	0	
34	24..1.	5.	4	
35	24..5.	8.	8	
36	25..4.	0.	0	
37	26..2.	3.	4	
38	27..0.	6.	8	
39	27..4.10.	0		
40	28..3.	1.	4	
41	29..1.	4.	8	
42	29..5.	8.	0	
43	30..3.11.	4		
44	31..2.	2.	8	
45	32..0.	6.	0	
46	32..4.	9.	4	
47	33..3.	0.	8	
48	34..1.	4.	6	
49	34..5.	7.	4	
50	35..3.10.	8		
51	36..2.	2.	0	
52	37..0.	5.	4	

sur Pieds de Longueur.	Produit. Pièces.	Pieds.	Pouces.	Lignes.
53	37..4.	8.	8	
54	38..3.	0.	0	
55	39..1.	3.	4	
56	39..5.	6.	8	
57	40..3.10.	0		
58	41..2.	1.	4	
59	42..0.	4.	8	
60	42..4.	8.	0	
61	43..2.11.	4		
62	44..1.	2.	8	
63	44..5.	6.	0	
64	45..3.	9.	4	
65	46..2.	0.	8	
66	47..0.	4.	0	
67	47..4.	7.	4	
68	48..2.10.	8		
69	49..1.	2.	0	
70	49..5.	5.	4	
71	50..3.	8.	8	
72	51..2.	0.	0	
1/4	0..1.	0.	10	
1/2	0..2.	1.	8	
3/4	0..3.	2.	6	

Grosseur de 11 & 29 pouces.

sur Pieds de Longueur	Pieces	Pieds	Pouces	Lignes	sur Pieds de Longueur	Pieces	Pieds	Pouces	Lignes	sur Pieds de Longueur	Pieces	Pieds	Pouces	Lignes
1	0	4	5	2	27	19	5	7	6	53	39	0	9	10
2	1	2	10	4	28	20	4	0	8	54	39	5	3	0
3	2	1	3	6	29	21	2	5	10	55	40	3	8	2
4	2	5	8	8	30	22	0	11	0	56	41	2	1	4
5	3	4	1	10	31	22	5	4	2	57	42	0	6	6
6	4	2	7	0	32	23	3	9	4	58	42	4	11	8
7	5	1	0	2	33	24	2	2	6	59	43	3	4	10
8	5	5	5	4	34	25	0	7	8	60	44	1	10	0
9	6	3	10	6	35	25	5	0	10	61	45	0	3	2
10	7	2	3	8	36	26	3	6	0	62	45	4	8	4
11	8	0	8	10	37	27	1	11	2	63	46	3	1	6
12	8	5	2	0	38	28	0	4	4	64	47	1	6	8
13	9	3	7	2	39	28	4	9	6	65	47	5	11	10
14	10	2	0	4	40	29	3	2	8	66	48	4	5	0
15	11	0	5	6	41	30	1	7	10	67	49	2	10	2
16	11	4	10	8	42	31	0	1	0	68	50	1	3	4
17	12	3	3	10	43	31	4	6	2	69	50	5	8	6
18	13	1	9	0	44	32	2	11	4	70	51	4	1	8
19	14	0	2	2	45	33	1	4	6	71	52	2	6	10
20	14	4	7	4	46	33	5	9	8	72	53	1	0	0
21	15	3	0	6	47	34	4	2	10					
22	16	1	5	8	48	35	2	8	0	$\frac{1}{4}$	0	1	1	$3\frac{1}{2}$
23	16	5	10	10	49	36	1	1	2	$\frac{1}{2}$	0	2	2	7
24	17	4	4	0	50	36	5	6	4	$\frac{3}{4}$	0	3	3	$10\frac{1}{2}$
25	18	2	9	2	51	37	3	11	6					
26	19	1	2	4	52	38	2	4	8					

Grosseur de 11 & 30 pouces.

fur Pieds de Longueur.	Produit. Pieces.	Pieds.	Pouces.	Lignes.	fur Pieds de Longueur.	Produit. Pieces.	Pieds.	Pouces.	Lignes.	fur Pieds de Longueur.	Produit. Pieces.	Pieds.	Pouces.	Lignes.
1	0	4	7	0	27	20	3	9	0	53	40	2	11	0
2	1	3	2	0	28	21	2	4	0	54	41	1	6	0
3	2	1	9	0	29	22	0	11	0	55	42	0	1	0
4	3	0	4	0	30	22	5	6	0	56	42	4	8	0
5	3	4	11	0	31	23	4	1	0	57	43	3	3	0
6	4	3	6	0	32	24	2	8	0	58	44	1	10	0
7	5	2	1	0	33	25	1	3	0	59	45	0	5	0
8	6	0	8	0	34	25	5	10	0	60	45	5	0	0
9	6	5	3	0	35	26	4	5	0	61	46	3	7	0
10	7	3	10	0	36	27	3	0	0	62	47	2	2	0
11	8	2	5	0	37	28	1	7	0	63	48	0	9	0
12	9	1	0	0	38	29	0	2	0	64	48	5	4	0
13	9	5	7	0	39	29	4	9	0	65	49	3	11	0
14	10	4	2	0	40	30	3	4	0	66	50	2	6	0
15	11	2	9	0	41	31	1	11	0	67	51	1	1	0
16	12	1	4	0	42	32	0	6	0	68	51	5	8	0
17	12	5	11	0	43	32	5	1	0	69	52	4	3	0
18	13	4	6	0	44	33	3	8	0	70	53	2	10	0
19	14	3	1	0	45	34	2	3	0	71	54	1	5	0
20	15	1	8	0	46	35	0	10	0	72	55	0	0	0
21	16	0	3	0	47	35	5	5	0					
22	16	4	10	0	48	36	4	0	0	1/4	0	1	1	9
23	17	3	5	0	49	37	2	7	0	2/4	0	2	3	6
24	18	2	0	0	50	38	1	2	0	3/4	0	3	5	3
25	19	0	7	0	51	38	5	9	0					
26	19	5	2	0	52	39	4	4	0					

Grosseur de 12 pouces.

sur Pieds de Longueur.	Pieces.	Pieds.	Pouces.	Lignes.	sur Pieds de Longueur.	Pieces.	Pieds.	Pouces.	Lignes.	sur Pieds de Longueur.	Pieces.	Pieds.	Pouces.	Lignes.
1	0..2.	0.	0		27	9..0.	0.	0		53	17..4.	0.	0
2	0..4.	0.	0		28	9..2.	0.	0		54	18..0.	0.	0
3	1..0.	0.	0		29	9..4.	0.	0		55	18..2.	0.	0
4	1..2.	0.	0		30	10..0.	0.	0		56	18..4.	0.	0
5	1..4.	0.	0		31	10..2.	0.	0		57	19..0.	0.	0
6	2..0.	0.	0		32	10..4.	0.	0		58	19..2.	0.	0
7	2..2.	0.	0		33	11..0.	0.	0		59	19..4.	0.	0
8	2..4.	0.	0		34	11..2.	0.	0		60	20..0.	0.	0
9	3..0.	0.	0		35	11..4.	0.	0		61	20..2.	0.	0
10	3..2.	0.	0		36	12..0.	0.	0		62	20..4.	0.	0
11	3..4.	0.	0		37	12..2.	0.	0		63	21..0.	0.	0
12	4..0.	0.	0		38	12..4.	0.	0		64	21..2.	0.	0
13	4..2.	0.	0		39	13..0.	0.	0		65	21..4.	0.	0
14	4..4.	0.	0		40	13..2.	0.	0		66	22..0.	0.	0
15	5..0.	0.	0		41	13..4.	0.	0		67	22..2.	0.	0
16	5..2.	0.	0		42	14..0.	0.	0		68	22..4.	0.	0
17	5..4.	0.	0		43	14..2.	0.	0		69	23..0.	0.	0
18	6..0.	0.	0		44	14..4.	0.	0		70	23..2.	0.	0
19	6..2.	0.	0		45	15..0.	0.	0		71	23..4.	0.	0
20	6..4.	0.	0		46	15..2.	0.	0		72	24..0.	0.	0
21	7..0.	0.	0		47	15..4.	0.	0						
22	7..2.	0.	0		48	16..0.	0.	0		$\frac{1}{4}$	0..0.	6.	0
23	7..4.	0.	0		49	16..2.	0.	0		$\frac{1}{2}$	0..1.	0.	0
24	8..0.	0.	0		50	16..4.	0.	0		$\frac{3}{4}$	0..1,	6.	0
25	8..2.	0.	0		51	17..0.	0.	0						
26	8..4.	0.	0		52	17..2.	0.	0						

Grosseur de 12 & 13 pouces.

sur Pieds de Longueur.	Produit. Pieces.	Pieds.	Pouces.	Lignes.	sur Pieds de Longueur.	Produit. Pieces.	Pieds.	Pouces.	Lignes.	sur Pieds de Longueur.	Produit. Pieces.	Pieds.	Pouces.	Lignes.
1	0	2	2	0	27	9	4	6	0	53	19	0	10	0
2	0	4	4	0	28	10	0	8	0	54	19	3	0	0
3	1	0	6	0	29	10	2	10	0	55	19	5	2	0
4	1	2	8	0	30	10	5	0	0	56	20	1	4	0
5	1	4	10	0	31	11	1	2	0	57	20	3	6	0
6	2	1	0	0	32	11	3	4	0	58	20	5	8	0
7	2	3	2	0	33	11	5	6	0	59	21	1	10	0
8	2	5	4	0	34	12	1	8	0	60	21	4	0	0
9	3	1	6	0	35	12	3	10	0	61	22	0	2	0
10	3	3	8	0	36	13	0	0	0	62	22	2	4	0
11	3	5	10	0	37	13	2	2	0	63	22	4	6	0
12	4	2	0	0	38	13	4	4	0	64	23	0	8	0
13	4	4	2	0	39	14	0	6	0	65	23	2	10	0
14	5	0	4	0	40	14	2	8	0	66	23	5	0	0
15	5	2	6	0	41	14	4	10	0	67	24	1	2	0
16	5	4	8	0	42	15	1	0	0	68	24	3	4	0
17	6	0	10	0	43	15	3	2	0	69	24	5	6	0
18	6	3	0	0	44	15	5	4	0	70	25	1	8	0
19	6	5	2	0	45	16	1	6	0	71	25	3	10	0
20	7	1	4	0	46	16	3	8	0	72	26	0	0	0
21	7	3	6	0	47	16	5	10	0					
22	7	5	8	0	48	17	2	0	0	1/4	0	0	6	6
23	8	1	10	0	49	17	4	2	0	1/2	0	1	1	0
24	8	4	0	0	50	18	0	4	0	3/4	0	1	7	6
25	9	0	2	0	51	18	2	6	0					
26	9	2	4	0	52	18	4	8	0					

Grosseur de 12 & 14 pouces.

sur Pieds de Longueur.	Produit. Pieces.	Pieds.	Pouces.	Lignes.	sur Pieds de Longueur.	Produit. Pieces.	Pieds.	Pouces.	Lignes.	sur Pieds de Longueur.	Produit. Pieces.	Pieds.	Pouces.	Lignes.
1	0	2	4	0	27	10	3	0	0	53	20	3	8	0
2	0	4	8	0	28	10	5	4	0	54	21	0	0	0
3	1	1	0	0	29	11	1	8	0	55	21	2	4	0
4	1	3	4	0	30	11	4	0	0	56	21	4	8	0
5	1	5	8	0	31	12	0	4	0	57	22	1	0	0
6	2	2	0	0	32	12	2	8	0	58	22	3	4	0
7	2	4	4	0	33	12	5	0	0	59	22	5	8	0
8	3	0	8	0	34	13	1	4	0	60	23	2	0	0
9	3	3	0	0	35	13	3	8	0	61	23	4	4	0
10	3	5	4	0	36	14	0	0	0	62	24	0	8	0
11	4	1	8	0	37	14	2	4	0	63	24	3	0	0
12	4	4	0	0	38	14	4	8	0	64	24	5	4	0
13	5	0	4	0	39	15	1	0	0	65	25	1	8	0
14	5	2	8	0	40	15	3	4	0	66	25	4	0	0
15	5	5	0	0	41	15	5	8	0	67	26	0	4	0
16	6	1	4	0	42	16	2	0	0	68	26	2	8	0
17	6	3	8	0	43	16	4	4	0	69	26	5	0	0
18	7	0	0	0	44	17	0	8	0	70	27	1	4	0
19	7	2	4	0	45	17	3	0	0	71	27	3	8	0
20	7	4	8	0	46	17	5	4	0	72	28	0	0	0
21	8	1	0	0	47	18	1	8	0					
22	8	3	4	0	48	18	4	0	0					
23	8	5	8	0	49	19	0	4	0	1/4	0	0	7	0
24	9	2	0	0	50	19	2	8	0	1/2	0	1	2	0
25	9	4	4	0	51	19	5	0	0	3/4	0	1	9	0
26	10	0	8	0	52	20	1	4	0					

Grosseur de 12 & 15 pouces.

sur Pieds de Longueur.	Produit.				sur Pieds de Longueur.	Produit.				sur Pieds de Longueur.	Produit.			
	Pieces.	Pieds.	Pouces.	Lignes.		Pieces.	Pieds.	Pouces.	Lignes.		Pieces.	Pieds.	Pouces.	Lignes.
1	0	2	6	0	27	11	1	6	0	53	22	0	6	0
2	0	5	0	0	28	11	4	0	0	54	22	3	0	0
3	1	1	6	0	29	12	0	6	0	55	22	5	6	0
4	1	4	0	0	30	12	3	0	0	56	23	2	0	0
5	2	0	6	0	31	12	5	6	0	57	23	4	6	0
6	2	3	0	0	32	13	2	0	0	58	24	1	0	0
7	2	5	6	0	33	13	4	6	0	59	24	3	6	0
8	3	2	0	0	34	14	1	0	0	60	25	0	0	0
9	3	4	6	0	35	14	3	6	0	61	25	2	6	0
10	4	1	0	0	36	15	0	0	0	62	25	5	0	0
11	4	3	6	0	37	15	2	6	0	63	26	1	6	0
12	5	0	0	0	38	15	5	0	0	64	26	4	0	0
13	5	2	6	0	39	16	1	6	0	65	27	0	6	0
14	5	5	0	0	40	16	4	0	0	66	27	3	0	0
15	6	1	6	0	41	17	0	6	0	67	27	5	6	0
16	6	4	0	0	42	17	3	0	0	68	28	2	0	0
17	7	0	6	0	43	17	5	6	0	69	28	4	6	0
18	7	3	0	0	44	18	2	0	0	70	29	1	0	0
19	7	5	6	0	45	18	4	6	0	71	29	3	6	0
20	8	2	0	0	46	19	1	0	0	72	30	0	0	0
21	8	4	6	0	47	19	3	6	0					
22	9	1	0	0	48	20	0	0	0	1/4	0	0	7	6
23	9	3	6	0	49	20	2	6	0	1/2	0	1	3	0
24	10	0	0	0	50	20	5	0	0	3/4	0	1	10	6
25	10	2	6	0	51	21	1	6	0					
26	10	5	0	0	52	21	4	0	0					

Grosseur de 12 & 16 pouces.

sur Pieds de Longueur.	Produit. Pieces.	Pieds.	Pouces.	Lignes.	sur Pieds de Longueur.	Produit. Pieces.	Pieds.	Pouces.	Lignes.	sur Pieds de Longueur.	Produit. Pieces.	Pieds.	Pouces.	Lignes.
1	0,	2.	8.	0	27	12.	0.	0.	0	53	23.	3.	4.	0
2	0.	5.	4.	0	28	12.	2.	8.	0	54	24.	0.	0.	0
3	1.	2.	0.	0	29	12.	5.	4.	0	55	24.	2.	8.	0
4	1.	4.	8.	0	30	13.	2.	0.	0	56	24.	5.	4.	0
5	2.	1.	4.	0	31	13.	4.	8.	0	57	25.	2.	0.	0
6	2.	4.	0.	0	32	14.	1.	4.	0	58	25.	4.	8.	0
7	3.	0.	8.	0	33	14.	4.	0.	0	59	26.	1.	4.	0
8	3.	3.	4.	0	34	15.	0.	8.	0	60	26.	4.	0.	0
9	4.	0.	0.	0	35	15.	3.	4.	0	61	27.	0.	8.	0
10	4.	2.	8.	0	36	16.	0.	0.	0	62	27.	3.	4.	0
11	4.	5.	4.	0	37	16.	2.	8.	0	63	28.	0.	0.	0
12	5.	2.	0.	0	38	16.	5.	4.	0	64	28.	2.	8.	0
13	5.	4.	8.	0	39	17.	2.	0.	0	65	28.	5.	4.	0
14	6.	1.	4.	0	40	17.	4.	8.	0	66	29.	2.	0.	0
15	6.	4.	0.	0	41	18.	1.	4.	0	67	29.	4.	8.	0
16	7.	0.	8.	0	42	18.	4.	0.	0	68	30.	1.	4.	0
17	7.	3.	4.	0	43	19.	0.	8.	0	69	30.	4.	0.	0
18	8.	0.	0.	0	44	19.	3.	4.	0	70	31.	0.	8.	0
19	8.	2.	8.	0	45	20.	0.	0.	0	71	31.	3.	4.	0
20	8.	5.	4.	0	46	20.	2.	8.	0	72	32.	0.	0.	0
21	9.	2.	0.	0	47	20.	5.	4.	0					
22	9.	4.	8.	0	48	21.	2.	0.	0	1/4	0.	0.	8.	0
23	10.	1.	4.	0	49	21.	4.	8.	0	1/2	0.	1.	4.	0
24	10.	4.	0.	0	50	22.	1.	4.	0	3/4	0.	2.	0.	0
25	11.	0.	8.	0	51	22.	4.	0.	0					
26	11.	3.	4.	0	52	23.	0.	8.	0					

Grosseur de 12 & 17 pouces.

sur Pieds de Longueur.	Produit. Pieces.	Pieds.	Pouces.	Lignes.
1	0	2	10	0
2	0	5	8	0
3	1	2	6	0
4	1	5	4	0
5	2	2	2	0
6	2	5	0	0
7	3	1	10	0
8	3	4	8	0
9	4	1	6	0
10	4	4	4	0
11	5	1	2	0
12	5	4	0	0
13	6	0	10	0
14	6	3	8	0
15	7	0	6	0
16	7	3	4	0
17	8	0	2	0
18	8	3	0	0
19	8	5	10	0
20	9	2	8	0
21	9	5	6	0
22	10	2	4	0
23	10	5	2	0
24	11	2	0	0
25	11	4	10	0
26	12	1	8	0

sur Pieds de Longueur.	Produit. Pieces.	Pieds.	Pouces.	Lignes.
27	12	4	6	0
28	13	1	4	0
29	13	4	2	0
30	14	1	0	0
31	14	3	10	0
32	15	0	8	0
33	15	3	6	0
34	16	0	4	0
35	16	3	2	0
36	17	0	0	0
37	17	2	10	0
38	17	5	8	0
39	18	2	6	0
40	18	5	4	0
41	19	2	2	0
42	19	5	0	0
43	20	1	10	0
44	20	4	8	0
45	21	1	6	0
46	21	4	4	0
47	22	1	2	0
48	22	4	0	0
49	23	0	10	0
50	23	3	8	0
51	24	0	6	0
52	24	3	4	0

sur Pieds de Longueur.	Produit. Pieces.	Pieds.	Pouces.	Lignes.
53	25	0	2	0
54	25	3	0	0
55	25	5	10	0
56	26	2	8	0
57	26	5	6	0
58	27	2	4	0
59	27	5	2	0
60	28	2	0	0
61	28	4	10	0
62	29	1	8	0
63	29	4	6	0
64	30	1	4	0
65	30	4	2	0
66	31	1	0	0
67	31	3	10	0
68	32	0	8	0
69	32	3	6	0
70	33	0	4	0
71	33	3	2	0
72	34	0	0	0
1/4	0	0	8	6
1/2	0	1	5	0
3/4	0	2	1	6

Grosseur de 12 & 18 pouces.

sur Pieds de Longueur	Produit Pieces.	Pieds.	Pouces.	Lignes.
1	0..3.	0.	0	
2	1..0.	0.	0	
3	1..3.	0.	0	
4	2..0.	0.	0	
5	2..3.	0.	0	
6	3..0.	0.	0	
7	3..3.	0.	0	
8	4..0.	0.	0	
9	4..3.	0.	0	
10	5..0.	0.	0	
11	5..3.	0.	0	
12	6..0.	0.	0	
13	6..3.	0.	0	
14	7..0.	0.	0	
15	7..3.	0.	0	
16	8..0.	0.	0	
17	8..3.	0.	0	
18	9..0.	0.	0	
19	9..3.	0.	0	
20	10..0.	0.	0	
21	10..3.	0.	0	
22	11..0.	0.	0	
23	11..3.	0.	0	
24	12..0.	0.	0	
25	12..3.	0.	0	
26	13..0.	0.	0	

sur Pieds de Longueur	Produit Pieces.	Pieds.	Pouces.	Lignes.
27	13..3.	0.	0	
28	14..0.	0.	0	
29	14..3.	0.	0	
30	15..0.	0.	0	
31	15..3.	0.	0	
32	16..0.	0.	0	
33	16..3.	0.	0	
34	17..0.	0.	0	
35	17..3.	0.	0	
36	18..0.	0.	0	
37	18..3.	0.	0	
38	19..0.	0.	0	
39	19..3.	0.	0	
40	20..0.	0.	0	
41	20..3.	0.	0	
42	21..0.	0.	0	
43	21..3.	0.	0	
44	22..0.	0.	0	
45	22..3.	0.	0	
46	23..0.	0.	0	
47	23..3.	0.	0	
48	24..0.	0.	0	
49	24..3.	0.	0	
50	25..0.	0.	0	
51	25..3.	0.	0	
52	26..0.	0.	0	

sur Pieds de Longueur	Produit Pieces.	Pieds.	Pouces.	Lignes.
53	26..3.	0.	0	
54	27..0.	0.	0	
55	27..3.	0.	0	
56	28..0.	0.	0	
57	28..3.	0.	0	
58	29..0.	0.	0	
59	29..3.	0.	0	
60	30..0.	0.	0	
61	30..3.	0.	0	
62	31..0.	0.	0	
63	31..3.	0.	0	
64	32..0.	0.	0	
65	32..3.	0.	0	
66	33..0.	0.	0	
67	33..3.	0.	0	
68	34..0.	0.	0	
69	34..3.	0.	0	
70	35..0.	0.	0	
71	35..3.	0.	0	
72	36..0.	0.	0	
$\frac{1}{4}$	0..0.	9.	0	
$\frac{1}{2}$	00.1.	6.	0	
$\frac{3}{4}$	0..2.	3.	0	

Grosseur de 12 & 19 pouces.

sur Pieds de Longueur	Produit. Pieces.	Pieds.	Pouces.	Lignes.	sur Pieds de Longueur	Produit. Pieces.	Pieds.	Pouces.	Lignes.	sur Pieds de Longueur	Produit. Pieces.	Pieds.	Pouces.	Lignes.
1	0	3	2	0	27	14	1	6	0	53	27	5	10	0
2	1	0	4	0	28	14	4	8	0	54	28	3	0	0
3	1	3	6	0	29	15	1	10	0	55	29	0	2	0
4	2	0	8	0	30	15	5	0	0	56	29	3	4	0
5	2	3	10	0	31	16	2	2	0	57	30	0	6	0
6	3	1	0	0	32	16	5	4	0	58	30	3	8	0
7	3	4	2	0	33	17	2	6	0	59	31	0	10	0
8	4	1	4	0	34	17	5	8	0	60	31	4	0	0
9	4	4	6	0	35	18	2	10	0	61	32	1	2	0
10	5	1	8	0	36	19	0	0	0	62	32	4	4	0
11	5	4	10	0	37	19	3	2	0	63	33	1	6	0
12	6	2	0	0	38	20	0	4	0	64	33	4	8	0
13	6	5	2	0	39	20	3	6	0	65	34	1	10	0
14	7	2	4	0	40	21	0	8	0	66	34	5	0	0
15	7	5	6	0	41	21	3	10	0	67	35	2	2	0
16	8	2	8	0	42	22	1	0	0	68	35	5	4	0
17	8	5	10	0	43	22	4	2	0	69	36	2	6	0
18	9	3	0	0	44	23	1	4	0	70	36	5	8	0
19	10	0	2	0	45	23	4	6	0	71	37	2	10	0
20	10	3	4	0	46	24	1	8	0	72	38	0	6	0
21	11	0	6	0	47	24	4	10	0					
22	11	3	8	0	48	25	2	0	0	¼	0	0	9	6
23	12	0	10	0	49	25	5	2	0	½	0	1	7	0
24	12	4	0	0	50	26	2	4	0	¾	0	2	4	0
25	13	1	2	0	51	26	5	6	0					
26	13	4	4	0	52	27	2	8	0					

Grosseur de 12 & 20 pouces.

sur Pieds de Longueur.	Pieces.	Pieds.	Pouces.	Lignes.	sur Pieds de Longueur.	Pieces.	Pieds.	Pouces.	Lignes.	sur Pieds de Longueur.	Pieces.	Pieds.	Pouces.	Lignes.
1	0	3	4	0	27	15	0	0	0	53	29	2	8	0
2	1	0	8	0	28	15	3	4	0	54	30	0	0	0
3	1	4	0	0	29	16	0	8	0	55	30	3	4	0
4	2	1	4	0	30	16	4	0	0	56	31	0	8	0
5	2	4	8	0	31	17	1	4	0	57	31	4	0	0
6	3	2	0	0	32	17	4	8	0	58	32	1	4	0
7	3	5	4	0	33	18	2	0	0	59	32	4	8	0
8	4	2	8	0	34	18	5	4	0	60	33	2	0	0
9	5	0	0	0	35	19	2	8	0	61	33	5	4	0
10	5	3	4	0	36	20	0	0	0	62	34	2	8	0
11	6	0	8	0	37	20	3	4	0	63	35	0	0	0
12	6	4	0	0	38	21	0	8	0	64	35	3	4	0
13	7	1	4	0	39	21	4	0	0	65	36	0	8	0
14	7	4	8	0	40	22	1	4	0	66	36	4	0	0
15	8	2	0	0	41	22	4	8	0	67	37	1	4	0
16	8	5	4	0	42	23	2	0	0	68	37	4	8	0
17	9	2	8	0	43	23	5	4	0	69	38	2	0	0
18	10	0	0	0	44	24	2	8	0	70	38	5	4	0
19	10	3	4	0	45	25	0	0	0	71	39	2	8	0
20	11	0	8	0	46	25	3	4	0	72	40	0	0	0
21	11	4	0	0	47	26	0	8	0					
22	12	1	4	0	48	26	4	0	0	$\frac{1}{4}$	0	0	10	0
23	12	4	8	0	49	27	1	4	0	$\frac{1}{2}$	0	1	8	0
24	13	2	0	0	50	27	4	8	0	$\frac{3}{4}$	0	2	6	0
25	13	5	4	0	51	28	2	0	0					
26	14	2	8	0	52	28	5	4	0					

Grosseur de 12 & 21 pouces.

sur Pieds de Longueur.	Produit. Pieces.	Pieds.	Pouces.	Lignes.	sur Pieds de Longueur.	Produit. Pieces.	Pieds.	Pouces.	Lignes.	sur Pieds de Longueur.	Produit. Pieces.	Pieds.	Pouces.	Lignes.
1	0	3	6	0	27	15	4	6	0	53	30	5	6	0
2	1	1	0	0	28	16	2	0	0	54	31	3	0	0
3	1	4	6	0	29	16	5	6	0	55	32	0	6	0
4	2	2	0	0	30	17	3	0	0	56	32	4	0	0
5	2	5	6	0	31	18	0	6	0	57	33	1	6	0
6	3	3	0	0	32	18	4	0	0	58	33	5	0	0
7	4	0	6	0	33	19	1	6	0	59	34	2	6	0
8	4	4	0	0	34	19	5	0	0	60	35	0	0	0
9	5	1	6	0	35	20	2	6	0	61	35	3	6	0
10	5	5	0	0	36	21	0	0	0	62	36	1	0	0
11	6	2	6	0	37	21	3	6	0	63	36	4	6	0
12	7	0	0	0	38	22	1	0	0	64	37	2	0	0
13	7	3	6	0	39	22	4	6	0	65	37	5	6	0
14	8	1	0	0	40	23	2	0	0	66	38	3	0	0
15	8	4	6	0	41	23	5	6	0	67	39	0	6	0
16	9	2	0	0	42	24	3	0	0	68	39	4	0	0
17	9	5	6	0	43	25	0	6	0	69	40	1	6	0
18	10	3	0	0	44	25	4	0	0	70	40	5	0	0
19	11	0	6	0	45	26	1	6	0	71	41	2	6	0
20	11	4	0	0	46	26	5	0	0	72	42	0	0	0
21	12	1	6	0	47	27	2	6	0					
22	12	5	0	0	48	28	0	0	0					
23	13	2	6	0	49	28	3	6	0	$\frac{1}{4}$	0	0	10	6
24	14	0	0	0	50	29	1	0	0	$\frac{1}{2}$	0	1	9	0
25	14	3	6	0	51	29	4	6	0	$\frac{3}{4}$	0	2	7	6
26	15	1	0	0	52	30	2	0	0					

Grosseur de 12 & 22 pouces.

sur Pieds de Longueur.	Produit. Pieces.	Pieds.	Pouces.	Lignes.	sur Pieds de Longueur.	Pieces.	Pieds.	Pouces.	Lignes.	sur Pieds de Longueur.	Pieces.	Pieds.	Pouces.	Lignes.
1	0	3	8	0	27	16	3	0	0	53	32	2	4	0
2	1	1	4	0	28	17	0	8	0	54	33	0	0	0
3	1	5	0	0	29	17	4	4	0	55	33	3	8	0
4	2	2	8	0	30	18	2	0	0	56	34	1	4	0
5	3	0	4	0	31	18	5	8	0	57	34	5	0	0
6	3	4	0	0	32	19	3	4	0	58	35	2	8	0
7	4	1	8	0	33	20	1	0	0	59	36	0	4	0
8	4	5	4	0	34	20	4	8	0	60	36	4	0	0
9	5	3	0	0	35	21	2	4	0	61	37	1	8	0
10	6	0	8	0	36	22	0	0	0	62	37	5	4	0
11	6	4	4	0	37	22	3	8	0	63	38	3	0	0
12	7	2	0	0	38	23	1	4	0	64	39	0	8	0
13	7	5	8	0	39	23	5	0	0	65	39	4	4	0
14	8	3	4	0	40	24	2	8	0	66	40	2	0	0
15	9	1	0	0	41	25	0	4	0	67	40	5	8	0
16	9	4	8	0	42	25	4	0	0	68	41	3	4	0
17	10	2	4	0	43	26	1	8	0	69	42	1	0	0
18	11	0	0	0	44	26	5	4	0	70	42	4	8	0
19	11	3	8	0	45	27	3	0	0	71	43	2	4	0
20	12	1	4	0	46	28	0	8	0	72	44	0	0	0
21	12	5	0	0	47	28	4	4	0					
22	13	2	8	0	48	29	2	0	0					
23	14	0	4	0	49	29	5	8	0	1/4	0	0	11	0
24	14	4	0	0	50	30	3	4	0	1/2	0	1	10	0
25	15	1	8	0	51	31	1	0	0	3/4	0	2	9	0
26	15	5	4	0	52	31	4	8	0					

Grosseur de 12 & 23 pouces.

sur Pieds de Longueur.	Produit. Pieces.	Pieds.	Pouces.	Lignes.
1	0..3.	10.		0
2	1..1.	8.		0
3	1..5.	6.		0
4	2..3.	4.		0
5	3..1.	2.		0
6	3..5.	0.		0
7	4..2.	10.		0
8	5..0.	8.		0
9	5..4.	6.		0
10	6..2.	4.		0
11	7..0.	2.		0
12	7..4.	0.		0
13	8..1.	10.		0
14	8..5.	8.		0
15	9..3.	6.		0
16	10..1.	4.		0
17	10..5.	2.		0
18	11..3.	0.		0
19	12..0.	10.		0
20	12..4.	8.		0
21	13..2.	6.		0
22	14..0.	4.		0
23	14..4.	2.		0
24	15..2.	0.		0
25	15..5.	10.		0
26	16..3.	8.		0

sur Pieds de Longueur.	Produit. Pieces.	Pieds.	Pouces.	Lignes.
27	17..1.	6.		0
28	17..5.	4.		0
29	18..3.	2.		0
30	19..1.	0.		0
31	19..4.	10.		0
32	20..2.	8.		0
33	21..0.	6.		0
34	21..4.	4.		0
35	22..2.	2.		0
36	23..0.	0.		0
37	23..3.	10.		0
38	24..1.	8.		0
39	24..5.	6.		0
40	25..3.	4.		0
41	26..1.	2.		0
42	26..5.	0.		0
43	27..2.	10.		0
44	28..0.	8.		0
45	28..4.	6.		0
46	29..2.	4.		0
47	30..0.	2.		0
48	30..4.	0.		0
49	31..1.	10.		0
50	31..5.	8.		0
51	32..3.	6.		0
52	33..1.	4.		0

sur Pieds de Longueur	Produit. Pieces.	Pieds.	Pouces.	Lignes.
53	33..5.	2.		0
54	34..3.	0.		0
55	35..0.	10.		0
56	35..4.	8.		0
57	36..2.	6.		0
58	37..0.	4.		0
59	37..4.	2.		0
60	38..2.	0.		0
61	38..5.	10.		0
62	39..3.	8.		0
63	40..1.	6.		0
64	40..5.	4.		0
65	41..3.	2.		0
66	42..1.	0.		0
67	42..4.	10.		0
68	43..2.	8.		0
69	44..0.	6.		0
70	44..4.	4.		0
71	45..2.	2.		0
72	46..0.	0.		0
$\frac{1}{4}$	0..0.	11.		6
$\frac{1}{2}$	0..1.	11.		0
$\frac{3}{4}$	0..2.	10.		6

Grosseur de 12 & 24 pouces.

sur Pieds de Longueur.	Produit. Pieces.	Pieds.	Pouces.	Lignes.	sur Pieds de Longueur.	Produit. Pieces.	Pieds.	Pouces.	Lignes.	sur Pieds de Longueur.	Produit. Pieces.	Pieds.	Pouces.	Lignes.
1	0..4.	0.	0		27	18..0.	0.	0		53	35..2.	0.	0	
2	1..2.	0.	0		28	18..4.	0.	0		54	36..0.	0.	0	
3	2..0.	0.	0		29	19..2.	0.	0		55	36..4.	0.	0	
4	2..4.	0.	0		30	20..0.	0.	0		56	37..2.	0.	0	
5	3..2.	0.	0		31	20..4.	0.	0		57	38..0.	0.	0	
6	4..0.	0.	0		32	21..2.	0.	0		58	38..4.	0.	0	
7	4..4.	0.	0		33	22..0.	0.	0		59	39..2.	0.	0	
8	5..2.	0.	0		34	22..4.	0.	0		60	40..0.	0.	0	
9	6..0.	0.	0		35	23..2.	0.	0		61	40..4.	0.	0	
10	6..4.	0.	0		36	24..0.	0.	0		62	41..2.	0.	0	
11	7..2.	0.	0		37	24..4.	0.	0		63	42..0.	0.	0	
12	8..0.	0.	0		38	25..2.	0.	0		64	42..4.	0.	0	
13	8..4.	0.	0		39	26..0.	0.	0		65	43..2.	0.	0	
14	9..2.	0.	0		40	26..4.	0.	0		66	44..0.	0.	0	
15	10..0.	0.	0		41	27..2.	0.	0		67	44..4.	0.	0	
16	10..4.	0.	0		42	28..0.	0.	0		68	45..2.	0.	0	
17	11..2.	0.	0		43	28..4.	0.	0		69	46..0.	0.	0	
18	12..0.	0.	0		44	29..2.	0.	0		70	46..4.	0.	0	
19	12..4.	0.	0		45	30..0.	0.	0		71	47..2.	0.	0	
20	13..2.	0.	0		46	30..4.	0.	0		72	48..0.	0.	0	
21	14..0.	0.	0		47	31..2.	0.	0						
22	14..4.	0.	0		48	32..0.	0.	0						
23	15..2.	0.	0		49	32..4.	0.	0		1/4	0..1.	0.	0	
24	16..0.	0.	0		50	33..2.	0.	0		1/2	0..2.	0.	0	
25	16..4.	0.	0		51	34..0.	0.	0		3/4	0..3.	0.	0	
26	17..2.	0.	0		52	34..4.	0.	0						

Grosseur de 12 & 25 pouces.

sur Pieds de Longueur.	Pieces.	Pieds.	Pouces.	Lignes.	sur Pieds de Longueur.	Pieces.	Pieds.	Pouces.	Lignes.	sur Pieds de Longueur.	Pieces.	Pieds.	Pouces.	Lignes.
1	0	4	2	0	27	18	4	6	0	53	36	4	10	0
2	1	2	4	0	28	19	2	8	0	54	38	3	0	0
3	2	0	6	0	29	20	0	10	0	55	38	1	2	0
4	2	4	8	0	30	20	5	0	0	56	38	5	4	0
5	3	2	10	0	31	21	3	2	0	57	39	3	6	0
6	4	1	0	0	32	22	1	4	0	58	40	1	8	0
7	4	5	2	0	33	22	5	6	0	59	40	5	10	0
8	5	3	4	0	34	23	3	8	0	60	41	4	0	0
9	6	1	6	0	35	24	1	10	0	61	42	2	2	0
10	6	5	8	0	36	25	0	0	0	62	43	0	4	0
11	7	3	10	0	37	25	4	2	0	63	43	4	6	0
12	8	2	0	0	38	26	2	4	0	64	44	2	8	0
13	9	0	2	0	39	27	0	6	0	65	45	0	10	0
14	9	4	4	0	40	27	4	8	0	66	45	5	0	0
15	10	2	6	0	41	28	2	10	0	67	46	3	2	0
16	11	0	8	0	42	29	1	0	0	68	47	1	4	0
17	11	4	10	0	43	29	5	2	0	69	47	5	6	0
18	12	3	0	0	44	30	3	4	0	70	48	3	8	0
19	13	1	2	0	45	31	1	6	0	71	49	1	10	0
20	13	5	4	0	46	31	5	8	0	72	50	0	0	0
21	14	3	6	0	47	32	3	10	0					
22	15	1	8	0	48	33	2	0	0					
23	15	5	10	0	49	34	0	2	0	$\frac{1}{4}$	0	1	0	6
24	16	4	0	0	50	34	4	4	0	$\frac{1}{2}$	0	2	1	0
25	17	2	2	0	51	35	2	6	0	$\frac{3}{4}$	0	3	1	6
26	18	0	4	0	52	36	0	8	0					

Grosseur de 12 & 26 pouces.

sur Pieds de Longueur.	Pieces.	Pieds.	Pouces.	Lignes.	sur Pieds de Longueur.	Pieces.	Pieds.	Pouces.	Lignes.	sur Pieds de Longueur.	Pieces.	Pieds.	Pouces.	Lignes.
1	0	4	4	0	27	19	3	0	0	53	38	1	8	0
2	1	2	8	0	28	20	1	4	0	54	39	0	0	0
3	2	1	0	0	29	2	5	8	0	55	39	4	4	0
4	2	5	4	0	30	21	4	0	0	56	40	2	8	0
5	3	3	8	0	31	22	2	4	0	57	41	1	0	0
6	4	2	0	0	32	23	0	8	0	58	41	5	4	0
7	5	0	4	0	33	23	5	0	0	59	42	3	8	0
8	5	4	8	0	34	24	3	4	0	60	43	2	0	0
9	6	3	0	0	35	25	1	8	0	61	44	0	4	0
10	7	1	4	0	36	26	0	0	0	62	44	4	8	0
11	7	5	8	0	37	26	4	4	0	63	45	3	0	0
12	8	4	0	0	38	27	2	8	0	64	46	1	4	0
13	9	2	4	0	39	28	1	0	0	65	46	5	8	0
14	10	0	8	0	40	28	5	4	0	66	47	4	0	9
15	10	5	0	0	41	29	3	8	0	67	48	2	4	0
16	11	3	4	0	42	30	2	0	0	68	48	0	8	0
17	12	1	8	0	43	31	0	4	0	69	49	5	0	0
18	13	0	0	0	44	31	4	8	0	70	50	3	4	0
19	13	4	4	0	45	32	3	0	0	71	51	1	8	0
20	14	2	8	0	46	33	1	4	0	72	52	0	0	0
21	15	1	0	0	47	33	5	8	0					
22	15	5	4	0	48	34	4	0	0	$\frac{1}{4}$	0	1	1	0
23	16	3	8	0	49	35	2	4	0	$\frac{1}{2}$	0	2	2	0
24	17	2	0	0	50	36	0	8	0	$\frac{3}{4}$	0	3	3	0
25	18	0	4	0	51	36	5	0	0					
26	18	4	8	0	52	37	3	4	0					

Grosseur de 12 & 27 pouces.

fur Pieds de Longueur.	Pieces.	Pieds.	Pouces.	Lignes.	fur Pieds de Longueur.	Pieces.	Pieds.	Pouces.	Lignes.	fur Pieds de Longueur.	Pieces.	Pieds.	Pouces.	Lignes.
1	0	4	6	0	27	20	1	6	0	53	39	4	6	0
2	1	3	0	0	28	21	0	0	0	54	40	3	0	0
3	2	1	6	0	29	21	4	6	0	55	41	1	6	0
4	3	0	0	0	30	22	3	0	0	56	42	0	0	0
5	3	4	6	0	31	23	1	6	0	57	42	4	6	0
6	4	3	0	0	32	24	0	0	0	58	43	3	0	0
7	5	1	6	0	33	24	4	6	0	59	44	1	6	0
8	6	0	0	0	34	25	3	0	0	60	45	0	0	0
9	6	4	6	0	35	26	1	6	0	61	45	4	6	0
10	7	3	0	0	36	27	0	0	0	62	46	3	0	0
11	8	1	6	0	37	27	4	6	0	63	47	1	6	0
12	9	0	0	0	38	28	3	0	0	64	48	0	0	0
13	9	4	6	0	39	29	1	6	0	65	48	4	6	0
14	10	3	0	0	40	30	0	0	0	66	49	3	0	0
15	11	1	6	0	41	30	4	6	0	67	50	1	6	0
16	12	0	0	0	42	31	3	0	0	68	51	0	0	0
17	12	4	6	0	43	32	1	6	0	69	51	4	6	0
18	13	3	0	0	44	33	0	0	0	70	52	3	0	0
19	14	1	6	0	45	33	4	6	0	71	53	1	6	0
20	15	0	0	0	46	34	3	0	0	72	54	0	0	0
21	15	4	6	0	47	35	1	6	0					
22	16	3	0	0	48	36	0	0	0					
23	17	1	6	0	49	36	4	6	0	1/4	0	1	1	6
24	18	0	0	0	50	37	3	0	0	1/2	0	2	3	0
25	18	4	6	0	51	38	1	6	0	3/4	0	3	4	6
26	19	3	0	0	52	39	0	0	0					

Grosseur de 12 & 28 pouces.

sur Pieds de Longueur.	Pieces.	Pieds.	Pouces.	Lignes.
1	0	4	8	0
2	1	3	4	0
3	2	2	0	0
4	3	0	8	0
5	3	5	4	9
6	4	4	0	0
7	5	2	8	0
8	6	1	4	0
9	7	0	0	0
10	7	4	8	0
11	8	3	4	0
12	9	2	0	0
13	10	0	8	0
14	10	5	4	0
15	11	4	0	0
16	12	2	8	0
17	13	1	4	0
18	14	0	0	0
19	14	4	8	0
20	15	3	4	0
21	16	2	0	0
22	17	0	8	0
23	17	5	4	0
24	18	4	0	0
25	19	2	8	0
26	20	1	4	0

sur Pieds de Longueur.	Pieces.	Pieds.	Pouces.	Lignes.
27	21	0	0	0
28	21	4	8	0
29	22	3	4	0
30	23	2	0	0
31	24	0	8	0
32	24	5	4	0
33	25	4	0	0
34	26	2	8	0
35	27	1	4	0
36	28	0	0	0
37	28	4	8	0
38	29	3	4	0
39	30	2	0	0
40	31	0	8	0
41	31	5	4	0
42	32	4	0	0
43	33	2	8	0
44	34	1	4	0
45	35	0	0	0
46	35	4	8	0
47	36	3	4	0
48	37	2	0	0
49	38	0	8	0
50	38	5	4	0
51	39	4	0	0
52	40	2	8	0

sur Pieds de Longueur.	Pieces.	Pieds.	Pouces.	Lignes.
53	41	1	4	0
54	42	0	0	0
55	42	4	8	0
56	43	3	4	0
57	44	2	0	0
58	45	0	8	0
59	45	5	4	0
60	46	4	0	0
61	47	2	8	0
62	48	1	4	0
63	49	0	0	0
64	49	4	8	0
65	50	3	4	0
66	51	2	0	0
67	52	0	8	0
68	52	5	4	0
69	53	4	0	0
70	54	2	8	0
71	55	1	4	0
72	56	0	0	0
$\frac{1}{4}$	0	1	2	0
$\frac{1}{2}$	0	2	4	0
$\frac{3}{4}$	0	3	6	0

Grosseur de 12 & 29 pouces.

sur Pieds de Longueur.	Produit. Pieces.	Pieds.	Pouces.	Lignes.	sur Pieds de Longueur.	Produit. Pieces.	Pieds.	Pouces.	Lignes.	sur Pieds de Longueur.	Produit. Pieces.	Pieds.	Pouces.	Lignes.
1	0	4	10	0	27	21	4	6	0	53	42	4	2	0
2	1	3	8	0	28	22	3	4	0	54	43	3	0	0
3	2	2	6	0	29	23	2	2	0	55	44	1	10	0
4	3	1	4	0	30	24	1	0	0	56	45	0	8	0
5	4	0	2	0	31	24	5	10	0	57	45	5	6	0
6	4	5	0	0	32	25	4	8	0	58	46	4	4	0
7	5	3	10	0	33	26	3	6	0	59	47	3	2	0
8	6	2	8	0	34	27	2	4	0	60	48	2	0	0
9	7	1	6	0	35	28	1	2	0	61	49	0	10	0
10	8	0	4	0	36	29	0	0	0	62	49	5	8	0
11	8	5	2	0	37	29	4	10	0	63	50	4	6	0
12	9	4	0	0	38	30	3	8	0	64	51	3	4	0
13	10	2	10	0	39	31	2	6	0	65	52	2	2	0
14	11	1	8	0	40	32	1	4	0	66	53	1	0	0
15	12	0	6	0	41	33	0	2	0	67	53	5	10	0
16	12	5	4	0	42	33	5	0	0	68	54	4	8	0
17	13	4	2	0	43	34	3	10	0	69	55	3	6	0
18	14	3	0	0	44	35	2	8	0	70	56	2	4	0
19	15	1	10	0	45	36	1	6	0	71	57	1	2	0
20	16	0	8	0	46	37	0	4	0	72	58	0	0	0
21	16	5	6	0	47	37	5	2	0					
22	17	4	4	0	48	38	4	0	0	1/4	0	1	2	6
23	18	3	2	0	49	39	2	10	0	1/2	0	2	5	0
24	19	2	0	0	50	40	1	8	0	3/4	0	3	7	6
25	20	0	10	0	51	41	0	6	0					
26	20	5	8	0	52	41	5	4	0					

Grosseur de 12 & 30 pouces.

sur Pieds de Longueur.	Produit. Pieces.	Pieds.	Pouces.	Lignes.
1	0..5.	0.	0	
2	1..4.	0.	0	
3	2..3.	0.	0	
4	3..2.	0.	0	
5	4..1.	0.	0	
6	5..0.	0.	0	
7	5..5.	0.	0	
8	6..4.	0.	0	
9	7..3.	0.	0	
10	8..2.	0.	0	
11	9..1.	0.	0	
12	10..0.	0.	0	
13	10..5.	0.	0	
14	11..4.	0.	0	
15	12..3.	0.	0	
16	13..2.	0.	0	
17	14..1.	0.	0	
18	15..0.	0.	0	
19	15..5.	0.	0	
20	16..4.	0.	0	
21	17..3.	0.	0	
22	18..2.	0.	0	
23	19..1.	0.	0	
24	20..0.	0.	0	
25	20..5.	0.	0	
26	21..4.	0.	0	

sur Pieds de Longueur.	Produit. Pieces.	Pieds.	Pouces.	Lignes.
27	22..3.	0.	0	
28	23..2.	0.	0	
29	24..1.	0.	0	
30	25..0.	0.	0	
31	25..5.	0.	0	
32	26..4.	0.	0	
33	27..3.	0.	0	
34	28..2.	0.	0	
35	29..1.	0.	0	
36	30..0.	0.	0	
37	30..5.	0.	0	
38	31..4.	0.	0	
39	32..3.	0.	0	
40	33..2.	0.	0	
41	34..1.	0.	0	
42	35..0.	0.	0	
43	35..5.	0.	0	
44	36..4.	0.	0	
45	37..3.	0.	0	
46	38..2.	0.	0	
47	39..1.	0.	0	
48	40..0.	0.	0	
49	40..5.	0.	0	
50	41..4.	0.	0	
51	42..3.	0.	0	
52	43..2.	0.	0	

sur Pieds de Longueur.	Produit. Pieces.	Pieds.	Pouces.	Lignes.
53	44..1.	0.	0	
54	45..0.	0.	0	
55	45..5.	0.	0	
56	46..4.	0.	0	
57	47..3.	0.	0	
58	48..2.	0.	0	
59	49..1.	0.	0	
60	50..0.	0.	0	
61	50..5.	0.	0	
62	51..4.	0.	0	
63	52..3.	0.	0	
64	53..2.	0.	0	
65	54..1.	0.	0	
66	55..0.	0.	0	
67	55..5.	0.	0	
68	56..4.	0.	0	
69	57..3.	0.	0	
70	58..2.	0.	0	
71	59..1.	0.	0	
72	60..0.	0.	0	
1/4	0..1.	3.	0	
1/2	0..2.	6.	0	
3/4	0..3.	9.	0	

Grosseur de 13 pouces.

sur Pieds de Longueur.	Pieces.	Pieds.	Pouces.	Lignes.
1	0	2	4	2
2	0	4	8	4
3	1	1	0	6
4	1	3	4	8
5	1	5	8	10
6	2	2	1	0
7	2	4	5	2
8	3	0	9	4
9	3	3	1	6
10	3	5	5	8
11	4	1	9	10
12	4	4	2	0
13	5	0	6	2
14	5	2	10	4
15	5	5	2	6
16	6	1	6	8
17	6	3	10	10
18	7	0	3	0
19	7	2	7	2
20	7	4	11	4
21	8	1	3	6
22	8	3	7	8
23	8	5	11	10
24	9	2	4	0
25	9	4	8	2
26	10	1	0	4

sur Pieds de Longueur.	Pieces.	Pieds.	Pouces.	Lignes.
27	10	3	4	6
28	10	5	8	8
29	11	2	0	10
30	11	4	5	0
31	12	0	9	2
32	12	3	1	4
33	12	5	5	6
34	13	1	9	8
35	13	4	1	10
36	14	0	6	0
37	14	2	10	2
38	14	5	2	4
39	15	1	6	6
40	15	3	10	8
41	16	0	2	10
42	16	2	7	0
43	16	4	11	2
44	17	1	3	4
45	17	3	7	6
46	17	5	11	8
47	18	2	3	10
48	18	4	8	0
49	19	1	0	2
50	19	3	4	4
51	19	5	8	6
52	20	2	0	8

sur Pieds de Longueur.	Pieces.	Pieds.	Pouces.	Lignes.
53	20	4	4	10
54	21	0	9	0
55	21	3	1	2
56	21	5	5	4
57	22	1	9	6
58	22	4	1	8
59	23	0	5	10
60	23	2	10	0
61	23	5	2	2
62	24	1	6	4
63	24	3	10	6
64	25	0	2	8
65	25	2	6	10
66	25	4	11	0
67	26	1	3	2
68	26	3	7	4
69	26	5	11	6
70	27	2	3	8
71	27	4	7	10
72	28	1	0	0
$\frac{1}{4}$	0	0	7	$0\frac{1}{2}$
$\frac{1}{2}$	0	1	2	1
$\frac{3}{4}$	0	1	9	$1\frac{1}{2}$

Grosseur de 13 & 14 pouces.

sur Pieds de Longueur.	Produit. Pieces.	Pieds.	Pouces.	Lignes.
1	0	2	6	4
2	0	5	0	8
3	1	1	7	0
4	1	4	1	4
5	2	0	7	8
6	2	3	2	0
7	2	5	8	4
8	3	2	2	8
9	3	4	9	0
10	4	1	3	4
11	4	3	9	8
12	5	0	4	0
13	5	2	10	4
14	5	5	4	8
15	6	1	11	0
16	6	4	5	4
17	7	0	11	8
18	7	3	6	0
19	8	0	0	4
20	8	2	6	8
21	8	5	1	0
22	9	1	7	4
23	9	4	1	8
24	10	0	8	0
25	10	3	2	4
26	10	5	8	8

sur Pieds de Longueur.	Produit. Pieces.	Pieds.	Pouces.	Lignes.
27	11	2	3	0
28	11	4	9	4
29	12	1	3	8
30	12	3	10	0
31	13	0	4	4
32	13	2	10	8
33	13	5	5	0
34	14	1	11	4
35	14	4	5	8
36	15	1	0	0
37	15	3	6	4
38	16	0	0	8
39	16	2	7	0
40	16	5	1	4
41	17	1	7	8
42	17	4	2	0
43	18	0	8	4
44	18	3	2	8
45	18	5	9	0
46	19	2	3	4
47	19	4	9	8
48	20	1	4	0
49	20	3	10	4
50	21	0	4	8
51	21	2	11	0
52	21	5	5	4

sur Pieds de Longueur.	Produit. Pieces.	Pieds.	Pouces.	Lignes.
53	22	1	11	8
54	22	4	6	0
55	23	1	0	4
56	23	3	6	8
57	24	0	1	0
58	24	2	7	4
59	24	5	1	8
60	25	1	8	0
61	25	4	2	4
62	26	0	8	8
63	26	3	3	0
64	26	5	9	4
65	27	2	3	8
66	27	4	10	0
67	28	1	4	4
68	28	3	10	8
69	29	0	5	0
70	29	2	11	4
71	29	5	5	8
72	30	2	0	0
1/4	0	0	7	7
1/2	0	1	3	2
3/4	0	1	10	9

Grosseur de 13 & 15 pouces.

sur Pieds de Longueur.	Pieces.	Pieds.	Pouces.	Lignes.	sur Pieds de Longueur.	Pieces.	Pieds.	Pouces.	Lignes.	sur Pieds de Longueur.	Pieces.	Pieds.	Pouces.	Lignes.
1	0	2	8	6	27	12	1	1	6	53	23	5	6	6
2	0	5	5	0	28	12	3	10	0	54	24	2	3	0
3	1	2	1	6	29	13	0	6	6	55	24	4	11	6
4	1	4	10	0	30	13	3	3	0	56	25	1	8	0
5	2	1	6	6	31	13	5	11	6	57	25	4	4	6
6	2	4	3	0	32	14	2	8	0	58	26	1	1	0
7	3	0	11	6	33	14	5	4	6	59	26	3	9	6
8	3	3	8	0	34	15	2	1	0	60	27	0	6	0
9	4	0	4	6	35	15	4	9	6	61	27	3	2	6
10	4	3	1	0	36	16	1	6	0	62	27	5	11	0
11	4	5	9	6	37	16	4	2	6	63	28	2	7	6
12	5	2	6	0	38	17	0	11	0	64	28	5	4	0
13	5	5	2	6	39	17	3	7	6	65	29	2	0	6
14	6	1	11	0	40	18	0	4	0	66	29	4	9	0
15	6	4	7	6	41	18	3	0	6	67	30	1	5	6
16	7	1	4	0	42	18	5	9	0	68	30	4	2	0
17	7	4	0	6	43	19	2	5	6	69	31	0	10	6
18	8	0	9	0	44	19	5	2	0	70	31	3	7	0
19	8	3	5	6	45	20	1	10	6	71	32	0	3	6
20	9	0	2	0	46	20	4	7	0	72	32	3	0	0
21	9	2	10	6	47	21	1	3	6					
22	9	5	7	0	48	21	4	0	0					
23	10	2	3	6	49	22	0	8	6	1/4	0	0	8	1 1/2
24	10	5	0	0	50	22	3	5	0	1/2	0	1	4	3
25	11	1	8	6	51	23	0	1	6	3/4	0	2	0	4 1/2
26	11	4	5	0	52	23	2	10	0					

Grosseur de 13 & 16 pouces.

sur Pieds de Longueur	Produit Pieces	Pieds	Pouces	Lignes	sur Pieds de Longueur	Produit Pieces	Pieds	Pouces	Lignes	sur Pieds de Longueur	Produit Pieces	Pieds	Pouces	Lignes
1	0	2	10	8	27	13	0	0	0	53	25	3	1	4
2	0	5	9	4	28	13	2	10	8	54	26	0	0	0
3	1	2	8	0	29	13	5	9	4	55	26	2	10	8
4	1	5	6	8	30	14	2	8	0	56	26	5	9	4
5	2	2	5	4	31	14	5	6	8	57	27	2	8	0
6	2	5	4	0	32	15	2	5	4	58	27	5	6	8
7	3	2	2	8	33	15	5	4	0	59	28	2	5	4
8	3	5	1	4	34	16	2	2	8	60	28	5	4	0
9	4	2	0	0	35	16	5	1	4	61	29	2	2	8
10	4	4	10	8	36	17	2	0	0	62	29	5	1	4
11	5	1	9	4	37	17	4	10	8	63	30	2	0	0
12	5	4	8	0	38	18	1	9	4	64	30	4	10	8
13	6	1	6	8	39	18	4	8	0	65	31	1	9	4
14	6	4	5	4	40	19	1	6	8	66	31	4	8	0
15	7	1	4	0	41	19	4	5	4	67	32	1	6	8
16	7	4	2	8	42	20	1	4	0	68	32	4	5	4
17	8	1	1	4	43	20	4	2	8	69	33	1	4	0
18	8	4	0	0	44	21	1	1	4	70	33	4	2	8
19	9	0	10	8	45	21	4	0	0	71	34	1	1	4
20	9	3	9	4	46	22	0	10	8	72	34	4	0	0
21	10	0	8	0	47	22	3	9	4	1/4	0	0	8	8
22	10	3	6	8	48	23	0	8	0	1/2	00	1	5	4
23	11	0	5	4	49	23	3	6	8	3/4	0	2	2	0
24	11	3	4	0	50	24	0	5	4					
25	12	0	2	8	51	24	3	4	0					
26	12	3	1	4	52	25	0	2	8					

Grosseur de 13 & 17 pouces.

sur Pieds de Longueur.	Produit.				sur Pieds de Longueur.	Produit.				sur Pieds de Longueur.	Produit.			
	Pieces.	Pieds.	Pouces.	Lignes.		Pieces.	Pieds.	Pouces.	Lignes.		Pieces.	Pieds.	Pouces.	Lignes.
1	0	3	0	10	27	13	4	10	6	53	27	0	8	2
2	1	0	1	8	28	14	1	11	4	54	27	3	9	0
3	1	3	2	6	29	14	5	0	2	55	28	0	9	10
4	2	0	3	4	30	15	2	1	0	56	28	3	10	8
5	2	3	4	2	31	15	5	1	10	57	29	0	11	6
6	3	0	5	0	32	16	2	2	8	58	29	4	0	4
7	3	3	5	10	33	16	5	3	6	59	30	1	1	2
8	4	0	6	8	34	17	2	4	4	60	30	4	2	0
9	4	3	7	6	35	17	5	5	2	61	31	1	2	10
10	5	0	8	4	36	18	2	6	0	62	31	4	3	8
11	5	3	9	2	37	18	5	6	10	63	32	1	4	6
12	6	0	10	0	38	19	2	7	8	64	32	4	5	4
13	6	3	10	10	39	19	5	8	6	65	33	1	6	2
14	7	0	11	8	40	20	2	9	4	66	33	4	7	0
15	7	4	0	6	41	20	5	10	2	67	34	1	7	10
16	8	1	1	4	42	21	2	11	0	68	34	4	8	8
17	8	4	2	2	43	21	5	11	10	69	35	1	9	6
18	9	1	3	0	44	22	3	0	8	70	35	4	10	4
19	9	4	3	10	45	23	0	1	6	71	36	1	11	2
20	10	1	4	8	46	23	3	2	4	72	36	5	0	0
21	10	4	5	6	47	24	0	3	2					
22	11	1	6	4	48	24	3	4	0	1/4	0	0	9	2 1/2
23	11	4	7	2	49	25	0	4	10	1/2	0	1	6	5
24	12	1	8	0	50	25	3	5	8	3/4	0	2	3	7 1/2
25	12	4	8	10	51	26	0	6	6					
26	13	1	9	8	52	26	3	7	4					

Groſſeur de 13 & 18 pouces.

ſur Pieds de Longueur.	Produit. Pieces.	Pieds.	Pouces.	Lignes.
1	0	3	3	0
2	1	0	6	0
3	1	3	9	0
4	2	1	0	0
5	2	4	3	0
6	3	1	6	0
7	3	4	9	0
8	4	2	0	0
9	4	5	3	0
10	5	2	6	0
11	5	5	9	0
12	6	3	0	0
13	7	0	3	0
14	7	3	6	0
15	8	0	9	0
16	8	4	0	0
17	9	1	3	0
18	9	4	6	0
19	10	1	9	0
20	10	5	0	0
21	11	2	3	0
22	11	5	6	0
23	12	2	9	0
24	13	0	0	0
25	13	3	3	0
26	14	0	6	0

ſur Pieds de Longueur.	Produit. Pieces.	Pieds.	Pouces.	Lignes.
27	14	3	9	0
28	15	1	0	0
29	15	4	3	0
30	16	1	6	0
31	16	4	9	0
32	17	2	0	0
33	17	5	3	0
34	18	2	6	0
35	18	5	9	0
36	19	3	0	0
37	20	0	3	0
38	20	3	6	0
39	21	0	9	0
40	21	4	0	0
41	22	1	3	0
42	22	4	6	0
43	23	1	9	0
44	23	5	0	0
45	24	2	3	0
46	24	5	6	0
47	25	2	9	0
48	26	0	0	0
49	26	3	3	0
50	27	0	6	0
51	27	3	9	0
52	28	1	0	0

ſur Pieds de Longueur.	Produit. Pieces.	Pieds.	Pouces.	Lignes.
53	28	4	3	0
54	29	1	6	0
55	29	4	9	0
56	30	2	0	0
57	30	5	3	0
58	31	2	6	0
59	31	5	9	0
60	32	3	0	0
61	33	0	3	0
62	33	3	6	0
63	34	0	9	0
64	34	4	0	0
65	35	1	3	0
66	35	4	6	0
67	36	1	9	0
68	36	5	0	0
69	37	2	3	0
70	37	5	6	0
71	38	2	9	0
72	39	0	0	0
$\frac{1}{4}$	0	0	9	9
$\frac{1}{2}$	0	1	7	6
$\frac{3}{4}$	0	2	5	3

Grosseur de 13 & 19 pouces.

sur Pieds de Longueur.	Produit. Pieces.	Pieds.	Pouces.	Lignes.	sur Pieds de Longueur.	Produit. Pieces.	Pieds.	Pouces.	Lignes.	sur Pieds de Longueur.	Produit. Pieces.	Pieds.	Pouces.	Lignes.
1	0	3	5	2	27	15	2	7	6	53	30	1	9	10
2	1	0	10	4	28	16	0	0	8	54	30	5	3	0
3	1	4	3	6	29	16	3	5	10	55	31	2	8	2
4	2	1	8	8	30	17	0	11	0	56	32	0	1	4
5	2	5	1	10	31	17	4	4	2	57	32	3	6	6
6	3	2	7	0	32	18	1	9	4	58	33	0	11	8
7	4	0	0	2	33	18	5	2	6	59	33	4	4	10
8	4	3	5	4	34	19	2	7	8	60	34	1	10	0
9	5	0	10	6	35	20	0	0	10	61	34	5	3	2
10	5	4	3	8	36	20	3	6	0	62	35	2	8	4
11	6	1	8	10	37	21	0	11	2	63	36	0	1	6
12	6	5	2	0	38	21	4	4	4	64	36	3	6	8
13	7	2	7	2	39	22	1	9	6	65	37	0	11	10
14	8	0	0	4	40	22	5	2	8	66	37	4	5	0
15	8	3	5	6	41	23	2	7	10	67	38	1	10	2
16	9	0	10	8	42	24	0	1	0	68	38	5	3	4
17	9	4	3	10	43	24	3	6	2	69	39	2	8	6
18	10	1	9	0	44	25	0	11	4	70	40	0	1	8
19	10	5	2	2	45	25	4	4	6	71	40	3	6	10
20	11	2	7	4	46	26	1	9	8	72	41	1	0	0
21	12	0	0	6	47	26	5	2	10					
22	12	3	5	8	48	27	2	8	0	1/4	0	0	10	3 ½
23	13	0	10	10	49	28	0	1	2	1/2	0	1	8	7
24	13	4	4	0	50	28	3	6	4	3/4	0	2	6	10
25	14	1	9	2	51	29	0	11	6					
26	14	5	2	4	52	29	4	4	8					

Grosseur de 13 & 20 pouces.

sur Pieds de Longueur.	Produit. Pieces.	Pieds.	Pouces.	Lignes.	sur Pieds de Longueur.	Produit. Pieces.	Pieds.	Pouces.	Lignes.	sur Pieds de Longueur.	Produit. Pieces.	Pieds.	Pouces.	Lignes.
1	0	3	7	4	27	16	1	6	0	53	31	5	4	8
2	1	1	2	8	28	16	5	1	4	54	32	3	0	0
3	1	4	10	0	29	17	2	8	8	55	33	0	7	4
4	2	2	5	4	30	18	0	4	0	56	33	4	2	8
5	3	0	0	8	31	18	3	11	4	57	34	1	10	0
6	3	3	8	0	32	19	1	6	8	58	34	5	5	4
7	4	1	3	4	33	19	5	2	0	59	35	3	0	8
8	4	4	10	8	34	20	2	9	4	60	36	0	8	0
9	5	2	6	0	35	21	0	4	8	61	36	4	3	4
10	6	0	1	4	36	21	4	0	0	62	37	1	10	8
11	6	3	8	8	37	22	1	7	4	63	37	5	6	0
12	7	1	4	0	38	22	5	2	8	64	38	3	1	4
13	7	4	11	4	39	23	2	10	0	65	39	0	8	8
14	8	2	6	8	40	24	0	5	4	66	39	4	4	0
15	9	0	2	0	41	24	4	0	8	67	40	1	11	4
16	9	3	9	4	42	25	1	8	0	68	40	5	6	8
17	10	1	4	8	43	25	5	3	4	69	41	3	2	0
18	10	5	0	0	44	26	2	10	8	70	42	0	9	4
19	11	2	7	4	45	27	0	6	0	71	42	4	4	8
20	12	0	2	8	46	27	4	1	4	72	43	2	0	0
21	12	3	10	0	47	28	1	8	8					
22	13	1	5	4	48	28	5	4	0	1/4	0	0	10	10
23	13	5	0	8	49	29	2	11	4	1/2	0	1	9	8
24	14	2	8	0	50	30	0	6	8	3/4	0	2	8	6
25	15	0	2	4	51	30	4	2	0					
26	15	3	10	8	52	31	1	9	4					

Grosseur de 13 & 21 pouces.

sur Pieds de Longueur.	Pieces.	Pieds.	Pouces.	Lignes.	sur Pieds de Longueur.	Pieces.	Pieds.	Pouces.	Lignes.	sur Pieds de Longueur	Pieces.	Pieds.	Pouces.	Lignes.
1	0	3	9	6	27	17	0	4	6	53	33	2	11	6
2	1	1	7	0	28	17	4	2	0	54	34	0	9	0
3	1	5	4	6	29	18	1	11	6	55	34	4	6	6
4	2	3	2	0	30	18	5	9	0	56	35	2	4	0
5	3	0	11	6	31	19	3	6	6	57	36	0	1	6
6	3	4	9	0	32	20	1	4	0	58	36	3	11	0
7	4	2	6	6	33	20	5	1	6	59	37	1	8	6
8	5	0	4	0	34	21	2	11	0	60	37	5	6	0
9	5	4	1	6	35	22	0	8	6	61	38	3	3	6
10	6	1	11	0	36	22	4	6	0	62	39	1	1	0
11	6	5	8	6	37	23	2	3	6	63	39	4	10	6
12	7	3	6	0	38	24	0	1	0	64	40	2	8	0
13	8	1	3	6	39	24	3	10	6	65	41	0	5	6
14	8	5	1	0	40	25	1	8	0	66	41	4	3	0
15	9	2	10	6	41	25	5	5	6	67	42	2	0	6
16	10	0	8	0	42	26	3	3	0	68	42	5	10	0
17	10	4	5	6	43	27	1	0	6	69	43	3	7	6
18	11	2	3	0	44	27	4	10	0	70	44	1	5	0
19	12	0	0	6	45	28	2	7	6	71	44	5	2	6
20	12	3	10	0	46	29	0	5	0	72	45	3	0	0
21	13	1	7	6	47	29	4	2	6					
22	13	5	5	0	48	30	2	0	0	$\frac{1}{4}$	0	0	11	$4\frac{1}{2}$
23	14	3	2	6	49	30	5	9	6	$\frac{1}{2}$	0	1	10	9
24	15	1	0	0	50	31	3	7	0	$\frac{3}{4}$	0	2	10	$1\frac{1}{2}$
25	15	4	9	6	51	32	1	4	6					
26	16	2	7	0	52	32	5	2	0					

Grosseur de 13 & 22 pouces.

sur Pieds de Longueur.	Produit. Pieces.	Pieds.	Pouces.	Lignes.	sur Pieds de Longueur.	Produit. Pieces.	Pieds.	Pouces.	Lignes.	sur Pieds de Longueur.	Produit. Pieces.	Pieds.	Pouces.	Lignes.
1	0	3	11	8	27	17	5	3	0	53	35	0	6	4
2	1	1	11	4	28	18	3	2	8	54	35	4	6	0
3	1	5	11	0	29	19	1	2	4	55	36	2	5	8
4	2	3	10	8	30	19	5	2	0	56	37	0	5	4
5	3	1	10	4	31	20	3	1	8	57	37	4	5	0
6	3	5	10	0	32	21	1	1	4	58	38	2	4	8
7	4	3	9	8	33	21	5	1	0	59	39	0	4	4
8	5	1	9	4	34	22	3	0	8	60	39	4	4	0
9	5	5	9	0	35	23	1	0	4	61	40	2	3	8
10	6	3	8	8	36	23	5	0	0	62	41	0	3	4
11	7	1	8	4	37	24	2	11	8	63	41	4	3	0
12	7	5	8	0	38	25	0	11	4	64	42	2	2	8
13	8	3	7	8	39	25	4	11	0	65	43	0	2	4
14	9	1	7	4	40	26	2	10	8	66	43	4	2	0
15	9	5	7	0	41	27	0	10	4	67	44	2	1	8
16	10	3	6	8	42	27	4	10	0	68	45	0	1	4
17	11	1	6	4	43	28	2	9	8	69	45	4	1	0
18	11	5	6	0	44	29	0	9	4	70	46	2	0	8
19	12	3	5	8	45	29	4	9	0	71	47	0	0	4
20	13	1	5	4	45	30	2	8	8	72	47	4	0	0
21	13	5	5	0	47	31	0	8	4					
22	14	3	4	8	48	31	4	8	0	1/4	0	0	11	11
23	15	1	4	4	49	32	2	7	8	1/2	0	1	11	10
24	15	5	4	0	50	33	0	7	4	3/4	0	2	11	9
25	16	3	3	8	51	33	4	7	0					
26	17	1	3	4	52	34	2	6	8					

Groſſeur de 13 & 23 pouces.

ſur Pieds de Longueur.	Produit. Pieces.	Pieds.	Pouces.	Lignes.
1	0	4	1	10
2	1	2	3	8
3	2	0	5	6
4	2	4	7	4
5	3	2	9	2
6	4	0	11	0
7	4	5	0	10
8	5	3	2	8
9	6	1	4	6
10	6	5	6	4
11	7	3	8	2
12	8	1	10	0
13	8	5	11	10
14	9	4	1	8
15	10	2	3	6
16	11	0	5	4
17	11	4	7	2
18	12	2	9	0
19	13	0	10	10
20	13	5	0	8
21	14	3	2	6
22	15	1	4	4
23	15	5	6	2
24	16	3	8	0
25	17	1	9	10
26	17	5	11	8

ſur Pieds de Longueur.	Produit. Pieces.	Pieds.	Pouces.	Lignes.
27	18	4	1	6
28	19	2	3	4
29	20	0	5	2
30	20	4	7	0
31	21	2	8	10
32	22	0	10	8
33	22	5	0	6
34	23	3	2	4
35	24	1	4	2
36	24	5	6	0
37	25	3	7	10
38	26	1	9	8
39	26	5	11	6
40	27	4	1	4
41	28	2	3	2
42	29	0	5	0
43	29	4	6	10
44	30	2	8	8
45	31	0	10	6
46	31	5	0	4
47	32	3	2	2
48	33	1	4	0
49	33	5	5	10
50	34	3	7	8
51	35	1	9	6
52	35	5	11	4

ſur Pieds de Longueur.	Produit. Pieces.	Pieds.	Pouces.	Lignes.
53	36	4	1	2
54	37	2	3	0
55	38	0	4	10
56	38	4	6	8
57	39	2	8	6
58	40	0	10	4
59	40	5	0	2
60	41	3	2	0
61	42	1	3	10
62	42	5	5	8
63	43	3	7	6
64	44	1	9	4
65	44	5	11	2
66	45	4	1	0
67	46	2	2	10
68	47	0	4	8
69	47	4	6	6
70	48	2	8	4
71	49	0	10	2
72	49	5	0	0
$\frac{1}{4}$	0	1	0	$5\frac{1}{2}$
$\frac{1}{2}$	0	2	0	11
$\frac{3}{4}$	0	3	1	$4\frac{1}{2}$

Groſſeur de 13 & 24 pouces.

ſur Pieds de Longueur.	Produit. Pieces.	Pieds.	Pouces.	Lignes.
1	0	4	4	0
2	1	2	8	0
3	2	1	0	0
4	2	5	4	0
5	3	3	8	0
6	4	2	0	0
7	5	0	4	0
8	5	4	8	0
9	6	3	0	0
10	7	1	4	0
11	7	5	8	0
12	8	4	0	0
13	9	2	4	0
14	10	0	8	0
15	10	5	0	0
16	11	3	4	0
17	12	1	8	0
18	13	0	0	0
19	13	4	4	0
20	14	2	8	0
21	15	1	0	0
22	15	5	4	0
23	16	3	8	0
24	17	2	0	0
25	18	0	4	0
26	18	4	8	0

ſur Pieds de Longueur.	Produit. Pieces.	Pieds.	Pouces.	Lignes.
27	19	3	0	0
28	20	1	4	0
29	20	5	8	0
30	21	4	0	0
31	22	2	4	0
32	23	0	8	0
33	23	5	0	0
34	24	3	4	0
35	25	1	8	0
36	26	0	0	0
37	26	4	4	0
38	27	2	8	0
39	28	1	0	0
40	28	5	4	0
41	29	3	8	0
42	30	2	0	0
43	31	0	4	0
44	31	4	8	0
45	32	3	0	0
46	33	1	4	0
47	33	5	8	0
48	34	4	0	0
49	35	2	4	0
50	36	0	8	0
51	36	5	0	0
52	37	3	4	0

ſur Pieds de Longueur.	Produit. Pieces.	Pieds.	Pouces.	Lignes.
53	38	1	8	0
54	39	0	0	0
55	39	4	4	0
56	40	2	8	0
57	41	1	0	0
58	41	5	4	0
59	42	3	8	0
60	43	2	0	0
61	44	0	4	0
62	44	4	8	0
63	45	3	0	0
64	46	1	4	0
65	46	5	8	0
66	47	4	0	9
67	48	2	4	0
68	49	0	8	0
69	49	5	0	0
70	50	3	4	0
71	51	1	8	0
72	52	0	0	0
$\frac{1}{4}$	0	1	1	0
$\frac{1}{2}$	0	2	2	0
$\frac{3}{4}$	0	3	3	0

Grosseur de 13 & 25 pouces.

fur Pieds de Longueur.	Produit.			
	Pieces.	Pieds.	Pouces.	Lignes.
1	0	4	6	2
2	1	3	0	4
3	2	1	6	6
4	3	0	0	8
5	3	4	6	10
6	4	3	1	0
7	5	1	7	2
8	6	0	1	4
9	6	4	7	6
10	7	3	1	8
11	8	1	7	10
12	9	0	2	0
13	9	4	8	2
14	10	3	2	4
15	11	1	8	6
16	12	0	2	8
17	12	4	8	10
18	13	3	3	0
19	14	1	9	2
20	15	0	3	4
21	15	4	9	6
22	16	3	3	8
23	17	1	9	10
24	18	0	4	0
25	18	4	10	2
26	19	3	4	4

fur Pieds de Longueur.	Produit.			
	Pieces.	Pieds.	Pouces.	Lignes.
27	20	1	10	6
28	21	0	4	8
29	21	4	10	10
30	22	3	5	0
31	23	1	11	2
32	24	0	5	4
33	24	4	11	6
34	25	3	5	8
35	26	1	11	10
36	27	0	6	0
37	27	5	0	2
38	28	3	6	4
39	29	2	0	6
40	30	0	6	8
41	30	5	0	10
42	31	3	7	0
43	32	2	1	2
44	33	0	7	4
45	33	5	1	6
46	34	3	7	8
47	35	2	1	10
48	36	0	8	0
49	36	5	2	2
50	37	3	8	4
51	38	2	2	6
52	39	0	8	8

fur Pieds de Longueur.	Produit.			
	Pieces.	Pieds.	Pouces.	Lignes.
53	39	5	2	10
54	40	3	9	0
55	41	2	3	2
56	42	0	9	4
57	42	5	3	6
58	43	3	9	8
59	44	2	3	10
60	45	0	10	0
61	45	5	4	2
62	46	3	10	4
63	47	2	4	6
64	48	0	10	8
65	48	5	4	10
66	49	3	11	0
67	50	2	5	2
68	51	0	11	4
69	51	5	5	6
70	52	3	11	8
71	53	2	5	10
72	54	1	0	0
$\frac{1}{4}$	0	1	1	$6\frac{1}{2}$
$\frac{1}{2}$	0	2	3	1
$\frac{3}{4}$	0	3	4	$7\frac{1}{2}$

Grosseur de 13 & 26 pouces.

sur Pieds de Longueur.	Produit. Pieces.	Pieds.	Pouces.	Lignes.	sur Pieds de Longueur.	Produit. Pieces.	Pieds.	Pouces.	Lignes.	sur Pieds de Longueur.	Produit. Pieces.	Pieds.	Pouces.	Lignes.
1	0	4	8	4	27	21	0	9	0	53	41	2	9	8
2	1	3	4	8	28	21	5	5	4	54	42	1	6	0
3	2	2	1	0	29	22	4	1	8	55	43	0	2	4
4	3	0	9	4	30	23	2	10	0	56	43	4	10	8
5	3	5	5	8	31	24	1	6	4	57	44	3	7	0
6	4	4	2	0	32	25	0	2	8	58	45	2	3	4
7	5	2	10	4	33	25	4	11	0	59	46	0	11	8
8	6	1	6	8	34	26	3	7	4	60	46	5	8	0
9	7	0	3	0	35	27	2	3	8	61	47	4	4	4
10	7	4	11	4	36	28	1	0	0	62	48	3	0	8
11	8	3	7	8	37	28	5	8	4	63	49	1	9	0
12	9	2	4	0	38	29	4	4	8	64	50	0	5	4
13	10	1	0	4	39	30	3	1	0	65	50	5	1	8
14	10	5	8	8	40	31	1	9	4	66	51	3	10	0
15	11	4	5	0	41	32	0	5	8	67	52	2	6	4
16	12	3	1	4	42	32	5	2	0	68	53	1	2	8
17	13	1	9	8	43	33	3	10	4	69	53	5	11	0
18	14	0	6	0	44	34	2	6	8	70	54	4	7	4
19	14	5	2	4	45	35	1	3	0	71	55	3	3	8
20	15	3	10	8	46	35	5	11	4	72	56	2	0	0
21	16	2	7	0	47	36	4	7	8					
22	17	1	3	4	48	37	3	4	0	$\frac{1}{4}$	0	1	2	1
23	17	5	11	8	49	38	2	0	4	$\frac{1}{2}$	0	2	4	2
24	18	4	8	0	50	39	0	8	8	$\frac{3}{4}$	0	3	6	3
25	19	3	4	4	51	39	5	5	0					
26	20	2	0	8	52	40	4	1	4					

Grosseur de 13 & 27 pouces.

sur Pieds de Longueur.	Produit. Pieces.	Pieds.	Pouces.	Lignes.
1	0	..4.	10.	6
2	1	..3.	9.	0
3	2	..2.	7.	6
4	3	..1.	6.	0
5	4	..0.	4.	6
6	4	..5.	3.	0
7	5	..4.	1.	6
8	6	..3.	0.	0
9	7	..1.	10.	6
10	8	..0.	9.	0
11	8	..5.	7.	6
12	9	..4.	6.	0
13	10	..3.	4.	6
14	11	..2.	3.	0
15	12	..1.	1.	6
16	13	..0.	0.	0
17	13	..4.	10.	6
18	14	..3.	9.	0
19	15	..2.	7.	6
20	16	..1.	6.	0
21	17	..0.	4.	6
22	17	..5.	3.	0
23	18	..4.	1.	6
24	19	..3.	0.	0
25	20	..1.	10.	6
26	21	..0.	9.	0

sur Pieds de Longueur.	Produit. Pieces.	Pieds.	Pouces.	Lignes.
27	21	..5.	7.	6
28	22	..4.	6.	0
29	23	..3.	4.	6
30	24	..2.	3.	0
31	25	..1.	1.	6
32	26	..0.	0.	0
33	26	..4.	10.	6
34	27	..3.	9.	0
35	28	..2.	7.	6
36	29	..1.	6.	0
37	30	..0.	4.	6
38	30	..5.	3.	0
39	31	..4.	1.	6
40	32	..3.	0.	0
41	33	..1.	10.	6
42	34	..0.	9.	0
43	34	..5.	7.	6
44	35	..4.	6.	0
45	36	..3.	4.	6
46	37	..2.	3.	0
47	38	..1.	1.	6
48	39	..0.	0.	0
49	39	..4.	10.	6
50	40	..3.	9.	0
51	41	..2.	7.	6
52	42	..1.	6.	0

sur Pieds de Longueur.	Produit. Pieces.	Pieds.	Pouces.	Lignes.	Lignes.
53	43	..0.	4.	6	0
54	43	..5.	3.	0	0
55	44	..4.	1.	6	0
56	45	..3.	0.	0	0
57	46	..1.	10.	6	0
58	47	..0.	9.	0	0
59	47	..5.	7.	6	0
60	48	..4.	6.	0	0
61	49	..3.	4.	6	0
62	50	..2.	3.	0	0
63	51	..1.	1.	6	0
64	52	..0.	0.	0	0
65	52	..4.	10.	6	0
66	53	..3.	9.	0	0
67	54	..2.	7.	6	0
68	55	..1.	6.	0	0
69	56	..0.	4.	6	0
70	56	..5.	3.	0	0
71	57	..4.	1.	6	0
72	58	..3.	0.	0	0
$\frac{1}{4}$	0	..1.	2.	$7\frac{11}{25}$	
$\frac{1}{2}$	0	..2.	5.	3	
$\frac{3}{4}$	0	..3.	7.	$10\frac{14}{25}$	0

Grosseur de 13 & 28 pouces.

sur Pieds de Longueur.	Produit. Pieces.	Pieds.	Pouces.	Lignes.	sur Pieds de Longueur.	Produit. Pieces.	Pieds.	Pouces.	Lignes.	sur Pieds de Longueur.	Produit. Pieces.	Pieds.	Pouces.	Lignes.
1	0	5	0	8	27	22	4	6	0	53	44	3	11	4
2	1	4	1	4	28	23	3	6	8	54	45	3	0	0
3	2	3	2	0	29	24	2	7	4	55	46	2	0	8
4	3	2	2	8	30	25	1	8	0	56	47	1	1	4
5	4	1	3	4	31	26	0	8	8	57	48	0	2	0
6	5	0	4	0	32	26	5	9	4	58	48	5	2	8
7	5	5	4	8	33	27	4	10	0	59	49	4	3	4
8	6	4	5	4	34	28	3	10	8	60	50	3	4	0
9	7	3	6	0	35	29	2	11	4	61	51	2	4	8
10	8	2	6	8	36	30	2	0	0	62	52	1	5	4
11	9	1	7	4	37	31	1	0	8	63	53	0	6	0
12	10	0	8	0	38	32	0	1	4	64	53	5	6	8
13	10	5	8	8	39	32	5	2	0	65	54	4	7	4
14	11	4	9	4	40	33	4	2	8	66	55	3	8	0
15	12	3	10	0	41	34	3	3	4	67	56	2	8	8
16	13	2	10	8	42	35	2	4	0	68	57	1	9	4
17	14	1	11	4	43	36	1	4	8	69	58	0	10	0
18	15	1	0	0	44	37	0	5	4	70	58	5	10	8
19	16	0	0	8	45	37	5	6	0	71	59	4	11	4
20	16	5	1	4	46	38	4	6	8	72	60	4	0	0
21	17	4	2	0	47	39	3	7	4					
22	18	3	2	8	48	40	2	8	0					
23	19	2	3	4	49	41	1	8	8	1/4	0	1	3	2
24	20	1	4	0	50	42	0	9	4	1/2	0	2	6	4
25	21	0	4	8	51	42	5	10	0	3/4	0	3	9	6
26	21	5	5	4	52	43	4	10	8					

Groſſeur de 13 & 29 pouces.

ſur Pieds de Longueur.	Pieces.	Pieds.	Pouces.	Lignes.
1	0	5	2	10
2	1	4	5	8
3	2	3	8	6
4	3	2	11	4
5	4	2	2	2
6	5	1	5	0
7	6	0	7	10
8	6	5	10	8
9	7	5	1	6
10	8	4	4	4
11	9	3	7	2
12	10	2	10	0
13	11	2	0	10
14	12	1	3	8
15	13	0	6	6
16	13	5	9	4
17	14	5	0	2
18	15	4	3	0
19	16	3	5	10
20	17	2	8	8
21	18	1	11	6
22	19	1	2	4
23	20	0	5	2
24	20	5	8	0
25	21	4	10	10
26	22	4	1	8

ſur Pieds de Longueur.	Pieces.	Pieds.	Pouces.	Lignes.
27	23	3	4	6
28	24	2	7	4
29	25	1	10	2
30	26	1	1	0
31	27	0	3	10
32	27	5	6	8
33	28	4	9	6
34	29	4	0	4
35	30	3	3	2
36	31	2	6	0
37	32	1	8	10
38	33	0	11	8
39	34	0	2	6
40	34	5	5	4
41	35	4	8	2
42	36	3	11	0
43	37	3	1	10
44	38	2	4	8
45	39	1	7	6
46	40	0	10	4
47	41	0	1	2
48	41	5	4	0
49	42	4	6	10
50	43	3	9	8
51	44	3	0	6
52	45	2	3	4

ſur Pieds de Longueur.	Pieces.	Pieds.	Pouces.	Lignes.	Lignes.
53	46	1	6	2	2
54	47	0	9	0	0
55	47	5	11	10	10
56	48	5	2	8	8
57	49	4	5	6	6
58	50	3	8	4	4
59	51	2	11	2	2
60	52	2	2	0	0
61	53	1	4	10	10
62	54	0	7	8	8
63	54	5	10	6	6
64	55	5	1	4	4
65	56	4	4	2	2
66	57	3	7	0	0
67	58	2	9	10	10
68	59	2	0	8	8
69	60	1	3	6	6
70	61	0	6	4	4
71	61	5	9	2	2
72	62	5	0	0	0
$\frac{1}{4}$	0	1	3	$8\frac{1}{2}$	$3\frac{1}{2}$
$\frac{1}{2}$	0	2	7	5	2
$\frac{3}{4}$	0	3	11	$1\frac{1}{2}$	$1\frac{1}{2}$

Grosseur de 13 & 30 pouces.

sur Pieds de Longueur.	Pieces.	Pieds.	Pouces.	Lignes.	sur Pieds de Longueur.	Pieces.	Pieds.	Pouces.	Lignes.	sur Pieds de Longueur.	Pieces.	Pieds.	Pouces.	Lignes.
1	0	5	5	0	27	24	2	3	0	53	47	5	1	0
2	1	4	10	0	28	25	1	8	0	54	48	4	6	0
3	2	4	3	0	29	26	1	1	0	55	49	3	11	0
4	3	3	8	0	30	27	0	6	0	56	50	3	4	0
5	4	3	1	0	31	27	5	11	0	57	51	2	9	0
6	5	2	6	0	32	28	5	4	0	58	52	2	2	0
7	6	1	11	0	33	29	4	9	0	59	53	1	7	0
8	7	1	4	0	34	30	4	2	0	60	54	1	0	0
9	8	0	9	0	35	31	3	7	0	61	55	0	5	0
10	9	0	2	0	36	32	3	0	0	62	55	5	10	0
11	9	5	7	0	37	33	2	5	0	63	56	5	3	0
12	10	5	0	0	38	34	1	10	0	64	57	4	8	0
13	11	4	5	0	39	35	1	3	0	65	58	4	1	0
14	12	3	10	0	40	36	0	8	0	66	59	3	6	0
15	13	3	3	0	41	37	0	1	0	67	60	2	11	0
16	14	2	8	0	42	37	5	6	0	68	61	2	4	0
17	15	2	1	0	43	38	4	11	0	69	62	1	9	0
18	16	1	6	0	44	39	4	4	0	70	63	1	2	0
19	17	0	11	0	45	40	3	9	0	71	64	0	7	0
20	18	0	4	0	46	41	3	2	0	72	65	0	0	0
21	18	5	9	0	47	42	2	7	0					
22	19	5	2	0	48	43	2	0	0					
23	20	4	7	0	49	44	1	5	0	1/4	0	1	4	3
24	21	4	0	0	50	45	0	10	0	1/2	0	2	8	6
25	22	3	5	0	51	46	0	3	0	3/4	0	4	0	9
26	23	2	10	0	52	46	5	8	0					

Grosseur de 14 pouces.

fur Pieds de Longueur.	Produit. Pieces.	Pieds.	Pouces.	Lignes.
1	0..2.	8.	8	
2	0..5.	5.	4	
3	1..2.	2.	0	
4	1..4.	10.	8	
5	2..1.	7.	4	
6	2..4.	4.	0	
7	3..1.	0.	8	
8	3..3.	9.	4	
9	4..0.	6.	0	
10	4..3.	2.	8	
11	4..5.	11.	4	
12	5..2.	8.	0	
13	5..5.	4.	8	
14	6..2.	1.	4	
15	6..4.	10.	0	
16	7..1.	6.	8	
17	7..4.	3.	4	
18	8..1.	0.	0	
19	8..3.	8.	8	
20	9..0.	5.	4	
21	9..3.	2.	0	
22	9..5.	10.	8	
23	10..2.	7.	4	
24	10..5.	4.	0	
25	11..2.	0.	8	
26	11..4.	9.	4	

fur Pieds de Longueur.	Produit. Pieces.	Pieds.	Pouces.	Lignes.
27	12..1.	6.	0	
28	12..4.	2.	8	
29	13..0.	11.	4	
30	13..3.	8.	0	
31	14..0.	4.	8	
32	14..3.	1.	4	
33	14..5.	10.	0	
34	15..2.	6.	8	
35	15..5.	3.	4	
36	16..2.	0.	0	
37	16..4.	8.	8	
38	17..1.	5.	4	
39	17..4.	2.	0	
40	18..0.	10.	8	
41	18..3.	7.	4	
42	19..0.	4.	0	
43	19..3.	0.	8	
44	19..5.	9.	4	
45	20..2.	6.	0	
46	20..5.	2.	8	
47	21..1.	11.	4	
48	21..4.	8.	0	
49	22..1.	4.	8	
50	22..4.	1.	4	
51	23..0.	10.	0	
52	23..3.	6.	8	

fur Pieds de Longueur.	Produit. Pieces.	Pieds.	Pouces.	Lignes.
53	24..0.	3.	4	
54	24..3.	0.	0	
55	24..5.	8.	8	
56	25..2.	5.	4	
57	25..5.	2.	0	
58	26..1.	10.	8	
59	26..4.	7.	4	
60	27..1.	4.	0	
61	27..4.	0.	8	
62	28..0.	9.	4	
63	28..3.	6.	0	
64	29..0.	2.	8	
65	29..2.	11.	4	
66	29..5.	8.	0	
67	30..2.	4.	8	
68	30..5.	1.	4	
69	31..1.	10.	0	
70	31..4.	6.	8	
71	32..1.	3.	4	
72	32..4.	0.	0	
1/4	0..0.	8.	2	
1/2	0..1.	4.	4	
3/4	0..2.	0.	6	

Grosseur de 14 & 15 pouces.

sur Pieds de Longueur	Pieces.	Pieds.	Pouces.	Lignes.
1	0	2	11	0
2	0	5	10	0
3	1	2	9	0
4	1	5	8	0
5	2	2	7	0
6	2	5	6	0
7	3	2	5	0
8	3	5	4	0
9	4	2	3	0
10	4	5	2	0
11	5	2	1	0
12	5	5	0	0
13	6	1	11	0
14	6	4	10	0
15	7	1	9	0
16	7	4	8	0
17	8	1	7	0
18	8	4	6	0
19	9	1	5	0
20	9	4	4	0
21	10	1	3	0
22	10	4	2	0
23	11	1	1	0
24	11	4	0	0
25	12	0	11	0
26	12	3	10	0

sur Pieds de Longueur	Pieces.	Pieds.	Pouces.	Lignes.
27	13	0	9	0
28	13	3	8	0
29	14	0	7	0
30	14	3	6	0
31	15	0	5	0
32	15	3	4	0
33	16	0	3	0
34	16	3	2	0
35	17	0	1	0
36	17	3	0	0
37	17	5	11	0
38	18	2	10	0
39	18	5	9	0
40	19	2	8	0
41	19	5	7	0
42	20	2	6	0
43	20	5	5	0
44	21	2	4	0
45	21	5	3	0
46	22	2	2	0
47	22	5	1	0
48	23	2	0	0
49	23	4	11	0
50	24	1	10	0
51	24	4	9	0
52	25	1	8	0

sur Pieds de Longueur	Pieces.	Pieds.	Pouces.	Lignes.
53	25	4	7	0
54	26	1	6	0
55	26	4	5	0
56	27	1	4	0
57	27	4	3	0
58	28	1	2	0
59	28	4	1	0
60	29	1	0	0
61	29	3	11	0
62	30	0	10	0
63	30	3	9	0
64	31	0	8	0
65	31	3	7	0
66	32	0	6	0
67	32	3	5	0
68	33	0	4	0
69	33	3	3	0
70	34	0	2	0
71	34	3	1	0
72	35	0	0	0
1/4	0	0	8	9
1/2	0	1	5	6
3/4	0	2	2	3

Grosseur de 14 & 16 pouces.

sur Pieds de Longueur.	Pieces.	Pieds.	Pouces.	Lignes.	sur Pieds de Longueur.	Pieces.	Pieds.	Pouces.	Lignes.	sur Pieds de Longueur.	Pieces.	Pieds.	Pouces.	Lignes.
1	0	3	1	4	27	14	0	0	0	53	27	2	10	8
2	1	0	2	8	28	14	3	1	4	54	28	0	0	0
3	1	3	4	0	29	15	0	2	8	55	28	3	1	4
4	2	0	5	4	30	15	3	4	0	56	29	0	2	8
5	2	3	6	8	31	16	0	5	4	57	29	3	4	0
6	3	0	8	0	32	16	3	6	8	58	30	0	5	4
7	3	3	9	4	33	17	0	8	0	59	30	3	6	8
8	4	0	10	8	34	17	3	9	4	60	31	0	8	0
9	4	4	0	0	35	18	0	10	8	61	31	3	9	4
10	5	1	1	4	36	18	4	0	0	62	32	0	10	8
11	5	4	2	8	37	19	1	1	4	63	32	4	0	0
12	6	1	4	0	38	19	4	2	8	64	33	1	1	4
13	6	4	5	4	39	20	1	4	0	65	33	4	2	8
14	7	1	6	8	40	20	4	5	4	66	34	1	4	0
15	7	4	8	0	41	21	1	6	8	67	34	4	5	4
16	8	1	9	4	42	21	4	8	0	68	35	1	6	8
17	8	4	10	8	43	22	1	9	4	69	35	4	8	0
18	9	2	0	0	44	22	4	10	8	70	36	1	9	4
19	9	5	1	4	45	23	2	0	0	71	36	4	10	8
20	10	2	2	8	46	23	5	1	4	72	37	2	0	0
21	10	5	4	0	47	24	2	2	8					
22	11	2	5	4	48	24	5	4	0	1/4	0	0	9	4
23	11	5	6	8	49	25	2	5	4	1/2	0	1	6	8
24	12	2	8	0	50	25	5	6	8	3/4	0	2	4	0
25	12	5	9	4	51	26	2	8	0					
26	13	2	10	8	52	26	5	9	4					

Grosseur de 14 & 17 pouces.

sur Pieds de Longueur.	Produit. Pieces.	Pieds.	Pouces.	Lignes.	sur Pieds de Longueur.	Produit. Pieces.	Pieds.	Pouces.	Lignes.	sur Pieds de Longueur.	Produit. Pieces.	Pieds.	Pouces.	Lignes.
1	0	3	3	8	27	14	5	3	0	53	29	1	2	4
2	1	0	7	4	28	15	2	6	8	54	29	4	6	0
3	1	3	11	0	29	15	5	10	4	55	30	1	9	8
4	2	1	2	8	30	16	3	2	0	56	30	5	1	4
5	2	4	6	4	31	17	0	5	8	57	31	2	5	0
6	3	1	10	0	32	17	3	9	4	58	31	5	8	8
7	3	5	1	8	33	18	1	1	0	59	32	3	0	4
8	4	2	5	4	34	18	4	4	8	60	33	0	4	0
9	4	5	9	0	35	19	1	8	4	61	33	3	7	8
10	5	3	0	8	36	19	5	0	0	62	34	0	11	4
11	6	0	4	4	37	20	2	3	8	63	34	4	3	0
12	6	3	8	0	38	20	5	7	4	64	35	1	6	8
13	7	0	11	8	39	21	2	11	0	65	35	4	10	4
14	7	4	3	4	40	22	0	2	8	66	36	2	2	0
15	8	1	7	0	41	22	3	6	4	67	36	5	5	8
16	8	4	10	8	42	23	0	10	0	68	37	2	9	4
17	9	2	2	4	43	23	4	1	8	69	38	0	1	0
18	9	5	6	0	44	24	1	5	4	70	38	3	4	8
19	10	2	9	8	45	24	4	9	0	71	39	0	8	4
20	11	0	1	4	46	25	2	0	8	72	39	4	0	0
21	11	3	5	0	47	25	5	4	4					
22	12	0	8	8	48	26	2	8	0	$\frac{1}{4}$	0	0	9	11
23	12	4	0	4	49	26	5	11	8	$\frac{1}{2}$	0	1	7	10
24	13	1	4	0	50	27	3	3	4	$\frac{3}{4}$	0	2	5	9
25	13	4	7	8	51	28	0	7	0					
26	14	1	11	4	52	28	3	10	8					

Grosseur de 14 & 18 pouces.

sur Pieds de Longueur.	Produit. Pieces.	Pieds.	Pouces.	Lignes.
1	0..3.	6.	0	
2	1..1.	0.	0	
3	1..4.	6.	0	
4	2..2.	0.	0	
5	2..5.	6.	0	
6	3..3.	0.	0	
7	4..0.	6.	0	
8	4..4.	0.	0	
9	5..1.	6.	0	
10	5..5.	0.	0	
11	6..2.	6.	0	
12	7..0.	0.	0	
13	7..3.	6.	0	
14	8..1.	0.	0	
15	8..4.	6.	0	
16	9..2.	0.	0	
17	9..5.	6.	0	
18	10..3.	0.	0	
19	11..0.	6.	0	
20	11..4.	0.	0	
21	12..1.	6.	0	
22	12..5.	0.	0	
23	13..2.	6.	0	
24	14..0.	0.	0	
25	14..3.	6.	0	
26	15..1.	0.	0	

sur Pieds de Longueur.	Produit. Pieces.	Pieds.	Pouces.	Lignes.
27	15..4.	6.	0	
28	16..2.	0.	0	
29	16..5.	6.	0	
30	17..3.	0.	0	
31	18..0.	6.	0	
32	18..4.	0.	0	
33	19..1.	6.	0	
34	19..5.	0.	0	
35	20..2.	6.	0	
36	21..0.	0.	0	
37	21..3.	6.	0	
38	22..1.	0.	0	
39	22..4.	6.	0	
40	23..2.	0.	0	
41	23..5.	6.	0	
42	24..3.	0.	0	
43	25..0.	6.	0	
44	25..4.	0.	0	
45	26..1.	6.	0	
46	26..5.	0.	0	
47	27..2.	6.	0	
48	28..0.	0.	0	
49	28..3.	6.	0	
50	29..1.	0.	0	
51	29..4.	6.	0	
52	30..2.	0.	0	

sur Pieds de Longueur.	Produit. Pieces.	Pieds.	Pouces.	Lignes.
53	30..5.	6.	0	
54	31..3.	0.	0	
55	32..0.	6.	0	
56	32..4.	0.	0	
57	33..1.	6.	0	
58	33..5.	0.	0	
59	34..2.	6.	0	
60	35..0.	0.	0	
61	35..3.	6.	0	
62	36..1.	0.	0	
63	36..4.	6.	0	
64	37..2.	0.	0	
65	37..5.	6.	0	
66	38..3.	0.	0	
67	39..0.	6.	0	
68	39..4.	0.	0	
69	40..1.	6.	0	
70	40..5.	0.	0	
71	41..2.	6.	0	
72	42..0.	0.	0	
1/4	0..0.	10.	6	
1/2	0..1.	9.	0	
3/4	0..2.	7.	6	

Grosseur de 14 & 19 pouces.

sur Pieds de Longueur.	Produit. Pieces.	Pieds.	Pouces.	Lignes.	sur Pieds de Longueur.	Produit. Pieces.	Pieds.	Pouces.	Lignes.	sur Pieds de Longueur.	Produit. Pieces.	Pieds.	Pouces.	Lignes.
1	0	3	8	4	27	16	3	9	0	53	32	3	9	8
2	1	1	4	8	28	17	1	5	4	54	33	1	6	0
3	1	5	1	0	29	17	5	1	8	55	33	5	2	4
4	2	2	9	4	30	18	2	10	0	56	34	2	10	8
5	3	0	5	8	31	19	0	6	4	57	35	0	7	0
6	3	4	2	0	32	19	4	2	8	58	35	4	3	4
7	4	1	10	4	33	20	1	11	0	59	36	1	11	8
8	4	5	6	8	34	20	5	7	4	60	36	5	8	0
9	5	3	3	0	35	21	3	3	8	61	37	3	4	4
10	6	0	11	4	36	22	1	0	0	62	38	1	0	8
11	6	4	7	8	37	22	4	8	4	63	38	4	9	0
12	7	2	4	0	38	23	2	4	8	64	39	2	5	4
13	8	0	0	4	39	24	0	1	0	65	40	0	1	8
14	8	3	8	8	40	24	3	9	4	66	40	3	10	0
15	9	1	5	0	41	25	1	5	8	67	41	1	6	4
16	9	5	1	4	42	25	5	2	0	68	41	5	2	8
17	10	2	9	8	43	26	2	10	4	69	42	2	11	0
18	11	0	6	0	44	27	0	6	8	70	43	0	7	4
19	11	4	2	4	45	27	4	3	0	71	43	4	3	8
20	12	1	10	8	46	28	1	11	4	72	44	2	0	0
21	12	5	7	0	47	28	5	7	8					
22	13	3	3	4	48	29	3	4	0	1/4	0	0	11	1
23	14	0	11	8	49	30	1	0	4	1/2	0	1	10	2
24	14	4	8	0	50	30	4	8	8	3/4	0	2	9	3
25	15	2	4	4	51	31	2	5	0					
26	16	0	0	8	52	32	0	1	4					

Grosseur de 14 & 20 pouces.

sur Pieds de Longueur.	Produit. Pieces.	Pieds.	Pouces.	Lignes.	sur Pieds de Longueur.	Produit. Pieces.	Pieds.	Pouces.	Lignes.	sur Pieds de Longueur.	Produit. Pieces.	Pieds.	Pouces.	Lignes.
1	0	3	10	8	27	17	3	0	0	53	34	2	1	4
2	1	1	9	4	28	18	0	10	8	54	35	0	0	0
3	1	5	8	0	29	18	4	9	4	55	35	3	10	8
4	2	3	6	8	30	19	2	8	0	56	36	1	9	4
5	3	1	5	4	31	20	0	6	8	57	36	5	8	0
6	3	5	4	0	32	20	4	5	4	58	37	3	6	8
7	4	3	2	8	33	21	2	4	0	59	38	1	5	4
8	5	1	1	4	34	22	0	2	8	60	38	5	4	0
9	5	5	0	0	35	22	4	1	4	61	39	3	2	8
10	6	2	10	8	36	23	2	0	0	62	40	1	1	4
11	7	0	9	4	37	23	5	10	8	63	40	5	0	0
12	7	4	8	0	38	24	3	9	4	64	41	2	10	8
13	8	2	6	8	39	25	1	8	0	65	42	0	9	4
14	9	0	5	4	40	25	5	6	8	66	42	4	8	0
15	9	4	4	0	41	26	3	5	4	67	43	2	6	8
16	10	2	2	8	42	27	1	4	0	68	44	0	5	4
17	11	0	1	4	43	27	5	2	8	69	44	4	4	0
18	11	4	0	0	44	28	3	1	4	70	45	2	2	8
19	12	1	10	8	45	29	1	0	0	71	46	0	1	4
20	12	5	9	4	46	29	4	10	8	72	46	4	0	0
21	13	3	8	0	47	30	2	9	4					
22	14	1	6	8	48	31	0	8	0	$\frac{1}{4}$	0	0	11	8
23	14	5	5	4	49	31	4	6	8	$\frac{1}{2}$	0	1	11	4
24	15	3	4	0	50	32	2	5	4	$\frac{3}{4}$	0	2	11	0
25	16	1	2	8	51	33	0	4	0					
26	16	5	1	4	52	33	4	2	8					

Grosseur de 14 & 21 pouces.

sur Pieds de Longueur.	Produit. Pieces.	Pieds.	Pouces.	Lignes.	sur Pieds de Longueur.	Produit. Pieces.	Pieds.	Pouces.	Lignes.	sur Pieds de Longueur.	Produit. Pieces.	Pieds.	Pouces.	Lignes.
1	0	4	1	0	27	18	2	3	0	53	36	0	5	0
2	1	2	2	0	28	19	0	4	0	54	36	4	6	0
3	2	0	3	0	29	19	4	5	0	55	37	2	7	0
4	2	4	4	0	30	20	2	6	0	56	38	0	8	0
5	3	2	5	0	31	21	0	7	0	57	38	4	9	0
6	4	0	6	0	32	21	4	8	0	58	39	2	10	0
7	4	4	7	0	33	22	2	9	0	59	40	0	11	0
8	5	2	8	0	34	23	0	10	0	60	40	5	0	0
9	6	0	9	0	35	23	4	11	0	61	41	3	1	0
10	6	4	10	0	36	24	3	0	0	62	42	1	2	0
11	7	2	11	0	37	25	1	1	0	63	42	5	3	0
12	8	1	0	0	38	25	5	2	0	64	43	3	4	0
13	8	5	1	0	39	26	3	3	0	65	44	1	5	0
14	9	3	2	0	40	27	1	4	0	66	44	5	6	0
15	10	1	3	0	41	27	5	5	0	67	45	3	7	0
16	10	5	4	0	42	28	3	6	0	68	46	1	8	0
17	11	3	5	0	43	29	1	7	0	69	46	5	9	0
18	12	1	6	0	44	29	5	8	0	70	47	3	10	0
19	12	5	7	0	45	30	3	9	0	71	48	1	11	0
20	13	3	8	0	46	31	1	10	0	72	49	0	0	0
21	14	1	9	0	47	31	5	11	0					
22	14	5	10	0	48	32	4	0	0					
23	15	3	11	0	49	33	2	1	0	$\frac{1}{4}$	0	1	0	3
24	16	2	0	0	50	34	0	2	0	$\frac{1}{2}$	0	2	0	6
25	17	0	1	0	51	34	4	3	0	$\frac{3}{4}$	0	3	0	9
26	17	4	2	0	52	35	2	4	0					

Grosseur de 14 & 22 pouces.

sur Pieds de Longueur.	Produit. Pieces.	Pieds.	Pouces.	Lignes.
1	0	4	3	4
2	1	2	6	8
3	2	0	10	0
4	2	5	1	4
5	3	3	4	8
6	4	1	8	0
7	4	5	11	4
8	5	4	2	8
9	6	2	6	0
10	7	0	9	4
11	7	5	0	8
12	8	3	4	0
13	9	1	7	4
14	9	5	10	8
15	10	4	2	0
16	11	2	5	4
17	12	0	8	8
18	12	5	0	0
19	13	3	3	4
20	14	1	6	8
21	14	5	10	0
22	15	4	1	4
23	16	2	4	8
24	17	0	8	0
25	17	4	11	4
26	18	3	2	8

sur Pieds de Longueur.	Produit. Pieces.	Pieds.	Pouces.	Lignes.
27	19	1	6	0
28	19	5	9	4
29	20	4	0	8
30	21	2	4	0
31	22	0	7	4
32	22	4	10	8
33	23	3	2	0
34	24	1	5	4
35	24	5	8	8
36	25	4	0	0
37	26	2	3	4
38	27	0	6	8
39	27	4	10	0
40	28	3	1	4
41	29	1	4	8
42	29	5	8	0
43	30	3	11	4
44	31	2	2	8
45	32	0	6	0
46	32	4	9	4
47	33	3	0	8
48	34	1	4	0
49	34	5	7	4
50	35	3	10	8
51	36	2	2	0
52	37	0	5	4

sur Pieds de Longueur.	Produit. Pieces.	Pieds.	Pouces.	Lignes.
53	37	4	8	8
54	38	3	0	0
55	39	1	3	4
56	39	5	6	8
57	40	3	10	0
58	41	2	1	4
59	42	0	4	8
60	42	4	8	0
61	43	2	11	4
62	44	1	2	8
63	44	5	6	0
64	45	3	9	4
65	46	2	0	8
66	47	0	4	0
67	47	4	7	4
68	48	2	10	8
69	49	1	2	0
70	49	5	5	4
71	50	3	8	8
72	51	2	0	0
1/4	0	1	0	10
1/2	0	2	1	8
3/4	0	3	2	6

Grosseur de 14 & 23 pouces.

sur Pieds de Longueur.	Produit. Pieces. Pieds. Pouces. Lignes.	sur Pieds de Longueur.	Produit. Pieces. Pieds. Pouces. Lignes.	sur Pieds de Longueur.	Produit. Pieces. Pieds. Pouces. Lignes.
1	0..4. 5. 8	27	20..0. 9. 0	53	39..3. 0. 4
2	1..2.11. 4	28	20..5. 2. 8	54	40..1. 6. 0
3	2..1. 5. 0	29	21..3. 8. 4	55	40..5.11. 8
4	2..5.10. 8	30	22..2. 2. 0	56	41..4. 5. 4
5	3..4. 4. 4	31	23..0. 7. 8	57	42..2.11. 0
6	4..2.10. 0	32	23..5. 1. 4	58	43..1. 4. 8
7	5..1. 3. 8	33	24..3. 7. 0	59	43..5.10. 4
8	5..5. 9. 4	34	25..2. 0. 8	60	44..4. 4. 0
9	6..4. 3. 0	35	26..0. 6. 4	61	45..2. 9. 8
10	7..2. 8. 8	36	26..5. 0. 0	62	46..1. 3. 4
11	8..1. 2. 4	37	27..3. 5. 8	63	46..5. 9. 0
12	8..5. 8. 0	38	28..1.11. 4	64	47..4. 2. 8
13	9..4. 1. 8	39	29..0. 5. 0	65	48..2. 8. 4
14	10..2. 7. 4	40	29..4.10. 8	66	49..1. 2. 0
15	11..1. 1. 0	41	30..3. 4. 4	67	49..5. 7. 8
16	11..5. 6. 8	42	31..1.10. 0	68	50..4. 1. 4
17	12..4. 0. 4	43	32..0. 3. 8	69	51..2. 7. 0
18	13..2. 6. 0	44	32..4. 9. 4	70	52..1. 0. 8
19	14..0.11. 8	45	33..3. 3. 0	71	52..5. 6. 4
20	14..5. 5. 4	46	34..1. 8. 8	72	53..4. 0. 0
21	15..3.11. 0	47	35..0. 2. 4		
22	16..2. 4. 8	48	35..4. 8. 0		
23	17..0.10. 4	49	36..3. 1. 8	1/4	0..1. 1. 5
24	17..5. 4. 0	50	37..1. 7. 4	1/2	0..2. 2.10
25	18..3. 9. 8	51	38..0. 1. 0	3/4	0..3. 4. 3
26	19..2. 3. 4	52	38..4. 6. 8		

Grosseur de 14 & 24 pouces.

sur Pieds de Longueur.	Pieces.	Pieds.	Pouces.	Lignes.
1	0	4	8	0
2	1	3	4	0
3	2	2	0	0
4	3	0	8	0
5	3	5	4	0
6	4	4	0	0
7	5	2	8	0
8	6	1	4	0
9	7	0	0	0
10	7	4	8	0
11	8	3	4	0
12	9	2	0	0
13	10	0	8	0
14	10	5	4	0
15	11	4	0	0
16	12	2	8	0
17	13	1	4	0
18	14	0	0	0
19	14	4	8	0
20	15	3	4	0
21	16	2	0	0
22	17	0	8	0
23	17	5	4	0
24	18	4	0	0
25	19	2	8	0
26	20	1	4	0

sur Pieds de Longueur.	Pieces.	Pieds.	Pouces.	Lignes.
27	21	0	0	0
28	21	4	8	0
29	22	3	4	0
30	23	2	0	0
31	24	0	8	0
32	24	5	4	0
33	25	4	0	0
34	26	2	8	0
35	27	1	4	0
36	28	0	0	0
37	28	4	8	0
38	29	3	4	0
39	30	2	0	0
40	31	0	8	0
41	31	5	4	0
42	32	4	0	0
43	33	2	8	0
44	34	1	4	0
45	35	0	0	0
46	35	4	8	0
47	36	3	4	0
48	37	2	0	0
49	38	0	8	0
50	38	5	4	0
51	39	4	0	0
52	40	2	8	0

sur Pieds de Longueur.	Pieces.	Pieds.	Pouces.	Lignes.
53	41	1	4	0
54	42	0	0	0
55	42	4	8	0
56	43	3	4	0
57	44	2	0	0
58	45	0	8	0
59	45	5	4	0
60	46	4	0	0
61	47	2	8	0
62	48	1	4	0
63	49	0	0	0
64	49	4	8	0
65	50	3	4	0
66	51	2	0	0
67	52	0	8	0
68	52	5	4	0
69	53	4	0	0
70	54	2	8	0
71	55	1	4	0
72	56	0	0	0
1/4	0	1	2	0
1/2	0	2	4	0
3/4	0	3	6	0

Grosseur de 14 & 25 pouces.

sur Pieds de Longueur.	Produit. Pieces.	Pieds.	Pouces.	Lignes.	sur Pieds de Longueur.	Produit. Pieces.	Pieds.	Pouces.	Lignes.	sur Pieds de Longueur.	Produit. Pieces.	Pieds.	Pouces.	Lignes.
1	0	4	10	4	27	21	5	3	0	53	42	5	7	8
2	1	3	8	8	28	22	4	1	4	54	43	4	6	0
3	2	2	7	0	29	23	2	11	8	55	44	3	4	4
4	3	1	5	4	30	24	1	10	0	56	45	2	2	8
5	4	0	3	8	31	25	0	8	4	57	46	1	1	0
6	4	5	2	0	32	25	5	6	8	58	46	5	11	4
7	5	4	0	4	33	26	4	5	0	59	47	4	9	8
8	6	2	10	8	34	27	3	3	4	60	48	3	8	0
9	7	1	9	0	35	28	2	1	8	61	49	2	6	4
10	8	0	7	4	36	29	1	0	0	62	50	1	4	8
11	8	5	5	8	37	29	5	10	4	63	51	0	3	0
12	9	4	4	0	38	30	4	8	8	64	51	5	1	4
13	10	3	2	4	39	31	3	7	0	65	52	3	11	8
14	11	2	0	8	40	32	2	5	4	66	53	2	10	0
15	12	0	11	0	41	33	1	3	8	67	54	1	8	4
16	12	5	9	4	42	34	0	2	0	68	55	0	6	8
17	13	4	7	8	43	34	5	0	4	69	55	5	5	0
18	14	3	6	0	44	35	3	10	8	70	56	4	3	4
19	15	2	4	4	45	36	2	9	0	71	57	3	1	8
20	16	1	2	8	46	37	1	7	4	72	58	2	0	0
21	17	0	1	0	47	38	0	5	8					
22	17	4	11	4	48	38	5	4	0	$\frac{1}{4}$	0	1	2	7
23	18	3	9	8	49	39	4	2	4	$\frac{1}{2}$	0	2	5	2
24	19	2	8	0	50	40	3	0	8	$\frac{3}{4}$	0	3	7	9
25	20	1	6	4	51	41	1	11	0					
26	21	0	4	8	52	42	0	9	4					

Grosseur de 14 & 26 pouces.

sur Pieds de Longueur.	Produit. Pieces.	Pieds.	Pouces.	Lignes.
1	0	5	0	8
2	1	4	1	4
3	2	3	2	0
4	3	2	2	8
5	4	1	3	4
6	5	0	4	0
7	5	5	4	8
8	6	4	5	4
9	7	3	6	0
10	8	2	6	8
11	9	1	7	4
12	10	0	8	0
13	10	5	8	8
14	11	4	9	4
15	12	3	10	0
16	13	2	10	8
17	14	1	11	4
18	15	1	0	0
19	16	0	0	8
20	16	5	1	4
21	17	4	2	0
22	18	3	2	8
23	19	2	3	4
24	20	1	4	0
25	21	0	4	8
26	21	5	5	4

sur Pieds de Longueur.	Produit. Pieces.	Pieds.	Pouces.	Lignes.
27	22	4	6	0
28	23	3	6	8
29	24	2	7	4
30	25	1	8	0
31	26	0	8	8
32	26	5	9	4
33	27	4	10	0
34	28	3	10	8
35	29	2	11	4
36	30	2	0	0
37	31	1	0	8
38	32	0	1	4
39	32	5	2	0
40	33	4	2	8
41	34	3	3	4
42	35	2	4	0
43	36	1	4	8
44	37	0	5	4
45	37	5	6	0
46	38	4	6	8
47	39	3	7	4
48	40	2	8	0
49	41	1	8	8
50	42	0	9	4
51	42	5	10	0
52	43	4	10	8

sur Pieds de Longueur.	Produit. Pieces.	Pieds.	Pouces.	Lignes.
53	44	3	11	4
54	45	3	0	0
55	46	2	0	8
56	47	1	1	4
57	48	0	2	0
58	48	5	2	8
59	49	4	3	4
60	50	3	4	0
61	51	2	4	8
62	52	1	5	4
63	53	0	6	0
64	53	5	6	8
65	54	4	7	4
66	55	3	8	0
67	56	2	8	8
68	57	1	9	4
69	58	0	10	0
70	58	5	10	8
71	59	4	11	4
72	60	4	0	0
1/4	0	1	3	2
1/2	0	2	6	4
3/4	0	3	9	6

Grosseur de 14 & 27 pouces.

sur Pieds de Longueur.	Produit. Pieces.	Pieds.	Pouces.	Lignes.	sur Pieds de Longueur.	Produit. Pieces.	Pieds.	Pouces.	Lignes.	sur Pieds de Longueur.	Produit. Pieces.	Pieds.	Pouces.	Lignes.
1	0	5	3	0	27	23	3	9	0	53	46	2	3	0
2	1	4	6	0	28	24	3	0	0	54	47	1	6	0
3	2	3	9	0	29	25	2	3	0	55	48	0	9	0
4	3	3	0	0	30	26	1	6	0	56	49	0	0	0
5	4	2	3	0	31	27	0	9	0	57	49	5	3	0
6	5	1	6	0	32	28	0	0	0	58	50	4	6	0
7	6	0	9	0	33	28	5	3	0	59	51	3	9	0
8	7	0	0	0	34	29	4	6	0	60	52	3	0	0
9	7	5	3	0	35	30	3	9	0	61	53	2	3	0
10	8	4	6	0	36	31	3	0	0	62	54	1	6	0
11	9	3	9	0	37	32	2	3	0	63	55	0	9	0
12	10	3	0	0	38	33	1	6	0	64	56	0	0	0
13	11	2	3	0	39	34	0	9	0	65	56	5	3	0
14	12	1	6	0	40	35	0	0	0	66	57	4	6	0
15	13	0	9	0	41	35	5	3	0	67	58	3	9	0
16	14	0	0	0	42	36	4	6	0	68	59	3	0	0
17	14	5	3	0	43	37	3	9	0	69	60	2	3	0
18	15	4	6	0	44	38	3	0	0	70	61	1	6	0
19	16	3	9	0	45	39	2	3	0	71	62	0	9	0
20	17	3	0	0	46	40	1	6	0	72	63	0	0	0
21	18	2	3	0	47	41	0	9	0					
22	19	1	6	0	48	42	0	0	0					
23	20	0	9	0	49	42	5	3	0					
24	21	0	0	0	50	43	4	6	0	$\frac{1}{4}$	0	1	3	9
25	21	5	3	0	51	44	3	9	0	$\frac{1}{2}$	0	2	6	6
26	22	4	6	0	52	45	3	0	0	$\frac{3}{4}$	0	3	11	3

Grosseur de 14 & 28 pouces.

sur Pieds de Longueur.	Pieces.	Pieds.	Pouces.	Lignes.	sur Pieds de Longueur.	Pieces.	Pieds.	Pouces.	Lignes.	sur Pieds de Longueur.	Pieces.	Pieds.	Pouces.	Lignes.
1	0	5	5	4	27	24	3	0	0	53	48	0	6	8
2	1	4	10	8	28	25	2	5	4	54	49	0	0	0
3	2	4	4	0	29	26	1	10	8	55	49	5	5	4
4	3	3	9	4	30	27	1	4	0	56	50	4	10	8
5	4	3	2	8	31	28	0	9	4	57	51	4	4	0
6	5	2	8	0	32	29	0	2	8	58	52	3	9	4
7	6	2	1	4	33	29	5	8	0	59	53	3	2	8
8	7	1	6	8	34	30	5	1	4	60	54	2	8	0
9	8	1	0	0	35	31	4	6	8	61	55	2	1	4
10	9	0	5	4	36	32	4	0	0	62	56	1	6	8
11	9	5	10	8	37	33	3	5	4	63	57	1	0	0
12	10	5	4	0	38	34	2	10	8	64	58	0	5	4
13	11	4	9	4	39	35	2	4	0	65	58	5	10	8
14	12	4	2	8	40	36	1	9	4	66	59	5	4	0
15	13	3	8	0	41	37	1	2	8	67	60	4	9	4
16	14	3	1	4	42	38	0	8	0	68	61	4	2	8
17	15	2	6	8	43	39	0	1	4	69	62	3	8	0
18	16	2	0	0	44	39	5	6	8	70	63	3	1	4
19	17	1	5	4	45	40	5	0	0	71	64	2	6	8
20	18	0	10	8	46	41	4	5	4	72	65	2	0	0
21	19	0	4	0	47	42	3	10	8					
22	19	5	9	4	48	43	3	4	0	1/4	0	1	4	4
23	20	5	2	8	49	44	2	9	4	1/2	0	2	8	8
24	21	4	8	0	50	45	2	2	8	3/4	0	4	1	0
25	22	4	1	4	51	46	1	8	0					
26	23	3	6	8	52	47	1	1	4					

Grosseur de 14 & 29 pouces.

sur Pieds de Longueur.	Produit. Pieces.	Pieds.	Pouces.	Lignes.	sur Pieds de Longueur.	Produit. Pieces.	Pieds.	Pouces.	Lignes.	sur Pieds de Longueur.	Produit. Pieces.	Pieds.	Pouces.	Lignes.
1	0	5	7	8	27	25	2	3	0	53	49	4	10	4
2	1	5	3	4	28	26	1	10	8	54	50	4	6	0
3	2	4	11	0	29	27	1	6	4	55	51	4	1	8
4	3	4	6	8	30	28	1	2	0	56	52	3	9	4
5	4	4	2	4	31	29	0	9	8	57	53	3	5	0
6	5	3	10	0	32	30	0	5	4	58	54	3	0	8
7	6	3	5	8	33	31	0	1	0	59	55	2	8	4
8	7	3	1	4	34	31	5	8	8	60	56	2	4	0
9	8	2	9	0	35	32	5	4	4	61	57	1	11	8
10	9	2	4	8	36	33	5	0	0	62	58	1	7	4
11	10	2	0	4	37	34	4	7	8	63	59	1	3	0
12	11	1	8	0	38	35	4	3	4	64	60	0	10	8
13	12	1	3	8	39	36	3	11	0	65	61	0	6	4
14	13	0	11	4	40	37	3	6	8	66	62	0	2	0
15	14	0	7	0	41	38	3	2	4	67	62	5	9	8
16	15	0	2	8	42	39	2	10	0	68	63	5	5	4
17	15	5	10	4	43	40	2	5	8	69	64	5	1	0
18	16	5	6	0	44	41	2	1	4	70	65	4	8	8
19	17	5	1	8	45	42	1	9	0	71	66	4	4	4
20	18	4	9	4	46	43	1	4	8	72	67	4	0	0
21	19	4	5	0	47	44	1	0	4					
22	20	4	0	8	48	45	0	8	0	1/4	0	1	4	11
23	21	3	8	4	49	46	0	3	8	1/2	0	2	9	10
24	22	3	4	0	50	46	5	11	4	3/4	0	4	2	9
25	23	2	11	8	51	47	5	7	0					
26	24	2	7	4	52	48	5	2	8					

Grosseur de 14 & 30 pouces.

sur Pieds de Longueur.	Pieces.	Pieds.	Pouces.	Lignes.
1	0	5	10	0
2	1	5	8	0
3	2	5	6	0
4	3	5	4	0
5	4	5	2	0
6	5	5	0	0
7	6	4	10	0
8	7	4	8	0
9	8	4	6	0
10	9	4	4	0
11	10	4	2	0
12	11	4	0	0
13	12	3	10	0
14	13	3	8	0
15	14	3	6	0
16	15	3	4	0
17	16	3	2	0
18	17	3	0	0
19	18	2	10	0
20	19	2	8	0
21	20	2	6	0
22	21	2	4	0
23	22	2	2	0
24	23	2	0	0
25	24	1	10	0
26	25	1	8	0

sur Pieds de Longueur.	Pieces.	Pieds.	Pouces.	Lignes.
27	26	1	6	0
28	27	1	4	0
29	28	1	2	0
30	29	1	0	0
31	30	0	10	0
32	31	0	8	0
33	32	0	6	0
34	33	0	4	0
35	34	0	2	0
36	35	0	0	0
37	35	5	10	0
38	36	5	8	0
39	37	5	6	0
40	38	5	4	0
41	39	5	2	0
42	40	5	0	0
43	41	4	10	0
44	42	4	8	0
45	43	4	6	0
46	44	4	4	0
47	45	4	2	0
48	46	4	0	0
49	47	3	10	0
50	48	3	8	0
51	49	3	6	0
52	50	3	4	0

sur Pieds de Longueur.	Pieces.	Pieds.	Pouces.	Lignes.
53	51	3	2	0
54	52	3	0	0
55	53	2	10	0
56	54	2	8	0
57	55	2	6	0
58	56	2	4	0
59	57	2	2	0
60	58	2	0	0
61	59	1	10	0
62	60	1	8	0
63	61	1	6	0
64	62	1	4	0
65	63	1	2	0
66	64	1	0	0
67	65	0	10	0
68	66	0	8	0
69	67	0	6	0
70	68	0	4	0
71	69	0	2	0
72	70	0	9	0
1/4	0	1	5	6
1/2	0	2	11	0
3/4	0	4	4	6

Grosseur de 15 pouces.

sur Pieds de Longueur.	Pieces.	Pieds.	Pouces.	Lignes.
1	0	3	1	6
2	1	0	3	0
3	1	3	4	6
4	2	0	6	0
5	2	3	7	6
6	3	0	9	0
7	3	3	10	6
8	4	1	0	0
9	4	4	1	6
10	5	1	3	0
11	5	4	4	6
12	6	1	6	0
13	6	4	7	6
14	7	1	9	0
15	7	4	10	6
16	8	2	0	0
17	8	5	1	6
18	9	2	3	0
19	9	5	4	6
20	10	2	6	0
21	10	5	7	6
22	11	2	9	0
23	11	5	10	6
24	12	3	0	0
25	13	0	1	6
26	13	3	3	0

sur Pieds de Longueur.	Pieces.	Pieds.	Pouces.	Lignes.
27	14	0	4	6
28	14	3	6	0
29	15	0	7	6
30	15	3	9	0
31	16	0	10	6
32	16	4	0	0
33	17	1	1	6
34	17	4	3	0
35	18	1	4	6
36	18	4	6	0
37	19	1	7	6
38	19	4	9	0
39	20	1	10	6
40	20	5	0	0
41	21	2	1	6
42	21	5	3	0
43	22	2	4	6
44	22	5	6	0
45	23	2	7	7
46	23	5	9	0
47	24	2	10	6
48	25	0	0	0
49	25	3	1	6
50	26	0	3	0
51	26	3	4	6
52	27	0	6	0

sur Pieds de Longueur.	Pieces.	Pieds.	Pouces.	Lignes.
53	27	3	7	6
54	28	0	9	0
55	28	3	10	6
56	29	1	0	0
57	29	4	1	6
58	30	1	3	0
59	30	4	4	6
60	31	1	6	0
61	31	4	7	6
62	32	1	9	0
63	32	4	10	6
64	33	2	0	0
65	33	5	1	6
66	34	2	3	0
67	34	5	4	6
68	35	2	6	0
69	35	5	7	6
70	36	2	9	0
71	36	5	10	6
72	37	3	0	0
$\frac{1}{4}$	0	0	9	$4\frac{1}{2}$
$\frac{1}{2}$	0	1	6	9
$\frac{3}{4}$	0	2	4	$1\frac{2}{1}$

Grosseur de 15 & 16 pouces.

sur Pieds de Longueur.	Produit. Pieces.	Pieds.	Pouces.	Lignes.	sur Pieds de Longueur.	Produit. Pieces.	Pieds.	Pouces.	Lignes.	sur Pieds de Longueur.	Produit. Pieces.	Pieds.	Pouces.	Lignes.
1	0	3	4	0	27	15	0	0	0	53	29	2	8	0
2	1	0	8	0	28	15	3	4	0	54	30	0	0	0
3	1	4	0	0	29	16	0	8	0	55	30	3	4	0
4	2	1	4	0	30	16	4	0	0	56	31	0	8	0
5	2	4	8	0	31	17	1	4	0	57	31	4	0	0
6	3	2	0	0	32	17	4	8	0	58	32	1	4	0
7	3	5	4	0	33	18	2	0	0	59	32	4	8	0
8	4	2	8	0	34	18	5	4	0	60	33	2	0	0
9	5	0	0	0	35	19	2	8	0	61	33	5	4	0
10	5	3	4	0	36	20	0	0	0	62	34	2	8	0
11	6	0	8	0	37	20	3	4	0	63	35	0	0	0
12	6	4	0	0	38	21	0	8	0	64	35	3	4	0
13	7	1	4	0	39	21	4	0	0	65	36	0	8	0
14	7	4	8	0	40	22	1	4	0	66	36	4	0	0
15	8	2	0	0	41	22	4	8	0	67	37	1	4	0
16	8	5	4	0	42	23	2	0	0	68	37	4	8	0
17	9	2	8	0	43	23	5	4	0	69	48	2	0	0
18	10	0	0	0	44	24	2	8	0	70	38	5	4	0
19	10	3	4	0	45	25	0	0	0	71	39	2	8	0
20	11	0	8	0	46	25	3	4	0	72	40	0	0	0
21	11	4	0	0	47	26	0	8	0					
22	12	1	4	0	48	26	4	0	0					
23	12	4	8	0	49	27	1	4	0	1/4	0	0	10	0
24	13	2	0	0	50	27	4	8	0	1/2	0	1	8	0
25	13	5	4	0	51	28	2	0	0	3/4	0	2	6	0
26	14	2	8	0	52	28	5	4	0					

Groſſeur de 15 & 17 pouces.

ſur Pieds de Longueur.	Produit.				ſur Pieds de Longueur.	Produit.				ſur Pieds de Longueur.	Produit.			
	Pièces.	Pieds.	Pouces.	Lignes.		Pièces.	Pieds.	Pouces.	Lignes.		Pièces.	Pieds.	Pouces.	Lignes.
1	0	3	6	6	27	15	5	7	6	53	31	1	8	6
2	1	1	1	0	28	16	3	2	0	54	31	5	3	0
3	1	4	7	6	29	17	0	8	6	55	32	2	9	6
4	2	2	2	0	30	17	4	3	0	56	33	0	4	0
5	2	5	8	6	31	18	1	9	6	57	33	3	10	6
6	3	3	3	0	32	18	5	4	0	58	34	1	5	0
7	4	0	9	6	33	19	2	10	6	59	34	4	11	6
8	4	4	4	0	34	20	0	5	0	60	35	2	6	0
9	5	1	10	6	35	20	3	11	6	61	36	0	0	6
10	5	5	5	0	36	21	1	6	0	62	36	3	7	0
11	6	2	11	6	37	21	5	0	6	63	37	1	1	6
12	7	0	6	0	38	22	2	7	0	64	37	4	8	0
13	7	4	0	6	39	23	0	1	6	65	38	2	2	6
14	8	1	7	0	40	23	3	8	0	66	38	5	9	0
15	8	5	1	6	41	24	1	2	6	67	39	3	3	6
16	9	2	8	0	42	24	4	9	0	68	40	0	10	0
17	10	0	2	6	43	25	2	3	6	69	40	4	4	6
18	10	3	9	0	44	25	5	10	0	70	41	1	11	0
19	11	1	3	6	45	26	3	4	6	71	41	5	5	6
20	11	4	10	0	46	27	0	11	0	72	42	3	0	0
21	12	2	4	6	47	27	4	5	6					
22	12	5	11	0	48	28	2	0	0					
23	13	3	5	6	49	28	5	6	6	$\frac{1}{4}$	0	0	10	$7\frac{1}{2}$
24	14	1	0	0	50	29	3	1	0	$\frac{1}{2}$	0	1	9	3
25	14	4	6	6	51	30	0	7	6	$\frac{3}{4}$	0	2	7	$10\frac{1}{2}$
26	15	2	1	0	52	30	4	2	0					

Grosseur de 15 & 18 pouces.

sur Pieds de Longueur.	Pieces.	Pieds.	Pouces.	Lignes.	sur Pieds de Longueur.	Pieces.	Pieds.	Pouces.	Lignes.	sur Pieds de Longueur.	Pieces.	Pieds.	Pouces.	Lignes.
1	0	3	9	0	27	16	5	3	0	53	33	0	9	0
2	1	1	6	0	28	17	3	0	0	54	33	4	6	0
3	1	5	3	0	29	18	0	9	0	55	34	2	3	0
4	2	3	0	0	30	18	4	6	0	56	35	0	0	0
5	3	0	9	0	31	19	2	3	0	57	35	3	9	0
6	3	4	6	0	32	20	0	0	0	58	36	1	6	0
7	4	2	3	0	33	20	3	9	0	59	36	5	3	0
8	5	0	0	0	34	21	1	6	0	60	37	3	0	0
9	5	3	9	0	35	21	5	3	0	61	38	0	9	0
10	6	1	6	0	36	22	3	0	0	62	38	4	6	0
11	6	5	3	0	37	23	0	9	0	63	39	2	3	0
12	7	3	0	0	38	23	4	6	0	64	40	0	0	0
13	8	0	9	0	39	24	2	3	0	65	40	3	9	0
14	8	4	6	0	40	25	0	0	0	66	41	1	6	0
15	9	2	3	0	41	25	3	9	0	67	41	5	3	0
16	10	0	0	0	42	26	1	6	0	68	42	3	0	0
17	10	3	9	0	43	26	5	3	0	69	43	0	9	0
18	11	1	6	0	44	27	3	0	0	70	43	4	6	0
19	11	5	3	0	45	28	0	9	0	71	44	2	3	0
20	12	3	0	0	46	28	4	6	0	72	45	0	0	0
21	13	0	9	0	47	29	2	3	0					
22	13	4	6	0	48	30	0	0	0	1/4	0	0	11	
23	14	2	3	0	49	30	3	9	0	1/2	0	1	10	
24	15	0	0	0	50	31	1	6	0	3/4	0	2	9	
25	15	3	9	0	51	31	5	3	0					
26	16	1	6	0	52	32	3	0	0					

Grosseur de 15 & 19 pouces.

sur Pieds de Longueur.	Produit. Pieces.	Pieds.	Pouces.	Lignes.
1	0	3	11	6
2	1	1	11	0
3	1	5	10	6
4	2	3	10	0
5	3	1	9	6
6	3	5	9	0
7	4	3	8	6
8	5	1	8	0
9	5	5	7	6
10	6	3	7	0
11	7	1	6	6
12	7	5	6	0
13	8	3	5	6
14	9	1	5	0
15	9	5	4	6
16	10	3	4	0
17	11	1	3	6
18	11	5	3	0
19	12	3	2	6
20	13	1	2	0
21	13	5	1	6
22	14	3	1	0
23	15	1	0	6
24	15	5	0	0
25	16	2	11	6
26	17	0	11	0

sur Pieds de Longueur.	Produit. Pieces.	Pieds.	Pouces.	Lignes.
27	17	4	10	6
28	18	2	10	0
29	19	0	9	6
30	19	4	9	0
31	20	2	8	6
32	21	0	8	0
33	21	4	7	6
34	22	2	7	0
35	23	0	6	6
36	23	4	6	0
37	24	2	5	6
38	25	0	5	0
39	25	4	4	6
40	26	2	4	0
41	27	0	3	6
42	27	4	3	0
43	28	2	2	6
44	29	0	2	0
45	29	4	1	6
46	30	2	1	0
47	31	0	0	6
48	31	4	0	0
49	32	1	11	6
50	32	5	11	0
51	33	3	10	6
52	34	1	10	0

sur Pieds de Longueur.	Produit. Pieces.	Pieds.	Pouces.	Lignes.
53	34	5	9	6
54	35	3	9	0
55	36	1	8	6
56	36	5	8	0
57	37	3	7	6
58	38	1	7	0
59	38	5	6	6
60	39	3	6	0
61	40	1	5	6
62	40	5	5	0
63	41	3	4	6
64	42	1	4	0
65	42	5	3	6
66	43	3	3	0
67	44	1	2	6
68	44	5	2	0
69	45	3	1	6
70	46	1	1	0
71	46	5	0	6
72	47	3	0	0
$\frac{1}{4}$	0	0	11	$10\frac{1}{2}$
$\frac{1}{2}$	0	1	11	9
$\frac{3}{4}$	0	2	11	$7\frac{1}{2}$

Grosseur de 15 & 20 pouces.

sur Pieds de Longueur	Produit. Pièces.	Pieds.	Pouces.	Lignes.
1	0	4	2	0
2	1	2	4	0
3	2	0	6	0
4	2	4	8	0
5	3	2	10	0
6	4	1	0	0
7	4	5	2	0
8	5	3	4	0
9	6	1	6	0
10	6	5	8	0
11	7	3	10	0
12	8	2	0	0
13	9	0	2	0
14	9	4	4	0
15	10	2	6	0
16	11	0	8	0
17	11	4	10	0
18	12	3	0	0
19	13	1	2	0
20	13	5	4	0
21	14	3	6	0
22	15	1	8	0
23	15	5	10	0
24	16	4	0	0
25	17	2	2	0
26	18	0	4	0

sur Pieds de Longueur	Produit. Pièces.	Pieds.	Pouces.	Lignes.
27	18	4	6	0
28	19	2	8	0
29	20	0	10	0
30	20	5	0	0
31	21	3	2	0
32	22	1	4	0
33	22	5	6	0
34	23	3	8	0
35	24	1	10	0
36	25	0	0	0
37	25	4	2	0
38	26	2	4	0
39	27	0	6	0
40	27	4	8	0
41	28	2	10	0
42	29	1	0	0
43	29	5	2	0
44	20	3	4	0
45	31	1	6	0
46	31	5	8	0
47	32	3	10	0
48	33	2	0	0
49	34	0	2	0
50	34	4	4	0
51	35	2	6	0
52	36	0	8	0

sur Pieds de Longueur	Produit. Pièces.	Pieds.	Pouces.	Lignes.
53	36	4	10	0
54	37	3	0	0
55	38	1	2	0
56	38	5	4	0
57	39	3	6	0
58	40	1	8	0
59	40	5	10	0
60	41	4	0	0
61	42	2	2	0
62	43	0	4	0
63	43	4	6	0
64	44	2	8	0
65	45	0	10	0
66	45	5	0	0
67	46	3	2	0
68	47	1	4	0
69	47	5	6	0
70	48	3	8	0
71	49	1	10	0
72	50	0	0	0
1/4	0	1	0	6
1/2	0	2	1	0
3/4	0	3	1	6

Groſſeur de 15 & 21 pouces.

ſur Pieds de Longueur.	Produit. Pieces.	Pieds.	Pouces.	Lignes.	ſur Pieds de Longueur.	Produit. Pieces.	Pieds.	Pouces.	Lignes.	ſu Pieds de Longueur.	Produit. Pieces.	Pieds.	Pouces.	Lignes.
1	0	4	4	6	27	19	4	1	6	53	38	3	10	6
2	1	2	9	0	28	20	2	6	0	54	39	2	3	0
3	2	1	1	6	29	21	0	10	6	55	40	0	7	6
4	2	5	6	0	30	21	5	3	0	56	40	5	0	0
5	3	3	10	6	31	22	3	7	6	57	41	3	4	6
6	4	2	3	0	32	23	2	0	0	58	42	1	9	0
7	5	0	7	6	33	24	0	4	6	59	43	0	1	6
8	5	5	0	0	34	24	4	9	0	60	43	4	6	0
9	6	3	4	6	35	25	3	1	6	61	44	2	10	6
10	7	1	9	0	36	26	1	6	0	62	45	1	3	0
11	8	0	1	6	37	26	5	10	6	63	45	5	7	6
12	8	4	6	0	38	27	4	3	0	64	46	4	0	0
13	9	2	10	6	39	28	2	7	6	65	47	2	4	6
14	10	1	3	0	40	29	1	0	0	66	48	0	9	0
15	10	5	7	6	41	29	5	4	6	67	48	5	1	6
16	11	4	0	0	42	30	3	9	0	68	49	3	6	0
17	12	2	4	6	43	31	2	1	6	69	50	1	10	6
18	13	0	9	0	44	32	0	6	0	70	51	0	3	0
19	13	5	1	6	45	32	4	10	6	71	51	4	7	6
20	14	3	6	0	46	33	3	3	0	72	52	3	0	0
21	15	1	10	6	47	34	1	7	6					
22	16	0	3	0	48	35	0	0	0					
23	16	4	7	6	49	35	4	4	6	$\frac{1}{4}$	0	1	1	$1\frac{1}{2}$
24	17	3	0	0	50	36	2	9	0	$\frac{1}{2}$	0	2	2	3
25	18	1	4	6	51	37	1	1	6	$\frac{3}{4}$	0	3	3	$4\frac{1}{2}$
26	18	5	9	0	52	37	5	6	0					

Grosseur de 15 & 22 pouces.

sur Pieds de Longueur.	Pieces.	Pieds.	Pouces.	Lignes.
1	0	4	7	0
2	1	3	2	0
3	2	1	9	0
4	3	0	4	0
5	3	4	11	0
6	4	3	6	0
7	5	2	1	0
8	6	0	8	0
9	6	5	3	0
10	7	3	10	0
11	8	2	5	0
12	9	1	0	0
13	9	5	7	0
14	10	4	2	0
15	11	2	9	0
16	12	1	4	0
17	12	5	11	0
18	13	4	6	0
19	14	3	1	0
20	15	1	8	0
21	16	0	3	0
22	16	4	10	0
23	17	3	5	0
24	18	2	0	0
25	19	0	7	0
26	19	5	2	0

sur Pieds de Longueur.	Pieces.	Pieds.	Pouces.	Lignes.
27	20	3	9	0
28	21	2	4	0
29	22	0	11	0
30	22	5	6	0
31	23	4	1	0
32	24	2	8	0
33	25	1	3	0
34	25	5	10	0
35	26	4	5	0
36	27	3	0	0
37	28	1	7	0
38	29	0	2	0
39	29	4	9	0
40	30	3	4	0
41	31	1	11	0
42	32	0	6	0
43	32	5	1	0
44	33	3	8	0
45	34	2	3	0
46	35	0	10	0
47	35	5	5	0
48	36	4	0	0
49	37	2	7	0
50	38	1	2	0
51	38	5	9	0
52	39	4	4	0

sur Pieds de Longueur.	Pieces.	Pieds.	Pouces.	Lignes.
53	40	2	11	0
54	41	1	6	0
55	42	0	1	0
56	42	4	8	0
57	43	3	3	0
58	44	1	10	0
59	45	0	5	0
60	45	5	0	0
61	46	3	7	0
62	47	2	2	0
63	48	0	9	0
64	48	5	4	0
65	49	3	11	0
66	50	2	6	0
67	51	1	1	0
68	51	5	8	0
69	52	4	3	0
70	53	2	10	0
71	54	1	5	0
72	55	0	0	0
$\frac{1}{4}$	0	1	1	9
$\frac{1}{2}$	0	2	3	6
$\frac{3}{4}$	0	3	5	3

Groſſeur de 15 & 23 pouces.

ſur Pieds de Longueur.	Pieces.	Pieds.	Pouces.	Lignes.
1	0	4	9	6
2	1	3	7	0
3	2	2	4	6
4	3	1	2	0
5	3	5	11	6
6	4	4	9	0
7	5	3	6	6
8	6	2	4	0
9	7	1	1	6
10	7	5	11	0
11	8	4	8	6
12	9	3	6	0
13	10	2	3	6
14	11	1	1	0
15	11	5	10	6
16	12	4	8	0
17	13	3	5	6
18	14	2	3	0
19	15	1	0	6
20	15	5	10	0
21	16	4	7	6
22	17	3	5	0
23	18	2	2	6
24	19	1	0	0
25	19	5	9	6
26	20	4	7	0

ſur Pieds de Longueur.	Pieces.	Pieds.	Pouces.	Lignes.
27	21	3	4	6
28	22	2	2	0
29	23	0	11	6
30	23	5	9	0
31	24	4	6	6
32	25	3	4	0
33	26	2	1	6
34	27	0	11	0
35	27	5	8	6
36	28	4	6	0
37	29	3	3	6
38	30	2	1	0
39	31	0	10	6
40	31	5	8	0
41	32	4	5	6
42	33	3	3	0
43	34	2	0	6
44	35	0	10	0
45	35	5	7	6
46	36	4	5	0
47	37	3	2	6
48	38	2	0	0
49	39	0	9	6
50	39	5	7	0
51	40	4	4	6
52	41	3	2	0

ſur Pieds de Longueur.	Pieces.	Pieds.	Pouces.	Lignes.
53	42	1	11	6
54	43	0	9	0
55	43	5	6	6
56	44	4	4	0
57	45	3	1	6
58	46	1	11	0
59	47	0	8	6
60	47	5	6	0
61	48	4	3	6
62	49	3	1	0
63	50	1	10	6
64	51	0	8	0
65	51	5	5	6
66	52	4	3	0
67	53	3	0	6
68	54	1	10	0
69	55	0	7	6
70	55	5	5	0
71	56	4	2	6
72	57	3	0	0
$\frac{1}{4}$	0	1	2	$4\frac{1}{2}$
$\frac{1}{2}$	0	2	4	9
$\frac{3}{4}$	0	3	7	$1\frac{1}{2}$

Grosseur de 15 & 24 pouces.

sur Pieds de Longueur.	Pieces.	Pieds.	Pouces.	Lignes.
1	0	5	0	0
2	1	4	0	0
3	2	3	0	0
4	3	2	0	0
5	4	1	0	0
6	5	0	0	0
7	5	5	0	0
8	6	4	0	0
9	7	3	0	0
10	8	2	0	0
11	9	1	0	0
12	10	0	0	0
13	10	5	0	0
14	11	4	0	0
15	12	3	0	0
16	13	2	0	0
17	14	1	0	0
18	15	0	0	0
19	15	5	0	0
20	16	4	0	0
21	17	3	0	0
22	18	2	0	0
23	19	1	0	0
24	20	0	0	0
25	20	5	0	0
26	21	4	0	0

sur Pieds de Longueur.	Pieces.	Pieds.	Pouces.	Lignes.
27	22	3	0	0
28	23	2	0	0
29	24	1	0	0
30	25	0	0	0
31	25	5	0	0
32	26	4	0	0
33	27	3	0	0
34	28	2	0	0
35	29	1	0	0
36	30	0	0	0
37	30	5	0	0
38	31	4	0	0
39	32	3	0	0
40	33	2	0	0
41	34	1	0	0
42	35	0	0	0
43	35	5	0	0
44	36	4	0	0
45	37	3	2	0
46	38	2	0	0
47	39	1	0	0
48	40	0	0	0
49	40	5	0	0
50	41	4	0	0
51	42	3	0	0
52	43	2	0	0

sur Pieds de Longueur.	Pieces.	Pieds.	Pouces.	Lignes.
53	44	1	0	0
54	45	0	0	0
55	45	5	0	0
56	46	4	0	0
57	47	3	0	0
58	48	2	0	0
59	49	1	0	0
60	50	0	0	0
61	50	5	0	0
62	51	4	0	0
63	52	3	0	0
64	53	2	0	0
65	54	1	0	0
66	55	0	0	0
67	55	5	0	0
68	56	4	0	0
69	57	3	0	0
70	58	2	0	0
71	59	1	0	0
72	60	0	0	0
1/4	0	1	3	0
1/2	0	2	6	0
3/4	0	3	9	0

Grosseur de 15 & 25 pouces.

sur Pieds de Longueur	Produit. Pieces.	Pieds.	Pouces.	Lignes.	sur Pieds de Longueur	Produit. Pieces.	Pieds.	Pouces.	Lignes.	sur Pieds de Longueur	Produit. Pieces.	Pieds.	Pouces.	Lignes.
1	0	5	2	6	27	23	2	7	6	53	46	0	0	6
2	1	4	5	0	28	24	1	10	0	54	46	5	3	0
3	2	3	7	6	29	25	1	0	6	55	47	4	5	6
4	3	2	10	0	30	26	0	3	0	56	48	3	8	0
5	4	2	0	6	31	26	5	5	6	57	49	2	10	6
6	5	1	3	0	32	27	4	8	0	58	50	2	1	0
7	6	0	5	6	33	28	3	10	6	59	51	1	3	6
8	6	5	8	0	34	29	3	1	0	60	52	0	6	0
9	7	4	10	6	35	30	2	3	6	61	52	5	8	6
10	8	4	1	0	36	31	1	6	0	62	53	4	11	0
11	9	3	3	6	37	32	0	8	6	63	54	4	1	6
12	10	2	6	0	38	32	5	11	0	64	55	3	4	0
13	11	1	8	6	39	33	5	1	6	65	56	2	6	6
14	12	0	11	0	40	34	4	4	0	66	57	1	9	0
15	13	0	1	6	41	35	3	6	6	67	58	0	11	6
16	13	5	4	0	42	36	2	9	0	68	59	0	2	0
17	14	4	6	6	43	37	1	11	6	69	59	5	4	6
18	15	3	9	0	44	38	1	2	0	70	60	4	7	0
19	16	2	11	6	45	39	0	4	6	71	61	3	9	6
20	17	2	2	0	46	39	5	7	0	72	62	3	0	0
21	18	1	4	6	47	40	4	9	6					
22	10	0	7	0	48	41	4	0	0	$\frac{1}{4}$	0	1	3	$7\frac{1}{2}$
23	19	5	9	6	49	42	3	2	6	$\frac{1}{2}$	0	2	7	3
24	20	5	0	0	50	43	2	5	0	$\frac{3}{4}$	0	3	10	$10\frac{1}{2}$
25	21	4	2	6	51	44	1	7	6					
26	22	3	5	0	52	45	0	10	0					

Grosseur de 15 & 26 pouces.

sur Pieds de Longueur.	Produit. Pieces.	Pieds.	Pouces.	Lignes.	sur Pieds de Longueur.	Produit. Pieces.	Pieds.	Pouces.	Lignes.	sur Pieds de Longueur.	Produit. Pieces.	Pieds.	Pouces.	Lignes.	Lignes.
1	0	5	5	0	27	24	2	3	0	53	47	5	1	0	0
2	1	4	10	0	28	25	1	8	0	54	48	4	6	0	0
3	2	4	3	0	29	26	1	1	0	55	49	3	11	0	0
4	3	3	8	0	30	27	0	6	0	56	50	3	4	0	0
5	4	3	1	0	31	27	5	11	0	57	51	2	9	0	0
6	5	2	6	0	32	28	5	4	0	58	52	2	2	0	0
7	6	1	11	0	33	29	4	9	0	59	53	1	7	0	0
8	7	1	4	0	34	30	4	2	0	60	54	1	0	0	0
9	8	0	9	0	35	31	3	7	0	61	55	0	5	0	0
10	9	0	2	0	36	32	3	0	0	62	55	5	10	0	0
11	9	5	7	0	37	33	2	5	0	63	56	5	3	0	0
12	10	5	0	0	38	34	1	10	0	64	57	4	8	0	0
13	11	4	5	0	39	35	1	3	0	65	58	4	1	0	0
14	12	3	10	0	40	36	0	8	0	66	59	3	6	0	0
15	13	3	3	0	41	37	0	1	0	67	60	2	11	0	0
16	14	2	8	0	42	37	5	6	0	68	61	2	4	0	0
17	15	2	1	0	43	38	4	11	0	69	62	1	9	0	0
18	16	1	6	0	44	39	4	4	0	70	63	1	2	0	0
19	17	0	11	0	45	40	3	9	0	71	64	0	7	0	0
20	18	0	4	0	46	41	3	2	0	72	65	0	0	0	0
21	18	5	9	0	47	42	2	7	0	1/4	0	1	4		
22	19	5	2	0	48	43	2	0	0	1/2	0	2	8		
23	20	4	7	0	49	44	1	5	0	3/4	0	4	0		
24	21	4	0	0	50	45	0	10	0						
25	22	3	5	0	51	46	0	3	0						
26	23	2	10	0	52	46	5	8	0						

Grosseur de 15 & 27 pouces.

sur Pieds de Longueur.	Pièces.	Pieds.	Pouces.	Lignes.	sur Pieds de Longueur.	Pièces.	Pieds.	Pouces.	Lignes.	sur Pieds de Longueur.	Pièces.	Pieds.	Pouces.	Lignes.
1	0	5	7	6	27	25	1	10	6	53	49	4	1	6
2	1	5	3	0	28	26	1	6	0	54	50	3	9	0
3	2	4	10	6	29	27	1	1	6	55	51	3	4	6
4	3	4	6	0	30	28	0	9	0	56	52	3	0	0
5	4	4	1	6	31	29	0	4	6	57	53	2	7	6
6	5	3	9	0	32	30	0	0	0	58	54	2	3	0
7	6	3	4	6	33	30	5	7	6	59	55	1	10	6
8	7	3	0	0	34	31	5	3	0	60	56	1	6	0
9	8	2	7	6	35	32	4	10	6	61	57	1	1	6
10	9	2	3	0	36	33	4	6	0	62	58	0	9	0
11	10	1	10	6	37	34	4	1	6	63	59	0	4	6
12	11	1	6	0	38	35	3	9	0	64	60	0	0	0
13	12	1	1	6	39	36	3	4	6	65	60	5	7	6
14	13	0	9	0	40	37	3	0	0	66	61	5	3	0
15	14	0	4	6	41	38	2	7	6	67	62	4	10	6
16	15	0	0	0	42	39	2	3	0	68	63	4	6	0
17	15	5	7	6	43	40	1	10	6	69	64	4	1	6
18	16	5	3	0	44	41	1	6	0	70	65	3	9	0
19	17	4	10	6	45	42	1	1	6	71	66	3	4	6
20	18	4	6	0	46	43	0	9	0	72	67	3	0	0
21	19	4	1	6	47	44	0	4	6					
22	20	3	9	0	48	45	0	0	0	1/4	0	1	4	$10\frac{1}{2}$
23	21	3	4	6	49	45	5	7	6	1/2	0	2	9	9
24	22	3	0	0	50	46	5	3	0	3/4	0	4	2	$7\frac{1}{2}$
25	23	2	7	6	51	47	4	10	6					
26	24	2	3	0	52	48	4	6	0					

Groffeur de 15 & 28 pouces.

fur Pieds de Longueur.	Pieces.	Pieds.	Pouces.	Lignes.
1	0	5	10	0
2	1	5	8	0
3	2	5	6	0
4	3	5	4	0
5	4	5	2	0
6	5	5	0	0
7	6	4	10	0
8	7	4	8	0
9	8	4	6	0
10	9	4	4	0
11	10	4	2	0
12	11	4	0	0
13	12	3	10	0
14	13	3	8	0
15	14	3	6	0
16	15	3	4	0
17	16	3	2	0
18	17	3	0	0
19	18	2	10	0
20	19	2	8	0
21	20	2	6	0
22	21	2	4	0
23	22	2	2	0
24	23	2	0	0
25	24	1	10	0
26	25	1	8	0

fur Pieds de Longueur.	Pieces.	Pieds.	Pouces.	Lignes.
27	26	1	6	0
28	27	1	4	0
29	28	1	2	0
30	29	1	0	0
31	30	0	10	0
32	31	0	8	0
33	32	0	6	0
34	33	0	4	0
35	34	0	2	0
36	35	0	0	0
37	35	5	10	0
38	36	5	8	0
39	37	5	6	0
40	38	5	4	0
41	39	5	2	0
42	40	5	0	0
43	41	4	10	0
44	42	4	8	0
45	43	4	6	0
46	44	4	4	0
47	45	4	2	0
48	46	4	0	0
49	47	3	10	0
50	48	3	8	0
51	49	3	6	0
52	50	3	4	0

fur Pieds de Longueur.	Pieces.	Pieds.	Pouces.	Lignes.
53	51	3	2	0
54	52	3	0	0
55	53	2	10	0
56	54	2	8	0
57	55	2	6	0
58	56	2	4	0
59	57	2	2	0
60	58	2	0	0
61	59	1	10	0
62	60	1	8	0
63	61	1	6	0
64	62	1	4	0
65	63	1	2	0
66	64	1	0	0
67	65	0	10	0
68	66	0	8	0
69	67	0	6	0
70	68	0	4	0
71	69	0	2	0
72	70	0	0	0
$\frac{1}{4}$	0	1	5	6
$\frac{1}{2}$	0	2	11	0
$\frac{3}{4}$	0	4	4	6

Grosseur de 15 & 29 pouces.

fur Pieds de Longueur.	Produit. Pieces.	Pieds.	Pouces.	Lignes.	fur Pieds de Longueur.	Produit. Pieces.	Pieds.	Pouces.	Lignes.	fur Pieds de Longueur.	Produit. Pieces.	Pieds.	Pouces.	Lignes.
1	1..0.	0.	0.	6	27	27..1.	1.	1.	6	53	53..2.	2.	2.	6
2	2..0.	0.	1.	0	28	28..1.	1.	2.	0	54	54..2.	2.	3.	0
3	3..0.	0.	1.	6	29	29..1.	1.	2.	6	55	55..2.	2.	3.	6
4	4..0.	0.	2.	0	30	30..1.	1.	3.	0	56	56..2.	2.	4.	0
5	5..0.	0.	2.	6	31	31..1.	1.	3.	6	57	57..2.	2.	4.	6
6	6..0.	0.	3.	0	32	32..1.	1.	4.	0	58	58..2.	2.	5.	0
7	7..0.	0.	3.	6	33	33..1.	1.	4.	6	59	59..2.	2.	5.	6
8	8..0.	0.	4.	0	34	34..1.	1.	5.	0	60	60..2.	2.	6.	0
9	9..0.	0.	4.	6	35	35..1.	1.	5.	6	61	61..2.	2.	6.	6
10	10..0.	0.	5.	0	36	36..1.	1.	6.	0	62	62..2.	2.	7.	0
11	11..0.	0.	5.	6	37	37..1.	1.	6.	6	63	63..2.	2.	7.	6
12	12..0.	0.	6.	0	38	38..1.	1.	7.	0	64	64..2.	2.	8.	0
13	13..0.	0.	6.	6	39	39..1.	1.	7.	6	65	65..2.	2.	8.	6
14	14..0.	0.	7.	0	40	40..1.	1.	8.	0	66	66..2.	2.	9.	0
15	15..0.	0.	7.	6	41	41..1.	1.	8.	6	67	67..2.	2.	9.	6
16	16..0.	0.	8.	0	42	42..1.	1.	9.	0	68	68..2.	2.	10.	0
17	17..0.	0.	8.	6	43	43..1.	1.	9.	6	69	69..2.	2.	10.	6
18	18..0.	0.	9.	8	44	44..1.	1.	10.	0	70	70..2.	2.	11.	0
19	19..0.	0.	9.	6	45	45..1.	1.	10.	6	71	71..2.	2.	11.	6
20	20..0.	0.	10.	0	46	46..1.	1.	11.	0	72	72..3.	3.	0.	0
21	21..0.	0.	10.	6	47	47..1.	1.	11.	6					
22	22..0.	0.	11.	0	48	48..2.	2.	0.	0					
23	23..0.	0.	11.	6	49	49..2.	2.	0.	6	1/4	0..	1.	6.	1½
24	24..1.	1.	0.	0	50	50..2.	2.	1.	0	1/2	0..	3.	0.	3
25	25..1.	1.	0.	6	51	51..2.	2.	1.	6	3/4	0..	4.	6.	4½
26	26..1.	1.	1.	0	52	52..2.	2.	2.	0					

Grosseur de 15 & 30 pouces.

sur Pieds de Longueur.	Pieces.	Pieds.	Pouces.	Lignes.	sur Pieds de Longueur.	Pieces.	Pieds.	Pouces.	Lignes.	sur Pieds de Longueur.	Pieces.	Pieds.	Pouces.	Lignes.	Lignes.
1	1	0	3	0	27	28	0	9	0	53	55	1	3	0	0
2	2	0	6	0	28	29	1	0	0	54	56	1	6	0	0
3	3	0	9	0	29	30	1	3	0	55	57	1	9	0	0
4	4	1	0	0	30	31	1	6	0	56	58	2	0	0	0
5	5	1	3	0	31	32	1	9	0	57	59	2	3	0	0
6	6	1	6	0	32	33	2	0	0	58	60	2	6	0	0
7	7	1	9	0	33	34	2	3	0	59	61	2	9	0	0
8	8	2	0	0	34	35	2	6	0	60	62	3	0	0	0
9	9	2	3	0	35	36	2	9	0	61	63	3	3	0	0
10	10	2	6	0	36	37	3	0	0	62	64	3	6	0	0
11	11	2	9	0	37	38	3	3	0	63	65	3	9	0	0
12	12	3	0	0	38	39	3	6	0	64	66	4	0	0	0
13	13	3	3	0	39	40	3	9	0	65	67	4	3	0	0
14	14	3	6	0	40	41	4	0	0	66	68	4	6	0	0
15	15	3	9	0	41	42	4	3	0	67	69	4	9	0	0
16	16	4	0	0	42	43	4	6	0	68	70	5	0	0	0
17	17	4	3	0	43	44	4	9	0	69	71	5	3	0	0
18	18	4	6	0	44	45	5	0	0	70	72	5	6	0	0
19	19	4	9	0	45	46	5	3	0	71	73	5	9	0	0
20	20	5	0	0	46	47	5	6	0	72	75	0	0	0	0
21	21	5	3	0	47	48	5	9	0						
22	22	5	6	0	48	50	0	0	0	1/4	0	1	6	9	
23	23	5	9	0	49	51	0	3	0	1/2	0	3	1	6	
24	25	0	0	0	50	52	0	6	0	3/4	0	4	8	3	
25	26	0	3	0	51	53	0	9	0						
26	27	0	6	0	52	54	1	0	0						

Grosseur de 16 pouces.

sur Pieds de Longueur.	Produit. Pieces.	Pieds.	Pouces.	Lignes.	sur Pieds de Longueur.	Produit. Pieces.	Pieds.	Pouces.	Lignes.	sur Pieds de Longueur.	Produit. Pieces.	Pieds.	Pouces.	Lignes.
1	0	3	6	8	27	16	0	0	0	53	31	2	5	4
2	1	1	1	4	28	16	3	6	8	54	32	0	0	0
3	1	4	8	0	29	17	1	1	4	55	32	3	6	8
4	2	2	2	8	30	17	4	8	0	56	33	1	1	4
5	2	5	9	4	31	18	2	2	8	57	33	4	8	0
6	3	3	4	0	32	18	5	9	4	58	34	2	2	8
7	4	0	10	8	33	19	3	4	0	59	34	5	9	4
8	4	4	5	4	34	20	0	10	8	60	35	3	4	0
9	5	2	0	0	35	20	4	5	4	61	36	0	10	8
10	5	5	6	8	36	21	2	0	0	62	36	4	5	4
11	6	3	1	4	37	21	5	6	8	63	37	2	0	0
12	7	0	8	0	38	22	3	1	4	64	37	5	6	8
13	7	4	2	8	39	23	0	8	0	65	38	3	1	4
14	8	1	9	4	40	23	4	2	8	66	39	0	8	0
15	8	5	4	0	41	24	1	9	4	67	39	4	2	8
16	9	2	10	8	42	24	5	4	0	68	40	1	9	4
17	10	0	5	4	43	25	2	10	8	69	40	5	4	0
18	10	4	0	0	44	26	0	5	4	70	41	2	10	8
19	11	1	6	8	45	26	4	0	0	71	42	0	5	4
20	11	5	1	4	46	27	1	6	8	72	42	4	0	0
21	12	2	8	0	47	27	5	1	4					
22	13	0	2	8	48	28	2	8	0	1/4	0	0	10	8
23	13	3	9	4	49	29	0	2	8	1/2	0	1	9	4
24	14	1	4	0	50	29	3	9	4	3/4	0	2	8	0
25	14	4	10	8	51	30	1	4	0					
26	15	2	5	4	52	30	4	10	8					

Grosseur de 16 & 17 pouces.

sur Pieds de Longueur.	Produit. Pieces.	Pieds.	Pouces.	Lignes.	sur Pieds de Longueur.	Produit. Pieces.	Pieds.	Pouces.	Lignes.	sur Pieds de Longueur.	Produit. Pieces.	Pieds.	Pouces.	Lignes.
1	0	3	9	4	27	17	0	0	0	53	33	2	2	8
2	1	1	6	8	28	17	3	9	4	54	34	0	0	0
3	1	5	4	0	29	18	1	6	8	55	34	3	9	4
4	2	3	1	4	30	18	5	4	0	56	35	1	6	8
5	3	0	10	8	31	19	3	1	4	57	35	5	4	0
6	3	4	8	0	32	20	0	10	8	58	36	3	1	4
7	4	2	5	4	33	20	4	8	0	59	37	0	10	8
8	5	0	2	8	34	21	2	5	4	60	37	4	8	0
9	5	4	0	0	35	22	0	2	8	61	38	2	5	4
10	6	1	9	4	36	22	4	0	0	62	39	0	2	8
11	6	5	6	8	37	23	1	9	4	63	39	4	0	0
12	7	3	4	0	38	23	5	6	8	64	40	1	9	4
13	8	1	1	4	39	24	3	4	0	65	40	5	6	8
14	8	4	10	8	40	25	1	1	4	66	41	3	4	0
15	9	2	8	0	41	25	4	10	8	67	42	1	1	4
16	10	0	5	4	42	26	2	8	0	68	42	4	10	8
17	10	4	2	8	43	27	0	5	4	69	43	2	8	0
18	11	2	0	0	44	27	4	2	8	70	44	0	5	4
19	11	5	9	4	45	28	2	0	0	71	44	4	2	8
20	12	3	6	8	46	28	5	9	4	72	45	2	0	0
21	13	1	4	0	47	29	3	6	8					
22	13	5	1	4	48	30	1	4	0	1/4	0	0	11	4
23	14	2	10	8	49	20	5	1	4	1/2	0	1	10	8
24	15	0	8	0	50	31	2	10	8	3/4	0	2	10	0
25	15	4	5	4	51	32	0	8	0					
26	16	2	2	8	52	32	4	5	4					

Grosseur de 16 & 18 pouces.

sur Pieds de Longueur.	Produit Pieces.	Pieds.	Pouces.	Lignes.
1	0	4	0	0
2	1	2	0	0
3	2	0	0	0
4	2	4	0	0
5	3	2	0	0
6	4	0	0	0
7	4	4	0	0
8	5	2	0	0
9	6	0	0	0
10	6	4	0	0
11	7	2	0	0
12	8	0	0	0
13	8	4	0	0
14	9	2	0	0
15	10	0	0	0
16	10	4	0	0
17	11	2	0	0
18	12	0	0	0
19	12	4	0	0
20	13	2	0	0
21	14	0	0	0
22	14	4	0	0
23	15	2	0	0
24	16	0	0	0
25	16	4	0	0
26	17	2	0	0

sur Pieds de Longueur.	Produit Pieces.	Pieds.	Pouces.	Lignes.
27	18	0	0	0
28	18	4	0	0
29	19	2	0	0
30	20	0	0	0
31	20	4	0	0
32	21	2	0	0
33	22	0	0	0
34	22	4	0	0
35	23	2	0	0
36	24	0	0	0
37	24	4	0	0
38	25	2	0	0
39	26	0	0	0
40	26	4	0	0
41	27	2	0	0
42	28	0	0	0
43	28	4	0	0
44	29	2	0	0
45	30	0	0	0
46	30	4	0	0
47	31	2	0	0
48	32	0	0	0
49	32	4	0	0
50	33	2	0	0
51	34	0	0	0
52	34	4	0	0

sur Pieds de Longueur.	Produit Pieces.	Pieds.	Pouces.	Lignes.
53	35	2	0	0
54	36	0	0	0
55	36	4	0	0
56	37	2	0	0
57	38	0	0	0
58	38	4	0	0
59	39	2	0	0
60	40	0	0	0
61	40	4	0	0
62	41	2	0	0
63	42	0	0	0
64	42	4	0	0
65	43	2	0	0
66	44	0	0	0
67	44	4	0	0
68	45	2	0	0
69	46	0	0	0
70	46	4	0	0
71	47	2	0	0
72	48	0	0	0
1/4	0	1	0	0
1/2	0	2	0	0
3/4	0	3	0	0

Grosseur de 16 & 19 pouces.

sur Pieds de Longueur.	Produit. Pieces.	Pieds.	Pouces.	Lignes.
1	0..4.	2.	8	
2	1..2.	5.	4	
3	2..0.	8.	0	
4	2..4.	10.	8	
5	3..3.	1.	4	
6	4..1.	4.	0	
7	4..5.	6.	8	
8	5..3.	9.	4	
9	6..2.	0.	0	
10	7..0.	2.	8	
11	7..4.	5.	4	
12	8..2.	8.	0	
13	9..0.	10.	8	
14	9..5.	1.	4	
15	10..3.	4.	0	
16	11..1.	6.	8	
17	11..5.	9.	4	
18	12..4.	0.	0	
19	13..2.	2.	8	
20	14..0.	5.	4	
21	14..4.	8.	0	
22	15..2.	10.	8	
23	16..1.	1.	4	
24	16..5.	4.	0	
25	17..3.	6.	8	
26	18..1.	9.	4	

sur Pieds de Longueur.	Produit. Pieces.	Pieds.	Pouces.	Lignes.
27	19..0.	0.	0	
28	19..4.	2.	8	
29	20..2.	5.	4	
30	21..0.	8.	0	
31	21..4.	10.	8	
32	22..3.	1.	4	
33	23..1.	4.	0	
34	23..5.	6.	8	
35	24..3.	9.	4	
36	25..2.	0.	0	
37	26..0.	2.	8	
38	26..4.	5.	4	
39	27..2.	8.	0	
40	28..0.	10.	8	
41	28..5.	1.	4	
42	29..3.	4.	0	
43	30..1.	6.	8	
44	30..5.	9.	4	
45	31..4.	0.	0	
46	32..2.	2.	8	
47	33..0.	5.	4	
48	33..4.	8.	0	
49	34..2.	10.	8	
50	35..1.	1.	4	
51	35..5.	4.	0	
52	36..3.	6.	8	

sur Pieds de Longueur.	Produit. Pieces.	Pieds.	Pouces.	Lignes.
53	37..1.	9.	4	
54	38..0.	0.	0	
55	38..4.	2.	8	
56	39..2.	5.	4	
57	40..0.	8.	0	
58	40..4.	10.	8	
59	41..3.	1.	4	
60	42..1.	4.	0	
61	42..5.	6.	8	
62	43..3.	9.	4	
63	44..2.	0.	0	
64	45..0.	2.	8	
65	45..4.	5.	4	
66	46..2.	8.	0	
67	47..0.	10.	8	
68	47..5.	1.	4	
69	48..3.	4.		
70	49..1.	6.		
71	49..5.	9.		
72	50..4.	0.		

	Pieces.	Pieds.	Pouces.
1/4	0..1.	0.	
1/2	0..2.	1.	
3/4	0..3.	2.	

Grosseur de 16 & 20 pouces.

sur Pieds de Longueur.	Produit. Pieces.	Pieds.	Pouces.	Lignes.	sur Pieds de Longueur.	Produit. Pieces.	Pieds.	Pouces.	Lignes.	sur Pieds de Longueur.	Produit. Pieces.	Pieds.	Pouces.	Lignes.
1	0	4	5	4	27	20	0	0	0	53	39	1	6	8
2	1	2	10	8	28	20	4	5	4	54	40	0	0	0
3	2	1	4	0	29	21	2	10	8	55	40	4	5	4
4	2	5	9	4	30	22	1	4	0	56	41	2	10	8
5	3	4	2	8	31	22	5	9	4	57	42	1	4	0
6	4	2	8	0	32	23	4	2	8	58	42	5	9	4
7	5	1	1	4	33	24	2	8	0	59	43	4	2	8
8	5	5	6	8	34	25	1	1	4	60	44	2	8	0
9	6	4	0	0	35	25	5	6	8	61	45	1	1	4
10	7	2	5	4	36	26	4	0	0	62	45	5	6	8
11	8	0	10	8	37	27	2	5	4	63	46	4	0	0
12	8	5	4	0	38	28	0	10	8	64	47	2	5	4
13	9	3	9	4	39	28	5	4	0	65	48	0	10	8
14	10	2	2	8	40	29	3	9	4	66	48	5	4	0
15	11	0	8	0	41	30	2	2	8	67	49	3	9	4
16	11	5	1	4	42	31	0	8	0	68	50	2	2	8
17	12	3	6	8	43	31	5	1	4	69	51	0	8	0
18	13	2	0	0	44	32	3	6	8	70	51	5	1	4
19	14	0	5	4	45	33	2	0	0	71	52	3	6	8
20	14	4	10	8	46	34	0	5	4	72	53	2	0	0
21	15	3	4	0	47	34	4	10	8					
22	16	1	9	4	48	35	3	4	0	1/4	0	1	1	4
23	17	0	2	8	49	36	1	9	4	1/2	0	2	2	8
24	17	4	8	0	50	37	0	2	8	3/4	0	3	4	0
25	18	3	1	4	51	37	4	8	0					
26	19	1	6	8	52	38	3	1	4					

Groſſeur de 16 & 21 pouces.

ſur Pieds de Longueur.	Produit. Pieces.	Pieds.	Pouces.	Lignes.	ſur Pieds de Longueur.	Produit. Pieces.	Pieds.	Pouces.	Lignes.	ſur Pieds de Longueur.	Produit. Pieces.	Pieds.	Pouces.	Lignes.
1	0	4	8	0	27	21	0	0	0	53	41	1	4	0
2	1	3	4	0	28	21	4	8	0	54	42	0	0	0
3	2	2	0	0	29	22	3	4	0	55	42	4	8	0
4	3	0	8	0	30	23	2	0	0	56	43	3	4	0
5	3	5	4	0	31	24	0	8	0	57	44	2	0	0
6	4	4	0	0	32	24	5	4	0	58	45	0	8	0
7	5	2	8	0	33	25	4	0	0	59	45	5	4	0
8	6	1	4	0	34	26	2	8	0	60	46	4	0	0
9	7	0	0	0	35	27	1	4	0	61	47	2	8	0
10	7	4	8	0	36	28	0	0	0	62	48	1	4	0
11	8	3	4	0	37	28	4	8	0	63	49	0	0	0
12	9	2	0	0	38	29	3	4	0	64	49	4	8	0
13	10	0	8	0	39	30	2	0	0	65	50	3	4	0
14	10	5	4	0	40	31	0	8	0	66	51	2	0	0
15	11	4	0	0	41	31	5	4	0	67	52	0	8	0
16	12	2	8	0	42	32	4	0	0	68	52	5	4	0
17	13	1	4	0	43	33	2	8	0	69	53	4	0	0
18	14	0	0	0	44	34	1	4	0	70	54	2	8	0
19	14	4	8	0	45	35	0	0	0	71	55	1	4	0
20	15	3	4	0	46	35	4	8	0	72	56	0	0	0
21	16	2	0	0	47	36	3	4	0					
22	17	0	8	0	48	37	2	0	0	$\frac{1}{4}$	0	1	2	0
23	17	5	4	0	49	38	0	8	0	$\frac{1}{2}$	0	2	4	0
24	18	4	0	0	50	38	5	4	0	$\frac{3}{4}$	0	3	6	0
25	19	2	8	0	51	39	4	0	0					
26	20	1	4	0	52	40	2	8	0					

Groſſeur de 16 & 22 pouces.

ſur Pieds de Longueur.	Produit. Pieces.	Pieds.	Pouces.	Lignes.	ſur Pieds de Longueur.	Produit. Pieces.	Pieds.	Pouces.	Lignes.	ſur Pieds de Longueur.	Produit. Pieces.	Pieds.	Pouces.	Lignes.
1	0..	4.	10.	8	27	22..	0.	0.	0	53	43..	1.	1.	4
2	1..	3.	9.	4	28	22..	4.	10.	8	54	44..	0.	0.	0
3	2..	2.	8.	0	29	23..	3.	9.	4	55	44..	4.	10.	8
4	3..	1.	6.	8	30	24..	2.	8.	0	56	45..	3.	9.	4
5	4..	0.	5.	4	31	25..	1.	6.	8	57	46..	2.	8.	0
6	4..	5.	4.	0	32	26..	0.	5.	4	58	47..	1.	6.	8
7	5..	4.	2.	8	33	26..	5.	4.	0	59	48..	0.	5.	4
8	6..	3.	1.	4	34	27..	4.	2.	8	60	48..	5.	4.	0
9	7..	2.	0.	0	35	28..	3.	1.	4	61	49..	4.	2.	8
10	8..	0.	10.	8	36	29..	2.	0.	0	62	50..	3.	1.	4
11	8..	5.	9.	4	37	30..	0.	10.	8	63	51..	2.	0.	0
12	9..	4.	8.	0	38	30..	5.	9.	4	64	52..	0.	10.	8
13	10..	3.	6.	8	39	31..	4.	8.	0	65	52..	5.	9.	4
14	11..	2.	5.	4	40	32..	3.	6.	8	66	53..	4.	8.	0
15	12..	1.	4.	0	41	33..	2.	5.	4	67	54..	3.	6.	8
16	13..	0.	2.	8	42	34..	1.	4.	0	68	55..	2.	5.	4
17	13..	5.	1.	4	43	35..	0.	2.	8	69	56..	1.	4.	0
18	14..	4.	0.	0	44	35..	5.	1.	4	70	57..	0.	2.	8
19	15..	2.	10.	8	45	36..	4.	0.	0	71	57..	5.	1.	4
20	16..	1.	9.	4	46	37..	2.	10.	8	72	58..	4.	0.	0
21	17..	0.	8.	0	47	38..	1.	9.	4					
22	17..	5.	6.	8	48	39..	0.	8.	0	¼	0..	1.	2.	8
23	18..	4.	5.	4	49	39..	5.	6.	8	½	0..	2.	5.	4
24	19..	3.	4.	0	50	40..	4.	5.	4	¾	0..	3.	8.	0
25	20..	2.	2.	8	51	41..	3.	4.	0					
26	21..	1.	1.	4	52	42..	2.	2.	8					

Grosseur de 16 & 23 pouces.

sur Pieds de Longueur.	Produit. Pieces.	Pieds.	Pouces.	Lignes.
1	0..5.	1.		4
2	1..4.	2.		8
3	2..3.	4.		0
4	3..2.	5.		4
5	4..1.	6.		8
6	5..0.	8.		0
7	5..5.	9.		4
8	6..4.	10.		8
9	7..4.	0.		0
10	8..3.	1.		4
11	9..2.	2.		8
12	10..1.	4.		0
13	11..0.	5.		4
14	11..5.	6.		8
15	12..4.	8.		0
16	13..3.	9.		4
17	14..2.	10.		8
18	15..2.	0.		0
19	16..1.	1.		4
20	17..0.	2.		8
21	17..5.	4.		0
22	18..4.	5.		4
23	19..3.	6.		8
24	20..2.	8.		0
25	21..1.	9.		4
26	22..0.	10.		8

sur Pieds de Longueur.	Produit. Pieces.	Pieds.	Pouces.	Lignes.
27	23..0.	0.		0
28	23..5.	1.		4
29	24..4.	2.		8
30	25..3.	4.		0
31	26..2.	5.		4
32	27..1.	6.		8
33	28..0.	8.		0
34	28..5.	9.		4
35	29..4.	10.		8
36	30..4.	0.		0
37	31..3.	1.		4
38	32..2.	2.		8
39	33..1.	4.		0
40	34..0.	5.		4
41	34..5.	6.		8
42	35..4.	8.		0
43	36..3.	9.		4
44	37..2.	10.		8
45	38..2.	0.		0
46	39..1.	1.		4
47	40..0.	2.		8
48	40..5.	4.		0
49	41..4.	5.		4
50	42..3.	6.		8
51	43..2.	8.		0
52	44..1.	9.		4

sur Pieds de Longueur.	Produit. Pieces.	Pieds.	Pouces.	Lignes.
53	45..0.	10.		8
54	46..0.	0.		0
55	46..5.	1.		4
56	47..4.	2.		8
57	48..3.	4.		0
58	49..2.	5.		4
59	50..1.	6.		8
60	51..0.	8.		0
61	51..5.	9.		4
62	52..4.	10.		8
63	53..4.	0.		0
64	54..3.	1.		4
65	55..2.	2.		8
66	56..1.	4.		0
67	57..0.	5.		4
68	57..5.	6.		8
69	58..4.	8.		0
70	59..3.	9.		4
71	60..2.	10.		8
72	61..2.	0.		0
1/4	0..1.	3.		4
1/2	0..2.	6.		8
3/4	0..3.	10.		0

Grosseur de 16 & 24 pouces.

sur Pieds de Longueur	Produit. Pieces.	Pieds.	Pouces.	Lignes.
1	0	5	4	0
2	1	4	8	0
3	2	4	0	0
4	3	3	4	0
5	4	2	8	0
6	5	2	0	0
7	6	1	4	0
8	7	0	8	0
9	8	0	0	0
10	8	5	4	0
11	9	4	8	0
12	10	4	0	0
13	11	3	4	0
14	12	2	8	0
15	13	2	0	0
16	14	1	4	0
17	15	0	8	0
18	16	0	0	0
19	16	5	4	0
20	17	4	8	0
21	18	4	0	0
22	19	3	4	0
23	20	2	8	0
24	21	2	0	0
25	22	1	4	0
26	23	0	8	0

sur Pieds de Longueur	Produit. Pieces.	Pieds.	Pouces.	Lignes.
27	24	0	0	0
28	24	5	4	0
29	25	4	8	0
30	26	4	0	0
31	27	3	4	0
32	28	2	8	0
33	29	2	0	0
34	30	1	4	0
35	31	0	8	0
36	32	0	0	0
37	32	5	4	0
38	33	4	8	0
39	34	4	0	0
40	35	3	4	0
41	36	2	8	0
42	37	2	0	0
43	38	1	4	0
44	39	0	8	0
45	40	0	0	0
46	40	5	4	0
47	41	4	8	0
48	42	4	0	0
49	43	3	4	0
50	44	2	8	0
51	45	2	0	0
52	46	1	4	0

sur Pieds de Longueur	Produit. Pieces.	Pieds.	Pouces.	Lignes.
53	47	0	8	0
54	48	0	0	0
55	48	5	4	0
56	49	4	8	0
57	50	4	0	0
58	51	3	4	0
59	52	2	8	0
60	53	2	0	0
61	54	1	4	0
62	55	0	8	0
63	56	0	0	0
64	56	5	4	0
65	57	4	8	0
66	58	4	0	0
67	59	3	4	0
68	60	2	8	0
69	61	2	0	0
70	62	1	4	0
71	63	0	8	0
72	64	0	0	0
$\frac{1}{4}$	0	1	4	0
$\frac{1}{2}$	0	2	8	0
$\frac{3}{4}$	0	4	0	0

Groſſeur de 16 & 25 pouces.

sur Pieds de Longueur.	Produit.				sur Pieds de Longueur.	Produit.				sur Pieds de Longueur.	Produit.			
	Pieces.	Pieds.	Pouces.	Lignes.		Pieces.	Pieds.	Pouces.	Lignes.		Pieces.	Pieds.	Pouces.	Lignes.
1	0	5	6	8	27	25	0	0	0	53	49	0	5	4
2	1	5	1	4	28	25	5	6	8	54	50	0	0	0
3	2	4	8	0	29	26	5	1	4	55	50	5	6	8
4	3	4	2	8	30	27	4	8	0	56	51	5	1	4
5	4	3	9	4	31	28	4	2	8	57	52	4	8	0
6	5	3	4	0	32	29	3	9	4	58	53	4	2	8
7	6	2	10	8	33	30	3	4	0	59	54	3	9	4
8	7	2	5	4	34	31	2	10	8	60	55	3	4	0
9	8	2	0	0	35	32	2	5	4	61	56	2	10	8
10	9	1	6	8	36	33	2	0	0	62	57	2	5	4
11	10	1	1	4	37	34	1	6	8	63	58	2	0	0
12	11	0	8	0	38	35	1	1	4	64	59	1	6	8
13	12	0	2	8	39	36	0	8	0	65	60	1	1	4
14	12	5	9	4	40	37	0	2	8	66	61	0	8	0
15	13	5	4	0	41	37	5	9	4	67	62	0	2	8
16	14	4	10	8	42	38	5	4	0	68	62	5	9	4
17	15	4	5	4	43	39	4	10	8	69	63	5	4	0
18	16	4	0	0	44	40	4	5	4	70	64	4	10	8
19	17	3	6	8	45	41	4	0	0	71	65	4	5	4
20	18	3	1	4	46	42	3	6	8	72	66	4	0	0
21	19	2	8	0	47	43	3	1	4					
22	20	2	2	8	48	44	2	8	0	1/4	0	1	4	8
23	21	1	9	4	49	45	2	2	8	1/2	0	2	9	4
24	22	1	4	0	50	46	1	9	4	3/4	0	4	2	0
25	23	0	10	8	51	47	1	4	0					
26	24	0	5	4	52	48	0	10	8					

Grosseur de 16 & 26 pouces.

sur Pieds de Longueur.	Pieces.	Pieds.	Pouces.	Lignes.
1	0	5	9	4
2	1	5	6	8
3	2	5	4	0
4	3	5	1	4
5	4	4	10	8
6	5	4	8	0
7	6	4	5	4
8	7	4	2	8
9	8	4	0	0
10	9	3	9	4
11	10	3	6	8
12	11	3	4	0
13	12	3	1	4
14	13	2	10	8
15	14	2	8	0
16	15	2	5	4
17	16	2	2	8
18	17	2	0	0
19	18	1	9	4
20	19	1	6	8
21	20	1	4	0
22	21	1	1	4
23	22	0	10	8
24	23	0	8	0
25	24	0	5	4
26	25	0	2	8

sur Pieds de Longueur.	Pieces.	Pieds.	Pouces.	Lignes.
27	26	0	0	0
28	26	5	9	4
29	27	5	6	8
30	28	5	4	0
31	29	5	1	4
32	30	4	10	8
33	31	4	8	0
34	32	4	5	4
35	33	4	2	8
36	34	4	0	0
37	35	3	9	4
38	36	3	6	8
39	37	3	4	0
40	38	3	1	4
41	39	2	10	8
42	40	2	8	0
43	41	2	5	4
44	42	2	2	8
45	43	2	0	0
46	44	1	9	4
47	45	1	6	8
48	46	1	4	0
49	47	1	1	4
50	48	0	10	8
51	49	0	8	0
52	50	0	5	4

sur Pieds de Longueur.	Pieces.	Pieds.	Pouces.	Lignes.
53	51	0	2	8
54	52	0	0	0
55	52	5	9	4
56	53	5	6	8
57	54	5	4	0
58	55	5	1	4
59	56	4	10	8
60	57	4	8	0
61	58	4	5	4
62	59	4	2	8
63	60	4	0	0
64	61	3	9	4
65	62	3	6	8
66	63	3	4	0
67	64	3	1	4
68	65	2	10	8
69	66	2	8	0
70	67	2	5	4
71	68	2	2	8
72	69	2	0	0
1/4	0	1	5	4
1/2	0	2	10	8
3/4	0	4	4	0

Grosseur de 16 & 27 pouces.

sur Pieds de Longueur.	Pieces.	Pieds.	Pouces.	Lignes.	sur Pieds de Longueur	Pieces.	Pieds.	Pouces.	Lignes.	sur Pieds de Longueur.	Pieces.	Pieds.	Pouces.	Lignes.
1	1	0	0	0	27	27	0	0	0	53	53	0	0	0
2	2	0	0	0	28	28	0	0	0	54	54	0	0	0
3	3	0	0	0	29	29	0	0	0	55	55	0	0	0
4	4	0	0	0	30	30	0	0	0	56	56	0	0	0
5	5	0	0	0	31	31	0	0	0	57	57	0	0	0
6	6	0	0	0	32	32	0	0	0	58	58	0	0	0
7	7	0	0	0	33	33	0	0	0	59	59	0	0	0
8	8	0	0	0	34	34	0	0	0	60	60	0	0	0
9	9	0	0	0	35	35	0	0	0	61	61	0	0	0
10	10	0	0	0	36	36	0	0	0	62	62	0	0	0
11	11	0	0	0	37	37	0	0	0	63	63	0	0	0
12	12	0	0	0	38	38	0	0	0	64	64	0	0	0
13	13	0	0	0	39	39	0	0	0	65	65	0	0	0
14	14	0	0	0	40	40	0	0	0	66	66	0	0	0
15	15	0	0	0	41	41	0	0	0	67	67	0	0	0
16	16	0	0	0	42	42	0	0	0	68	68	0	0	0
17	17	0	0	0	43	43	0	0	0	69	69	0	0	0
18	18	0	0	0	44	44	0	0	0	70	70	0	0	0
19	19	0	0	0	45	45	0	0	0	71	71	0	0	0
20	20	0	0	0	46	46	0	0	0	72	72	0	0	0
21	21	0	0	0	47	47	0	0	0					
22	22	0	0	0	48	48	0	0	0	1/4	0	1	6	0
23	23	0	0	0	49	49	0	0	0	1/2	0	3	0	0
24	24	0	0	0	50	50	0	0	0	3/4	0	4	6	0
25	25	0	0	0	51	51	0	0	0					
26	26	0	0	0	52	52	0	0	0					

Grosseur de 16 & 28 pouces.

sur Pieds de Longueur.	Produit. Pieces.	Pieds.	Pouces.	Lignes.	sur Pieds de Longueur.	Produit. Pieces.	Pieds.	Pouces.	Lignes.	sur Pieds de Longueur.	Produit. Pieces.	Pieds.	Pouces.	Lignes.
1	1	0	2	8	27	28	0	0	0	53	54	5	9	4
2	2	0	5	4	28	29	0	2	8	54	56	0	0	0
3	3	0	8	0	29	30	0	5	4	55	57	0	2	8
4	4	0	10	8	30	31	0	8	0	56	58	0	5	4
5	5	1	1	4	31	32	0	10	8	57	59	0	8	0
6	6	1	4	0	32	33	1	1	4	58	60	0	10	8
7	7	1	6	8	33	34	1	4	0	59	61	1	1	4
8	8	1	9	4	34	35	1	6	8	60	62	1	4	0
9	9	2	0	0	35	36	1	9	4	61	63	1	6	8
10	10	2	2	8	36	37	2	0	0	62	64	1	9	4
11	11	2	5	4	37	38	2	2	8	63	65	2	0	0
12	12	2	8	0	38	39	2	5	4	64	66	2	2	8
13	13	2	10	8	39	40	2	8	0	65	67	2	5	4
14	14	3	1	4	40	41	2	10	8	66	68	2	8	0
15	15	3	4	0	41	42	3	1	4	67	69	2	10	8
16	16	3	6	8	42	43	3	4	0	68	70	3	1	4
17	17	3	9	4	43	44	3	6	8	69	71	3	4	0
18	18	4	0	0	44	45	3	9	4	70	72	3	6	8
19	19	4	2	8	45	46	4	0	0	71	73	3	9	4
20	20	4	5	4	46	47	4	2	8	72	74	4	0	0
21	21	4	8	0	47	48	4	5	4					
22	22	4	10	8	48	49	4	8	0					
23	23	5	1	4	49	50	4	10	8	1/4	0	1	6	8
24	24	5	4	0	50	51	5	1	4	1/2	0	3	1	4
25	25	5	6	8	51	52	5	4	0	3/4	0	4	8	0
26	26	5	9	4	52	53	5	6	8					

TARIF GENERAL

Grosseur de 16 & 29 pouces.

sur Pieds de Longueur	Produit Pieces. Pieds. Pouces. Lignes.	sur Pieds de Longueur	Produit Pieces. Pieds. Pouces. Lignes.	sur Pieds de Longueur	Produit Pieces. Pieds. Pouces. Lignes.
1	1..0. 5. 4	27	29..0. 0. 0	53	56..5. 6. 8
2	2..0.10. 8	28	30..0. 5. 4	54	58..0. 0. 0
3	3..1. 4. 0	29	31..0.10. 8	55	59..0. 5. 4
4	4..1. 9. 4	30	32..1. 4. 0	56	60..0.10. 8
5	5..2. 2. 8	31	33..1. 9. 4	57	61..1. 4. 0
6	6..2. 8. 0	32	34..2. 2. 8	58	62..1. 9. 4
7	7..3. 1. 4	33	35..2. 8. 0	59	63..2. 2. 8
8	8..3. 6. 8	34	36..3. 1. 4	60	64..2. 8. 0
9	9..4. 0. 0	35	37..3. 6. 8	61	65..3. 1. 4
10	10..4. 5. 4	36	38..4. 0. 0	62	66..3. 6. 8
11	11..4.10. 8	37	39..4. 5. 4	63	67..4. 0. 0
12	12..5. 4. 0	38	40..4.10. 8	64	68..4. 5. 4
13	13..5. 9. 4	39	41..5. 4. 0	65	69..4.10. 8
14	15..0. 2. 8	40	42..5. 9. 4	66	70..5. 4. 0
15	16..0. 8. 0	41	44..0. 2. 8	67	71..5. 9. 4
16	17..1. 1. 4	42	45..0. 8. 0	68	73..0. 2. 8
17	18..1. 6. 8	43	46..1. 1. 4	69	74..0. 8. 0
18	19..2. 0. 0	44	47..1. 6. 8	70	75..1. 1. 4
19	20..2. 5. 4	45	48..2. 0. 0	71	76..1. 6. 8
20	21..2.10. 8	46	49..2. 5. 4	72	77..2. 0. 0
21	22..3. 4. 0	47	50..2.10. 8		
22	23..3. 9. 4	48	51..3. 4. 0	¼	0..1. 7. 4
23	24..4. 2. 8	49	52..3. 9. 4	½	0..3. 2. 8
24	25..4. 8. 0	50	53..4. 2. 8	¾	0..4.10. 0
25	26..5. 1. 4	51	54..4. 8. 0		
26	27..5. 6. 8	52	55..5. 1. 4		

Grosseur de 16 & 30 pouces.

sur Pieds de Longueur.	Pieces.	Pieds.	Pouces.	Lignes.	sur Pieds de Longueur.	Pieces.	Pieds.	Pouces.	Lignes.	su Pieds de Longueur.	Pieces.	Pieds.	Pouces.	Lignes.
I	1	0	8	0	27	30	0	0	0	53	58	5	4	0
2	2	1	4	0	28	31	0	8	0	54	60	0	0	0
3	3	2	0	0	29	32	1	4	0	55	61	0	8	0
4	4	2	8	0	30	33	2	0	0	56	62	1	4	0
5	5	3	4	0	31	34	2	8	0	57	63	2	0	0
6	6	4	0	0	32	35	3	4	0	58	64	2	8	0
7	7	4	8	0	33	36	4	0	0	59	65	3	4	0
8	8	5	4	0	34	37	4	8	0	60	66	4	0	0
9	10	0	0	0	35	38	5	4	0	61	67	4	8	0
10	11	0	8	0	36	40	0	0	0	62	68	5	4	0
11	12	1	4	0	37	41	0	8	0	63	70	0	0	0
12	13	2	0	0	38	42	1	4	0	64	71	0	8	0
13	14	2	8	0	39	43	2	0	0	65	72	1	4	0
14	15	3	4	0	40	44	2	8	0	66	73	2	0	0
15	16	4	0	0	41	45	3	4	0	67	74	2	8	0
16	17	4	8	0	42	46	4	0	0	68	75	3	4	0
17	18	5	4	0	43	47	4	8	0	69	76	4	0	0
18	20	0	0	0	44	48	5	4	0	70	77	4	8	0
19	21	0	8	0	45	50	0	0	0	71	78	5	4	0
20	22	1	4	0	46	51	0	8	0	72	80	0	0	0
21	23	2	0	0	47	52	1	4	0					
22	24	2	8	0	48	53	2	0	0					
23	25	3	4	0	49	54	2	8	0	1/4	0	1	8	0
24	26	4	0	0	50	55	3	4	0	1/2	0	3	4	0
25	27	4	8	0	51	56	4	0	0	3/4	0	5	0	0
26	28	5	4	0	52	57	4	8	0					

Grosseur de 17 pouces.

sur Pieds de Longueur.	Produit. Pieces.	Pieds.	Pouces.	Lignes.	sur Pieds de Longueur.	Produit. Pieces.	Pieds.	Pouces.	Lignes.	sur Pieds de Longueur.	Produit. Pieces.	Pieds.	Pouces.	Lignes.
1	0	4	0	2	27	18	0	4	6	53	35	2	8	10
2	1	2	0	4	28	18	4	4	8	54	36	0	9	0
3	2	0	0	6	29	19	2	4	10	55	36	4	9	2
4	2	4	0	8	30	20	0	5	0	56	37	2	9	4
5	3	2	0	10	31	20	4	5	2	57	38	0	9	6
6	4	0	1	0	32	21	2	5	4	58	38	4	9	8
7	4	4	1	2	33	22	0	5	6	59	39	2	9	10
8	5	2	1	4	34	22	4	5	8	60	40	0	10	0
9	6	0	1	6	35	23	2	5	10	61	40	4	10	2
10	6	4	1	8	36	24	0	6	0	62	41	2	10	4
11	7	2	1	10	37	24	4	6	2	63	42	0	10	6
12	8	0	2	0	38	25	2	6	4	64	42	4	10	8
13	8	4	2	2	39	26	0	6	6	65	43	2	10	10
14	9	2	2	4	40	26	4	6	8	66	44	0	11	0
15	10	0	2	6	41	27	2	6	10	67	44	4	11	2
16	10	4	2	8	42	28	0	7	0	68	45	0	11	4
17	11	2	2	10	43	28	4	7	2	69	46	9	11	6
18	12	0	3	0	44	29	2	7	4	70	46	0	11	8
19	12	4	3	2	45	30	0	7	6	71	47	2	11	10
20	13	2	3	4	46	30	4	7	8	72	48	1	0	0
21	14	0	3	6	47	31	2	7	10					
22	14	4	3	8	48	32	0	8	0	1/4	0	1	0	0.0½
23	15	2	3	10	49	32	4	8	2	1/2	0	2	0	1
24	16	0	4	0	50	33	2	8	4	3/4	0	3	0	1½
25	16	4	4	2	51	34	0	8	6					
26	17	2	4	6	52	34	4	8	8					

Grosseur de 17 & 18 pouces.

sur Pieds de Longueur.	Produit. Pieces.	Pieds.	Pouces.	Lignes.	sur Pieds de Longueur.	Produit. Pieces.	Pieds.	Pouces.	Lignes.	sur Pieds de Longueur.	Produit. Pieces.	Pieds.	Pouces.	Lignes.
1	0	4	3	0	27	19	0	9	0	53	37	3	3	0
2	1	2	6	0	28	19	5	0	0	54	38	1	6	0
3	2	0	9	0	29	20	3	3	0	55	38	5	9	0
4	2	5	0	0	30	21	1	6	0	56	39	4	0	0
5	3	3	3	0	31	21	5	9	0	57	40	2	3	0
6	4	1	6	0	32	22	4	0	0	58	41	0	6	0
7	4	5	9	0	33	23	2	3	0	59	41	4	9	0
8	5	4	0	0	34	24	0	6	0	60	42	3	0	0
9	6	2	3	0	35	24	4	9	0	61	43	1	3	0
10	7	0	6	0	36	25	3	0	0	62	43	5	6	0
11	7	4	9	0	37	26	1	3	0	63	44	3	9	0
12	8	3	0	0	38	26	5	6	0	64	45	2	0	0
13	9	1	3	0	39	27	3	9	0	65	46	0	3	0
14	9	5	6	0	40	28	2	0	0	66	46	4	6	0
15	10	3	9	0	41	29	0	3	0	67	47	2	9	0
16	11	2	0	0	42	29	4	6	0	68	48	1	0	0
17	12	0	3	0	43	30	2	9	0	69	48	5	3	0
18	12	4	6	0	44	31	1	0	0	70	49	3	6	0
19	13	2	9	0	45	31	5	3	0	71	50	1	9	0
20	14	1	0	0	46	32	3	6	0	72	51	0	0	0
21	14	5	3	0	47	33	1	9	0					
22	15	3	6	0	48	34	0	0	0					
23	16	1	9	0	49	34	4	3	0	1/4	0	1	0	9
24	17	0	0	0	50	35	2	6	0	1/2	0	2	1	6
25	17	4	3	0	51	36	0	9	0	3/4	0	3	2	3
26	18	2	6	0	52	36	5	0	0					

Grosseur de 17 & 19 pouces.

sur Pieds de Longueur.	Produit. Pieces.	Pieds.	Pouces.	Lignes.	sur Pieds de Longueur.	Produit. Pieces.	Pieds.	Pouces.	Lignes.	sur Pieds de Longueur.	Produit. Pieces.	Pieds.	Pouces.	Lignes.
1	0	4	5	10	27	20	1	1	6	53	39	3	9	2
2	1	2	11	8	28	20	5	7	4	54	40	2	3	0
3	2	1	5	6	29	21	4	1	2	55	41	0	8	10
4	2	5	11	4	30	22	2	7	0	56	41	5	2	8
5	3	4	5	2	31	23	1	0	10	57	42	3	8	6
6	4	2	11	0	32	23	5	6	8	58	43	2	2	4
7	5	1	4	10	33	24	4	0	6	59	44	0	8	2
8	5	5	10	8	34	25	2	6	4	60	44	5	2	0
9	6	4	4	6	35	26	1	0	2	61	45	3	7	10
10	7	2	10	4	36	26	5	6	0	62	46	2	1	8
11	8	1	4	2	37	27	3	11	10	63	47	0	7	6
12	8	5	10	0	38	28	2	5	8	64	27	5	1	4
13	9	4	3	10	39	29	0	11	6	65	48	3	7	2
14	10	2	9	8	40	29	5	5	4	66	49	2	1	0
15	11	1	3	6	41	30	3	11	2	67	50	0	6	10
16	11	5	9	4	42	31	2	5	0	68	50	5	0	8
17	12	4	3	2	43	32	0	10	10	69	51	3	6	6
18	13	2	9	0	44	32	5	4	8	70	52	2	0	4
19	14	1	2	10	45	33	3	10	6	71	53	0	6	2
20	14	5	8	8	46	34	2	4	4	72	53	5	0	0
21	15	4	2	6	47	35	0	10	2	$\frac{1}{4}$	0	1	1	$5\frac{1}{2}$
22	16	2	8	4	48	35	5	4	0	$\frac{1}{2}$	0	2	2	11
23	17	1	2	2	49	36	3	9	10	$\frac{3}{4}$	0	3	4	$4\frac{1}{2}$
24	17	5	8	0	50	37	2	3	8					
25	18	4	1	10	51	38	0	9	6					
26	19	2	7	8	52	38	5	3	4					

Grosseur de 17 & 20 pouces.

sur Pieds de Longueur.	Pieces.	Pieds.	Pouces.	Lignes.
1	0	4	8	8
2	1	3	5	4
3	2	2	2	0
4	3	0	10	8
5	3	5	7	4
6	4	4	4	0
7	5	3	0	8
8	6	1	9	4
9	7	0	6	0
10	7	5	2	8
11	8	3	11	4
12	9	2	8	0
13	10	1	4	8
14	11	0	1	4
15	11	4	10	0
16	12	3	6	8
17	13	2	3	4
18	14	1	0	0
19	14	5	8	8
20	15	4	5	4
21	16	3	2	0
22	17	1	10	8
23	18	0	7	4
24	18	5	4	0
25	19	4	0	8
26	20	2	9	4

sur Pieds de Longueur.	Pieces.	Pieds.	Pouces.	Lignes.
27	21	1	6	0
28	22	0	2	8
29	22	4	11	4
30	23	3	8	0
31	24	2	4	8
32	25	1	1	4
33	25	5	10	0
34	26	4	6	8
35	27	3	3	4
36	28	2	0	0
37	29	0	8	8
38	29	5	5	4
39	30	4	2	0
40	31	2	10	8
41	32	1	7	4
42	33	0	4	0
43	33	5	0	8
44	34	3	9	4
45	35	2	6	0
46	36	1	2	8
47	36	5	11	4
48	37	4	8	0
49	38	3	4	8
50	39	2	1	4
51	40	0	10	0
52	40	5	6	8

sur Pieds de Longueur.	Pieces.	Pieds.	Pouces.	Lignes.
53	41	4	3	4
54	42	3	0	0
55	43	1	8	8
56	44	0	5	4
57	44	5	2	0
58	45	3	10	8
59	46	2	7	4
60	47	1	4	0
61	48	0	0	8
62	48	4	9	4
63	49	3	6	0
64	50	2	2	8
65	51	0	11	4
66	51	5	8	0
67	52	4	4	8
68	53	3	1	4
69	54	1	10	0
70	55	0	6	8
71	55	5	3	4
72	56	4	0	0
$\frac{1}{4}$	0	1	2	2
$\frac{1}{2}$	0	2	4	4
$\frac{3}{4}$	0	3	6	6

TARIF GENERAL

Groſſeur de 17 & 21 pouces.

ſur Pieds de Longueur	Produit.				ſur Pieds de Longueur	Produit.				ſur Pieds de Longueur	Produit.			
	Pieces.	Pieds.	Pouces.	Lignes.		Pieces.	Pieds.	Pouces.	Lignes.		Pieces.	Pieds.	Pouces.	Lignes.
1	0	4	11	6	27	22	1	10	6	53	43	4	9	6
2	1	3	11	0	28	23	0	10	0	54	44	3	9	0
3	2	2	10	6	29	23	5	9	6	55	45	2	8	6
4	3	1	10	0	30	24	4	9	0	56	46	1	8	0
5	4	0	9	6	31	25	3	8	6	57	47	0	7	6
6	4	5	9	0	32	26	2	8	0	58	47	5	7	0
7	5	4	8	6	33	27	1	7	6	59	48	4	6	6
8	6	3	8	0	34	28	0	7	0	60	49	3	6	0
9	7	2	7	6	35	28	5	6	6	61	50	2	5	6
10	8	1	7	0	36	29	4	6	0	62	51	1	5	0
11	9	0	6	6	37	30	3	5	6	63	52	0	4	6
12	9	5	6	0	38	31	2	5	0	64	52	5	4	0
13	10	4	5	6	39	32	1	4	6	65	53	4	3	6
14	11	3	5	0	40	33	0	4	0	66	54	3	3	0
15	12	2	4	6	41	33	5	3	6	67	55	2	2	6
16	13	1	4	0	42	34	4	3	0	68	56	1	2	0
17	14	0	3	6	43	35	3	2	6	69	57	0	1	6
18	14	5	3	0	44	36	2	2	0	70	57	5	1	0
19	15	4	2	6	45	37	1	1	6	71	58	4	0	6
20	16	3	2	0	46	38	0	1	0	72	59	3	0	0
21	17	2	1	6	47	38	5	0	6					
22	18	1	1	0	48	39	4	0	0					
23	19	0	0	6	49	40	2	11	6	$\frac{1}{4}$	0	1	2	$10\frac{1}{2}$
24	19	5	0	0	50	41	1	11	0	$\frac{1}{2}$	0	2	5	9
25	20	3	10	6	51	42	0	11	6	$\frac{3}{4}$	0	3	8	$7\frac{1}{2}$
26	21	2	10	0	52	42	5	11	0					

Grosseur de 17 & 22 pouces.

sur Pieds de Longueur.	Pieces.	Pieds.	Pouces.	Lignes.
1	0	5	2	4
2	1	4	4	8
3	2	3	7	0
4	3	2	9	4
5	4	1	11	8
6	5	1	2	0
7	6	0	4	4
8	6	5	6	8
9	7	4	9	0
10	8	3	11	4
11	9	3	1	8
12	10	2	4	0
13	11	1	6	4
14	12	0	8	8
15	12	5	11	0
16	13	5	1	4
17	14	4	3	8
18	15	3	6	0
19	16	2	8	4
20	17	1	10	8
21	18	1	1	0
22	19	0	3	4
23	19	5	5	8
24	20	4	8	0
25	21	3	10	4
26	22	3	0	8

sur Pieds de Longueur.	Pieces.	Pieds.	Pouces.	Lignes.
27	23	2	3	0
28	24	1	5	4
29	25	0	7	8
30	25	5	10	0
31	26	5	0	4
32	27	4	2	8
33	28	3	5	0
34	29	2	7	4
35	30	1	9	8
36	31	1	0	0
37	32	0	2	4
38	32	5	4	8
39	33	4	7	0
40	34	3	9	4
41	35	2	11	8
42	36	2	2	0
43	37	1	4	4
44	38	0	6	8
45	38	5	9	0
46	39	4	11	4
47	40	4	1	8
48	41	3	4	0
49	42	2	9	4
50	43	1	8	8
51	44	0	11	0
52	45	0	1	4

sur Pieds de Longueur.	Pieces.	Pieds.	Pouces.	Lignes.
53	45	5	3	8
54	46	4	6	0
55	47	3	8	4
56	48	2	10	8
57	49	2	1	0
58	50	1	3	4
59	51	0	5	8
60	51	5	8	0
61	52	4	10	4
62	53	4	0	8
63	54	3	3	0
64	55	2	5	4
65	56	1	7	8
66	57	0	10	0
67	58	0	0	4
68	58	5	2	8
69	59	4	5	0
70	60	3	7	4
71	61	2	9	8
72	62	2	0	0
$\frac{1}{4}$	0	1	3	7
$\frac{1}{2}$	0	2	7	2
$\frac{3}{4}$	0	3	10	9

Grosseur de 17 & 23 pouces.

sur Pieds de Longueur.	Produit. Pieces.	Pieds.	Pouces.	Lignes.
1	0	5	5	2
2	1	4	10	4
3	2	4	3	6
4	3	3	8	8
5	4	3	1	10
6	5	2	7	0
7	6	2	0	2
8	7	1	5	4
9	8	0	10	6
10	9	0	3	8
11	9	5	8	10
12	10	5	2	0
13	11	4	7	2
14	12	4	0	4
15	13	3	5	6
16	14	2	10	8
17	15	2	3	10
18	16	1	9	0
19	17	1	2	2
20	18	0	7	4
21	19	0	0	6
22	19	5	5	8
23	20	4	10	10
24	21	4	4	0
25	22	3	9	2
26	23	3	2	4

sur Pieds de Longueur.	Produit. Pieces.	Pieds.	Pouces.	Lignes.
27	24	2	7	6
28	25	2	0	8
29	26	1	5	10
30	27	0	11	0
31	28	0	4	2
32	28	5	9	4
33	29	5	2	6
34	30	4	7	8
35	31	4	0	10
36	32	3	6	0
37	33	2	11	2
38	34	2	4	4
39	35	1	9	6
40	36	1	2	8
41	37	0	7	10
42	38	0	1	0
43	38	5	6	2
44	39	4	11	4
45	40	4	4	6
46	41	3	9	8
47	42	3	2	10
48	43	2	8	0
49	44	2	1	2
50	45	1	6	4
51	46	0	11	6
52	47	0	4	8

sur Pieds de Longueur.	Produit. Pieces.	Pieds.	Pouces.	Lignes.
53	47	5	9	10
54	48	5	3	0
55	49	4	8	2
56	50	4	1	4
57	51	3	6	6
58	52	2	11	8
59	53	2	4	10
60	54	1	10	0
61	55	1	3	2
62	56	0	8	4
63	57	0	1	6
64	57	5	6	8
65	58	4	11	10
66	59	4	5	0
67	60	3	10	2
68	61	3	3	4
69	62	2	8	6
70	63	2	1	8
71	64	1	6	10
72	65	1	0	0
$\frac{1}{4}$	0	1	4	$3\frac{1}{2}$
$\frac{1}{2}$	0	2	8	7
$\frac{3}{4}$	0	4	0	$10\frac{1}{2}$

Grosseur de 17 & 24 pouces.

fur Pieds de Longueur.	Pieces.	Pieds.	Pouces.	Lignes.
1	0	5	8	0
2	1	5	4	0
3	2	5	0	0
4	3	4	8	0
5	4	4	4	0
6	5	4	0	0
7	6	3	8	0
8	7	3	4	0
9	8	3	0	0
10	9	2	8	0
11	10	2	4	0
12	11	2	0	0
13	12	1	8	0
14	13	1	4	0
15	14	1	0	0
16	15	0	8	0
17	16	0	4	0
18	17	0	0	0
19	17	5	8	0
20	18	5	4	0
21	19	5	0	0
22	20	4	8	0
23	21	4	4	0
24	22	4	0	0
25	23	3	8	0
26	24	3	4	0

fur Pieds de Longueur.	Pieces.	Pieds.	Pouces.	Lignes.
27	25	3	0	0
28	26	2	8	0
29	27	2	4	0
30	28	2	0	0
31	29	1	8	0
32	30	1	4	0
33	31	1	0	0
34	32	0	8	0
35	33	0	4	0
36	34	0	0	0
37	34	5	8	0
38	35	5	4	0
39	36	5	0	0
40	37	4	8	0
41	38	4	4	0
42	39	4	0	0
43	40	3	8	0
44	41	3	4	0
45	42	3	0	0
46	43	2	8	0
47	44	2	4	0
48	45	2	0	0
49	46	1	8	0
50	47	1	4	0
51	48	1	0	0
52	49	0	8	0

fur Pieds de Longueur.	Pieces.	Pieds.	Pouces.	Lignes.
53	50	0	4	0
54	51	0	0	0
55	51	5	8	0
56	52	5	4	0
57	53	5	0	0
58	54	4	8	0
59	55	4	4	0
60	56	4	0	0
61	57	3	8	0
62	58	3	4	0
63	59	3	0	0
64	60	2	8	0
65	61	2	4	0
66	62	2	0	0
67	63	1	8	0
68	64	1	4	0
69	65	1	0	0
70	66	0	8	0
71	67	0	4	0
72	68	0	0	0
$\frac{1}{4}$	0	1	5	0
$\frac{1}{2}$	0	2	10	0
$\frac{3}{4}$	0	4	3	0

Grosseur de 17 & 25 pouces.

sur Pieds de Longueur.	Pieces.	Pieds.	Pouces.	Lignes.
1	0	5	10	10
2	1	5	9	8
3	2	5	8	6
4	3	5	7	4
5	4	5	6	2
6	5	5	5	0
7	6	5	3	10
8	7	5	2	8
9	8	5	1	6
10	9	5	0	4
11	10	4	11	2
12	11	4	10	0
13	12	4	8	10
14	13	4	7	8
15	14	4	6	6
16	15	4	5	4
17	16	4	4	2
18	17	4	3	0
19	18	4	1	10
20	19	4	0	8
21	20	3	11	6
22	21	3	10	4
23	22	3	9	2
24	23	3	8	0
25	24	3	6	10
26	25	3	5	8

sur Pieds de Longueur.	Pieces.	Pieds.	Pouces.	Lignes.
27	26	3	4	6
28	27	3	3	4
29	28	3	2	2
30	29	3	1	0
31	30	2	11	10
32	31	2	10	8
33	32	2	9	6
34	33	2	8	4
35	34	2	7	2
36	35	2	6	0
37	36	2	4	10
38	37	2	3	8
39	38	2	2	6
40	39	2	1	4
41	40	2	0	2
42	41	1	11	0
43	42	1	9	10
44	43	1	8	8
45	44	1	7	6
46	45	1	6	4
47	46	1	5	2
48	47	1	4	0
49	48	1	2	10
50	49	1	1	8
51	50	1	0	6
52	51	0	11	4

sur Pieds de Longueur.	Pieces.	Pieds.	Pouces.	Lignes.
53	52	0	10	2
54	53	0	9	0
55	54	0	7	10
56	55	0	6	8
57	56	0	5	6
58	57	0	4	4
59	58	0	3	2
60	59	0	2	0
61	60	0	0	10
62	60	5	11	8
63	61	5	10	6
64	62	5	9	4
65	63	5	8	2
66	64	5	7	0
67	65	5	5	10
68	66	5	4	8
69	67	5	3	6
70	68	5	2	4
71	69	5	1	2
72	70	5	0	0
1/4	0	1	5	8½
1/2	0	2	11	5
3/4	0	4	5	1½

Grosseur de 17 & 26 pouces.

sur Pieds de Longueur.	Produit Pieces.	Pieds.	Pouces.	Lignes.	sur Pieds de Longueur.	Produit Pieces.	Pieds.	Pouces.	Lignes.	sur Pieds de Longueur.	Produit Pieces.	Pieds.	Pouces.	Lignes.
1	1..0.	1.	8		27	27..3.	9.	0		53	54..1.	4.	4
2	2..0.	3.	4		28	28..3.	10.	8		54	55..1.	6.	0
3	3..0.	5.	0		29	29..4.	0.	4		55	56..1.	7.	8
4	4..0.	6.	8		30	30..4.	2.	0		56	57..1.	9.	4
5	5..0.	8.	4		31	31..4.	3.	8		57	58..1.	11.	0
6	6..0.	10.	0		32	32..4.	5.	4		58	59..2.	0.	8
7	7..0.	11.	8		33	33..4.	7.	0		59	60..2.	2.	4
8	8..1.	1.	4		34	34..4.	8.	8		60	61..2.	4.	0
9	9..1.	3.	0		35	35..4.	10.	4		61	62..2.	5.	8
10	10..1.	4.	8		36	36..5.	0.	0		62	63..2.	7.	4
11	11..1.	6.	4		37	37..5.	1.	8		63	64..2.	9.	0
12	12..1.	8.	0		38	38..5.	3.	4		64	65..2.	10.	8
13	13..1.	9.	8		39	39..5.	5.	0		65	66..3.	0.	4
14	14..1.	11.	4		40	40..5.	6.	8		66	67..3.	2.	0
15	15..2.	1.	0		41	41..5.	8.	4		67	68..3.	3.	8
16	16..2.	2.	8		42	42..5.	10.	0		68	69..3.	5.	4
17	17..2.	4.	4		43	43..5.	11.	8		69	70..3.	7.	0
18	18..2.	6.	0		44	45..0.	1.	4		70	71..3.	8.	8
19	19..2.	7.	8		45	45..0.	3.	0		71	72..3.	10.	4
20	20..2.	9.	4		46	47..0.	4.	8		72	73..4.	0.	0
21	21..2.	11.	0		47	48..0.	6.	4					
22	22..3.	0.	8		48	49..0.	8.	0		$\frac{1}{4}$	0..1.	6.	5
23	23..3.	2.	4		49	50..0.	9.	8		$\frac{1}{2}$	0..3.	0.	10
24	24..3.	4.	0		50	51..0.	11.	4		$\frac{3}{4}$	0..4.	7.	3
25	25..3.	5.	8		51	52..1.	1.	0					
26	26..3.	7.	4		52	53..1.	2.	8					

Grosseur de 17 & 27 pouces.

sur Pieds de Longueur.	Produit. Pieces.	Pieds.	Pouces.	Lignes.	sur Pieds de Longueur.	Produit. Pieces.	Pieds.	Pouces.	Lignes.	sur Pieds de Longueur.	Produit. Pieces.	Pieds.	Pouces.	Lignes.
1	1	0	4	6	27	28	4	1	6	53	56	1	10	6
2	2	0	9	0	28	29	4	6	0	54	57	2	3	0
3	3	1	1	6	29	30	4	10	6	55	58	2	7	6
4	4	1	6	0	30	31	5	3	0	56	59	3	0	0
5	5	1	10	6	31	32	5	7	6	57	60	3	4	6
6	6	2	3	0	32	34	0	0	0	58	61	3	9	0
7	7	2	7	6	33	35	0	4	6	59	62	4	1	6
8	8	3	0	0	34	36	0	9	0	60	63	4	6	0
9	9	3	4	6	35	37	1	1	6	61	64	4	10	6
10	10	3	9	0	36	38	1	6	0	62	65	5	3	0
11	11	4	1	6	37	39	1	10	6	63	66	5	7	6
12	12	4	6	0	38	40	2	3	0	64	68	0	0	0
13	13	4	10	6	39	41	2	7	6	65	69	0	4	6
14	14	5	3	0	40	42	3	0	0	66	70	0	9	0
15	15	5	7	6	41	43	3	4	6	67	71	1	1	6
16	17	0	0	0	42	44	3	9	0	68	72	1	6	0
17	18	0	4	6	43	45	4	1	6	69	73	1	10	6
18	19	0	9	0	44	46	4	6	0	70	74	2	3	0
19	20	1	1	6	45	47	4	10	6	71	75	2	7	6
20	21	1	6	0	46	48	5	3	0	72	76	3	0	0
21	22	1	10	6	47	49	5	7	6					
22	23	2	3	0	48	51	0	0	0	$\frac{1}{4}$	0	1	7	$1\frac{1}{2}$
23	24	2	7	6	49	52	0	4	6	$\frac{1}{2}$	0	3	2	3
24	25	3	0	0	50	53	0	9	0	$\frac{3}{4}$	0	4	9	$4\frac{1}{2}$
25	26	3	4	6	51	54	1	1	6					
26	27	3	9	0	52	55	1	6	0					

Grosseur de 17 & 28 pouces.

sur Pieds de Longueur.	Pieces.	Pieds.	Pouces.	Lignes.
1	1	0	7	4
2	2	1	2	8
3	3	1	10	0
4	4	2	5	4
5	5	3	0	8
6	6	3	8	0
7	7	4	3	4
8	8	4	10	8
9	9	5	6	0
10	11	0	1	4
11	12	0	8	8
12	13	1	4	0
13	14	1	11	4
14	15	2	6	8
15	16	3	2	0
16	17	3	9	4
17	18	4	4	8
18	19	5	0	0
19	20	5	7	4
20	22	0	2	8
21	23	0	10	0
22	24	1	5	4
23	25	2	0	8
24	26	2	8	0
25	27	3	3	4
26	28	3	10	8

sur Pieds de Longueur.	Pieces.	Pieds.	Pouces.	Lignes.
27	29	4	6	0
28	30	5	1	4
29	31	5	8	8
30	33	0	4	0
31	34	0	11	4
32	35	1	6	8
33	36	2	2	0
34	37	2	9	4
35	38	3	4	8
36	39	4	0	0
37	40	4	7	4
38	41	5	2	8
39	42	5	10	0
40	44	0	5	4
41	45	1	0	8
42	46	1	8	0
43	47	2	3	4
44	48	2	10	8
45	49	3	6	0
46	50	4	1	4
47	51	4	8	8
48	52	5	4	0
49	53	5	11	4
50	55	0	6	8
51	56	1	2	0
52	57	1	9	4

sur Pieds de Longueur.	Pieces.	Pieds.	Pouces.	Lignes.
53	58	2	4	8
54	59	3	0	0
55	60	3	7	4
56	61	4	2	8
57	62	4	10	0
58	63	5	5	4
59	65	0	0	8
60	66	0	8	0
61	67	1	3	4
62	68	1	10	8
63	69	2	6	0
64	70	3	1	4
65	71	3	8	8
66	72	4	4	0
67	73	4	11	4
68	74	5	6	8
69	76	0	2.–	0
70	77	0	9	4
71	78	1	4	8
72	79	2	0	0
1/4	0	1	7	10
1/2	0	3	3	8
3/4	0	4	11	6

Grosseur de 17 & 26 pouces.

sur Pieds de Longueur.	Produit. Pieces.	Pieds.	Pouces.	Lignes.
1	1	0	10	2
2	2	1	8	4
3	3	2	6	6
4	4	3	4	8
5	5	4	2	10
6	6	5	1	0
7	7	5	11	2
8	9	0	9	4
9	10	1	7	6
10	11	2	5	8
11	12	3	3	10
12	13	4	2	0
13	14	5	0	2
14	15	5	10	4
15	17	0	8	6
16	18	1	6	8
17	19	2	4	10
18	20	3	3	0
19	21	4	1	2
20	22	4	11	4
21	23	5	9	6
22	25	0	7	8
23	26	1	5	10
24	27	2	4	0
25	28	3	2	2
26	29	4	0	4

sur Pieds de Longueur.	Produit. Pieces.	Pieds.	Pouces.	Lignes.
27	30	4	10	6
28	31	5	8	8
29	33	0	6	10
30	34	1	5	0
31	35	2	3	2
32	36	3	1	4
33	37	3	11	6
34	38	4	9	8
35	39	5	7	10
36	41	0	6	0
37	42	1	4	2
38	43	2	2	4
39	44	3	0	6
40	45	3	10	8
41	46	4	8	10
42	47	5	7	0
43	49	0	5	2
44	50	1	3	4
45	51	2	1	6
46	52	2	11	8
47	53	3	9	10
48	54	4	8	0
49	55	5	6	2
50	57	0	4	4
51	58	1	2	6
52	59	2	0	8

sur Pieds de Longueur.	Produit. Pieces.	Pieds.	Pouces.	Lignes.
53	60	2	10	10
54	61	3	9	0
55	62	4	7	2
56	63	5	5	4
57	65	0	3	6
58	66	1	1	8
59	67	1	11	10
60	68	2	10	0
61	69	3	8	2
62	70	4	6	4
63	71	5	4	6
64	73	0	2	8
65	74	1	0	10
66	75	1	11	0
67	76	2	9	2
68	77	3	7	4
69	78	4	5	6
70	79	5	3	8
71	81	0	1	10
72	82	1	0	0
1/4	0	1	8	6½
1/2	0	3	5	1
3/4	0	5	1	7

Groffeur de 17 & 30 pouces.

fur Pieds de Longueur.	Produit. Pieces.	Pieds.	Pouces.	Lignes.	fur Pieds de Longueur.	Produit. Pieces.	Pieds.	Pouces.	Lignes.	fur Pieds de Longueur.	Produit. Pieces.	Pieds.	Pouces.	Lignes.
1	1	1	1	0	27	31	5	3	0	53	62	3	5	0
2	2	2	2	0	28	33	0	4	0	54	63	4	6	0
3	3	3	3	0	29	34	1	5	0	55	64	5	7	0
4	4	4	4	0	30	35	2	6	0	56	66	0	8	0
5	5	5	5	0	31	36	3	7	0	57	67	1	9	0
6	7	0	6	0	32	37	4	8	0	58	68	2	10	0
7	8	1	7	0	33	38	5	9	0	59	69	3	11	0
8	9	2	8	0	34	40	0	10	0	60	70	5	0	0
9	10	3	9	0	35	41	1	11	0	61	72	0	1	0
10	11	4	10	0	36	42	3	0	0	62	73	1	2	0
11	12	5	11	0	37	43	4	1	0	63	74	2	3	0
12	14	1	0	0	38	44	5	2	0	64	75	3	4	0
13	15	2	1	0	39	46	0	3	0	65	76	4	5	0
14	16	3	2	0	40	47	1	4	0	66	77	5	6	0
15	17	4	3	0	41	48	2	5	0	67	79	0	7	0
16	18	5	4	0	42	49	3	6	0	68	80	1	8	0
17	20	0	5	0	43	50	4	7	0	69	81	2	9	0
18	21	1	6	0	44	51	5	8	0	70	82	3	10	0
19	22	2	7	0	45	53	0	9	0	71	83	4	11	0
20	23	3	8	0	46	54	1	10	0	72	85	0	0	0
21	24	4	9	0	47	55	2	11	0					
22	25	5	10	0	48	56	4	0	0					
23	27	0	11	0	49	57	5	1	0	$\frac{1}{4}$	0	1	9	3
24	28	2	0	0	50	59	0	2	0	$\frac{1}{2}$	0	3	6	6
25	29	3	1	0	51	60	1	3	0	$\frac{3}{4}$	0	5	3	9
26	30	4	2	0	52	61	2	4	0					

Grosseur de 18 pouces.

sur Pieds de Longueur.	Produit. Pieces.	Pieds.	Pouces.	Lignes.	sur Pieds de Longueur.	Produit. Pieces.	Pieds.	Pouces.	Lignes.	sur Pieds de Longueur	Produit. Pieces.	Pieds.	Pouces.	Lignes.
1	0..4.	6.	0		27	20..1.	6.	0		53	39..4.	6.	0	
2	1..3.	0.	0		28	21..0.	0.	0		54	40..3.	0.	0	
3	2..1.	6.	0		29	21..4.	6.	0		55	41..1.	6.	0	
4	3..0.	0.	0		30	22..3.	0.	0		56	42..0.	0.	0	
5	3..4.	6.	0		31	23..1.	6.	0		57	42..4.	6.	0	
6	4..3.	0.	0		32	24..0.	0.	0		58	43..3.	0.	0	
7	5..1.	6.	0		33	24..4.	6.	0		59	44..1.	6.	0	
8	6..0.	0.	0		34	25..3.	0.	0		60	45..0.	0.	0	
9	6..4.	6.	0		35	26..1.	6.	0		61	45..4.	6.	0	
10	7..3.	0.	0		36	27..0.	0.	0		62	46..3.	0.	0	
11	8..1.	6.	0		37	27..4.	6.	0		63	47..1.	6.	0	
12	9..0.	0.	0		38	28..3.	0.	0		64	48..0.	0.	0	
13	9..4.	6.	0		39	29..1.	6.	0		65	48..4.	6.	0	
14	10..3.	0.	0		40	30..0.	0.	0		66	49..3.	0.	0	
15	11..1.	6.	0		41	30..4.	6.	0		67	50..1.	6.	0	
16	12..0.	0.	0		42	31..3.	0.	0		68	51..0.	0.	0	
17	12..4.	6.	0		43	32..1.	6.	0		69	51..4.	6.	0	
18	13..3.	0.	0		44	33..0.	0.	0		70	52..3.	0.	0	
19	14..1.	6.	0		45	33..4.	6.	0		71	53..1.	6.	0	
20	15..0.	0.	0		46	34..3.	0.	0		72	54..0.	0.	0	
21	15..4.	6.	0		47	35..1.	6.	0						
22	16..3.	0.	0		48	36..0.	0.	0		1/4	0..1.	1.	6	
23	17..1.	6.	0		49	36..4.	6.	0		1/2	0..2.	3.	0	
24	18..0.	0.	0		50	37..3.	0.	0		3/4	0..3.	4.	6	
25	18..4.	6.	0		51	38..1.	6.	0						
26	19..3.	0.	0		52	39..0.	0.	0						

Groſſeur de 18 & 19 pouces.

sur Pieds de Longueur.	Pieces.	Pieds.	Pouces.	Lignes.	sur Pieds de Longueur.	Pieces.	Pieds.	Pouces.	Lignes.	su Pieds de Longueur.	Pieces.	Pieds.	Pouces.	Lignes.
1	0	4	9	0	27	21	2	3	0	53	41	5	9	0
2	1	3	6	0	28	22	1	0	0	54	42	4	6	0
3	2	2	3	0	29	22	5	9	0	55	43	3	3	0
4	3	1	0	0	30	23	4	6	0	56	44	2	0	0
5	3	5	9	0	31	24	3	3	0	57	45	0	9	0
6	4	4	6	0	32	25	2	0	0	58	45	5	6	0
7	5	3	3	0	33	26	0	9	0	59	46	4	3	0
8	6	2	0	0	34	26	5	6	0	60	47	3	0	0
9	7	0	9	0	35	27	4	3	0	61	48	1	9	0
10	7	5	6	0	36	28	3	0	0	62	49	0	6	0
11	8	4	3	0	37	29	1	9	0	63	49	5	3	0
12	9	3	0	0	38	30	0	6	0	64	50	4	0	0
13	10	1	9	0	39	30	5	3	0	65	51	2	9	0
14	11	0	6	0	40	31	4	0	0	66	52	1	6	0
15	11	5	3	0	41	32	2	9	0	67	53	0	3	0
16	12	4	0	0	42	33	1	6	0	68	53	5	0	0
17	13	2	9	0	43	34	0	3	0	69	54	3	9	0
18	14	1	6	0	44	34	5	0	0	70	55	2	6	0
19	15	0	3	0	45	35	3	9	0	71	56	1	3	0
20	15	5	0	0	46	36	2	6	0	72	57	0	0	0
21	16	3	9	0	47	37	1	3	0					
22	17	2	6	0	48	38	0	0	0	1/4	0	1	2	.3
23	18	1	3	0	49	38	4	9	0	1/2	0	2	4	.6
24	19	0	0	0	50	39	3	6	0	3/4	0	3	6	.9
25	19	4	9	0	51	40	2	3	0					
26	20	3	6	0	52	41	1	0	0					

Groſſeur de 18 & 20 pouces.

ſur Pieds de Longueur.	Produit.				ſur Pieds de Longueur.	Produit.				ſur Pieds de Longueur.	Produit.			
	Pieces.	Pieds.	Pouces.	Lignes.		Pieces.	Pieds.	Pouces.	Lignes.		Pieces.	Pieds.	Pouces.	Lignes.
1	0	5	0	0	27	22	3	0	0	53	44	1	0	0
2	1	4	0	0	28	23	2	0	0	54	45	0	0	0
3	2	3	0	0	29	24	1	0	0	55	45	5	0	0
4	3	2	0	0	30	25	0	0	0	56	46	4	0	0
5	4	1	0	0	31	25	5	0	0	57	47	3	0	0
6	5	0	0	0	32	26	4	0	0	58	48	2	0	0
7	5	5	0	0	33	27	3	0	0	59	49	1	0	0
8	6	4	0	0	34	28	2	0	0	60	50	0	0	0
9	7	3	0	0	35	29	1	0	0	61	50	5	0	0
10	8	2	0	0	36	30	0	0	0	62	51	4	0	0
11	9	1	0	0	37	30	5	0	0	63	52	3	0	0
12	10	0	0	0	38	31	4	0	0	64	43	2	0	0
13	10	5	0	0	39	32	3	0	0	65	54	1	0	0
14	11	4	0	0	40	33	2	0	0	66	55	0	0	0
15	12	3	0	0	41	34	1	0	0	67	55	5	0	0
16	13	2	0	0	42	35	0	0	0	68	56	4	0	0
17	14	1	0	0	43	35	5	0	0	69	57	3	0	0
18	15	0	0	0	44	36	4	0	0	70	58	2	0	0
19	15	5	0	0	45	37	3	0	0	71	59	1	0	0
20	16	4	0	0	46	28	2	0	0	72	60	0	0	0
21	17	3	0	0	47	39	1	0	0					
22	18	2	0	0	48	40	0	0	0					
23	19	1	0	0	49	40	5	0	0	$\frac{1}{4}$	0	1	3	0
24	20	0	0	0	50	41	4	0	0	$\frac{1}{2}$	0	2	6	0
25	20	5	0	0	51	42	3	0	0	$\frac{3}{4}$	0	3	9	0
26	21	4	0	0	52	43	2	0	0					

Grosseur de 18 & 21 pouces.

sur Pieds de Longueur.	Pieces.	Pieds.	Pouces.	Lignes.	sur Pieds de Longueur.	Pieces.	Pieds.	Pouces.	Lignes.	sur Pieds de Longueur.	Pieces.	Pieds.	Pouces.	Lignes.
1	0	5	3	0	27	23	3	9	0	53	46	2	3	0
2	1	4	6	0	28	24	3	0	0	54	47	1	6	0
3	2	3	9	0	29	25	2	3	0	55	48	0	9	0
4	3	3	0	0	30	26	1	6	0	56	49	0	0	0
5	4	2	3	0	31	27	0	9	0	57	49	5	3	0
6	5	1	6	0	32	28	0	0	0	58	50	4	6	0
7	6	0	9	0	33	28	5	3	0	59	51	3	9	0
8	7	0	0	0	34	29	4	6	0	60	52	3	0	0
9	7	5	3	0	35	20	3	9	0	61	53	2	3	0
10	8	4	6	0	36	21	3	0	0	62	54	1	6	0
11	9	3	9	0	37	32	2	3	0	63	55	0	9	0
12	10	3	0	0	38	33	1	6	0	64	56	0	0	0
13	11	2	3	0	39	34	0	9	0	65	56	5	3	0
14	12	1	6	0	40	35	0	0	0	66	57	4	6	0
15	13	0	9	0	41	35	5	3	0	67	58	3	9	0
16	14	0	0	0	42	36	4	6	0	68	59	3	0	0
17	14	5	3	0	43	37	3	9	0	69	60	2	3	0
18	15	4	6	0	44	38	3	0	0	70	61	1	6	0
19	16	3	9	0	45	39	2	3	0	71	62	0	9	0
20	17	3	0	0	46	40	1	6	0	72	63	0	0	0
21	18	2	3	0	47	41	0	9	0					
22	19	1	6	0	48	42	0	0	0	¼	0	1	3	9
23	20	0	9	0	49	42	5	3	0	½	0	2	7	6
24	21	0	0	0	50	43	4	6	0	¾	0	3	11	3
25	21	5	3	0	51	44	3	9	0					
26	22	4	6	0	52	45	3	0	0					

Grosseur de 18 & 22 pouces.

sur Pieds de Longueur.	Produit. Pieces.	Pieds.	Pouces.	Lignes.
1	0..5.	6.	0	
2	1..5.	0.	0	
3	2..4.	6.	0	
4	3..4.	0.	0	
5	4..3.	6.	0	
6	5..3.	0.	0	
7	6..2.	6.	0	
8	7..2.	0.	0	
9	8..1.	6.	0	
10	9..1.	0.	0	
11	10..0.	6.	0	
12	11..0.	0.	0	
13	11..5.	6.	0	
14	12..5.	0.	0	
15	13..4.	6.	0	
16	14..4.	0.	0	
17	15..3.	6.	0	
18	16..3.	0.	0	
19	17..2.	6.	0	
20	18..2.	0.	0	
21	19..1.	6.	0	
22	20..1.	0.	0	
23	21..0.	6.	0	
24	22..0.	0.	0	
25	22..5.	6.	0	
26	23..5.	0.	0	

sur Pieds de Longueur.	Produit. Pieces.	Pieds.	Pouces.	Lignes.
27	24..4.	6.	0	
28	25..4.	0.	0	
29	26..3.	6.	0	
30	27..3.	0.	0	
31	28..2.	6.	0	
32	29..2.	0.	0	
33	30..1.	6.	0	
34	31..1.	0.	0	
35	32..0.	6.	0	
36	33..0.	0.	0	
37	33..5.	6.	0	
38	34..5.	0.	0	
39	35..4.	6.	0	
40	36..4.	0.	0	
41	37..3.	6.	0	
42	38..3.	0.	0	
43	39..2.	6.	0	
44	40..2.	0.	0	
45	41..1.	6.	0	
46	42..1.	0.	0	
47	43..0.	6.	0	
48	44..0.	0.	0	
49	44..5.	6.	0	
50	45..5.	0.	0	
51	46..4.	6.	0	
52	47..4.	0.	0	

sur Pieds de Longueur.	Produit. Pieces.	Pieds.	Pouces.	Lignes.
53	48..3.	6.	0	
54	49..3.	0.	0	
55	50..2.	6.	0	
56	51..2.	0.	0	
57	52..1.	6.	0	
58	53..1.	0.	0	
59	54..0.	6.	0	
60	55..0.	0.	0	
61	55..5.	6.	0	
62	56..5.	0.	0	
63	57..4.	6.	0	
64	58..4.	0.	0	
65	59..3.	6.	0	
66	60..3.	0.	0	
67	61..2.	6.	0	
68	62..2.	0.	0	
69	63..1.	6.	0	
70	64..1.	0.	0	
71	65..0.	6.	0	
72	66..0.	0.	0	
1/4	0..1.	4.	6	
1/2	0..2.	9.	0	
3/4	0..4.	1.	6	

Groſſeur de 18 & 23 pouces.

ſur Pieds de Longueur.	Produit. Pieces.	Pieds.	Pouces.	Lignes.	ſur Pieds de Longueur.	Produit. Pieces.	Pieds.	Pouces.	Lignes.	ſur Pieds de Longueur.	Produit. Pieces.	Pieds.	Pouces.	Lignes.
1	0	5	9	0	27	25	5	3	0	53	50	4	9	0
2	1	5	6	0	28	26	5	0	0	54	51	4	6	0
3	2	5	3	0	29	27	4	9	2	55	52	4	3	0
4	3	5	0	0	30	28	4	6	0	56	53	4	0	0
5	4	4	9	0	31	29	4	3	0	57	54	3	9	0
6	5	4	6	0	32	30	4	0	0	58	55	3	6	0
7	6	4	3	0	33	31	3	9	0	59	56	3	3	0
8	7	4	0	0	34	32	3	6	0	60	57	3	0	0
9	8	3	9	0	35	33	3	3	0	61	58	2	9	0
10	9	3	6	0	36	34	3	0	0	62	59	2	6	0
11	10	3	3	0	37	35	2	9	0	63	60	2	3	0
12	11	3	0	0	38	36	2	6	0	64	61	2	0	0
13	12	2	9	0	39	37	2	3	0	65	62	1	9	0
14	13	2	6	0	40	38	2	0	0	66	63	1	6	0
15	14	2	3	0	41	39	1	9	0	67	64	1	3	0
16	15	2	0	0	42	40	1	6	0	68	65	1	0	0
17	16	1	9	0	43	41	1	3	0	69	66	0	9	0
18	17	1	6	0	44	42	1	0	0	70	67	0	6	0
19	18	1	3	0	45	43	0	9	0	71	68	0	3	0
20	19	1	0	0	46	44	0	6	0	72	69	0	0	0
21	20	0	9	0	47	45	0	3	0	$\frac{1}{4}$	0	1	5	3
22	21	0	6	0	48	46	0	0	0	$\frac{1}{2}$	0	2	10	6
23	22	0	3	0	49	46	5	9	0	$\frac{3}{4}$	0	4	3	9
24	23	0	0	0	50	47	5	6	0					
25	23	5	9	0	51	48	5	3	0					
26	24	5	6	0	52	49	5	0	0					

Grosseur de 18 & 24 pouces.

sur Pieds de Lon-gueur.	Produit.				sur Pieds de Lon-gueur.	Produit.				sur Pieds de Lon-gueur.	Produit.			
	Pieces.	*Pieds.*	*Pouces.*	*Lignes.*		*Pieces.*	*Pieds.*	*Pouces.*	*Lignes.*		*Pieces.*	*Pieds.*	*Pouces.*	*Lignes.*
1	1..0.	0.	0		27	27..0.	0.	0		53	53..0.	0.	0	
2	2..0.	0.	0		28	28..0.	0.	0		54	54..0.	0.	0	
3	3..0.	0.	0		29	29..0.	0.	0		55	55..0.	0.	0	
4	4..0.	0.	0		30	30..0.	0.	0		56	56..0.	0.	0	
5	5..0.	0.	0		31	31..0.	0.	0		57	57..0.	0.	0	
6	6..0.	0.	0		32	32..0.	0.	0		58	58..0.	0.	0	
7	7..0.	0.	0		33	33..0.	0.	0		59	59..0.	0.	0	
8	8..0.	0.	0		34	34..0.	0.	0		60	60..0.	0.	0	
9	9..0.	0.	0		35	35..0.	0.	0		61	61..0.	0.	0	
10	10..0.	0.	0		36	36..0.	0.	0		62	62..0.	0.	0	
11	11..0.	0.	0		37	37..0.	0.	0		63	63..0.	0.	0	
12	12..0.	0.	0		38	38..0.	0.	0		64	64..0.	0.	0	
13	13..0.	0.	0		39	39..0.	0.	0		65	65..0.	0.	0	
14	14..0.	0.	0		40	40..0.	0.	0		66	66..0.	0.	0	
15	15..0.	0.	0		41	41..0.	0.	0		67	67..0.	0.	0	
16	16..0.	0.	0		42	42..0.	0.	0		68	68..0.	0.	0	
17	17..0.	0.	0		43	43..0.	0.	0		69	69..0.	0.	0	
18	18..0.	0.	0		44	44..0.	0.	0		70	70..0.	0.	0	
19	19..0.	0.	0		45	45..0.	0.	0		71	71..0.	0.	0	
20	20..0.	0.	0		46	46..0.	0.	0		72	72..0.	0.	0	
21	21..0.	0.	0		47	47..0.	0.	0						
22	22..0.	0.	0		48	48..0.	0.	0		1/4	0..1.	6.	0	
23	23..0.	0.	0		49	49..0.	0.	0		1/2	0..3.	0.	0	
24	24..0.	0.	0		50	50..0.	0.	0		3/4	0..4.	6.	0	
25	25..0.	0.	0		51	51..0.	0.	0						
26	26..0.	0.	0		52	52..0.	0.	0						

Grosseur de 18 & 25 pouces.

sur Pieds de Longueur.	Produit. Pieces.	Pieds.	Pouces.	Lignes.
1	1	0	3	0
2	2	0	6	0
3	3	0	9	0
4	4	1	0	0
5	5	1	3	0
6	6	1	6	0
7	7	1	9	0
8	8	2	0	0
9	9	2	3	0
10	10	2	6	0
11	11	2	9	0
12	12	3	0	0
13	13	3	3	0
14	14	3	6	0
15	15	3	9	0
16	16	4	0	0
17	17	4	3	0
18	18	4	6	0
19	19	4	9	0
20	20	5	0	0
21	21	5	3	0
22	22	5	6	0
23	23	5	9	0
24	25	0	0	0
25	26	0	3	0
26	27	0	6	0

sur Pieds de Longueur.	Produit. Pieces.	Pieds.	Pouces.	Lignes.
27	28	0	9	0
28	29	1	0	0
29	30	1	3	0
30	31	1	6	0
31	32	1	9	0
32	33	2	0	0
33	34	2	3	0
34	35	2	6	0
35	36	2	9	0
36	37	3	0	0
37	38	3	3	0
38	39	3	6	0
39	40	3	9	0
40	41	4	0	0
41	42	4	3	0
42	43	4	6	0
43	44	4	9	0
44	45	5	0	0
45	46	5	3	0
46	47	5	6	0
47	48	5	9	0
48	50	0	0	0
49	51	0	3	0
50	52	0	6	0
51	53	0	9	0
52	54	1	0	0

sur Pieds de Longueur.	Produit. Pieces.	Pieds.	Pouces.	Lignes.
53	55	1	3	0
54	56	1	6	0
55	57	1	9	0
56	58	2	0	0
57	59	2	3	0
58	60	2	6	0
59	61	2	9	0
60	62	3	0	0
61	63	3	3	0
62	64	3	6	0
63	65	3	9	0
64	66	4	0	0
65	67	4	3	0
66	68	4	6	0
67	69	4	9	0
68	70	5	0	0
69	71	5	3	0
70	72	5	6	0
71	73	5	9	0
72	75	0	0	0
$\frac{1}{4}$	0	1	6	9
$\frac{1}{2}$	0	3	1	6
$\frac{3}{4}$	0	4	8	3

Grosseur de 18 & 26 pouces.

sur Pieds de Longueur.	Pieces.	Pieds.	Pouces.	Lignes.
1	1	0	6	0
2	2	1	0	0
3	3	1	6	0
4	4	2	0	0
5	5	2	6	0
6	6	3	0	0
7	7	3	6	0
8	8	4	0	0
9	9	4	6	0
10	10	5	0	0
11	11	5	6	0
12	13	0	0	0
13	14	0	6	0
14	15	1	0	0
15	16	1	6	0
16	17	2	0	0
17	18	2	6	0
18	19	3	0	0
19	20	3	6	0
20	21	4	0	0
21	22	4	6	0
22	23	5	0	0
23	24	5	6	0
24	26	0	0	0
25	27	0	6	0
26	28	1	0	0

sur Pieds de Longueur.	Pieces.	Pieds.	Pouces.	Lignes.
27	29	1	6	0
28	30	2	0	0
29	31	2	6	0
30	32	3	0	0
31	33	3	6	0
32	34	4	0	0
33	35	4	6	0
34	36	5	0	0
35	37	5	6	0
36	39	0	0	0
37	40	0	6	0
38	41	1	0	0
39	42	1	6	0
40	43	2	0	0
41	44	2	6	0
42	45	3	0	0
43	46	3	6	0
44	47	4	0	0
45	48	4	6	0
46	49	5	0	0
47	50	5	6	0
48	52	0	0	0
49	53	0	6	0
50	54	1	0	0
51	55	1	6	0
52	56	2	0	0

sur Pieds de Longueur.	Pieces.	Pieds.	Pouces.	Lignes.
53	57	2	6	0
54	58	3	0	0
55	59	3	6	0
56	60	4	0	0
57	61	4	6	0
58	62	5	0	0
59	63	5	6	0
60	65	0	0	0
61	66	0	6	0
62	67	1	0	0
63	68	1	6	0
64	69	2	0	0
65	70	2	6	0
66	71	3	0	0
67	72	3	6	0
68	73	4	0	0
69	74	4	6	0
70	75	5	0	0
71	76	5	6	0
72	78	0	0	0
$\frac{1}{4}$	0	1	7	6
$\frac{1}{2}$	0	3	3	0
$\frac{3}{4}$	0	4	10	6

Grosseur de 18 & 27 pouces.

sur Pieds de Longueur.	Pieces.	Pieds.	Pouces.	Lignes.
1	1	0	9	0
2	2	1	6	0
3	3	2	3	0
4	4	3	0	0
5	5	3	9	0
6	6	4	6	0
7	7	5	3	0
8	9	0	0	0
9	10	0	9	0
10	11	1	6	0
11	12	2	3	0
12	13	3	0	0
13	14	3	9	0
14	15	4	6	0
15	16	5	3	0
16	18	0	0	0
17	19	0	9	0
18	20	1	6	0
19	21	2	3	0
20	22	3	0	0
21	23	3	9	0
22	24	4	6	0
23	25	5	3	0
24	27	0	0	0
25	28	0	9	0
26	29	1	6	0

sur Pieds de Longueur.	Pieces.	Pieds.	Pouces.	Lignes.
27	30	2	3	0
28	31	3	0	0
29	32	3	9	0
30	33	4	6	0
31	34	5	3	0
32	36	0	0	0
33	37	0	9	0
34	38	1	6	0
35	39	2	3	0
36	40	3	0	0
37	41	3	9	0
38	42	4	6	0
39	43	5	3	0
40	45	0	0	0
41	46	0	9	0
42	47	1	6	0
43	48	2	3	0
44	49	3	0	0
45	50	3	9	0
46	51	4	6	0
47	52	5	3	0
48	54	0	0	0
49	55	0	9	0
50	56	1	6	0
51	57	2	3	0
52	58	3	0	0

sur Pieds de Longueur.	Pieces.	Pieds.	Pouces.	Lignes.
53	59	3	9	0
54	60	4	6	0
55	61	5	3	0
56	63	0	0	0
57	64	0	9	0
58	65	1	6	0
59	66	2	3	0
60	67	3	0	0
61	68	3	9	0
62	69	4	6	0
63	70	5	3	0
64	72	0	0	0
65	73	0	9	0
66	74	1	6	0
67	75	2	3	0
68	76	3	0	0
69	77	3	9	0
70	78	4	6	0
71	79	5	3	0
72	81	0	0	0
$\frac{1}{4}$	0	1	8	3
$\frac{1}{2}$	0	3	4	6
$\frac{3}{4}$	0	5	0	9

Groſſeur de 18 & 28 pouces.

ſur Pieds de Longueur.	Produit. Pieces.	Pieds.	Pouces.	Lignes.	ſur Pieds de Longueur.	Produit. Pieces.	Pieds.	Pouces.	Lignes.	ſur Pieds de Longueur.	Produit. Pieces.	Pieds.	Pouces.	Lignes.
1	1..1.	0.	0		27	31..3.	0.	0		53	61..5.	0.	0	
2	2..2.	0.	0		28	32..4.	0.	0		54	63..0.	0.	0	
3	3..3.	0.	0		29	33..5.	0.	0		55	64..1.	0.	0	
4	4..4.	0.	0		30	35..0.	0.	0		56	65..2.	0.	0	
5	5..5.	0.	0		31	36..1.	0.	0		57	66..3.	0.	0	
6	7..0.	0.	0		32	37..2.	0.	0		58	67..4.	0.	0	
7	8..1.	0.	0		33	38..3.	0.	0		59	68..5.	0.	0	
8	9..2.	0.	0		34	39..4.	0.	0		60	70..0.	0.	0	
9	10..3.	0.	0		35	40..5.	0.	0		61	71..1.	0.	0	
10	11..4.	0.	0		36	42..0.	0.	0		62	72..2.	0.	0	
11	12..5.	0.	0		37	43..1.	0.	0		63	73..3.	0.	0	
12	14..0.	0.	0		38	44..2.	0.	0		64	74..4.	0.	0	
13	15..1.	0.	0		39	45..3.	0.	0		65	75..5.	0.	0	
14	16..2.	0.	0		40	46..4.	0.	0		66	77..0.	0.	0	
15	17..3.	0.	0		41	47..5.	0.	0		67	78..1.	0.	0	
16	18..4.	0.	0		42	49..0.	0.	0		68	79..2.	0.	0	
17	19..5.	0.	0		43	50..1.	0.	0		69	80..3.	0.	0	
18	21..0.	0.	0		44	51..2.	0.	0		70	81..4.	0.	0	
19	22..1.	0.	0		45	52..3.	0.	0		71	82..5.	0.	0	
20	23..2.	0.	0		46	53..4.	0.	0		72	84..0.	0.	0	
21	24..3.	0.	0		47	54..5.	0.	0						
22	25..4.	0.	0		48	56..0.	0.	0		1/4	0..1.	.9	0	
23	26..5.	0.	0		49	57..1.	0.	0		1/2	0..3.	.6	0	
24	28..0.	0.	0		50	58..2.	0.	0		3/4	0..5.	.3	0	
25	29..1.	0.	0		51	59..3.	0.	0						
26	30..2.	0.	0		52	60..4.	0.	0						

Grosseur de 18 & 29 pouces.

sur Pieds de Longueur	Pieces	Pieds	Pouces	Lignes	sur Pieds de Longueur	Pieces	Pieds	Pouces	Lignes	sur Pieds de Longueur	Pieces	Pieds	Pouces	Lignes
1	1	1	3	0	27	32	3	9	0	53	64	0	3	0
2	2	2	6	0	28	33	5	0	0	54	65	1	6	0
3	3	3	9	0	29	35	0	3	0	55	66	2	9	0
4	4	5	0	0	30	36	1	6	0	56	67	4	0	0
5	6	0	3	0	31	37	2	9	0	57	68	5	3	0
6	7	1	6	0	32	38	4	0	0	58	70	0	6	0
7	8	2	9	0	33	39	5	3	0	59	71	1	9	0
8	9	4	0	0	34	41	0	6	0	60	72	3	0	0
9	10	5	3	0	35	42	1	9	0	61	73	4	3	0
10	12	0	6	0	36	43	3	0	0	62	74	5	6	0
11	13	1	9	0	37	44	4	3	0	63	76	0	9	0
12	14	3	0	0	38	45	5	6	0	64	77	2	0	0
13	15	4	3	0	39	47	0	9	0	65	78	3	3	0
14	16	5	6	0	40	48	2	0	0	66	79	4	6	0
15	18	0	9	0	41	49	3	3	0	67	80	5	9	0
16	19	2	0	0	42	50	4	6	0	68	82	1	0	0
17	20	3	3	0	43	51	5	9	0	69	83	2	3	0
18	21	4	6	0	44	53	1	0	0	70	84	3	6	0
19	22	5	9	0	45	54	2	3	0	71	85	4	9	0
20	24	1	0	0	46	55	3	6	0	72	87	0	0	0
21	25	2	3	0	47	56	4	9	0					
22	26	3	6	0	48	58	0	0	0	1/4	0	1	9	9
23	27	4	9	0	49	59	1	3	0	1/2	0	3	7	6
24	29	0	0	0	50	60	2	6	0	3/4	0	5	5	3
25	30	1	3	0	51	61	3	9	0					
26	31	2	6	0	52	62	5	0	0					

Grosseur de 18 & 30 pouces.

sur Pieds de Longueur.	Produit. Pieces.	Pieds.	Pouces.	Lignes.	sur Pieds de Longueur.	Produit. Pieces.	Pieds.	Pouces.	Lignes.	sur Pieds de Longueur.	Produit. Pieces.	Pieds.	Pouces.	Lignes.
1	1..1.	6.	0		27	33..4.	6,	0		53	66..1.	6.	0	
2	2..3.	0.	0		28	35..0.	0,	0		54	67..3.	0.	0	
3	3..4.	6.	0		29	36..1.	6.	0		55	68,.4.	6.	0	
4	5..0.	0.	0		30	37..3.	0.	0		56	70..0.	0.	0	
5	6..1.	6.	0		31	38..4.	6.	0		57	71..1.	6.	0	
6	7..3.	0.	0		32	40..0.	0,	0		58	72,.3.	0.	0	
7	8..4.	6.	0		33	41..1.	6.	0		59	73..4.	6.	0	
8	10..0.	0.	0		34	42..3.	0.	0		60	75..0.	0.	0	
9	11..1.	6.	0		35	43..4.	6,	0		61	76..1.	6.	0	
10	12..3.	0.	0		36	45..0.	0.	0		62	77..3.	0.	0	
11	13..4.	6.	0		37	46..1.	6.	0		63	78..4.	6.	0	
12	15..0.	0.	0		38	47..3.	0.	0		64	80..0.	0.	0	
13	16..1.	6.	0		39	48..4.	6,	0		65	81..1.	6,	0	
14	17..3.	0.	0		40	50..0.	0.	0		66	82,.3.	0.	0	
15	18..4.	6.	0		41	51..1.	6,	0		67	83..4.	6.	0	
16	20..0.	0.	0		42	52..3.	0.	0		68	85..0.	0.	0	
17	21..1.	6.	0		43	53..4.	6.	0		69	86..1.	6.	0	
18	22..3.	0.	0		44	55..0.	0.	0		70	87..3.	0.	0	
19	23..4.	6.	0		45	56..1.	6.	0		71	88..4.	6,	0	
20	25..0.	0.	0		46	57..3.	0,	0		72	90..0.	0.	0	
21	26..1.	6.	0		47	58..4.	6.	0						
22	27..3.	0.	0		48	60..0.	0.	0		¼	0..1,	10.	6	
23	28..4.	6.	0		49	61..1.	6,	0		½	0..3.	9.	0	
24	30..0.	0.	0		50	62,.3.	0.	0		¾	0..5.	7.	6	
25	31..1.	6.	0		51	63..4.	6.	0						
26	32..3.	0.	0		52	65..0.	0.	0						

Groſſeur de 19 pouces.

sur Pieds de Longueur.	Produit.				sur Pieds de Longueur.	Produit.				sur Pieds de Longueur.	Produit.			
	Pieces.	Pieds.	Pouces.	Lignes.		Pieces.	Pieds.	Pouces.	Lignes.		Pieces.	Pieds.	Pouces.	Lignes.
1	0..5.	0.	2		27	22..3.	4.	6		53	44..1.	8.	10	
2	1..4.	0.	4		28	23..2.	4.	8		54	45..0.	9.	0	
3	2..3.	0.	6		29	24..1.	4.	10		55	45..5.	9.	2	
4	3..2.	0.	8		30	25..0.	5.	0		56	46..4.	9.	4	
5	4..1.	0.	10		31	25..5.	5.	2		57	47..3.	9.	6	
6	5..0.	1.	0		32	26..4.	5.	4		58	48..2.	9.	8	
7	5..5.	1.	2		33	27..3.	5.	6		59	49..1.	9.	10	
8	6..4.	1.	4		34	28..2.	5.	8		60	50..0.	10.	0	
9	7..3.	1.	6		35	29..1.	5.	10		61	50..5.	10.	2	
10	8..2.	1.	8		36	30..0.	6.	0		62	51..4.	10.	4	
11	9..1.	1.	10		37	30..5.	6.	2		63	52..3.	10.	6	
12	10..0.	2.	0		38	31..4.	6.	4		64	53..2.	16.	8	
13	10..5.	2.	2		39	32..3.	6.	6		65	54..1.	10.	10	
14	11..4.	2.	4		40	33..2.	6.	8		66	55..0.	11.	0	
15	12..3.	2.	6		41	34..1.	6.	10		67	55..5.	11.	2	
16	13..2.	2.	8		42	35..0.	7.	0		68	56..4.	11.	4	
17	14..1.	2.	10		43	35..5.	7.	2		69	57..3.	11.	6	
18	15..0.	3.	0		44	36..4.	7.	4		70	58..2.	11.	8	
19	15..5.	3.	2		45	37..3.	7.	6		71	59..1.	11.	10	
20	16..4.	3.	4		46	38..2.	7.	8		72	60..1.	0.	0	
21	17..3.	3.	6		47	39..1.	7.	10						
22	18..2.	3.	8		48	40..0.	8.	0		$\frac{1}{4}$	0..1.	3.	$0\frac{1}{2}$	
23	19..1.	3.	10		49	40..5.	8.	2		$\frac{1}{2}$	0..2.	6.	1	
24	20..0.	4.	0		50	41..4.	8.	4		$\frac{3}{4}$	0..3.	9.	$1\frac{1}{2}$	
25	20..5.	4.	2		51	42..3.	8.	6						
26	21..4.	4.	4		52	43..2.	8.	8						

Grosseur de 19 & 20 pouces.

sur Pieds de Longueur.	Pieces.	Pieds.	Pouces.	Lignes.	sur Pieds de Longueur.	Pieces.	Pieds.	Pouces.	Lignes.	sur Pieds de Longueur.	Pieces.	Pieds.	Pouces.	Lignes.
1	0	5	3	4	27	23	4	6	0	53	46	3	8	8
2	1	4	6	8	28	24	3	9	4	54	47	3	0	0
3	2	3	10	0	29	25	3	0	8	55	48	2	3	4
4	3	3	1	4	30	26	2	4	0	56	49	1	6	8
5	4	2	4	8	31	27	1	7	4	57	50	0	10	0
6	5	1	8	0	32	28	0	10	8	58	51	0	1	4
7	6	0	11	4	33	29	0	2	0	59	51	5	4	8
8	7	0	2	8	34	29	5	5	4	60	52	4	8	0
9	7	5	6	0	35	30	4	8	8	61	53	3	11	4
10	8	4	9	4	36	31	4	0	0	62	54	3	2	8
11	9	4	0	8	37	32	3	3	4	63	55	2	6	0
12	10	3	4	0	38	33	2	6	8	64	56	1	9	4
13	11	2	7	4	39	34	1	10	0	65	57	1	0	8
14	12	1	10	8	40	35	1	1	4	66	58	0	4	0
15	13	1	2	0	41	36	0	4	8	67	58	5	7	4
16	14	0	5	4	42	36	5	8	0	68	59	4	10	8
17	14	5	8	8	43	37	4	11	4	69	60	4	2	0
18	15	5	0	0	44	38	4	2	8	70	61	3	5	4
19	16	4	3	4	45	39	3	6	0	71	62	2	8	8
20	17	3	6	8	46	40	2	9	4	72	63	2	0	0
21	18	2	10	0	47	41	2	0	8					
22	19	2	1	4	48	42	1	4	0	1/4	0	1	3	10
23	20	1	4	8	49	43	0	7	4	1/2	0	2	7	8
24	21	0	8	0	50	43	5	10	8	3/4	0	3	11	6
25	21	5	11	4	51	44	5	2	0					
26	22	5	2	8	52	45	4	5	4					

Grosseur de 19 & 21 pouces.

sur Pieds de Longueur.	Produit. Pieces.	Pieds.	Pouces.	Lignes.
1	0	5	6	6
2	1	5	1	0
3	2	4	7	6
4	3	4	2	0
5	4	3	8	6
6	5	3	3	0
7	6	2	9	6
8	7	2	4	0
9	8	1	10	6
10	9	1	5	0
11	10	0	11	6
12	11	0	6	0
13	12	0	0	6
14	12	5	7	0
15	13	5	1	6
16	14	4	8	0
17	15	4	2	6
18	16	3	9	0
19	17	3	3	6
20	18	2	10	0
21	19	2	4	6
22	20	1	11	0
23	21	1	5	6
24	22	1	0	0
25	23	0	6	6
26	24	0	1	0

sur Pieds de Longueur.	Produit. Pieces.	Pieds.	Pouces.	Lignes.
27	24	5	7	6
28	25	5	2	0
29	26	4	8	6
30	27	4	3	0
31	28	3	9	6
32	29	3	4	0
33	30	2	10	6
34	31	2	5	0
35	32	1	11	6
36	33	1	6	0
37	34	1	0	6
38	35	0	7	0
39	36	0	1	6
40	36	5	8	0
41	37	5	2	6
42	38	4	9	0
43	39	4	3	6
44	40	3	10	0
45	41	3	4	6
46	42	2	11	0
47	43	2	5	6
48	44	2	0	0
49	45	1	6	6
50	46	1	1	0
51	47	0	7	6
52	48	0	2	0

sur Pieds de Longueur	Produit. Pieces.	Pieds.	Pouces.	Lignes.
53	48	5	8	6
54	49	5	3	0
55	50	4	9	6
56	51	4	4	0
57	52	3	10	6
58	53	3	5	0
59	54	2	11	6
60	55	2	6	0
61	56	2	0	6
62	57	1	7	0
63	58	1	1	6
64	59	0	8	0
65	60	0	2	6
66	60	5	9	0
67	61	5	3	6
68	62	4	10	0
69	63	4	4	6
70	64	3	11	0
71	65	3	5	6
72	66	3	0	0
1/4	0	1	4	7½
1/2	0	2	9	3
3/4	0	4	1	10½

Grosseur de 19 & 22 pouces.

sur Pieds de Longueur.	Produit. Pieces.	Pieds.	Pouces.	Lignes.	sur Pieds de Longueur.	Produit. Pieces.	Pieds.	Pouces.	Lignes.	sur Pieds de Longueur.	Produit. Pieces.	Pieds.	Pouces.	Lignes.
1	0	5	9	8	27	26	0	9	0	53	51	1	8	4
2	1	5	7	4	28	27	0	6	8	54	52	1	6	0
3	2	5	5	0	29	28	0	4	4	55	53	1	3	8
4	3	5	2	8	30	29	0	2	0	56	54	1	1	4
5	4	5	0	4	31	29	5	11	8	57	55	0	11	0
6	5	4	10	0	32	30	5	9	4	58	56	0	8	8
7	6	4	7	8	33	31	5	7	0	59	57	0	6	4
8	7	4	5	4	34	32	5	4	8	60	58	0	4	0
9	8	4	3	0	35	33	5	2	4	61	59	0	1	8
10	9	4	0	8	36	34	5	0	0	62	59	5	11	4
11	10	3	10	4	37	35	4	9	8	63	60	5	9	0
12	11	3	8	0	38	36	4	7	4	64	61	5	6	8
13	12	3	5	8	39	37	4	5	0	65	62	5	4	4
14	13	3	3	4	40	38	4	2	8	66	63	5	2	0
15	14	3	1	0	41	39	4	0	4	67	64	4	11	8
16	15	2	10	8	42	40	3	10	0	68	65	4	9	4
17	16	2	8	4	43	41	3	7	8	69	66	4	7	0
18	17	2	6	0	44	42	3	5	4	70	67	4	4	8
19	18	2	3	8	45	43	3	3	0	71	68	4	2	4
20	19	2	1	4	46	44	3	0	8	72	69	4	0	0
21	20	1	11	0	47	45	2	10	4					
22	21	1	8	8	48	46	2	8	0	1/4	0	1	5	5
23	22	1	6	4	49	47	2	5	8	1/2	0	2	10	10
24	23	1	4	0	50	48	2	3	4	3/4	0	4	4	3
25	24	1	1	8	51	49	2	1	0					
26	25	0	11	4	52	50	1	10	8					

Groſſeur de 19 & 23 pouces.

ſur Pieds de Longueur.	Produit.				ſur Pieds de Longueur.	Produit.				ſu Pieds de Longueur.	Produit.			
	Pieces.	Pieds.	Pouces.	Lignes.		Pieces.	Pieds.	Pouces.	Lignes.		Pieces.	Pieds.	Pouces.	Lignes.
1	1	0	0	10	27	27	1	10	6	53	53	3	8	2
2	2	0	1	8	28	28	1	11	4	54	54	3	9	0
3	3	0	2	6	29	29	2	0	2	55	55	3	9	10
4	4	0	3	4	30	30	2	1	0	56	56	3	10	8
5	5	0	4	2	31	31	2	1	10	57	57	3	11	6
6	6	0	5	0	32	32	2	2	8	58	58	4	0	4
7	7	0	5	10	33	33	2	3	6	59	59	4	1	2
8	8	0	6	8	34	34	2	4	4	60	60	4	2	0
9	9	0	7	6	35	35	2	5	2	61	61	4	2	10
10	10	0	8	4	36	36	2	6	0	62	62	4	3	8
11	11	0	9	2	37	37	2	6	10	63	63	4	4	6
12	12	0	10	0	38	38	2	7	8	64	64	4	5	4
13	13	0	10	10	39	39	2	8	6	65	65	4	6	2
14	14	0	11	8	40	40	2	9	4	66	66	4	7	0
15	15	1	0	6	41	41	2	10	2	67	67	4	7	10
16	16	1	1	4	42	42	2	11	0	68	68	4	8	8
17	17	1	2	2	43	43	2	11	10	69	69	4	9	6
18	18	1	3	0	44	44	3	0	8	70	70	4	10	4
19	19	1	3	10	45	45	3	1	6	71	71	4	11	2
20	20	1	4	8	46	46	3	2	4	72	72	5	0	0
21	21	1	5	6	47	47	3	3	2					
22	22	1	6	4	48	48	3	4	0					
23	23	1	7	2	49	49	3	4	10	$\frac{1}{4}$	0	1	6	$2\frac{1}{2}$
24	24	1	8	0	50	50	3	5	8	$\frac{1}{2}$	0	3	0	5
25	25	1	8	10	51	51	3	6	6	$\frac{3}{4}$	0	4	6	$7\frac{1}{2}$
26	26	1	9	8	52	52	3	7	4					

Grosseur de 19 & 24 pouces.

sur Pieds de Longueur.	Pieces.	Pieds.	Pouces.	Lignes.
1	1	0	4	0
2	2	0	8	0
3	3	1	0	0
4	4	1	4	0
5	5	1	8	0
6	6	2	0	0
7	7	2	4	0
8	8	2	8	0
9	9	3	0	0
10	10	3	4	0
11	11	3	8	0
12	12	4	0	0
13	13	4	4	0
14	14	4	8	0
15	15	5	0	0
16	16	5	4	0
17	17	5	8	0
18	19	0	0	0
19	20	0	4	0
20	21	0	8	0
21	22	1	0	0
22	23	1	4	0
23	24	1	8	0
24	25	2	0	0
25	26	2	4	0
26	27	2	8	0

sur Pieds de Longueur.	Pieces.	Pieds.	Pouces.	Lignes.
27	28	3	0	0
28	29	3	4	0
29	30	3	8	0
30	31	4	0	0
31	32	4	4	0
32	33	4	8	0
33	34	5	0	0
34	35	5	4	0
35	36	5	8	0
36	38	0	0	0
37	39	0	4	0
38	40	0	8	0
39	41	1	0	0
40	42	1	4	0
41	43	1	8	0
42	44	2	0	0
43	45	2	4	0
44	46	2	8	0
45	47	3	0	0
46	48	3	4	0
47	49	3	8	0
48	50	4	0	0
49	51	4	4	0
50	52	4	8	0
51	53	5	0	0
52	54	5	4	0

sur Pieds de Longueur.	Pieces.	Pieds.	Pouces.	Lignes.
53	55	5	8	0
54	57	0	0	0
55	58	0	4	0
56	59	0	8	0
57	60	1	0	0
58	61	1	4	0
59	62	1	8	0
60	63	2	0	0
61	64	2	4	0
62	65	2	8	0
63	66	3	0	0
64	67	3	4	0
65	68	3	8	0
66	69	4	0	0
67	70	4	4	0
68	71	4	8	0
69	72	5	0	0
70	73	5	4	0
71	74	5	8	0
72	76	0	0	0
1/4	0	1	7	0
1/2	0	3	2	0
3/4	0	4	9	0

Grosseur de 19 & 25 pouces.

sur Pieds de Longueur.	Pièces.	Pieds.	Pouces.	Lignes.
1	1	0	7	2
2	2	1	2	4
3	3	1	9	6
4	4	2	4	8
5	5	2	11	10
6	6	3	7	0
7	7	4	2	2
8	8	4	9	4
9	9	5	4	6
10	10	5	11	8
11	12	0	6	10
12	13	1	2	0
13	14	1	9	2
14	15	2	4	4
15	16	2	11	6
16	17	3	6	8
17	18	4	1	10
18	19	4	9	0
19	20	5	4	2
20	21	5	11	4
21	23	0	6	6
22	24	1	1	8
23	25	1	8	10
24	26	2	4	0
25	27	2	11	2
26	28	3	6	4

sur Pieds de Longueur.	Pièces.	Pieds.	Pouces.	Lignes.
27	29	4	1	6
28	30	4	8	8
29	31	5	3	10
30	32	5	11	0
31	34	0	6	2
32	35	1	1	4
33	36	1	8	6
34	37	2	3	8
35	38	2	10	10
36	39	3	6	0
37	40	4	1	2
38	41	4	8	4
39	42	5	3	6
40	43	5	10	8
41	45	0	5	10
42	46	1	1	0
43	47	1	8	2
44	48	2	3	4
45	49	2	10	6
46	50	3	5	8
47	51	4	0	10
48	52	4	8	0
49	53	5	3	2
50	54	5	10	4
51	56	0	5	6
52	57	1	0	8

sur Pieds de Longueur.	Pièces.	Pieds.	Pouces.	Lignes.
53	58	1	7	10
54	59	2	3	0
55	60	2	10	2
56	61	3	5	4
57	62	4	0	6
58	63	4	7	8
59	64	5	2	10
60	65	5	10	0
61	67	0	5	2
62	68	1	0	4
63	69	1	7	6
64	70	2	2	8
65	71	2	9	10
66	72	3	5	0
67	73	4	0	2
68	74	4	7	4
69	75	5	2	6
70	76	5	9	8
71	78	0	4	10
72	79	1	0	0
$\frac{1}{4}$	0	1	7	$9\frac{1}{2}$
$\frac{1}{2}$	0	3	3	7
$\frac{3}{4}$	0	4	11	$4\frac{1}{2}$

Grosseur de 19 & 26 pouces.

sur Pieds de Longueur.	Produit. Pieces.	Pieds.	Pouces.	Lignes.	sur Pieds de Longueur.	Produit. Pieces.	Pieds.	Pouces.	Lignes.	sur Pieds de Longueur.	Produit. Pieces.	Pieds.	Pouces.	Lignes.
1	1	0	10	4	27	30	5	3	0	53	60	3	7	8
2	2	1	8	8	28	32	0	1	4	54	61	4	6	0
3	3	2	7	0	29	33	0	11	8	55	62	5	4	4
4	4	3	5	4	30	34	1	10	0	56	64	0	2	8
5	5	4	3	8	31	35	2	8	4	57	65	1	1	0
6	6	5	2	0	32	36	3	6	8	58	66	1	11	4
7	8	0	0	4	33	37	4	5	0	59	67	2	9	8
8	9	0	10	8	34	38	5	3	4	60	68	3	8	0
9	10	1	9	0	35	40	0	1	8	61	69	4	6	4
10	11	2	7	4	36	41	1	0	0	62	70	5	4	8
11	12	3	5	8	37	42	1	10	4	63	72	0	3	0
12	13	4	4	0	38	43	2	8	8	64	73	1	1	4
13	14	5	2	4	39	44	3	7	0	65	74	1	11	8
14	16	0	0	8	40	45	4	5	4	66	75	2	10	0
15	17	0	11	0	41	46	5	3	8	67	76	3	8	4
16	18	1	9	4	42	48	0	2	0	68	77	4	6	8
17	19	2	7	8	43	49	1	0	4	69	78	5	5	0
18	20	3	6	0	44	50	1	10	8	70	80	0	3	4
19	21	4	4	4	45	51	2	9	0	71	81	1	1	8
20	22	5	2	8	46	52	3	7	4	72	82	2	0	0
21	24	0	1	0	47	53	4	5	8					
22	25	0	11	4	48	54	5	4	0	1/4	0	1	8	7
23	26	1	9	8	49	56	0	2	4	1/2	0	3	5	2
24	27	2	8	0	50	57	1	0	8	3/4	0	5	1	9
25	28	3	6	4	51	58	1	11	0					
26	29	4	4	8	52	59	2	9	4					

Grosseur de 19 & 27 pouces.

sur Pieds de Longueur	Produit.				sur Pieds de Longueur	Produit.				sur Pieds de Longueur	Produit.			
	Pieces.	Pieds.	Pouces.	Lignes.		Pieces.	Pieds.	Pouces.	Lignes.		Pieces.	Pieds.	Pouces.	Lignes.
I	1	1	1	6	27	32	0	4	6	53	62	5	7	6
2	2	2	3	0	28	33	1	6	0	54	64	0	9	0
3	3	3	4	6	29	34	2	7	6	55	65	1	10	6
4	4	4	6	0	30	35	3	9	0	56	66	3	0	0
5	5	5	7	6	31	36	4	10	6	57	67	4	1	6
6	7	0	9	0	32	38	0	0	0	58	68	5	3	0
7	8	1	10	6	33	39	1	1	6	59	70	0	4	6
8	9	3	0	0	34	40	2	3	0	60	71	1	6	0
9	10	4	1	6	35	41	3	4	6	61	72	2	7	6
10	11	5	3	0	36	42	4	6	0	62	73	3	9	0
11	13	0	4	6	37	43	5	7	6	63	74	4	10	6
12	14	1	6	0	38	45	0	9	0	64	76	0	0	0
13	15	2	7	6	39	46	1	10	6	65	77	1	1	6
14	16	3	9	0	40	47	3	0	0	66	78	2	3	0
15	17	4	10	6	41	48	4	1	6	67	79	3	4	6
16	19	0	0	0	42	49	5	3	0	68	80	4	6	0
17	20	1	1	6	43	51	0	4	6	69	81	5	7	6
18	21	2	3	0	44	52	1	6	0	70	83	0	9	0
19	22	3	4	6	45	53	2	7	6	71	84	1	10	6
20	23	4	6	0	46	54	3	9	0	72	85	3	0	0
21	24	5	7	6	47	55	4	10	6					
22	26	0	9	0	48	57	0	0	0					
23	27	1	10	6	49	58	1	1	6	$\frac{1}{4}$	0	1	9	$4\frac{1}{2}$
24	28	3	0	0	50	59	2	3	0	$\frac{1}{2}$	0	3	6	9
25	29	4	1	6	51	60	3	4	6	$\frac{3}{4}$	0	5	4	$1\frac{1}{2}$
26	30	5	3	0	52	61	4	6	0					

Grosseur de 19 & 28 pouces.

sur Pieds de Longueur.	Produit. Pieces.	Pieds.	Pouces.	Lignes.
1	1..1.		4.	8
2	2..2.		9.	4
3	3..4.		2.	0
4	4..5.		6.	8
5	6..0.		11.	4
6	7..2.		4.	0
7	8..3.		8.	8
8	9..5.		1.	4
9	11..0.		6.	0
10	12..1.		10.	8
11	13..3.		3.	4
12	14..4.		8.	0
13	16..0.		0.	8
14	17..1.		5.	4
15	18..2.		10.	0
16	19..4.		2.	8
17	20..5.		7.	4
18	22..1.		0.	0
19	23..2.		4.	8
20	24..3.		9.	4
21	25..5.		2.	0
22	27..0.		6.	8
23	28..1.		11.	4
24	29..3.		4.	0
25	30..4.		8.	8
26	32..0.		1.	4

sur Pieds de Longueur.	Produit. Pièces.	Pieds.	Pouces.	Lignes.
27	33..1.		6.	0
28	34..2.		10.	8
29	35..4.		3.	4
30	36..5.		8.	0
31	38..1.		0.	8
32	39..2.		5.	4
33	40..3.		10.	0
34	41..5.		2.	8
35	43..0.		7.	4
36	44..2.		0.	0
37	45..3.		4.	8
38	46..4.		9.	4
39	48..0.		2.	0
40	49..1.		6.	8
41	50..2.		11.	4
42	51..4.		4.	0
43	52..5.		8.	8
44	54..1.		1.	4
45	55..2.		6.	0
46	56..3.		10.	8
47	57..5.		3.	4
48	59..0.		8.	0
49	60..2.		0.	8
50	61..3.		5.	4
51	62..4.		10.	0
52	64..0.		2.	8

sur Pieds de Longueur.	Produit. Pieces.	Pieds.	Pouces.	Lignes.
53	65..1.		7.	4
54	66..3.		0.	0
55	67..4.		4.	8
56	68..5.		9.	4
57	70..1.		2.	0
58	71..2.		6.	8
59	72..3.		11.	4
60	73..5.		4.	0
61	75..0.		8.	8
62	76..2.		1.	4
63	77..3.		6.	0
64	78..4.		10.	8
65	80..0.		3.	4
66	81..1.		8.	0
67	82..3.		0.	8
68	83..4.		5.	4
69	84..5.		10.	0
70	86..1.		2.	8
71	87..2.		7.	4
72	88..4.		0.	0
1/4	0..1.		10.	2
1/2	0..3.		8.	4
3/4	0..5.		6.	6

Grosseur de 19 & 29 pouces.

fur Pieds de Longueur.	Produit. Pieces.	Pieds.	Pouces.	Lignes.
1	1	1	7	10
2	2	3	3	8
3	3	4	11	6
4	5	0	7	4
5	6	2	3	2
6	7	3	11	0
7	8	5	6	10
8	10	1	2	8
9	11	2	10	6
10	12	4	6	4
11	14	0	2	2
12	15	1	10	0
13	16	3	5	10
14	17	5	1	8
15	19	0	9	6
16	20	2	5	4
17	21	4	1	2
18	22	5	9	0
19	24	1	4	10
20	25	3	0	8
21	26	4	8	6
22	28	0	4	4
23	29	2	0	2
24	30	3	8	0
25	31	5	3	10
26	33	0	11	8

fur Pieds de Longueur.	Produit. Pieces.	Pieds.	Pouces.	Lignes.
27	34	2	7	6
28	35	4	3	4
29	36	5	11	2
30	38	1	7	0
31	39	3	2	10
32	40	4	10	8
33	42	0	6	6
34	43	2	2	4
35	44	3	10	2
36	45	5	6	0
37	47	1	1	10
38	48	2	9	8
39	49	4	5	6
40	51	0	1	4
41	52	1	9	2
42	53	3	5	0
43	54	5	0	10
44	56	0	8	8
45	57	2	4	6
46	58	4	0	4
47	59	5	8	2
48	61	1	4	0
49	62	2	11	10
50	63	4	7	8
51	65	0	3	6
52	66	1	11	4

fur Pieds de Longueur.	Produit. Pieces.	Pieds.	Pouces.	Lignes.
53	67	3	7	2
54	68	5	3	0
55	70	0	10	10
56	71	2	6	8
57	72	4	2	6
58	73	5	10	4
59	75	1	6	2
60	76	3	2	0
61	77	4	9	10
62	79	0	5	8
63	80	2	1	6
64	81	3	9	4
65	82	5	5	2
66	84	1	1	0
67	85	2	8	10
68	86	4	4	8
69	88	0	0	6
70	89	1	8	4
71	90	3	4	2
72	91	5	0	0
$\frac{1}{4}$	0	1	10	$11\frac{1}{2}$
$\frac{1}{2}$	0	3	9	11
$\frac{3}{4}$	0	5	8	$10\frac{1}{2}$

Grosseur de 19 & 30 pouces.

sur Pieds de Longueur.	Produit. Pieces.	Pieds.	Pouces.	Lignes.	sur Pieds de Longueur.	Produit. Pieces.	Pieds.	Pouces.	Lignes.	sur Pieds de Longueur.	Produit. Pieces.	Pieds.	Pouces.	Lignes.
1	1	1	11	0	27	35	3	9	0	53	69	5	7	0
2	2	3	10	0	28	36	5	8	0	54	71	1	6	0
3	3	5	9	0	29	38	1	7	0	55	72	3	5	0
4	5	1	8	0	30	39	3	6	0	56	73	5	4	0
5	6	3	7	0	31	40	5	5	0	57	75	1	3	0
6	7	5	6	0	32	42	1	4	0	58	76	3	2	0
7	9	1	5	0	33	43	3	3	0	59	77	5	1	0
8	10	3	4	0	34	44	5	2	0	60	79	1	0	0
9	11	5	3	0	35	46	1	1	0	61	80	2	11	0
10	13	1	2	0	36	47	3	0	0	62	81	4	10	0
11	14	3	1	0	37	48	4	11	0	63	83	0	9	0
12	15	5	0	0	38	50	0	10	0	64	84	2	8	0
13	17	0	11	0	39	51	2	9	0	65	85	4	7	0
14	18	2	10	0	40	52	4	8	0	66	87	0	6	0
15	19	4	9	0	41	54	0	7	0	67	88	2	5	0
16	21	0	8	0	42	55	2	6	0	68	89	4	4	0
17	22	2	7	0	43	56	4	5	0	69	91	0	3	0
18	23	4	6	0	44	58	0	4	0	70	92	2	2	0
19	25	0	5	0	45	59	2	3	0	71	93	4	1	0
20	26	2	4	0	46	60	4	2	0	72	95	0	0	0
21	27	4	3	0	47	62	0	1	0					
22	29	0	2	0	48	63	2	0	0	1/4	0	1	11	
23	30	2	1	0	49	64	3	11	0	1/2	0	3	11	
24	31	4	0	0	50	65	5	10	0	3/4	0	5	11	
25	32	5	11	0	51	67	1	9	0					
26	34	1	10	0	52	68	3	8	0					

Grosseur de 20 pouces.

sur Pieds de Longueur.	Produit. Pieces.	Pieds.	Pouces.	Lignes.	sur Pieds de Longueur.	Produit. Pieces.	Pieds.	Pouces.	Lignes.	sur Pied de Longueur.	Produit. Pieces.	Pieds.	Pouces.	Lignes.
1	0	5	6	8	27	25	0	0	0	53	49	0	5	4
2	1	5	1	4	28	25	5	6	8	54	50	0	0	0
3	2	4	8	0	29	26	5	1	4	55	50	5	6	8
4	3	4	2	8	30	27	4	8	0	56	51	5	1	4
5	4	3	9	4	31	28	4	2	8	57	52	4	8	0
6	5	3	4	0	32	29	3	9	4	58	53	4	2	8
7	6	2	10	8	33	30	3	4	0	59	54	3	9	4
8	7	2	5	4	34	31	2	10	8	60	55	3	4	0
9	8	2	0	0	35	32	2	5	4	61	56	2	10	8
10	9	1	6	8	36	33	2	0	0	62	57	2	5	4
11	10	1	1	4	37	34	1	6	8	63	58	2	0	0
12	11	0	8	0	38	35	1	1	4	64	59	1	6	8
13	12	0	2	8	39	36	0	8	0	65	60	1	1	4
14	12	5	9	4	40	37	0	2	8	66	61	0	8	0
15	13	5	4	0	41	37	5	9	4	67	62	0	2	8
16	14	4	10	8	42	38	5	4	0	68	62	5	9	4
17	15	4	5	4	43	39	4	10	8	69	63	5	4	0
18	16	4	0	0	44	40	4	5	4	70	64	4	10	8
19	17	3	6	8	45	41	4	0	0	71	65	4	5	4
20	18	3	1	4	46	42	3	6	8	72	66	4	0	0
21	19	2	8	0	47	43	3	1	4					
22	20	2	2	8	48	44	2	8	0	$\frac{1}{4}$	0	1	4	8
23	21	1	9	4	49	45	2	2	8	$\frac{1}{2}$	0	2	9	4
24	22	1	4	0	50	46	1	9	4	$\frac{3}{4}$	0	4	2	0
25	23	0	10	8	51	47	1	4	0					
26	24	0	5	4	52	48	0	10	8					

Grosseur de 20 & 21 pouces.

sur Pieds de Longueur.	Pieces.	Pieds.	Pouces.	Lignes.	sur Pieds de Longueur.	Pieces.	Pieds.	Pouces.	Lignes.	sur Pieds de Longueur.	Pieces.	Pieds.	Pouces.	Lignes.
1	0	5	10	0	27	26	1	6	0	53	51	3	2	0
2	1	5	8	0	28	27	1	4	0	54	52	3	0	0
3	2	5	6	0	29	28	1	2	0	55	53	2	10	0
4	3	5	4	0	30	29	1	0	0	56	54	2	8	0
5	4	5	2	0	31	30	0	10	0	57	55	2	6	0
6	5	5	0	0	32	31	0	8	0	58	56	2	4	0
7	6	4	10	0	33	32	0	6	0	59	57	2	2	0
8	7	4	8	0	34	33	0	4	0	60	58	2	0	0
9	8	4	6	0	35	34	0	2	0	61	59	1	10	0
10	9	4	4	0	36	35	0	0	0	62	60	1	8	0
11	10	4	2	0	37	35	5	10	0	63	61	1	6	0
12	11	4	0	0	38	36	5	8	0	64	62	1	4	0
13	12	3	10	0	39	37	5	6	0	65	63	1	2	0
14	13	3	8	0	40	38	5	4	0	66	64	1	0	0
15	14	3	6	0	41	39	5	2	0	67	65	0	10	0
16	15	3	4	0	42	40	5	0	0	68	66	0	8	0
17	16	3	2	0	43	41	4	10	0	69	67	0	6	0
18	17	3	0	0	44	42	4	8	0	70	68	0	4	0
19	18	2	10	0	45	43	4	6	0	71	69	0	2	0
20	19	2	8	0	46	44	4	4	0	72	70	0	0	0
21	20	2	6	0	47	45	4	2	0	¼	0	1	5	6
22	21	2	4	0	48	46	4	0	0	2/4	0	2	11	
23	22	2	2	0	49	47	3	10	0	¾	0	4	4	
24	23	2	0	0	50	48	3	8	0					
25	24	1	10	0	51	49	3	6	0					
26	25	1	8	0	52	50	3	4	0					

Grosseur de 20 & 22 pouces.

sur Pieds de Longueur	Produit. Pieces.	Pieds.	Pouces.	Lignes.
1	1..0.	1.	4	
2	2..0.	2.	8	
3	3..0.	4.	0	
4	4..0.	5.	4	
5	5..0.	6.	8	
6	6..0.	8.	0	
7	7..0.	9.	4	
8	8..0.	10.	8	
9	9..1.	0.	0	
10	10..1.	1.	4	
11	11..1.	2.	8	
12	12..1.	4.	0	
13	13..1.	5.	4	
14	14..1.	6.	8	
15	15..1.	8.	0	
16	16..1.	9.	4	
17	17..1.	10.	8	
18	18..2.	0.	0	
19	19..2.	1.	4	
20	20..2.	2.	8	
21	21..2.	4.	0	
22	22..2.	5.	4	
23	23..2.	6.	8	
24	24..2.	8.	0	
25	25..2.	9.	4	
26	26..2.	10.	8	

sur Pieds de Longueur	Produit. Pieces.	Pieds.	Pouces.	Lignes.
27	27..3.	0.	0	
28	28..3.	1.	4	
29	29..3.	2.	8	
30	30..3.	4.	0	
31	31..3.	5.	4	
32	32..3.	6.	8	
33	33..3.	8.	0	
34	34..3.	9.	4	
35	35..3.	10.	8	
36	36..4.	0.	0	
37	37..4.	1.	4	
38	38..4.	2.	8	
39	39..4.	4.	0	
40	40..4.	5.	4	
41	41..4.	6.	8	
42	42..4.	8.	0	
43	43..4.	9.	4	
44	44..4.	10.	8	
45	45..5.	0.	0	
46	46..5.	1.	4	
47	47..5.	2.	8	
48	48..5.	4.	0	
49	49..5.	5.	4	
50	50..5.	6.	8	
51	51..5.	8.	0	
52	52..5.	9.	4	

sur Pieds de Longueur	Produit. Pieces.	Pieds.	Pouces.	Lignes.
53	53..5.	10.	8	
54	55..0.	0.	0	
55	56..0.	1.	4	
56	57..0.	2.	8	
57	58..0.	4.	0	
58	59..0.	5.	4	
59	60..0.	6.	8	
60	61..0.	8.	0	
61	62..0.	9.	4	
62	63..0.	10.	8	
63	64..1.	0.	0	
64	65..1.	1.	4	
65	66..1.	2.	8	
66	67..1.	4.	0	
67	68..1.	5.	4	
68	69..1.	6.	8	
69	70..1.	8.	0	
70	71..1.	9.	4	
71	72..1.	10.	8	
72	73..2.	0.	0	
1/4	0..	1.	6.	4
1/2	0..	3.	0.	8
3/4	0..	4.	7.	0

Grosseur de 20 & 23 pouces.

Longueur.	Produit. Pieces.	Pieds.	Pouces.	Lignes.	Longueur.	Produit. Pieces.	Pieds.	Pouces.	Lignes.	Pieds de Longueur.	Produit. Pieces.	Pieds.	Pouces.	Lignes.
1	1..0.	4.	8		27	28..4.	6.	0		53	56..2.	7.	4
2	2..0.	9.	4		28	29..4.	10.	8		54	57..3.	0.	0
3	3..1.	2.	0		29	30..5.	3.	4		55	58..3.	4.	8
4	4..1.	6.	8		30	31..5.	8.	0		56	59..3.	9.	4
5	5..1.	11.	4		31	33..0.	0.	8		57	60..4.	2.	0
6	6..2.	4.	0		32	34..0.	5.	4		58	61..4.	6.	8
7	7..2.	8.	8		33	35..0.	10.	0		59	62..4.	11.	4
8	8..3.	1.	4		34	36..1.	2.	8		60	63..5.	4.	0
9	9..3.	6.	0		35	37..1.	7.	4		61	64..5.	8.	8
10	10..3.	10.	8		36	38..2.	0.	0		62	66..0.	1.	4
11	11..4.	3.	4		37	39..2.	4.	8		63	67..0.	6.	0
12	12..4.	8.	0		38	40..2.	9.	4		64	68..0.	10.	8
13	13..5.	0.	8		39	41..3.	2.	0		65	69..1.	3.	4
14	14..5.	5.	4		40	42..3.	6.	8		66	70..1.	8.	0
15	15..5.	10.	0		41	43..3.	11.	4		67	71..2.	0.	8
16	17..0.	2.	8		42	44..4.	4.	0		68	72..2.	5.	4
17	18..0.	7.	4		43	45..4.	8.	8		69	73..2.	10.	0
18	19..1.	0.	0		44	46..5.	1.	4		70	74..3.	2.	8
19	20..1.	4.	8		45	47..5.	6.	0		71	75..3.	7.	4
20	21..1.	9.	4		46	48..5.	10.	8		72	76..4.	0.	0
21	22..2.	2.	0		47	50..0.	3.	4					
22	23..2.	6.	8		48	51..0.	8.	0		1/4	0..1.	7.	2
23	24..2.	11.	4		49	52..1.	0.	8		1/2	0..3.	2.	4
24	25..3.	4.	0		50	53..1.	5.	4		3/4	0..4.	9.	6
25	26..3.	8.	8		51	54..1.	10.	0					
26	27..4.	1.	4		52	55..2.	2.	8					

Grosseur de 20 & 24 pouces.

sur Pieds de Longueur.	Produit. Pièces.	Pieds.	Pouces.	Lignes.
1	1..0.	8.	0	
2	2..1.	4.	0	
3	3..2.	0.	0	
4	4..2.	8.	0	
5	5..3.	4.	0	
6	6..4.	0.	0	
7	7..4.	8.	0	
8	8..5.	4.	0	
9	10..0.	0.	0	
10	11..0.	8.	0	
11	12..1.	4.	0	
12	13..2.	0.	0	
13	14..2.	8.	0	
14	15..3.	4.	0	
15	16..4.	0.	0	
16	17..4.	8.	0	
17	18..5.	4.	0	
18	20..0.	0.	0	
19	21..0.	8.	0	
20	22..1.	4.	0	
21	23..2.	0.	0	
22	24..2.	8.	0	
23	25..3.	4.	0	
24	26..4.	0.	0	
25	27..4.	8.	0	
26	28..5.	4.	0	

sur Pieds de Longueur.	Produit. Pièces.	Pieds.	Pouces.	Lignes.
27	30..0.	0.	0	
28	31..0.	8.	0	
29	32..1.	4.	0	
30	33..2.	0.	0	
31	34..2.	8.	0	
32	35..3.	4.	0	
33	36..4.	0.	0	
34	37..4.	8.	0	
35	38..5.	4.	0	
36	40..0.	0.	0	
37	41..0.	8.	0	
38	42..1.	4.	0	
39	43..2.	0.	0	
40	44..2.	8.	0	
41	45..3.	4.	0	
42	46..4.	0.	0	
43	47..4.	8.	0	
44	48..5.	4.	0	
45	50..0.	0.	0	
46	51..0.	8.	0	
47	52..1.	4.	0	
48	53..2.	0.	0	
49	54..2.	8.	0	
50	55..3.	4.	0	
51	56..4.	0.	0	
52	57..4.	8.	0	

sur Pieds de Longueur.	Produit. Pièces.	Pieds.	Pouces.	Lignes.
53	58..5.	4.	0	
54	60..0.	0.	0	
55	61..0.	8.	0	
56	62..1.	4.	0	
57	63..2.	0.	0	
58	64..2.	8.	0	
59	65..3.	4.	0	
60	66..4.	0.	0	
61	67..4.	8.	0	
62	68..5.	4.	0	
63	70..0.	0.	0	
64	71..0.	8.	0	
65	72..1.	4.	0	
66	73..2.	0.	0	
67	74..2.	8.	0	
68	75..3.	4.	0	
69	76..4.	0.	0	
70	77..4.	8.	0	
71	78..5.	4.	0	
72	80..0.	0.	0	
$\frac{1}{4}$	0..1.	8.	0	
$\frac{1}{2}$	0..3.	4.	0	
$\frac{3}{4}$	0..5.	0.	0	

Grosseur de 20 & 25 pouces.

sur Pieds de Longueur.	Produit.			
	Pieces.	Pieds.	Pouces.	Lignes.
1	1	0	11	4
2	2	1	10	8
3	3	2	10	0
4	4	3	9	4
5	5	4	8	8
6	6	5	8	0
7	8	0	7	4
8	9	1	6	8
9	10	2	6	0
10	11	3	5	4
11	12	4	4	8
12	13	5	4	0
13	15	0	3	4
14	16	1	2	8
15	17	2	2	0
16	18	3	1	4
17	19	4	0	8
18	20	5	0	0
19	21	5	11	4
20	23	0	10	8
21	24	1	10	0
22	25	2	9	4
23	26	3	8	8
24	27	4	8	0
25	28	5	7	4
26	30	0	6	8

sur Pieds de Longueur.	Produit.			
	Pieces.	Pieds.	Pouces.	Lignes.
27	31	1	6	0
28	32	2	5	4
29	33	3	4	8
30	34	4	4	0
31	35	5	3	4
32	37	0	2	8
33	38	1	2	0
34	39	2	1	4
35	40	3	0	8
36	41	4	0	0
37	42	4	11	4
38	43	5	10	8
39	45	0	10	0
40	46	1	9	4
41	47	2	8	8
42	48	3	8	0
43	49	4	7	4
44	50	5	6	8
45	52	0	6	0
46	53	1	5	4
47	54	2	4	8
48	55	3	4	0
49	56	4	3	4
50	57	5	2	8
51	59	0	2	0
52	60	1	1	4

sur Pieds de Longueur.	Produit.			
	Pieces.	Pieds.	Pouces.	Lignes.
53	61	2	0	8
54	62	3	0	0
55	63	3	11	4
56	64	4	10	8
57	65	5	10	0
58	67	0	9	4
59	68	1	8	8
60	69	2	8	0
61	70	3	7	4
62	71	4	6	8
63	72	5	6	0
64	74	0	5	4
65	75	1	4	8
66	76	2	4	0
67	77	3	3	4
68	78	4	2	8
69	79	5	2	0
70	81	0	1	4
71	82	1	0	8
72	83	2	0	0
1/4	0	1	8	10
1/2	0	3	5	8
3/4	0	5	2	6

Grosseur de 20 & 26 pouces.

sur Pieds de Longueur.	Pieces.	Pieds.	Pouces.	Lignes.
1	1	1	2	8
2	2	2	5	4
3	3	3	8	0
4	4	4	10	8
5	6	0	1	4
6	7	1	4	0
7	8	2	6	8
8	9	3	9	4
9	10	5	0	0
10	12	0	2	8
11	13	1	5	4
12	14	2	8	0
13	15	3	10	8
14	16	5	1	4
15	18	0	4	0
16	19	1	6	8
17	20	2	9	4
18	21	4	0	0
19	22	5	2	8
20	24	0	5	4
21	25	1	8	0
22	26	2	10	8
23	27	4	1	4
24	28	5	4	0
25	30	0	6	8
26	31	1	9	4

sur Pieds de Longueur.	Pieces.	Pieds.	Pouces.	Lignes.
27	32	3	0	0
28	33	4	2	8
29	34	5	5	4
30	36	0	8	0
31	37	1	10	8
32	38	3	1	4
33	39	4	4	0
34	40	5	6	8
35	42	0	9	4
36	43	2	0	0
37	44	3	2	8
38	45	4	5	4
39	46	5	8	0
40	48	0	10	8
41	49	2	1	4
42	50	3	4	0
43	51	4	6	4
44	52	5	9	8
45	54	1	0	0
46	55	2	2	8
47	56	3	5	4
48	57	4	8	0
49	58	5	10	8
50	60	1	1	4
51	61	2	4	0
52	62	3	6	8

sur Pieds de Longueur	Pieces.	Pieds.	Pouces.	Lignes.
53	63	4	9	4
54	65	0	0	0
55	66	1	2	8
56	67	2	5	4
57	68	3	8	0
58	69	4	10	8
59	71	0	1	4
60	72	1	4	0
61	73	2	6	8
62	74	3	9	4
63	75	5	0	0
64	77	0	2	8
65	78	1	5	4
66	79	2	8	0
67	80	3	10	8
68	81	5	1	4
69	83	0	4	0
70	84	1	6	8
71	85	2	9	4
72	86	4	0	0
1/4	0	1	9	8
1/2	0	3	7	4
3/4	0	5	5	0

Grosseur de 20 & 27 pouces.

sur Pieds de Longueur.	Produit. Pieces.	Pieds.	Pouces.	Lignes.	sur Pieds de Longueur.	Produit. Pieces.	Pieds.	Pouces.	Lignes.	sur Pieds de Longueur.	Produit. Pieces.	Pieds.	Pouces.	Lignes.
1	1..1.	6.	0		27	33..4.	6.	0		53	66..1.	6.	0	
2	2..3.	0.	0		28	35..0.	0.	0		54	67..3.	0.	0	
3	3..4.	6.	0		29	36..1.	6.	0		55	68..4.	6.	0	
4	5..0.	0.	0		30	37..3.	0.	0		56	70..0.	0.	0	
5	6..1.	6.	0		31	3?..4.	6.	0		57	71..1.	6.	0	
6	7..3.	0.	0		32	40..0.	0.	0		58	72..3.	0.	0	
7	8..4.	6.	0		33	41..1.	6.	0		59	73..4.	6.	0	
8	10..0.	0.	0		34	42..3.	0.	0		60	75..0.	0.	0	
9	11..1.	6.	0		35	43..4.	6.	0		61	76..1.	6.	0	
10	12..3.	0.	0		36	45..0.	0.	0		62	77..3.	0.	0	
11	13..4.	6.	0		37	46..1.	6.	0		63	78..4.	6.	0	
12	15..0.	0.	0		38	47..3.	0.	0		64	80..0.	0.	0	
13	16..1.	6.	0		39	48..4.	6.	0		65	81..1.	6.	0	
14	17..3.	0.	0		40	50..0.	0.	0		66	82..3.	0.	0	
15	18..4.	6.	0		41	51..1.	6.	0		67	83..4.	6.	0	
16	20..0.	0.	0		42	52..3.	0.	0		68	85..0.	0.	0	
17	21..1.	6.	0		43	53..4.	6.	0		69	86..1.	6.	0	
18	22..3.	0.	0		44	55..0.	0.	0		70	87..3.	0.	0	
19	23..4.	6.	0		45	56..1.	6.	0		71	88..4.	6.	0	
20	25..0.	0.	0		46	57..3.	0.	0		72	90..0.	0.	0	
21	26..1.	6.	0		47	58..4.	6.	0						
22	27..3.	0.	0		48	60..0.	0.	0						
23	28..4.	6.	0		49	61..1.	6.	0		1/4	0..1.	10.	6	
24	30..0.	0.	0		50	62..3.	0.	0		1/2	0..3.	9.	0	
25	31..1.	6.	0		51	63..4.	6.	0		3/4	0..5.	7.	6	
26	32..3.	0.	0		52	65..0.	0.	0						

Grosseur de 20 & 28 pouces.

sur Pieds de Longueur.	Produit. Pieces.	Pieds.	Pouces.	Lignes.	sur Pieds de Longueur.	Produit. Pieces.	Pieds.	Pouces.	Lignes.	su Pieds de Longueur.	Produit. Pieces.	Pieds.	Pouces.	Lignes.
1	1	1	9	4	27	35	0	0	0	53	68	4	2	8
2	2	3	6	8	28	36	1	9	4	54	70	0	0	0
3	3	5	4	0	29	37	3	6	8	55	71	1	9	4
4	5	1	1	4	30	38	5	4	0	56	72	3	6	8
5	6	2	10	8	31	40	1	1	4	57	73	5	4	0
6	7	4	8	0	32	41	2	10	8	58	75	1	1	4
7	9	0	5	4	33	42	4	8	0	59	76	2	10	8
8	10	2	2	8	34	44	0	5	4	60	77	4	8	0
9	11	4	0	0	35	45	2	2	8	61	79	0	5	4
10	12	5	9	4	36	46	4	0	0	62	80	2	2	8
11	14	1	6	8	37	47	5	9	4	63	81	4	0	0
12	15	3	4	0	38	49	1	6	8	64	82	5	9	4
13	16	5	1	4	39	50	3	4	0	65	64	1	6	8
14	18	0	10	8	40	51	5	1	4	66	85	3	4	0
15	19	2	8	0	41	53	0	10	8	67	86	5	1	4
16	20	4	5	4	42	54	2	8	0	68	88	0	10	8
17	22	0	2	8	43	55	4	5	4	69	89	2	8	0
18	23	2	0	0	44	57	0	2	8	70	90	4	5	4
19	24	3	9	4	45	58	2	0	0	71	92	0	2	8
20	25	5	6	8	45	59	3	9	4	72	93	2	0	0
21	27	1	4	0	47	60	5	6	8					
22	28	3	1	4	48	62	1	4	0					
23	29	4	10	8	49	63	3	1	4	1/4	0	1	11	4
24	31	0	8	0	50	64	4	10	8	1/2	0	3	10	8
25	32	2	5	4	51	66	0	8	0	3/4	0	5	10	0
26	33	4	2	8	52	67	2	5	4					

Grosseur de 20 & 29 pouces.

sur Pieds de Longueur.	Produit.			
	Pieces.	Pieds.	Pouces.	Lignes.
1	1	2	0	8
2	2	4	1	4
3	4	0	2	0
4	5	2	2	8
5	6	4	3	4
6	8	0	4	0
7	9	2	4	8
8	10	4	5	4
9	12	0	6	0
10	13	2	6	8
11	14	4	7	4
12	16	0	8	0
13	17	2	8	8
14	18	4	9	4
15	20	0	10	0
16	21	2	10	8
17	22	4	11	4
18	24	1	0	0
19	25	3	0	8
20	26	5	1	4
21	28	1	2	0
22	29	3	2	8
23	30	5	3	4
24	32	1	4	0
25	33	3	4	8
26	34	5	5	4

sur Pieds de Longueur.	Produit.			
	Pieces.	Pieds.	Pouces.	Lignes.
27	36	1	6	0
28	37	3	6	8
29	38	5	7	4
30	40	1	8	0
31	41	3	8	8
32	42	5	9	4
33	44	1	10	0
34	45	3	10	8
35	46	5	11	4
36	48	2	0	0
37	49	4	0	8
38	51	0	1	4
39	52	2	2	0
40	53	4	2	8
41	55	0	3	4
42	56	2	4	0
43	57	4	4	8
44	59	0	5	4
45	60	2	6	0
46	61	4	6	8
47	63	0	7	4
48	64	2	8	0
49	65	4	8	8
50	67	0	9	4
51	68	2	10	0
52	69	4	10	8

sur Pieds de Longueur.	Produit.			
	Pieces.	Pieds.	Pouces.	Lignes.
53	71	0	11	4
54	72	3	0	0
55	73	5	0	8
56	75	1	1	4
57	76	3	2	0
58	77	5	2	8
59	79	1	3	4
60	80	3	4	0
61	81	5	4	8
62	83	1	5	4
63	84	3	6	0
64	85	5	6	8
65	87	1	7	4
66	88	3	8	0
67	89	5	8	8
68	91	1	9	4
69	92	3	10	0
70	93	5	10	8
71	95	1	11	4
72	96	4	0	0
$\frac{1}{4}$	0	2	0	2
$\frac{1}{2}$	0	4	0	4
$\frac{3}{4}$	0	6	0	6

Grosseur de 20 & 30 pouces.

sur Pieds de Longueur.	Produit. Pieces.	Pieds.	Pouces.	Lignes.	sur Pieds de Longueur.	Produit. Pieces.	Pieds.	Pouces.	Lignes.	sur Pieds de Longueur.	Produit. Pieces.	Pieds.	Pouces.	Lignes.
1	1..2.	4.	0		27	37..3.	0.	0		53	73.3.	8.	0
2	2..4.	8.	0		28	38..5.	4.	0		54	75.0.	0.	0
3	4..1.	0.	0		29	40..1.	8.	0		55	76.2.	4.	0
4	5..3.	4.	0		30	41..4.	0.	0		56	77.4.	8.	0
5	6..5.	8.	0		31	43..0.	4.	0		57	79.1.	0.	0
6	8..2.	0.	0		32	44..2.	8.	0		58	80.3.	4.	0
7	9..4.	4.	0		33	45..5.	0.	0		59	81.5.	8.	0
8	11..0.	8.	0		34	47..1.	4.	0		60	83.2.	0.	0
9	12..3.	0.	0		35	48..3.	8.	0		61	84.4.	4.	0
10	13..5.	4.	0		36	50..0.	0.	0		62	86.0.	8.	0
11	15..1.	8.	0		37	51..2.	4.	0		63	87.3.	0.	0
12	16..4.	0.	0		38	52..4.	8.	0		64	88.5.	4.	0
13	18..0.	4.	0		39	54..1.	0.	0		65	90.1.	8.	0
14	19..2.	8.	0		40	55..3.	4.	0		66	91.4.	0.	0
15	20..5.	0.	0		41	56..5.	8.	0		67	93.0.	4.	0
16	22..1.	4.	0		42	58..2.	0.	0		68	94.2.	8.	0
17	23..3.	8.	0		43	59..4.	4.	0		69	95.5.	0.	0
18	25..0.	0.	0		44	61..0.	8.	0		70	97.1.	4.	0
19	26..2.	4.	0		45	62..3.	0.	0		71	98.3.	8.	0
20	27..4.	8.	0		46	63..5.	4.	0		72	100.0.	0.	0
21	29..1.	0.	0		47	65..1.	8.	0					
22	30..3.	4.	0		48	66..4.	0.	0		$\frac{1}{4}$	0..2.	1.	0
23	31..5.	8.	0		49	68..0.	4.	0		$\frac{1}{2}$	0..4.	2.	0
24	33..2.	0.	0		50	69..2.	8.	0		$\frac{3}{4}$	0..6.	3.	0
25	34..4.	4.	0		51	70..5.	0.	0					
26	36..0.	8.	0		52	72..1.	4.	0					

Grosseur de 21 pouces.

sur Pieds de Longueur.	Produit. Pieces. Pieds. Pouces. Lignes.
1	1..0. 1. 6
2	2..0. 3. 0
3	3..0. 4. 6
4	4..0. 6. 0
5	5..0. 7. 6
6	6..0. 9. 0
7	7..0.10. 6
8	8..1. 0. 0
9	9..1. 1. 6
10	10..1. 3. 0
11	11..1. 4. 6
12	12..1. 6. 0
13	13..1. 7. 6
14	14..1. 9. 0
15	15..1.10. 6
16	16..2. 0. 0
17	17..2. 1. 6
18	18..2. 3. 0
19	19..2. 4. 6
20	20..2. 6. 0
21	21..2. 7. 6
22	22..2. 9. 0
23	23..2.10. 6
24	24..3. 0. 0
25	25..3. 1. 6
26	26..3. 3. 0

sur Pieds de Longueur.	Produit. Pieces. Pieds. Pouces. Lignes.
27	27..3. 4. 6
28	28..3. 6. 0
29	29..3. 7. 6
30	30..3. 9. 0
31	31..3.10. 6
32	32..4. 0. 0
33	33..4. 1. 6
34	34..4. 3. 0
35	35..4. 4. 6
36	36..4. 6. 0
37	37..4. 7. 6
38	38..4. 9. 0
39	39..4.10. 6
40	40..5. 0. 0
41	41..5. 1. 6
42	42..5. 3. 0
43	43..5. 4. 6
44	44..5. 6. 0
45	45..5. 7. 6
46	46..5. 9. 0
47	47..5.10. 6
48	49..0. 0. 0
49	50..0. 1. 6
50	51..0. 3. 0
51	52..0. 4. 6
52	53..0. 6. 0

sur Pieds de Longueur.	Produit. Pieces. Pieds. Pouces. Lignes.
53	54..0. 7. 6
54	55..0. 9. 0
55	56..0.10. 6
56	57..1. 0. 0
57	58..1. 1. 6
58	59..1. 3. 0
59	60..1. 4. 6
60	61..1. 6. 0
61	62..1. 7. 6
62	63..1. 9. 0
63	64..1.10. 6
64	65..2. 0. 0
65	66..2. 1. 6
66	67..2. 3. 0
67	68..2. 4. 6
68	69..2. 6. 0
69	70..2. 7. 6
70	71..2. 9. 0
71	72..2.10. 6
72	73..3. 0. 0
$\frac{1}{4}$	0..1. 6.4 $\frac{1}{2}$
$\frac{1}{2}$	0..3. 0.9
$\frac{3}{4}$	0..4. 7.1 $\frac{1}{2}$

Grosseur de 21 & 22 pouces.

sur Pieds de Longueur.	Pieces.	Pieds.	Pouces.	Lignes.	sur Pieds de Longueur.	Pieces.	Pieds.	Pouces.	Lignes.	sur Pieds de Longueur.	Pieces.	Pieds.	Pouces.	Lignes.
1	1	0	5	0	27	28	5	3	0	53	56	4	1	0
2	2	0	10	0	28	29	5	8	0	54	57	4	6	0
3	3	1	3	0	29	31	0	1	0	55	58	4	11	0
4	4	1	8	0	30	32	0	6	0	56	59	5	4	0
5	5	2	1	0	31	33	0	11	0	57	60	5	9	0
6	6	2	6	0	32	34	1	4	0	58	62	0	2	0
7	7	2	11	0	33	35	1	9	0	59	63	0	7	0
8	8	3	4	0	34	36	2	2	0	60	64	1	0	0
9	9	3	9	0	35	37	2	7	0	61	65	1	5	0
10	10	4	2	0	36	38	3	0	0	62	66	1	10	0
11	11	4	7	0	37	39	3	5	0	63	67	2	3	0
12	12	5	0	0	38	40	3	10	0	64	68	2	8	0
13	13	5	5	0	39	41	4	3	0	65	69	3	1	0
14	14	5	10	0	40	42	4	8	0	66	70	3	6	0
15	16	0	3	0	41	43	5	1	0	67	71	3	11	0
16	17	0	8	0	42	44	5	6	0	68	72	4	4	0
17	18	1	1	0	43	45	5	11	0	69	73	4	9	0
18	19	1	6	0	44	47	0	4	0	70	74	5	2	0
19	20	1	11	0	45	48	0	9	0	71	75	5	7	0
20	21	2	4	0	46	49	1	2	0	72	77	0	0	0
21	22	2	9	0	47	50	1	7	0					
22	23	3	2	0	48	51	2	0	0	$\frac{1}{4}$	0	1	7	3
23	24	3	7	0	49	52	2	5	0	$\frac{1}{2}$	0	3	2	6
24	25	4	0	0	50	53	2	10	0	$\frac{3}{4}$	0	4	9	9
25	26	4	5	0	51	54	3	3	0					
26	27	4	10	0	52	55	3	8	0					

Grosseur de 21 & 23 pouces.

sur Pieds de Longueur.	Produit. Pieces.	Pieds.	Pouces.	Lignes.	sur Pieds de Longueur.	Produit. Pieces.	Pieds.	Pouces.	Lignes.	sur Pieds de Longueur.	Produit. Pieces.	Pieds.	Pouces.	Lignes.
1	1	0	8	6	27	30	1	1	6	53	59	1	6	6
2	2	1	5	0	28	31	1	10	0	54	60	2	3	0
3	3	2	1	6	29	32	2	6	6	55	61	2	11	6
4	4	2	10	0	30	33	3	3	0	56	62	3	8	0
5	5	3	6	6	31	34	3	11	6	57	63	4	4	6
6	6	4	3	0	32	35	4	8	0	58	64	5	1	0
7	7	4	11	6	33	36	5	4	6	59	65	5	9	6
8	8	5	8	0	34	38	0	1	0	60	67	0	6	0
9	10	0	4	6	35	39	0	9	6	61	68	1	2	6
10	11	1	1	0	36	40	1	6	0	62	69	1	11	0
11	12	1	9	6	37	41	2	2	6	63	70	2	7	6
12	13	2	6	0	38	42	2	11	0	64	71	3	4	0
13	14	3	2	6	39	43	3	7	6	65	72	4	0	6
14	15	3	11	0	40	44	4	4	0	66	73	4	9	0
15	16	4	7	6	41	45	5	0	6	67	74	5	5	6
16	17	5	4	0	42	46	5	9	0	68	76	0	2	0
17	19	0	0	6	43	48	0	5	6	69	77	0	10	6
18	20	0	9	0	44	49	1	2	0	70	78	1	7	0
19	21	1	5	6	45	50	1	10	6	71	79	2	3	6
20	22	2	2	0	46	51	2	7	0	72	80	3	0	0
21	23	2	10	6	47	52	3	3	6					
22	24	3	7	0	48	53	4	0	0					
23	25	4	3	6	49	54	4	8	6	$\frac{1}{4}$	0	1	8	$1\frac{1}{2}$
24	26	5	0	0	50	55	5	5	0	$\frac{1}{2}$	0	3	4	3
25	27	5	8	6	51	57	0	1	6	$\frac{3}{4}$	0	5	0	$4\frac{1}{2}$
26	29	0	5	0	52	58	0	10	0					

Grosseur de 21 & 24 pouces.

sur Pieds de Longueur.	Produit.				sur Pieds de Longueur.	Produit.				sur Pieds de Longueur.	Produit.			
	Pieces.	Pieds.	Pouces.	Lignes.		Pieces.	Pieds.	Pouces.	Lignes.		Pieces.	Pieds.	Pouces.	Lignes.
1	1	1	0	0	27	31	3	0	0	53	61	5	0	0
2	2	2	0	0	28	32	4	0	0	54	63	0	0	0
3	3	3	0	0	29	33	5	0	0	55	64	1	0	0
4	4	4	0	0	30	35	0	0	0	56	65	2	0	0
5	5	5	0	0	31	36	1	0	0	57	66	3	0	0
6	7	0	0	0	32	37	2	0	0	58	67	4	0	0
7	8	1	0	0	33	38	3	0	0	59	68	5	0	0
8	9	2	0	0	34	39	4	0	0	60	70	0	0	0
9	10	3	0	0	35	40	5	0	0	61	71	1	0	0
10	11	4	0	0	36	42	0	0	0	62	72	2	0	0
11	12	5	0	0	37	43	1	0	0	63	73	3	0	0
12	14	0	0	0	38	44	2	0	0	64	74	4	0	0
13	15	1	0	0	39	45	3	0	0	65	75	5	0	0
14	16	2	0	0	40	46	4	0	0	66	77	0	0	0
15	17	3	0	0	41	47	5	0	0	67	78	1	0	0
16	18	4	0	0	42	49	0	0	0	68	79	2	0	0
17	19	5	0	0	43	50	1	0	0	69	80	3	0	0
18	21	0	0	0	44	51	2	0	0	70	81	4	0	0
19	22	1	0	0	45	52	3	0	0	71	82	5	0	0
20	23	2	0	0	46	53	4	0	0	72	84	0	0	0
21	24	3	0	0	47	54	5	0	0					
22	25	4	0	0	48	56	0	0	0	$\frac{1}{4}$	0	1	9	0
23	26	5	0	0	49	57	1	0	0	$\frac{1}{2}$	0	3	6	0
24	28	0	0	0	50	58	2	0	0	$\frac{3}{4}$	0	5	3	0
25	29	1	0	0	51	59	3	0	0					
26	30	2	0	0	52	60	4	0	0					

Groſſeur de 21 & 25 pouces.

ſur Pieds de Longueur.	Produit. Pieces.	Pieds.	Pouces.	Lignes.	ſur Pieds de Longueur.	Produit. Pieces.	Pieds.	Pouces.	Lignes.	ſur Pieds de Longueur.	Produit. Pieces.	Pieds.	Pouces.	Lignes.
1	1	1	3	6	27	32	4	10	6	53	64	2	5	6
2	2	2	7	0	28	34	0	2	0	54	65	3	9	0
3	3	3	10	6	29	35	1	5	6	55	66	5	0	6
4	4	5	2	0	30	36	2	9	0	56	68	0	4	0
5	6	0	5	6	31	37	4	0	6	57	69	1	7	6
6	7	1	9	0	32	38	5	4	0	58	70	2	11	0
7	8	3	0	6	33	40	0	7	6	59	71	4	2	6
8	9	4	4	0	34	41	1	11	0	60	72	5	6	0
9	10	5	7	6	35	42	3	2	6	61	74	0	9	6
10	12	0	11	0	36	43	4	6	0	62	75	2	1	0
11	13	2	2	6	37	44	5	9	6	63	76	3	4	6
12	14	3	6	0	38	46	1	1	0	64	77	4	8	0
13	15	4	9	6	39	47	2	4	6	65	78	5	11	6
14	17	0	1	0	40	48	3	8	0	66	80	1	3	0
15	18	1	4	6	41	49	4	11	6	67	81	2	6	6
16	19	2	8	0	42	51	0	3	0	68	82	3	10	0
17	20	3	11	6	43	52	1	6	6	69	83	5	1	6
18	21	5	3	0	44	53	2	10	0	70	85	0	5	0
19	23	0	6	6	45	54	4	1	6	71	86	1	8	6
20	24	1	10	0	46	55	5	5	0	72	87	3	0	0
21	25	3	1	6	47	57	0	8	6					
22	26	4	5	0	48	58	2	0	0					
23	27	5	8	6	49	59	3	3	6	¼	0	1	9	10½
24	29	1	0	0	50	60	4	7	0	½	0	3	7	9
25	30	2	3	6	51	61	5	10	6	¾	0	5	5	7½
26	31	3	7	0	52	63	1	2	0					

Grosseur de 21 & 26 pouces.

fur Pieds de Longueur.	Pieces.	Pieds.	Pouces.	Lignes.	fur Pieds de Longueur.	Pieces.	Pieds.	Pouces.	Lignes.	fur Pieds de Longueur.	Pieces.	Pieds.	Pouces.	Lignes.
1	1	1	7	0	27	34	0	9	0	53	66	5	11	0
2	2	3	2	0	28	35	2	4	0	54	68	1	6	0
3	3	4	9	0	29	36	3	11	0	55	69	3	1	0
4	5	0	4	0	30	37	5	6	0	56	70	4	8	0
5	6	1	11	0	31	39	1	1	0	57	72	0	3	0
6	7	3	6	0	32	40	2	8	0	58	73	1	10	0
7	8	5	1	0	33	41	4	3	0	59	74	3	5	0
8	10	0	8	0	34	42	5	10	0	60	75	5	0	0
9	11	2	3	0	35	44	1	5	0	61	77	0	7	0
10	12	3	10	0	36	45	3	0	0	62	78	2	2	0
11	13	5	5	0	37	46	4	7	0	63	79	3	9	0
12	15	1	0	0	38	48	0	2	0	64	80	5	4	0
13	16	2	7	0	39	49	1	9	0	65	82	0	11	0
14	17	4	2	0	40	50	3	4	0	66	83	2	6	0
15	18	5	9	0	41	51	4	11	0	67	84	4	1	0
16	20	1	4	0	42	53	0	6	0	68	85	5	8	0
17	21	2	11	0	43	54	2	1	0	69	87	1	3	0
18	22	4	6	0	44	55	3	8	0	70	88	2	10	0
19	24	0	1	0	45	56	5	3	0	71	89	4	5	0
20	25	1	8	0	46	58	0	10	0	72	91	0	0	0
21	26	3	3	0	47	59	2	5	0					
22	27	4	10	0	48	60	4	0	0					
23	29	0	5	0	49	61	5	7	0	1/4	0	1	10	9
24	30	2	0	0	50	63	1	2	0	1/2	0	3	9	6
25	31	3	7	0	51	64	2	9	0	3/4	0	5	8	3
26	32	5	2	0	52	65	4	4	0					

Grosseur de 21 & 27 pouces.

sur Pieds de Longueur.	Produit. Pieces.	Pieds.	Pouces.	Lignes.	sur Pieds de Longueur.	Produit. Pieces.	Pieds.	Pouces.	Lignes.	sur Pieds de Longueur.	Produit. Pieces.	Pieds.	Pouces.	Lignes.
1	1	1	10	6	27	35	2	7	6	53	69	3	4	6
2	2	3	9	0	28	36	4	6	0	54	70	5	3	0
3	3	5	7	6	29	38	0	4	6	55	72	1	1	6
4	5	1	6	0	30	39	2	3	0	56	73	3	0	0
5	6	3	4	6	31	40	4	1	6	57	74	4	10	6
6	7	5	3	0	32	42	0	0	0	58	76	0	9	0
7	9	1	1	6	33	43	1	10	6	59	77	2	7	6
8	10	3	0	0	34	44	3	9	0	60	78	4	6	0
9	11	4	10	6	35	45	5	7	6	61	80	0	4	6
10	13	0	9	0	36	47	1	6	0	62	81	2	3	0
11	14	2	7	6	37	48	3	4	6	63	82	4	1	6
12	15	4	6	0	38	49	5	3	0	64	84	0	0	0
13	17	0	4	6	39	51	1	1	6	65	85	1	10	6
14	18	2	3	0	40	52	3	0	0	66	86	3	9	0
15	19	4	1	6	41	53	4	10	6	67	87	5	7	6
16	21	0	0	0	42	55	0	9	0	68	89	1	6	0
17	22	1	10	6	43	56	2	7	6	69	90	3	4	6
18	23	3	9	0	44	57	4	6	0	70	91	5	3	0
19	24	5	7	6	45	59	0	4	6	71	93	1	1	6
20	26	1	6	0	46	60	2	3	0	72	94	3	0	0
21	27	3	4	6	47	61	4	1	6					
22	28	5	3	0	48	63	0	0	0					
23	30	1	1	6	49	64	1	10	6	$\frac{1}{4}$	0	1	11	$7\frac{1}{2}$
24	31	3	0	0	50	55	3	9	0	$\frac{1}{2}$	0	3	11	3
25	32	4	10	6	51	56	5	7	6	$\frac{3}{4}$	0	5	10	$10\frac{1}{2}$
26	34	0	9	0	52	58	1	6	0					

Groſſeur de 21 & 28 pouces.

fur Pieds de Longueur	Produit				fur Pieds de Longueur	Produit				fur Pieds de Longueur	Produit			
	Pieces.	*Pieds.*	*Pouces.*	*Lignes.*		*Pieces.*	*Pieds.*	*Pouces.*	*Lignes.*		*Pieces.*	*Pieds.*	*Pouces.*	*Lignes.*
1	1	2	2	0	27	36	4	6	0	53	72	0	10	0
2	2	4	4	0	28	38	0	8	0	54	73	3	0	0
3	4	0	6	0	29	39	2	10	0	55	74	5	2	0
4	5	2	8	0	30	40	5	0	0	56	76	1	4	0
5	6	4	10	0	31	42	1	2	0	57	77	3	6	0
6	8	1	0	0	32	43	3	4	0	58	78	5	8	0
7	9	3	2	0	33	44	5	6	0	59	80	1	10	0
8	10	5	4	0	34	46	1	8	0	60	81	4	0	0
9	12	1	6	0	35	47	3	10	0	61	83	0	2	0
10	13	3	8	0	36	49	0	0	0	62	84	2	4	0
11	14	5	10	0	37	50	2	2	0	63	85	4	6	0
12	16	2	0	0	38	51	4	4	0	64	87	0	8	0
13	17	4	2	0	39	53	0	6	0	65	88	2	10	0
14	19	0	4	0	40	54	2	8	0	66	89	5	0	0
15	20	2	6	0	41	55	4	10	0	67	91	1	2	0
16	21	4	8	0	42	57	1	0	0	68	92	3	4	0
17	23	0	10	0	43	58	3	2	0	69	93	5	6	0
18	24	3	0	0	44	59	5	4	0	70	95	1	8	0
19	25	5	2	0	45	61	1	6	0	71	96	3	10	0
20	27	1	4	0	46	62	3	8	0	72	98	0	0	0
21	28	3	6	0	47	63	5	10	0					
22	29	5	8	0	48	65	2	0	0	¼	0	2	0	6
23	31	1	10	0	49	66	4	2	0	½	0	4	1	0
24	32	4	0	0	50	68	0	4	0	¾	1	0	1	6
25	34	0	2	0	51	69	2	6	0					
26	35	2	4	0	52	70	4	8	0					

Groſſeur de 21 & 29 pouces.

ſur Pieds de Longueur.	Produit. Pieces.	Pieds.	Pouces.	Lignes.	ſur Pieds de Longueur.	Produit. Pieces.	Pieds.	Pouces.	Lignes.	ſur Pieds de Longueur.	Produit. Pieces.	Pieds.	Pouces.	Lignes.
1	1..2.	5.	6		27	38..0.	4.	6		53	74.4.	3.	6
2	2..4.11.	0		28	39..2.10.	0		54	76.0.	9.	0
3	4..1.	4.	6		29	40..5.	3.	6		55	77.3.	2.	6
4	5..3.10.	0		30	42..1.	9.	0		56	78.5.	8.	0
5	7..0.	3.	6		31	43..4.	2.	6		57	80.2.	1.	6
6	8..2.	9.	0		32	45..0.	8.	0		58	81.4.	7.	0
7	9..5.	2.	6		33	46..3.	1.	6		59	83.1.	0.	6
8	11..1.	8.	0		34	47..5.	7.	0		60	84.3.	6.	0
9	12..4.	1.	6		35	49..2.	0.	6		61	85.5.11.	6
10	14..0.	7.	0		36	50..4.	6.	0		62	87.2.	5.	0
11	15..3.	0.	6		37	52..0.11.	6		63	88.4.1c.	6
12	16..5.	6.	0		38	53..3.	5.	0		64	90.1.	4.	0
13	18..1.11.	6		39	54..5.10.	6		65	91.3.	9.	6
14	19..4.	5.	0		40	56..2.	4.	0		66	93.0.	3.	0
15	21..0.10.	6		41	57..4.	9.	6		67	94.2.	8.	6
16	22..3.	4.	0		42	59..1.	3.	0		68	95.5.	2.	0
17	23..5.	9.	6		43	60..3.	8.	6		69	97.1.	7.	6
18	25..2.	3.	0		44	62..0.	2.	0		70	98.4.	1.	0
19	26..4.	8.	6		45	63..2.	7.	6		71	100.0.	6.	6
20	28..1.	2.	0		46	64..5.	1.	0		72	101.3.	0.	0
21	29..3.	7.	6		47	66..1.	6.	6					
22	31..0.	1.	0		48	67..4.	0.	0		1/4		0.2.	1.4½
23	32..2.	6.	6		49	69..0.	5.	6		1/2		0.4.	2.9
24	33..5.	0.	0		50	70..2.11.	0		3/4		1.0.	4.1½
25	35..1.	5.	6		51	71..5.	4.	6					
26	36..3.11.	0		52	73..1.10.	0					

Grosseur de 21 & 30 pouces.

sur Pieds de Longueur.	Pieces.	Pieds.	Pouces.	Lignes.	sur Pieds de Longueur.	Pieces.	Pieds.	Pouces.	Lignes.	sur Pieds de Longueur.	Pieces.	Pieds.	Pouces.	Lignes.
1	1	2	9	0	27	39	2	3	0	53	77	1	9	0
2	2	5	6	0	28	40	5	0	0	54	78	4	6	0
3	4	2	3	0	29	42	1	9	0	55	80	1	3	0
4	5	5	0	0	30	43	4	6	0	56	81	4	0	0
5	7	1	9	0	31	45	1	3	0	57	83	0	9	0
6	8	4	6	0	32	46	4	0	0	58	84	3	6	0
7	10	1	3	0	33	48	0	9	0	59	86	0	3	0
8	11	4	0	0	34	49	3	6	0	60	87	3	0	0
9	13	0	9	0	35	51	0	3	0	61	88	5	9	0
10	14	3	6	0	36	52	3	0	0	62	90	2	6	0
11	16	0	3	0	37	53	5	9	0	63	91	5	3	0
12	17	3	0	0	38	55	2	6	0	64	93	2	0	0
13	18	5	9	0	39	56	5	3	0	65	94	4	9	0
14	20	2	6	0	40	58	2	0	0	66	96	1	6	0
15	21	5	3	0	41	59	4	9	0	67	97	4	3	0
16	23	2	0	0	42	61	1	6	0	68	99	1	0	0
17	24	4	9	0	43	62	4	3	0	69	100	3	9	0
18	26	1	6	0	44	64	1	0	0	70	102	0	6	0
19	27	4	3	0	45	65	3	9	0	71	103	3	3	0
20	29	1	0	0	46	67	0	6	0	72	105	0	0	0
21	30	3	9	0	47	68	3	3	0					
22	32	0	6	0	48	70	0	0	0					
23	33	3	3	0	49	71	2	9	0	1/4	0	2	2	3
24	35	0	0	0	50	72	5	6	0	1/2	0	4	4	6
25	36	2	9	0	51	74	2	3	0	3/4	1	0	6	9
26	37	5	6	0	52	75	5	0	0					

Groſſeur de 22 pouces.

Premier groupe

ſur Pieds de Longueur.	Pièces.	Pieds.	Pouces.	Lignes.
1	1	0	8	8
2	2	1	5	4
3	3	2	2	0
4	4	2	10	8
5	5	3	7	4
6	6	4	4	0
7	7	5	0	8
8	8	5	9	4
9	10	0	6	0
10	11	1	2	8
11	12	1	11	4
12	13	2	8	0
13	14	3	4	8
14	15	4	1	4
15	16	4	10	0
16	17	5	6	8
17	19	0	3	4
18	20	1	0	0
19	21	1	8	8
20	22	2	5	4
21	23	3	2	0
22	24	3	10	8
23	25	4	7	4
24	26	5	4	0
25	28	0	0	8
26	29	0	9	4

Deuxième groupe

ſur Pieds de Longueur.	Pièces.	Pieds.	Pouces.	Lignes.
27	30	1	6	0
28	31	2	2	8
29	32	2	11	4
30	33	3	8	0
31	34	4	4	8
32	35	5	1	4
33	36	5	10	0
34	38	0	6	8
35	39	1	3	4
36	40	2	0	0
37	41	2	8	8
38	42	3	5	4
39	43	4	2	0
40	44	4	10	8
41	45	5	7	4
42	47	0	4	0
43	48	1	0	8
44	49	1	9	4
45	50	2	6	0
46	51	3	2	8
47	52	3	11	4
48	53	4	8	0
49	54	5	4	8
50	56	0	1	4
51	57	0	10	0
52	58	1	6	8

Troisième groupe

ſur Pieds de Longueur.	Pièces.	Pieds.	Pouces.	Lignes.
53	59	2	3	4
54	60	3	0	0
55	61	3	8	8
56	62	4	5	4
57	63	5	2	0
58	64	5	10	8
59	66	0	7	4
60	67	1	4	0
61	68	2	0	8
62	69	2	9	4
63	70	3	6	0
64	71	4	2	8
65	72	4	11	4
66	73	5	8	0
67	75	0	4	8
68	76	1	1	4
69	77	1	10	0
70	78	2	6	[illegible]
71	79	3	3	[illegible]
72	80	4	0	[illegible]
1/4	0	1	8	[illegible]
1/2	0	3	4	[illegible]
3/4	0	5	0	[illegible]

The bottom rows of the third group are partly obscured by an ink smudge along the right margin.

Grosseur de 22 & 23 pouces.

Pieds de Longueur.	Pieces.	Pieds.	Pouces.	Lignes.
1	1	1	0	4
2	2	2	0	8
3	3	3	1	0
4	4	4	1	4
5	5	5	1	8
6	7	0	2	0
7	8	1	2	4
8	9	2	2	8
9	10	3	3	0
10	11	4	3	4
11	12	5	3	8
12	14	0	4	0
13	15	1	4	4
14	16	2	4	8
15	17	3	5	0
16	18	4	5	4
17	19	5	5	8
18	21	0	6	0
19	22	1	6	4
20	23	2	6	8
21	24	3	7	0
22	25	4	7	4
23	26	5	7	8
24	28	0	8	0
25	29	1	8	4
26	30	2	8	8

Pieds de Longueur.	Pieces.	Pieds.	Pouces.	Lignes.
27	31	3	9	0
28	32	4	9	4
29	33	5	9	8
30	35	0	10	0
31	36	1	10	4
32	37	2	10	8
33	38	3	11	0
34	39	4	11	4
35	40	5	11	8
36	42	1	0	0
37	43	2	0	4
38	44	3	0	8
39	45	4	1	0
40	46	5	1	4
41	47	0	1	8
42	49	1	2	0
43	50	2	2	4
44	51	3	2	8
45	52	4	3	0
46	53	5	3	4
47	54	0	3	8
48	56	1	4	0
49	57	2	4	4
50	58	3	4	8
51	59	4	5	0
52	60	5	5	4

Pieds de Longueur.	Pieces.	Pieds.	Pouces.	Lignes.
53	62	0	5	8
54	63	1	6	0
55	64	2	6	4
56	65	3	6	8
57	66	4	7	0
58	67	5	7	4
59	69	0	7	8
60	70	1	8	0
61	71	2	8	4
62	72	3	8	8
63	73	4	9	0
64	74	5	9	4
65	76	0	9	8
66	77	1	10	0
67	78	2	10	4
68	79	3	10	8
69	80	4	11	0
70	81	5	11	4
71	83	0	11	8
72	84	2	0	0
$\frac{1}{4}$	0	1	9	1
$\frac{1}{2}$	0	3	6	2
$\frac{3}{4}$	0	5	3	3

TARIF GENERAL

Grosseur de 22 & 24 pouces.

sur Pieds de Longueur.	Pieces.	Pieds.	Pouces.	Lignes.
1	1	1	4	0
2	2	2	8	0
3	3	4	0	0
4	4	5	4	0
5	6	0	8	0
6	7	2	0	0
7	8	3	4	0
8	9	4	8	0
9	11	0	0	0
10	12	1	4	0
11	13	2	8	0
12	14	4	0	0
13	15	5	4	0
14	17	0	8	0
15	18	2	0	0
16	19	3	4	0
17	20	4	8	0
18	22	0	0	0
19	23	1	4	0
20	24	2	8	0
21	25	4	0	0
22	26	5	4	0
23	28	0	8	0
24	29	2	0	0
25	30	3	4	0
26	31	4	8	0

sur Pieds de Longueur.	Pieces.	Pieds.	Pouces.	Lignes.
27	33	0	0	0
28	34	1	4	0
29	35	2	8	0
30	36	4	0	0
31	37	5	4	0
32	39	0	8	0
33	40	2	0	0
34	41	3	4	0
35	42	4	8	0
36	44	0	0	0
37	45	1	4	0
38	46	2	8	0
39	47	4	0	0
40	48	5	4	0
41	50	0	8	0
42	51	2	0	0
43	52	3	4	0
44	53	4	8	0
45	55	0	0	0
46	56	1	4	0
47	57	2	8	0
48	58	4	0	0
49	59	5	4	0
50	61	0	8	0
51	62	2	0	0
52	63	3	4	0

sur Pieds de Longueur.	Pieces.	Pieds.	Pouces.	Lignes.
53	64	4	8	0
54	66	0	0	0
55	67	1	4	0
56	68	2	8	0
57	69	4	0	0
58	70	5	4	0
59	72	0	8	0
60	73	2	0	0
61	74	3	4	0
62	75	4	8	0
63	77	0	0	0
64	78	1	4	0
65	79	2	8	0
66	80	4	0	0
67	81	5	4	0
68	83	0	8	0
69	84	2	0	0
70	85	3	4	0
71	86	4	8	0
72	88	0	0	0
1/4	0	1	10	0
1/2	0	3	8	0
3/4	0	5	6	0

Grosseur de 22 & 25. pouces.

sur Pieds de Longueur.	Pieces.	Pieds.	Pouces.	Lignes.	sur Pieds de Longueur.	Pieces.	Pieds.	Pouces.	Lignes.	sur Pieds de Longueur.	Pieces.	Pieds.	Pouces.	Lignes.
1	1	1	7	8	27	34	2	3	0	53	67	2	10	4
2	2	3	3	4	28	35	3	10	8	54	68	4	6	0
3	3	4	11	0	29	36	5	6	4	55	70	0	1	8
4	5	0	6	8	30	38	1	2	0	56	71	1	9	4
5	6	2	2	4	31	39	2	9	8	57	72	3	5	0
6	7	3	10	0	32	40	4	5	4	58	73	5	0	8
7	8	5	5	8	33	42	0	1	0	59	75	0	8	4
8	10	1	1	4	34	43	1	8	8	60	76	2	4	0
9	11	2	9	0	35	44	3	4	4	61	77	3	11	8
10	12	4	4	8	36	45	5	0	0	62	78	5	7	4
11	14	0	0	4	37	47	0	7	8	63	80	1	3	0
12	15	1	8	0	38	48	2	3	4	64	81	2	10	8
13	16	3	3	8	39	49	3	11	0	65	82	4	6	4
14	17	4	11	4	40	50	5	6	8	66	84	0	2	0
15	19	0	7	0	41	52	1	2	4	67	85	1	9	8
16	20	2	2	8	42	53	2	10	0	68	86	3	5	4
17	21	3	10	4	43	54	4	5	8	69	87	5	1	0
18	22	5	6	0	44	56	0	1	4	70	89	0	8	8
19	24	1	1	8	45	57	1	9	0	71	90	2	4	4
20	25	2	9	4	46	58	3	4	8	72	91	4	0	0
21	26	4	5	0	47	59	5	0	4					
22	28	0	0	8	48	61	0	8	0	1/4	0	1	10	11
23	29	1	8	4	49	62	2	3	8	1/2	0	3	9	10
24	30	3	4	0	50	63	3	11	4	3/4	0	5	8	9
25	31	4	11	8	51	64	5	7	0					
26	33	0	7	4	52	66	1	2	8					

Grosseur de 22 & 26 pouces.

sur Pieds de Longueur.	Produit. Pièces.	Pieds.	Pouces.	Lignes.
1	1	1	11	4
2	2	3	10	8
3	3	5	10	0
4	5	1	9	4
5	6	3	8	8
6	7	5	8	0
7	9	1	7	4
8	10	3	6	8
9	11	5	6	0
10	13	1	5	4
11	14	3	4	8
12	15	5	4	0
13	17	1	3	4
14	18	3	2	8
15	19	5	2	0
16	21	1	1	4
17	22	3	0	8
18	23	5	0	0
19	25	0	11	4
20	26	2	10	8
21	27	4	10	0
22	29	0	9	4
23	30	2	8	8
24	31	4	8	0
25	33	0	7	4
26	34	2	6	8

sur Pieds de Longueur.	Produit. Pièces.	Pieds.	Pouces.	Lignes.
27	35	4	6	0
28	37	0	5	4
29	38	2	4	8
30	39	4	4	0
31	41	0	3	4
32	42	2	2	8
33	43	4	2	0
34	45	0	1	4
35	46	2	0	8
36	47	4	0	0
37	48	5	11	4
38	50	1	10	8
39	51	3	10	0
40	52	5	9	4
41	54	1	8	8
42	55	3	8	0
43	56	5	7	4
44	58	1	6	8
45	59	3	6	0
46	60	5	5	4
47	62	1	4	8
48	63	3	4	0
49	64	5	3	4
50	66	1	2	8
51	67	3	2	0
52	68	5	1	4

sur Pieds de Longueur.	Produit. Pièces.	Pieds.	Pouces.	Lignes.
53	70	1	0	8
54	71	3	0	0
55	72	4	11	4
56	74	0	10	8
57	75	2	10	0
58	76	4	9	4
59	78	0	8	8
60	79	2	8	0
61	80	4	7	4
62	82	0	6	8
63	83	2	6	0
64	84	4	5	4
65	86	0	4	8
66	87	2	4	0
67	88	4	3	4
68	90	0	2	8
69	91	2	2	0
70	92	4	1	4
71	94	0	0	8
72	95	2	0	0
¼	0	1	11	10
½	0	3	11	8
¾	0	5	11	6

Grosseur de 22 & 27 pouces.

sur Pieds de Longueur	Produit. Pieces.	Pieds.	Pouces.	Lignes.	sur Pieds de Longueur.	Produit. Pieces.	Pieds.	Pouces.	Lignes.	sur Pieds de Longueur.	Produit. Pieces.	Pieds.	Pouces.	Lignes.
1	1	2	3	0	27	37	0	9	0	53	72	5	3	0
2	2	4	6	0	28	38	3	0	0	54	74	1	6	0
3	4	0	9	0	29	39	5	3	0	55	75	3	9	0
4	5	3	0	0	30	41	1	6	0	56	77	0	0	0
5	6	5	3	0	31	42	3	9	0	57	78	2	3	0
6	8	1	6	0	32	41	0	0	0	58	79	4	6	0
7	9	3	9	0	33	45	2	3	0	59	81	0	9	0
8	11	0	0	0	34	46	4	6	0	60	82	3	0	0
9	12	2	3	0	35	48	0	9	0	61	83	5	3	0
10	13	4	6	0	36	49	3	0	0	62	85	1	6	0
11	15	0	9	0	37	50	5	3	0	63	86	3	9	0
12	16	3	0	0	38	52	1	6	0	64	88	0	0	0
13	17	5	3	0	39	53	3	9	0	65	89	2	3	0
14	19	1	6	0	40	55	0	0	0	66	90	4	6	0
15	20	3	9	0	41	56	2	3	0	67	92	0	9	0
16	22	0	0	0	42	57	4	6	0	68	93	3	0	0
17	23	2	3	0	43	59	0	9	0	69	94	5	3	0
18	24	4	6	0	44	60	3	0	0	70	96	1	6	0
19	26	0	9	0	45	61	5	3	0	71	97	3	9	0
20	27	3	0	0	46	63	1	6	0	72	99	0	0	0
21	28	5	3	0	47	64	3	9	0					
22	30	1	6	0	48	66	0	0	0					
23	31	3	9	0	49	67	2	3	0	1/4	0	2	0	9
24	33	0	0	0	50	68	4	6	0	1/2	0	4	1	6
25	34	2	3	0	51	70	0	9	0	3/4	1	0	2	3
26	35	4	6	0	52	71	3	0	0					

Grosseur de 22 & 28 pouces.

sur Pieds de Longueur.	Pieces.	Pieds.	Pouces.	Lignes.
1	1	2	6	8
2	2	5	1	4
3	4	1	8	0
4	5	4	2	8
5	7	0	9	4
6	8	3	4	0
7	9	5	10	8
8	11	2	5	4
9	12	5	0	0
10	14	1	6	8
11	15	4	1	4
12	17	0	8	0
13	18	3	2	8
14	19	5	9	4
15	21	2	4	0
16	22	4	10	8
17	24	1	5	4
18	25	4	0	
19	27	0	6	8
20	28	3	1	4
21	29	5	8	0
22	31	2	2	8
23	32	4	9	4
24	34	1	4	0
25	35	3	10	8
26	37	0	5	4

sur Pieds de Longueur.	Pieces.	Pieds.	Pouces.	Lignes.
27	38	3	0	0
28	39	5	6	8
29	41	2	1	4
30	42	4	8	0
31	44	1	3	8
32	45	3	9	4
33	47	0	4	0
34	48	2	10	8
35	49	5	5	4
36	51	2	0	0
37	52	4	6	8
38	54	1	1	4
39	55	3	8	0
40	57	0	2	8
41	58	2	9	4
42	59	5	4	0
43	61	1	10	8
44	62	4	5	4
45	64	1	0	0
46	65	3	6	8
47	67	0	1	4
48	68	2	8	0
49	69	5	2	8
50	71	1	9	4
51	72	4	4	0
52	74	0	10	8

sur Pieds de Longueur.	Pieces.	Pieds.	Pouces.	Lignes.
53	75	3	5	4
54	77	0	0	0
55	78	2	6	8
56	79	5	1	4
57	81	1	8	0
58	82	4	3	8
59	84	0	9	4
60	85	3	4	0
61	86	5	10	8
62	88	2	5	4
63	89	5	0	0
64	91	1	6	8
65	92	4	1	4
66	94	0	8	0
67	95	3	2	8
68	96	5	9	4
69	98	2	4	0
70	99	4	10	8
71	101	1	5	4
72	102	4	0	0
1/4	0	2	1	
1/2	0	4	3	
3/4	1	0	5	

Grosseur de 22 & 29 pouces.

sur Pieds de Longueur.	Produit. Pieces.	Pieds.	Pouces.	Lignes.
1	1..2.	10.	4	
2	2..5.	8.	8	
3	4..2.	7.	0	
4	5..5.	5.	4	
5	7..2.	3.	8	
6	8..5.	2.	0	
7	10..2.	0.	4	
8	11..4.	10.	8	
9	13..1.	9.	0	
10	14..4.	7.	4	
11	16..1.	5.	8	
12	17..4.	4.	0	
13	19..1.	2.	4	
14	20..4.	0.	8	
15	22..0.	11.	0	
16	23..3.	9.	4	
17	25..0.	7.	8	
18	26..3.	6.	0	
19	28..0.	4.	4	
20	29..3.	2.	8	
21	31..0.	1.	0	
22	32..2.	11.	4	
23	33..5.	9.	8	
24	35..2.	8.	0	
25	36..5.	6.	4	
26	38..2.	4.	8	

sur Pieds de Longueur.	Produit. Pieces.	Pieds.	Pouces.	Lignes.
27	39..5.	3.	0	
28	41..2.	1.	4	
29	42..4.	11.	8	
30	44..1.	10.	0	
31	45..4.	8.	4	
32	47..1.	6.	8	
33	48..4.	5.	0	
34	50..1.	3.	4	
35	51..4.	1.	8	
36	53..1.	0.	0	
37	54..3.	10.	4	
38	56..0.	8.	8	
39	57..3.	7.	0	
40	59..0.	5.	4	
41	60..3.	3.	8	
42	62..0.	2.	0	
43	63..3.	0.	4	
44	64..5.	10.	8	
45	66..2.	9.	0	
46	67..5.	7.	4	
47	69..2.	5.	8	
48	70..5.	4.	0	
49	72..2.	2.	4	
50	73..5.	0.	8	
51	75..1.	11.	0	
52	76..4.	9.	4	

sur Pieds de Longueur.	Produit. Pieces.	Pieds.	Pouces.	Lignes.
53	78.1.	7.	8	
54	79.4.	6.	0	
55	81.1.	4.	4	
56	82.4.	2.	8	
57	84.1.	1.	0	
58	85.3.	11.	4	
59	87.0.	9.	8	
60	88.3.	8.	0	
61	90.0.	6.	4	
62	91.3.	4.	8	
63	93.0.	3.	0	
64	94.3.	1.	4	
65	95.5.	11.	8	
66	97.2.	10.	0	
67	98.5.	8.	4	
68	100.2.	6.	8	
69	101.5.	5.	0	
70	103.2.	3.	4	
71	104.5.	1.	8	
72	106.2.	0.	0	
$\frac{1}{4}$	0.2.	2.	7	
$\frac{1}{2}$	0.4.	5.	2	
$\frac{3}{4}$	1.0.	7.	9	

Grosseur de 22 & 30 pouces.

sur Pieds de Longueur.	Produit. Pieces.	Pieds.	Pouces.	Lignes.	sur Pieds de Longueur.	Produit. Pieces.	Pieds.	Pouces.	Lignes.	sur Pieds de Longueur.	Produit. Pieces.	Pieds.	Pouces.	Lignes.
1	1	3	2	0	27	41	1	6	0	53	80	5	10	0
2	3	0	4	0	28	42	4	8	0	54	82	3	0	0
3	4	3	6	0	29	44	1	10	0	55	84	0	2	0
4	6	0	8	0	30	45	5	0	0	56	85	3	4	0
5	7	3	10	0	31	47	2	2	0	57	87	0	6	0
6	9	1	0	0	32	48	5	4	0	58	88	3	8	0
7	10	4	2	0	33	50	2	6	0	59	90	0	10	0
8	12	1	4	0	34	51	5	8	0	60	91	4	0	0
9	13	4	6	0	35	53	2	10	0	61	93	1	2	0
10	15	1	8	0	36	55	0	0	0	62	94	4	4	0
11	16	4	10	0	37	56	3	2	0	63	96	1	6	0
12	18	2	0	0	38	58	0	4	0	64	67	4	8	0
13	19	5	2	0	39	59	3	6	0	65	29	1	10	0
14	21	2	4	0	40	61	0	8	0	66	100	5	0	0
15	22	5	6	0	41	62	3	10	0	67	102	2	2	0
16	24	2	8	0	42	64	1	0	0	68	103	5	4	0
17	25	5	10	0	43	05	4	2	0	69	105	2	6	0
18	27	3	0	0	44	67	1	4	0	70	106	5	8	0
19	29	0	2	0	45	68	4	6	0	71	108	2	10	0
20	30	3	4	0	46	70	1	8	0	72	100	0	0	0
21	32	0	6	0	47	71	4	10	0	1/4	0	2	3	
22	33	3	8	0	48	73	2	0	0	1/2	0	4	7	
23	35	0	10	0	49	74	5	2	0	3/4	1	0	10	
24	36	4	0	0	50	76	2	4	0					
25	38	1	2	0	51	77	5	6	0					
26	39	4	4	0	52	79	2	8	0					

Grosseur de 22 & 31 pouces.

sur Pieds de Longueur.	Produit. Pieces.	Pieds.	Pouces.	Lignes.	sur Pieds de Longueur.	Produit. Pieces.	Pieds.	Pouces.	Lignes.	sur Pieds de Longueur.	Produit. Pieces.	Pieds.	Pouces.	Lignes.
1	1	3	5	8	27	42	3	9	0	53	83	4	0	4
2	3	0	11	4	28	44	1	2	8	54	85	1	6	0
3	4	4	5	0	29	45	4	8	4	55	86	4	11	8
4	6	1	10	8	30	47	2	2	0	56	88	2	5	4
5	7	5	4	4	31	48	5	7	8	57	89	5	11	0
6	9	2	10	0	32	50	3	1	4	58	91	3	4	8
7	11	0	3	8	33	52	0	7	0	59	93	0	10	4
8	12	3	9	4	34	53	4	0	8	60	94	4	4	0
9	14	1	3	0	35	55	1	6	4	61	96	1	9	8
10	15	4	8	8	36	56	5	0	0	62	97	5	3	4
11	17	2	2	4	37	58	2	5	8	63	99	2	9	0
12	18	5	8	0	38	59	5	11	4	64	101	0	2	8
13	20	3	1	8	39	61	3	5	0	65	102	3	8	4
14	22	0	7	4	40	63	0	10	8	66	104	1	2	0
15	23	4	1	0	41	64	4	4	4	67	105	4	7	8
16	25	1	6	8	42	66	1	10	0	68	107	2	1	4
17	26	5	0	4	43	67	5	3	8	69	108	5	7	0
18	28	2	6	0	44	69	2	9	4	70	110	3	0	8
19	29	5	11	8	45	71	0	3	0	71	112	0	6	4
20	31	3	5	4	46	72	3	8	8	72	113	4	0	0
21	33	0	11	0	47	74	1	2	4					
22	34	4	4	8	48	75	4	8	0					
23	36	1	10	4	49	77	2	1	8	$\frac{1}{4}$	0	2	4	5
24	37	5	4	0	50	78	5	7	4	$\frac{1}{2}$	0	4	8	10
25	39	2	9	8	51	80	3	1	0	$\frac{3}{4}$	1	1	1	3
26	41	0	3	4	52	82	0	6	8					

Grosseur de 22 & 32 pouces.

sur Pieds de Longueur.	Produit. Pieces.	Pieds.	Pouces.	Lignes.	sur Pieds de Longueur.	Produit. Pieces.	Pieds.	Pouces.	Lignes.	sur Pieds de Longueur.	Produit. Pieces.	Pieds.	Pouces.	Lignes.
1	1	3	9	4	27	44	0	0	0	53	86	2	2	8
2	3	1	6	8	28	45	3	9	4	54	88	0	0	0
3	4	5	4	0	29	47	1	6	8	55	89	3	9	4
4	6	3	1	4	30	48	5	4	0	56	91	1	6	8
5	8	0	10	8	31	50	3	1	4	57	92	5	4	0
6	9	4	8	0	32	52	0	10	8	58	94	3	1	4
7	11	2	5	4	33	53	4	8	0	59	96	0	10	8
8	13	0	2	8	34	55	2	5	4	60	97	4	8	0
9	14	4	0	0	35	57	0	2	8	61	99	2	5	4
10	16	1	9	4	36	58	4	0	0	62	101	0	2	8
11	17	5	6	8	37	60	1	9	4	63	102	4	0	0
12	19	3	4	0	38	61	5	6	8	64	104	1	9	4
13	21	1	1	4	39	63	3	4	0	65	105	5	6	8
14	22	4	10	8	40	65	1	1	4	66	107	3	4	0
15	24	2	8	0	41	66	4	10	8	67	109	1	1	4
16	26	0	5	4	42	68	2	8	0	68	110	4	10	8
17	27	4	2	8	43	70	0	5	4	69	112	2	8	0
18	29	2	0	0	44	71	4	2	8	70	114	0	5	4
19	30	5	9	4	45	73	2	0	0	71	115	4	2	8
20	32	3	6	8	46	74	5	9	4	72	117	2	0	0
21	34	1	4	0	47	76	3	6	8					
22	35	5	1	4	48	78	1	4	0	1/4	0	2	5	4
23	37	2	10	8	49	79	5	1	4	1/2	0	4	10	8
24	39	0	8	0	50	81	2	10	8	3/4	1	1	4	0
25	40	4	5	4	51	83	0	8	0					
26	42	2	2	8	52	84	4	5	4					

Grosseur de 23 pouces.

sur Pieds de Longueur.	Produit. Pieces.	Pieds.	Pouces.	Lignes.	sur Pieds de Longueur.	Produit. Pieces.	Pieds.	Pouces.	Lignes.	sur Pieds de Longueur.	Produit. Pieces.	Pieds.	Pouces.	Lignes.
1	1	1	4	2	27	33	0	4	6	53	64	5	4	10
2	2	2	8	4	28	34	1	8	8	54	66	0	9	0
3	3	4	0	6	29	35	3	0	10	55	67	2	1	2
4	4	5	4	8	30	36	4	5	0	56	68	3	5	4
5	6	0	8	10	31	37	5	9	2	57	69	4	9	6
6	7	2	1	0	32	39	1	1	4	58	71	0	1	8
7	8	3	5	2	33	40	2	5	6	59	72	1	5	10
8	9	4	9	4	34	41	3	9	8	60	73	2	10	0
9	11	0	1	6	35	42	5	1	10	61	74	4	2	2
10	12	1	5	8	36	44	0	6	0	62	75	5	6	4
11	13	2	9	10	37	45	1	10	2	63	77	0	10	6
12	14	4	2	0	38	46	3	2	4	64	78	2	2	8
13	15	5	6	2	39	47	4	6	6	65	79	3	6	10
14	17	0	10	4	40	48	5	10	8	66	80	4	11	0
15	18	2	2	6	41	50	1	2	10	67	82	0	3	2
16	19	3	6	8	42	51	2	7	0	68	83	1	7	4
17	20	4	10	10	43	52	3	11	2	69	84	2	11	6
18	22	0	3	0	44	53	5	3	4	70	85	4	3	8
19	23	1	7	2	45	55	0	7	6	71	86	5	7	10
20	24	2	11	4	46	56	1	11	8	72	88	1	0	0
21	25	4	3	6	47	57	3	3	10					
22	26	5	7	8	48	58	4	8	0					
23	28	0	11	10	49	60	0	0	2	$\frac{1}{4}$	0	1	10	$0\frac{1}{2}$
24	29	2	4	0	50	61	1	4	4	$\frac{1}{2}$	0	3	8	1
25	30	3	8	2	51	62	2	8	6	$\frac{3}{4}$	0	5	6	$1\frac{1}{2}$
26	31	5	0	4	52	63	4	0	8					

Grosseur de 23 & 24 pouces.

sur Pieds de Longueur.	Produit. Pieces.	Pieds.	Pouces.	Lignes.	sur Pieds de Longueur.	Produit. Pieces.	Pieds.	Pouces.	Lignes.	sur Pieds de Longueur.	Produit. Pieces.	Pieds.	Pouces.	Lignes.
1	1	1	8	0	27	34	3	0	0	53	67	4	4	0
2	2	3	4	0	28	35	4	8	0	54	69	0	0	0
3	3	5	0	0	29	37	0	4	0	55	70	1	8	0
4	5	0	8	0	30	38	2	0	0	56	71	3	4	0
5	6	2	4	0	31	39	3	8	0	57	72	5	0	0
6	7	4	0	0	32	40	5	4	0	58	74	0	8	0
7	8	5	8	0	33	42	1	0	0	59	75	2	4	0
8	10	1	4	0	34	43	2	8	0	60	76	4	0	0
9	11	3	0	0	35	44	4	4	0	61	77	5	8	0
10	12	4	8	0	36	46	0	0	0	62	79	1	4	0
11	14	0	4	0	37	47	1	8	0	63	80	3	0	0
12	15	2	0	0	38	48	3	4	0	64	81	4	8	0
13	16	3	8	0	39	49	5	0	0	65	83	0	4	0
14	17	5	4	0	40	51	0	8	0	66	84	2	0	0
15	19	1	0	0	41	52	2	4	0	67	85	3	8	0
16	20	2	8	0	42	53	4	0	0	68	86	5	4	0
17	21	4	4	0	43	54	5	8	0	69	88	1	0	0
18	23	0	0	0	44	56	1	4	0	70	89	2	8	0
19	24	1	8	0	45	57	3	0	0	71	90	4	4	0
20	25	3	4	0	46	58	4	8	0	72	92	0	0	0
21	26	5	0	0	47	60	0	4	0					
22	28	0	8	0	48	61	2	0	0	1/4	0	1	11	0
23	29	2	4	0	49	62	3	8	0	1/2	0	3	10	0
24	30	4	0	0	50	63	5	4	0	3/4	0	5	9	0
25	31	5	8	0	51	65	1	0	0					
26	33	1	4	0	52	66	2	8	0					

Groſſeur de 23 & 25 pouces.

ſur Pieds de Longueur.	Pieces.	Pieds.	Pouces.	Lignes.	ſur Pieds de Longueur.	Pieces.	Pieds.	Pouces.	Lignes.	ſur Pieds de Longueur.	Pieces.	Pieds.	Pouces.	Lignes.
1	1	1	11	10	27	35	5	7	6	53	70	3	3	2
2	2	3	11	8	28	37	1	7	4	54	71	5	3	0
3	3	5	11	6	29	38	3	7	2	55	73	1	2	10
4	5	1	11	4	30	39	5	7	0	56	74	3	2	8
5	6	3	11	2	31	41	1	6	10	57	75	5	2	6
6	7	5	11	0	32	42	3	6	8	58	77	1	2	4
7	9	1	10	10	33	43	5	6	6	59	78	3	2	2
8	10	3	10	8	34	45	1	6	4	60	79	5	2	0
9	11	5	10	6	35	46	3	6	2	61	81	1	1	10
10	13	1	10	4	36	47	5	6	0	62	82	3	1	8
11	14	3	10	2	37	49	1	5	10	63	83	5	1	6
12	15	5	10	0	38	50	3	5	8	64	85	1	1	4
13	17	1	9	10	39	51	5	5	6	65	86	3	1	2
14	18	3	9	8	40	53	1	5	4	66	87	5	1	0
15	19	5	9	6	41	54	3	5	2	67	89	1	0	10
16	21	1	9	4	42	55	5	5	0	68	90	3	0	8
17	22	3	9	2	43	57	1	4	10	69	91	5	0	6
18	23	5	9	0	44	58	3	4	8	70	93	1	0	4
19	25	1	8	10	45	59	5	4	6	71	94	3	0	2
20	26	3	8	8	46	61	1	4	4	72	95	5	0	0
21	27	5	8	6	47	62	3	4	2					
22	29	1	8	4	48	63	5	4	0					
23	30	33	8	2	49	65	1	3	10	$\frac{1}{4}$	0	1	11	11½
24	31	5	8	0	50	66	3	3	8	$\frac{2}{4}$	0	3	11	11
25	33	1	7	10	51	67	5	3	6	$\frac{3}{4}$	0	5	11	10½
26	34	3	7	8	52	69	1	3	4					

Grosseur de 23 & 26 pouces.

sur Pieds de Longueur	Pieces.	Pieds.	Pouces.	Lignes.
1	1	2	3	8
2	2	4	7	4
3	4	0	11	0
4	5	3	2	8
5	6	5	6	4
6	8	1	10	0
7	9	4	1	8
8	11	0	5	4
9	12	2	9	0
10	13	5	0	8
11	15	1	4	4
12	16	3	8	0
13	17	5	11	8
14	19	2	3	4
15	20	4	7	0
16	22	0	10	8
17	23	3	2	4
18	24	5	6	0
19	26	1	9	8
20	27	4	1	4
21	29	0	5	0
22	30	2	8	8
23	31	5	0	4
24	33	1	4	0
25	34	3	7	8
26	35	5	11	4

sur Pieds de Longueur	Pieces.	Pieds.	Pouces.	Lignes.
27	37	2	3	0
28	38	4	6	8
29	40	0	10	4
30	41	3	2	0
31	42	5	5	8
32	44	1	9	4
33	45	4	1	0
34	47	0	4	8
35	48	2	8	4
36	49	5	0	0
37	51	1	3	8
38	52	3	7	4
39	53	5	11	0
40	55	2	2	8
41	56	4	6	4
42	58	0	10	0
43	59	3	1	8
44	60	5	5	4
45	62	1	9	0
46	63	4	0	8
47	65	0	4	4
48	66	2	8	0
49	67	4	11	8
50	69	1	3	4
51	70	3	7	0
52	71	5	10	8

sur Pieds de Longueur	Pieces.	Pieds.	Pouces.	Lignes.
53	73	2	2	4
54	74	4	6	0
55	76	0	9	8
56	77	3	1	4
57	78	5	5	0
58	80	1	8	8
59	81	4	0	4
60	83	0	4	0
61	84	2	7	8
62	85	4	11	4
63	87	1	3	0
64	88	3	6	8
65	89	5	10	4
66	91	2	2	0
67	92	4	5	8
68	94	0	9	4
69	95	3	1	0
70	96	5	4	8
71	98	1	8	4
72	99	4	0	0
$\frac{1}{4}$	0	2	0	11
$\frac{1}{2}$	0	4	1	10
$\frac{3}{4}$	1	0	2	9

Grosseur de 23 & 27 pouces.

sur Pieds de Longueur.	Produit. Pieces.	Pieds.	Pouces.	Lignes.
1	1	2	7	6
2	2	5	3	0
3	4	1	10	6
4	5	4	6	0
5	7	1	1	6
6	8	3	9	0
7	10	0	4	6
8	11	3	0	0
9	12	5	7	6
10	14	2	3	0
11	15	4	10	6
12	17	1	6	0
13	18	4	1	6
14	20	0	9	0
15	21	3	4	6
16	23	0	0	0
17	24	2	7	6
18	25	5	3	0
19	27	1	10	6
20	28	4	6	0
21	30	1	1	6
22	31	3	9	0
23	33	0	4	6
24	34	3	0	0
25	35	5	7	6
26	37	2	3	0

sur Pieds de Longueur.	Produit. Pieces.	Pieds.	Pouces.	Lignes.
27	38	4	10	6
28	40	1	6	0
29	41	4	1	6
30	43	0	9	0
31	44	3	4	6
32	46	0	0	0
33	47	2	7	6
34	48	5	3	0
35	50	1	10	6
36	51	4	6	0
37	53	1	1	6
38	54	3	9	0
39	56	0	4	6
40	57	3	0	0
41	58	5	7	6
42	60	2	3	0
43	61	4	10	6
44	63	1	6	0
45	64	4	1	6
46	66	0	9	0
47	67	3	4	6
48	69	0	0	0
49	70	2	7	6
50	71	5	3	0
51	73	1	10	6
52	74	4	6	0

sur Pieds de Longueur	Produit. Pieces.	Pieds.	Pouces.	Lignes.
53	76	1	1	6
54	77	3	9	0
55	79	0	4	6
56	80	3	0	0
57	81	5	7	6
58	83	2	3	0
59	84	4	10	6
60	86	1	6	0
61	87	4	1	6
62	89	0	9	0
63	90	3	4	6
64	92	0	0	0
65	93	2	7	6
66	94	5	3	0
67	96	1	10	6
68	97	4	6	0
69	99	1	1	6
70	100	3	9	0
71	102	0	4	6
72	103	3	0	0
$\frac{1}{4}$	0	2	1	$10\frac{1}{2}$
$\frac{1}{2}$	0	4	3	9
$\frac{3}{4}$	1	0	5	$7\frac{1}{2}$

Grosseur de 23 & 28 pouces.

sur Pieds de Longueur.	Pieces.	Pieds.	Pouces.	Lignes.	sur Pieds de Longueur.	Pieces.	Pieds.	Pouces.	Lignes.	sur Pieds de Longueur.	Pieces.	Pieds.	Pouces.	Lignes.
1	1	2	11	4	27	40	1	6	0	53	79	0	0	8
2	2	5	10	8	28	41	4	5	4	54	80	3	0	0
3	4	2	10	0	29	43	1	4	8	55	81	5	11	4
4	5	5	9	4	30	44	4	4	0	56	83	2	10	8
5	7	2	8	8	31	46	1	3	4	57	84	5	10	0
6	8	5	8	0	32	47	4	2	8	58	86	2	9	4
7	10	2	7	4	33	49	1	2	0	59	87	5	8	8
8	11	5	6	8	34	50	4	1	4	60	89	2	8	0
9	13	2	6	0	35	52	1	0	8	61	90	5	7	4
10	14	5	5	4	36	53	4	0	0	62	92	2	6	8
11	16	2	4	8	37	55	0	11	4	63	93	5	6	0
12	17	5	4	0	38	56	3	10	8	64	15	2	5	4
13	19	2	3	4	39	58	0	10	0	65	96	5	4	8
14	20	5	2	8	40	59	3	9	4	66	98	2	4	0
15	22	2	2	0	41	61	0	8	8	67	99	5	3	4
16	23	5	1	4	42	62	3	8	0	68	101	2	2	8
17	25	2	0	8	43	64	0	7	4	69	102	5	2	0
18	26	5	0	0	44	65	3	6	8	70	104	2	1	4
19	28	1	11	4	45	67	0	6	0	71	10505		0	8
20	29	4	10	8	46	68	3	5	4	72	107	2	0	0
21	31	1	10	0	47	70	0	4	8					
22	32	4	9	4	48	71	3	4	0	1/4	0	2	2	10
23	34	1	8	8	49	73	0	3	4	1/2	0	4	5	8
24	35	4	8	0	50	74	3	2	8	3/4	1	0	8	6
25	37	1	7	4	51	76	0	2	0					
26	38	4	6	8	52	77	3	1	3					

Grosseur de 23 & 29 pouces.

sur Pieds de Longueur.	Produit. Pieces.	Pieds.	Pouces.	Lignes.	sur Pieds de Longueur.	Produit. Pieces.	Pieds.	Pouces.	Lignes.	sur Pieds de Longueur.	Produit. Pieces.	Pieds.	Pouces.	Lignes.
1	1	3	3	2	27	41	4	1	6	53	81	4	11	10
2	3	0	6	4	28	43	1	4	8	54	83	2	3	0
3	4	3	9	6	29	44	4	7	10	55	84	5	6	2
4	6	1	0	8	30	46	1	11	0	56	86	2	9	4
5	7	4	3	10	31	47	5	2	2	57	88	0	0	6
6	9	1	7	0	32	49	2	5	4	58	89	3	3	8
7	10	4	10	2	33	50	5	8	6	59	91	0	6	10
8	12	2	1	4	34	52	2	11	8	60	92	3	10	0
9	13	5	4	6	35	54	0	2	10	61	94	1	1	2
10	15	2	7	8	36	55	3	6	0	62	95	4	4	4
11	16	5	10	10	37	57	0	9	2	63	97	1	7	6
12	18	3	2	0	38	58	4	0	4	64	98	4	10	8
13	20	0	5	2	39	60	1	3	6	65	100	2	1	10
14	21	3	8	4	40	61	4	6	8	66	101	5	5	0
15	23	0	11	6	41	63	1	9	10	67	103	2	8	2
16	24	4	2	8	42	64	5	1	0	68	104	5	11	4
17	26	1	5	10	43	66	2	4	2	69	106	3	2	6
18	27	4	9	0	44	67	5	7	4	70	108	0	5	8
19	29	2	0	2	45	69	2	10	6	71	109	3	8	10
20	30	5	3	4	46	71	0	1	8	72	111	1	0	0
21	32	2	6	6	47	72	3	4	10					
22	33	5	9	8	48	74	0	8	0					
23	35	3	0	10	49	75	3	11	2	$\frac{1}{4}$		0	2	3.9$\frac{1}{2}$
24	37	0	4	0	50	77	1	2	4	$\frac{1}{2}$		0	4	7.7
25	38	3	7	2	51	78	4	5	6	$\frac{3}{4}$		1	0	11.4$\frac{1}{2}$
26	40	0	10	4	52	80	1	8	8					

Grosseur de 23 & 30 pouces.

sur Pieds de Longueur.	Produit. Pieces.	Pieds.	Pouces.	Lignes.	sur Pieds de Longueur.	Produit. Pieces.	Pieds.	Pouces.	Lignes.	sur Pieds de Longueur.	Produit. Pieces.	Pieds.	Pouces.	Lignes.
1	1	3	7	0	27	43	0	9	0	53	84	3	11	0
2	3	1	2	0	28	44	4	4	0	54	86	1	6	0
3	4	4	9	0	29	46	1	11	0	55	87	5	1	0
4	6	2	4	0	30	47	5	6	0	56	89	2	8	0
5	7	5	11	0	31	49	3	1	0	57	91	0	3	0
6	9	3	6	0	32	51	0	8	0	58	92	3	10	0
7	11	1	1	0	33	52	4	3	0	59	94	1	5	0
8	12	4	8	0	34	54	1	10	0	60	95	5	0	0
9	14	2	3	0	35	55	5	5	0	61	97	2	7	0
10	15	5	10	0	36	57	3	0	0	62	99	0	2	0
11	17	3	5	0	37	59	0	7	0	63	100	3	9	0
12	19	1	0	0	38	60	4	2	0	64	102	1	4	0
13	20	4	7	0	39	62	1	9	0	65	103	4	11	0
14	22	2	2	0	40	63	5	4	0	66	105	2	6	0
15	23	5	9	0	41	65	2	11	0	67	107	0	1	0
16	25	3	4	0	42	67	0	6	0	68	108	3	8	0
17	27	0	11	0	43	68	4	1	0	69	110	1	3	0
18	28	4	6	0	44	70	1	8	0	70	111	4	10	0
19	30	2	1	0	45	71	5	3	0	71	113	2	5	0
20	31	5	8	0	46	73	2	10	0	72	115	0	0	0
21	33	3	3	0	47	75	0	5	0					
22	35	0	10	0	48	76	4	0	0	1/4	0	2	4	9
23	36	4	5	0	49	78	1	7	0	1/2	0	4	9	6
24	38	2	0	0	50	79	5	2	0	3/4	1	1	2	3
25	39	5	7	0	51	81	2	9	0					
26	41	3	2	0	52	83	0	4	0					

Grosseur de 23 & 31 pouces.

sur Pieds de Longueur.	Produit. Pieces. Pieds. Pouces. Lignes.	sur Pieds de Longueur.	Produit. Pieces. Pieds. Pouces. Lignes.	sur Pieds de Longueur.	Produit. Pieces. Pieds. Pouces. Lignes.
1	1..3.10.10	27	44..3. 4. 6	53	87.2.10. 2
2	3..1. 9. 8	28	46..1. 3. 4	54	88.0. 9. 0
3	4..5. 8. 6	29	47..5. 2. 2	55	90.4. 7.10
4	6..3. 7. 4	30	49..3. 1. 0	56	92.2. 6. 8
5	8..1. 6. 2	31	51..0.11.10	57	94.0. 5. 6
6	9..5. 5. 0	32	52..4.10. 8	58	95.4. 4. 4
7	11..3. 3.10	33	54..2. 9. 6	59	97.2. 3. 2
8	13..1. 2. 8	34	56..0. 8. 4	60	99.0. 2. 0
9	14..5. 1. 6	35	57..4. 7. 2	61	100.4. 0.10
10	16..3. 0. 4	36	59..2. 6. 0	62	102.1.11. 8
11	18..0.11. 2	37	61..0. 4.10	63	103.5.10. 6
12	19..4.10. 0	38	62..4. 3. 8	64	105.3. 9. 4
13	21..2. 8.10	39	64..2. 2. 6	65	107.1. 8. 2
14	23..0. 7. 8	40	66..0. 1. 4	66	108.5. 7. 0
15	24..4. 6. 6	41	67..4. 0. 2	67	110.3. 5.10
16	26..2. 5. 4	42	69..1.11. 0	68	112.1. 4. 8
17	28..0. 4. 2	43	70..5. 9.10	69	113.5. 3. 6
18	29..4. 3. 0	44	72..3. 8. 8	70	115.3. 2. 4
19	31..2. 1.10	45	74..1. 7. 6	71	117.1. 1. 2
20	33..0. 0. 8	46	75..5. 6. 4	72	118.5. 0. 0
21	34..3.11. 6	47	77..3. 5. 2		
22	36..1.10. 4	48	79..1. 4. 0		
23	37..5. 9. 2	49	80..5. 2.10	$\frac{1}{4}$	0.2. 5. 8$\frac{1}{2}$
24	39..3. 8. 0	50	82..3. 1. 8	$\frac{1}{2}$	0.4.11.5
25	41..1. 6.10	51	84..1. 0. 6	$\frac{3}{4}$	1.1. 5.1$\frac{1}{2}$
26	42..5. 5. 8	52	85..4.11. 4		

Grosseur de 23 & 32 pouces.

sur Pieds de Longueur	Produit. Pieces.	Pieds.	Pouces.	Lignes.	sur Pieds de Longueur.	Produit. Pieces.	Pieds.	Pouces.	Lignes.	sur Pied de Longueu.	Produit. Pieces.	Pieds.	Pouces.	Lignes.
1	1..4.	2.	8		27	46..0.	0.	0		53	90.1.	9.	4
2	3..2.	5.	4		28	47..4.	2.	8		54	92.0.	0.	0
3	5..0.	8.	0		29	49..2.	5.	4		55	93.4.	2.	8
4	6..4.	10.	8		30	51..0.	8.	0		56	95.2.	5.	4
5	8..3.	1.	4		31	52..4.	10.	8		57	97.0.	8.	0
6	10..1.	4.	0		32	54..3.	1.	4		58	98.4.	10.	8
7	11..5.	6.	8		33	56..1.	4.	0		59	100.3.	1.	4
8	3..3.	9.	4		34	57..5.	6.	8		60	102.1.	4.	0
9	15..2.	0.	0		35	59..3.	9.	4		61	103.5.	6.	8
10	17..0.	2.	8		36	61..2.	0.	0		62	105.3.	9.	4
11	18..4.	5.	4		37	63..0.	2.	8		63	107.2.	0.	0
12	20..2.	8.	0		38	64..4.	5.	4		64	109.0.	2.	8
13	22..0	10.	8		39	66..2.	8.	0		65	110.4.	5.	4
14	23..5.	1.	4		40	68..0.	10.	8		66	112.2.	8.	0
15	25..3.	4.	0		41	69..5.	1.	4		67	114.0.	10.	8
16	27..1.	6.	8		42	71..3.	4.	0		68	115.5.	1.	4
17	28..5.	9.	4		43	73..1.	6.	8		69	117.3.	4.	0
18	30..4.	0.	0		44	74..5.	9.	4		70	119.1.	6.	8
19	32..2.	2.	8		45	76..4.	0.	0		71	120.5.	9.	4
20	34..0.	5.	4		46	78..2.	2.	8		72	122.4.	0.	0
21	35..4.	8.	0		47	80..0.	5.	4					
22	37..2.	10.	8		48	81..4.	8.	0		1/4	0.2.	6.	8
23	39..1.	1.	4		49	83..2.	10.	8		1/2	0.5.	1.	4
24	40..5.	4.	0		50	85..1.	1.	4		3/4	1.1.	8.	0
25	42..3.	6.	8		51	86..5.	4.	0					
26	44..1.	9.	4		52	88..3.	6.	8					

Grosseur de 24 pouces.

sur Pieds de Longueur	Produit. Pieces.	Pieds.	Pouces.	Lignes.
1	1..2.	0.	0	
2	2..4.	0.	0	
3	4..0.	0.	0	
4	5..2.	0.	0	
5	6..4.	0.	0	
6	8..0.	0.	0	
7	9..2.	0.	0	
8	10..4.	0.	0	
9	12..0.	0.	0	
10	13..2.	0.	0	
11	14..4.	0.	0	
12	15..0.	0.	0	
13	16..2.	0.	0	
14	18..4.	0.	0	
15	20..0.	0.	0	
16	21..2.	0.	0	
17	22..4.	0.	0	
18	24..0.	0.	0	
19	25..2.	0.	0	
20	26..4.	0.	0	
21	28..0.	0.	0	
22	29..2.	0.	0	
23	30..4.	0.	0	
24	32..0.	0.	0	
25	33..2.	0.	0	
26	34..4.	0.	0	

sur Pied de Longueur	Produit. Pieces.	Pieds.	Pouces.	Lignes.
27	36..0.	0.	0	
28	37..2.	0.	0	
29	38..4.	0.	0	
30	40..0.	0.	0	
31	41..2.	0.	0	
32	42..4.	0.	0	
33	44..0.	0.	0	
34	45..2.	0.	0	
35	46..4.	0.	0	
36	48..0.	0.	0	
37	49..2.	0.	0	
38	50..4.	0.	0	
39	52..0.	0.	0	
40	53..2.	0.	0	
41	54..4.	0.	0	
42	56..0.	0.	0	
43	57..2.	0.	0	
44	58..4.	0.	0	
45	60..0.	0.	0	
46	61..2.	0.	0	
47	62..4.	0.	0	
48	64..0.	0.	0	
49	65..2.	0.	0	
50	66..4.	0.	0	
51	68..0.	0.	0	
52	69..2.	0.	0	

sur Pieds de Longueur	Produit. Pieces.	Pieds.	Pouces.	Lignes.
53	70..4.	0.	0	
54	72..0.	0.	0	
55	73..2.	0.	0	
56	74..4.	0.	0	
57	76..0.	0.	0	
58	77..2.	0.	0	
59	78..4.	0.	0	
60	80..0.	0.	0	
61	81..2.	0.	0	
62	82..4.	0.	0	
63	84..0.	0.	0	
64	85..2.	0.	0	
65	86..4.	0.	0	
66	88..0.	0.	0	
67	89..2.	0.	0	
68	90..4.	0.	0	
69	92..0.	0.	0	
70	93..2.	0.	0	
71	94..4.	0.	0	
72	96..0.	0.	0	
$\frac{1}{4}$	0..2.	0.	0	
$\frac{1}{2}$	0..4.	0.	0	
$\frac{3}{4}$	1..0.	0.	0	

Grosseur de 24 & 25 pouces.

sur Pieds de Longueur	Produit. Pieces.	Pieds.	Pouces.	Lignes.	sur Pieds de Longueur	Produit. Pieces.	Pieds.	Pouces.	Lignes.	sur Pieds de Longueur	Produit. Pieces.	Pieds.	Pouces.	Lignes.
1	1	2	4	0	27	37	3	0	0	53	73	3	8	0
2	2	4	8	0	28	38	5	4	0	54	75	0	0	0
3	4	1	0	0	29	40	1	8	0	55	76	2	4	0
4	5	3	4	0	30	41	4	0	0	56	77	4	8	0
5	6	5	8	0	31	43	0	4	0	57	79	1	0	0
6	8	2	0	0	32	44	2	8	0	58	80	3	4	0
7	9	4	4	0	33	45	5	0	0	59	81	5	8	0
8	11	0	8	0	34	47	1	4	0	60	83	2	0	0
9	12	3	0	0	35	48	3	8	0	61	84	4	4	0
10	13	5	4	0	36	50	0	0	0	62	86	0	8	0
11	15	1	8	0	37	51	2	4	0	63	87	3	0	0
12	16	4	0	0	38	52	4	8	0	64	88	5	4	0
13	18	0	4	0	39	54	1	0	0	65	90	1	8	0
14	19	2	8	0	40	55	3	4	0	66	91	4	0	0
15	20	5	0	0	41	56	5	8	0	67	93	0	4	0
16	22	1	4	0	42	58	2	0	0	68	94	2	8	0
17	23	3	8	0	43	59	4	4	0	69	95	5	0	0
18	25	0	0	0	44	61	0	8	0	70	97	1	4	0
19	26	2	4	0	45	62	3	0	0	71	98	3	8	0
20	27	4	8	0	46	63	5	4	0	72	100	0	0	0
21	29	1	0	0	47	65	1	8	0					
22	30	3	4	0	48	66	4	0	0	1/4	0	2	2	0
23	31	5	8	0	49	68	0	4	0	1/2	0	4	1	0
24	33	2	0	0	50	69	2	8	0	3/4	1	0	3	0
25	34	4	4	0	51	70	5	0	0					
26	36	0	8	0	52	72	1	4	0					

Grosseur de 24 & 26 pouces.

sur Pieds de Longueur.	Produit. Pieces.	Pieds.	Pouces.	Lignes.
1	1..2.	8.	0	
2	2..5.	4.	0	
3	4..2.	0.	0	
4	5..4.	8.	0	
5	7..1.	4.	0	
6	8..4.	0.	0	
7	10..0.	8.	0	
8	11..3.	4.	0	
9	13..0.	0.	0	
10	14..2.	8.	0	
11	15..5.	4.	0	
12	17..2.	0.	0	
13	18..4.	8.	0	
14	20..1.	4.	0	
15	21..4.	0.	0	
16	23..0.	8.	0	
17	24..3.	4.	0	
18	26..0.	0.	0	
19	27..2.	8.	0	
20	28..5.	4.	0	
21	30..2.	0.	0	
22	31..4.	8.	0	
23	33..1.	4.	0	
24	34..4.	0.	0	
25	36..0.	8.	0	
26	37..3.	4.	0	

sur Pieds de Longueur.	Produit. Pieces.	Pieds.	Pouces.	Lignes.
27	39..0.	0.	0	
28	40..2.	8.	0	
29	41..5.	4.	0	
30	43..2.	0.	0	
31	44..4.	8.	0	
32	46..1.	4.	0	
33	47..4.	0.	0	
34	49..0.	8.	0	
35	50..3.	4.	0	
36	52..0.	0.	0	
37	53..2.	8.	0	
38	54..5.	4.	0	
39	56..2.	0.	0	
40	57..4.	8.	0	
41	59..1.	4.	0	
42	60..4.	0.	0	
43	62..0.	8.	0	
44	63..3.	4.	0	
45	65..0.	0.	0	
46	66..2.	8.	0	
47	67..5.	4.	0	
48	69..2.	0.	0	
49	70..4.	8.	0	
50	72..1.	4.	0	
51	73..4.	0.	0	
52	75..0.	8.	0	

sur Pieds de Longueur.	Produit. Pieces.	Pieds.	Pouces.	Lignes.
53	76.3.	4.	0	
54	78.0.	0.	0	
55	79.2.	8.	0	
56	80.5.	4.	0	
57	82.2.	0.	0	
58	83.4.	8.	0	
59	85.1.	4.	0	
60	86.4.	0.	0	
61	88.0.	8.	0	
62	89.3.	4.	0	
63	91.0.	0.	0	
64	92.2.	8.	0	
65	93.5.	4.	0	
66	95.2.	0.	0	
67	96.4.	8.	0	
68	98.1.	4.	0	
69	99.4.	0.	0	
70	101.0.	8.	0	
71	102.3.	4.	0	
72	104.0.	0.	0	
1/4	0.2.	2.	0	
1/2	0.4.	4.	0	
3/4	1.0.	6.	0	

Groffeur de 24 & 27 pouces.

fur Pieds de Longueur.	Produit.			
	Pieces.	Pieds.	Pouces.	Lignes.
1	1..3.	0.	0	
2	3..0.	0.	0	
3	4..3.	0.	0	
4	6..0.	0.	0	
5	7..3.	0.	0	
6	9..0.	0.	0	
7	10..3.	0.	0	
8	12..0.	0.	0	
9	13..3.	0.	0	
10	15..0.	0.	0	
11	16..3.	0.	0	
12	18..0.	0.	0	
13	19..3.	0.	0	
14	21..0.	0.	0	
15	22..3.	0.	0	
16	24..0.	0.	0	
17	25..3.	0.	0	
18	27..0.	0.	0	
19	28..3.	0.	0	
20	30..0.	0.	0	
21	31..3.	0.	0	
22	33..0.	0.	0	
23	34..3.	0.	0	
24	36..0.	0.	0	
25	37..3.	0.	0	
26	39..0.	0.	0	

fur Pieds de Longueur.	Produit.			
	Pieces.	Pieds.	Pouces.	Lignes.
27	40..3.	0.	0	
28	42..0.	0.	0	
29	43..3.	0.	0	
30	45..0.	0.	0	
31	46..3.	0.	0	
32	48..0.	0.	0	
33	49..3.	0.	0	
34	51..0.	0.	0	
35	52..3.	0.	0	
36	54..0.	0.	0	
37	55..3.	0.	0	
38	57..0.	0.	0	
39	58..3.	0.	0	
40	60..0.	0.	0	
41	61..3.	0.	0	
42	63..0.	0.	0	
43	64..3.	0.	0	
44	66..0.	0.	0	
45	67..3.	0.	0	
46	69..0.	0.	0	
47	70..3.	0.	0	
48	72..0.	0.	0	
49	73..3.	0.	0	
50	75..0.	0.	0	
51	76..3.	0.	0	
52	78..0.	0.	0	

fur Pied de Longueur	Produit.			
	Pieces.	Pieds.	Pouces.	Lignes.
53	79.3.	0.	0	
54	81.0.	0.	0	
55	82.3.	0.	0	
56	84.0.	0.	0	
57	85.3.	0.	0	
58	87.0.	0.	0	
59	88.3.	0.	0	
60	90.0.	0.	0	
61	91.3.	0.	0	
62	93.0.	0.	0	
63	94.3.	0.	0	
64	96.0.	0.	0	
65	97.3.	0.	0	
66	99.0.	0.	0	
67	100.3.	0.	0	
68	102.0.	0.	0	
69	103.3.	0.	0	
70	105.0.	0.	0	
71	106.3.	0.	0	
72	108.0.	0.	0	
1/4	0.2.	3.	0	
1/2	0.4.	6.	0	
3/4	1.0.	9.	0	

Grosseur de 24 & 28 pouces.

sur Pieds de Longueur.	Pieces.	Pieds.	Pouces.	Lignes.	sur Pieds de Longueur.	Pieces.	Pieds.	Pouces.	Lignes.	sur Pieds de Longueur.	Pieces.	Pieds.	Pouces.	Lignes.
1	1	3	4	0	27	42	0	0	0	53	82	2	8	0
2	3	0	8	0	28	43	3	4	0	54	84	0	0	0
3	4	4	0	0	29	45	0	8	0	55	85	3	4	0
4	6	1	4	0	30	46	4	0	0	56	87	0	8	0
5	7	4	8	0	31	48	1	4	0	57	88	4	0	0
6	9	2	0	0	32	49	4	8	0	58	90	1	4	0
7	10	5	4	0	33	51	2	0	0	59	91	4	8	0
8	12	2	8	0	34	52	5	4	0	60	93	2	0	0
9	14	0	0	0	35	54	2	8	0	61	94	5	4	0
10	15	3	4	0	36	56	0	0	0	62	96	2	8	0
11	17	0	8	0	37	57	3	4	0	63	98	0	0	0
12	18	4	0	0	38	59	0	8	0	64	99	3	4	0
13	20	1	4	0	39	60	4	0	0	65	101	0	8	0
14	21	4	8	0	40	62	1	4	0	66	102	4	0	0
15	23	2	0	0	41	63	4	8	0	67	104	1	4	0
16	24	5	4	0	42	65	2	0	0	68	105	4	8	0
17	26	2	8	0	43	66	5	4	0	69	107	2	0	0
18	28	0	0	0	44	68	2	8	0	70	108	5	4	0
19	29	3	4	0	45	70	0	0	0	71	110	2	8	0
20	31	0	8	0	46	71	3	4	0	72	112	0	0	0
21	32	4	0	0	47	73	0	8	0	1/4		0	2	4	0
22	34	1	4	0	48	74	4	0	0	1/2		0	4	8	0
23	35	4	8	0	49	76	1	4	0	3/4		1	1	0	0
24	37	2	0	0	50	77	4	8	0					
25	38	5	4	0	51	79	2	0	0					
26	40	2	8	0	52	80	5	4	0					

Grosseur de 24 & 29 pouces.

sur Pieds de Longueur.	Produit. Pieces.	Pieds.	Pouces.	Lignes.
1	1..3.	8.	0	
2	3..1.	4.	0	
3	4..5.	0.	0	
4	6..2.	8.	0	
5	8..0.	4.	0	
6	9..4.	0.	0	
7	11..1.	8.	0	
8	12..5.	4.	0	
9	14..3.	0.	0	
10	16..0.	8.	0	
11	17..4.	4.	0	
12	19..2.	0.	0	
13	20..5.	8.	0	
14	22..3.	4.	0	
15	24..1.	0.	0	
16	25..4.	8.	0	
17	27..2.	4.	0	
18	29..0.	0.	0	
19	30..3.	8.	0	
20	32..1.	4.	0	
21	33..5.	0.	0	
22	35..2.	8.	0	
23	37..0.	4.	0	
24	38..4.	0.	0	
25	40..1.	8.	0	
26	41..5.	4.	0	

sur Pieds de Longueur.	Produit. Pieces.	Pieds.	Pouces.	Lignes.
27	43..3.	0.	0	
28	45..0.	8.	0	
29	46..4.	4.	0	
30	48..2.	0.	0	
31	49..5.	8.	0	
32	51..3.	4.	0	
33	53..1.	0.	0	
34	54..4.	8.	0	
35	56..2.	4.	0	
36	58..0.	0.	0	
37	59..3.	8.	0	
38	61..1.	4.	0	
39	62..5.	0.	0	
40	64..2.	8.	0	
41	66..0.	4.	0	
42	67..4.	0.	0	
43	69..1.	8.	0	
44	70..5.	4.	0	
45	72..3.	0.	0	
46	74..0.	8.	0	
47	75..4.	4.	0	
48	77..2.	0.	0	
49	78..5.	8.	0	
50	80..3.	4.	0	
51	82..1.	0.	0	
52	83..4.	8.	0	

sur Pieds de Longueur.	Produit. Pieces.	Pieds.	Pouces.	Lignes.
53	85.2.	4.	0	
54	87.0.	0.	0	
55	88.3.	8.	0	
56	90.1.	4.	0	
57	91.5.	0.	0	
58	93.2.	8.	0	
59	95.0.	4.	0	
60	96.4.	0.	0	
61	98.1.	8.	0	
62	99.5.	4.	0	
63	101.3.	0.	0	
64	103.0.	8.	0	
65	104.4.	4.	0	
66	106.2.	0.	0	
67	107.5.	8.	0	
68	109.3.	4.	0	
69	111.1.	0.	0	
70	112.4.	8.	0	
71	114.2.	4.	0	
72	116.0.	0.	0	
1/4	0.2.	5.	0	
1/2	0.4.	10.	0	
3/4	1.1.	3.	0	

Grosseur de 24 & 30 pouces.

fur Pieds de Longueur.	Pieces.	Pieds.	Pouces.	Lignes.
1	1..4.	0.	0	
2	3..2.	0.	0	
3	5..0.	0.	0	
4	6..4.	0.	0	
5	8..2.	0.	0	
6	10..0.	0.	0	
7	11..4.	0.	0	
8	13..2.	0.	0	
9	15..0.	0.	0	
10	16..4.	0.	0	
11	18..2.	0.	0	
12	20..0.	0.	0	
13	21..4.	0.	0	
14	23..2.	0.	0	
15	25..0.	0.	0	
16	26..4.	0.	0	
17	28..2.	0.	0	
18	30..0.	0.	0	
19	31..4.	0.	0	
20	33..2.	0.	0	
21	35..0.	0.	0	
22	36..4.	0.	0	
23	38..2.	0.	0	
24	40..0.	0.	0	
25	41..4.	0.	0	
26	43..2.	0.	0	

fur Pieds de Longueur.	Pieces.	Pieds.	Pouces.	Lignes.
27	45..0.	0.	0	
28	46..4.	0.	0	
29	48..2.	0.	0	
30	50..0.	0.	0	
31	51..4.	0.	0	
32	53..2.	0.	0	
33	55..0.	0.	0	
34	56..4.	0.	0	
35	58..2.	0.	0	
36	60..0.	0.	0	
37	61..4.	0.	0	
38	63..2.	0.	0	
39	65..0.	0.	0	
40	66..4.	0.	0	
41	68..2.	0.	0	
42	70..0.	0.	0	
43	71..4.	0.	0	
44	73..2.	0.	0	
45	75..0.	0.	0	
46	76..4.	0.	0	
47	78..2.	0.	0	
48	80..0.	0.	0	
49	81..4.	0.	0	
50	83..2.	0.	0	
51	85..0.	0.	0	
52	86..4.	0.	0	

fur Pieds de Longueur.	Pieces.	Pieds.	Pouces.	Lignes.
53	88.2.	0.	0	
54	90.0.	0.	0	
55	91.4.	0.	0	
56	93.2.	0.	0	
57	95.0.	0.	0	
58	96.4.	0.	0	
59	98.2.	0.	0	
60	100.0.	0.	0	
61	101.4.	0.	0	
62	103.2.	0.	0	
63	105.0.	0.	0	
64	106.4.	0.	0	
65	108.2.	0.	0	
66	110.0.	0.	0	
67	111.4.	0.	0	
68	113.2.	0.	0	
69	115.0.	0.	0	
70	116.4.	0.	0	
71	118.2.	0.	0	
72	120.0.	0.	0	
$\frac{1}{4}$		0.2.	6.	0
$\frac{1}{2}$		0.5.	0.	0
$\frac{3}{4}$		1.1.	6.	0

Grosseur de 24 & 31 pouces.

sur Pieds de Longueur.	Pieces.	Pieds.	Pouces.	Lignes.	sur Pieds de Longueur.	Pieces.	Pieds.	Pouces.	Lignes.	sur Pieds de Longueur.	Pieces.	Pieds.	Pouces.	Lignes.
1	1	4	4	0	27	46	3	0	0	53	91	1	8	0
2	3	2	8	0	28	48	1	4	0	54	93	0	0	0
3	5	1	0	0	29	49	5	8	0	55	94	4	4	0
4	6	5	4	0	30	51	4	0	0	56	96	2	8	0
5	8	3	8	0	31	53	2	4	0	57	98	1	0	0
6	10	2	0	0	32	55	0	8	0	58	99	5	4	0
7	12	0	4	0	33	56	5	0	0	59	101	3	8	0
8	13	4	8	0	34	58	3	4	0	60	103	2	0	0
9	15	3	0	0	35	60	1	8	0	61	105	0	4	0
10	17	1	4	0	36	62	0	0	0	62	106	4	8	0
11	18	5	8	0	37	63	4	4	0	63	108	3	0	0
12	20	4	0	0	38	65	2	8	0	64	110	1	4	0
13	22	2	4	0	39	67	1	0	0	65	111	5	8	0
14	24	0	8	0	40	68	5	4	0	66	113	4	0	0
15	25	5	0	0	41	70	3	8	0	67	115	2	4	0
16	27	3	4	0	42	72	2	0	0	68	117	0	8	0
17	29	1	8	0	43	74	0	4	0	69	118	5	0	0
18	31	0	0	0	44	75	4	8	0	70	120	3	4	0
19	32	4	4	0	45	77	3	0	0	71	122	1	8	0
20	34	2	8	0	46	79	1	4	0	72	124	0	0	0
21	36	1	0	0	47	80	5	8	0					
22	37	5	4	0	48	82	4	0	0	1/4	0	2	7	0
23	39	3	8	0	49	84	2	4	0	1/2	0	5	2	0
24	41	2	0	0	50	86	0	8	0	3/4	1	1	9	0
25	43	0	4	0	51	87	5	0	0					
26	44	4	8	0	52	89	3	4	0					

Grosseur de 24 & 32 pouces.

sur Pieds de Longueur.	Produit. Pieces.	Pieds.	Pouces.	Lignes.	sur Pieds de Longueur.	Produit. Pieces.	Pieds.	Pouces.	Lignes.	sur Pieds de Longueur.	Produit. Pieces.	Pieds.	Pouces.	Lignes.
1	1	4	8	0	27	48	0	0	0	53	94	1	4	0
2	3	3	4	0	28	49	4	8	0	54	96	0	0	0
3	5	2	0	0	29	51	3	4	0	55	97	4	8	0
4	7	0	8	0	30	53	2	0	0	56	99	3	4	0
5	8	5	4	0	31	55	0	8	0	57	101	2	0	0
6	10	4	0	0	32	56	5	4	0	58	103	0	8	0
7	12	2	8	0	33	58	4	0	0	59	104	5	4	0
8	14	1	4	0	34	60	2	8	0	60	106	4	0	0
9	16	0	0	0	35	62	1	4	0	61	108	2	8	0
10	17	4	8	0	36	64	0	0	0	62	110	1	4	0
11	19	3	4	0	37	65	4	8	0	63	112	0	0	0
12	21	2	0	0	38	67	3	4	0	64	113	4	8	0
13	23	0	8	0	39	69	2	0	0	65	115	3	4	0
14	24	5	4	0	40	71	0	8	0	66	117	2	0	0
15	26	4	0	0	41	72	5	4	0	67	119	0	8	0
16	28	2	8	0	42	74	4	0	0	68	120	5	4	0
17	30	1	4	0	43	76	2	8	0	69	122	4	0	0
18	32	0	0	0	44	78	1	4	0	70	124	2	8	0
19	33	4	8	0	45	80	0	0	0	71	126	1	4	0
20	35	3	4	0	46	81	4	8	0	72	128	0	0	0
21	37	2	0	0	47	83	3	4	0					
22	39	0	8	0	48	85	2	0	0	$\frac{1}{4}$	0	2	8	0
23	40	5	4	0	49	87	0	8	0	$\frac{1}{2}$	0	5	4	0
24	42	4	0	0	50	88	5	4	0	$\frac{3}{4}$	1	2	0	0
25	44	2	8	0	51	90	4	0	0					
26	46	1	4	0	52	92	2	8	0					

Grosseur de 24 & 33 pouces.

sur Pieds de Longueur	Produit. Pieces.	Pieds.	Pouces.	Lignes.	sur Pieds de Longueur	Produit. Pieces.	Pieds.	Pouces.	Lignes.	sur Pieds de Longueur	Produit. Pieces.	Pieds.	Pouces.	Lignes.
1	1..5.	0.	0		27	49..3.	0.	0		53	97.1.	0.	0	
2	3..4.	0.	0		28	51..2.	0.	0		54	99.0.	0.	0	
3	5..3.	0.	0		29	53..1.	0.	0		55	100.5.	0.	0	
4	7..2.	0.	0		30	55..0.	0.	0		56	102.4.	0.	0	
5	9..1.	0.	0		31	56..5.	0.	0		57	104.3.	0.	0	
6	11..0.	0.	0		32	58..4.	0.	0		58	106.2.	0.	0	
7	12..5.	0.	0		33	60..3.	0.	0		59	108.1.	0.	0	
8	14..4.	0.	0		34	62..2.	0.	0		60	110.0.	0.	0	
9	16..3.	0.	0		35	64..1.	0.	0		61	111.5.	0.	0	
10	18..2.	0.	0		36	66..0.	0.	0		62	113.4.	0.	0	
11	20..1.	0.	0		37	67..5.	0.	0		63	115.3.	0.	0	
12	22..0.	0.	0		38	69..4.	0.	0		64	117.2.	0.	0	
13	23..5.	0.	0		39	71..3.	0.	0		65	119.1.	0.	0	
14	25..4.	0.	0		40	73..2.	0.	0		66	121.0.	0.	0	
15	27..3.	0.	0		41	75..1.	0.	0		67	122.5.	0.	0	
16	29..2.	0.	0		42	77..0.	0.	0		68	124.4.	0.	0	
17	31..1.	0.	0		43	78..5.	0.	0		69	126.3.	0.	0	
18	33..0.	0.	0		44	80..4.	0.	0		70	128.2.	0.	0	
19	34..5.	0.	0		45	82..3.	0.	0		71	130.1.	0.	0	
20	36..4.	0.	0		46	84..2.	0.	0		72	132.0.	0.	0	
21	38..3.	0.	0		47	86..1.	0.	0						
22	40..2.	0.	0		48	88..0.	0.	0						
23	42..1.	0.	0		49	89..5.	0.	0		1/4	0.2.	9.	0	
24	44..0.	0.	0		50	91..4.	0.	0		1/2	0.5.	6.	0	
25	45..5.	0.	0		51	93..3.	0.	0		3/4	1.2.	3.	0	
26	47..4.	0.	0		52	95..2.	0.	0						

Grosseur de 24 & 34 pouces.

sur Pieds de Longueur.	Produit. Pieces.	Pieds.	Pouces.	Lignes.
1	1	5	4	0
2	3	4	8	0
3	5	4	0	0
4	7	3	4	0
5	9	2	8	0
6	11	2	0	0
7	13	1	4	0
8	15	0	8	0
9	17	0	0	0
10	18	5	4	0
11	20	4	8	0
12	22	4	0	0
13	24	3	4	0
14	26	2	8	0
15	28	2	0	0
16	30	1	4	0
17	32	0	8	0
18	34	0	0	0
19	35	5	4	0
20	37	4	8	0
21	39	4	0	0
22	41	3	4	0
23	43	2	8	0
24	45	2	0	0
25	47	1	4	0
26	49	0	8	0

sur Pieds de Longueur.	Produit. Pieces.	Pieds.	Pouces.	Lignes.
27	51	0	0	0
28	52	5	4	0
29	54	4	8	0
30	56	4	0	0
31	58	3	4	0
32	60	2	8	0
33	62	2	0	0
34	64	1	4	0
35	66	0	8	0
36	68	0	0	0
37	69	5	4	0
38	71	4	8	0
39	73	4	0	0
40	75	3	4	0
41	77	2	8	0
42	79	2	0	0
43	81	1	4	0
44	83	0	8	0
45	85	0	0	0
46	36	5	4	0
47	88	4	8	0
48	90	4	0	0
49	92	3	4	0
50	94	2	8	0
51	96	2	0	0
52	98	1	4	0

sur Pieds de Longueur.	Produit. Pieces.	Pieds.	Pouces.	Lignes.
53	100	0	8	0
54	102	0	0	0
55	103	5	4	0
56	105	4	8	0
57	107	4	0	0
58	109	3	4	0
59	111	2	8	0
60	113	2	0	0
61	115	1	4	0
62	117	0	8	0
63	119	0	0	0
64	120	5	4	0
65	122	4	8	0
66	124	4	0	0
67	126	3	4	0
68	128	2	8	0
69	130	2	0	0
70	132	1	4	0
71	134	0	8	0
72	136	0	0	0
$\frac{1}{4}$	0	2	10	0
$\frac{1}{2}$	0	5	8	0
$\frac{3}{4}$	1	2	6	0

Grosseur de 25 pouces.

sur Pieds de Longueur.	Pieces.	Pieds.	Pouces.	Lignes.
1	1	2	8	2
2	2	5	4	4
3	4	2	0	6
4	5	4	8	8
5	7	1	4	10
6	8	4	1	0
7	10	0	9	2
8	11	3	5	4
9	13	0	1	6
10	14	2	9	8
11	15	5	5	10
12	17	2	2	0
13	18	4	10	2
14	20	1	6	4
15	21	4	2	6
16	23	0	10	8
17	24	3	6	10
18	26	0	3	0
19	27	2	11	2
20	28	5	7	4
21	30	2	3	6
22	31	4	11	8
23	33	1	7	10
24	34	4	4	0
25	36	1	0	2
26	37	3	8	4

sur Pieds de Longueur.	Pieces.	Pieds.	Pouces.	Lignes.
27	39	0	4	6
28	40	3	0	8
29	41	5	8	10
30	43	2	5	0
31	44	5	1	2
32	46	1	9	4
33	47	4	5	6
34	49	1	1	8
35	50	3	9	10
36	52	0	6	0
37	53	3	2	2
38	54	5	10	4
39	56	2	6	6
40	57	5	2	8
41	59	1	10	10
42	60	4	7	0
43	62	1	3	2
44	63	3	11	4
45	65	0	7	6
46	66	3	3	8
47	67	5	11	10
48	69	2	8	0
49	70	5	4	2
50	72	2	0	4
51	73	4	8	6
52	75	1	4	8

sur Pieds de Longueur.	Pieces.	Pieds.	Pouces.	Lignes.
53	76	4	0	10
54	78	0	9	0
55	79	3	5	2
56	81	0	1	4
57	82	2	9	6
58	83	5	5	8
59	85	2	1	10
60	86	4	10	0
61	88	1	6	2
62	89	4	2	4
63	91	0	10	6
64	92	3	6	8
65	94	0	2	10
66	95	2	11	0
67	96	5	7	2
68	98	2	3	4
69	99	4	11	6
70	101	1	7	8
71	102	4	3	10
72	104	1	0	0
$\frac{1}{4}$	0	2	2	$0\frac{1}{2}$
$\frac{1}{2}$	0	4	4	1
$\frac{3}{4}$	1	0	6	$1\frac{1}{2}$

Grosseur de 25 & 26 pouces.

sur Pieds de Longueur.	Produit. Pieces.	Pieds.	Pouces.	Lignes.	sur Pieds de Longueur.	Produit. Pieces.	Pieds.	Pouces.	Lignes.	sur Pieds de Longueur.	Produit. Pieces.	Pieds.	Pouces.	Lignes.
1	1	3	0	4	27	40	3	9	0	53	79	4	5	8
2	3	0	0	8	28	42	0	9	4	54	81	1	6	0
3	4	3	1	0	29	43	3	9	8	55	82	4	6	4
4	6	0	1	4	30	45	0	10	0	56	84	1	6	8
5	7	3	1	8	31	46	3	10	4	57	85	4	7	0
6	9	0	2	0	32	48	0	10	8	58	87	1	7	4
7	10	3	2	4	33	49	3	11	0	59	88	4	7	8
8	12	0	2	8	34	51	0	11	4	60	90	1	8	0
9	13	3	3	0	35	52	3	11	8	61	91	4	8	4
10	15	0	3	4	36	54	1	0	0	62	93	1	8	8
11	16	3	3	8	37	55	4	0	4	63	94	4	9	0
12	18	0	4	0	38	57	1	0	8	64	96	1	9	4
13	19	3	4	4	39	58	4	1	0	65	97	4	9	8
14	21	0	4	8	40	60	1	1	4	66	99	1	10	0
15	22	3	5	0	41	61	4	1	8	67	100	4	10	4
16	24	0	5	4	42	63	1	2	0	68	102	1	10	8
17	25	3	5	8	43	64	4	2	4	69	103	4	11	0
18	27	0	6	0	44	66	1	2	8	70	105	1	11	4
19	28	3	6	4	45	67	4	3	0	71	106	4	11	8
20	30	0	6	8	46	69	1	3	4	72	108	2	0	0
21	31	3	7	0	47	70	4	3	8					
22	33	0	7	4	48	72	1	4	0					
23	34	3	7	8	49	73	4	4	4	1/4		0	2	3	1
24	36	0	8	0	50	75	1	4	8	1/2		0	4	6	2
25	37	3	8	4	51	76	4	5	0	3/4		1	0	9	3
26	39	0	8	8	52	78	1	5	4					

Grosseur de 25 & 27 pouces.

sur Pieds de Longueur.	Produit. Pieces.	Pieds.	Pouces.	Lignes.
1	1..3.	4.	6	
2	3..0.	9.	0	
3	4..4.	1.	6	
4	6..1.	6.	0	
5	7..4.	10.	6	
6	9..2.	3.	0	
7	10..5.	7.	6	
8	12..3.	0.	0	
9	14..0.	4.	6	
10	15..3.	9.	0	
11	17..1.	1.	6	
12	18..4.	6.	0	
13	20..1.	10.	6	
14	21..5.	3.	0	
15	23..2.	7.	6	
16	25..0.	0.	0	
17	26..3.	4.	6	
18	28..0.	9.	0	
19	29..4.	1.	6	
20	31..1.	6.	0	
21	32..4.	10.	6	
22	34..2.	3.	0	
23	35..5.	7.	6	
24	37..3.	0.	0	
25	39..0.	4.	6	
26	40..3.	9.	0	

sur Pieds de Longueur.	Produit. Pieces.	Pieds.	Pouces.	Lignes.
27	42..1.	1.	6	
28	43..4.	6.	0	
29	45..1.	10.	6	
30	46..5.	3.	0	
31	48..2.	7.	6	
32	50..0.	0.	0	
33	51..3.	4.	6	
34	53..0.	9.	0	
35	54..4.	1.	6	
36	56..1.	6.	0	
37	57..4.	10.	6	
38	59..2.	3.	0	
39	60..5.	1.	6	
40	62..3.	0.	0	
41	64..0.	4.	6	
42	65..3.	9.	0	
43	67..1.	1.	6	
44	68..4.	6.	0	
45	70..1.	10.	6	
46	71..5.	3.	0	
47	73..2.	7.	6	
48	75..0.	0.	0	
49	76..3.	4.	6	
50	78..0.	9.	0	
51	79..4.	1.	6	
52	81..1.	6.	0	

sur Pieds de Longueur.	Produit. Pieces.	Pieds.	Pouces.	Lignes.
53	82.4.	10.	6	
54	84.2.	3.	0	
55	85.5.	7.	6	
56	87.3.	0.	0	
57	89.0.	4.	6	
58	90.3.	9.	0	
59	92.1.	1.	6	
60	93.4.	6.	0	
61	95.1.	10.	6	
62	96.5.	3.	0	
63	98.2.	7.	6	
64	100.0.	0.	0	
65	101.3.	4.	6	
66	103.0.	9.	0	
67	104.4.	1.	6	
68	106.1.	6.	0	
69	107.4.	10.	6	
70	109.2.	3.	0	
71	110.5.	7.	6	
72	112.3.	0.	0	
1/4	0.2.	4.	1½	
1/2	0.4.	8.	3	
3/4	1.1.	0.	4½	

Grosseur de 25 & 28 pouces.

sur Pied de Longueur.	Produit. Pieces. Pieds. Pouces. Lignes.
1	1..3. 8. 8
2	3..1. 5. 4
3	4..5. 2. 0
4	6..2.10. 8
5	8..0. 7. 4
6	9..4. 4. 0
7	11..2. 0. 8
8	12..5. 9. 4
9	14..3. 6. 0
10	16..1. 2. 8
11	17..4.11. 4
12	19..2. 8. 0
13	21..0. 4. 8
14	22..4. 1. 4
15	24..1.10. 0
16	25..5. 6. 8
17	27..3. 3. 4
18	29..1. 0. 0
19	30..4. 8. 8
20	32..2. 5. 4
21	34..0. 2. 0
22	35..3.10. 8
23	37..1. 7. 4
24	38..5. 4. 0
25	40..3. 0. 8
26	42..0. 9. 4

sur Pied de Longueur.	Produit. Pieces. Pieds. Pouces. Lignes.
27	43..4. 6. 0
28	45..2. 2. 0
29	46. 5 11
30	48..3 8. 0
31	50..1. 4. 0
32	5[illegible]. 5. [illegible].
33	5[illegible]. 2.10. 0
34	5[illegible]..0. 6.
35	5[illegible]. 4. 3. [illegible]
36	5[illegible]. 2. 0. 0
37	5[illegible]. 5. 8.
38	61. 3. 5. [illegible]
39	63..1. 2. 0
40	64..4.10. 8
41	66..2. 7. 4
42	68..0. 4. 0
43	69..4. 0. 8
44	71..1. 9. 4
45	72..5. 6. 0
46	74..3. 2. 8
47	76..0.11. 4
48	77..4. 8. 0
49	79..2. 4. 8
50	81..0. 1. 4
51	82..3.10. 0
52	84..1. 6. 8

sur Pied de Longueur.	Produit. Pieces. Pieds. Pouces. Lignes.
53	85.5. 3. 4
54	87.3. 0. 0
55	89.0. 8. 8
56	90.4. 5. 6
57	92.2. 2. 0
58	93.5.10. 8
59	95.3. 7. 4
60	97.1. 4. 0
61	98.5. 0. 8
62	100.2. 9. 4
63	102.0. 6. 0
64	103.4. 2. 8
65	105.1.11. 4
66	106.5. 8. 0
67	108.3. 4. 8
68	110.1. 1. 4
69	111.4.10. 0
70	113.2. 6. 8
71	115.0. 3. 4
72	116.4. 0. 0
1/4	0. 2. 5. 2
1/2	0. 4.10. 4
3/4	1. 1. 3. 6

Grosseur de 25 & 29 pouces.

sur Pieds de Longueur	Pieces.	Pieds.	Pouces.	Lignes.
1	1	4	0	10
2	3	2	1	8
3	5	0	2	6
4	6	4	3	4
5	8	2	4	2
6	10	0	5	0
7	11	4	5	10
8	13	2	6	8
9	15	0	7	6
10	16	4	8	4
11	18	2	9	2
12	20	0	10	0
13	21	4	10	10
14	23	2	11	8
15	25	1	0	6
16	26	5	1	4
17	28	3	2	2
18	30	1	3	0
19	31	5	3	10
20	33	3	4	8
21	35	1	5	6
22	36	5	6	4
23	38	3	7	2
24	40	1	8	0
25	41	5	8	10
26	43	3	9	8

sur Pieds de Longueur	Pieces.	Pieds.	Pouces.	Lignes.
27	45	1	10	6
28	46	5	11	4
29	48	4	0	2
30	50	2	1	0
31	52	0	1	10
32	53	4	2	8
33	55	2	3	6
34	57	0	4	4
35	58	4	5	2
36	60	2	6	0
37	62	0	6	10
38	63	4	7	8
39	65	2	8	6
40	67	0	9	4
41	68	4	10	2
42	70	2	11	0
43	72	0	11	10
44	73	5	0	8
45	75	3	1	6
46	77	1	2	4
47	78	5	3	2
48	80	3	4	0
49	82	1	4	10
50	83	5	5	8
51	85	3	6	6
52	87	1	7	4

sur Pieds de Longueur	Pieces.	Pieds.	Pouces.	Lignes.
53	88	5	8	2
54	90	3	9	0
55	92	1	9	10
56	93	5	10	8
57	95	3	11	6
58	97	2	0	4
59	99	0	1	2
60	100	4	2	0
61	102	2	2	10
62	104	0	3	8
63	105	4	4	6
64	107	2	5	4
65	109	0	6	2
66	110	4	7	0
67	112	2	7	10
68	114	0	8	8
69	115	4	9	6
70	117	2	10	4
71	119	0	11	2
72	120	5	0	0
$\frac{1}{4}$		0	2	6.2$\frac{1}{2}$
$\frac{1}{2}$		0	5	0.5
$\frac{3}{4}$		1	1	6.2$\frac{1}{2}$

Grosseur de 25 & 30 pouces.

sur Pieds de Longueur	Produit (Pieces. Pieds. Pouces. Lignes.)	sur Pieds de Longueur	Produit (Pieces. Pieds. Pouces. Lignes.)	sur Pieds de Longueur	Produit (Pieces. Pieds. Pouces. Lignes.)
1	1..4. 5. 0	27	46..5. 3. 0	53	92.0. 1. 0
2	3..2.10. 0	28	48..3. 8. 0	54	93.4. 6. 0
3	5..1. 3. 0	29	50..2. 1. 0	55	95.2.11. 0
4	6..5. 8. 0	30	52..0. 6. 0	56	97.1. 4. 0
5	8..4. 1. 0	31	53..4.11. 0	57	98.5. 9. 0
6	10..2. 6. 0	32	55..3. 4. 0	58	100.4. 2. 0
7	12..0.11. 0	33	57..1. 9. 0	59	102.2. 7. 0
8	13..5. 4. 0	34	59..0. 2. 0	60	104.1. 0. 0
9	15..3. 9. 0	35	60..4. 7. 0	61	105.5. 5. 0
10	17..2. 2. 0	36	62..3. 0. 0	62	107.3.10. 0
11	19..0. 7. 0	37	64..1. 5. 0	63	109.2. 3. 0
12	20..5. 0. 0	38	67..5.10. 0	64	111.0. 8. 0
13	22..3. 5. 0	39	67..4. 3. 0	65	112.5. 1. 0
14	24..1.10. 0	40	69..2. 8. 0	66	114.3. 6. 0
15	26..0. 3. 0	41	71..1. 1. 0	67	116.1.11. 0
16	27..4. 8. 0	42	72..5. 6. 0	68	118.0. 4. 0
17	29..3. 1. 0	43	74..3.11. 0	69	119.4. 9. 0
18	31..1. 6. 0	44	76..2. 4. 0	70	121.3. 2. 0
19	32..5.11. 0	45	78..0. 9. 0	71	123.1. 7. 0
20	34..4. 4. 0	46	79..5. 2. 0	72	125.0. 0. 0
21	36..2. 9. 0	47	81..3. 7. 0	¼	0.2. 7. 3
22	38..1. 2. 0	48	83..2. 0. 0	½	0.5. 2. 6
23	39..5. 7. 0	49	85..0. 5. 0	¾	1.1. 9. 9
24	41..4. 0. 0	50	86..4.10. 0		
25	43..2. 5. 0	51	88..3. 3. 0		
26	45..0.10. 0	52	90..1. 8. 0		

Grosseur de 25 & 31 pouces.

sur Pieds de Longueur.	Pieces.	Pieds.	Pouces.	Lignes.
1	1	4	9	2
2	3	3	6	4
3	5	2	3	6
4	7	1	0	8
5	8	5	9	10
6	10	4	7	0
7	12	3	4	2
8	14	2	1	4
9	16	0	10	6
10	17	5	7	8
11	19	4	4	10
12	21	3	2	0
13	23	1	11	2
14	25	0	8	4
15	26	5	5	6
16	28	4	2	8
17	30	2	11	10
18	32	1	9	0
19	34	0	6	2
20	35	5	3	4
21	37	4	0	6
22	39	2	9	8
23	41	1	6	10
24	43	0	4	0
25	44	5	1	2
26	46	3	10	4

sur Pied de Longueur.	Pieces.	Pieds.	Pouces.	Lignes.
27	48	1	7	6
28	50	1	4	8
29	52	0	1	10
30	53	4	11	0
31	55	3	8	2
32	57	2	5	4
33	59	1	2	6
34	60	5	11	8
35	62	4	8	10
36	64	3	6	0
37	66	2	3	2
38	68	1	0	4
39	69	5	9	6
40	71	4	6	8
41	73	3	3	10
42	75	2	1	0
43	77	0	10	2
44	78	5	7	4
45	80	4	4	6
46	82	3	1	8
47	84	1	10	10
48	86	0	8	0
49	87	5	5	2
50	89	4	2	4
51	91	2	11	6
52	93	1	8	8

sur Pieds de Longueur.	Pieces.	Pieds.	Pouces.	Lignes.
53	95	0	5	10
54	96	5	3	0
55	98	4	0	2
56	100	2	9	4
57	102	1	6	6
58	104	0	3	8
59	105	5	0	10
60	107	3	10	0
61	109	2	7	2
62	111	1	4	4
63	113	0	1	6
64	114	4	10	8
65	116	3	7	10
66	118	2	5	0
67	120	1	2	2
68	121	5	11	4
69	123	4	8	6
70	125	3	5	8
71	127	2	2	10
72	129	1	0	0
$\frac{1}{4}$	0	2	8	$3\frac{1}{2}$
$\frac{1}{2}$	0	5	4	7
$\frac{3}{4}$	1	2	0	$10\frac{1}{2}$

Groſſeur de 25 & 32 pouces.

ſur Pieds de Longueur.	Pieces.	Pieds.	Pouces.	Lignes.	ſur Pieds de Longueur.	Pieces.	Pieds.	Pouces.	Lignes.	ſur Pieds de Longueur.	Pieces.	Pieds.	Pouces.	Lignes.
1	1	5	1	4	27	50	0	0	0	53	98	0	10	8
2	3	4	2	8	28	51	5	1	4	54	100	0	0	0
3	5	3	4	0	29	53	4	2	8	55	101	5	1	4
4	7	2	5	4	30	55	3	4	0	56	103	4	2	8
5	9	1	6	8	31	57	2	5	4	57	105	3	4	0
6	11	0	8	0	32	59	1	6	8	58	107	2	5	4
7	12	5	9	4	33	61	0	8	0	59	109	1	6	8
8	14	4	10	8	34	62	5	9	4	60	111	0	8	0
9	16	4	0	0	35	64	4	10	8	61	112	5	9	4
10	18	3	1	4	36	66	4	0	0	62	114	4	10	8
11	20	2	2	8	37	68	3	1	4	63	116	4	0	0
12	22	1	4	0	38	70	2	2	8	64	118	3	1	4
13	24	0	5	4	39	72	1	4	0	65	120	2	2	8
14	25	5	6	8	40	74	0	5	4	66	122	1	4	0
15	27	4	8	0	41	75	5	6	8	67	124	0	5	4
16	29	3	9	4	42	77	4	8	0	68	125	5	6	8
17	31	2	10	8	43	79	3	9	4	69	127	4	8	0
18	33	2	0	0	44	81	2	10	8	70	129	3	9	4
19	35	1	1	4	45	83	2	0	0	71	131	2	10	8
20	37	0	2	8	46	85	1	1	4	72	133	2	0	0
21	38	5	4	0	47	87	0	2	8					
22	40	4	5	4	48	88	5	4	0	1/4	0	2	9	4
23	42	3	6	8	49	90	4	5	4	1/2	0	5	6	8
24	44	2	8	0	50	92	3	6	8	3/4	1	2	4	0
25	46	1	9	4	51	94	2	8	0					
26	48	0	10	8	52	96	1	9	4					

Grosseur de 25 & 33 pouces.

sur Pieds de Longueur.	Produit. Pieces.	Pieds.	Pouces.	Lignes.
1	1	5	5	6
2	3	4	11	0
3	5	4	4	6
4	7	3	10	0
5	9	3	3	6
6	11	2	9	0
7	13	2	2	6
8	15	1	8	0
9	17	1	1	6
10	19	0	7	0
11	21	0	0	6
12	22	5	6	0
13	24	4	11	6
14	26	4	5	0
15	28	3	10	6
16	30	3	4	0
17	32	2	9	6
18	34	2	3	0
19	36	1	8	6
20	38	1	2	0
21	40	0	7	6
22	42	0	1	0
23	43	5	6	6
24	45	5	0	0
25	47	4	5	6
26	49	3	11	0

sur Pieds de Longueur.	Produit. Pieces.	Pieds.	Pouces.	Lignes.
27	51	3	4	6
28	53	2	10	0
29	55	2	3	6
30	57	1	9	0
31	59	1	2	6
32	61	0	8	0
33	63	0	1	6
34	64	5	7	0
35	66	5	0	6
36	68	4	6	0
37	70	3	11	6
38	72	3	5	0
39	74	2	10	6
40	76	2	4	0
41	78	1	9	6
42	80	1	3	0
43	82	0	8	6
44	84	0	2	0
45	85	5	7	6
46	87	5	1	0
47	89	4	6	6
48	91	4	0	0
49	93	3	5	6
50	95	2	11	0
51	97	2	4	6
52	99	1	10	0

sur Pieds de Longueur.	Produit. Pieces.	Pieds.	Pouces.	Lignes.
53	101	1	3	6
54	103	0	9	0
55	105	0	2	6
56	106	5	8	0
57	108	5	1	6
58	110	4	7	0
59	112	4	0	6
60	114	3	6	0
61	116	2	11	6
62	118	2	5	0
63	120	1	10	6
64	122	1	4	0
65	124	0	9	6
66	126	0	3	0
67	127	5	8	6
68	129	5	2	0
69	131	4	7	6
70	133	4	1	0
71	135	3	6	6
72	137	3	0	6
$\frac{1}{4}$	0	2	10	4$\frac{1}{2}$
$\frac{1}{2}$	0	5	8	9
$\frac{3}{4}$	1	2	7	1$\frac{1}{2}$

Grosseur de 25 & 34 pouces.

sur Pieds de Longueur.	Pieces.	Pieds.	Pouces.	Lignes.
1	1	5	9	8
2	3	5	7	4
3	5	5	5	0
4	7	5	2	8
5	9	5	0	4
6	11	4	10	0
7	13	4	7	8
8	15	4	5	4
9	17	4	3	0
10	19	4	0	8
11	21	3	10	4
12	23	3	8	0
13	25	3	5	8
14	27	3	3	4
15	29	3	1	0
16	31	2	10	8
17	33	2	8	4
18	35	2	6	0
19	37	2	3	8
20	39	2	1	4
21	41	1	11	0
22	43	1	8	8
23	45	1	6	4
24	47	1	4	0
25	49	1	1	8
26	51	0	11	4
27	53	0	9	0
28	55	0	6	8
29	57	0	4	4
30	59	0	2	0
31	60	5	11	8
32	62	5	9	4
33	64	5	7	0
34	66	5	4	8
35	68	5	2	4
36	70	5	0	0
37	72	4	9	8
38	74	4	7	4
39	76	4	5	0
40	78	4	2	8
41	80	4	0	4
42	82	3	10	0
43	84	3	7	8
44	86	3	5	4
45	88	3	3	0
46	90	3	0	8
47	92	2	10	4
48	94	2	8	0
49	96	2	5	8
50	98	2	3	4
51	100	2	1	0
52	102	1	10	8
53	104	1	8	4
54	106	1	6	0
55	108	1	3	8
56	110	1	1	4
57	112	0	11	0
58	114	0	8	8
59	116	0	6	4
60	118	0	4	0
61	120	0	1	8
62	121	5	11	4
63	123	5	9	0
64	125	5	6	8
65	127	5	4	4
66	129	5	2	0
67	131	4	11	8
68	133	4	9	4
69	135	4	7	0
70	137	4	4	8
71	139	4	2	4
72	141	4	0	0
1/4	0	2	11	5
1/2	0	5	10	10
3/4	1	2	10	3

Groſſeur de 25 & 35 pouces.

ſur Pieds de Longueur.	Produit. Pieces.	Pieds.	Pouces.	Lignes.	ſur Pieds de Longueur.	Produit. Pieces.	Pieds.	Pouces.	Lignes.	ſur Pieds de Longueur.	Produit. Pieces.	Pieds.	Pouces.	Lignes.
1	2..0.	1.	10		27	54.4.	1.	6		53	107.2.	1.	2
2	4..0.	3.	8		28	56.4.	3.	4		54	109.2.	3.	0
3	6..0.	5.	6		29	58.4.	5.	2		55	111.2.	4.	10
4	8..0.	7.	4		30	60.4.	7.	0		56	113.2.	6.	8
5	10..0.	9.	2		31	62.4.	8.	10		57	115.2.	8.	6
6	12..0.	11.	0		32	64.4.	10.	8		58	117.2.	10.	4
7	14..1.	0.	10		33	66.5.	0.	6		59	119.3.	0.	2
8	16..1.	2.	8		34	68.5.	2.	4		60	121.3.	2.	0
9	18..1.	4.	6		35	70.5.	4.	2		61	123.3.	3.	10
10	20..1.	6.	4		36	72.5.	6.	0		62	125.3.	5.	8
11	22..1.	8.	2		37	74.5.	7.	10		63	127.3.	7.	6
12	24..1.	10.	0		38	76.5.	9.	8		64	129.3.	9.	4
13	26..1.	11.	10		39	78.5.	11.	6		65	131.3.	11.	2
14	28..2.	1.	8		40	81.0.	1.	4		66	133.4.	1.	0
15	30..2.	3.	6		41	83.0.	3.	2		67	135.4.	2.	10
16	32..2.	5.	4		42	85.0.	5.	0		68	137.4.	4.	8
17	34..2.	7.	2		43	87.0.	6.	10		69	139.4.	6.	6
18	36..2.	9.	0		44	89.0.	8.	8		70	141.4.	8.	4
19	38..2.	10.	10		45	91.0.	10.	6		71	143.4.	10.	2
20	40..3.	0.	8		46	93.1.	0.	4		72	145.5.	0.	0
21	42..3.	2.	6		47	95.1.	2.	2					
22	44..3.	4.	4		48	97.1.	4.	0		1/4	0.3.0.		5½
23	46..3.	6.	2		49	99.1.	5.	10		1/2	1.0.0.		11
24	48..3.	8.	0		50	101.1.	7.	8		3/4	1.3.1.		4½
25	50..3.	9.	10		51	103.1.	9.	6					
26	52..3.	11.	8		52	105.1.	11.	4					

Grosseur de 25 & 36 pouces.

sur Pieds de Longueur.	Pièces.	Pieds.	Pouces.	Lignes.	sur Pieds de Longueur.	Pièces.	Pieds.	Pouces.	Lignes.	sur Pieds de Longueur.	Pièces.	Pieds.	Pouces.	Lignes.
1	2	0	6	0	27	56	1	6	0	53	110	2	6	0
2	4	1	0	0	28	58	2	0	0	54	112	3	0	0
3	6	1	6	0	29	60	2	6	0	55	114	3	6	0
4	8	2	0	0	30	62	3	0	0	56	116	4	0	0
5	10	2	6	0	31	64	3	6	0	57	118	4	6	0
6	12	3	0	0	32	66	4	0	0	58	120	5	0	0
7	14	3	6	0	33	68	4	6	0	59	122	5	6	0
8	16	4	0	0	34	70	5	0	0	60	125	0	0	0
9	18	4	6	0	35	72	5	6	0	61	127	0	6	0
10	20	5	0	0	36	75	0	0	0	62	129	1	0	0
11	22	5	6	0	37	77	0	6	0	63	131	1	6	0
12	25	0	0	0	38	79	1	0	0	64	133	2	0	0
13	27	0	6	0	39	81	1	6	0	65	135	2	6	0
14	29	1	0	0	40	83	2	0	0	66	137	3	0	0
15	31	1	6	0	41	85	2	6	0	67	139	3	6	0
16	33	2	0	0	42	87	3	0	0	68	141	4	0	0
17	35	2	6	0	43	89	3	6	0	69	143	4	6	0
18	37	3	0	0	44	91	4	0	0	70	145	5	0	0
19	39	3	6	0	45	93	4	6	0	71	147	5	6	0
20	41	4	0	0	46	95	5	0	0	72	150	0	0	0
21	43	4	6	0	47	97	5	6	0					
22	45	5	0	0	48	100	0	0	0	1/4	0	3	1	6
23	47	5	6	0	49	102	0	6	0	1/2	1	0	3	0
24	50	0	0	0	50	104	1	0	0	3/4	1	3	4	6
25	52	0	6	0	51	106	1	6	0					
26	54	1	0	0	52	108	2	0	0					

Grosseur de 26 pouces.

sur Pieds de Longueur.	Produit. Pieces.	Pieds.	Pouces.	Lignes.	sur Pieds de Longueur.	Produit. Pieces.	Pieds.	Pouces.	Lignes.	sur Pieds de Longueur.	Produit. Pieces.	Pieds.	Pouces.	Lignes.
1	1	3	4	8	27	42	1	6	0	53	82	5	7	4
2	3	0	9	4	28	43	4	10	8	54	84	3	0	0
3	4	4	2	0	29	45	2	3	4	55	86	0	4	8
4	6	1	6	8	30	46	5	8	0	56	87	3	9	4
5	7	4	11	4	31	48	3	0	8	57	89	1	2	0
6	9	2	4	0	32	50	0	5	4	58	90	4	6	8
7	10	5	8	8	33	51	3	10	0	59	92	1	11	4
8	12	3	1	4	34	53	1	2	8	60	93	5	4	0
9	14	0	6	0	35	54	4	7	4	61	95	2	8	8
10	15	3	10	8	36	56	2	0	0	62	97	0	1	4
11	17	1	3	4	37	57	5	4	8	63	98	3	6	0
12	18	4	8	0	38	59	2	9	4	64	100	0	10	8
13	20	2	0	8	39	61	0	2	0	65	101	4	3	4
14	21	5	5	4	40	62	3	6	8	66	103	1	8	0
15	23	2	10	0	41	64	0	11	4	67	104	5	0	8
16	25	0	2	8	42	55	4	4	0	69	106	2	5	4
17	26	3	7	4	43	67	1	8	8	68	107	5	10	0
18	28	1	0	0	44	68	5	1	4	70	109	3	2	8
19	29	4	4	8	45	70	2	6	0	71	111	0	7	4
20	31	1	9	4	46	71	5	10	8	72	112	4	0	0
21	32	5	2	0	47	73	3	3	4					
22	34	2	6	8	48	75	0	8	0	¼	0	2	4	2
23	35	5	11	4	49	76	4	0	8	½	0	4	8	4
24	37	3	4	0	50	78	1	5	4	¾	1	1	0	6
25	39	0	8	8	51	79	4	10	0					
26	40	4	1	4	52	81	2	2	8					

Groſſeur de 26 & 27 pouces.

ſur Pieds de Longueur.	Produit. Pieces.	Pieds.	Pouces.	Lignes.	ſur Pieds de Longueur.	Produit. Pieces.	Pieds.	Pouces.	Lignes.	ſur Pieds de Longueur.	Produit. Pieces.	Pieds.	Pouces.	Lignes.
1	1	3	9	0	27	43	5	3	0	53	86.0	9	0	
2	3	1	6	0	28	45	3	0	0	54	87.4	6	0	
3	4	5	3	0	29	47	0	9	0	55	89.2	3	0	
4	6	3	0	0	30	48	4	6	0	56	91.0	0	0	
5	8	0	9	0	31	50	2	3	0	57	92.3	9	0	
6	9	4	6	0	32	52	0	0	0	58	94.1	6	0	
7	11	2	3	0	33	53	3	9	0	59	95.5	3	0	
8	13	0	0	0	34	55	1	6	0	60	97.3	0	0	
9	14	3	9	0	35	56	5	3	0	61	99.0	9	0	
10	16	1	6	0	36	58	3	0	0	62	100.4	6	0	
11	17	5	3	0	37	60	0	9	0	63	102.2	3	0	
12	19	3	0	0	38	61	4	6	0	64	104.0	0	0	
13	21	0	9	0	39	63	2	3	0	65	105.3	9	0	
14	22	4	6	0	40	65	0	0	0	66	107.1	6	0	
15	24	2	3	0	41	66	3	9	0	67	108.5	3	0	
16	26	0	0	0	42	68	1	6	0	68	110.3	0	0	
17	27	3	9	0	43	69	5	3	0	69	112.0	9	0	
18	29	1	6	0	44	71	3	0	0	70	113.4	6	0	
19	30	5	3	0	45	73	0	9	0	71	115.2	3	0	
20	32	3	0	0	46	74	4	6	0	72	117.0	0	0	
21	34	0	9	0	47	76	2	3	0					
22	35	4	6	0	48	78	0	0	0					
23	37	2	3	0	49	79	3	9	0	¼		0.2	5	3
24	39	0	0	0	50	81	1	6	0	½		0.4	10	6
25	40	3	9	0	51	82	5	3	0	¾		1.1	3	9
26	42	1	6	0	52	84	3	0	0					

Grosseur de 26 & 28 pouces.

sur Pieds de Longueur	Produit. Pieces.	Pieds.	Pouces.	Lignes.	sur Pieds de Longueur	Produit. Pieces.	Pieds.	Pouces.	Lignes.	sur Pieds de Longueur	Produit. Pieces.	Pieds.	Pouces.	Lignes.
1	1	4	1	4	27	45	3	0	0	53	89	1	10	8
2	3	2	2	8	28	47	1	1	4	54	91	0	0	0
3	5	0	4	0	29	48	5	2	8	55	92	4	1	4
4	6	4	5	4	30	50	3	4	0	56	94	2	2	8
5	8	2	6	8	31	52	1	5	4	57	96	0	4	0
6	10	0	8	0	32	53	5	6	8	58	97	4	5	4
7	11	4	9	4	33	55	3	8	0	59	99	2	6	8
8	13	2	10	8	34	57	1	9	4	60	101	0	8	0
9	15	1	0	0	35	58	5	10	8	61	102	4	9	4
10	16	5	1	4	36	60	4	0	0	62	104	2	10	8
11	18	3	2	8	37	62	2	1	4	63	106	1	0	0
12	20	1	4	0	38	64	0	2	8	64	107	5	1	4
13	21	5	5	4	39	65	4	4	0	65	109	3	2	8
14	23	3	6	8	40	67	2	5	4	66	111	1	4	0
15	25	1	8	0	41	69	0	6	8	67	112	5	5	4
16	26	5	9	4	42	70	4	8	0	68	114	3	6	8
17	28	3	10	8	43	72	2	9	4	69	116	1	8	0
18	30	2	0	0	44	74	0	10	8	70	117	5	9	4
19	32	0	1	4	45	75	5	0	0	71	119	3	10	8
20	33	4	2	8	46	77	3	1	4	72	121	2	0	0
21	35	2	4	0	47	79	1	2	8					
22	37	0	5	4	48	80	5	4	0	¼	0	2	6	4
23	38	4	6	8	49	82	3	5	4	½	0	5	0	8
24	40	2	8	0	50	84	1	6	8	¾	1	1	7	0
25	42	0	9	4	51	85	5	8	0					
26	43	4	10	8	52	87	3	9	4					

Grosseur de 26 & 29 pouces.

sur Pieds de Longueur.	Pieces.	Pieds.	Pouces.	Lignes.
1	1	4	5	8
2	3	2	11	4
3	5	1	5	0
4	6	5	10	8
5	8	4	4	4
6	10	2	10	0
7	12	1	3	8
8	13	5	9	4
9	15	4	3	0
10	17	2	8	8
11	19	1	2	4
12	20	5	8	0
13	22	4	1	8
14	24	2	7	4
15	26	1	1	0
16	27	5	6	8
17	29	4	0	4
18	31	2	6	0
19	33	0	11	8
20	34	5	5	4
21	36	3	11	0
22	38	2	4	8
23	40	0	10	4
24	41	5	4	0
25	43	3	9	8
26	45	2	3	4

sur Pieds de Longueur.	Pieces.	Pieds.	Pouces.	Lignes.
27	47	0	9	0
28	48	5	2	8
29	50	3	8	4
30	52	2	2	0
31	54	0	7	8
32	55	5	1	4
33	57	3	7	0
34	59	2	0	8
35	61	0	6	4
36	62	5	0	0
37	64	3	5	8
38	66	1	11	4
39	68	0	5	0
40	69	4	10	8
41	71	3	4	4
42	73	1	10	0
43	75	0	3	8
44	76	4	9	4
45	78	3	3	0
46	80	1	8	8
47	82	0	2	4
48	83	4	8	0
49	85	3	1	8
50	87	1	7	4
51	89	0	1	0
52	90	4	6	8

sur Pieds de Longueur.	Pieces.	Pieds.	Pouces.	Lignes.
53	92	3	0	4
54	94	1	6	0
55	95	5	11	8
56	97	4	5	4
57	99	2	11	0
58	101	1	4	8
59	102	5	10	4
60	104	4	4	0
61	106	2	9	8
62	108	1	3	4
63	109	5	9	0
64	111	4	2	8
65	113	2	8	4
66	115	1	2	0
67	116	5	7	8
68	118	4	1	4
69	120	2	7	0
70	122	1	0	8
71	123	5	6	4
72	125	4	0	0
1/4	0	2	7	5
1/2	0	5	2	10
3/4	1	1	10	3

Grosseur de 26 & 30 pouces.

sur Pieds de Longueur.	Produit. Pieces.	Pieds.	Pouces.	Lignes.	sur Pieds de Longueur	Produit. Pieces.	Pieds.	Pouces.	Lignes.	sur Pieds de Longueur	Produit. Pieces.	Pieds.	Pouces.	Lignes.
1	1	4	10	0	27	48	4	6	0	53	95	4	2	0
2	3	3	8	0	28	50	3	4	0	54	97	3	0	0
3	5	2	6	0	29	52	2	2	0	55	99	1	10	0
4	7	1	4	0	30	54	1	0	0	56	101	0	8	0
5	9	0	2	0	31	55	5	10	0	57	102	5	6	0
6	10	5	0	0	32	57	4	8	0	58	104	4	4	0
7	12	3	10	0	33	59	3	6	0	59	106	3	2	0
8	14	2	8	0	34	61	2	4	0	60	108	2	0	0
9	16	1	6	0	35	63	1	2	0	61	110	0	10	0
10	18	0	4	0	36	65	0	0	0	62	111	5	8	0
11	19	5	2	0	37	66	4	10	0	63	113	4	6	0
12	21	4	0	0	38	68	3	8	0	64	115	3	4	0
13	23	2	10	0	39	70	2	6	0	65	117	2	2	0
14	25	1	8	0	40	71	1	4	0	66	119	1	0	0
15	27	0	6	0	41	74	0	2	0	67	120	5	10	0
16	28	5	4	0	42	75	5	0	0	68	122	3	8	0
17	30	4	2	0	43	77	3	10	0	69	124	3	6	0
18	32	3	0	0	44	79	2	8	0	70	126	2	4	0
19	34	1	10	0	45	81	1	6	0	71	128	1	2	0
20	36	0	8	0	46	83	0	4	0	72	130	0	0	0
21	37	5	6	0	47	84	5	2	0					
22	39	4	4	0	48	86	4	0	0	¼	0	2	8	6
23	41	3	2	0	49	88	2	10	0	½	0	5	5	0
24	43	2	0	0	50	90	1	8	0	¾	1	2	1	6
25	45	0	10	0	51	92	0	6	0					
26	46	5	8	0	52	93	5	4	0					

Grosseur de 26 & 31 pouces.

sur Pieds de Longueur	Pieces.	Pieds.	Pouces.	Lignes.
1	1	5	2	4
2	3	4	4	8
3	5	3	7	0
4	7	2	9	4
5	9	1	11	8
6	11	1	2	0
7	13	0	4	4
8	14	5	6	8
9	16	4	9	0
10	18	3	11	4
11	20	3	1	8
12	22	2	4	0
13	24	1	6	4
14	26	0	8	8
15	27	5	11	0
16	29	5	5	4
17	31	4	3	8
18	33	3	6	0
19	35	2	8	4
20	37	1	10	8
21	39	1	1	0
22	41	0	3	4
23	42	5	5	8
24	44	4	8	0
25	46	3	10	4
26	48	3	0	8

sur Pieds de Longueur	Pieces.	Pieds.	Pouces.	Lignes.
27	50	2	3	0
28	52	1	5	4
29	54	0	7	8
30	55	5	10	0
31	57	5	0	4
32	59	4	2	8
33	61	3	5	0
34	63	2	7	4
35	65	1	9	8
36	67	1	0	0
37	69	0	2	4
38	70	5	4	8
39	72	4	7	0
40	74	3	9	4
41	76	2	11	8
42	78	2	2	0
43	80	1	4	4
44	82	0	6	8
45	83	5	9	0
46	85	4	11	4
47	87	4	1	8
48	89	3	4	0
49	91	2	6	4
50	93	1	8	8
51	95	0	11	0
52	97	0	1	4

sur Pieds de Longueur	Pieces.	Pieds.	Pouces.	Lignes.
53	98	5	3	8
54	100	4	6	0
55	102	3	8	4
56	104	2	10	8
57	106	2	1	0
58	108	1	3	4
59	110	0	5	8
60	111	5	8	0
61	113	4	10	4
62	115	4	0	8
63	117	3	3	0
64	119	2	5	4
65	121	1	7	8
66	123	0	10	0
67	125	0	0	4
68	126	5	2	8
69	128	4	5	0
70	130	3	7	4
71	132	2	9	8
72	134	2	0	0
1/4	0	2	9	7
1/2	0	5	7	2
3/4	1	2	4	9

Grosseur de 26 & 32 pouces.

fur Pieds de Longueur.	Pieces.	Pieds.	Pouces.	Lignes.	fur Pieds de Longueur.	Pieces.	Pieds.	Pouces.	Lignes.	fur Pieds de Longueur.	Pieces.	Pieds.	Pouces.	Lignes.
1	1..5.	6.	8		27	52.0.	0.	0		53	102.0.	5.	4
2	3..5.	1.	4		28	53.5.	6.	8		54	104.0.	0.	0
3	5..4.	8.	0		29	55.5.	1.	4		55	105.5.	6.	8
4	7..4.	2.	8		30	57.4.	8.	0		56	107.5.	1.	4
5	9..3.	9.	4		31	59.4.	2.	8		57	109.4.	8.	0
6	11..3.	4.	0		32	61.3.	9.	4		58	111.4.	2.	8
7	13..2.	10.	8		33	63.3.	4.	0		59	113.3.	9.	4
8	15..2.	5.	4		34	65.2.	10.	8		60	115.3.	4.	0
9	17..2.	0.	0		35	67.2.	5.	4		61	117.2.	10.	8
10	19..1.	6.	8		36	69.2.	0.	0		62	119.2.	5.	4
11	21..1.	1.	4		37	71.1.	6.	8		63	121.2.	0.	0
12	23..0.	8.	0		38	73.1.	1.	4		64	123.1.	6.	8
13	25..0.	1.	8		39	75.0.	8.	0		65	125.1.	1.	4
14	26..5.	9.	4		40	77.0.	2.	8		66	127.0.	8.	0
15	28..5.	4.	0		41	78.5.	9.	4		67	129.0.	2.	8
16	30..4.	10.	8		42	80.5.	4.	0		68	130.5.	9.	4
17	32..4.	5.	4		43	82.4.	10.	8		69	132.5.	4.	0
18	34..4.	0.	0		44	84.4.	5.	4		70	134.4.	10.	8
19	36..3.	6.	8		45	86.4.	0.	0		71	136.4.	5.	4
20	38..3.	1.	4		46	88.3.	6.	8		72	138.4.	0.	0
21	40..2.	8.	0		47	90.3.	1.	4					
22	42..2.	2.	8		48	92.2.	8.	0					
23	44..1.	9.	4		49	94.2.	2.	8		1/4	0.2.	10.	8
24	46..1.	4.	0		50	96.1.	9.	4		1/2	0.5.	9.	4
25	48..0.	10.	8		51	98.1.	4.	0		3/4	1.2.	8.	0
26	50..0.	5.	4		52	100.0.	10.	8					

Grosseur de 26 & 33 pouces.

fur Pieds de Longueur.	Pieces.	Pieds.	Pouces.	Lignes.	fur Pieds de Longueur.	Pieces.	Pieds.	Pouces.	Lignes.	fur Pieds de Longueur.	Pieces.	Pieds.	Pouces.	Lignes.
1	1	5	11	0	27	53	3	9	0	53	105	1	7	0
2	3	5	10	0	28	55	3	8	0	54	107	1	6	0
3	5	5	9	0	29	57	3	7	0	55	109	1	5	0
4	7	5	8	0	30	59	3	6	0	56	111	1	4	0
5	9	5	7	0	31	61	3	5	0	57	113	1	3	0
6	11	5	6	0	32	63	3	4	0	58	115	1	2	0
7	13	5	5	0	33	65	3	3	0	59	117	1	1	0
8	15	5	4	0	34	67	3	2	0	60	119	1	0	0
9	17	5	3	0	35	69	3	1	0	61	121	0	11	0
10	19	5	2	0	36	71	3	0	0	62	123	0	10	0
11	21	5	1	0	37	73	2	11	0	63	125	0	9	0
12	23	5	0	0	38	75	2	10	0	64	127	0	8	0
13	25	4	11	0	39	77	2	9	0	65	129	0	7	0
14	27	4	10	0	40	79	2	8	0	66	131	0	6	0
15	29	4	9	0	41	81	2	7	0	67	133	0	5	0
16	31	4	8	0	42	83	2	6	0	68	135	0	4	0
17	33	4	7	0	43	85	2	5	0	69	137	0	3	0
18	35	4	6	0	44	87	2	4	0	70	139	0	2	0
19	37	4	5	0	45	89	2	3	0	71	141	0	1	0
20	39	4	4	0	46	91	2	2	0	72	143	0	0	0
21	41	4	3	0	47	93	2	1	0					
22	43	4	2	0	48	95	2	0	0	1/4	0	2	11	9
23	45	4	1	0	49	97	1	11	0	1/2	0	5	11	6
24	47	4	0	0	50	99	1	10	0	3/4	1	2	11	3
25	49	3	11	0	51	101	1	9	0					
26	51	3	10	0	52	103	1	8	0					

Grosseur de 26 & 34 pouces.

sur Pieds de Longueur	Produit Pieces.	Pieds.	Pouces.	Lignes.	sur Pieds de Longueur	Produit Pieces.	Pieds.	Pouces.	Lignes.	sur Pieds de Longueur	Produit Pieces.	Pieds.	Pouces.	Lignes.
1	2..0.	3.	4		27	55.1.	6.	0		53	108.2.	8.	8
2	4..0.	6.	8		28	57.1.	9.	4		54	110.3.	0.	0
3	6..0.10.		0		29	59.2.	0.	8		55	112.3.	3.	4
4	8..1.	1.	4		30	61.2.	4.	0		56	114.3.	6.	8
5	10..1.	4.	8		31	63.2.	7.	4		57	116.3.10.		0
6	12..1.	8.	0		32	65.2.10.		8		58	118.4.	1.	4
7	4..1.11.		4		33	67.3.	2.	0		59	120.4.	4.	8
8	16..2.	2.	8		34	69.3.	5.	4		60	122.4.	8.	0
9	18..2.	6.	0		35	71.3.	8.	8		61	124.4.11.		4
10	20..2.	9.	4		36	73.4.	0.	0		62	126.5.	2.	8
11	22..3.	0.	8		37	75.4.	3.	4		63	128.5.	6.	0
12	24..3.	4.	0		38	77.4.	6.	8		64	130.5.	9.	4
13	26..3.	7.	4		39	79.4.10.		0		65	133.0.	0.	8
14	28..3.10.		8		40	81.5.	1.	4		66	135.0.	4.	0
15	30..4.	2.	0		41	83.5.	4.	8		67	137.0.	7.	4
16	32..4.	5.	4		42	85.5.	8.	0		68	139.0.10.		8
17	34..4.	8.	8		43	87.5.11.		4		69	141.1.	2.	0
18	36..5.	0.	0		44	90.0.	2.	8		70	143.1.	5.	4
19	38..5.	3.	4		45	92.0.	6.	0		71	145.1.	8.	8
20	40..5.	6.	8		46	94.0.	9.	4		72	147.2.	0.	0
21	42..5.10.		0		47	96.1.	0.	8					
22	45..0.	1.	4		48	98.1.	4.	0		1/4	0.3.	0.	10
23	47..0.	4.	8		49	100.1.	7.	4		1/2	1.0.	1.	8
24	49..0.	8.	0		50	102.1.10.		8		3/4	1.3.	2.	6
25	51..0.11.		4		51	104..2 2.		0					
26	53..1.	2.	8		52	106..2 5.		4					

Grosseur de 26 & 35 pouces.

sur Pieds de Longueur	Produit. Pieces.	Pieds.	Pouces.	Lignes.	sur Pieds de Longueur	Produit. Pieces.	Pieds.	Pouces.	Lignes.	sur Pieds de Longueur	Produit. Pieces.	Pieds.	Pouces.	Lignes.
1	2	0	7	8	27	56	5	3	0	53	111	3	10	4
2	4	1	3	4	28	58	5	10	8	54	113	4	6	0
3	6	1	11	0	29	61	0	6	4	55	115	5	1	8
4	8	2	6	8	30	63	1	2	0	56	117	5	9	4
5	10	3	2	4	31	65	1	9	8	57	120	0	5	0
6	12	3	10	0	32	67	2	5	4	58	122	1	0	8
7	14	4	5	8	33	69	3	1	0	59	124	1	8	4
8	16	5	1	4	34	71	3	8	8	60	126	2	4	0
9	18	5	9	0	35	73	4	4	4	61	128	2	11	8
10	21	0	4	8	36	75	5	0	0	62	130	3	7	4
11	23	1	0	4	37	77	5	7	8	63	132	4	3	0
12	25	1	8	0	38	80	0	3	4	64	134	4	10	8
13	27	2	3	8	39	82	0	11	0	65	136	5	6	4
14	29	2	11	4	40	84	1	6	8	66	139	0	2	0
15	31	3	7	0	41	86	2	2	4	67	141	0	9	8
16	33	4	2	8	42	88	2	10	0	68	143	1	5	4
17	35	4	10	4	43	90	3	5	8	69	145	2	1	0
18	37	5	6	0	44	92	4	1	4	70	147	2	8	8
19	40	0	1	8	45	94	4	9	0	71	149	3	4	4
20	42	0	9	4	46	96	5	4	8	72	151	4	0	0
21	44	1	5	0	47	99	0	0	4					
22	46	2	0	8	48	101	0	8	0	1/4		0	3	1.11
23	48	2	8	4	49	103	1	3	8	1/2		1	0	3.10
24	50	3	4	0	50	105	1	11	4	3/4		1	3	5.9
25	52	3	11	8	51	107	2	7	0					
26	54	4	7	4	52	109	3	2	8					

Grosseur de 26 & 36 pouces.

sur Pieds de Longueur.	Produit				sur Pieds de Longueur.	Produit				sur Pieds de Longueur.	Produit			
	Pieces.	Pieds.	Pouces.	Lignes.		Pieces.	Pieds.	Pouces.	Lignes.		Pieces.	Pieds.	Pouces.	Lignes.
1	2	1	0	0	27	58	3	0	0	53	114	5	0	0
2	4	2	0	0	28	60	4	0	0	54	117	0	0	0
3	6	3	0	0	29	62	5	0	0	55	119	1	0	0
4	8	4	0	0	30	65	0	0	0	56	121	2	0	0
5	10	5	0	0	31	67	1	0	0	57	123	3	0	0
6	13	0	0	0	32	69	2	0	0	58	125	4	0	0
7	15	1	0	0	33	71	3	0	0	59	127	5	0	0
8	17	2	0	0	34	73	4	0	0	60	130	0	0	0
9	19	3	0	0	35	75	5	0	0	61	132	1	0	0
10	21	4	0	0	36	78	0	0	0	62	134	2	0	0
11	23	5	0	0	37	80	1	0	0	63	136	3	0	0
12	26	0	0	0	38	82	2	0	0	64	138	4	0	0
13	28	1	0	0	39	84	3	0	0	65	140	5	0	0
14	30	2	0	0	40	86	4	0	0	66	143	0	0	0
15	32	3	0	0	41	88	5	0	0	67	145	1	0	0
16	34	4	0	0	42	91	0	0	0	68	147	2	0	0
17	36	5	0	0	43	93	1	0	0	69	149	3	0	0
18	39	0	0	0	44	95	2	0	0	70	151	4	0	0
19	41	1	0	0	45	97	3	0	0	71	153	5	0	0
20	43	2	0	0	46	99	4	0	0	72	156	0	0	0
21	45	3	0	0	47	101	5	0	0					
22	47	4	0	0	48	104	0	0	0	1/4	0	3	3	0
23	49	5	0	0	49	106	1	0	0	1/2	1	0	6	0
24	52	0	0	0	50	108	2	0	0	3/4	1	3	9	0
25	54	1	0	0	51	110	3	0	0					
26	56	2	0	9	52	112	4	0	0					

Grosseur de 27 pouces.

sur Pieds de Longueur.	Produit. Pieces.	Pieds.	Pouces.	Lignes.	sur Pieds de Longueur.	Produit. Pieces.	Pieds.	Pouces.	Lignes.	sur Pieds de Longueur.	Produit. Pieces.	Pieds.	Pouces.	Lignes.
1	1..4.	1.	6		27	45..3.	4.	6		53	89.2.	7.	6	
2	3..2.	3.	0		28	47..1.	6.	0		54	91.0.	9.	0	
3	5..0.	4.	6		29	48..5.	7.	6		55	92.4.10.		6	
4	6..4.	6.	0		30	50..3.	9.	0		56	94.3.	0.	0	
5	8..2.	7.	6		31	52..1.10.		6		57	96.1.	1.	6	
6	10..0.	9.	0		32	54..0.	0.	0		58	97.5.	3.	0	
7	11..4.10.		6		33	55..4.	1.	6		59	99.3.	4.	6	
8	13..3.	0.	0		34	57..2.	3.	0		60	101.1.	6.	0	
9	15..1.	1.	6		35	59..0.	4.	6		61	102.5.	7.	6	
10	16..5.	3.	0		36	60..4.	6.	0		62	104.3.	9.	0	
11	18..3.	4.	6		37	62..2.	7.	6		63	106.1.10.		6	
12	20..1.	6.	0		38	64..0.	9.	0		64	108.0.	0.	0	
13	21..5.	7.	6		39	65..4.10.		6		65	109.4.	1.	6	
14	23..3.	9.	0		40	67..3.	0.	0		66	111.2.	3.	0	
15	25..1.10.		6		41	69..1.	1.	6		67	113.0.	4.	6	
16	27..0.	0.	0		42	70..5.	3.	0		68	114.4.	6.	0	
17	28..4.	1.	6		43	72..3.	4.	6		69	116.2.	7.	6	
18	30..2.	3.	0		44	74..1.	6.	0		70	118.0.	9.	0	
19	32..0.	4.	6		45	75..5.	7.	6		71	119.4.10.		6	
20	33..4.	6.	0		46	77..3.	9.	0		72	121.3.	0.	0	
21	35..2.	7.	6		47	79..1.10.		6						
22	37..0.	9.	0		48	81..0.	0.	0		1/4	0.2.	6.	4½	
23	38..4.10.		6		49	82..4.	1.	6		1/2	0.5.	0.	9	
24	40..3.	0.	0		50	84..2.	3.	0		3/4	1.1.	7.	1½	
25	42..1.	1.	6		51	86..0.	4.	6						
26	43..5.	3.	0		52	87..4.	6.	0						

Grosseur de 27 & 28 pouces.

sur Pieds de Longueur.	Pieces.	Pieds.	Pouces.	Lignes.	sur Pieds de Longueur.	Pieces.	Pieds.	Pouces.	Lignes.	sur Pieds de Longueur.	Pieces.	Pieds.	Pouces.	Lignes.
1	1	4	6	0	27	47	1	6	0	53	92	4	6	0
2	3	3	0	0	28	49	0	0	0	54	94	3	0	0
3	5	1	6	0	29	50	4	6	0	55	96	1	6	0
4	7	0	0	0	30	52	3	0	0	56	98	0	0	0
5	8	4	6	0	31	54	1	6	0	57	99	4	6	0
6	10	3	0	0	32	56	0	0	0	58	101	3	0	0
7	12	1	6	0	33	57	4	6	0	59	103	1	6	0
8	14	0	0	0	34	59	3	0	0	60	105	0	0	0
9	15	4	6	0	35	61	1	6	0	61	106	4	6	0
10	17	3	0	0	36	63	0	0	0	62	108	3	0	0
11	19	1	6	0	37	64	4	6	0	63	110	1	6	0
12	21	0	0	0	38	66	3	0	0	64	112	0	0	0
13	22	4	6	0	39	68	1	6	0	65	113	4	6	0
14	24	3	0	0	40	70	0	0	0	66	115	3	0	0
15	26	1	6	0	41	71	4	6	0	67	117	1	6	0
16	28	0	0	0	42	73	3	0	0	68	119	0	0	0
17	29	4	6	0	43	75	1	6	0	69	120	4	6	0
18	31	3	0	0	44	77	0	0	0	70	122	3	0	0
19	33	1	6	0	45	78	4	6	0	71	124	1	6	0
20	35	0	0	0	46	80	3	0	0	72	126	0	0	0
21	36	4	6	0	47	82	1	6	0					
22	38	3	0	0	48	84	0	0	0	1/4	0	2	7	6
23	40	1	6	0	49	85	4	6	0	1/2	0	5	3	0
24	42	0	0	0	50	87	3	0	0	3/4	1	1	10	6
25	43	4	6	0	51	89	1	6	0					
26	45	3	0	0	52	91	0	0	0					

Grosseur de 27 & 29 pouces.

sur Pieds de Longueur.	Produit. Pieces.	Pieds.	Pouces.	Lignes.
1	1..4.	10.	6	
2	3..3.	9.	0	
3	5..2.	7.	6	
4	7..1.	6.	0	
5	9..0.	4.	6	
6	10..5.	3.	0	
7	12..4.	1.	6	
8	14..3.	0.	0	
9	16..1.	10.	6	
10	18..0.	9.	0	
11	19..5.	7.	6	
12	21..4.	6.	0	
13	23..3.	4.	6	
14	25..2.	3.	0	
15	27..1.	1.	6	
16	29.0.	0.	0	
17	30..4.	10.	6	
18	32..3.	9.	0	
19	34..2.	7.	6	
20	36..1.	6.	0	
21	38..0.	4.	6	
22	39..5.	3.	0	
23	41..4.	1.	6	
24	43..3.	0.	0	
25	45..1.	10.	6	
26	47..0.	9.	0	

sur Pieds de Longueur.	Produit. Pieces.	Pieds.	Pouces.	Lignes.
27	48..5.	7.	6	
28	50..4.	6.	0	
29	52..3.	4.	6	
30	54..2.	3.	0	
31	56..1.	1.	6	
32	58..0.	0.	0	
33	59..4.	10.	6	
34	61..3.	9.	0	
35	63..2.	7.	6	
36	65..1.	6.	0	
37	67..0.	4.	6	
38	68..5.	3.	0	
39	70..4.	1.	6	
40	72..3.	0.	0	
41	74..1.	10.	6	
42	76..0.	9.	0	
43	77..5.	7.	6	
44	79..4.	6.	0	
45	81..3.	4.	6	
46	83..2.	3.	0	
47	85..1.	1.	6	
48	87..0.	0.	0	
49	88..4.	10.	6	
50	90..3.	9.	0	
51	92..2.	7.	6	
52	94..1.	6.	0	

sur Pieds de Longueur.	Produit. Pieces.	Pieds.	Pouces.	Lignes.
53	96.0.	4.	6	
54	97.5.	3.	0	
55	99.4.	1.	6	
56	101.3.	0.	0	
57	103.1.	10.	6	
58	105.0.	9.	0	
59	106.5.	7.	6	
60	108.4.	6.	0	
61	110.3.	4.	6	
62	112.2.	3.	0	
63	114.1.	1.	6	
64	116.0.	0.	0	
65	117.4.	10.	6	
66	119.3.	9.	0	
67	121.2.	7.	6	
68	123.1.	6.	0	
69	125.0.	4.	6	
70	126.5.	3.	0	
71	128.4.	1.	6	
72	130.3.	0.	0	
1/4	0.2.	8.	7½	
1/2	0.5.	5.	3	
3/4	1.2.	1.	10½	

Grosseur de 27 & 30 pouces.

sur Pieds de Longueur.	Produit. Pieces.	Pieds.	Pouces.	Lignes.
I	1.. 5.	3.	0	
2	3.. 4.	6.	0	
3	5.. 3.	9.	0	
4	7.. 3.	0.	0	
5	9.. 2.	3.	0	
6	11.. 1.	6.	0	
7	13.. 0.	9.	0	
8	15.. 0.	0.	0	
9	16.. 5.	3.	0	
10	18.. 4.	6.	0	
11	20.. 3.	9.	0	
12	22.. 3.	0.	0	
13	24.. 2.	3.	0	
14	26.. 1.	6.	0	
15	28.. 0.	9.	0	
16	30.. 0.	0.	0	
17	31.. 5.	3.	0	
18	33.. 4.	6.	0	
19	35.. 3.	9.	0	
20	37.. 3.	0.	0	
21	39.. 2.	3.	0	
22	41.. 1.	6.	0	
23	43.. 0.	9.	0	
24	45.. 0.	0.	0	
25	46.. 5.	3.	0	
26	48.. 4.	6.	0	

sur Pieds de Longueur.	Produit. Pieces.	Pieds.	Pouces.	Lignes.
27	50.. 3.	9.	0	
28	52.. 3.	0.	0	
29	54.. 2.	3.	0	
30	56.. 1.	6.	0	
31	58.. 0.	9.	0	
32	60.. 0.	0.	0	
33	61.. 5.	3.	0	
34	63.. 4.	6.	0	
35	65.. 3.	9.	0	
36	67.. 3.	0.	0	
37	69.. 2.	3.	0	
38	71.. 1.	6.	0	
39	73.. 0.	9.	0	
40	75.. 0.	0.	0	
41	76.. 5.	3.	0	
42	78.. 4.	6.	0	
43	80.. 3.	9.	0	
44	82.. 3.	0.	0	
45	84.. 2.	3.	0	
46	86.. 1.	6.	0	
47	88.. 0.	9.	0	
48	90.. 0.	0.	0	
49	91.. 5.	3.	0	
50	93.. 4.	6.	0	
51	95.. 3.	9.	0	
52	97.. 3.	0.	0	

sur Pieds de Longueur.	Produit. Pieces.	Pieds.	Pouces.	Lignes.	Lignes.
53	99. 2.	3.	0	0	
54	101. 1.	6.	0	0	
55	103. 0.	9.	0	0	
56	105. 0.	0.	0	0	
57	106. 5.	3.	0	0	
58	108. 4.	6.	0	0	
59	110. 3.	9.	0	0	
60	112. 3.	0.	0	0	
61	114. 2.	3.	0	0	
62	116. 1.	6.	0	0	
63	118. 0.	9.	0	0	
64	120. 0.	0.	0	0	
65	121. 5.	3.	0	0	
66	123. 4.	6.	0	0	
67	125. 3.	9.	0	0	
68	127. 3.	0.	0	0	
69	129. 2.	3.	0	0	
70	131. 1.	6.			
71	133. 0.	9.			
72	135. 0.	0.			
$\frac{1}{4}$	0. 2.	9.			
$\frac{1}{2}$	0. 5.	7.			
$\frac{3}{4}$	1. 2.	5.			

Grosseur de 27 & 31 pouces.

sur Pieds de Longueur.	Produit. Pieces.	Pieds.	Pouces.	Lignes.	sur Pieds de Longueur.	Produit. Pieces.	Pieds.	Pouces.	Lignes.	sur Pieds de Longueur.	Produit. Pieces.	Pieds.	Pouces.	Lignes.
1	1	5	7	6	27	52	1	10	6	53	102	4	1	6
2	3	5	3	0	28	54	1	6	0	54	104	3	9	0
3	5	4	10	6	29	56	1	1	6	55	106	3	4	6
4	7	4	6	0	30	58	0	9	0	56	108	3	0	0
5	9	4	1	6	31	60	0	4	6	57	110	2	7	6
6	11	3	9	0	32	61	0	0	0	58	112	2	3	0
7	13	3	4	6	33	63	5	7	6	59	114	1	10	6
8	15	3	0	0	34	65	5	3	0	60	116	1	6	0
9	17	2	7	6	35	67	4	10	6	61	118	1	1	6
10	19	2	3	0	36	69	4	6	0	62	120	0	9	0
11	21	1	10	6	37	71	4	1	6	63	122	0	4	6
12	23	1	6	0	38	73	3	9	0	64	124	0	0	0
13	25	1	1	6	39	75	3	4	6	65	125	5	7	6
14	27	0	9	0	40	77	3	0	0	66	127	5	3	0
15	29	0	4	6	41	79	2	7	6	67	129	4	10	6
16	31	0	0	0	42	81	2	3	0	68	131	4	6	0
17	32	5	7	6	43	83	1	10	6	69	133	4	1	6
18	34	5	3	0	44	85	1	6	0	70	135	3	9	0
19	36	4	10	6	45	87	1	1	6	71	137	3	4	6
20	38	4	6	0	46	89	0	9	0	72	139	3	0	0
21	40	4	1	6	47	91	0	4	6					
22	42	3	9	0	48	93	0	0	0	$\frac{1}{4}$	0	2	10	$10\frac{1}{2}$
23	44	3	4	6	49	94	5	7	6	$\frac{1}{2}$	0	5	9	9
24	46	3	0	0	50	96	5	3	0	$\frac{3}{4}$	1	2	8	$7\frac{1}{2}$
25	48	2	7	6	51	98	4	10	6					
26	50	2	3	0	52	100	4	6	0					

Grosseur de 27 & 32 pouces.

sur Pieds de Longueur	Produit. Pieces.	Pieds.	Pouces.	Lignes.	sur Pieds de Longueur	Produit. Pieces.	Pieds.	Pouces.	Lignes.	sur Pieds de Longueur	Produit. Pieces.	Pieds.	Pouces.	Lignes.
1	2.	0.	0.	0	27	54.	0.	0.	0	53	106.	0.	0.	0
2	4.	0.	0.	0	28	56.	0.	0.	0	54	108.	0.	0.	0
3	6.	0.	0.	0	29	58.	0.	0.	0	55	110.	0.	0.	0
4	8.	0.	0.	0	30	60.	0.	0.	0	56	112.	0.	0.	0
5	10.	0.	0.	0	31	62.	0.	0.	0	57	114.	0.	0.	0
6	12.	0.	0.	0	32	64.	0.	0.	0	58	116.	0.	0.	0
7	4.	0.	0.	0	33	66.	0.	0.	0	59	118.	0.	0.	0
8	16.	0.	0.	0	34	68.	0.	0.	0	60	120.	0.	0.	0
9	18.	0.	0.	0	35	70.	0.	0.	0	61	122.	0.	0.	0
10	20.	0.	0.	0	36	72.	0.	0.	0	62	124.	0.	0.	0
11	22.	0.	0.	0	37	74.	0.	0.	0	63	126.	0.	0.	0
12	24.	0.	0.	0	38	76.	0.	0.	0	64	128.	0.	0.	0
13	26.	0.	0.	0	39	78.	0.	0.	0	65	130.	0.	0.	0
14	28.	0.	0.	0	40	80.	0.	0.	0	66	132.	0.	0.	0
15	30.	0.	0.	0	41	82.	0.	0.	0	67	134.	0.	0.	0
16	32.	0.	0.	0	42	84.	0.	0.	0	68	136.	0.	0.	0
17	34.	0.	0.	0	43	86.	0.	0.	0	69	138.	0.	0.	0
18	36.	0.	0.	0	44	88.	0.	0.	0	70	140.	0.	0.	0
19	38.	0.	0.	0	45	90.	0.	0.	0	71	142.	0.	0.	0
20	40.	0.	0.	0	46	92.	0.	0.	0	72	144.	0.	0.	0
21	42.	0.	0.	0	47	94.	0.	0.	0					
22	44.	0.	0.	0	48	96.	0.	0.	0	1/4	0.	3.	0.	0
23	46.	0.	0.	0	49	98.	0.	0.	0	1/2	1.	0.	0.	0
24	48.	0.	0.	0	50	100.	0.	0.	0	3/4	1.	3.	0.	0
25	50.	0.	0.	0	51	102.	0.	0.	0					
26	52.	0.	0.	0	52	104.	0.	0.	0					

Groſſeur de 27 & 33 pouces.

ſur Pieds de Longueur	Produit. Pieces.	Pieds.	Pouces.	Lignes.
1	2..0.	4.	6	
2	4..0.	9.	0	
3	6..1.	1.	6	
4	8..1.	6.	0	
5	10..1.	10.	6	
6	12..2.	3.	0	
7	14..2.	7.	6	
8	16..3.	0.	0	
9	18..3.	4.	6	
10	20..3.	9.	0	
11	22..4.	1.	6	
12	24..4.	6.	0	
13	26..4.	10.	6	
14	28..5.	3.	0	
15	30..5.	7.	6	
16	33..0.	0.	0	
17	35..0.	4.	6	
18	37..0.	9.	0	
19	39..1.	1.	6	
20	41..1.	6.	0	
21	43..1.	10.	6	
22	45..2.	3.	0	
23	47..2.	7.	6	
24	49..3.	0.	0	
25	51..3.	4.	6	
26	53..3.	9.	0	

ſur Pieds de Longueur	Produit. Pieces.	Pieds.	Pouces.	Lignes.
27	55.4.	1.	6	
28	57.4.	6.	0	
29	59.4.	10.	6	
30	61.5.	3.	0	
31	63.5.	7.	6	
32	66.0.	0.	0	
33	68.0.	4.	6	
34	70.0.	9.	0	
35	72.1.	1.	6	
36	74.1.	6.	0	
37	76.1.	10.	6	
38	78.2.	3.	0	
39	80.2.	7.	6	
40	82.3.	0.	0	
41	84.3.	4.	6	
42	86.3.	9.	0	
43	88.4.	1.	6	
44	90.4.	6.	0	
45	92.4.	10.	6	
46	94.5.	3.	0	
47	96.5.	7.	6	
48	99.0.	0.	0	
49	101.0.	4.	6	
50	103.0.	9.	0	
51	105.1.	1.	6	
52	107.1.	6.	0	

ſur Pieds de Longueur	Produit. Pieces.	Pieds.	Pouces.	Lignes.
53	109.1.	10.	6	
54	111.2.	3.	0	
55	113.2.	7.	6	
56	115.3.	0.	0	
57	117.3.	4.	6	
58	119.3.	9.	0	
59	121.4.	1.	6	
60	123.4.	6.	0	
61	125.4.	10.	6	
62	127.5.	3.	0	
63	129.5.	7.	6	
64	132.0.	0.	0	
65	134.0.	4.	6	
66	136.0.	9.	0	
67	138.1.	1.	6	
68	140.1.	6.	0	
69	142.1.	10.	6	
70	144.2.	3.	0	
71	146.2.	7.	6	
72	148.3.	0.	0	
$\frac{1}{4}$	0.3.	1.	$1\frac{1}{2}$	
$\frac{1}{2}$	1.0.	2.	3	
$\frac{3}{4}$	1.3.	3.	$4\frac{1}{2}$	

Grosseur de 27 & 34 pouces.

sur Pieds de Longueur.	Produit. Pieces.	Pieds.	Pouces.	Lignes.
1	2..0.	9.	0	
2	4..1.	6.	0	
3	6..2.	3.	0	
4	8..3.	0.	0	
5	10..3.	9.	0	
6	12..4.	6.	0	
7	14..5.	3.	0	
8	17..0.	0.	0	
9	19..0.	9.	0	
10	21..1.	6.	0	
11	23..2.	3.	0	
12	25..3.	0.	0	
13	27..3.	9.	0	
14	29..4.	6.	0	
15	31..5.	3.	0	
16	34..0.	0.	0	
17	36..0.	9.	0	
18	38..1.	6.	0	
19	40..2.	3.	0	
20	42..3.	0.	0	
21	44..3.	9.	0	
22	46..4.	6.	0	
23	48..5.	3.	0	
24	51..0.	0.	0	
25	53..0.	9.	0	
26	55..1.	6.	0	

sur Pied de Longueur.	Produit. Pieces.	Pieds.	Pouces.	Lignes.
27	57.2.	3.	0	
28	59.3.	0.	0	
29	61.3.	9.	0	
30	63.4.	6.	0	
31	65.5.	3.	0	
32	68.0.	0.	0	
33	70.0.	9.	0	
34	72.1.	6.	0	
35	74.2.	3.	0	
36	76.3.	0.	0	
37	78.3.	9.	0	
38	80.4.	6.	0	
39	82.5.	3.	0	
40	85.0.	0.	0	
41	87.0.	9.	0	
42	89.1.	6.	0	
43	91.2.	3.	0	
44	93.3.	0.	0	
45	95.3.	9.	0	
46	97.4.	6.	0	
47	99.5.	3.	0	
48	102.0.	0.	0	
49	104.0.	9.	0	
50	106.1.	6.	0	
51	108.2.	3.	0	
52	110.3.	0.	0	

sur Pieds de Longueur.	Produit. Pieces.	Pieds.	Pouces.	Lignes.
53	112.3.	9.	0	
54	1.4.4.	6.	0	
55	116.5.	3.	0	
56	119.0.	0.	0	
57	121.0.	9.	0	
58	123.1.	6.	0	
59	125.2.	3.	0	
60	127.3.	0.	0	
61	129.3.	9.	0	
62	131.4.	6.	0	
63	133.5.	3.	0	
64	136.0.	0.	0	
65	138.0.	9.	0	
66	140.1.	6.	0	
67	142.2.	3.	0	
68	144.3.	0.	0	
69	146.3.	9.	0	
70	148.4.	6.	0	
71	150.5.	3.	0	
72	153.0.	0.	0	
1/4	0.3.	2.	3	
1/2	1.0.	4.	6	
3/4	1.3.	6.	9	

Groſſeur de 27 & 35 pouces.

sur Pieds de Longueur.	Produit. Pieces.	Pieds.	Pouces.	Lignes.
1	2..1.	1.	6	
2	4..2.	3.	0	
3	6..3.	4.	6	
4	8..4.	6.	0	
5	10..5.	7.	6	
6	13..0.	9.	0	
7	15..1.	10.	6	
8	17..3.	0.	0	
9	19..4.	1.	6	
10	21..5.	3.	0	
11	24..0.	4.	6	
12	26..1.	6.	0	
13	28..2.	7.	6	
14	30..3.	9.	0	
15	32..4.	10.	6	
16	35..0.	0.	0	
17	37..1.	1.	6	
18	39..2.	3.	0	
19	41..3.	4.	6	
20	43..4.	6.	0	
21	45..5.	7.	6	
22	48..0.	9.	0	
23	50..1.	10.	6	
24	52..3.	0.	0	
25	54..4.	1.	6	
26	56..5.	3.	0	

sur Pieds de Longueur.	Produit. Pieces.	Pieds.	Pouces.	Lignes.
27	59.0.	4.	6	
28	61.1.	6.	0	
29	63.2.	7.	6	
30	65.3.	9.	0	
31	67.4.	10.	6	
32	70.0.	0.	0	
33	72.1.	1.	6	
34	74.2.	3.	0	
35	76.3.	4.	6	
36	78.4.	6.	0	
37	80.5.	7.	6	
38	83.0.	9.	0	
39	85.1.	10.	6	
40	87.3.	0.	0	
41	89.4.	1.	6	
42	91.5.	3.	0	
43	94.0.	4.	6	
44	96.1.	6.	0	
45	98.2.	7.	6	
46	100.3.	9.	0	
47	102.4.	10.	6	
48	105.0.	0.	0	
49	107.1.	1.	6	
50	109.2.	3.	0	
51	111.3.	4.	6	
52	113.4.	6.	0	

sur Pied de Longueur.	Produit. Pieces.	Pieds.	Pouces.	Lignes.
53	115.5.	7.	6	
54	118.0.	9.	0	
55	120.1.	10.	6	
56	122.3.	0.	0	
57	124.4.	1.	6	
58	126.5.	3.	0	
59	129.0.	4.	6	
60	131.1.	6.	0	
61	133.2.	7.	6	
62	135.3.	9.	0	
63	137.4.	10.	6	
64	140.0.	0.	0	
65	142.1.	1.	6	
66	144.2.	3.	0	
67	146.3.	4.	6	
68	148.4.	6.	0	
69	150.5.	7.	6	
70	153.0.	9.	0	
71	155.1.	10.	6	
72	157.3.	0.	0	
$\frac{1}{4}$	0.3.	3.	$4\frac{1}{2}$	
$\frac{1}{2}$	1.0.	6.	9	
$\frac{3}{4}$	1.3.	10.	$1\frac{1}{2}$	

Grosseur de 27 & 36 pouces.

fur Pieds de Longueur.	Produit. Pieces.	Pieds.	Pouces.	Lignes.
1	2..	1.	6.	0
2	4..	3.	0.	0
3	6..	4.	6.	0
4	9..	0.	0.	0
5	11..	1.	6.	0
6	13..	3.	0.	0
7	15..	4.	6.	0
8	18..	0.	0.	0
9	20..	1.	6.	0
10	22..	3.	0.	0
11	24..	4.	6.	0
12	27..	0.	0.	0
13	29..	1.	6.	0
14	31..	3.	0.	0
15	33..	4.	6.	0
16	36..	0.	0.	0
17	38..	1.	6.	0
18	40..	3.	0.	0
19	42..	4.	6.	0
20	45..	0.	0.	0
21	47..	1.	6.	0
22	49..	3.	0.	0
23	51..	4.	6.	0
24	54..	0.	0.	0
25	56..	1.	6.	0
26	58..	3.	0.	0

fur Pieds de Longueur.	Produit. Pieces.	Pieds.	Pouces.	Lignes.
27	60.	4.	6.	0
28	63.	0.	0.	0
29	65.	1.	6.	0
30	67.	3.	0.	0
31	69.	4.	6.	0
32	72.	0.	0.	0
33	74.	1.	6.	0
34	76.	3.	0.	0
35	78.	4.	6.	0
36	81.	0.	0.	0
37	83.	1.	6.	0
38	85.	3.	0.	0
39	87.	4.	6.	0
40	90.	0.	0.	0
41	92.	1.	6.	0
42	94.	3.	0.	0
43	96.	4.	6.	0
44	99.	0.	0.	0
45	101.	1.	6.	0
46	103.	3.	0.	0
47	105.	4.	6.	0
48	108.	0.	0.	0
49	110.	1.	6.	0
50	112.	3.	0.	0
51	114.	4.	6.	0
52	117.	0.	0.	0

fur Pied de Longueur	Produit. Pieces.	Pieds.	Pouces.	Lignes.
53	119.	1.	6.	0
54	121.	3.	0.	0
55	123.	4.	6.	0
56	126.	0.	0.	0
57	128.	1.	6.	0
58	130.	3.	0.	0
59	132.	4.	6.	0
60	135.	0.	0.	0
61	137.	1.	6.	0
62	139.	3.	0.	0
63	141.	4.	6.	0
64	144.	0.	0.	0
65	146.	1.	6.	0
66	148.	3.	0.	0
67	150.	4.	6.	0
68	153.	0.	0.	0
69	155.	1.	6.	0
70	157.	3.	0.	0
71	159.	4.	6.	0
72	162.	0.	0.	0
$\frac{1}{4}$	0.	3.	4.	6
$\frac{1}{2}$	1.	0.	9.	0
$\frac{3}{4}$	1.	4.	1.	6

Grosseur de 27 & 37 pouces.

sur Pieds de Longueur.	Pièces.	Pieds.	Pouces.	Lignes.	sur Pieds de Longueur.	Pièces.	Pieds.	Pouces.	Lignes.	sur Pieds de Longueur.	Pièces.	Pieds.	Pouces.	Lignes.
1	2	1	10	6	27	62	2	7	6	53	122	2	4	6
2	4	3	9	0	28	64	4	6	0	54	124	5	3	0
3	6	5	7	6	29	67	0	4	6	55	127	1	1	6
4	9	1	6	0	30	69	2	3	0	56	129	3	0	0
5	11	3	4	6	31	71	4	1	6	57	131	4	10	6
6	13	5	3	0	32	74	0	0	0	58	134	0	9	0
7	16	1	1	6	33	76	1	10	6	59	136	2	7	6
8	18	3	0	0	34	78	3	9	0	60	138	4	6	0
9	20	4	10	6	35	80	5	7	6	61	141	0	4	6
10	23	0	9	0	36	83	1	6	0	62	143	2	3	0
11	25	2	7	6	37	85	3	4	6	63	145	4	1	6
12	27	4	6	0	38	87	5	3	0	64	148	0	0	0
13	30	0	4	6	39	90	1	1	6	65	150	1	10	6
14	32	2	3	0	40	92	3	0	0	66	152	3	9	0
15	34	4	1	6	41	94	4	10	6	67	154	5	7	6
16	37	0	0	0	42	97	0	9	0	68	157	1	6	0
17	39	1	10	6	43	99	2	7	6	69	159	3	4	6
18	41	3	9	0	44	101	4	6	0	70	161	5	3	0
19	43	5	7	6	45	104	0	4	6	71	164	1	1	6
20	46	1	6	0	46	106	2	3	0	72	166	3	0	0
21	48	3	4	6	47	108	4	1	6					
22	50	5	3	0	48	111	0	0	0	1/4	0	3	5	7¼
23	53	1	1	6	49	113	1	10	6	1/2	1	0	11	3
24	55	3	0	0	50	115	3	9	0	3/4	1	4	4	10¼
25	57	4	10	6	51	117	5	7	6					
26	60	0	9	0	52	120	1	6	0					

Groſſeur de 27 & 38 pouces.

ſur Pieds de Longueur.	Produit. Pieces.	Pieds.	Pouces.	Lignes.	ſur Pieds de Longueur.	Produit. Pieces.	Pieds.	Pouces.	Lignes.	ſur Pieds de Longueur.	Produit. Pieces.	Pieds.	Pouces.	Lignes.
1	2	2	3	0	27	64	0	9	0	53	125	5	3	0
2	4	4	6	0	28	66	3	0	0	54	128	1	6	0
3	7	0	9	0	29	68	5	3	0	55	130	3	9	0
4	9	3	0	0	30	71	1	6	0	56	133	0	0	0
5	11	5	3	0	31	73	3	9	0	57	135	2	3	0
6	14	1	6	0	32	76	0	0	0	58	137	4	6	0
7	16	3	9	0	33	78	2	3	0	59	140	0	9	0
8	19	0	0	0	34	80	4	6	0	60	142	3	0	0
9	21	2	3	0	35	83	0	9	0	61	144	5	3	0
10	23	4	6	0	36	85	3	0	0	62	147	1	6	0
11	26	0	9	0	37	87	5	3	0	63	149	3	9	0
12	28	3	0	0	38	90	1	6	0	64	152	0	0	0
13	30	5	3	0	39	92	3	9	0	65	154	2	3	0
14	33	1	6	0	40	95	0	0	0	66	156	4	6	0
15	35	3	9	0	41	97	2	3	0	67	159	0	9	0
16	38	0	0	0	42	99	4	6	0	68	161	3	0	0
17	40	2	3	0	43	102	0	9	0	69	163	5	3	0
18	42	4	6	0	44	104	3	0	0	70	166	1	6	0
19	45	0	9	0	45	106	5	3	0	71	168	3	9	0
20	47	3	0	0	46	109	1	6	0	72	171	0	0	0
21	49	5	3	0	47	111	3	9	0					
22	52	1	6	0	48	114	0	0	0					
23	54	3	9	0	49	116	2	3	0					
24	57	0	0	0	50	118	4	6	0	1/4	0	3	6	9
25	59	2	3	0	51	121	0	9	0	1/2	1	1	1	6
26	61	4	6	0	52	123	3	0	0	3/4	1	4	8	3

Groſſeur de 28 pouces.

ſur Pieds de Longueur.	Produit. Pieces.	Pieds.	Pouces.	Lignes.
1	1	4	10	8
2	3	3	9	4
3	5	2	8	0
4	7	1	6	8
5	9	0	5	4
6	10	5	4	0
7	12	4	2	8
8	14	3	1	4
9	16	2	0	0
10	18	0	10	8
11	19	5	9	4
12	21	4	8	0
13	23	3	6	8
14	25	2	5	4
15	27	1	4	0
16	29	0	2	8
17	30	5	1	4
18	32	4	0	0
19	34	2	10	8
20	36	1	9	4
21	38	0	8	0
22	39	5	6	8
23	41	4	5	4
24	43	3	4	0
25	45	2	2	8
26	47	1	1	4

ſur Pieds de Longueur.	Produit. Pieces.	Pieds.	Pouces.	Lignes.
27	49	0	0	0
28	50	4	10	8
29	52	3	9	4
30	54	2	8	0
31	56	1	6	8
32	58	0	5	4
33	59	5	4	0
34	61	4	2	8
35	63	3	1	4
36	65	2	0	0
37	67	0	10	8
38	68	5	9	4
39	70	4	8	0
40	72	3	6	8
41	74	2	5	4
42	76	1	4	0
43	78	0	2	8
44	79	5	1	4
45	81	4	0	0
46	83	2	10	8
47	85	1	9	4
48	87	0	8	0
49	88	5	6	8
50	90	4	5	4
51	92	3	4	0
52	94	2	2	8

ſur Pieds de Longueur.	Produit. Pieces.	Pieds.	Pouces.	Lignes.
53	96	1	1	4
54	98	0	0	0
55	99	4	10	8
56	101	3	9	4
57	103	2	8	0
58	105	1	6	8
59	107	0	5	4
60	108	5	4	0
61	110	4	2	8
62	112	3	1	4
63	114	2	0	0
64	116	0	10	8
65	117	5	9	4
66	119	4	8	0
67	121	3	6	8
68	123	2	5	4
69	125	1	4	0
70	127	0	2	8
71	128	5	0	4
72	130	4	1	0
$\frac{1}{4}$	0	2	8	8
$\frac{1}{2}$	0	5	5	4
$\frac{3}{4}$	1	2	2	0

Grosseur de 28 & 29 pouces.

sur Pieds de Longueur.	Produit.			
	Pieces.	Pieds.	Pouces.	Lignes.
1	1	5	3	4
2	3	4	6	8
3	5	3	10	0
4	7	3	1	4
5	9	2	4	8
6	11	1	8	0
7	13	0	11	4
8	15	0	2	8
9	16	5	6	0
10	18	4	9	4
11	20	4	0	8
12	22	3	4	0
13	24	2	7	4
14	26	1	10	8
15	28	1	2	0
16	30	0	5	4
17	31	5	8	8
18	33	5	0	0
19	35	4	3	4
20	37	3	6	8
21	39	2	10	0
22	41	2	1	4
23	43	1	4	8
24	45	0	8	0
25	46	5	11	4
26	48	5	2	8

sur Pieds de Longueur.	Produit.			
	Pieces.	Pieds.	Pouces.	Lignes.
27	50	4	6	0
28	52	3	9	4
29	54	3	0	8
30	56	2	4	0
31	58	1	7	4
32	60	0	10	8
33	62	0	2	0
34	63	5	5	4
35	65	4	8	8
36	67	4	0	0
37	69	3	3	4
38	71	2	6	8
39	73	1	10	0
40	75	1	1	4
41	77	0	4	8
42	78	5	8	0
43	80	4	11	4
44	82	4	2	8
45	84	3	6	0
46	86	2	9	4
47	88	2	0	8
48	90	1	4	0
49	92	0	7	4
50	93	5	10	8
51	95	5	2	0
52	97	4	5	4

sur Pieds de Longueur.	Produit.			
	Pieces.	Pieds.	Pouces.	Lignes.
53	99	3	8	8
54	101	3	0	0
55	103	2	3	4
56	105	1	6	8
57	107	0	10	0
58	109	0	1	4
59	110	5	4	8
60	112	4	8	0
61	114	3	11	4
62	116	3	2	8
63	118	2	6	0
64	120	1	9	4
65	122	1	0	8
66	124	0	4	0
67	125	5	7	4
69	127	4	10	8
68	129	4	2	0
70	131	3	5	4
71	133	2	8	8
72	135	2	0	0
$\frac{1}{4}$	0	2	9	10
$\frac{1}{2}$	0	5	7	8
$\frac{3}{4}$	1	2	5	6

Grosseur de 28 & 30 pouces.

sur Pieds de Longueur.	Produit. Pieces.	Pieds.	Pouces.	Lignes.	sur Pieds de Longueur.	Produit. Pieces.	Pieds.	Pouces.	Lignes.	sur Pieds de Longueur	Produit. Pieces.	Pieds.	Pouces.	Lignes.
1	1	5	8	0	27	52	3	0	0	53	103	0	4	0
2	3	5	4	0	28	54	2	8	0	54	105	0	0	0
3	5	5	0	0	29	56	2	4	0	55	106	5	8	0
4	7	4	8	0	30	58	2	0	0	56	108	5	4	0
5	9	4	4	0	31	60	1	8	0	57	110	5	0	0
6	11	4	0	0	32	62	1	4	0	58	112	4	8	0
7	13	3	8	0	33	64	1	0	0	59	114	4	4	0
8	15	3	4	0	34	66	0	8	0	60	116	4	0	0
9	17	3	0	0	35	68	0	4	0	61	118	3	8	0
10	19	2	8	0	36	70	0	0	0	62	120	3	4	0
11	21	2	4	0	37	71	5	8	0	63	122	3	0	0
12	23	2	0	0	38	73	5	4	0	64	124	2	8	0
13	25	1	8	0	39	75	5	0	0	65	126	2	4	0
14	27	1	4	0	40	77	4	8	0	66	128	2	0	0
15	29	1	0	0	41	79	4	4	0	67	130	1	8	0
16	31	0	8	0	42	81	4	0	0	68	132	1	4	0
17	33	0	4	0	43	83	3	8	0	69	134	1	0	0
18	35	0	0	0	44	85	3	4	0	70	136	0	8	0
19	36	5	8	0	45	87	3	0	0	71	138	0	4	0
20	38	5	4	0	46	89	2	8	0	72	140	0	0	0
21	40	5	0	0	47	91	2	4	0					
22	42	4	8	0	48	93	2	0	0					
23	44	4	4	0	49	95	1	8	0	$\frac{1}{4}$	0	2	11	0
24	46	4	0	0	50	97	1	4	0	$\frac{1}{2}$	0	5	10	0
25	48	3	8	0	51	99	1	0	0	$\frac{3}{4}$	1	2	9	0
26	50	3	4	0	52	101	0	8	0					

Grosseur de 28 & 31 pouces.

sur Pied de Longueur	Produit. Pieces.	Pieds.	Pouces.	Lignes.	sur Pieds de Longueur.	Produit. Pieces.	Pieds.	Pouces.	Lignes.	sur Pieds de Longueur.	Produit. Pieces.	Pieds.	Pouces.	Lignes.
1	2	0	0	8	27	54	1	6	0	53	106	2	11	4
2	4	0	1	4	28	56	1	6	8	54	108	3	0	0
3	6	0	2	0	29	58	1	7	4	55	110	3	0	8
4	8	0	2	8	30	60	1	8	0	56	112	3	1	4
5	10	0	3	4	31	62	1	8	8	57	114	3	2	0
6	12	0	4	0	32	64	1	9	4	58	116	3	2	8
7	14	0	4	8	33	66	1	10	0	59	118	3	3	4
8	16	0	5	4	34	68	1	10	8	60	120	3	4	0
9	18	0	6	0	35	70	1	11	4	61	122	3	4	8
10	20	0	6	8	36	72	2	0	0	62	124	3	5	4
11	22	0	7	4	37	74	2	0	8	63	126	3	6	0
12	24	0	8	0	38	76	2	1	4	64	128	3	6	8
13	26	0	8	8	39	78	2	2	0	65	130	3	7	4
14	28	0	9	4	40	80	2	2	8	66	132	3	8	0
15	30	0	10	0	41	82	2	3	4	67	134	3	8	8
16	32	0	10	8	42	84	2	4	0	68	136	3	9	4
17	34	0	11	4	43	86	2	4	8	69	138	3	10	0
18	36	1	0	0	44	88	2	5	4	70	140	3	10	8
19	38	1	0	8	45	90	2	6	0	71	142	3	11	4
20	40	1	1	4	46	92	2	6	8	72	144	4	0	0
21	42	1	2	0	47	94	2	7	4					
22	44	1	2	8	48	96	2	8	0	1/4	0	3	0	2
23	46	1	3	4	49	98	2	8	8	1/2	1	0	0	4
24	48	1	4	0	50	100	2	9	4	3/4	1	3	0	6
25	50	1	4	8	51	102	2	10	0					
26	52	1	5	4	52	104	2	10	8					

Grosseur de 28 & 32 pouces.

sur Pieds de Longueur.	Produit. Pieces.	Pieds.	Pouces.	Lignes.	sur Pieds de Longueur.	Produit. Pieces.	Pieds.	Pouces.	Lignes.	sur Pieds de Longueur.	Produit. Pieces.	Pieds.	Pouces.	Lignes.
1	2	0	5	4	27	56	0	0	0	53	109	5	6	8
2	4	0	10	8	28	58	0	5	4	54	112	0	0	0
3	6	1	4	0	29	60	0	10	8	55	114	0	5	4
4	8	1	9	4	30	61	1	4	0	56	116	0	10	8
5	10	2	2	8	31	64	1	9	4	57	118	1	4	0
6	12	2	8	0	32	66	2	2	8	58	120	1	9	4
7	14	3	1	4	33	68	2	8	0	59	122	2	2	8
8	16	3	6	8	34	70	3	1	4	60	124	2	8	0
9	18	4	0	0	35	72	3	6	8	61	126	3	1	4
10	20	4	5	4	36	74	4	0	0	62	128	3	6	8
11	22	4	10	8	37	76	4	5	4	63	130	4	0	0
12	24	5	4	0	38	78	4	10	8	64	132	4	5	4
13	26	5	9	4	39	80	5	4	0	65	134	4	10	8
14	29	0	2	8	40	82	5	9	4	66	136	5	4	0
15	31	0	8	0	41	85	0	2	8	67	138	5	9	4
16	33	1	1	4	42	87	0	8	0	68	141	0	2	8
17	35	1	6	8	43	89	1	1	4	69	143	0	8	0
18	37	2	0	0	44	91	1	6	8	70	145	1	1	4
19	39	2	5	4	45	93	2	0	0	71	147	1	6	8
20	41	2	10	8	46	95	2	5	4	72	149	2	0	0
21	43	3	4	0	47	97	2	10	8					
22	45	3	9	4	48	99	3	4	0	1/4	0	3	1	4
23	47	4	2	8	49	101	3	9	4	1/2	1	0	2	8
24	49	4	8	0	50	103	4	2	8	3/4	1	3	4	0
25	51	5	1	4	51	105	4	8	0					
26	53	5	6	8	52	107	5	1	4					

Grosseur de 28 & 33 pouces.

sur Pieds de Longueur.	Produit. Pieces.	Pieds.	Pouces.	Lignes.
1	2	0	10	0
2	4	1	8	0
3	6	2	6	0
4	8	3	4	0
5	10	4	2	0
6	12	5	0	0
7	14	5	10	0
8	17	0	8	0
9	19	1	6	0
10	21	2	4	0
11	23	3	2	0
12	25	4	0	0
13	27	4	10	0
14	29	5	8	0
15	32	0	6	0
16	34	1	4	0
17	36	2	2	0
18	38	3	0	0
19	40	3	10	0
20	42	4	8	0
21	44	5	6	0
22	47	0	4	0
23	49	1	2	0
24	51	2	0	0
25	53	2	10	0
26	55	3	8	0

sur Pieds de Longueur.	Produit. Pieces.	Pieds.	Pouces.	Lignes.
27	57	4	6	0
28	59	5	4	0
29	62	0	2	0
30	64	1	0	0
31	66	1	10	0
32	68	2	8	0
33	70	3	6	0
34	72	4	4	0
35	74	5	2	0
36	77	0	0	0
37	79	0	10	0
38	81	1	8	0
39	83	2	6	0
40	85	3	4	0
41	87	4	2	0
42	89	5	0	0
43	91	5	10	0
44	94	0	8	0
45	96	1	6	0
46	98	2	4	0
47	100	3	2	0
48	102	4	0	0
49	104	4	10	0
50	106	5	8	0
51	109	0	6	0
52	111	1	4	0

sur Pieds de Longueur	Produit. Pieces.	Pieds.	Pouces.	Lignes.
53	113	2	2	0
54	115	3	0	0
55	117	3	10	0
56	119	4	8	0
57	121	5	6	0
58	124	0	4	0
59	126	1	2	0
60	128	2	0	0
61	130	2	10	0
62	132	3	8	0
63	134	4	6	0
64	136	5	4	0
65	139	0	2	0
66	141	1	0	0
67	143	1	10	0
68	145	2	8	0
69	147	3	6	0
70	149	4	4	0
71	151	5	2	0
72	154	0	0	0
1/4	0	3	2	6
1/2	1	0	5	0
3/4	1	3	7	6

Grosseur de 28 & 34 pouces.

sur Pieds de Longueur.	Produit. Pieces.	Pieds.	Pouces.	Lignes.	sur Pieds de Longueur.	Produit. Pieces.	Pieds.	Pouces.	Lignes.	sur Pieds de Longueur.	Produit. Pieces.	Pieds.	Pouces.	Lignes.
1	2	1	2	8	27	59	3	0	0	53	116	4	9	4
2	4	2	5	4	28	61	4	2	8	54	119	0	0	0
3	6	3	8	0	29	63	5	5	4	55	121	1	2	8
4	8	4	10	8	30	66	0	8	0	56	123	2	5	4
5	11	0	1	4	31	68	1	10	8	57	125	3	8	0
6	13	1	4	0	32	70	3	1	4	58	127	4	10	8
7	15	2	6	8	33	72	4	4	0	59	130	0	1	4
8	17	3	9	4	34	74	5	6	8	60	132	1	4	0
9	19	5	0	0	35	77	0	9	4	61	134	2	6	8
10	22	0	2	8	36	79	2	0	0	62	136	3	9	4
11	24	1	5	4	37	81	3	2	8	63	138	5	0	0
12	26	2	8	0	38	83	4	5	4	64	141	0	2	8
13	28	3	10	8	39	85	5	8	0	65	143	1	5	4
14	30	5	1	4	40	88	0	10	8	66	145	2	8	0
15	33	0	4	0	41	90	2	1	4	67	147	3	10	8
16	35	1	6	8	42	92	3	4	0	68	149	5	1	4
17	37	2	9	4	43	94	4	6	8	69	152	0	4	0
18	39	4	0	0	44	96	5	9	4	70	154	1	6	8
19	41	5	2	8	45	99	1	0	0	71	156	2	9	4
20	44	0	5	4	46	101	2	2	8	72	158	4	0	0
21	46	1	8	0	47	103	3	5	4					
22	48	2	10	8	48	105	4	8	0					
23	50	4	1	4	49	107	5	10	8	¼		0	3	3	8
24	52	5	4	0	50	110	1	1	4	½		1	0	7	4
25	55	0	6	8	51	112	2	4	0	¾		1	3	11	0
26	57	1	9	4	52	114	3	6	8					

Grosseur de 28 & 35 pouces.

sur Pieds de Longueur.	Produit. Pieces.	Pieds.	Pouces.	Lignes.	sur Pieds de Longueur.	Produit. Pieces.	Pieds.	Pouces.	Lignes.	sur Pieds de Longueur.	Produit. Pieces.	Pieds.	Pouces.	Lignes.
1	2	1	7	4	27	61	1	6	0	53	120	1	4	8
2	4	3	2	8	28	63	3	1	4	54	122	3	0	0
3	6	4	10	0	29	65	4	8	8	55	124	4	7	4
4	9	0	5	4	30	68	0	4	0	56	127	0	2	8
5	11	2	0	8	31	70	1	11	4	57	129	1	10	0
6	13	3	8	0	32	72	3	6	8	58	131	3	5	4
7	15	5	3	4	33	74	5	2	0	59	133	5	0	8
8	18	0	10	8	34	77	0	9	4	60	136	0	8	0
9	20	2	6	0	35	79	2	4	8	61	138	2	3	4
10	22	4	1	4	36	81	4	0	0	62	140	3	10	8
11	24	5	8	8	37	83	5	7	4	63	142	5	6	0
12	27	1	4	0	38	86	1	2	8	64	145	1	1	4
13	29	2	11	4	39	88	2	10	0	65	147	2	8	8
14	31	4	6	8	40	90	4	5	4	66	149	4	4	0
15	34	0	2	0	41	93	0	0	8	67	151	5	11	4
16	36	1	9	4	42	95	1	8	0	68	154	1	6	8
17	38	3	4	8	43	97	3	3	4	69	156	3	2	0
18	40	5	0	0	44	99	4	10	8	70	158	4	9	4
19	43	0	7	4	45	102	0	6	0	71	161	0	4	8
20	45	2	2	8	46	104	2	1	4	72	163	2	0	0
21	47	3	10	0	47	106	3	8	8					
22	49	5	5	4	48	108	5	4	0	1/4	0	3	4	10
23	52	1	0	8	49	111	0	11	4	1/2	1	0	9	8
24	54	2	8	0	50	113	2	6	8	3/4	1	4	2	6
25	56	4	3	4	51	115	4	2	0					
26	58	5	10	8	52	117	5	9	4					

Grosseur de 28 & 36 pouces.

fur Pieds de Longueur.	Pieces.	Pieds.	Pouces.	Lignes.	fur Pieds de Longueur.	Pieces.	Pieds.	Pouces.	Lignes.	fur Pieds de Longueur.	Pieces.	Pieds.	Pouces.	Lignes.
1	2..2.	0.	0		27	63.0.	0.	0		53	123.4.	0.	0	
2	4..4.	0.	0		28	65.2.	0.	0		54	126.0.	0.	0	
3	7..0.	0.	0		29	67.4.	0.	0		55	128.2.	0.	0	
4	9..2.	0.	0		30	70.0.	0.	0		56	130.4.	0.	0	
5	11..4.	0.	0		31	72.2.	0.	0		57	133.0.	0.	0	
6	14..0.	0.	0		32	74.4.	0.	0		58	135.2.	0.	0	
7	16..2.	0.	0		33	77.0.	0.	0		59	137.4.	0.	0	
8	18..4.	0.	0		34	79.2.	0.	0		60	140.0.	0.	0	
9	21..0.	0.	0		35	81.4.	0.	0		61	142.2.	0.	0	
10	23..2.	0.	0		36	84.0.	0.	0		62	144.4.	0.	0	
11	25..4.	0.	0		37	86.2.	0.	0		63	147.0.	0.	0	
12	28..0.	0.	0		38	88.4.	0.	0		64	149.2.	0.	0	
13	30..2.	0.	0		39	91.0.	0.	0		65	151.4.	0.	0	
14	32..4.	0.	0		40	93.2.	0.	0		66	154.0.	0.	0	
15	35..0.	0.	0		41	95.4.	0.	0		67	156.2.	0.	0	
16	37..2.	0.	0		42	98.0.	0.	0		68	158.4.	0.	0	
17	39..4.	0.	0		43	100.2.	0.	0		69	161.0.	0.	0	
18	42..0.	0.	0		44	102.4.	0.	0		70	163.2.	0.	0	
19	44..2.	0.	0		45	105.0.	0.	0		71	165.4.	0.	0	
20	46..4.	0.	0		46	107.2.	0.	0		72	168.0.	0.	0	
21	49..0.	0.	0		47	109.4.	0.	0						
22	51..2.	0.	0		48	112.0.	0.	0						
23	53..4.	0.	0		49	114.2.	0.	0		1/4		0.3.	6.	0
24	56..0.	0.	0		50	116.4.	0.	0		1/2		1.1.	0.	0
25	58..2.	0.	0		51	119.0.	0.	0		3/4		1.4.	6.	0
26	60..4.	0.	0		52	121.2.	0.	0						

Grosseur de 28 & 37 pouces.

sur Pieds de Longueur.	Pieces.	Pieds.	Pouces.	Lignes.	sur Pieds de Longueur.	Pieces.	Pieds.	Pouces.	Lignes.	sur Pieds de Longueur.	Pieces.	Pieds.	Pouces.	Lignes.
1	2	2	4	8	27	64	4	6	0	53	127	0	7	4
2	4	4	9	4	28	67	0	10	8	54	129	3	0	0
3	7	1	2	0	29	69	3	3	4	55	131	5	4	8
4	9	3	6	8	30	71	5	8	0	56	134	1	9	4
5	11	5	11	4	31	74	2	0	8	57	136	4	2	0
6	14	2	4	0	32	76	4	5	4	58	139	0	6	8
7	16	4	8	8	33	79	0	10	0	59	141	2	11	4
8	19	1	1	4	34	81	3	2	8	60	143	5	4	0
9	21	3	6	0	35	83	5	7	4	61	146	1	8	8
10	23	5	10	8	36	86	2	0	0	62	148	4	1	4
11	26	2	3	4	37	88	4	4	8	63	151	0	6	0
12	28	4	8	0	38	91	0	9	4	64	153	2	10	8
13	31	1	0	8	39	93	3	2	0	65	155	5	3	4
14	33	3	5	4	40	95	5	6	8	66	158	1	8	0
15	35	5	10	0	41	98	1	11	4	67	160	4	0	8
16	38	2	2	8	42	100	4	4	0	69	163	0	5	4
17	40	4	7	4	43	103	0	8	8	68	165	2	10	0
18	43	1	0	0	44	105	3	1	4	70	167	5	2	4
19	45	3	4	8	45	107	5	6	0	71	170	1	7	8
20	47	5	9	4	46	110	1	10	8	72	172	4	0	0
21	50	2	2	0	47	112	4	3	4					
22	52	4	6	8	48	115	0	8	0	1/4	0	3	7	2
23	55	0	11	4	49	117	3	0	8	1/2	1	1	2	4
24	57	3	4	0	50	119	5	5	4	3/4	1	4	9	6
25	59	5	8	8	51	122	1	10	0					
26	62	2	1	4	52	124	4	2	8					

Grosseur de 28 & 38 pouces.

sur Pieds de Longueur.	Produit. Pieces.	Pieds.	Pouces.	Lignes.	sur Pieds de Longueur.	Produit. Pieces.	Pieds.	Pouces.	Lignes.	sur Pieds de Longueur.	Produit. Pieces.	Pieds.	Pouces.	Lignes.
1	2..2.	9.	4		27	66.3.	0.	0		53	130.3.	2.	8
2	4..5.	6.	8		28	68.5.	9.	4		54	133.0.	0.	0
3	7..2.	4.	0		29	71.2.	6.	8		55	135.2.	9.	4
4	9..5.	1.	4		30	73.5.	4.	0		56	137.5.	6.	8
5	12..1.10.		8		31	76.2.	1.	4		57	140.2.	4.	0
6	14..4.	8.	0		32	78.4.10.		8		58	142.5.	1.	4
7	17..1.	5.	4		33	81.1.	8.	0		59	145.1.10.		8
8	19..4.	2.	8		34	83.4.	5.	4		60	147.4.	8.	0
9	22..1.	0.	0		35	86.1.	2.	8		61	150.1.	5.	4
10	24..3.	9.	4		36	88.4.	0.	0		62	152.4.	2.	8
11	27..0.	6.	8		37	91.0.	9.	4		63	155.1.	0.	0
12	29..3.	4.	0		38	93.3.	6.	8		64	157.3.	9.	4
13	32..0.	1.	4		39	96.0.	4.	0		65	160.0.	6.	8
14	34..2.10.		8		40	98.3.	1.	4		66	162.3.	4.	0
15	36..5.	8.	0		41	100.5.10.		8		67	165.0.	1.	4
16	39..2.	5.	4		42	103.2.	8.	0		68	167.2.10.		8
17	41..5.	2.	8		43	105.5.	5.	4		69	169.5.	8.	0
18	44..2.	0.	0		44	108.2.	2.	8		70	172.2.	5.	4
19	46..4.	9.	4		45	110.5.	0.	0		71	174.5.	2.	8
20	49..1.	6.	8		46	113.1.	9.	4		72	177.2.	0.	0
21	51..4.	4.	0		47	115.4.	6.	8					
22	54..1.	1.	4		48	118.1.	4.	0					
23	56..3.10.		8		49	120.4.	1.	4		1/4	0.3.	8.	4
24	59..0.	8.	0		50	123.0.10.		8		1/2	1.1.	4.	8
25	61..3.	5.	4		51	125.3.	8.	0		3/4	1.5.	1.	0
26	64..0.	2.	8		52	128.0.	5.	4					

Grosseur de 28 & 39 pouces.

sur Pieds de Longueur	Pieces	Pieds	Pouces	Lignes	sur Pieds de Longueur	Pieces	Pieds	Pouces	Lignes	sur Pieds de Longueur	Pieces	Pieds	Pouces	Lignes
1	2	3	2	0	27	68	1	6	0	53	133	5	10	0
2	5	0	4	0	28	70	4	8	0	54	136	3	0	0
3	7	3	6	0	29	73	1	10	0	55	139	0	2	0
4	10	0	8	0	30	75	5	0	0	56	141	3	4	0
5	12	3	10	0	31	78	2	2	0	57	144	0	6	0
6	15	1	0	0	32	80	5	4	0	58	146	3	8	0
7	17	4	2	0	33	83	2	6	0	59	149	0	10	0
8	20	1	4	0	34	85	5	8	0	60	151	4	0	0
9	22	4	6	0	35	88	2	10	0	61	154	1	2	0
10	25	1	8	0	36	91	0	0	0	62	156	4	4	0
11	27	4	10	0	37	93	3	2	0	63	159	1	6	0
12	30	2	0	0	38	96	0	4	0	64	161	4	8	0
13	32	5	2	0	39	98	3	6	0	65	164	1	10	0
14	35	2	4	0	40	101	0	8	0	66	166	5	0	0
15	37	5	6	0	41	103	3	10	0	67	169	2	2	0
16	40	2	8	0	42	106	1	0	0	68	171	5	4	0
17	42	5	10	0	43	108	4	2	0	69	174	2	6	0
18	45	3	0	0	44	111	1	4	0	70	176	5	8	0
19	48	0	2	0	45	113	4	6	0	71	179	2	10	0
20	50	3	4	0	46	116	1	8	0	72	182	0	0	0
21	53	0	6	0	47	118	4	10	0					
22	55	3	8	0	48	121	2	0	0	$\frac{1}{4}$	0	3	9	6
23	58	0	10	0	49	123	5	2	0	$\frac{1}{2}$	1	1	7	0
24	60	4	0	0	50	126	2	4	0	$\frac{3}{4}$	1	5	4	6
25	63	1	2	0	51	128	5	6	0					
26	65	4	4	0	52	131	2	8	0					

Grosseur de 28 & 40 pouces.

sur Pieds de Longueur.	Pieces.	Pieds.	Pouces.	Lignes.	sur Pieds de Longueur.	Pieces.	Pieds.	Pouces.	Lignes.	sur Pieds de Longueur.	Pieces.	Pieds.	Pouces.	Lignes.
1	2	3	6	8	27	70	0	0	0	53	137	2	5	4
2	5	1	1	4	28	72	3	6	8	54	140	0	0	0
3	7	4	8	0	29	75	1	1	4	55	142	3	6	8
4	10	2	2	8	30	77	4	8	0	56	145	1	1	4
5	12	5	9	4	31	80	2	2	8	57	147	4	8	0
6	15	3	4	0	32	82	5	9	4	58	150	2	2	8
7	18	0	10	8	33	85	3	4	0	59	152	5	9	4
8	20	4	5	4	34	88	0	10	8	60	155	3	4	0
9	23	2	0	0	35	90	4	5	4	61	158	0	10	8
10	25	5	6	8	36	93	2	0	0	62	160	4	5	4
11	28	3	1	4	37	95	5	6	8	63	163	2	0	0
12	31	0	8	0	38	98	3	1	4	64	165	5	6	8
13	33	4	2	8	39	101	0	8	0	65	168	3	1	4
14	36	1	9	4	40	103	4	2	8	66	171	0	8	0
15	38	5	4	0	41	106	1	9	4	67	173	4	2	8
16	41	2	10	8	42	108	5	4	0	68	176	1	9	4
17	44	0	5	4	43	111	2	10	8	69	178	5	4	0
18	46	4	0	0	44	114	0	5	4	70	181	2	10	8
19	49	1	6	8	45	116	4	0	0	71	184	0	5	4
20	51	5	1	4	46	119	1	6	8	72	186	4	0	0
21	54	2	8	0	47	121	5	1	4					
22	57	0	2	8	48	124	2	8	0	$\frac{1}{4}$	0	3	10	8
23	59	3	9	4	49	127	0	2	8	$\frac{1}{2}$	1	1	9	4
24	62	1	4	0	50	129	3	9	4	$\frac{3}{4}$	1	5	8	0
25	64	4	10	8	51	132	1	4	0					
26	67	2	5	4	52	134	4	10	8					

Grosseur de 29 pouces.

sur Pieds de Longueur.	Pièces.	Pieds.	Pouces.	Lignes.	sur Pieds de Longueur.	Pièces.	Pieds.	Pouces.	Lignes.	sur Pieds de Longueur.	Pièces.	Pieds.	Pouces.	Lignes.
1	1	5	8	2	27	52	3	4	6	53	103	1	0	10
2	3	5	4	4	28	54	3	0	8	54	105	0	9	0
3	5	5	0	6	29	56	2	8	10	55	107	0	5	2
4	7	4	8	8	30	58	2	5	0	56	109	0	1	4
5	9	4	4	10	31	60	2	1	2	57	110	5	9	6
6	11	4	1	0	32	62	1	9	4	58	112	5	5	8
7	13	3	9	2	33	64	1	5	6	59	114	5	1	10
8	15	3	5	4	34	66	1	1	8	60	116	4	10	0
9	17	3	1	6	35	68	0	9	10	61	118	4	6	2
10	19	2	9	8	36	70	0	6	0	62	120	4	2	4
11	21	2	5	10	37	72	0	2	2	63	122	3	10	6
12	23	2	2	0	38	73	5	10	4	64	124	3	6	8
13	25	1	10	2	39	75	5	6	6	65	126	3	2	10
14	27	1	6	4	40	77	5	2	8	66	128	2	11	0
15	29	1	2	6	41	79	4	10	10	67	130	2	7	2
16	31	0	10	8	42	81	4	7	0	68	132	2	3	4
17	33	0	6	10	43	83	4	3	2	69	134	1	11	6
18	35	0	3	0	44	85	3	11	4	70	136	1	7	8
19	36	5	11	2	45	87	3	7	6	71	138	1	3	10
20	38	5	7	4	46	89	3	3	8	72	140	1	0	0
21	40	5	3	6	47	91	2	11	10	$\frac{1}{4}$	0	2	11	$0\frac{1}{2}$
22	42	4	11	8	48	93	2	8	0	$\frac{1}{2}$	0	5	10	1
23	44	4	7	10	49	95	2	4	2	$\frac{3}{4}$	1	2	9	$1\frac{1}{2}$
24	46	4	4	0	50	97	2	0	4					
25	48	4	0	2	51	99	1	8	6					
26	50	3	8	4	52	100	1	4	8					

Grosseur de 29 & 30 pouces.

sur Pieds de Longueur.	Produit.				sur Pieds de Longueur.	Produit.				sur Pieds de Longueur.	Produit.			
	Pieces.	Pieds.	Pouces.	Lignes.		Pieces.	Pieds.	Pouces.	Lignes.		Pieces.	Pieds.	Pouces.	Lignes.
1	2	0	1	0	27	54	2	3	0	53	106	4	5	0
2	4	0	2	0	28	56	2	4	0	54	108	4	6	0
3	6	0	3	0	29	58	2	5	0	55	110	4	7	0
4	8	0	4	0	30	60	2	6	0	56	112	4	8	0
5	10	0	5	0	31	62	2	7	0	57	114	4	9	0
6	12	0	6	0	32	64	2	8	0	58	116	4	10	0
7	14	0	7	0	33	66	2	9	6	59	118	4	11	0
8	16	0	8	0	34	68	2	10	0	60	120	5	0	0
9	18	0	9	0	35	70	2	11	0	61	122	5	1	0
10	20	0	10	0	36	72	3	0	0	62	124	5	2	0
11	22	0	11	0	37	74	3	1	0	63	126	5	3	0
12	24	1	0	0	38	76	3	2	0	64	128	5	4	0
13	26	1	1	0	39	78	3	3	0	65	130	5	5	0
14	28	1	2	0	40	80	3	4	0	66	132	5	6	0
15	30	1	3	0	41	82	3	5	0	67	134	5	7	0
16	32	1	4	0	42	84	3	6	0	68	136	5	8	0
17	34	1	5	0	43	86	3	7	0	69	138	5	9	0
18	36	1	6	0	44	88	3	8	0	70	140	5	10	0
19	38	1	7	0	45	90	3	9	0	71	142	5	11	0
20	40	1	8	0	46	92	3	10	0	72	145	0	0	0
21	42	1	9	0	47	94	3	11	0	$\frac{1}{4}$	0	3	0	3
22	44	1	10	0	48	96	4	0	0	$\frac{1}{2}$	1	0	0	6
23	46	1	11	0	49	98	4	1	0	$\frac{3}{4}$	1	3	0	9
24	48	2	0	0	50	100	4	2	0					
25	50	2	1	0	51	102	4	3	0					
26	52	2	2	0	52	104	4	4	0					

Grosseur de 29 & 31 pouces.

sur Pieds de Longueur.	Produit Pieces.	Pieds.	Pouces.	Lignes.	sur Pieds de Longueur.	Produit Pieces.	Pieds.	Pouces.	Lignes.	sur Pieds de Longueur.	Produit Pieces.	Pieds.	Pouces.	Lignes.
1	2	0	5	10	27	56	1	1	6	53	110	1	9	2
2	4	0	11	8	28	58	1	7	4	54	112	2	3	0
3	6	1	5	6	29	60	2	1	2	55	114	2	8	10
4	8	1	11	4	30	62	2	7	0	56	116	3	2	8
5	10	2	5	2	31	64	3	0	10	57	118	3	8	6
6	12	2	11	0	32	66	3	6	8	58	120	4	2	4
7	14	3	4	10	33	68	4	0	6	59	122	4	8	2
8	16	3	10	8	34	70	4	6	4	60	124	5	2	0
9	18	4	4	6	35	72	5	0	2	61	126	5	7	10
10	20	4	10	4	36	74	5	6	0	62	129	0	1	8
11	22	5	4	2	37	76	5	11	10	63	131	0	7	6
12	24	5	10	0	38	79	0	5	8	64	133	1	1	4
13	27	0	3	10	39	81	0	11	6	65	135	1	7	2
14	29	0	9	8	40	83	1	5	4	66	137	2	1	0
15	31	1	3	6	41	85	1	11	2	67	139	2	6	10
16	33	1	9	4	42	87	2	5	0	68	141	3	0	8
17	35	2	3	2	43	89	2	10	10	69	143	3	6	6
18	37	2	9	0	44	91	3	4	8	70	145	4	0	4
19	39	3	2	10	45	93	3	10	6	71	147	4	6	2
20	41	3	8	8	46	95	4	4	4	72	149	5	0	0
21	43	4	2	6	47	97	4	10	2					
22	45	4	8	4	48	99	5	4	0					
23	47	5	2	2	49	101	5	9	10	¼	0	3	1	5½
24	49	5	8	0	50	104	0	3	8	½	1	0	2	11
25	52	0	1	10	51	106	0	9	6	¾	1	3	4	4½
26	54	0	7	8	52	108	1	3	4					

Grosseur de 29 & 32 pouces.

sur Pieds de Longueur.	Produit. Pieces.	Pieds.	Pouces.	Lignes.	sur Pieds de Longueur.	Produit. Pieces.	Pieds.	Pouces.	Lignes.	sur Pieds de Longueur.	Produit. Pieces.	Pieds.	Pouces.	Lignes.
1	2	0	10	8	27	58	0	0	0	53	113	5	1	4
2	4	1	9	4	28	60	0	10	8	54	116	0	0	0
3	6	2	8	0	29	62	1	9	4	55	118	0	10	8
4	8	3	6	8	30	64	2	8	0	56	120	1	9	4
5	10	4	5	4	31	66	3	6	8	57	122	2	8	0
6	12	5	4	0	32	68	4	5	4	58	124	3	6	8
7	15	0	2	8	33	70	5	4	0	59	126	4	5	4
8	17	1	1	4	34	73	0	2	8	60	128	5	4	0
9	19	2	0	0	35	75	1	1	4	61	131	0	2	8
10	21	2	10	8	36	77	2	0	0	62	133	1	1	4
11	23	3	9	4	37	79	2	10	8	63	135	2	0	0
12	25	4	8	0	38	81	3	9	4	64	137	2	10	8
13	27	5	6	8	39	83	4	8	0	65	139	3	9	4
14	30	0	5	4	40	85	5	6	8	66	141	4	8	0
15	32	1	4	0	41	88	0	5	4	67	143	5	6	8
16	34	2	2	8	42	90	1	4	0	68	146	0	5	4
17	36	3	1	4	43	92	2	2	8	69	148	1	4	0
18	38	4	0	0	44	94	3	1	4	70	150	2	2	8
19	40	4	10	8	45	96	4	0	0	71	152	3	1	4
20	42	5	9	4	46	98	4	10	8	72	154	4	0	0
21	45	0	8	0	47	100	5	9	4					
22	47	1	6	8	48	103	0	8	0	1/4	0	3	2	8
23	49	2	5	4	49	105	1	6	8	1/2	1	0	5	4
24	51	3	4	0	50	107	2	5	4	3/4	1	3	8	0
25	53	4	2	8	51	109	3	4	0					
26	55	5	1	4	52	111	4	2	8					

Grosseur de 29 & 33 pouces.

sur Pieds de Longueur.	Produit. Pieces.	Pieds.	Pouces.	Lignes.	sur Pieds de Longueur.	Produit. Pieces.	Pieds.	Pouces.	Lignes.	sur Pieds de Longueur.	Produit. Pieces.	Pieds.	Pouces.	Lignes.
1	2	1	3	6	27	59	4	10	6	53	117	2	5	6
2	4	2	7	0	28	62	0	2	0	54	119	3	9	0
3	6	3	10	6	29	64	1	5	6	55	121	5	0	6
4	8	5	2	0	30	66	2	9	0	56	124	0	4	0
5	11	0	5	0	31	68	4	0	6	57	126	1	7	6
6	13	1	9	0	32	70	5	4	0	58	128	2	11	0
7	15	3	0	6	33	73	0	7	6	59	130	4	2	6
8	17	4	4	0	34	75	1	11	0	60	132	5	6	0
9	19	5	7	6	35	77	3	2	6	61	135	0	9	6
10	22	0	11	0	36	79	4	6	0	62	137	2	1	0
11	24	2	2	6	37	81	5	9	6	63	139	3	4	6
12	26	3	6	0	38	84	1	1	0	64	141	4	8	0
13	28	4	9	6	39	86	2	4	6	65	143	5	11	6
14	31	0	1	0	40	88	3	8	0	66	146	1	3	0
15	33	1	4	6	41	90	4	11	6	67	148	2	6	6
16	35	2	8	6	42	93	0	3	0	68	150	3	10	0
17	37	3	11	6	43	95	1	6	6	69	152	5	1	6
18	39	5	3	0	44	97	2	10	0	70	155	0	5	0
19	42	0	6	6	45	99	4	1	6	71	157	1	8	6
20	44	1	10	0	46	101	5	5	0	72	159	3	0	0
21	46	3	1	6	47	104	0	8	6	1/4	0	3	3	10½
22	48	4	5	0	48	106	2	0	0	1/2	1	0	7	9
23	50	5	8	6	49	108	3	3	6	3/4	1	3	11	7½
24	53	1	0	0	50	110	4	7	0					
25	55	2	3	6	51	112	5	10	6					
26	57	3	7	0	52	115	1	2	0					

Groffeur de 29 & 34 pouces.

fur Pieds de Longueur	Produit. Pieces.	Pieds.	Pouces.	Lignes.	fur Pieds de Longueur	Produit. Pieces.	Pieds.	Pouces.	Lignes.	fur Pieds de Longueur	Produit. Pieces.	Pieds.	Pouces.	Lignes.
1	2	1	8	4	27	61	3	9	0	53	120	5	9	8
2	4	3	4	8	28	63	5	5	4	54	123	1	6	0
3	6	5	1	0	29	66	1	1	8	55	125	3	2	4
4	9	0	9	4	30	68	2	10	0	56	127	4	10	8
5	11	2	5	8	31	70	4	6	4	57	130	0	7	0
6	13	4	2	0	32	73	0	2	8	58	132	2	3	4
7	15	5	10	4	33	75	1	11	0	59	134	3	11	8
8	18	1	6	8	34	77	3	7	4	60	136	5	8	0
9	20	3	3	0	35	79	5	3	8	61	139	1	4	4
10	22	4	11	4	36	82	1	0	0	62	141	3	0	8
11	25	0	7	8	37	84	2	8	4	63	143	4	9	0
12	27	2	4	0	38	86	4	4	8	64	146	0	5	4
13	29	4	0	4	39	89	0	1	0	65	148	2	1	8
14	31	5	8	8	40	91	1	9	4	66	150	3	10	0
15	34	1	5	0	41	93	3	5	8	67	152	5	6	4
16	36	3	1	4	42	95	5	2	0	68	155	1	2	8
17	38	4	9	8	43	98	0	10	4	69	157	2	11	0
18	41	0	6	0	44	100	2	6	8	70	159	4	7	4
19	43	2	2	4	45	102	4	3	0	71	162	0	3	8
20	45	3	10	8	46	104	5	11	4	72	164	2	0	0
21	47	5	7	0	47	107	1	7	8					
22	50	1	3	4	48	119	3	4	0					
23	52	2	11	8	49	111	5	0	4	1/4	0	3	5	1
24	54	4	8	0	50	114	0	8	8	1/2	1	0	10	2
25	57	0	4	4	51	116	2	5	0	3/4	1	4	3	3
26	59	2	0	8	52	118	4	1	4					

Grosseur de 29 & 35 pouces.

sur Pieds de Longueur.	Produit. Pieces.	Pieds.	Pouces.	Lignes.
1	2..2.	1.	2	
2	4..4.	2.	4	
3	7..0.	3.	6	
4	9..2.	4.	8	
5	11..4.	5.	10	
6	14..0.	7.	0	
7	16..2.	8.	2	
8	18..4.	9.	4	
9	21..0.	10.	6	
10	23..2.	11.	8	
11	25..5.	0.	10	
12	28..1.	2.	0	
13	30..3.	3.	2	
14	32..5.	4.	4	
15	35..1.	5.	6	
16	37..3.	6.	8	
17	39..5.	7.	10	
18	42..1.	9.	0	
19	44..3.	10.	2	
20	46..5.	11.	4	
21	49..2.	0.	6	
22	51..4.	1.	8	
23	54..0.	2.	10	
24	56..2.	4.	0	
25	58..4.	5.	2	
26	61..0.	6.	4	

sur Pieds de Longueur.	Produit. Pieces.	Pieds.	Pouces.	Lignes.
27	63.2.	7.	6	
28	65.4.	8.	8	
29	68.0.	9.	10	
30	70.2.	11.	0	
31	72.5.	0.	2	
32	75.1.	1.	4	
33	77.3.	2.	6	
34	79.5.	3.	8	
35	82.1.	4.	10	
36	84.3.	6.	0	
37	86.5.	7.	2	
38	89.1.	8.	4	
39	91.3.	9.	6	
40	93.5.	10.	8	
41	96.1.	11.	10	
42	98.4.	1.	0	
43	101.0.	2.	2	
44	103.2.	3.	4	
45	105.4.	4.	6	
46	108.0.	5.	8	
47	110.2.	6.	10	
48	112.4.	8.	0	
49	115.0.	9.	2	
50	117.2.	10.	4	
51	119.4.	11.	6	
52	122.1.	0.	8	

sur Pieds de Longueur.	Produit. Pieces.	Pieds.	Pouces.	Lignes.
53	124.3.	1.	10	
54	126.5.	3.	0	
55	129.1.	4.	2	
56	131.3.	5.	4	
57	133.5.	6.	6	
58	136.1.	7.	8	
59	138.3.	8.	10	
60	140.5.	10.	0	
61	143.1.	11.	2	
62	145.4.	0.	4	
63	148.0.	1.	6	
64	150.2.	2.	8	
65	152.4.	3.	10	
66	155.0.	5.	0	
67	157.2.	6.	2	
68	159.4.	7.	4	
69	162.0.	8.	6	
70	164.2.	9.	8	
71	166.4.	10.	10	
72	169.1.	0.	0	
1/4	0.3.6.		3½	
1/2	1.1.0.		7	
3/4	1.4.6.		10½	

Grosseur de 29 & 36 pouces.

sur Pieds de Longueur.	Pieces.	Pieds.	Pouces.	Lignes.	sur Pieds de Longueur.	Pieces.	Pieds.	Pouces.	Lignes.	sur Pieds de Longueur.	Pieces.	Pieds.	Pouces.	Lignes.
1	2	2	6	0	27	65	1	6	0	53	128	0	6	0
2	4	5	0	0	28	67	4	0	0	54	130	3	0	0
3	7	1	6	0	29	70	0	6	0	55	132	5	6	0
4	9	4	0	0	30	72	3	0	0	56	135	2	0	0
5	12	0	6	0	31	74	5	6	0	57	137	4	6	0
6	14	3	0	0	32	77	2	0	0	58	140	1	0	0
7	16	5	6	0	33	79	4	6	0	59	142	3	6	0
8	19	2	0	0	34	82	1	0	0	60	145	0	0	0
9	21	4	6	0	35	84	3	6	0	61	147	2	6	0
10	24	1	0	0	36	87	0	0	0	62	149	5	0	0
11	26	3	6	0	37	89	2	6	0	63	152	1	6	0
12	29	0	0	0	38	91	5	0	0	64	154	4	0	0
13	31	2	6	0	39	94	1	6	0	65	157	0	6	0
14	33	5	0	0	40	96	4	0	0	66	159	3	0	0
15	36	1	6	0	41	99	0	6	0	67	161	5	6	0
16	38	4	0	0	42	101	3	0	0	68	164	2	0	0
17	41	0	6	0	43	103	5	6	0	69	166	4	6	0
18	43	3	0	0	44	106	2	0	0	70	169	1	0	0
19	45	5	6	0	45	108	4	6	0	71	171	3	6	0
20	48	2	0	0	46	111	1	0	0	72	174	0	0	0
21	50	4	6	0	47	113	3	6	0					
22	53	1	0	0	48	116	0	0	0	$\frac{1}{4}$		0	3	7	6
23	55	3	6	0	49	118	2	6	0	$\frac{1}{2}$		1	1	3	0
24	58	0	0	0	50	120	5	0	0	$\frac{3}{4}$		1	4	10	6
25	60	2	6	0	51	123	1	6	0					
26	62	5	0	0	52	125	4	0	0					

Grosseur de 29 & 37 pouces.

sur Pieds de Longueur.	Produit. Pieces.	Pieds.	Pouces.	Lignes.	sur Pieds de Longueur.	Produit. Pieces.	Pieds.	Pouces.	Lignes.	sur Pieds de Longueur.	Produit. Pieces.	Pieds.	Pouces.	Lignes.
1	2	2	10	10	27	67	0	4	6	53	131	3	10	2
2	4	5	9	8	28	69	3	3	4	54	134	0	9	0
3	7	2	8	6	29	72	0	2	2	55	136	3	7	10
4	9	5	7	4	30	74	3	1	0	56	139	0	6	8
5	12	2	6	2	31	76	5	11	10	57	141	3	5	6
6	14	5	5	0	32	79	2	10	8	58	144	0	4	4
7	17	2	3	10	33	81	5	9	6	59	146	3	3	2
8	19	5	2	8	34	84	2	8	4	60	149	0	2	0
9	22	2	1	6	35	86	5	7	2	61	151	3	0	10
10	24	5	0	4	36	89	2	6	0	62	153	5	11	8
11	27	1	11	2	37	91	5	4	10	63	156	2	10	6
12	29	4	10	0	38	94	2	3	8	64	158	5	9	4
13	32	1	8	10	39	96	5	2	6	65	161	2	8	2
14	34	4	7	8	40	99	2	1	4	66	163	5	7	0
15	37	1	6	6	41	101	5	0	2	67	166	2	5	10
16	39	4	5	4	42	104	1	11	0	68	168	5	4	8
17	42	1	4	2	43	106	4	9	10	69	171	2	3	6
18	44	4	3	0	44	109	1	8	8	70	173	5	2	4
19	47	1	1	10	45	111	4	7	6	71	176	2	1	2
20	49	4	0	8	46	114	1	6	4	72	178	5	0	0
21	52	0	11	6	47	116	4	5	2					
22	54	3	10	4	48	119	1	4	0					
23	57	0	9	2	49	121	4	2	10	¼	0	3	8	8½
24	59	3	8	0	50	124	1	1	8	½	1	1	5	5
25	62	0	6	10	51	126	4	0	6	¾	1	5	2	1½
26	64	3	5	8	52	129	0	11	4					

Grosseur de 29 & 38 pouces.

sur Pieds de Longueur.	Produit. Pieces.	Pieds.	Pouces.	Lignes.	sur Pieds de Longueur.	Produit. Pieces.	Pieds.	Pouces.	Lignes.	sur Pieds de Longueur.	Produit. Pieces.	Pieds.	Pouces.	Lignes.
1	2.	3.	3.	8	27	68.5.	3.	0		53	135.1.	2.	4	
2	5.	0.	7.	4	28	91.2.	6.	8		54	137.4.	6.	0	
3	7.	3.	11.	0	29	73.5.	10.	4		55	140.1.	9.	8	
4	10.	1.	2.	8	30	76.3.	2.	0		56	142.5.	1.	4	
5	12.	4.	6.	4	31	79.0.	5.	8		57	145.2.	5.	0	
6	15.	1.	10.	0	32	81.3.	9.	4		58	147.5.	8.	8	
7	17.	5.	1.	8	33	84.1.	1.	0		59	150.3.	0.	4	
8	20.	2.	5.	4	34	86.4.	4.	8		60	153.0.	4.	0	
9	22.	5.	9.	0	35	89.1.	8.	4		61	155.3.	7.	8	
10	25.	3.	0.	8	36	91.5.	0.	0		62	158.0.	11.	4	
11	28.	0.	4.	4	37	94.2.	3.	8		63	160.4.	3.	0	
12	30.	3.	8.	0	38	96.5.	7.	4		64	163.1.	6.	8	
13	33.	0.	11.	8	39	99.2.	11.	0		65	165.4.	10.	4	
14	35.	4.	3.	4	40	102.0.	2.	8		66	168.2.	2.	0	
15	38.	1.	7.	0	41	104.3.	6.	4		67	170.5.	5.	8	
16	40.	4.	10.	8	42	107.0.	10.	0		68	173.2.	9.	4	
17	43.	2.	2.	4	43	109.4.	1.	8		69	176.0.	1.	0	
18	45.	5.	6.	0	44	112.1.	5.	4		70	178.3.	4.	8	
19	48.	2.	9.	8	45	114.4.	9.	0		71	181.0.	8.	4	
20	51.	0.	1.	4	46	117.2.	0.	8		72	183.4.	0.	0	
21	53.	3.	5.	0	47	119.5.	4.	4						
22	56.	0.	8.	8	48	122.2.	8.	0						
23	58.	4.	0.	4	49	124.5.	11.	3		1/4	0.3.	9.	11	
24	61.	1.	4.	0	50	127.3.	3.	4		1/2	1.1.	7.	10	
25	63.	4.	7.	8	51	130.0.	7.	0		3/4	1.5.	5.	9	
26	66.	1.	11.	4	52	132.3.	10.	8						

Grosseur de 29 & 39 pouces.

sur Pieds de Longueur.	Pieces.	Pieds.	Pouces.	Lignes.	sur Pieds de Longueur.	Pieces.	Pieds.	Pouces.	Lignes.	sur Pieds de Longueur.	Pieces.	Pieds.	Pouces.	Lignes.
1	2	3	8	6	27	70	4	1	6	53	138	4	6	6
2	5	1	5	0	28	73	1	10	0	54	141	2	3	0
3	7	5	1	6	29	75	5	6	6	55	143	5	11	6
4	10	2	10	0	30	78	3	3	0	56	146	3	8	0
5	13	0	6	6	31	81	0	11	6	57	149	1	4	6
6	15	4	3	0	32	83	4	8	0	58	151	5	1	0
7	18	1	11	6	33	86	2	4	6	59	154	2	9	6
8	20	5	8	0	34	89	0	1	0	60	157	0	6	0
9	23	3	4	6	35	91	3	9	6	61	159	4	2	6
10	26	1	1	0	36	94	1	6	0	62	162	1	11	0
11	28	4	9	6	37	96	5	2	6	63	164	5	7	6
12	31	2	6	0	38	99	2	11	0	64	167	3	4	0
13	34	0	2	6	39	102	0	7	6	65	170	1	0	6
14	36	3	11	0	40	104	4	4	0	66	172	4	9	0
15	39	1	7	6	41	107	2	0	6	67	175	2	5	6
16	41	5	4	0	42	109	5	9	0	68	178	0	2	0
17	44	3	0	6	43	112	3	5	6	69	180	3	10	6
18	47	0	9	0	44	115	1	2	0	70	183	1	7	0
19	49	4	5	6	45	117	4	10	6	71	185	5	3	6
20	52	2	2	0	46	120	2	7	0	72	188	3	0	0
21	54	5	10	6	47	123	0	3	6					
22	57	3	7	0	48	125	4	0	0	¼	0	3	11	1½
23	60	1	3	6	49	128	1	8	6	½	1	1	10	3
24	62	5	0	0	50	130	5	5	0	¾	1	5	9	4½
25	65	2	8	6	51	133	3	1	6					
26	68	0	5	0	52	136	0	10	0					

Grosseur de 29 & 40 pouces.

sur Pieds de Longueur.	Produit. Pieces.	Pieds.	Pouces.	Lignes.	sur Pieds de Longueur.	Produit. Pieces.	Pieds.	Pouces.	Lignes.	sur Pieds de Longueur.	Produit. Pieces.	Pieds.	Pouces.	Lignes.
1	2..	4.	1.	4	27	72.	3.	0.	0	53	142.	1.	10.	8
2	5..	2.	2.	8	28	75.	1.	1.	4	54	145.	0.	0.	0
3	8..	0.	4.	0	29	77.	5.	2.	8	55	147.	4.	1.	4
4	10..	4.	5.	4	30	80.	3.	4.	0	56	150.	2.	2.	8
5	13..	2.	6.	8	31	83.	1.	5.	4	57	153.	0.	4.	0
6	16..	0.	8.	0	32	85.	5.	6.	8	58	155.	4.	5.	4
7	18..	4.	9.	4	33	88.	3.	8.	0	59	158.	2.	6.	8
8	21..	2.	10.	8	34	91.	1.	9.	4	60	161.	0.	8.	0
9	24..	1.	0.	0	35	93.	5.	10.	8	61	163.	4.	9.	4
10	26..	5.	1.	4	36	96.	4.	0.	0	62	166.	2.	10.	8
11	29..	3.	2.	8	37	99.	2.	1.	4	63	169.	1.	0.	0
12	32..	1.	4.	0	38	102.	0.	2.	8	64	171.	5.	1.	4
13	34..	5.	5.	4	39	104.	4.	4.	0	65	174.	3.	2.	8
14	37..	3.	6.	8	40	107.	2.	5.	4	66	177.	1.	4.	0
15	40..	1.	8.	0	41	110.	0.	6.	8	67	179.	5.	5.	4
16	42..	5.	9.	4	42	112.	4.	8.	0	68	182.	3.	6.	8
17	45..	3.	10.	8	43	115.	2.	9.	4	69	185.	1.	8.	0
18	48..	2.	0.	0	44	118.	0.	10.	8	70	187.	5.	9.	4
19	51..	0.	1.	4	45	120.	5.	0.	0	71	190.	3.	10.	8
20	53..	4.	2.	8	46	123.	3.	1.	4	72	193.	2.	0.	0
21	56..	2.	4.	0	47	126.	1.	2.	8					
22	59..	0.	5.	4	48	128.	5.	4.	0					
23	61..	4.	6.	8	49	131.	3.	5.	4	1/4	0.	4.	0.	4
24	64..	2.	8.	0	50	134.	1.	6.	8	1/2	1.	2.	0.	8
25	67..	0.	9.	4	51	136.	5.	8.	0	3/4	2.	0.	1.	0
26	69..	4.	10.	8	52	139.	3.	9.	4					

Grosseur de 30 pouces.

sur Pieds de Longueur.	Pieces.	Pieds.	Pouces.	Lignes.
1	2	0	6	0
2	4	1	0	0
3	6	1	6	0
4	8	2	0	0
5	10	2	6	0
6	12	3	0	0
7	14	3	6	0
8	16	4	0	0
9	18	4	6	0
10	20	5	0	0
11	22	5	6	0
12	25	0	0	0
13	27	0	6	0
14	29	1	0	0
15	31	1	6	0
16	33	2	0	0
17	35	2	6	0
18	37	3	0	0
19	39	3	6	0
20	41	4	0	0
21	43	4	6	0
22	45	5	0	0
23	47	5	6	0
24	50	0	0	0
25	52	0	6	0
26	54	1	0	0

sur Pieds de Longueur.	Pieces.	Pieds.	Pouces.	Lignes.
27	56	1	6	0
28	58	2	0	0
29	60	2	6	0
30	62	3	0	0
31	64	3	6	0
32	66	4	0	0
33	68	4	6	0
34	70	5	0	0
35	72	5	6	0
36	75	0	0	0
37	77	0	6	0
38	79	1	0	0
39	81	1	6	0
40	83	2	0	0
41	85	2	6	0
42	87	3	0	0
43	89	3	6	0
44	91	4	0	0
45	93	4	6	0
46	95	5	0	0
47	97	5	6	0
48	100	0	0	0
49	102	0	6	0
50	104	1	0	0
51	106	1	6	0
52	108	2	0	0

sur Pieds de Longueur.	Pieces.	Pieds.	Pouces.	Lignes.
53	110	2	6	0
54	112	3	0	0
55	114	3	6	0
56	116	4	0	0
57	118	4	6	0
58	120	5	0	0
59	122	5	6	0
60	125	0	0	0
61	127	0	6	0
62	129	1	0	0
63	131	1	6	0
64	133	2	0	0
65	135	2	6	0
66	137	3	0	0
67	139	3	6	0
69	141	4	0	0
68	143	4	6	0
70	145	5	0	0
71	147	5	6	0
72	150	0	0	0
1/4	0	3	1	6
1/2	1	0	3	0
3/4	1	3	4	6

Grosseur de 30 & 31 pouces.

sur Pieds de Longueur.	Produit. Pieces.	Pieds.	Pouces.	Lignes.	sur Pieds de Longueur.	Produit. Pieces.	Pieds.	Pouces.	Lignes.	sur Pieds de Longueur.	Produit. Pieces.	Pieds.	Pouces.	Lignes.
1	2	0	11	0	27	58	0	9	0	53	114	0	7	0
2	4	1	10	0	28	60	1	8	0	54	116	1	6	0
3	6	2	9	0	29	62	2	7	0	55	118	2	5	0
4	8	3	8	0	30	64	3	6	0	56	120	3	4	0
5	10	4	7	0	31	66	4	5	0	57	122	4	3	0
6	12	5	6	0	32	68	5	4	0	58	124	5	2	0
7	15	0	5	0	33	71	0	3	0	59	127	0	1	0
8	17	1	4	0	34	73	1	2	0	60	129	1	0	0
9	19	2	3	0	35	75	2	1	0	61	131	1	11	0
10	21	3	2	0	36	77	3	0	0	62	133	2	10	0
11	23	4	1	0	37	79	3	11	0	63	135	3	9	0
12	25	5	0	0	38	81	4	10	0	64	137	4	8	0
13	27	5	11	0	39	83	5	9	0	65	139	5	7	0
14	30	0	10	0	40	86	0	8	0	66	142	0	6	0
15	32	1	9	0	41	88	1	7	0	67	144	1	5	0
16	34	2	8	0	42	90	2	6	0	68	146	2	4	0
17	36	3	7	0	43	92	3	5	0	69	148	3	3	0
18	38	4	6	0	44	94	4	4	0	70	150	4	2	0
19	40	5	5	0	45	96	5	3	0	71	152	5	1	0
20	43	0	4	0	46	99	0	2	0	72	155	0	0	0
21	45	1	3	0	47	101	1	1	0	¼	0	3	1	6
22	47	2	2	0	48	103	2	0	0	½	1	0	3	0
23	49	3	1	0	49	105	2	11	0	¾	1	3	4	6
24	51	4	0	0	50	107	3	10	0					
25	53	4	11	0	51	109	4	9	0					
26	55	5	10	0	52	111	5	8	0					

Grosseur de 30 & 32 pouces.

sur Pieds de Longueur	Pieces.	Pieds.	Pouces.	Lignes.	sur Pieds de Longueur.	Pieces.	Pieds.	Pouces.	Lignes.	sur Pieds de Longueur.	Pieces.	Pieds.	Pouces.	Lignes.
1	2	1	4	0	27	60	0	0	0	53	117	4	8	0
2	4	2	8	0	28	62	1	4	0	54	120	0	0	0
3	6	4	0	0	29	64	2	8	0	55	122	1	4	0
4	8	5	4	0	30	66	4	0	0	56	124	2	8	0
5	11	0	8	0	31	68	5	4	0	57	126	4	0	0
6	13	2	0	0	32	71	0	8	0	58	128	5	4	0
7	15	3	4	0	33	73	2	0	0	59	131	0	8	0
8	17	4	8	0	34	75	3	4	0	60	133	2	0	0
9	20	0	0	0	35	77	4	8	0	61	135	3	4	0
10	22	1	4	0	36	80	0	0	0	62	137	4	8	0
11	24	2	8	0	37	82	1	4	0	63	140	0	0	0
12	26	4	0	0	38	84	2	8	0	64	142	1	4	0
13	28	5	4	0	39	86	4	0	0	65	144	2	8	0
14	31	0	8	0	40	88	5	4	0	66	146	4	0	0
15	33	2	0	0	41	91	0	8	0	67	148	5	4	0
16	35	3	4	0	42	93	2	0	0	68	151	0	8	0
17	37	4	8	0	43	95	3	4	0	69	153	2	0	0
18	40	0	0	0	44	97	4	8	0	70	155	3	4	0
19	42	1	4	0	45	100	0	0	0	71	157	4	8	0
20	44	2	8	0	46	102	1	4	0	72	160	0	0	0
21	46	4	0	0	47	104	2	8	0					
22	48	5	4	0	48	106	4	0	0					
23	51	0	8	0	49	108	5	4	0	1/4	0	3	4	0
24	53	2	0	0	50	111	0	8	0	1/2	1	0	8	0
25	55	3	4	0	51	113	2	0	0	3/4	1	4	0	0
26	57	4	8	0	52	115	3	4	0					

Groſſeur de 30 & 33 pouces.

ſur Pieds de Longueur.	Pieces.	Pieds.	Pouces.	Lignes.	ſur Pieds de Longueur.	Pieces.	Pieds.	Pouces.	Lignes.	ſur Pieds de Longueur.	Pieces.	Pieds.	Pouces.	Lignes.
1	2	1	9	0	27	61	5	3	0	53	121	2	9	0
2	4	3	6	0	28	64	1	0	0	54	123	4	6	0
3	6	5	3	0	29	66	2	9	0	55	126	0	3	0
4	9	1	0	0	30	68	4	6	0	56	128	2	0	0
5	11	2	9	0	31	71	0	3	0	57	130	3	9	0
6	13	4	6	0	32	73	2	0	0	58	132	5	6	0
7	16	0	3	0	33	75	3	9	0	59	135	1	3	0
8	18	2	0	0	34	77	5	6	0	60	137	3	0	0
9	20	3	9	0	35	80	1	3	0	61	139	4	9	0
10	22	5	6	0	36	82	3	0	0	62	142	0	6	0
11	25	1	3	0	37	84	4	9	0	63	144	2	3	0
12	27	3	0	0	38	87	0	6	0	64	146	4	0	0
13	29	4	9	0	39	89	2	3	0	65	148	5	9	0
14	32	0	6	0	40	91	4	0	0	66	151	1	6	0
15	34	2	3	0	41	93	5	9	0	67	153	3	3	0
16	36	4	0	0	42	96	1	6	0	68	155	5	0	0
17	38	5	9	0	43	98	3	3	0	69	158	0	9	0
18	41	1	6	0	44	100	5	0	0	70	160	2	6	0
19	43	3	3	0	45	103	0	9	0	71	162	4	3	0
20	45	5	0	0	46	105	2	6	0	72	165	0	0	0
21	48	0	9	0	47	107	4	3	0					
22	50	2	6	0	48	110	0	0	0					
23	52	4	3	0	49	112	1	9	0	¼	0	3	5	3
24	55	0	0	0	50	114	3	6	0	1½	1	0	10	6
25	57	1	9	0	51	116	5	3	0	3¾	1	4	3	9
26	59	3	6	0	52	119	1	0	0					

Grosseur de 30 & 34 pouces.

sur Pieds de Longueur.	Produit.				sur Pieds de Longueur.	Produit.				sur Pieds de Longueur.	Produit.			
	Pieces.	Pieds.	Pouces.	Lignes.		Pieces.	Pieds.	Pouces.	Lignes.		Pieces.	Pieds.	Pouces.	Lignes.
1	2	2	2	0	27	63	4	6	0	53	125	0	10	0
2	4	4	4	0	28	66	0	8	0	54	127	3	0	0
3	7	0	6	0	29	68	2	10	0	55	129	5	2	0
4	9	2	8	0	30	70	5	0	0	56	132	1	4	0
5	11	4	10	0	31	73	1	2	0	57	134	3	6	0
6	14	1	0	0	32	75	3	4	0	58	136	5	8	0
7	16	3	2	0	33	77	5	6	0	59	139	1	10	0
8	18	5	4	0	34	80	1	8	0	60	141	4	0	0
9	21	1	6	0	35	82	3	10	0	61	144	0	2	0
10	23	3	8	0	36	85	0	0	0	62	146	2	4	0
11	25	5	10	0	37	87	2	2	0	63	148	4	6	0
12	28	2	0	0	38	89	4	4	0	64	151	0	8	0
13	30	4	2	0	39	92	0	6	0	65	153	2	10	0
14	33	0	4	0	40	94	2	8	0	66	155	5	0	0
15	35	2	6	0	41	96	4	10	0	67	158	1	2	0
16	37	4	8	0	42	99	1	0	0	68	160	3	4	0
17	40	0	10	0	43	101	3	2	0	69	162	5	6	0
18	42	3	0	0	44	103	5	4	0	70	165	1	8	0
19	44	5	2	0	45	106	1	6	0	71	167	3	10	0
20	47	1	4	0	46	108	3	8	0	72	170	0	0	0
21	49	3	6	0	47	110	5	10	0					
22	51	5	8	0	48	113	2	0	0	1/4	0	3	6	6
23	54	1	10	0	49	115	4	2	0	1/2	1	1	1	0
24	56	4	0	0	50	118	0	4	0	3/4	1	4	7	6
25	59	0	2	0	51	120	2	6	0					
26	61	2	4	0	52	122	4	8	0					

Grosseur de 30 & 35 pouces.

sur Pieds de Longueur	Pièces	Pieds	Pouces	Lignes	sur Pieds de Longueur	Pièces	Pieds	Pouces	Lignes	sur Pieds de Longueur	Pièces	Pieds	Pouces	Lignes
1	2	2	7	0	27	65	3	9	0	53	128	4	11	0
2	4	5	2	0	28	68	0	4	0	54	131	1	6	0
3	7	1	9	0	29	70	2	11	0	55	133	4	1	0
4	9	4	4	0	30	72	5	6	0	56	136	0	8	0
5	12	0	11	0	31	75	2	1	0	57	138	3	3	0
6	14	3	6	0	32	77	4	8	0	58	140	5	10	0
7	17	0	1	0	33	80	1	3	6	59	143	2	5	0
8	19	2	8	0	34	82	3	10	0	60	145	5	0	0
9	21	5	3	0	35	85	0	5	0	61	148	1	7	0
10	24	1	10	0	36	87	3	0	0	62	150	4	2	0
11	26	4	5	0	37	89	5	7	0	63	153	0	9	0
12	29	1	0	0	38	92	2	2	0	64	155	3	4	0
13	31	3	7	0	39	94	4	9	0	65	157	5	11	0
14	34	0	2	0	40	97	1	4	0	66	160	2	6	0
15	36	2	9	0	41	99	3	11	0	67	162	5	1	0
16	38	5	4	0	42	102	0	6	0	68	165	1	8	0
17	41	1	11	0	43	104	3	1	0	69	167	4	3	0
18	43	4	6	0	44	106	5	8	0	70	170	0	10	0
19	46	1	1	0	45	109	2	3	0	71	172	3	5	0
20	48	3	8	0	46	111	4	10	0	72	175	0	0	0
21	51	0	3	0	47	114	1	5	0	1/4	0	3	7	5
22	53	2	10	0	48	116	4	0	0	1/2	1	1	3	6
23	55	5	5	0	49	119	0	7	0	3/4	1	4	11	3
24	58	2	0	0	50	121	3	2	0					
25	60	4	7	0	51	123	5	9	0					
26	63	1	2	0	52	126	2	4	0					

Grosseur de 30 & 36 pouces.

sur Pieds de Longueur.	Produit Pieces.	Pieds.	Pouces.	Lignes.	sur Pieds de Longueur.	Produit Pieces.	Pieds.	Pouces.	Lignes.	sur Pieds de Longueur.	Produit Pieces.	Pieds.	Pouces.	Lignes.
1	2	3	0	0	27	67	3	0	0	53	132	3	0	0
2	5	0	0	0	28	70	0	0	0	54	135	0	0	0
3	7	3	0	0	29	72	3	0	0	55	137	3	0	0
4	10	0	0	0	30	75	0	0	0	56	140	0	0	0
5	12	3	0	0	31	77	3	0	0	57	142	3	0	0
6	15	0	0	0	32	80	0	0	0	58	145	0	0	0
7	17	3	0	0	33	82	3	0	0	59	147	3	0	0
8	20	0	0	0	34	85	0	0	0	60	150	0	0	0
9	22	3	0	0	35	87	3	0	0	61	152	3	0	0
10	25	0	0	0	36	90	0	0	0	62	155	0	0	0
11	27	3	0	0	37	92	3	0	0	63	157	3	0	0
12	30	0	0	0	38	95	0	0	0	64	160	0	0	0
13	32	3	0	0	39	97	3	0	0	65	162	3	0	0
14	35	0	0	0	40	100	0	0	0	66	165	0	0	0
15	37	3	0	0	41	102	3	0	0	67	167	3	0	0
16	40	0	0	0	42	105	0	0	0	68	170	0	0	0
17	42	3	0	0	43	107	3	0	0	69	172	3	0	0
18	45	0	0	0	44	110	0	0	0	70	175	0	0	0
19	47	3	0	0	45	112	3	0	0	71	177	3	0	0
20	50	0	0	0	46	115	0	0	0	72	180	0	0	0
21	52	3	0	0	47	117	3	0	0					
22	55	0	0	0	48	120	0	0	0	1/4	0	3	9	0
23	57	3	0	0	49	122	3	0	0	1/2	1	1	6	0
24	60	0	0	0	50	125	0	0	0	3/4	1	5	3	0
25	62	3	0	0	51	127	3	0	0					
26	65	0	0	0	52	130	0	0	0					

Grosseur de 30 & 37 pouces.

sur Pieds de Longueur.	Produit. Pieces.	Pieds.	Pouces.	Lignes.	sur Pieds de Longueur.	Produit. Pieces.	Pieds.	Pouces.	Lignes.	sur Pieds de Longueur.	Produit. Pieces.	Pieds.	Pouces.	Lignes.
1	2	3	5	0	27	69	2	3	0	53	136	1	1	0
2	5	0	10	0	28	71	5	8	0	54	138	4	6	0
3	7	4	3	0	29	74	3	1	0	55	141	1	11	0
4	10	1	8	0	30	77	0	6	0	56	143	5	4	0
5	12	5	1	0	31	79	3	11	0	57	146	2	9	0
6	15	2	6	0	32	82	1	4	0	58	149	0	2	0
7	17	5	11	0	33	84	4	9	0	59	151	3	7	0
8	20	3	4	0	34	87	2	2	0	60	154	1	0	0
9	23	0	9	0	35	89	5	7	0	61	156	4	5	0
10	25	4	2	0	36	92	3	0	0	62	159	1	10	0
11	28	1	7	0	37	95	0	5	0	63	161	5	3	0
12	30	5	0	0	38	97	3	10	0	64	164	2	8	0
13	33	2	5	0	39	100	1	3	0	65	167	0	1	0
14	35	5	10	0	40	102	4	8	0	66	169	3	6	0
15	38	3	3	0	41	105	2	1	0	67	172	0	11	0
16	41	0	8	0	42	107	4	6	0	68	174	4	4	0
17	43	4	1	0	43	110	2	11	0	69	177	1	9	0
18	46	1	6	0	44	113	0	4	0	70	179	5	2	0
19	48	4	11	0	45	115	3	9	0	71	182	2	7	0
20	51	2	4	0	46	118	1	2	0	72	185	0	0	0
21	53	5	9	0	47	120	4	7	0					
22	56	3	2	0	48	123	2	0	0	1/4	0	3	10	3
23	59	0	7	0	49	125	5	5	0	1/2	1	1	8	6
24	61	4	0	0	50	128	2	10	0	3/4	1	5	6	9
25	64	1	5	0	51	131	0	3	0					
26	66	4	10	0	52	133	3	8	0					

Grosseur de 30 & 38 pouces.

sur Pieds de Longueur.	Pieces.	Pieds.	Pouces.	Lignes.
1	2	3	10	0
2	5	1	8	0
3	7	5	6	0
4	10	3	4	0
5	13	1	2	0
6	15	5	0	0
7	18	2	10	0
8	21	0	8	0
9	23	4	6	0
10	26	2	4	0
11	29	0	2	0
12	31	4	0	0
13	34	1	10	0
14	36	5	8	0
15	39	3	6	0
16	42	1	4	0
17	44	5	2	0
18	47	3	0	0
19	50	0	10	0
20	52	4	8	0
21	55	2	6	0
22	58	0	4	0
23	60	4	2	0
24	63	2	0	0
25	65	5	10	0
26	68	3	8	0

sur Pieds de Longueur.	Pieces.	Pieds.	Pouces.	Lignes.
27	71	1	6	0
28	73	5	4	0
29	76	3	2	0
30	79	1	0	0
31	81	4	10	0
32	84	2	8	0
33	87	0	6	0
34	89	4	4	0
35	92	2	2	0
36	95	0	0	0
37	97	3	10	0
38	100	1	8	0
39	102	5	6	0
40	105	3	4	0
41	108	1	2	0
42	110	5	0	0
43	113	2	10	0
44	116	0	8	0
45	118	4	6	0
46	121	2	4	0
47	124	0	2	0
48	126	4	0	0
49	129	1	10	0
50	131	5	8	0
51	134	3	6	0
52	137	1	4	0

sur Pieds de Longueur.	Pieces.	Pieds.	Pouces.	Lignes.
53	139	5	2	0
54	142	3	0	0
55	145	0	10	0
56	147	4	8	0
57	150	2	6	0
58	153	0	4	0
59	155	4	2	0
60	158	2	0	0
61	160	5	10	0
62	163	3	8	0
63	166	1	6	0
64	168	5	4	0
65	171	3	2	0
66	174	1	0	0
67	176	4	10	0
68	179	2	8	0
69	182	0	6	0
70	184	4	4	0
71	187	2	2	0
72	190	0	0	0
1/4	0	3	10	6
1/2	1	1	11	0
3/4	1	5	9	6

Grosseur de 30 & 39 pouces.

sur Pieds de Longueur	Pieces.	Pieds.	Pouces.	Lignes.	sur Pieds de Longueur	Pieces.	Pieds.	Pouces.	Lignes.	sur Pieds de Longueur	Pieces.	Pieds.	Pouces.	Lignes.
1	2	4	3	0	27	73	0	9	0	53	143	3	3	0
2	5	2	6	0	28	75	5	0	0	54	146	1	6	0
3	8	0	9	0	29	78	3	3	0	55	148	5	9	0
4	10	5	0	0	30	81	1	6	0	56	151	4	0	0
5	13	3	3	0	31	83	5	9	0	57	154	2	3	0
6	16	1	6	0	32	86	4	0	0	58	157	0	6	0
7	18	5	9	0	33	89	2	3	4	59	159	4	9	0
8	21	4	0	0	34	92	0	6	0	60	162	3	0	0
9	24	2	3	0	35	94	4	9	0	61	165	1	3	0
10	27	0	6	0	36	97	3	0	0	62	167	5	6	0
11	29	4	9	0	37	100	1	3	0	63	170	3	9	0
12	32	3	0	0	38	102	5	6	0	64	173	2	0	0
13	35	1	3	0	39	105	3	9	0	65	176	0	3	0
14	37	5	6	0	40	108	2	0	0	66	178	4	6	0
15	40	3	9	0	41	111	0	3	0	67	181	2	9	0
16	43	2	0	0	42	113	4	6	0	68	184	1	0	0
17	46	0	3	0	43	116	2	9	0	69	186	5	3	0
18	48	4	6	0	44	119	1	0	0	70	189	3	6	0
19	51	2	9	0	45	121	5	3	0	71	192	1	9	0
20	54	1	0	0	46	124	3	6	0	72	195	0	0	0
21	56	5	3	0	47	127	1	9	0					
22	59	3	6	0	48	130	0	0	0	1/4	0	4	0	9
23	62	1	9	0	49	132	4	3	0	1/2	1	2	1	6
24	65	0	0	0	50	135	2	6	0	3/4	2	0	2	3
25	67	4	3	0	51	138	0	9	0					
26	70	2	6	0	52	140	5	0	0					

Grosseur de 30 & 40 pouces.

sur Pieds de Longueur.	Pieces.	Pieds.	Pouces.	Lignes.
1	2..4.	8.	0	
2	5..3.	4.	0	
3	8..2.	0.	0	
4	11..0.	8.	0	
5	13..5.	4.	0	
6	16..4.	0.	0	
7	19..2.	8.	0	
8	22..1.	4.	0	
9	25..0.	0.	0	
10	27..4.	8.	0	
11	30..3.	4.	0	
12	33..2.	0.	0	
13	36..0.	8.	0	
14	38..5.	4.	0	
15	41..4.	0.	0	
16	44..2.	8.	0	
17	47..1.	4.	0	
18	50..0.	0.	0	
19	52..4.	8.	0	
20	55..3.	4.	0	
21	58..2.	0.	0	
22	61..0.	8.	0	
23	63..5.	4.	0	
24	66..4.	0.	0	
25	69..2.	8.	0	
26	72..1.	4.	0	

sur Pieds de Longueur.	Pieces.	Pieds.	Pouces.	Lignes.
27	75.0.	0.	0	
28	77.4.	8.	0	
29	80.3.	4.	0	
30	83.2.	0.	0	
31	86.0.	8.	0	
32	88.5.	4.	0	
33	91.4.	0.	0	
34	94.2.	8.	0	
35	97.1.	4.	0	
36	100.0.	0.	0	
37	102.4.	8.	0	
38	105.3.	4.	0	
39	108.2.	0.	0	
40	111.0.	8.	0	
41	113.5.	4.	0	
42	116.4.	0.	0	
43	119.2.	8.	0	
44	122.1.	4.	0	
45	125.0.	0.	0	
46	127.4.	8.	0	
47	130.3.	4.	0	
48	133.2.	0.	0	
49	136.0.	8.	0	
50	138.5.	4.	0	
51	141.4.	0.	0	
52	144.2.	8.	0	

sur Pieds de Longueur.	Pieces.	Pieds.	Pouces.	Lignes.
53	147.1.	4.	0	
54	150.0.	0.	0	
55	152.4.	8.	0	
56	155.3.	4.	0	
57	158.2.	0.	0	
58	161.0.	8.	0	
59	163.5.	4.	0	
60	166.4.	0.	0	
61	169.2.	8.	0	
62	172.1.	4.	0	
63	175.0.	0.	0	
64	177.4.	8.	0	
65	180.3.	4.	0	
66	183.2.	0.	0	
67	186.0.	8.	0	
68	188.5.	4.	0	
69	191.4.	0.	0	
70	194.2.	8.	0	
71	197.1.	4.	0	
72	200.0.	0.	0	
1/4	0.4.	2.	0	
1/2	1.2.	4.	0	
3/4	2.0.	6.	0	

Groſſeur de 31 pouces.

ſur Pieds de Longueur.	Produit. Pieces.	Pieds.	Pouces.	Lignes.	ſur Pieds de Longueur.	Produit. Pieces.	Pieds.	Pouces.	Lignes.	ſur Pieds de Longueur.	Produit. Pieces.	Pieds.	Pouces.	Lignes.
1	2	1	4	2	27	60	0	4	6	53	117	5	4	10
2	4	2	8	4	28	62	1	8	8	54	120	0	9	0
3	6	4	0	6	29	64	3	0	10	55	122	2	1	2
4	8	5	4	8	30	66	4	5	0	56	124	3	5	4
5	11	0	8	10	31	68	5	9	2	57	126	4	9	6
6	13	2	1	0	32	71	1	1	4	58	129	0	1	8
7	15	3	5	2	33	73	2	5	6	59	131	1	5	10
8	17	4	9	4	34	75	3	9	8	60	133	2	10	0
9	20	0	1	6	35	77	5	1	10	61	135	4	2	2
10	22	1	5	8	36	80	0	6	0	62	137	5	6	4
11	24	2	9	10	37	82	1	10	2	63	140	0	10	6
12	26	4	2	0	38	84	3	2	4	64	142	2	2	8
13	28	5	6	2	39	86	4	6	6	65	144	3	6	10
14	31	0	10	4	40	88	5	10	8	66	146	4	11	0
15	33	2	2	6	41	91	1	2	10	67	149	0	3	2
16	35	3	6	8	42	93	2	7	0	68	151	1	7	4
17	37	4	10	10	43	95	3	11	2	69	153	2	11	6
18	40	0	3	0	44	97	5	3	4	70	155	4	3	8
19	42	1	7	2	45	100	0	7	6	71	157	5	7	10
20	44	2	11	4	46	102	1	11	8	72	160	1	0	0
21	46	4	3	6	47	104	3	3	10					
22	48	5	7	8	48	106	4	8	0	$\frac{1}{4}$		0	3	4.0$\frac{1}{2}$
23	51	0	11	10	49	109	0	0	2	$\frac{1}{2}$		1	0	8.1
24	53	2	4	0	50	111	1	4	4	$\frac{3}{4}$		1	4	0.1$\frac{1}{2}$
25	55	3	8	2	51	113	2	8	6					
26	57	5	0	4	52	115	4	0	8					

Grosseur de 31 & 32 pouces.

fur Pieds de Longueur.	Produit. Pieces.	Pieds.	Pouces.	Lignes.	fur Pieds de Longueur.	Produit. Pieces.	Pieds.	Pouces.	Lignes.	fur Pieds de Longueur.	Produit. Pieces.	Pieds.	Pouces.	Lignes.
1	2	1	9	4	27	62	0	0	0	53	121	4	2	8
2	4	3	6	8	28	64	1	9	4	54	124	0	0	0
3	6	5	4	0	29	66	3	6	8	55	126	1	9	4
4	9	1	1	4	30	68	5	4	0	56	128	3	6	8
5	11	2	10	8	31	71	1	1	4	57	130	5	4	0
6	13	4	8	0	32	73	2	10	8	58	133	1	1	4
7	16	0	5	4	33	75	4	8	0	59	135	2	10	8
8	18	2	2	8	34	78	0	5	4	60	137	4	8	0
9	20	4	0	0	35	80	2	2	8	61	140	0	5	4
10	22	5	9	4	36	82	4	0	0	62	142	2	2	8
11	25	1	6	8	37	84	5	9	4	63	144	4	0	0
12	27	3	4	0	38	87	1	6	8	64	146	5	9	4
13	29	5	1	4	39	89	3	4	0	65	149	1	6	8
14	32	0	10	8	40	91	5	1	4	66	151	3	4	0
15	34	2	8	0	41	94	0	10	8	67	153	5	1	4
16	36	4	9	4	42	96	2	8	0	68	156	0	10	8
17	39	0	2	8	43	98	4	5	4	69	158	2	8	0
18	41	2	0	0	44	101	0	2	8	70	160	4	5	4
19	43	3	9	4	45	103	2	0	0	71	163	0	2	8
20	45	5	6	8	46	105	3	9	4	72	165	2	0	0
21	48	1	4	0	47	107	5	6	8					
22	50	3	1	4	48	110	1	4	0	1/4		0	3	5	4
23	52	4	10	8	49	112	3	1	4	1/2	1	0	10	8
24	55	0	8	0	50	114	4	10	8	3/4	1	4	4	0
25	57	2	5	4	51	117	0	8	0					
26	59	4	2	8	52	119	2	5	4					

Grosseur de 31 & 33 pouces.

sur Pieds de Longueur.	Pieces.	Pieds.	Pouces.	Lignes.
1	2..2.	2.	6
2	4..4.	5.	0
3	7..0.	7.	6
4	9..2.10.	0
5	11..5.	0.	6
6	14..1.	3.	0
7	16..3.	5.	6
8	18..5.	8.	0
9	21..1.10.	6
10	23..4.	1.	0
11	26..0.	3.	6
12	28..2.	6.	0
13	30..4.	8.	6
14	33..0.11.	0
15	35..3.	1.	6
16	37..5.	4.	0
17	40..1.	6.	6
18	42..3.	9.	0
19	44..5.11.	6
20	47..2.	2.	0
21	49..4.	4.	6
22	52..0.	7.	0
23	54..2.	9.	6
24	56..5.	0.	0
25	59..1.	2.	6
26	61..3.	5.	0

sur Pieds de Longueur.	Pieces.	Pieds.	Pouces.	Lignes.
27	63.5.	7.	6
28	66.1.10.	0
29	68.4.	0.	6
30	71.0.	3.	0
31	73.2.	5.	6
32	75.4.	8.	0
33	78.0.10.	6
34	80.3.	1.	0
35	82.5.	3.	6
36	85.1.	6.	0
37	87.3.	8.	6
38	89.5.11.	0
39	92.2.	1.	6
40	94.4.	4.	0
41	97.0.	6.	6
42	99.2.	9.	0
43	101.4.11.	6
44	104.1.	2.	0
45	106.3.	4.	6
46	108.5.	7.	0
47	111.1.	9.	6
48	113.4.	0.	0
49	116.0.	2.	6
50	118.2.	5.	0
51	120.4.	7.	6
52	123.0.10.	0

sur Pieds de Longueur.	Pieces.	Pieds.	Pouces.	Lignes.
53	125.3.	0.	6
54	127.5.	3.	0
55	130.1.	5.	6
56	132.3.	8.	0
57	134.5.10.	6
58	137.2.	1.	0
59	139.4.	3.	6
60	142.0.	6.	0
61	144.2.	8.	6
62	146.4.11.	0
63	149.1.	1.	6
64	151.3.	4.	0
65	153.5.	6.	6
66	156.1.	9.	0
67	158.3.11.	6
68	161.0.	2.	0
69	163.2.	4.	6
70	165.4.	7.	0
71	168.0.	9.	6
72	170.3.	0.	0
$\frac{1}{4}$	0.3.	6.	7$\frac{1}{2}$
$\frac{1}{2}$	1.1.	1.	3.
$\frac{3}{4}$	1.4.	7.1	$\frac{1}{2}$

Grosseur de 31 & 34 pouces.

sur Pieds de Longueur.	Pieces.	Pieds.	Pouces.	Lignes.
1	2	2	7	8
2	4	5	3	4
3	7	1	11	0
4	9	4	6	8
5	12	1	2	4
6	14	3	10	0
7	17	0	5	8
8	19	3	1	4
9	21	5	9	0
10	24	2	4	8
11	26	5	0	4
12	29	1	8	0
13	31	4	3	8
14	34	0	11	4
15	36	3	7	0
16	39	0	2	8
17	41	3	10	4
18	43	5	6	0
19	46	2	1	8
20	48	4	9	4
21	51	1	5	0
22	53	4	0	8
23	56	0	8	4
24	58	3	4	0
25	60	5	11	8
26	63	2	7	4

sur Pieds de Longueur.	Pieces.	Pieds.	Pouces.	Lignes.
27	65	5	3	0
28	68	1	10	8
29	70	4	6	4
30	73	1	2	0
31	75	3	9	8
32	78	0	5	4
33	80	3	1	0
34	82	5	8	8
35	85	2	4	4
36	87	5	0	0
37	90	1	7	8
38	92	4	3	4
39	95	0	11	0
40	97	3	6	8
41	100	0	2	4
42	102	2	10	0
43	104	5	5	8
44	107	2	1	4
45	109	4	9	0
46	112	1	4	8
47	114	4	0	4
48	117	0	8	0
49	119	3	3	8
50	121	5	11	4
51	124	2	7	0
52	126	5	2	8

sur Pieds de Longueur.	Pieces.	Pieds.	Pouces.	Lignes.
53	129	1	10	4
54	131	4	6	0
55	134	1	1	8
56	136	3	9	4
57	139	0	5	0
58	141	3	0	8
59	143	5	8	4
60	146	2	4	0
61	148	4	11	8
62	151	1	7	4
63	153	4	3	0
64	156	0	10	8
65	158	3	6	4
66	161	0	2	0
67	163	2	9	8
68	165	5	5	4
69	168	2	1	0
70	170	4	8	8
71	173	1	4	4
72	175	4	0	0
$\frac{1}{4}$	0	3	7	11
$\frac{1}{2}$	1	1	3	10
$\frac{3}{4}$	1	4	11	9

Grosseur de 31 & 35 pouces.

sur Pieds de Longueur.	Produit. Pieces.	Pieds.	Pouces.	Lignes.	sur Pieds de Longueur.	Produit. Pieces.	Pieds.	Pouces.	Lignes.	sur Pieds de Longueur.	Produit. Pieces.	Pieds.	Pouces.	Lignes.
1	2	3	0	10	27	67	4	10	6	53	133	0	8	2
2	5	0	1	8	28	70	1	11	4	54	135	3	9	0
3	7	3	2	6	29	72	5	0	2	55	138	0	9	10
4	10	0	3	4	30	75	2	1	0	56	140	3	10	8
5	12	3	4	2	31	77	5	1	10	57	143	0	11	6
6	15	0	5	0	32	80	2	2	8	58	145	4	0	4
7	17	3	5	10	33	82	5	3	6	59	148	1	1	2
8	20	0	6	8	34	85	2	4	4	60	150	4	2	0
9	22	3	7	6	35	87	5	5	2	61	153	1	2	10
10	25	0	8	4	36	90	2	6	0	62	155	4	3	8
11	27	3	9	2	37	92	5	6	10	63	158	1	4	6
12	30	0	10	0	38	95	2	7	8	64	160	4	5	4
13	32	3	10	10	39	97	5	8	6	65	163	1	6	2
14	35	0	11	8	40	100	2	9	4	66	165	4	7	0
15	37	4	0	6	41	102	5	10	2	67	168	1	7	10
16	40	1	1	4	42	105	2	11	0	68	170	4	8	8
17	42	4	2	2	43	107	5	11	10	69	173	1	0	6
18	45	1	3	0	44	110	3	0	8	70	175	4	10	4
19	47	4	3	10	45	113	0	1	6	71	178	1	11	2
20	50	1	4	8	46	115	3	2	4	72	180	5	0	0
21	52	4	5	6	47	118	0	3	2					
22	55	1	6	4	48	120	3	4	0	1/4	0	3	9	3½
23	57	4	7	2	49	123	0	4	10	1/2	1	1	6	5
24	60	1	8	0	50	125	3	5	8	3/4	1	5	3	7½
25	62	4	8	10	51	128	0	6	6					
26	65	1	9	8	52	130	3	7	4					

Grosseur de 31 & 36 pouces.

sur Pieds de Longueur.	Pieces.	Pieds.	Pouces.	Lignes.	sur Pieds de Longueur.	Pieces.	Pieds.	Pouces.	Lignes.	sur Pieds de Longueur.	Pieces.	Pieds.	Pouces.	Lignes.
1	2..3.		6.	0	27	69.4.		6.	0	53	136.5.		6.	0
2	5..1.		0.	0	28	72.2.		0.	0	54	139.3.		0.	0
3	7..4.		6.	0	29	74.5.		6.	0	55	142.0.		6.	0
4	10..2.		0.	0	30	77.3.		0.	0	56	144.4.		0.	0
5	12..5.		6.	0	31	80.0.		6.	0	57	147.1.		6.	0
6	15..3.		0.	0	32	82.4.		0.	0	58	149.5.		0.	0
7	18..0.		6.	0	33	85.1.		6.	0	59	152.2.		6.	0
8	20..4.		0.	0	34	87.5.		0.	0	60	155.0.		0.	0
9	23..1.		6.	0	35	90.2.		6.	0	61	157.3.		6.	0
10	25..5.		0.	0	36	93.0.		0.	0	62	160.1.		0.	0
11	28..2.		6.	0	37	95.3.		6.	0	63	162.4.		6.	0
12	31..0.		0.	0	38	98.1.		0.	0	64	165.2.		0.	0
13	33..3.		6.	0	39	100.4.		6.	0	65	167.5.		6.	0
14	36..1.		0.	0	40	103.2.		0.	0	66	170.3.		0.	0
15	38..4.		6.	0	41	105.5.		6.	0	67	173.0.		6.	0
16	41..2.		0.	0	42	108.3.		0.	0	68	175.4.		0.	0
17	43..5.		6.	0	43	111.0.		6.	0	69	178.1.		6.	0
18	46..3.		0.	0	44	113.4.		0.	0	70	180.5.		0.	0
19	49..0.		6.	0	45	116.1.		6.	0	71	183.2.		6.	0
20	51..4.		0.	0	46	118.5.		0.	0	72	186.0.		0.	0
21	54..1.		6.	0	47	121.2.		6.	0					
22	56..5.		0.	0	48	124.0.		0.	0					
23	59..2.		6.	0	49	126.3.		6.	0	1/4	0.3.		10.	6
24	62..0.		0.	0	50	129.1.		0.	0	1/2	1.1.		0.	0
25	64..3.		6.	0	51	131.4.		6.	0	3/4	1.5.		7.	6
26	67..1.		0.	0	52	134.2.		0.	0					

Grosseur de 31 & 37 pouces.

sur Pieds de Longueur	Produit. Pieces.	Pieds.	Pouces.	Lignes.
1	2..3	11.	2	
2	5..1	10.	4	
3	7..5	9.	6	
4	10..3	8.	8	
5	13..1	7.	10	
6	15..5	7.	0	
7	18..3	6.	2	
8	21..1	5.	4	
9	23..5	4.	6	
10	26..3	3.	8	
11	29..1	2.	10	
12	31..5	2.	0	
13	34..3	1.	2	
14	37..1	0.	4	
15	39..4	11.	6	
16	42..2	10.	8	
17	45..0	9.	10	
18	47..4	9.	0	
19	50..2	8.	2	
20	53..0	7.	4	
21	55..4	6.	6	
22	58..2	5.	8	
23	61..0	4.	10	
24	63..4	4.	0	
25	66..2	3.	2	
26	69..0	2.	4	

sur Pieds de Longueur	Produit. Pieces.	Pieds.	Pouces.	Lignes.
27	71.4	1.	6	
28	74.2	0.	8	
29	76.5	11.	10	
30	79.3	11.	0	
31	82.1	10.	2	
32	84.5	9.	4	
33	87.3	8.	6	
34	90.1	7.	8	
35	92.5	6.	10	
36	95.3	6.	0	
37	98.1	5.	2	
38	100.5	4.	4	
39	103.3	3.	6	
40	106.1	2.	8	
41	108.5	1.	10	
42	111.3	1.	0	
43	114.1	0.	2	
44	116.4	11.	4	
45	119.2	10.	6	
46	122.0	9.	8	
47	124.4	8.	10	
48	127.2	8.	0	
49	130.0	7.	2	
50	132.4	6.	4	
51	135.2	5.	6	
52	138.0	4.	8	

surl Pieds de Longueur	Produit. Pieces.	Pieds.	Pouces.	Lignes.
53	140.4	3.	10	
54	143.2	3.	0	
55	146.0	2.	2	
56	148.4	1.	4	
57	151.2	0.	6	
58	153.5	11.	8	
59	156.3	10.	10	
60	159.1	10.	0	
61	161.5	9.	2	
62	164.3	8.	4	
63	167.1	7.	6	
64	169.5	6.	8	
65	172.3	5.	10	
66	175.1	5.	0	
67	177.5	4.	2	
68	180.3	3.	4	
69	183.1	2.	6	
70	185.5	1.	8	
71	188.3	0.	10	
72	191.1	0.	0	
$\frac{1}{4}$	0.3	11.	$9\frac{1}{2}$	
$\frac{1}{2}$	1.1	11.	7.	
$\frac{3}{4}$	1.5	11.	$4\frac{1}{2}$	

Grosseur de 31 & 38 pouces.

sur Pieds de Longueur.	Produit.				sur Pieds de Longueur.	Produit.				sur Pieds de Longueur.	Produit.			
	Pieces.	Pieds.	Pouces.	Lignes.		Pieces.	Pieds.	Pouces.	Lignes.		Pieces.	Pieds.	Pouces.	Lignes.
1	2	4	4	4	27	73	3	9	0	53	144	3	1	8
2	5	2	8	8	28	76	2	1	4	54	147	1	6	0
3	8	1	1	0	29	79	0	5	8	55	149	5	10	4
4	10	5	5	4	30	81	4	10	0	56	152	4	2	8
5	13	3	9	8	31	84	3	2	4	57	155	2	7	0
6	16	2	2	0	32	87	1	6	8	58	158	0	11	4
7	19	0	6	4	33	89	5	11	0	59	160	5	3	8
8	21	4	10	8	34	92	4	3	4	60	163	3	8	0
9	24	3	3	0	35	95	2	7	8	61	166	2	0	4
10	27	1	7	4	36	98	1	0	0	62	169	0	4	8
11	29	5	11	8	37	100	5	4	4	63	171	4	9	0
12	32	4	4	0	38	103	3	8	8	64	174	3	1	4
13	35	2	8	4	39	106	2	1	0	65	177	1	5	8
14	38	1	0	8	40	109	0	5	4	66	179	5	10	0
15	40	5	5	0	41	111	4	9	8	67	182	4	2	4
16	43	2	9	4	42	114	3	2	0	68	185	2	6	8
17	46	2	1	8	43	117	1	6	4	69	188	0	11	0
18	49	0	6	0	44	119	5	10	8	70	190	5	3	4
19	51	4	10	4	45	122	4	3	0	71	193	3	7	8
20	54	3	2	8	46	125	2	7	4	72	196	2	0	0
21	57	1	7	0	47	128	0	11	8					
22	59	5	11	4	48	130	5	4	0	1/4	0	4	1	1
23	62	4	3	8	49	133	3	8	4	1/2	1	2	2	2
24	65	2	8	0	50	136	2	0	8	3/4	2	0	3	3
25	68	1	0	4	51	139	0	5	0					
26	70	5	4	8	52	141	4	9	4					

Grosseur de 31 & 39 pouces.

sur Pieds de Longueur.	Pieces.	Pieds.	Pouces.	Lignes.	sur Pieds de Longueur.	Pieces.	Pieds.	Pouces.	Lignes.	sur Pieds de Longueur.	Pieces.	Pieds.	Pouces.	Lignes.
1	2	4	9	6	27	75	3	4	6	53	148	1	11	6
2	5	3	7	0	28	78	2	2	0	54	151	0	9	0
3	8	2	4	0	29	81	0	11	6	55	153	5	6	6
4	11	1	2	6	30	83	5	9	0	56	156	4	4	0
5	13	5	11	0	31	86	4	6	6	57	159	3	1	6
6	16	4	9	0	32	89	3	4	0	58	162	1	11	0
7	19	3	6	6	33	92	2	1	6	59	165	0	8	6
8	22	2	4	0	34	95	0	11	0	60	167	5	6	0
9	25	1	1	6	35	97	5	8	6	61	170	4	3	6
10	27	5	11	0	36	100	4	6	0	62	173	3	1	0
11	30	4	8	6	37	103	3	3	6	63	176	1	10	6
12	33	3	6	0	38	106	2	1	6	64	179	0	8	0
13	36	2	3	6	39	109	0	1	0	65	181	5	5	6
14	39	1	1	0	40	111	5	8	0	66	184	4	3	0
15	41	5	10	6	41	114	4	5	6	67	187	3	0	6
16	44	4	8	0	42	117	3	3	0	68	190	1	10	0
17	47	3	5	6	43	120	2	0	6	69	193	0	7	6
18	50	2	3	0	44	123	0	10	0	70	195	5	5	0
19	53	1	0	6	45	125	5	7	6	71	198	4	2	6
20	55	5	10	0	46	128	4	5	0	72	201	3	0	0
21	58	4	7	6	47	132	3	2	6					
22	61	3	5	0	48	134	2	0	0	1/4	0	4	2	4½
23	64	2	2	6	49	137	0	9	6	1/2	1	2	4	9
24	67	1	0	0	50	139	5	7	0	3/4	2	0	7	1½
25	69	5	9	6	51	142	4	4	6					
26	72	4	7	0	52	145	3	2	0					

Grosseur de 31 & 40 pouces.

sur Pieds de Longueur.	Pieces.	Pieds.	Pouces.	Lignes.	sur Pieds de Longueur.	Pieces.	Pieds.	Pouces.	Lignes.	sur Pieds de Longueur.	Pieces.	Pieds.	Pouces.	Lignes.
1	2	5	2	8	27	77	3	0	0	53	152	0	9	4
2	5	4	5	4	28	80	2	2	8	54	155	0	0	0
3	8	3	8	0	29	83	1	5	4	55	157	5	2	8
4	11	2	10	8	30	86	0	8	0	56	160	4	5	4
5	14	2	1	4	31	88	5	10	8	57	163	3	8	0
6	17	1	4	0	32	91	5	1	4	58	166	2	10	8
7	20	0	6	8	33	94	4	4	0	59	169	2	1	4
8	22	5	9	4	34	97	3	6	8	60	172	1	4	0
9	25	5	0	0	35	100	2	9	4	61	175	0	6	8
10	28	4	2	8	36	103	2	0	0	62	177	5	9	4
11	31	3	5	4	37	106	1	2	8	63	180	5	0	0
12	34	2	8	0	38	109	0	5	4	64	183	4	2	8
13	37	1	10	8	39	111	5	8	0	65	186	3	5	4
14	40	1	1	4	40	114	4	10	8	66	189	2	8	0
15	43	0	4	0	41	117	4	1	4	67	192	1	10	8
16	45	5	6	8	42	120	3	4	0	68	195	1	1	4
17	48	4	9	4	43	123	2	6	8	69	198	0	4	0
18	51	4	0	0	44	126	1	9	4	70	200	5	6	8
19	54	3	2	8	45	129	1	0	0	71	203	4	9	4
20	57	2	5	4	46	132	0	2	8	72	206	4	0	0
21	60	1	8	0	47	134	5	5	4					
22	63	0	10	8	48	137	4	8	0	1/4	0	4	4	8
23	66	0	1	4	49	140	3	10	8	1/2	1	2	7	4
24	68	5	4	0	50	143	3	1	4	3/4	2	0	11	4
25	71	4	6	8	51	146	2	4	0					
26	74	3	9	4	52	149	1	6	8					

Grosseur de 32 pouces.

sur Pieds de Longueur.	Pieces.	Pieds.	Pouces.	Lignes.
1	2	2	2	8
2	4	4	5	4
3	7	0	8	0
4	9	2	10	8
5	11	5	1	4
6	14	1	4	0
7	16	3	6	8
8	18	5	9	4
9	21	2	0	0
10	23	4	2	8
11	26	0	5	4
12	28	2	8	0
13	30	4	10	8
14	33	1	1	4
15	35	3	4	0
16	37	5	6	8
17	40	1	9	4
18	42	4	0	0
19	45	0	2	8
20	47	2	5	4
21	49	4	8	0
22	52	0	10	8
23	54	3	1	4
24	56	5	4	0
25	59	1	6	8
26	61	3	9	4

sur Pieds de Longueur.	Pieces.	Pieds.	Pouces.	Lignes.
27	64	0	0	0
28	66	2	2	8
29	68	4	5	4
30	71	0	8	0
31	73	2	10	8
32	75	5	1	4
33	78	1	4	0
34	80	3	6	8
35	82	5	9	4
36	85	2	0	0
37	87	4	2	8
38	90	0	5	4
39	92	2	8	0
40	94	4	10	8
41	97	1	1	4
42	99	3	4	0
43	101	5	6	8
44	104	1	9	4
45	106	4	0	0
46	109	0	2	8
47	111	2	5	4
48	113	4	8	0
49	116	0	10	8
50	118	3	1	4
51	120	5	4	0
52	123	1	6	8

sur Pieds de Longueur.	Pieces.	Pieds.	Pouces.	Lignes.
53	125	3	9	4
54	128	0	0	0
55	130	2	2	8
56	132	4	5	4
57	135	0	8	0
58	137	2	10	8
59	139	5	1	4
60	142	1	4	0
61	144	3	6	8
62	146	5	9	4
63	149	2	0	0
64	151	4	2	8
65	154	0	5	4
66	156	2	8	0
67	158	4	10	8
68	161	1	1	4
69	163	3	4	0
70	165	5	6	8
71	168	1	9	4
72	170	4	0	0
1/4		0	3	6	8
1/2		1	1	1	4
3/4		1	4	8	0

Grosseur de 32 & 33 pouces.

sur Pieds de Longueur.	Pieces.	Pieds.	Pouces.	Lignes.
1	2	2	8	0
2	4	5	4	0
3	7	2	0	0
4	9	4	8	0
5	12	1	4	0
6	14	4	0	0
7	17	0	8	0
8	19	3	4	0
9	22	0	0	0
10	24	2	8	0
11	26	5	4	0
12	29	2	0	0
13	31	4	8	0
14	34	1	4	0
15	36	4	0	0
16	39	0	8	0
17	41	3	4	0
18	44	0	0	0
19	46	2	8	0
20	48	5	4	0
21	51	2	0	0
22	53	4	8	0
23	56	1	4	0
24	58	4	0	0
25	61	0	8	0
26	63	3	4	0

sur Pieds de Longueur.	Pieces.	Pieds.	Pouces.	Lignes.
27	66	0	0	0
28	68	2	8	0
29	70	5	4	0
30	73	2	0	0
31	75	4	8	0
32	78	1	4	0
33	80	4	0	0
34	83	0	8	0
35	85	3	4	0
36	88	0	0	0
37	90	2	8	0
38	92	5	4	0
39	95	2	0	0
40	97	4	8	0
41	100	1	4	0
42	102	4	0	0
43	105	0	8	0
44	107	3	4	0
45	110	0	0	0
46	112	2	8	0
47	114	5	4	0
48	117	2	0	0
49	119	4	8	0
50	122	1	4	0
51	124	4	0	0
52	127	0	8	0

sur Pieds de Longueur.	Pieces.	Pieds.	Pouces.	Lignes.
53	129	3	4	0
54	132	0	0	0
55	134	2	8	0
56	136	5	4	0
57	139	2	0	0
58	141	4	8	0
59	144	1	4	0
60	146	4	0	0
61	149	0	8	0
62	151	3	4	0
63	154	0	0	0
64	156	2	8	0
65	158	5	4	0
66	161	2	0	0
67	163	4	8	0
68	166	1	4	0
69	168	4	0	0
70	171	0	8	0
71	173	3	4	0
72	176	0	0	0
1/4	0	3	8	0
1/2	1	1	4	0
3/4	1	5	0	0

Grosseur de 32 & 34 pouces.

sur Pieds de Longueur.	Produit. Pieces.	Pieds.	Pouces.	Lignes.	sur Pieds de Longueur.	Produit. Pieces.	Pieds.	Pouces.	Lignes.	sur Pieds de Longueur.	Produit. Pieces.	Pieds.	Pouces.	Lignes.
1	2	3	1	4	27	68	0	0	0	53	133	2	10	8
2	5	0	2	8	28	70	3	1	4	54	136	0	0	0
3	7	3	4	0	29	73	0	2	8	55	138	3	1	4
4	10	0	5	4	30	75	3	4	0	56	141	0	2	8
5	12	3	6	8	31	78	0	5	4	57	143	3	4	0
6	15	0	8	0	32	80	3	6	8	58	146	0	5	4
7	17	3	9	4	33	83	0	8	0	59	148	3	6	8
8	20	0	10	8	34	85	3	9	4	60	151	0	8	0
9	22	4	0	0	35	88	0	10	8	61	153	3	9	4
10	25	1	1	4	36	90	4	0	0	62	156	0	10	8
11	27	4	2	8	37	93	1	1	4	63	158	4	0	0
12	30	1	4	0	38	95	4	2	8	64	161	1	1	4
13	32	4	5	4	39	98	1	4	0	65	163	4	2	8
14	35	1	6	8	40	100	4	5	4	66	166	1	4	0
15	37	4	8	0	41	103	1	6	8	67	168	4	5	4
16	40	1	9	4	42	105	4	8	0	68	171	1	6	8
17	42	4	10	8	43	108	1	9	4	69	173	4	8	0
18	45	2	0	0	44	110	4	10	8	70	176	1	9	4
19	47	5	1	4	45	113	2	0	0	71	178	4	10	8
20	50	2	2	8	46	115	5	1	4	72	181	2	0	0
21	52	5	4	0	47	118	2	2	8					
22	55	2	5	4	48	120	5	4	0	1/4	0	3	9	4
23	57	5	6	8	49	123	2	5	4	1/2	1	1	6	8
24	60	2	8	0	50	125	5	6	8	3/4	1	5	4	0
25	62	5	9	4	51	128	2	8	0					
26	65	2	10	8	52	130	5	9	4					

Grosseur de 32 & 35 pouces.

sur Pieds de Longueur.	Produit. Pieces.	Pieds.	Pouces.	Lignes.	sur Pieds de Longueur.	Produit. Pieces.	Pieds.	Pouces.	Lignes.	sur Pieds de Longueur.	Produit. Pieces.	Pieds.	Pouces.	Lignes.
1	2	3	6	8	27	70	0	0	0	53	137	2	5	4
2	5	1	1	4	28	72	3	6	8	54	140	0	0	0
3	7	4	8	0	29	75	1	1	4	55	142	3	6	8
4	10	2	2	8	30	77	4	8	0	56	145	1	1	4
5	12	5	9	4	31	80	2	2	8	57	147	4	8	0
6	15	3	4	0	32	82	5	9	4	58	150	2	2	8
7	18	0	10	8	33	85	3	4	0	59	152	5	9	4
8	20	4	5	4	34	88	0	10	8	60	155	3	4	0
9	23	2	0	0	35	90	4	5	4	61	158	0	10	8
10	25	5	6	8	36	93	2	0	0	62	160	4	5	4
11	28	3	1	4	37	95	5	6	8	63	163	2	0	0
12	31	0	8	0	38	98	3	1	4	64	165	5	6	8
13	33	4	2	8	39	101	0	8	0	65	168	3	1	4
14	36	1	9	4	40	103	4	2	8	66	171	0	8	0
15	38	5	4	0	41	106	1	9	4	67	173	4	2	8
16	41	2	10	8	42	108	5	4	0	69	176	1	9	4
17	44	0	5	4	43	111	2	10	8	68	178	5	4	0
18	46	4	0	0	44	114	0	5	4	70	181	2	10	8
19	49	1	6	8	45	116	4	0	0	71	184	0	5	4
20	51	5	1	4	46	119	1	6	8	72	186	4	0	0
21	54	2	8	0	47	121	5	1	4					
22	57	0	2	8	48	124	2	8	0	1/4	0	3	10	8
23	59	3	9	4	49	127	0	2	8	1/2	1	1	9	[illegible]
24	62	1	4	0	50	129	3	9	4	3/4	1	5	8	6
25	64	4	10	8	51	132	1	4	0					
26	67	2	5	4	52	134	4	10	8					

Grosseur de 32 & 36 pouces.

sur Pieds de Longueur.	Produit. Pieces.	Pieds.	Pouces.	Lignes.	sur Pieds de Longueur.	Produit. Pieces.	Pieds.	Pouces.	Lignes.	sur Pieds de Longueur.	Produit. Pieces.	Pieds.	Pouces.	Lignes.
1	2..4.	0.	0		27	72.0.	0.	0		53	141.2.	0.	0
2	5..2.	0.	0		28	74.4.	0.	0		54	144.0.	0.	0
3	8..0.	0.	0		29	77.2.	0.	0		55	146.4.	0.	0
4	10..4.	0.	0		30	80.0.	0.	0		56	149.2.	0.	0
5	13..2.	0.	0		31	82.4.	0.	0		57	152.0.	0.	0
6	16..0.	0.	0		32	85.2.	0.	0		58	154.4.	0.	0
7	18..4.	0.	0		33	88.0.	0.	0		59	157.2.	0.	0
8	21..2.	0.	0		34	90.4.	0.	0		60	160.0.	0.	0
9	24..0.	0.	0		35	93.2.	0.	0		61	162.4.	0.	0
10	26..4.	0.	0		36	96.0.	0.	0		62	165.2.	0.	0
11	29..2.	0.	0		37	98.4.	0.	0		63	168.0.	0.	0
12	32..0.	0.	0		38	101.2.	0.	0		64	170.4.	0.	0
13	34..4.	0.	0		39	104.0.	0.	0		65	173.2.	0.	0
14	37..2.	0.	0		40	106.4.	0.	0		66	176.0.	0.	0
15	40..0.	0.	0		41	109.2.	0.	0		67	178.4.	0.	0
16	42..4.	0.	0		42	112.0.	0.	0		68	181.2.	0.	0
17	45..2.	0.	0		43	114.4.	0.	0		69	184.0.	0.	0
18	48..0.	0.	0		44	117.2.	0.	0		70	186.4.	0.	0
19	50..4.	0.	0		45	120.0.	0.	0		71	189.2.	0.	0
20	53..2.	0.	0		46	122.4.	0.	0		72	192.0.	0.	0
21	56..0.	0.	0		47	125.2.	0.	0					
22	58..4.	0.	0		48	128.0.	0.	0					
23	61..2.	0.	0		49	130.4.	0.	0		1/4	0.4.	0.	0
24	64..0.	0.	0		50	133.2.	0.	0		1/2	1.2.	0.	0
25	66..4.	0.	0		51	136.0.	0.	0		3/4	2.0.	0.	0
26	69..2.	0.	0		52	138.4.	0.	0					

Groſſeur de 32 & 37 pouces.

ſur Pieds de Longueur.	Produit.			
	Pieces.	Pieds.	Pouces.	Lignes.
1	2	4	5	4
2	5	2	10	8
3	8	1	4	0
4	10	5	9	4
5	13	4	2	8
6	16	2	8	0
7	19	1	1	4
8	21	5	6	8
9	24	4	0	0
10	27	2	5	4
11	30	0	10	8
12	32	5	4	0
13	35	3	9	4
14	38	2	2	8
15	41	0	8	0
16	43	5	1	4
17	46	3	6	8
18	49	2	0	0
19	52	0	5	4
20	54	4	10	8
21	57	3	4	0
22	60	1	9	4
23	63	0	2	8
24	65	4	8	0
25	68	3	1	4
26	71	1	6	8

ſur Pieds de Longueur.	Produit.			
	Pieces.	Pieds.	Pouces.	Lignes.
27	74	0	0	0
28	76	4	5	4
29	79	2	10	8
30	82	1	4	0
31	84	5	9	4
32	87	4	2	8
33	90	2	8	0
34	93	1	1	4
35	95	5	6	8
36	98	4	0	0
37	101	2	5	4
38	104	0	10	8
39	106	5	4	0
40	109	3	9	4
41	112	2	2	8
42	115	0	8	0
43	117	5	1	4
44	120	3	6	8
45	123	2	0	0
46	126	0	5	4
47	128	4	10	8
48	131	3	4	0
49	134	1	9	4
50	137	0	2	8
51	139	4	8	0
52	142	3	1	4

ſur Pieds de Longueur.	Produit.			
	Pieces.	Pieds.	Pouces.	Lignes.
53	145	1	6	8
54	148	0	0	0
55	150	4	5	4
56	153	2	10	8
57	156	1	4	0
58	158	5	9	4
59	161	4	2	8
60	164	2	8	0
61	167	1	1	4
62	169	5	6	8
63	172	4	0	0
64	175	2	5	4
65	178	0	10	8
66	180	5	5	0
67	183	3	9	4
68	186	2	2	8
69	189	0	8	0
70	191	5	1	4
71	194	3	6	8
72	197	2	0	0
$\frac{1}{4}$	0	4	1	4
$\frac{1}{2}$	1	2	2	
$\frac{3}{4}$	2	0	4	

Grosseur de 32 & 38 pouces.

sur Pieds de Longueur.	Produit. Pieces.	Pieds.	Pouces.	Lignes.
1	2	4	10	8
2	5	3	9	4
3	8	2	8	0
4	11	1	6	8
5	14	0	5	4
6	16	5	4	0
7	19	4	2	8
8	22	3	1	4
9	25	2	0	0
10	28	0	10	8
11	30	5	9	4
12	33	4	8	0
13	36	3	6	8
14	39	2	5	4
15	42	1	4	0
16	45	0	2	8
17	47	5	1	4
18	50	4	0	0
19	53	2	10	8
20	56	1	9	4
21	59	0	8	0
22	61	5	6	8
23	64	4	5	4
24	67	3	4	0
25	70	2	2	8
26	73	1	1	4

sur Pieds de Longueur.	Produit. Pieces.	Pieds.	Pouces.	Lignes.
27	76	0	0	0
28	78	4	10	8
29	81	3	9	4
30	84	2	8	0
31	87	1	6	8
32	90	0	5	4
33	92	5	4	0
34	95	4	2	8
35	98	3	1	4
36	101	2	0	0
37	104	0	10	8
38	106	5	9	4
39	109	4	8	0
40	112	3	6	8
41	115	2	5	4
42	118	1	4	0
43	121	0	2	8
44	123	5	1	4
45	126	4	0	0
46	129	2	10	8
47	132	1	9	4
48	135	0	8	0
49	137	5	6	8
50	140	4	5	4
51	143	3	4	0
52	146	2	2	8

sur Pieds de Longueur.	Produit. Pieces.	Pieds.	Pouces.	Lignes.
53	149	1	1	4
54	152	0	0	0
55	154	4	10	8
56	157	3	9	4
57	160	2	8	0
58	163	1	6	8
59	166	0	5	4
60	168	5	4	0
61	171	4	2	8
62	174	3	1	4
63	177	2	0	0
64	180	0	10	8
65	182	5	9	4
66	185	4	8	0
67	188	3	6	8
68	191	2	5	4
69	194	1	4	0
70	197	0	2	8
71	199	5	1	4
72	202	4	0	0
$\frac{1}{4}$	0	4	2	8
$\frac{1}{2}$	1	2	5	4
$\frac{3}{4}$	2	0	8	0

Grosseur de 32 & 39 pouces.

sur Pieds de Longueur.	Pieces.	Pieds.	Pouces.	Lignes.	sur Pieds de Longueur.	Pieces.	Pieds.	Pouces.	Lignes.	sur Pieds de Longueur.	Pieces.	Pieds.	Pouces.	Lignes.
1	2	5	4	0	27	78	0	0	0	53	153	0	8	0
2	5	4	8	0	28	80	5	4	0	54	156	0	0	0
3	8	4	0	0	29	83	4	8	0	55	158	5	4	0
4	11	3	4	0	30	86	4	0	0	56	161	4	8	0
5	14	2	8	0	31	89	3	4	0	57	164	4	0	0
6	17	2	0	0	32	92	2	8	0	58	167	3	4	0
7	20	1	4	0	33	95	2	0	0	59	170	2	8	0
8	23	0	8	0	34	98	1	4	0	60	173	2	0	0
9	26	0	0	0	35	101	0	8	0	61	176	1	4	0
10	28	5	4	0	36	104	0	0	0	62	179	0	8	0
11	31	4	8	0	37	106	5	4	0	63	182	0	0	0
12	34	4	0	0	38	109	4	8	0	64	184	5	4	0
13	37	3	4	0	39	112	4	0	0	65	187	4	8	0
14	40	2	8	0	40	115	3	4	0	66	190	4	0	0
15	43	2	0	0	41	118	2	8	0	67	193	3	4	0
16	46	1	4	0	42	121	2	0	0	68	196	2	8	0
17	49	0	8	0	43	124	1	4	0	69	199	2	0	0
18	52	0	0	0	44	127	0	8	0	70	202	1	4	0
19	54	5	4	0	45	130	0	0	0	71	205	0	8	0
20	57	4	8	0	46	132	5	4	0	72	208	0	0	0
21	60	4	0	0	47	135	4	8	0					
22	63	3	4	0	48	138	4	0	0	1/4		0	4	4	0
23	66	2	8	0	49	241	3	4	0	1/2		1	2	8	0
24	69	2	0	0	50	144	2	8	0	3/4		2	1	0	0
25	72	1	4	0	51	147	2	0	0					
26	75	0	8	0	52	150	1	4	0					

Grosseur de 32 & 40 pouces.

sur Pieds de Longueur.	Produit. Pieces.	Pieds.	Pouces.	Lignes.	sur Pieds de Longueur.	Produit. Pieces.	Pieds.	Pouces.	Lignes.	sur Pieds de Longueur.	Produit. Pieces.	Pieds.	Pouces.	Lignes.
1	2	5	9	4	27	80	0	0	0	53	157	0	2	8
2	5	5	6	8	28	82	5	9	4	54	160	0	0	0
3	8	5	4	0	29	85	5	6	8	55	162	5	9	4
4	11	5	1	4	30	88	5	4	0	56	165	5	6	8
5	14	4	10	8	31	91	5	1	4	57	168	5	4	0
6	17	4	8	0	32	94	4	10	8	58	171	5	1	4
7	20	4	5	4	33	97	4	8	0	59	174	4	10	8
8	23	4	2	8	34	100	4	5	4	60	177	4	8	0
9	26	4	0	0	35	103	4	2	8	61	180	4	5	4
10	29	3	9	4	36	106	4	0	0	62	183	4	2	8
11	32	3	6	8	37	109	3	9	4	63	186	4	0	0
12	35	3	4	0	38	112	3	6	8	64	189	3	9	4
13	38	3	1	4	39	115	3	4	0	65	192	3	6	8
14	41	2	10	8	40	118	3	1	4	66	195	3	4	0
15	44	2	8	0	41	121	2	10	8	67	198	3	1	4
16	47	2	5	4	42	124	2	8	0	68	201	2	10	8
17	50	2	2	8	43	127	2	5	4	69	204	2	8	0
18	53	2	0	0	44	130	2	2	8	70	207	2	5	4
19	56	1	9	4	45	133	2	0	0	71	210	2	2	8
20	59	1	6	8	46	136	1	9	4	72	213	2	0	0
21	62	1	4	0	47	139	1	6	8					
22	65	1	1	4	48	142	1	4	0					
23	68	0	10	8	49	145	1	1	4	1/4	0	4	5	4
24	71	0	8	0	50	148	0	10	8	1/2	1	2	10	8
25	74	0	5	4	51	151	0	8	0	3/4	2	1	4	0
26	77	0	2	8	52	154	0	5	4					

Grosseur de 33 pouces.

sur Pieds de Longueur.	Produit. Pieces.	Pieds.	Pouces.	Lignes.	sur Pieds de Longueur.	Produit. Pieces.	Pieds.	Pouces.	Lignes.	sur Pieds de Longueur.	Produit. Pieces.	Pieds.	Pouces.	Lignes.
1	2	3	1	6	27	68	0	4	6	53	133	3	7	6
2	5	0	3	0	28	70	3	6	0	54	136	0	9	0
3	7	3	4	6	29	73	0	7	6	55	138	3	10	6
4	10	0	6	0	30	75	3	9	0	56	141	1	0	0
5	12	3	7	6	31	78	0	10	6	57	143	4	1	6
6	15	0	9	0	32	80	4	0	0	58	146	1	3	0
7	17	3	10	6	33	83	1	1	6	59	148	4	4	6
8	20	1	0	0	34	85	4	3	0	60	151	1	6	0
9	22	4	1	6	35	88	1	4	6	61	153	4	7	6
10	25	1	3	0	36	90	4	6	0	62	156	1	9	0
11	27	4	4	6	37	93	1	7	6	63	158	4	10	6
12	30	1	6	0	38	95	4	9	0	64	161	2	0	0
13	32	4	7	6	39	98	1	10	6	65	163	5	1	6
14	35	1	9	0	40	100	5	0	0	66	166	2	3	0
15	37	4	10	6	41	103	2	1	6	67	168	5	4	6
16	40	2	0	0	42	105	5	3	0	68	171	2	6	0
17	42	5	1	6	43	108	2	4	6	69	173	5	7	6
18	45	2	3	0	44	110	5	6	0	70	176	2	9	0
19	47	5	4	6	45	113	2	7	6	71	178	5	10	6
20	50	2	6	0	46	115	5	9	0	72	181	3	0	0
21	52	5	7	6	47	118	2	10	6					
22	55	2	9	0	48	121	0	0	0	$\frac{1}{4}$		0	3	9 . $4\frac{1}{2}$
23	57	5	10	6	49	123	3	1	6	$\frac{1}{2}$		1	1	6 . 9 .
24	60	3	0	0	50	126	0	3	0	$\frac{3}{4}$		1	5	4 . $1\frac{1}{2}$
25	63	0	1	6	51	128	3	4	6					
26	65	3	3	0	52	131	0	6	0					

Grosseur de 3 3 & 34 pouces.

sur Pieds de Longueur.	Produit. Pieces.	Pieds.	Pouces.	Lignes.	sur Pieds de Longueur.	Produit. Pieces.	Pieds.	Pouces.	Lignes.	sur Pieds de Longueur.	Produit. Pieces.	Pieds.	Pouces.	Lignes.
1	2	3	7	0	27	70	0	9	0	53	137	3	11	0
2	5	1	2	0	28	72	4	4	0	54	140	1	6	0
3	7	4	9	0	29	75	1	11	0	55	142	5	1	0
4	10	2	4	0	30	77	5	6	0	56	145	2	8	0
5	12	5	11	0	31	80	3	1	0	57	148	0	3	0
6	15	3	6	0	32	83	0	8	0	58	150	3	10	0
7	18	1	1	0	33	85	4	3	0	59	153	1	5	0
8	20	4	8	0	34	88	1	10	0	60	155	5	0	0
9	23	2	3	0	35	90	5	5	0	61	158	2	7	0
10	25	5	10	0	36	93	3	0	0	62	161	0	2	0
11	28	3	5	0	37	96	0	7	0	63	163	3	9	0
12	31	1	0	0	38	98	4	2	0	64	166	1	4	0
13	33	4	7	0	39	101	1	9	0	65	168	4	11	0
14	36	2	2	0	40	103	5	4	0	66	171	2	6	0
15	38	5	9	0	41	106	2	11	0	67	174	0	1	0
16	41	3	4	0	42	109	0	6	0	68	176	3	8	0
17	44	0	11	0	43	111	4	1	0	69	179	1	3	0
18	46	4	6	0	44	114	1	8	0	70	181	4	10	0
19	49	2	1	0	45	116	5	3	0	71	184	2	5	0
20	51	5	8	0	46	119	2	10	0	72	187	0	0	0
21	54	3	3	0	47	122	0	5	0					
22	57	0	10	0	48	124	4	0	0	1/4		0	3	10	9
23	59	4	5	0	49	127	1	7	0	1/2		1	1	9	6
24	62	2	0	0	50	129	5	2	0	3/4		1	5	8	3
25	64	5	7	0	51	132	2	9	0					
26	67	3	2	0	52	135	0	4	0					

Grosseur de 33 & 35 pouces.

sur Pieds de Longueur.	Pieces.	Pieds.	Pouces.	Lignes.
1	2	4	0	6
2	5	2	1	0
3	8	0	1	6
4	10	4	2	0
5	13	2	2	6
6	16	0	3	0
7	18	4	3	6
8	21	2	4	0
9	24	0	4	6
10	26	4	5	0
11	29	2	5	6
12	32	0	6	0
13	34	4	6	6
14	37	2	7	0
15	40	0	7	6
16	42	4	8	0
17	45	2	8	6
18	48	0	9	0
19	50	4	9	6
20	53	2	10	0
21	56	0	10	6
22	58	4	11	0
23	61	2	11	6
24	64	1	0	0
25	66	5	0	6
26	68	3	1	0

sur Pieds de Longueur.	Pieces.	Pieds.	Pouces.	Lignes.
27	72	1	1	6
28	74	5	2	0
29	77	3	2	6
30	80	1	3	0
31	82	5	3	6
32	85	3	4	0
33	88	1	4	6
34	90	5	5	0
35	93	3	5	6
36	96	1	6	0
37	98	5	6	6
38	101	3	7	0
39	104	1	7	6
40	106	5	8	0
41	109	3	8	6
42	112	1	9	0
43	114	5	9	6
44	117	3	10	0
45	120	1	10	6
46	122	5	11	0
47	125	3	11	6
48	128	2	0	0
49	131	0	0	6
50	133	4	1	0
51	136	2	1	6
52	139	0	2	0

sur Pieds de Longueur.	Pieces.	Pieds.	Pouces.	Lignes.
53	141	4	2	6
54	144	2	3	0
55	147	0	3	6
56	149	4	4	0
57	152	2	4	6
58	155	0	5	0
59	157	4	5	6
60	160	2	6	0
61	163	0	6	6
62	165	4	7	0
63	168	2	7	6
64	171	0	8	0
65	173	4	8	6
66	176	2	9	0
67	179	0	9	6
69	181	4	10	0
68	184	2	10	6
70	187	0	11	0
71	189	4	11	6
72	192	3	0	0
$\frac{1}{4}$		0	4	0. $1\frac{1}{2}$
$\frac{1}{2}$		1	2	0. 3
$\frac{3}{4}$		2	0	0. $4\frac{1}{2}$

Groffeur de 33 & 36 pouces.

fur Pieds de Longueur.	Produit.				fur Pieds de Longueur.	Produit.				fur Pieds de Longueur.	Produit.			
	Pieces.	Pieds.	Pouces.	Lignes.		Pieces.	Pieds.	Pouces.	Lignes.		Pieces.	Pieds.	Pouces.	Lignes.
1	2..4.	6.	0		27	74.1.	6.	0		53	145.4.	6.	0	
2	5..3.	0.	0		28	77.0.	0.	0		54	148.3.	0.	0	
3	8..1.	6.	0		29	79.4.	6.	0		55	151.1.	6.	0	
4	11..0.	0.	0		30	82.3.	0.	0		56	154.0.	0.	0	
5	13..4.	6.	0		31	85.1.	6.	0		57	156.4.	6.	0	
6	16..3.	0.	0		32	88.0.	0.	0		58	159.3.	0.	0	
7	19..1.	6.	0		33	90.4.	6.	0		59	162.1.	6.	0	
8	22..0.	0.	0		34	93.3.	0.	0		60	165.0.	0.	0	
9	24..4.	6.	0		35	96.1.	6.	0		61	167.4.	6.	0	
10	27..3.	0.	0		36	99.0.	0.	0		62	170.3.	0.	0	
11	30..1.	6.	0		37	101.4.	6.	0		63	173.1.	6.	0	
12	33..0.	0.	0		38	104.3.	0.	0		64	176.0.	0.	0	
13	35..4.	6.	0		39	107.1.	6.	0		65	178.4.	6.	0	
14	38..3.	0.	0		40	110.0.	0.	0		66	181.3.	0.	0	
15	41..1.	6.	0		41	112.4.	6.	0		67	184.1.	6.	0	
16	44..0.	0.	0		42	115.3.	0.	0		68	187.0.	0.	0	
17	46..4.	6.	0		43	118.1.	6.	0		69	189.4.	6.	0	
18	49..3.	0.	0		44	121.0.	0.	0		70	192.3.	0.	0	
19	52..1.	6.	0		45	123.4.	6.	0		71	195.1.	6.	0	
20	55..0.	0.	0		46	126.3.	0.	0		72	198.0.	0.	0	
21	57..4.	6.	0		47	129.1.	6.	0						
22	60..3.	0.	0		48	132.0.	0.	0		1/4	0.4.	1.	6	
23	63..1.	6.	0		49	134.4.	6.	0		1/2	1.2.	3.	0	
24	66..0.	0.	0		50	137.3.	0.	0		3/4	2.0.	4.	6	
25	68..4.	6.	0		51	140.1.	6.	0						
26	71..3.	0.	0		52	143.0.	0.	0						

Grosseur de 33 & 37 pouces.

sur Pieds de Longueur.	Produit.				sur Pieds de Longueur.	Produit.				sur Pieds de Longueur.	Produit.			
	Pieces.	Pieds.	Pouces.	Lignes.		Pieces.	Pieds.	Pouces.	Lignes.		Pieces.	Pieds.	Pouces.	Lignes.
1	2	4	11	6	27	76	1	10	6	53	149	4	9	6
2	5	3	11	0	28	79	0	10	0	54	152	3	9	0
3	8	2	10	6	29	81	5	9	6	55	155	2	8	6
4	11	1	10	0	30	84	4	9	0	56	158	1	8	0
5	14	0	9	6	31	87	3	8	6	57	161	0	7	6
6	16	5	9	0	32	90	2	8	0	58	163	5	7	0
7	19	4	8	6	33	93	1	7	6	59	166	4	6	6
8	22	3	8	0	34	96	0	7	0	60	169	3	6	0
9	25	2	7	6	35	98	5	6	6	61	172	2	5	6
10	28	1	7	0	36	101	4	6	0	62	175	1	5	0
11	31	0	6	6	37	104	3	5	6	63	178	0	4	6
12	33	5	6	0	38	107	2	5	0	64	180	5	4	0
13	36	4	5	6	39	110	1	4	6	65	183	4	3	6
14	39	3	5	0	40	113	0	4	0	66	186	3	3	0
15	42	2	4	6	41	115	5	3	6	67	189	2	2	6
16	45	1	4	0	42	118	4	3	0	68	192	1	2	0
17	48	0	3	6	43	121	3	2	6	69	195	0	1	6
18	50	5	3	0	44	124	2	2	0	70	197	5	1	0
19	53	4	2	6	45	127	1	1	6	71	200	4	0	6
20	56	3	2	0	46	130	0	1	0	72	203	3	0	0
21	59	2	1	6	47	132	5	0	6					
22	62	1	1	0	48	135	4	0	0					
23	65	0	0	6	49	138	2	11	6	$\frac{1}{4}$	0	4	2	$10\frac{1}{2}$
24	67	5	0	0	50	141	1	11	0	$\frac{1}{2}$	1	2	5	9
25	70	3	11	6	51	144	0	10	6	$\frac{3}{4}$	2	0	8	$7\frac{1}{2}$
26	73	2	11	0	52	146	5	10	0					

Grosseur de 33 & 38 pouces.

sur Pieds de Longueur.	Pieces.	Pieds.	Pouces.	Lignes.	sur Pieds de Longueur.	Pieces.	Pieds.	Pouces.	Lignes.	sur Pieds de Longueur.	Pieces.	Pieds.	Pouces.	Lignes.
I	2	5	5	0	27	78	2	3	0	53	153	5	1	0
2	5	4	10	0	28	81	1	8	0	54	156	4	6	0
3	8	4	3	0	29	84	1	1	0	55	159	3	11	0
4	11	3	8	0	30	87	0	6	0	56	162	3	4	0
5	14	3	1	0	31	89	5	11	0	57	165	2	9	0
6	17	2	6	0	32	92	5	4	0	58	168	2	2	0
7	20	1	11	0	33	95	4	9	0	59	171	1	7	0
8	23	1	4	0	34	98	4	2	0	60	174	1	0	0
9	26	0	9	0	35	101	3	7	0	61	177	0	5	0
10	29	0	2	0	36	104	3	0	0	62	179	5	10	0
11	31	5	7	0	37	107	2	5	0	63	182	5	3	0
12	34	5	0	0	38	110	1	10	0	64	185	4	8	0
13	37	4	5	0	39	113	1	3	0	65	188	4	1	0
14	40	3	10	0	40	116	0	8	0	66	191	3	6	0
15	43	3	3	0	41	119	0	1	0	67	194	2	11	0
16	46	2	8	0	42	121	5	6	0	68	197	2	4	0
17	49	2	1	0	43	124	4	11	0	69	200	1	9	0
18	52	1	6	0	44	127	4	4	0	70	203	1	2	0
19	55	0	11	0	45	130	3	9	0	71	206	0	7	0
20	58	0	4	0	46	133	3	2	0	72	209	0	0	0
21	60	5	9	0	47	136	2	7	0					
22	63	5	2	0	48	139	2	0	0	$\frac{1}{4}$	0	4	4	3
23	66	4	7	0	49	142	1	5	0	$\frac{1}{2}$	1	2	8	6
24	69	4	0	0	50	145	0	10	0	$\frac{3}{4}$	2	0	0	9
25	72	3	5	0	51	148	0	3	0					
26	75	2	10	0	52	150	5	8	0					

Grosseur de 33 & 39 pouces.

sur Pieds de Longueur.	Produit.				sur Pieds de Longueur.	Produit.				sur Pieds de Longueur.	Produit.			
	Pieces.	Pieds.	Pouces.	Lignes.		Pieces.	Pieds.	Pouces.	Lignes.		Pieces.	Pieds.	Pouces.	Lignes.
1	2	5	10	6	27	80	2	7	6	53	157	5	4	6
2	5	5	9	0	28	83	2	6	0	54	160	5	3	0
3	8	5	7	6	29	86	2	4	6	55	163	5	1	6
4	11	5	6	0	30	89	2	3	0	56	166	5	0	0
5	14	5	4	6	31	92	2	1	6	57	169	4	10	6
6	17	5	3	0	32	95	2	0	0	58	172	4	9	0
7	20	5	1	6	33	98	1	10	6	59	175	4	7	6
8	23	5	0	0	34	101	1	9	0	60	178	4	6	0
9	26	4	10	6	35	104	1	7	6	61	181	4	4	6
10	29	4	9	0	36	107	1	6	0	62	184	4	3	0
11	32	4	7	6	37	110	1	4	6	63	187	4	1	6
12	35	4	6	0	38	113	1	3	0	64	190	4	0	0
13	38	4	4	6	39	116	1	1	6	65	193	3	10	6
14	41	4	3	0	40	119	1	0	0	66	196	3	9	0
15	44	4	1	6	41	122	0	10	6	67	199	3	7	6
16	47	4	0	0	42	125	0	9	0	68	202	3	6	0
17	50	3	10	6	43	128	0	7	6	69	205	3	4	6
18	53	3	9	0	44	131	0	6	0	70	208	3	3	0
19	56	3	7	6	45	134	0	4	6	71	211	3	1	6
20	59	3	6	0	46	137	0	3	0	72	214	3	0	0
21	62	3	4	6	47	240	0	1	6					
22	65	3	3	0	48	143	0	0	0	¼	0	4	5	7½
23	68	3	1	6	49	145	5	10	6	½	1	2	11	3
24	71	3	0	0	50	148	5	9	0	¾	2	1	4	10½
25	74	2	10	6	51	151	5	7	6					
26	77	2	9	0	52	154	5	6	0					

Grosseur de 33 & 40 pouces.

sur Pieds de Longueur.	Produit. Pieces.	Pieds.	Pouces.	Lignes.
1	3..0.	4.	0	
2	6..0.	8.	0	
3	9..1.	0.	0	
4	12..1.	4.	0	
5	15..1.	8.	0	
6	18..2.	0.	0	
7	21..2.	4.	0	
8	24..2.	8.	0	
9	27..3.	0.	0	
10	30..3.	4.	0	
11	33..3.	8.	0	
12	36..4.	0.	0	
13	39..4.	4.	0	
14	42..4.	8.	0	
15	45..5.	0.	0	
16	48..5.	4.	0	
17	51..5.	8.	0	
18	55..0.	0.	0	
19	58..0.	4.	0	
20	61..0.	8.	0	
21	64..1.	0.	0	
22	67..1.	4.	0	
23	70..1.	8.	0	
24	73..2.	0.	0	
25	76..2.	4.	0	
26	79..2.	8.	0	

sur Pieds de Longueur.	Produit. Pieces.	Pieds.	Pouces.	Lignes.
27	82.3.	0.	0	
28	85.3.	4.	0	
29	88.3.	8.	0	
30	91.4.	0.	0	
31	94.4.	4.	0	
32	97.4.	8.	0	
33	100.5.	0.	0	
34	103.5.	4.	0	
35	106.5.	8.	0	
36	110.0.	0.	0	
37	113.0.	4.	0	
38	116.0.	8.	0	
39	119.1.	0.	0	
40	122.1.	4.	0	
41	125.1.	8.	0	
42	128.2.	0.	0	
43	131.2.	4.	0	
44	134.2.	8.	0	
45	137.3.	0.	0	
46	140.3.	4.	0	
47	143.3.	8.	0	
48	146.4.	0.	0	
49	149.4.	4.	0	
50	152.4.	8.	0	
51	155.5.	0.	0	
52	158.5.	4.	0	

sur Pieds de Longueur.	Produit. Pieces.	Pieds.	Pouces.	Lignes.
53	161.5.	8.	0	
54	165.0.	0.	0	
55	168.0.	4.	0	
56	171.0.	8.	0	
57	174.1.	0.	0	
58	177.1.	4.	0	
59	180.1.	8.	0	
60	183.2.	0.	0	
61	186.2.	4.	0	
62	189.2.	8.	0	
63	192.3.	0.	0	
64	195.3.	4.	0	
65	198.3.	8.	0	
66	201.4.	0.	0	
67	204.4.	4.	0	
68	207.4.	3.	0	
69	210.5.	0.	0	
70	213.5.	4.	0	
71	216.5.	8.	0	
72	220.0.	0.	0	
1/4	0.4.	7.	0	
1/2	1.3.	2.	0	
3/4	2.1.	9.	0	

Grosseur de 34 pouces.

sur Pieds de Longueur.	Produit.				sur Pieds de Longueur.	Produit.				sur Pieds de Longueur.	Produit.			
	Pieces.	Pieds.	Pouces.	Lignes.		Pieces.	Pieds.	Pouces.	Lignes.		Pieces.	Pieds.	Pouces.	Lignes.
1	2..4.	0.	8		27	72.1.	6.	0		53	141.4.	11.	4	
2	5..2.	1.	4		28	74.5.	6.	8		54	144.3.	0.	0	
3	8..0.	2.	0		29	77.3.	7.	4		55	147.1.	0.	8	
4	10..4.	2.	8		30	80.1.	8.	0		56	149.5.	1.	4	
5	13..2.	3.	4		31	82.5.	8.	8		57	152.3.	2.	0	
6	16..0.	4.	0		32	85.3.	9.	4		58	155.1.	2.	8	
7	18..4.	4.	8		33	88.1.10.	0		59	157.5.	3.	4		
8	21..2.	5.	4		34	90.5.10.	8		60	160.3.	4.	0		
9	24..0.	6.	0		35	93.3.11.	4		61	163.1.	4.	8		
10	26..4.	6.	8		36	96.2.	0.	0		62	165.5.	5.	4	
11	29..2.	7.	4		37	99.0.	0.	8		63	168.3.	6.	0	
12	32..0.	8.	0		38	101.4.	1.	4		64	171.1.	6.	8	
13	34..4.	8.	8		39	104.2.	2.	0		65	173.5.	7.	4	
14	37..2.	9.	4		40	107.0.	2.	8		66	176.3.	8.	0	
15	40..0.10.	0		41	109.4.	3.	4		67	179.1.	8.	8		
16	42..4.10.	8		42	112.2.	4.	0		68	181.5.	9.	4		
17	45..2.11.	4		43	115.0.	4.	8		69	184.3.10.	0			
18	48..1.	0.	0		44	117.4.	5.	4		70	187.1.10.	8		
19	50..5.	0.	8		45	120.2.	6.	0		71	189.5.11.	4		
20	53..3.	1.	4		46	123.0.	6.	8		72	192.4.	0.	0	
21	56..1.	2.	0		47	125.4.	7.	4						
22	58..5.	2.	8		48	128.2.	8.	0		1/4	0.4.	0.	2	
23	61..3.	3.	4		49	131.0.	8.	8		1/2	1.2.	0.	4	
24	64..1.	4.	0		50	133.4.	9.	4		3/4	2.0.	0.	6	
25	66..5.	4.	8		51	136.2.10.	0						
26	69..3.	5.	4		52	139.0.10.	8						

Grosseur de 34 & 35 pouces.

sur Pieds de Longueur.	Produit. Pieces.	Pieds.	Pouces.	Lignes.	sur Pieds de Longueur.	Produit. Pieces.	Pieds.	Pouces.	Lignes.	sur Pieds de Longueur.	Produit. Pieces.	Pieds.	Pouces.	Lignes.
1	2	4	6	4	27	74	2	3	0	53	145	5	11	8
2	5	3	0	8	28	77	0	9	4	54	148	4	6	0
3	8	1	7	0	29	79	5	3	8	55	151	3	0	4
4	11	0	1	4	30	82	3	10	0	56	154	1	6	8
5	13	4	7	8	31	85	2	4	4	57	157	0	1	0
6	16	3	2	0	32	88	0	10	8	58	159	4	7	4
7	19	1	8	4	33	90	5	5	0	59	162	3	1	8
8	22	0	2	8	34	93	3	11	4	60	165	1	8	0
9	24	4	9	0	35	96	2	5	8	61	168	0	2	4
10	27	3	3	4	36	99	1	0	0	62	170	4	8	8
11	30	1	9	8	37	101	5	6	4	63	173	3	3	0
12	33	0	4	0	38	104	4	0	8	64	176	1	9	4
13	35	4	10	4	39	107	2	7	0	65	179	0	3	8
14	38	3	4	8	40	110	1	1	4	66	181	4	10	0
15	41	1	11	0	41	112	5	7	8	67	184	3	4	4
16	44	0	5	4	42	115	4	2	0	68	187	1	10	8
17	46	4	11	8	43	118	2	8	4	69	190	0	5	0
18	49	3	6	0	44	121	1	2	8	70	192	4	11	4
19	52	2	0	4	45	123	5	9	0	71	195	3	5	8
20	55	0	6	8	46	126	4	3	4	72	198	2	0	0
21	57	5	1	0	47	129	2	9	8					
22	60	3	7	4	48	132	1	4	0	1/4		0	4	1	7
23	63	2	1	8	49	134	5	10	4	1/2		1	2	3	2
24	66	0	8	0	50	137	4	4	8	3/4		2	0	4	9
25	68	5	2	4	51	140	2	11	0					
26	71	3	8	8	52	143	1	5	4					

Grosseur de 34 & 36 pouces.

sur Pieds de Longueur.	Produit. Pieces. Pieds.	Pouces.	Lignes.
1	2..5.	0.	0
2	5..4.	0.	0
3	8..3.	0.	0
4	11..2.	0.	0
5	14..1.	0.	0
6	17..0.	0.	0
7	19..5.	0.	0
8	22..4.	0.	0
9	25..3.	0.	0
10	28..2.	0.	0
11	31..1.	0.	0
12	34..0.	0.	0
13	36..5.	0.	0
14	39..4.	0.	0
15	42..3.	0.	0
16	45..2.	0.	0
17	48..1.	0.	0
18	51..0.	0.	0
19	53..5.	0.	0
20	56..4.	0.	0
21	59..3.	0.	0
22	62..2.	0.	0
23	65..1.	0.	0
24	68..0.	0.	0
25	70..5.	0.	0
26	73..4.	0.	0

sur Pieds de Longueur.	Produit. Pieces. Pieds.	Pouces.	Lignes.
27	76.3.	0.	0
28	79.2.	0.	0
29	82.1.	0.	0
30	85.0.	0.	0
31	87.5.	0.	0
32	90.4.	0.	0
33	93.3.	0.	0
34	96.2.	0.	0
35	99.1.	0.	0
36	102.0.	0.	0
37	104.5.	0.	0
38	107.4.	0.	0
39	110.3.	0.	0
40	113.2.	0.	0
41	116.1.	0.	0
42	119.0.	0.	0
43	121.5.	0.	0
44	124.4.	0.	0
45	127.3.	0.	0
46	130.2.	0.	0
47	133.1.	0.	0
48	136.0.	0.	0
49	138.5.	0.	0
50	141.4.	0.	0
51	144.3.	0.	0
52	147.2.	0.	0

sur Pieds de Longueur.	Produit. Pieces. Pieds.	Pouces.	Lignes.
53	150.1.	0.	0
54	153.0.	0.	0
55	155.5.	0.	0
56	158.4.	0.	0
57	161.3.	0.	0
58	164.2.	0.	0
59	167.1.	0.	0
60	170.0.	0.	0
61	172.5.	0.	0
62	175.4.	0.	0
63	178.3.	0.	0
64	181.2.	0.	0
65	184.1.	0.	0
66	187.0.	0.	0
67	189.5.	0.	0
68	192.4.	0.	0
69	195.3.	0.	0
70	198.2.	0.	0
71	201.1.	0.	0
72	204.0.	0.	0
$\frac{1}{4}$	0.4.	3.	0
$\frac{1}{2}$	1.2.	6.	0
$\frac{3}{4}$	2.0.	9.	0

Grosseur de 34 & 37 pouces.

sur Pieds de Longueur	Produit. Pieces.	Pieds.	Pouces.	Lignes.
1	2	5	5	8
2	5	4	11	4
3	8	4	5	0
4	11	3	10	8
5	14	3	4	4
6	17	2	10	0
7	20	2	3	8
8	23	1	9	4
9	26	1	3	0
10	29	0	8	8
11	32	0	2	4
12	34	5	8	0
13	37	5	1	8
14	40	4	7	4
15	43	4	1	0
16	46	3	6	8
17	49	3	0	4
18	52	2	6	0
19	55	1	11	8
20	58	1	5	4
21	61	0	11	0
22	64	0	4	8
23	66	5	10	4
24	69	5	4	0
25	72	4	9	8
26	75	4	3	4

sur Pieds de Longueur	Produit. Pieces.	Pieds.	Pouces.	Lignes.
27	78	3	9	0
28	81	3	2	8
29	84	2	8	4
30	87	2	2	0
31	90	1	7	8
32	93	1	1	4
33	96	0	7	0
34	99	0	0	8
35	101	5	6	4
36	104	5	0	0
37	107	4	5	8
38	110	3	11	4
39	113	3	5	0
40	116	2	10	8
41	119	2	4	4
42	122	1	10	0
43	125	1	3	8
44	128	0	9	4
45	131	0	3	0
46	133	5	8	8
47	136	5	2	4
48	139	4	8	0
49	142	4	1	8
50	145	3	7	4
51	148	3	1	0
52	151	2	6	8

sur Pieds de Longueur	Produit. Piece.	Pieds.	Pouces.	Lignes.
53	154	2	0	4
54	157	1	6	0
55	160	0	11	8
56	163	0	5	4
57	165	5	11	0
58	168	5	4	8
59	171	4	10	4
60	174	4	4	0
61	177	3	9	8
62	180	3	3	4
63	183	2	9	0
64	186	2	2	8
65	189	1	8	4
66	192	1	2	0
67	195	0	7	8
68	198	0	1	4
69	200	5	7	0
70	203	5	0	8
71	206	4	6	4
72	209	4	0	0
1/4	0	4	4	5
1/2	1	2	8	10
3/4	2	1	1	3

Grosseur de 34 & 38 pouces.

sur Pieds de Longueur	Produit.				sur Pieds de Longueur	Produit.				sur Pieds de Longueur.	Produit.			
	Pieces.	Pieds.	Pouces.	Lignes.		Pieces.	Pieds.	Pouces.	Lignes.		Pieces.	Pieds.	Pouces.	Lignes.
2	2	5	11	4	27	80	4	6	0	53	158	3	0	8
3	5	5	10	8	28	83	4	5	4	54	161	3	0	0
1	8	5	10	0	29	86	4	4	8	55	164	2	11	4
4	11	5	9	4	30	89	4	4	0	56	167	2	10	8
5	14	5	8	8	31	92	4	3	4	57	170	2	10	0
6	17	5	8	0	32	95	4	2	8	58	173	2	9	4
7	20	5	7	4	33	98	4	2	0	59	176	2	8	8
8	23	5	6	8	34	101	4	1	4	60	179	2	8	0
9	26	5	6	0	35	104	4	0	8	61	182	2	7	4
10	29	5	5	4	36	107	4	0	0	62	185	2	6	8
11	32	5	4	8	37	110	3	11	4	63	188	2	6	0
12	35	5	4	0	38	113	3	10	8	64	191	2	5	4
13	38	5	3	4	39	116	3	10	0	65	194	2	4	8
14	41	5	2	8	40	119	3	9	4	66	197	2	4	0
15	44	5	2	0	41	122	3	8	8	67	200	2	3	4
16	47	5	1	4	42	125	3	8	0	68	203	2	2	8
17	50	5	0	8	43	128	3	7	4	69	206	2	2	0
18	53	5	0	0	44	131	3	6	8	70	209	2	1	4
19	55	4	11	4	45	134	3	6	0	71	212	2	0	8
20	59	4	10	8	46	137	3	5	4	72	215	2	0	0
21	62	4	10	0	47	140	3	4	8					
22	65	4	9	4	48	143	3	4	0					
23	68	4	8	8	49	146	3	3	4	1/4	0	4	5	10
24	71	4	8	0	50	149	3	2	8	1/2	1	2	11	8
25	74	4	7	4	51	152	3	2	0	3/4	2	1	5	6
26	77	4	6	8	52	155	3	1	4					

Groſſeur de 34 & 39 pouces.

ſur Pieds de Longueur.	Pieces.	Pieds.	Pouces.	Lignes.	ſur Pieds de Longueur.	Pieces.	Pieds.	Pouces.	Lignes.	ſur Pieds de Longueur.	Pieces.	Pieds.	Pouces.	Lignes.
1	3	0	5	0	27	82	5	3	0	53	162	4	1	0
2	6	0	10	0	28	85	5	8	0	54	165	4	6	0
3	9	1	3	0	29	89	0	1	0	55	168	4	11	0
4	12	1	8	0	30	92	0	6	0	56	171	5	4	0
5	15	2	1	0	31	95	0	11	0	57	174	5	9	0
6	18	2	6	0	32	98	1	4	0	58	178	0	2	0
7	21	2	11	0	33	101	1	9	0	59	181	0	7	0
8	24	3	4	0	34	104	2	2	0	60	184	1	0	0
9	27	3	9	0	35	107	2	7	0	61	187	1	5	0
10	30	4	2	0	36	110	3	0	0	62	190	1	10	0
11	33	4	7	0	37	113	3	5	0	63	193	2	3	0
12	36	5	0	0	38	116	3	10	0	64	196	2	8	0
13	39	5	5	0	39	119	4	3	0	65	199	3	1	0
14	42	5	10	0	40	122	4	8	0	66	202	3	6	0
15	46	0	3	0	41	125	5	1	0	67	205	3	11	0
16	49	0	8	0	42	128	5	6	0	68	208	4	4	0
17	52	1	1	0	43	131	5	11	0	69	211	4	9	0
18	55	1	6	0	44	135	0	4	0	70	214	5	2	0
19	58	1	11	0	45	138	0	9	0	71	217	5	7	0
20	61	2	4	0	46	141	1	2	0	72	221	0	0	0
21	64	2	9	0	47	144	1	7	0					
22	67	3	2	0	48	147	2	0	0	1/4	0	4	7	3
23	70	3	7	0	49	150	2	5	0	1/2	1	3	2	6
24	73	4	0	0	50	153	2	10	0	3/4	2	1	9	9
25	76	4	5	0	51	156	3	3	0					
92	79	4	10	0	52	159	3	8	0					

Grosseur de 34 & 40 pouces.

sur Pieds de Longueur.	Produit. Pieces.	Pieds.	Pouces.	Lignes.	sur Pieds de Longueur.	Produit. Pieces.	Pieds.	Pouces.	Lignes.	sur Pieds de Longueur.	Produit. Pieces.	Pieds.	Pouces.	Lignes.
1	3	0	10	8	27	85	0	0	0	53	166	5	1	4
2	6	1	9	4	28	88	0	10	8	54	170	0	0	0
3	9	2	8	0	29	91	1	9	4	55	173	0	10	8
4	12	3	6	8	30	94	2	8	0	56	176	1	9	4
5	15	4	5	4	31	97	3	6	8	57	179	2	8	0
6	18	5	4	0	32	100	4	5	4	58	182	3	6	8
7	22	0	2	8	33	103	5	4	0	59	185	4	5	4
8	25	1	1	4	34	107	0	2	8	60	188	5	4	0
9	28	2	0	0	35	110	1	1	4	61	192	0	2	8
10	31	2	10	8	36	113	2	0	0	62	195	1	1	4
11	34	3	9	4	37	116	2	10	8	63	198	2	0	0
12	37	4	8	0	38	119	3	9	4	64	201	2	10	8
13	40	5	6	8	39	122	4	8	0	65	204	3	9	4
14	44	0	5	4	40	125	5	6	8	66	207	4	8	0
15	47	1	4	0	41	129	0	5	4	67	210	5	6	8
16	50	2	2	8	42	132	1	4	0	68	214	0	5	4
17	53	3	1	4	43	135	2	2	8	69	217	1	4	0
18	56	4	0	0	44	138	3	1	4	70	220	2	2	8
19	59	4	10	8	45	141	4	0	0	71	223	3	1	4
20	62	5	9	4	46	144	4	10	8	72	226	4	0	0
21	66	0	8	0	47	147	5	9	4					
22	69	1	6	8	48	151	0	8	0	1/4	0	4	8	8
23	72	2	5	4	49	154	1	6	8	1/2	1	3	5	4
24	75	3	4	0	50	157	2	5	4	3/4	2	2	2	0
25	78	4	2	8	51	160	3	4	0					
26	81	5	1	4	52	163	4	2	8					

Grosseur de 35 pouces.

sur Pieds de Longueur.	Produit. Pieces.	Pieds.	Pouces.	Lignes.	sur Pieds de Longueur.	Produit. Pieces.	Pieds.	Pouces.	Lignes.	sur Pieds de Longueur.	Produit. Pieces.	Pieds.	Pouces.	Lignes.
1	2..5.	0.	2		27	76.3.	4.	6		53	150.1.	8.10		
2	5..4.	0.	4		28	79.2.	4.	8		54	153.0.	9.	0	
3	8..3.	0.	6		29	82.1.	4.10			55	155.5.	9.	2	
4	11..2.	0.	8		30	85.0.	5.	0		56	158.4.	9.	4	
5	14..1.	0.10			31	87.5.	5.	2		57	161.3.	9.	6	
6	17..0.	1.	0		32	90.4.	5.	4		58	164.2.	9.	8	
7	19..5.	1.	2		33	93.3.	5.	6		59	167.1.	9.10		
8	22..4.	1.	4		34	96.2.	5.	8		60	170.0.10.	0		
9	25..3.	1.	6		35	99.1.	5.10			61	172.5.10.	2		
10	28..2.	1.	8		36	102.0.	6.	0		62	175.4.10.	4		
11	31..1.	1.10			37	104.5.	6.	2		63	178.3.10.	6		
12	34..0.	2.	0		38	107.4.	6.	4		64	181.2.10.	8		
13	36..5.	2.	2		39	110.3.	6.	6		65	184.1.10.10			
14	39..4.	2.	4		40	113.2.	6.	8		66	187.0.11.	0		
15	42..3.	2.	6		41	116.1.	6.10			67	189.5.11.	2		
16	45..2.	2.	8		42	119.0.	7.	0		68	192.4.11.	4		
17	48..1.	2.10			43	121.5.	7.	2		69	195.3.11.	6		
18	51..0.	3.	0		44	124.4.	7.	4		70	198.2.11.	8		
19	53..5.	3.	2		45	127.3.	7.	6		71	201.1.11.10			
20	56..4.	3.	4		46	130.2.	7.	8		72	204.1.	0.	0	
21	59..3.	3.	6		47	133.1.	7.10							
22	62..2.	3.	8		48	136.0.	8.	0		1/4	0.4.	3.	0 1/2	
23	65..1.	3.10			49	138.5.	8.	2		1/2	1.2.	6.	1.	
24	68..0.	4.	0		50	141.4.	8.	4		3/4	2.0.	9.	1 1/2	
25	70..5.	4.	2		51	144.3.	8.	6						
26	73..4.	4.	4		52	147.2.	8.	8						

Grosseur de 35 & 36 pouces.

sur Pieds de Longueur.	Pieces.	Pieds.	Pouces.	Lignes.	sur Pieds de Longueur.	Pieces.	Pieds.	Pouces.	Lignes.	sur Pieds de Longueur.	Pieces.	Pieds.	Pouces.	Lignes.
1	2	5	6	0	27	78	4	6	0	53	154	3	6	0
2	5	5	0	0	28	81	4	0	0	54	157	3	0	0
3	8	4	6	0	29	84	3	6	0	55	160	2	6	0
4	11	4	0	0	30	87	3	0	0	56	163	2	0	0
5	14	3	6	0	31	90	2	6	0	57	166	1	6	0
6	17	3	0	0	32	93	2	0	0	58	169	1	0	0
7	20	2	6	0	33	96	1	6	0	59	172	0	6	0
8	23	2	0	0	34	99	1	0	0	60	175	0	0	0
9	26	1	6	0	35	102	0	6	0	61	177	5	6	0
10	29	1	0	0	36	105	0	0	0	62	180	5	0	0
11	32	0	6	0	37	107	5	6	0	63	183	4	6	0
12	35	0	0	0	38	110	5	0	0	64	186	4	0	0
13	37	5	6	0	39	113	4	6	0	65	189	3	6	0
14	40	5	0	0	40	116	4	0	0	66	192	3	0	0
15	43	4	6	0	41	119	3	6	0	67	195	2	6	0
16	46	4	0	0	42	122	3	0	0	68	198	2	0	0
17	49	3	6	0	43	125	2	6	0	69	201	1	6	0
18	52	3	0	0	44	128	2	0	0	70	204	1	0	0
19	55	2	6	0	45	131	1	6	0	71	207	0	6	0
20	58	2	0	0	46	134	1	0	0	72	210	0	0	0
21	61	1	6	0	47	137	0	6	0	$\frac{1}{4}$	0	4	4	6
22	64	1	0	0	48	140	0	0	0	$\frac{1}{2}$	1	2	9	0
23	67	0	6	0	49	142	5	6	0	$\frac{3}{4}$	2	1	1	6
24	70	0	0	0	50	145	5	0	0					
25	72	5	6	0	51	148	4	6	0					
26	75	5	0	0	52	151	4	0	0					

Grosseur de 35 & 37 pouces.

sur Pieds de Longueur.	Pieces.	Pieds.	Pouces.	Lignes.	sur Pieds de Longueur.	Pieces.	Pieds.	Pouces.	Lignes.	sur Pieds de Longueur.	Pieces.	Pieds.	Pouces.	Lignes.
1	2	5	11	10	27	80	5	7	6	53	158	5	3	2
2	5	5	11	8	28	83	5	7	4	54	161	5	3	0
3	8	5	11	6	29	86	5	7	2	55	164	5	2	10
4	11	5	11	4	30	89	5	7	0	56	167	5	2	8
5	14	5	11	2	31	92	5	6	10	57	70	5	2	6
6	17	5	11	0	32	95	5	6	8	58	173	5	2	4
7	20	5	10	10	33	98	5	6	6	59	176	5	2	2
8	23	5	10	8	34	101	5	6	4	60	179	5	2	0
9	26	5	10	6	35	104	5	6	2	61	182	5	1	10
10	29	5	10	4	36	107	5	6	0	62	185	5	1	8
11	32	5	10	2	37	110	5	5	10	63	188	5	1	6
12	35	5	10	0	38	113	5	5	8	64	191	5	1	4
13	38	5	9	10	39	116	5	5	6	65	194	5	1	2
14	41	5	9	8	40	119	5	5	4	66	197	5	1	0
15	44	5	9	6	41	122	5	5	2	67	200	5	0	10
16	47	5	9	4	42	125	5	5	0	68	203	5	0	8
17	50	5	9	2	43	128	5	4	10	69	206	5	0	6
18	53	5	9	0	44	131	5	4	8	70	209	5	0	4
19	56	5	8	10	45	134	5	4	6	71	212	5	0	2
20	59	5	8	8	46	137	5	4	4	72	215	5	0	0
21	62	5	8	6	47	140	5	4	2					
22	65	5	8	4	48	143	5	4	0	$\frac{1}{4}$	0	4	5	$11\frac{1}{2}$
23	68	5	8	2	49	146	5	3	10	$\frac{1}{2}$	1	2	11	11
24	71	5	8	0	50	149	5	3	8	$\frac{3}{4}$	2	1	5	$10\frac{1}{2}$
25	74	5	7	10	51	152	5	3	6					
26	77	5	7	8	52	155	5	3	4					

Groffeur de 35 & 38 pouces.

fur Pieds de Longueur	Pieces.	Pieds.	Pouces.	Lignes.
1	3	0	5	8
2	6	0	11	4
3	9	1	5	0
4	12	1	10	8
5	15	2	4	4
6	18	2	10	0
7	21	3	3	8
8	24	3	9	4
9	27	4	3	0
10	30	4	8	8
11	33	5	2	4
12	36	5	8	0
13	40	0	1	8
14	43	0	7	4
15	46	1	1	0
16	49	1	6	8
17	52	2	0	4
18	55	2	6	0
19	58	2	11	8
20	61	3	5	4
21	64	3	11	0
22	67	4	4	8
23	70	4	10	4
24	73	5	4	0
25	76	5	9	8
26	80	0	3	[illegible]

fur Pieds de Longueur	Pieces.	Pieds.	Pouces.	Lignes.
27	83	0	9	0
28	86	1	2	8
29	89	1	8	4
30	92	2	2	0
31	95	2	7	8
32	98	3	1	4
33	101	3	7	0
34	104	4	0	8
35	107	4	6	4
36	110	5	0	0
37	113	5	5	8
38	116	5	11	4
39	120	0	5	0
40	123	0	10	8
41	126	1	4	4
42	129	1	10	0
43	132	2	3	8
44	135	2	9	4
45	138	3	3	0
46	141	3	8	8
47	144	4	2	4
48	147	4	8	0
49	150	5	1	8
50	153	5	7	4
51	157	0	1	0
52	160	0	6	8

fur Pieds de Longueur	Pieces.	Pieds.	Pouces.	Lignes.
53	163	1	0	4
54	166	1	6	0
55	169	1	11	8
56	172	2	5	4
57	175	2	11	0
58	178	3	4	8
59	181	3	10	4
60	184	4	4	0
61	187	4	9	8
62	190	5	3	4
63	193	5	9	0
64	197	0	2	8
65	200	0	8	4
66	203	1	2	0
67	206	1	7	8
68	209	2	1	4
69	212	2	7	0
70	215	3	0	8
71	218	3	6	4
72	221	4	0	0
$\frac{1}{4}$	0	4	7	5
$\frac{1}{2}$	1	3	2	10
$\frac{3}{4}$	2	1	10	3

Grosseur de 35 & 39 pouces.

sur Pieds de Longueur	Produit Pieces.	Pieds.	Pouces.	Lignes.	sur Pied de Longueur	Produit Pieces.	Pieds.	Pouces.	Lignes.	sur Pieds de Longueur	Produit Piece.	Pieds.	Pouces.	Lignes.
1	3	0	11	6	27	85	1	10	6	53	167	2	9	6
2	6	1	11	0	28	88	2	10	0	54	170	3	9	0
3	9	2	10	6	29	91	3	9	6	55	173	4	8	6
4	12	3	10	0	30	94	4	9	0	56	176	5	8	0
5	15	4	9	6	31	97	5	8	6	57	180	0	7	6
6	18	5	9	0	32	101	0	8	0	58	183	1	7	0
7	22	0	8	6	33	104	1	7	6	59	186	2	6	6
8	25	1	8	0	34	107	2	7	0	60	189	3	6	0
9	28	2	7	6	35	110	3	6	6	61	192	4	5	6
10	31	3	7	0	36	113	4	6	0	62	195	5	5	0
11	34	4	6	6	37	116	5	5	6	63	199	0	4	6
12	37	5	6	0	38	120	0	5	0	64	202	1	4	0
13	41	0	5	6	39	123	1	4	6	65	205	2	3	6
14	44	1	5	0	40	126	2	4	0	66	208	3	3	0
15	47	2	4	6	41	129	3	3	6	67	211	4	2	6
16	50	3	4	0	42	132	4	3	0	68	214	5	2	0
17	53	4	3	6	43	135	5	2	6	69	218	0	1	6
18	56	5	3	0	44	139	0	2	0	70	221	1	1	0
19	60	0	2	6	45	142	1	1	6	71	224	2	0	6
20	63	1	2	0	46	145	2	1	0	72	227	3	0	0
21	66	2	1	6	47	148	3	0	6					
22	69	3	1	0	48	151	4	0	0	$\frac{1}{4}$	0	4	8	$10\frac{1}{2}$
23	72	4	0	6	49	154	4	11	6	$\frac{1}{2}$	1	3	5	9
24	75	5	0	0	50	157	5	11	0	$\frac{3}{4}$	2	2	2	$7\frac{1}{2}$
25	78	5	11	6	51	161	0	10	6					
26	82	0	11	0	52	164	1	10	0					

Grosseur de 35 & 40 pouces.

sur Pieds de Longueur	Produit. Pieces.	Pieds.	Pouces.	Lignes.	sur Pieds de Longueur	Produit. Pieces.	Pieds.	Pouces.	Lignes.	sur Pieds de Longueur	Produit. Pieces.	Pieds.	Pouces.	Lignes.
2	3..	1.	5.	4	27	87.3.	0.	0		53	171.4.	6.	8	
3	9..	2.	10.	8	28	90.4.	5.	4		54	175.0.	0.	0	
1	9..	4.	4.	0	29	93.5.	10.	8		55	178.1.	5.	4	
4	12..	5.	9.	4	30	97.1.	4.	0		56	181.2.	10.	8	
5	16..	1.	2.	8	31	100.2.	9.	4		57	184.4.	4.	0	
6	19..	2.	8.	0	32	103.4.	2.	8		58	187.5.	9.	4	
7	22..	4.	1.	4	33	106.5.	8.	0		59	191.1.	2.	8	
8	25..	5.	6.	8	34	110.1.	1.	4		60	104.2.	8.	0	
9	29..	1.	0.	0	35	113.2.	6.	8		61	197.4.	1.	4	
10	32..	2.	5.	4	36	116.4.	0.	0		62	200.5.	6.	8	
11	35..	3.	10.	8	37	119.5.	5.	4		63	204.1.	0.	0	
12	38..	5.	4.	0	38	123.0.	10.	8		64	207.2.	5.	4	
13	42..	0.	9.	4	39	126.2.	4.	0		65	210.3.	10.	8	
14	45..	2.	2.	8	40	129.3.	9.	4		66	213.5.	4.	0	
15	48..	3.	8.	0	41	132.5.	2.	8		67	217.0.	9.	4	
16	51..	5.	1.	4	42	136.0.	8.	0		68	220.2.	2.	8	
17	55..	0.	6.	8	43	139.2.	1.	4		69	223.3.	8.	0	
18	58..	2.	0.	0	44	142.3.	6.	8		70	226.5.	1.	4	
19	61..	3.	5.	4	45	145.5.	0.	0		71	230.0.	6.	8	
20	64..	4.	10.	8	46	149.0.	5.	4		72	233.2.	0.	0	
21	68..	0.	4.	0	47	152.1.	10.	8						
22	71..	1.	9.	4	48	155.3.	4.	0		1/4		0.4.	10.	4
23	74..	3.	2.	8	49	158.4.	9.	4		1/2		1.3.	8.	8
24	77..	4.	8.	0	50	162.0.	2.	8		3/4		2.2.	7.	0
25	81..	0.	1.	4	51	165.1.	8.	0						
26	84..	1.	6.	8	52	168.3.	1.	4						

Groffeur de 36 pouces.

fur Pieds de Longueur.	Produit.				fur Pieds de Longueur.	Produit.				fur Pieds de Longueur.	Produit.			
	Pieces.	Pieds.	Pouces.	Lignes.		Pieces.	Pieds.	Pouces.	Lignes.		Pieces.	Pieds.	Pouces.	Lignes.
1	3	0	0	0	27	81	0	0	0	53	159	0	0	0
2	6	0	0	0	28	84	0	0	0	54	162	0	0	0
3	9	0	0	0	29	87	0	0	0	55	165	0	0	0
4	12	0	0	0	30	90	0	0	0	56	168	0	0	0
5	15	0	0	0	31	93	0	0	0	57	171	0	0	0
6	18	0	0	0	32	96	0	0	0	58	174	0	0	0
7	21	0	0	0	33	99	0	0	0	59	177	0	0	0
8	24	0	0	0	34	102	0	0	0	60	180	0	0	0
9	27	0	0	0	35	105	0	0	0	61	183	0	0	0
10	30	0	0	0	36	108	0	0	0	62	186	0	0	0
11	33	0	0	0	37	111	3	5	0	63	189	0	0	0
12	36	0	0	0	38	114	0	0	0	64	192	0	0	0
13	39	0	0	0	39	117	0	0	0	65	195	0	0	0
14	42	0	0	0	40	120	0	0	0	66	198	0	0	0
15	45	0	0	0	41	123	0	0	0	67	201	0	0	0
16	48	0	0	0	42	126	0	0	0	68	204	0	0	0
17	51	0	0	0	43	129	0	0	0	69	207	0	0	0
18	54	0	0	0	44	132	0	0	0	70	210	0	0	0
19	57	0	0	0	45	135	0	0	0	71	213	0	0	0
20	60	0	0	0	46	138	0	0	0	72	216	0	0	0
21	63	0	0	0	47	141	0	0	0					
22	66	0	0	0	48	144	0	0	0	1/4	0	4	6	0
23	69	0	0	0	49	147	0	0	0	1/2	1	3	0	0
24	72	0	0	0	50	150	0	0	0	3/4	2	1	6	0
25	75	0	0	0	51	153	0	0	0					
26	78	0	0	0	52	156	0	0	0					

Grosseur de 36 & 37 pouces.

sur Pieds de Longueur.	Pieces.	Pieds.	Pouces.	Lignes.	sur Pieds de Longueur.	Pieces.	Pieds.	Pouces.	Lignes.	sur Pieds de Longueur.	Pieces.	Pieds.	Pouces.	Lignes.
1	3	0	6	0	27	83	1	6	0	53	163	2	6	0
2	6	1	0	0	28	86	2	0	0	54	166	3	0	0
3	9	1	6	0	29	89	2	6	0	55	169	3	6	0
4	12	2	0	0	30	92	3	0	0	56	172	4	0	0
5	15	2	6	0	31	95	3	6	0	57	175	4	6	0
6	18	3	0	0	32	98	4	0	0	58	178	5	0	0
7	21	3	6	0	33	101	4	6	0	59	181	5	6	0
8	24	4	0	0	34	104	5	0	0	60	185	0	0	0
9	27	4	6	0	35	107	5	6	0	61	188	0	6	0
10	30	5	0	0	36	111	0	0	0	62	191	1	0	0
11	33	5	6	0	37	114	0	6	0	63	194	1	6	0
12	37	0	0	0	38	117	1	0	0	64	197	2	0	0
13	40	0	6	0	39	120	1	6	0	65	200	2	6	0
14	43	1	0	0	40	123	2	0	0	66	203	3	0	0
15	46	1	6	0	41	126	2	6	0	67	206	3	6	0
16	49	2	0	0	42	129	3	0	0	68	209	4	0	0
17	52	2	6	0	43	132	3	6	0	69	212	4	6	0
18	55	3	0	0	44	135	4	0	0	70	215	5	0	0
19	58	3	6	0	45	138	4	6	0	71	218	5	6	0
20	61	4	0	0	46	141	5	0	0	72	222	0	0	0
21	64	4	6	0	47	144	5	6	0					
22	67	5	0	0	48	148	0	0	0	1/4	0	4	7	6
23	70	5	6	0	49	151	0	6	0	1/2	1	3	3	0
24	74	0	0	0	50	154	1	0	0	3/4	2	1	10	6
25	77	0	6	0	51	157	1	6	0					
26	80	1	0	0	52	160	2	0	0					

Grosseur de 36 & 38 pouces.

sur Pied de Longueur.	Produit. Pieces.	Pieds.	Pouces.	Lignes.	sur Pieds de Longueur.	Produit. Pieces.	Pieds.	Pouces.	Lignes.	sur Pieds de Longueur.	Produit. Pieces.	Pieds.	Pouces.	Lignes.
1	3	1	0	0	27	85	3	0	0	53	167	5	0	0
2	6	2	0	0	28	88	4	0	0	54	171	0	0	0
3	9	3	0	0	29	91	5	0	0	55	174	1	0	0
4	12	4	0	0	30	95	0	0	0	56	177	2	0	0
5	15	5	0	0	31	98	1	0	0	57	180	3	0	0
6	19	0	0	0	32	101	2	0	0	58	183	4	0	0
7	22	1	0	0	33	104	3	0	0	59	186	5	0	0
8	25	2	0	0	34	107	4	0	0	60	190	0	0	0
9	28	3	0	0	35	110	5	0	0	61	193	1	0	0
10	31	4	0	0	36	114	0	0	0	62	196	2	0	0
11	34	5	0	0	37	117	1	0	0	63	199	3	0	0
12	38	0	0	0	38	120	2	0	0	64	202	4	0	0
13	41	1	0	0	39	123	3	0	0	65	205	5	0	0
14	44	2	0	0	40	126	4	0	0	66	209	0	0	0
15	47	3	0	0	41	129	5	0	0	67	212	1	0	0
16	50	4	0	0	42	133	0	0	0	68	215	2	0	0
17	53	5	0	0	43	136	1	0	0	69	218	3	0	0
18	57	0	0	0	44	139	2	0	0	70	221	4	0	0
19	60	1	0	0	45	142	3	0	0	71	224	5	0	0
20	63	2	0	0	46	145	4	0	0	72	228	0	0	0
21	66	3	0	0	47	148	5	0	0					
22	69	4	0	0	48	152	0	0	0	¼	0	4	9	0
23	72	5	0	0	49	155	1	0	0	½	1	3	6	0
24	76	0	0	0	50	158	2	0	0	¾	2	2	3	0
25	79	1	0	0	51	161	3	0	0					
26	82	2	0	0	52	164	4	0	0					

Grosseur de 36 & 39 pouces.

sur Pieds de Longueur.	Produit. Pieces.	Pieds.	Pouces.	Lignes.	sur Pieds de Longueur.	Produit. Pieces.	Pieds.	Pouces.	Lignes.	sur Pieds de Longueur.	Produit. Pieces.	Pieds.	Pouces.	Lignes.
1	3	1	6	0	27	87	4	6	0	53	172	1	6	0
2	6	3	0	0	28	91	0	0	0	54	175	3	0	0
3	9	4	6	0	29	94	1	6	0	55	178	4	6	0
4	13	0	0	0	30	97	3	0	0	56	182	0	0	0
5	16	1	6	0	31	100	4	6	0	57	185	1	6	0
6	19	3	0	0	32	104	0	0	0	58	188	3	0	0
7	22	4	6	0	33	107	1	6	0	59	191	4	6	0
8	26	0	0	0	34	110	3	0	0	60	195	0	0	0
9	29	1	6	0	35	113	4	6	0	61	198	1	6	0
10	32	3	0	0	36	117	0	0	0	62	201	3	0	0
11	35	4	6	0	37	120	1	6	0	63	204	4	6	0
12	39	0	0	0	38	123	3	0	0	64	208	0	0	0
13	42	1	6	0	39	126	4	6	0	65	211	1	6	0
14	45	3	0	0	40	130	0	0	0	66	214	3	0	0
15	48	4	6	0	41	133	1	6	0	67	217	4	6	0
16	52	0	0	0	42	136	3	0	0	68	221	0	0	0
17	55	1	6	0	43	139	4	6	0	69	224	1	6	0
18	58	3	0	0	44	143	0	0	0	70	227	3	0	0
19	61	4	6	0	45	146	1	6	0	71	230	4	6	0
20	65	0	0	0	46	149	3	0	0	72	234	0	0	0
21	68	1	6	0	47	152	4	6	0					
22	71	3	0	0	48	156	0	0	0	1/4	0	4	10	6
23	74	4	6	0	49	159	1	6	0	1/2	1	3	9	0
24	78	0	0	0	50	162	3	0	0	3/4	2	2	7	6
25	81	1	6	0	51	165	4	6	0					
26	84	3	0	0	52	169	0	0	0					

Grosseur de 36 & 40 pouces.

sur Pieds de Longueur.	Produit. Pieces.	Pieds.	Pouces.	Lignes.	sur Pieds de Longueur.	Produit. Pieces.	Pieds.	Pouces.	Lignes.	sur Pieds de Longueur.	Produit. Pieces.	Pieds.	Pouces.	Lignes.
1	3..2.	0.	0		27	90.0.	0.	0		53	176.4.	0.	0	
2	6..4.	0.	0		28	93.2.	0.	0		54	180.0.	0.	0	
3	10..0.	0.	0		29	96.4.	0.	0		55	183.2.	0.	0	
4	13..2.	0.	0		30	100.0.	0.	0		56	186.4.	0.	0	
5	16..4.	0.	0		31	103.2.	0.	0		57	190.0.	0.	0	
6	20..0.	0.	0		32	106.4.	0.	0		58	193.2.	0.	0	
7	23..2.	0.	0		33	110.0.	0.	0		59	196.4.	0.	0	
8	26..4.	0.	0		34	113.2.	0.	0		60	200.0.	0.	0	
9	30..0.	0.	0		35	116.4.	0.	0		61	203.2.	0.	0	
10	33..2.	0.	0		36	120.0.	0.	0		62	206.4.	0.	0	
11	36..4.	0.	0		37	123.2.	0.	0		63	210.0.	0.	0	
12	40..0.	0.	0		38	126.4.	0.	0		64	213.2.	0.	0	
13	43..2.	0.	0		39	130.0.	0.	0		65	216.4.	0.	0	
14	46..4.	0.	0		40	133.2.	0.	0		66	220.0.	0.	0	
15	50..0.	0.	0		41	136.4.	0.	0		67	223.2.	0.	0	
16	53..2.	0.	0		42	140.0.	0.	0		68	226.4.	0.	0	
17	56..4.	0.	0		43	143.2.	0.	0		69	230.0.	0.	0	
18	60..0.	0.	0		44	146.4.	0.	0		70	233.2.	0.	0	
19	63..2.	0.	0		45	150.0.	0.	0		71	236.4.	0.	0	
20	66..4.	0.	0		46	153.2.	0.	0		72	240.0.	0.	0	
21	70..0.	0.	0		47	156.4.	0.	0						
22	73..2.	0.	0		48	160.0.	0.	0						
23	76..4.	0.	0		49	163.2.	0.	0		¼	0.5.	0.	0	
24	80..0.	0.	0		50	166.4.	0.	0		½	1.4.	0.	0	
25	83..2.	0.	0		51	170.0.	0.	0		¾	2.3.	0.	0	
26	86..4.	0.	0		52	173.2.	0.	0						

Grosseur de 37 pouces.

sur Pieds de Longueur.	Produit. Pieces.	Pieds.	Pouces.	Lignes.
1	3..1.	0.	0.	2
2	6..2.	0.	0.	4
3	9..3.	0.	0.	6
4	12..4.	0.	0.	8
5	15..5.	0.	0.	10
6	19..0.	1.	1.	0
7	22..1.	1.	1.	2
8	25..2.	1.	1.	4
9	28..3.	1.	1.	6
10	31..4.	1.	1.	8
11	34..5.	1.	1.	10
12	38..0.	2.	2.	0
13	41..1.	2.	2.	2
14	44..2.	2.	2.	4
15	47..3.	2.	2.	6
16	50..4.	2.	2.	8
17	53..5.	2.	2.	10
18	57..0.	3.	3.	0
19	60..1.	3.	3.	2
20	63..2.	3.	3.	4
21	66..3.	3.	3.	6
22	69..4.	3.	3.	8
23	72..5.	3.	3.	10
24	76..0.	4.	4.	0
25	79..1.	4.	4.	2
26	82..2.	4.	4.	4

sur Pieds de Longueur.	Produit. Pieces.	Pieds.	Pouces.	Lignes.
27	85.3.	4.	6	
28	88.4.	4.	8	
29	91.5.	4.	10	
30	95.0.	5.	0	
31	98.1.	5.	2	
32	101.2.	5.	4	
33	104.3.	5.	6	
34	107.4.	5.	8	
35	110.5.	5.	10	
36	114.0.	6.	0	
37	117.1.	6.	2	
38	120.2.	6.	4	
39	123.3.	6.	6	
40	126.4.	6.	8	
41	129.5.	6.	10	
42	133.0.	7.	0	
43	136.1.	7.	2	
44	139.2.	7.	4	
45	142.3.	7.	6	
46	145.4.	7.	8	
47	148.5.	7.	10	
48	152.0.	8.	0	
49	155.1.	8.	2	
50	158.2.	8.	4	
51	161.3.	8.	6	
52	164.4.	8.	8	

sur Pieds de Longueur.	Produit. Pieces.	Pieds.	Pouces.	Lignes.
53	167.5.	8.	10	
54	171.0.	9.	0	
55	174.1.	9.	2	
56	177.2.	9.	4	
57	180.3.	9.	6	
58	183.4.	9.	8	
59	186.5.	9.	10	
60	190.0.	10.	0	
61	193.1.	10.	2	
62	196.2.	10.	4	
63	192.3.	10.	6	
64	202.4.	10.	8	
65	205.5.	10.	10	
66	209.0.	11.	0	
67	212.1.	11.	2	
69	215.2.	11.	4	
68	218.3.	11.	6	
70	221.4.	11.	8	
71	224.5.	11.	10	
72	228.1.	0.	0	
$\frac{1}{4}$	0.4.	9.	0$\frac{1}{2}$	
$\frac{1}{2}$	1.3.	6.	1.	
$\frac{3}{4}$	2.2.	3.	1$\frac{1}{2}$	

Groſſeur de 37 & 38 pouces.

ſur Pieds de Longueur.	Produit. Pieces.	Pieds.	Pouces.	Lignes.	ſur Pieds de Longueur.	Produit. Pieces.	Pieds.	Pouces.	Lignes.	ſur Pieds de Longueur.	Produit. Pieces.	Pieds.	Pouces.	Lignes.
1	3	1	6	4	27	87	5	3	0	53	172	2	11	8
2	6	3	0	8	28	91	0	9	4	54	175	4	6	0
3	9	4	7	0	29	94	2	3	8	55	179	0	0	4
4	13	0	1	4	30	97	3	10	0	56	182	1	6	8
5	16	1	7	8	31	100	5	4	4	57	185	3	1	0
6	19	3	2	0	32	104	0	10	8	58	188	4	7	4
7	22	4	8	4	33	107	2	5	0	59	192	0	1	8
8	26	0	2	8	34	110	3	11	4	60	195	1	8	0
9	29	1	9	0	35	113	5	5	8	61	198	3	2	4
10	32	3	3	4	36	117	1	0	0	62	201	4	8	8
11	35	4	9	8	37	120	2	6	4	63	205	0	3	0
12	39	0	4	0	38	123	4	0	8	64	208	1	9	4
13	42	1	10	4	39	126	5	7	0	65	211	3	3	8
14	45	3	4	8	40	130	1	1	4	66	214	4	10	0
15	48	4	11	0	41	133	2	7	8	67	218	0	4	4
16	52	0	5	4	42	136	4	2	0	68	221	1	10	8
17	55	1	11	8	43	139	5	8	4	69	224	3	5	0
18	58	3	6	0	44	143	1	2	8	70	227	4	11	4
19	61	5	0	4	45	146	2	9	0	71	231	0	5	8
20	65	0	6	8	46	149	4	3	4	72	234	2	0	0
21	68	2	1	0	47	152	5	9	8					
22	71	3	7	4	48	156	1	4	0	$\frac{1}{4}$	0	4	10	7
23	74	5	1	8	49	159	2	10	4	$\frac{1}{2}$	1	3	9	2
24	78	0	8	0	50	162	4	4	8	$\frac{3}{4}$	2	2	7	9
25	81	2	2	4	51	165	5	11	0					
26	84	3	8	8	52	169	1	5	4					

Grosseur de 37 & 39 pouces.

sur Pieds de Longueur.	Produit. Pieces.	Pieds.	Pouces.	Lignes.	sur Pieds de Longueur.	Produit. Pieces.	Pieds.	Pouces.	Lignes.	sur Pieds de Longueur.	Produit. Pieces.	Pieds.	Pouces.	Lignes.
1	3	2	0	6	27	90	1	1	6	53	177	0	2	6
2	6	4	1	0	28	93	3	2	0	54	180	2	3	0
3	10	0	1	6	29	96	5	2	6	55	183	4	3	6
4	13	2	2	0	30	100	1	3	0	56	187	0	4	0
5	16	4	2	6	31	103	3	3	6	57	190	2	4	6
6	20	0	3	0	32	106	5	4	0	58	193	4	5	0
7	23	2	3	6	33	110	1	4	6	59	197	0	5	6
8	26	4	4	0	34	113	3	5	0	60	200	2	6	0
9	30	0	4	6	35	116	5	5	6	61	203	4	6	6
10	33	2	5	0	36	120	1	6	0	62	207	0	7	0
11	36	4	5	6	37	123	3	6	6	63	210	2	7	6
12	40	0	6	0	38	126	5	7	0	64	213	4	8	0
13	43	2	6	6	39	130	1	7	6	65	217	0	8	6
14	46	4	7	0	40	133	3	8	0	66	220	2	9	0
15	50	0	7	6	41	136	5	8	6	67	223	4	9	6
16	53	2	8	0	42	140	1	9	0	68	227	0	10	0
17	56	4	8	6	43	143	3	9	6	69	230	2	10	6
18	60	0	9	0	44	146	5	10	0	70	233	4	11	0
19	63	2	9	6	45	150	1	10	6	71	227	0	11	6
20	66	4	10	0	46	153	3	11	0	72	240	3	0	0
21	70	0	10	6	47	156	5	11	6					
22	73	2	11	0	48	160	2	0	0	$\frac{1}{4}$	0	5	0	$1\frac{1}{2}$
23	76	4	11	6	49	163	4	0	6	$\frac{1}{2}$	1	4	0	3
24	80	1	0	0	50	167	0	1	0	$\frac{3}{4}$	2	3	0	$4\frac{1}{2}$
25	83	3	0	6	51	170	2	1	6					
26	86	5	1	0	52	173	4	2	0					

Grosseur de 37 & 40 pouces.

sur Pieds de Longueur	Produit. Pieces.	Pieds.	Pouces.	Lignes.	sur Pieds de Longueur	Produit. Pieces.	Pieds.	Pouces.	Lignes.	sur Pieds de Longueur	Produit. Pieces.	Pieds.	Pouces.	Lignes.
1	3	2	6	8	27	92	3	0	0	53	181	3	5	4
2	6	5	1	4	28	95	5	6	8	54	185	0	0	0
3	10	1	8	0	29	99	2	1	4	55	188	2	6	8
4	13	4	2	8	30	102	4	8	0	56	191	5	1	4
5	17	0	9	4	31	106	1	2	8	57	195	1	8	0
6	20	3	4	0	32	109	3	9	4	58	198	4	2	8
7	23	5	10	8	33	113	0	4	0	59	202	0	9	4
8	27	2	5	4	34	116	2	10	8	60	205	3	4	0
9	30	5	0	0	35	119	5	5	4	61	208	5	10	8
10	34	1	6	8	36	123	2	0	0	62	212	2	5	4
11	37	4	1	4	37	126	4	6	8	63	215	5	0	0
12	41	0	8	0	38	130	1	1	4	64	219	1	6	8
13	44	3	2	8	39	133	3	8	0	65	222	4	1	4
14	47	5	9	4	40	137	0	2	8	66	226	0	8	0
15	51	2	4	0	41	140	2	9	4	67	229	3	2	8
16	54	4	10	8	42	143	5	4	0	68	232	5	9	4
17	58	1	5	4	43	147	1	10	8	69	236	2	4	0
18	61	4	0	0	44	150	4	5	4	70	239	4	10	8
19	65	0	6	8	45	154	1	0	0	71	243	1	5	4
20	68	3	1	4	46	157	3	6	8	72	246	4	0	0
21	71	5	8	0	47	161	0	1	4					
22	75	2	2	8	48	164	2	8	0	¼		0	5	1	8
23	78	4	9	4	49	167	5	2	8	½		1	4	3	4
24	82	1	4	0	50	171	1	9	4	¾		2	3	5	0
25	85	3	10	8	51	174	4	4	0					
26	89	0	5	4	52	178	0	10	8					

Grosseur de 38 pouces.

sur Pieds de Longueur.	Produit. Pieces.	Pieds.	Pouces.	Lignes.
1	3..2.	0.	8	
2	6..4.	1.	4	
3	10..0.	2.	0	
4	13..2.	2.	8	
5	16..4.	3.	4	
6	20..0.	4.	0	
7	23..2.	4.	8	
8	26..4.	5.	4	
9	30..0.	6.	0	
10	33..2.	6.	8	
11	36..4.	7.	4	
12	40..0.	8.	0	
13	43..2.	8.	8	
14	46..4.	9.	4	
15	50..0.10.		0	
16	53..2.10.		8	
17	56..4.11.		4	
18	60..1.	0.	0	
19	63..3.	0.	8	
20	66..5.	1.	4	
21	70..1.	2.	0	
22	73..3.	2.	8	
23	76..5.	3.	4	
24	80..1.	4.	0	
25	83..3.	4.	8	
26	86..5.	5.	4	

sur Pieds de Longueur.	Produit. Pieces.	Pieds.	Pouces.	Lignes.
27	90.1.	6.	0	
28	93.3.	6.	8	
29	96.5.	7.	4	
30	100.1.	8.	0	
31	103.3.	8.	8	
32	106.5.	9.	4	
33	110.1.10.		0	
34	113.3.10.		8	
35	116.5.11.		4	
36	120.2.	0.	0	
37	123.4.	0.	8	
38	127.0.	1.	4	
39	130.2.	2.	0	
40	133.4.	2.	8	
41	137.0.	3.	4	
42	140.2.	4.	0	
43	243.4.	4.	8	
44	147.0.	5.	4	
45	150.2.	6.	0	
46	153.4.	6.	8	
47	157.0.	7.	4	
48	160.2.	8.	0	
49	163.4.	8.	8	
50	167.0.	9.	4	
51	170.2.10.		0	
52	173.4.10.		8	

sur Pieds de Longueur.	Produit. Pieces.	Pieds.	Pouces.	Lignes.
53	177.0.11.		4	
54	180.3.	0.	0	
55	183.5.	0.	8	
56	187.1.	1.	4	
57	190.3.	2.	0	
58	193.5.	2.	8	
59	197.1.	3.	4	
60	200.3.	4.	0	
61	203.5.	4.	8	
62	207.1.	5.	4	
63	210.3.	6.	0	
64	213.5.	6.	8	
65	217.1.	7.	4	
66	220.3.	8.	0	
67	223.5.	8.	8	
68	227.1.	9.	4	
69	230.3.10.		0	
70	233.5.10.		8	
71	237.1.11.		4	
72	240.4.	0.	0	
1/4	0.5.	0.	2	
1/2	1.4.	0.	4	
3/4	2.3.	0.	6	

Grosseur de 38 & 39 pouces.

sur Pieds de Longueur.	Pieces.	Pieds.	Pouces.	Lignes.	sur Pieds de Longueur.	Pieces.	Pieds.	Pouces.	Lignes.	sur Pieds de Longueur.	Pieces.	Pieds.	Pouces.	Lignes.
1	3	2	7	0	27	92	3	9	0	53	181	4	11	0
2	6	5	2	0	28	96	0	4	0	54	185	1	6	0
3	10	1	9	0	29	99	2	11	0	55	188	4	1	0
4	13	4	4	0	30	102	5	6	0	56	192	0	8	0
5	17	0	11	0	31	106	2	1	0	57	195	3	3	0
6	20	3	6	0	32	109	4	8	0	58	198	5	10	0
7	24	0	1	0	33	113	1	3	0	59	202	2	5	0
8	27	2	8	0	34	116	3	10	0	60	205	5	0	0
9	30	5	3	0	35	120	0	5	0	61	209	1	7	0
10	34	1	10	0	36	123	3	0	0	62	212	4	2	0
11	37	4	5	0	37	126	5	7	0	63	216	0	9	0
12	41	1	0	0	38	130	2	2	0	64	219	3	4	0
13	44	3	7	0	39	133	4	9	0	65	222	5	11	0
14	48	0	2	0	40	137	1	4	0	66	226	2	6	0
15	51	2	9	0	41	140	3	11	0	67	229	5	1	0
16	54	5	4	0	42	144	0	6	0	68	233	1	8	0
17	58	1	11	0	43	147	3	1	0	69	236	4	3	0
18	61	4	6	0	44	150	5	8	0	70	240	0	10	0
19	65	1	1	0	45	154	2	3	0	71	243	3	5	0
20	68	3	8	0	46	157	4	10	0	72	247	0	0	0
21	72	0	3	0	47	161	1	5	0					
22	75	2	10	0	48	164	4	0	0					
23	78	5	5	0	49	168	0	7	0	Multiplicat.	0	5	1	9
24	82	2	0	0	50	171	3	2	0		1	4	3	6
25	85	4	7	0	51	174	5	2	0		2	3	5	3
26	89	1	2	0	52	178	2	4	0					

Grosseur de 38 & 40 pouces.

sur Pieds de Longueur.	Pièces.	Pieds.	Pouces.	Lignes.
1	3	3	1	4
2	7	0	2	8
3	10	3	4	0
4	14	0	5	4
5	17	3	6	8
6	21	0	8	0
7	24	3	9	4
8	28	0	10	8
9	31	4	0	0
10	35	1	1	4
11	38	4	2	8
12	42	1	4	0
13	45	4	5	4
14	49	1	6	8
15	52	4	8	0
16	56	1	9	4
17	59	4	10	8
18	63	2	0	0
19	66	5	1	4
20	70	2	2	8
21	73	5	4	0
22	77	2	5	4
23	80	5	6	8
24	84	2	8	0
25	87	5	9	4
26	91	2	10	8

sur Pieds de Longueur.	Pièces.	Pieds.	Pouces.	Lignes.
27	95	0	0	0
28	98	3	1	4
29	102	0	2	8
30	105	3	4	0
31	109	0	5	4
32	112	3	6	8
33	116	0	8	0
34	119	3	9	4
35	123	0	10	8
36	126	4	0	0
37	130	1	1	4
38	133	4	2	8
39	137	1	4	0
40	140	4	5	4
41	144	1	6	8
42	147	4	8	0
43	151	1	9	4
44	154	4	10	8
45	158	2	0	0
46	161	5	1	4
47	165	2	2	8
48	168	5	4	0
49	172	2	5	4
50	175	5	6	8
51	179	2	8	0
52	182	5	9	4

sur Pieds de Longueur.	Pièces.	Pieds.	Pouces.	Lignes.
53	186	2	10	8
54	190	0	0	0
55	193	3	1	4
56	197	0	2	8
57	200	3	4	0
58	204	0	5	4
59	207	3	6	8
60	211	0	8	0
61	214	3	9	4
62	218	0	10	8
63	221	4	0	0
64	225	1	1	4
65	228	4	2	8
66	232	1	4	0
67	235	4	5	4
68	239	1	6	8
69	242	4	8	0
70	246	1	9	4
71	249	4	10	8
72	253	2	0	0
1/4	0	5	3	4
1/2	1	4	6	8
3/4	2	3	10	0

Grosseur de 39 pouces.

sur Pieds de Longueur	Produit Pieces.	Pieds.	Pouces.	Lignes.	sur Pieds de Longueur	Produit Pieces.	Pieds.	Pouces.	Lignes.	sur Pieds de Longueur	Produit Pieces.	Pieds.	Pouces.	Lignes.
1	3	3	1	6	27	95	0	4	6	53	186	3	7	6
2	7	0	3	0	28	98	3	6	0	54	190	0	9	0
3	10	3	4	6	29	102	0	7	6	55	193	3	10	6
4	14	0	6	0	30	105	3	2	0	56	197	1	0	0
5	17	3	7	6	31	109	0	10	6	57	200	4	1	6
6	21	0	9	0	32	112	4	0	0	58	204	1	3	0
7	24	3	10	6	33	116	1	1	6	59	207	4	4	6
8	28	1	0	0	34	119	4	3	0	60	211	1	6	0
9	31	4	1	6	35	123	1	4	6	61	214	4	7	6
10	35	1	3	0	36	126	4	6	0	62	218	1	9	0
11	38	4	4	6	37	130	1	7	6	63	221	4	10	6
12	42	1	6	0	38	133	4	9	0	64	225	2	0	0
13	45	4	7	6	39	138	1	10	6	65	228	5	1	6
14	49	1	9	0	40	140	5	0	0	66	232	2	3	0
15	52	4	10	6	41	144	2	1	6	67	235	5	4	6
16	56	2	0	0	42	147	5	3	0	68	239	2	6	0
17	59	5	1	6	43	151	2	4	6	69	242	5	7	6
18	63	2	3	0	44	154	5	6	0	70	246	2	9	0
19	66	5	4	6	45	158	2	7	6	71	249	5	10	6
20	70	2	6	0	46	161	5	9	0	72	253	3	0	0
21	74	5	7	6	47	165	2	10	6					
22	77	2	8	0	48	169	0	0	0	1/4	0	5	3	4½
23	80	5	10	6	49	172	3	1	6	1/2	1	4	6	9
24	84	3	0	0	50	176	0	3	0	3/4	2	3	10	1½
25	88	0	1	6	51	179	3	4	6					
26	91	3	3	0	52	183	0	6	0					

Grosseur de 39 & 40 pouces.

sur Pieds de Longueur	Pieces	Pieds	Pouces	Lignes
1	3	3	8	0
2	7	1	4	0
3	10	5	0	0
4	14	2	8	0
5	18	0	4	0
6	21	4	0	0
7	25	1	8	0
8	28	5	4	0
9	32	3	0	0
10	36	0	8	0
11	39	4	4	0
12	43	2	0	0
13	46	5	8	0
14	50	3	4	0
15	54	1	0	0
16	57	4	8	0
17	61	2	4	0
18	65	0	0	0
19	68	3	8	0
20	72	1	4	0
21	75	5	0	0
22	79	2	8	0
23	83	0	4	0
24	86	4	0	0
25	90	1	8	0
26	93	5	4	0

sur Pieds de Longueur	Pieces	Pieds	Pouces	Lignes
27	97	3	0	0
28	101	0	8	0
29	104	4	4	0
30	108	2	0	0
31	111	5	8	0
32	115	3	4	0
33	119	1	0	0
34	122	4	8	0
35	126	2	4	0
36	130	0	0	0
37	133	3	8	0
38	137	1	4	0
39	140	5	0	0
40	144	2	8	0
41	148	0	4	0
42	151	4	0	0
43	155	1	8	0
44	158	5	4	0
45	162	3	0	0
46	166	0	8	0
47	169	4	4	0
48	173	2	0	0
49	176	5	8	0
50	180	3	4	0
51	184	1	0	0
52	187	4	8	0

sur Pieds de Longueur	Pieces	Pieds	Pouces	Lignes
53	191	2	4	0
54	195	0	0	0
55	198	3	8	0
56	202	1	4	0
57	205	5	0	0
58	209	2	8	0
59	213	0	4	0
60	216	4	0	0
61	220	1	8	0
62	223	5	4	0
63	227	3	0	0
64	231	0	8	0
65	234	4	4	0
66	238	2	0	0
67	241	5	8	0
68	245	3	4	0
69	249	1	0	0
70	252	4	8	0
71	256	2	4	0
72	260	0	0	0
1/4	0	5	5	0
1/2	1	4	10	0
3/4	2	4	3	0

Grosseur de 40 pouces.

sur Pieds de Longueur	Produit. Pieces.	Pieds.	Pouces.	Lignes.	sur Pied de Longueur	Produit. Pieces.	Pieds.	Pouces.	Lignes.	surl Pieds de Longueur	Produit. Piece.	Pieds.	Pouces.	Lignes.
1	3..4.	2.	8		27	100.0.	0.	0		53	196.1.	9.	4
2	7..2.	5.	4		28	103.4.	2.	8		54	200.0.	0.	0
3	11..0.	8.	0		29	107.2.	5.	4		55	203.4.	2.	8
4	14..4.	10.	8		30	111.0.	8.	0		56	207.2.	5.	4
5	18..3.	1.	4		31	114.4.	10.	8		57	211.0.	8.	0
6	22..1.	4.	0		32	118.3.	1.	4		58	214.4.	10.	8
7	25..5.	6.	8		33	122.1.	4.	0		59	218.3.	1.	4
8	29..3.	9.	4		34	125.5.	6.	8		60	222.1.	4.	0
9	33..2.	0.	0		35	129.3.	9.	4		61	225.5.	6.	8
10	37..0.	2.	8		36	133.2.	0.	0		62	229.3.	9.	4
11	40..4.	5.	4		37	137.0.	2.	8		63	233.2.	0.	0
12	44..2.	8.	0		38	140.4.	5.	4		64	137.0.	2.	8
13	48..0.	10.	8		39	144.2.	8.	0		65	240.4.	5.	4
14	51..5.	1.	4		40	148.0.	10.	8		66	244.2.	8.	0
15	55..3.	4.	0		41	151.5.	1.	4		67	248.0.	10.	8
16	59..1.	6.	8		42	155.3.	4.	0		68	251.5.	1.	4
17	62..5.	9.	4		43	159.1.	6.	8		69	255.3.	4.	0
18	66..4.	0.	0		44	162.5.	9.	4		70	259.1.	6.	8
19	70..2.	2.	8		45	166.4.	0.	0		71	262.5.	9.	4
20	74..0.	5.	4		46	170.2.	2.	8		72	266.4.	0.	0
21	77..4.	8.	0		47	174.0.	5.	4					
22	81..2.	10.	8		48	177.4.	8.	0		¼	0.	5.	6. 8
23	85..1.	1.	4		49	181.2.	10.	8		½	1.	5.	1. 4
24	88..5.	4.	0		50	185.1.	1.	4		¾	2.	4.	8. 0
25	92..3.	6.	8		51	188.5.	4.	0					
26	96..1.	9.	4		52	192.3.	6.	8					

Grosseur de 40 & 41 pouces.

sur Pieds de Longueur	Produit. Pieces. Pieds. Pouces. Lignes.	sur Pieds de Longueur	Produit. Pieces. Pieds. Pouces. Lignes.	sur Pieds de Longueur	Produit. Pieces. Pieds. Pouces. Lignes.
2	3..4. 9. 4	27	102.3. 0. 0	53	201.1. 2. 8
3	7..3. 6. 8	28	106.1. 9. 4	54	205.0. 0. 0
1	11..2. 4. 0	29	110.0. 6. 8	55	208.4. 9. 4
4	15..1. 1. 4	30	113.5. 4. 0	56	212.3. 6. 8
5	18..5.10. 8	31	117.4. 1. 4	57	216.2. 4. 0
6	22..4. 8. 0	32	121.2.10. 8	58	220.1. 1. 4
7	26..3. 5. 4	33	125.1. 8. 0	59	223.5.10. 8
8	30..2. 2. 8	34	129.0. 5. 4	60	227.4. 8. 0
9	34..1. 0. 0	35	132.5. 2. 8	61	231.3. 5. 4
10	37..5. 9. 4	36	136.4. 0. 0	62	235.2. 2. 8
11	41..4. 6. 8	37	140.2. 9. 4	63	239.1. 0. 0
12	45..3. 4. 0	38	144.1. 6. 8	64	242.5. 9. 4
13	49..2. 1. 4	39	148.0. 4. 0	65	246.4. 6. 8
14	53..0.10. 8	40	151.5. 1. 4	66	250.3. 4. 0
15	56..5. 8. 0	41	155.3.10. 8	67	254.2. 1. 4
16	60..4. 5. 4	42	159.2. 8. 0	68	258.0.10. 8
17	63..3. 2. 8	43	163.1. 5. 4	69	261.5. 8. 0
18	68..2. 0. 0	44	167.0. 2. 8	70	265.4. 5. 4
19	72..0. 9. 4	45	170.5. 0. 0	71	269.3. 2. 8
20	75..5. 6. 8	46	174.3. 9. 4	72	273.2. 0. 0
21	79..4. 4. 0	47	178.2. 6. 8		
22	83..3. 1. 4	48	182.1. 4. 0	¼	0.5. 8. 4
23	87..1.10. 8	49	186.0. 1. 4	½	1.5. 4. 8
24	91..0. 8. 0	50	189.4.10. 8	¾	2.5. 1. 0
25	94..5. 5. 4	51	193.3. 8. 0		
26	98..4. 2. 8	52	197.2. 5. 4		

Grosseur de 40 & 42 pouces.

sur Pieds de Longueur.	Produit. Pieces.	Pieds.	Pouces.	Lignes.	sur Pieds de Longueur.	Produit. Pieces.	Pieds.	Pouces.	Lignes.	sur Pied de Longueur.	Produit. Pieces.	Pieds.	Pouces.	Lignes.
1	3.	5.	4.	0	27	105.	0.	0.	0	53	206.	0.	8.	0
2	7.	4.	8.	0	28	108.	5.	4.	0	54	210.	0.	0.	0
3	11.	4.	0.	0	29	112.	4.	8.	0	55	213.	5.	4.	0
4	15.	3.	4.	0	30	116.	4.	0.	0	56	217.	4.	8.	0
5	19.	2.	8.	0	31	120.	3.	4.	0	57	221.	4.	0.	0
6	23.	2.	0.	0	32	124.	2.	8.	0	58	225.	3.	4.	0
7	27.	1.	4.	0	33	128.	2.	0.	0	59	229.	2.	8.	0
8	31.	0.	8.	0	34	132.	1.	4.	0	60	233.	2.	0.	0
9	35.	0.	0.	0	35	136.	0.	8.	0	61	237.	1.	4.	0
10	38.	5.	4.	0	36	140.	0.	0.	0	62	241.	0.	8.	0
11	42.	4.	8.	0	37	143.	5.	4.	0	63	245.	0.	0.	0
12	46.	4.	0.	0	38	147.	4.	8.	0	64	248.	5.	4.	0
13	50.	3.	4.	0	39	151.	4.	0.	0	65	252.	4.	8.	0
14	54.	2.	8.	0	40	155.	3.	4.	0	66	256.	4.	0.	0
15	58.	2.	0.	0	41	159.	2.	8.	0	67	260.	3.	4.	0
16	62.	1.	4.	0	42	163.	2.	0.	0	68	264.	2.	8.	0
17	66.	0.	8.	0	43	167.	1.	4.	0	69	268.	2.	0.	0
18	70.	0.	0.	0	44	171.	0.	8.	0	70	272.	1.	4.	0
19	73.	5.	4.	0	45	175.	0.	0.	0	71	276.	0.	8.	0
20	77.	4.	8.	0	46	178.	5.	4.	0	72	280.	0.	0.	0
21	81.	4.	0.	0	47	182.	4.	8.	0					
22	85.	3.	4.	0	48	186.	4.	0.	0	$\frac{1}{4}$		0.	5.	10.	0
23	89.	2.	8.	0	49	190.	3.	4.	0	$\frac{1}{2}$		1.	5.	8.	0
24	93.	2.	0.	0	50	194.	2.	8.	0	$\frac{3}{4}$		2.	5.	6.	0
25	97.	1.	4.	0	51	198.	2.	0.	0					
92	101.	0.	8.	0	52	202.	1.	4.	0					

Grosseur de 40 & 43 pouces.

sur Pieds de Longueur.	Produit. Pieces.	Pieds.	Pouces.	Lignes.	sur Pieds de Longueur	Produit. Pieces.	Pieds.	Pouces.	Lignes.	sur Pieds de Longueur	Produit. Pieces.	Pieds.	Pouces.	Lignes.
1	3.	5.	10.	8	27	107.	3.	0.	0	53	211.	0.	11.	4
2	7.	5.	9.	4	28	111.	2.	10.	8	54	215.	0.	0.	0
3	11.	5.	8.	0	29	115.	2.	9.	4	55	218.	5.	10.	8
4	15.	5.	6.	8	30	119.	2.	8.	0	56	222.	5.	9.	4
5	19.	5.	5.	4	31	123.	2.	6.	8	57	226.	5.	8.	0
6	23.	5.	4.	0	32	127.	2.	5.	4	58	230.	5.	6.	8
7	27.	5.	2.	8	33	131.	2.	4.	0	59	234.	5.	5.	4
8	31.	5.	1.	4	34	135.	2.	2.	8	60	238.	5.	4.	0
9	35.	5.	0.	0	35	139.	2.	1.	4	61	242.	5.	2.	8
10	39.	4.	10.	8	36	143.	2.	0.	0	62	246.	5.	1.	4
11	43.	4.	9.	4	37	147.	1.	10.	8	63	250.	5.	0.	0
12	47.	4.	8.	0	38	151.	1.	9.	4	64	254.	4.	10.	8
13	51.	4.	6.	8	39	155.	1.	8.	0	65	258.	4.	9.	4
14	55.	4.	5.	4	40	159.	1.	6.	8	66	262.	4.	8.	0
15	59.	4.	4.	0	41	163.	1.	5.	4	67	266.	4.	6.	8
16	63.	4.	2.	8	42	167.	1.	4.	0	68	270.	4.	5.	4
17	67.	4.	1.	4	43	171.	1.	2.	8	69	274.	4.	4.	0
18	71.	4.	0.	0	44	175.	1.	1.	4	70	278.	4.	2.	8
19	75.	3.	10.	8	45	179.	1.	0.	0	71	282.	4.	1.	4
20	79.	3.	9.	4	46	183.	0.	10.	8	72	286.	4.	0.	0
21	83.	3.	8.	0	47	187.	0.	9.	4					
22	97.	3.	6.	8	48	191.	0.	8.	0	1/4	0.	5.	11.	8
23	91.	3.	5.	4	49	195.	0.	6.	8	1/2	1.	5.	11.	4
24	95.	3.	4.	0	50	199.	0.	5.	4	3/4	2.	5.	11.	0
25	99.	3.	2.	8	51	203.	0.	4.	0					
26	103.	3.	1.	4	52	207.	0.	2.	8					

Grosseur de 40 & 44 pouces.

sur Pieds de Longueur.	Produit. Pieces.	Pieds.	Pouces.	Lignes.	sur Pieds de Longueur.	Produit. Pieces.	Pieds.	Pouces.	Lignes.	sur Pieds de Longueur.	Produit. Pieces.	Pieds.	Pouces.	Lignes.
1	4	0	5		27	110	0	0	0	53	215	3	6	8
2	8	0	10	8	28	114	0	5	4	54	220	0	0	0
3	12	1	4		29	118	0	10	8	55	224	0	5	4
4	16	1	9		30	122	1	4	0	56	228	0	10	8
5	20	2	2	8	31	126	1	9	4	57	232	1	4	0
6	24	2	8		32	130	2	2	8	58	236	1	9	4
7	28	3	1	4	33	134	2	8	0	59	240	2	2	8
8	32	3	6	8	34	138	3	1	4	60	244	2	8	0
9	36	4	0		35	142	3	6	8	61	248	3	1	4
10	40	4	5	4	36	146	4	0	0	62	252	3	6	8
11	44	4	10	8	37	150	4	5	4	63	256	4	0	0
12	48	5	4	0	38	154	4	10	8	64	260	4	5	4
13	52	5	9	4	39	158	5	4	0	65	264	4	10	8
14	57	0	2	8	40	162	5	9	4	66	268	5	4	0
15	61	0	8	0	41	167	0	2	8	67	272	5	9	4
16	65	1	1	4	42	171	0	8	0	68	277	0	2	8
17	69	1	6	8	43	175	1	1	4	69	281	0	8	0
18	73	2	0	0	44	179	1	6	8	70	285	1	1	4
19	77	2	5	4	45	183	2	0	0	71	289	1	6	8
20	81	2	10	8	46	187	2	5	4	72	293	2	0	0
21	85	3	4	0	47	191	2	10	8					
22	89	3	9	4	48	195	3	4	0	1/4	1	0	1	4
23	93	4	2	8	49	199	3	9	4	1/2	2	0	2	8
24	97	4	8	0	50	203	4	2	8	3/4	3	0	4	0
25	101	5	1	4	51	207	4	8	0					
26	105	5	6	8	52	211	5	1	4					

Grosseur de 40 & 45 pouces.

sur Pieds de Longueur	Produit Pieces.	Pieds.	Pouces.	Lignes.	sur Pieds de Longueur	Produit Pieces.	Pieds.	Pouces.	Lignes.	sur Pieds de Longueur	Produit Pieces.	Pieds.	Pouces.	Lignes.
1	4	1	0	0	27	112	3	0	0	53	220	5	0	0
2	8	2	0	0	28	116	4	0	0	54	225	0	0	0
3	12	3	0	0	29	120	5	0	0	55	229	1	0	0
4	16	4	0	0	30	125	0	0	0	56	233	2	0	0
5	20	5	0	0	31	129	1	0	0	57	237	3	0	0
6	25	0	0	0	32	133	2	0	0	58	241	4	0	0
7	29	1	0	0	33	137	3	0	0	59	245	5	0	0
8	33	2	0	0	34	141	4	0	0	60	250	0	0	0
9	37	3	0	0	35	145	5	0	0	61	254	1	0	0
10	41	4	0	0	36	150	0	0	0	62	258	2	0	0
11	45	5	0	0	37	154	1	0	0	63	262	3	0	0
12	50	0	0	0	38	158	2	0	0	64	266	4	0	0
13	54	1	0	0	39	162	3	0	0	65	270	5	0	0
14	58	2	0	0	40	166	4	0	0	66	275	0	0	0
15	62	3	0	0	41	170	5	0	0	67	279	1	0	0
16	66	4	0	0	42	175	0	0	0	68	283	2	0	0
17	70	5	0	0	43	179	1	0	0	69	287	3	0	0
18	75	0	0	0	44	183	2	0	0	70	291	4	0	0
19	79	1	0	0	45	187	3	0	0	71	295	5	0	0
20	83	2	0	0	46	191	4	0	0	72	300	0	0	0
21	87	3	0	0	47	195	5	0	0	1/4	1	0	3	0
22	91	4	0	0	48	200	0	0	0	1/2	2	0	6	0
23	95	5	0	0	49	204	1	0	0	3/4	3	0	9	0
24	100	0	0	0	50	208	2	0	0					
25	104	1	0	0	51	212	3	0	0					
26	108	2	0	0	52	216	4	0	0					

Grosseur de 41 pouces.

sur Pieds de Longueur.	Produit. Pieces. Pieds. Pouces. Lignes.	sur Pieds de Longueur.	Produit. Pieces. Pieds. Pouces. Lignes.	sur Pieds de Longueur.	Produit. Pieces. Pieds. Pouces. Lignes.
1	3.5. 4. 2	27	105.0. 4. 6	53	206.1. 4.10
2	7.4. 8. 4	28	108.5. 8. 8	54	210.0. 9. 0
3	11.4. 0. 6	29	112.5. 0.10	55	214.0. 1. 2
4	15.3. 4. 8	30	116.4. 5. 0	56	217.5. 5. 4
5	19.2. 8.10	31	120.3. 9. 2	57	221.4. 9. 6
6	23.2. 1. 0	32	124.3. 1. 4	58	225.4. 1. 8
7	27.1. 5. 2	33	128.2. 5. 6	59	229.3. 5.10
8	31.0. 9. 4	34	132.1. 9. 8	60	233.2.10. 0
9	35.0. 1. 6	35	136.1. 1.10	61	237.2. 2. 2
10	38.5. 5. 8	36	140.0. 6. 0	62	241.1. 6. 4
11	42.4. 9.10	37	143.5.10. 2	63	245.0.10. 6
12	46.4. 2. 0	38	147.5. 2. 4	64	249.0. 2. 8
13	50.3. 6. 2	39	151.4. 6. 6	65	252.5. 6.10
14	54.2.10. 4	40	155.3.10. 8	66	256.4.11. 0
15	58.2. 2. 6	41	159.3. 2.10	67	260.4. 3. 2
16	62.1. 6. 8	42	163.2. 7. 0	68	264.3. 7. 4
17	66.0.10.10	43	167.1.11. 2	69	268.2.11. 6
18	70.0. 3. 0	44	171.1. 3. 4	70	272.2. 3. 8
19	73.5. 7. 2	45	175.0. 7. 6	71	276.1. 7.10
20	77.4.11. 4	46	178.5.11. 8	72	280.1. 0. 0
21	81.4. 3. 6	47	182.5. 3.10		
22	85.3. 7. 8	48	185.4. 8. 0	$\frac{1}{4}$	0.5.10.0$\frac{1}{2}$
23	89.2.11.10	49	190.4. 0. 2	$\frac{1}{2}$	1.5. 8.1.
24	93.2. 4. 0	50	194.3. 4. 4	$\frac{3}{4}$	2.5. 6.1$\frac{1}{2}$
25	97.1. 8. 2	51	198.2. 1. 6		
26	101.1. 0. 4	52	200.2. 0. 8		

Groſſeur de 41 & 42 pouces.

ſur Pieds de Longueur.	Produit.				ſur Pieds de Longueur.	Produit.				ſur Pieds de Longueur	Produit.			
	Pieces.	Pieds.	Pouces.	Lignes.		Pieces.	Pieds.	Pouces.	Lignes.		Pieces.	Pieds.	Pouces.	Lignes.
1	3	5	11	6	27	107	3	9	0	53	211	1	7	0
2	7		10	6	28	111	3	8	0	54	215	1	6	0
3	11	5	9	0	29	115	3	7	0	55	219	1	5	0
4	15	5	8	0	30	119	3	6	0	56	223	1	4	0
5	19	5	7	0	31	123	3	5	0	57	227	1	3	0
6	23	5	6	0	32	127	3	4	0	58	231	1	2	0
7	27	5	5	0	33	131	3	3	0	59	235	1	1	0
8	31	5	4	0	34	135	3	2	0	60	239	1	0	0
9	35	5	3	0	35	139	3	1	0	61	143	0	11	0
10	39	5	2	0	36	143	3	0	0	62	247	0	10	0
11	43	5	1	0	37	147	2	11	0	63	251	0	9	0
12	47	5	0	0	38	151	2	10	0	64	255	0	8	0
13	51	4	11	0	39	155	2	9	0	65	259	0	7	0
14	55	4	10	0	40	159	2	8	0	66	263	0	6	0
15	59	4	9	0	41	163	2	7	0	67	267	0	5	0
16	63	4	8	0	42	167	2	6	0	69	271	0	4	0
17	67	4	7	0	43	171	2	5	0	68	275	0	3	0
18	71	4	6	0	44	175	2	4	0	70	27	0	2	0
19	75	4	5	0	45	179	2	3	0	71	83	0	1	0
20	79	4	4	0	46	183	2	2	0	72	287	0	0	0
21	83	4	3	0	47	187	2	1	0					
22	87	4	2	0	48	191	2	0	0	1/4	0	5	11	3
23	91	4	1	0	49	195	1	11	0	1/2	1	5	10	6
24	95	4	0	0	50	199	1	10	0	3/4	2	5	9	9
25	99	3	11	0	51	203	1	9	0					
26	103	3	10	0	52	207	1	8	0					

Grosseur de 41 & 43 pouces.

sur Pieds de Longueur.	Produit. Pieces. Pieds. Pouces. Lignes.	sur Pieds de Longueur	Produit. Pieces. Pieds. Pouces. Lignes.	sur Pieds de Longueur	Produit. Pieces. Pieds. Pouces. Lignes.
1	4.0. 5.10	27	110.1. 1. 6	53	216.1. 9. 2
2	8.0.11. 8	28	114.1. 7. 4	54	220.2. 3. 0
3	12.1. 5. 6	29	118.2. 1. 2	55	224.2. 8.10
4	16.1.11. 4	30	122.2. 7. 0	56	228.3. 2. 8
5	20.2. 5. 2	31	126.3. 0.10	57	232.3. 8. 6
6	24.2.11. 0	32	130.3. 6. 8	58	2,6.4. 2. 4
7	28.3. 4.10	33	134.4. 0. 6	59	240.4. 8. 2
8	32.3.10. 8	34	138.4. 6. 4	60	244.5. 2. 0
9	36.4. 4. 6	35	142.5. 0. 2	61	248.5. 7.10
10	40.4.10. 4	36	146.5. 6. 0	62	253.0. 1. 8
11	44.5. 4. 2	37	150 5.11.10	63	257.0. 7. 6
12	48.5.10. 0	38	155.0. 5. 8	64	261.1. 1. 4
13	53.0. 3.10	39	159.0.11. 6	65	265.1. 7. 2
14	57.0. 9. 8	40	163.1. 5. 4	66	269.2. 1. 0
15	61.1. 3. 6	41	167.1.11. 2	67	273.2. 6.10
16	65.1. 9. 4	42	171.2. 5. 0	68	277.3. 0. 8
17	69.2. 3. 2	43	175.2.10.10	69	281.3. 6. 6
18	73.2. 9. 0	44	179.3. 4. 8	70	295.4. 0. 4
19	77.3. 2.10	45	183.3.10. 6	71	289.4. 6. 2
20	81.3. 8. 8	46	187.4. 4. 4	72	293.5. 0. 0
21	85.4. 2. 6	47	191.4.10. 2		
22	89.4. 8. 4	48	195.5. 4. 0		
23	93.5. 2, 2	49	199.5. 9.10	1/4	1.0. 1. 5½
24	97.5. 8. 0	50	204.0. 3. 8	1/2	2.0. 2.11.
25	102.0. 1.10	51	208.0. 9. 6	3/4	3.9. 4. 4½
26	106.0. 7. 8	52	212.1. 3. 4		

Grosseur de 41 & 44 pouces.

sur Pieds de Longueur.	Produit. Pieces.	Pieds.	Pouces.	Lignes.	sur Pieds de Longueur.	Produit. Pieces.	Pieds.	Pouces.	Lignes.	sur Pieds de Longueur.	Produit. Pieces.	Pieds.	Pouces.	Lignes.
1	4	1	0	8	27	112	4	6	0	53	221	1	11	4
2	8	2	1	4	28	116	5	6	8	54	225	3	0	0
3	12	3	2	0	29	121	0	7	4	55	229	4	0	8
4	16	4	2	8	30	125	1	8	0	56	233	5	1	4
5	20	5	3	4	31	129	2	8	8	57	238	0	2	0
6	25	0	4	0	32	133	3	9	4	58	242	1	2	8
7	29	1	4	8	33	137	4	10	0	59	246	2	3	4
8	33	2	5	4	34	141	5	10	8	60	250	3	4	0
9	37	3	6	0	35	146	0	11	4	61	254	4	4	8
10	41	4	6	8	36	150	2	0	0	62	258	5	5	4
11	45	5	7	4	37	154	3	0	8	63	263	0	6	0
12	50	0	8	0	38	158	4	1	4	64	267	1	6	8
13	54	1	8	8	39	162	5	2	0	65	271	2	7	4
14	58	2	9	4	40	167	0	2	8	66	275	3	8	0
15	62	3	10	0	41	171	1	3	4	67	279	4	8	8
16	66	4	10	8	42	175	2	4	0	68	283	5	9	4
17	70	5	11	4	43	179	3	4	8	69	288	0	10	0
18	75	1	0	0	44	183	4	5	4	70	292	1	10	8
19	79	2	0	8	45	187	5	6	0	71	296	2	11	4
20	83	3	1	4	46	192	0	6	8	72	300	4	0	0
21	87	4	2	0	47	196	1	7	4					
22	91	5	2	8	48	200	2	8	0					
23	96	0	3	4	49	204	3	8	8	1/4	1	0	3	2
24	100	1	4	0	50	208	4	9	4	1/2	2	0	6	4
25	104	2	4	8	51	212	5	10	0	3/4	3	0	9	6
26	108	3	5	4	52	217	0	10	8					

Grosseur de 41 & 45 pouces.

sur Pieds de Longueur.	Produit. Pieces.	Pieds.	Pouces.	Lignes.	sur Pieds de Longueur.	Produit. Pieces.	Pieds.	Pouces.	Lignes.	sur Pieds de Longueur.	Produit. Pieces.	Pieds.	Pouces.	Lignes.
1	4	1	7	6	27	115	1	10	6	53	226	2	1	6
2	8	3	3	0	28	119	3	6	0	54	230	3	9	0
3	12	4	10	6	29	123	5	1	6	55	234	5	4	6
4	17	0	6	0	30	128	0	9	0	56	239	1	0	0
5	21	2	1	6	31	132	2	4	6	57	243	2	7	6
6	25	3	9	0	32	136	4	0	0	58	247	4	3	0
7	29	5	4	6	33	140	5	7	6	59	251	5	10	6
8	34	1	0	0	34	145	1	3	0	60	256	1	6	0
9	38	2	7	6	35	149	2	10	6	61	260	3	1	6
10	42	4	3	0	36	153	4	6	0	62	264	4	9	0
11	46	5	10	6	37	158	0	1	6	63	269	0	4	6
12	51	1	6	0	38	162	1	9	0	64	273	2	0	0
13	55	3	1	6	39	166	3	4	6	65	277	3	7	6
14	59	4	9	0	40	170	5	0	0	66	281	5	3	0
15	64	0	4	6	41	175	0	7	6	67	286	0	10	6
16	68	2	0	0	42	179	2	3	0	68	290	2	6	0
17	72	3	7	6	43	183	3	10	6	69	294	4	1	6
18	76	5	3	0	44	187	5	6	0	70	298	5	9	0
19	81	0	10	6	45	192	1	1	6	71	303	1	4	6
20	85	2	6	0	46	196	2	9	0	72	307	3	0	0
21	89	4	1	6	47	200	4	4	6					
22	93	5	9	0	48	205	0	0	0					
23	98	1	4	6	49	209	1	7	6	$\frac{1}{4}$	1	0	4	$10\frac{1}{2}$
24	102	3	0	0	50	213	3	3	0	$\frac{1}{2}$	2	0	9	9
25	106	4	7	6	51	217	4	10	6	$\frac{3}{4}$	3	1	2	$7\frac{1}{2}$
26	111	0	3	0	52	222	0	6	0					

Grosseur de 42 pouces.

sur Pieds de Longueur.	Produit. Pieces.	Pieds.	Pouces.	Lignes.	sur Pied de Longueu.	Produit. Pieces.	Pieds.	Pouces.	Lignes.	sur Pied de Longueur.	Produit. Pieces.	Pieds.	Pouces.	Lignes.
1	4	0	6	0	27	110	1	6	0	53	216	2	6	0
2	8	1	0	0	28	114	2	0	0	54	2.0	3	0	0
3	12	1	6	0	29	118	2	6	0	55	224	3	6	0
4	16	2	0	0	30	122	3	0	0	56	228	4	0	0
5	20	2	6	0	31	126	3	6	0	57	232	4	6	0
6	24	3	0	0	32	130	4	0	0	58	236	5	0	0
7	28	3	6	0	33	134	4	6	0	59	240	5	6	0
8	32	4	0	0	34	138	5	0	0	60	245	0	0	0
9	36	4	6	0	35	142	5	6	0	61	249	0	6	0
10	40	5	0	0	36	147	0	0	0	62	253	1	0	0
11	44	5	6	0	37	151	0	6	0	63	257	1	6	0
12	49	0	0	0	38	155	1	0	0	64	261	2	0	0
13	53	0	6	0	39	159	1	6	0	65	265	2	6	0
14	57	1	0	0	40	163	2	0	0	66	269	3	0	0
15	61	1	6	0	41	167	2	6	0	67	273	3	6	0
16	65	2	0	0	42	171	3	0	0	68	277	4	0	0
17	69	2	6	0	43	175	3	6	0	69	281	4	6	0
18	73	3	0	0	44	179	4	0	0	70	285	5	0	0
19	77	3	6	0	45	183	4	6	0	71	289	5	6	0
20	81	4	0	0	46	187	5	0	0	72	294	0	0	0
21	85	4	6	0	47	191	5	6	0					
22	89	5	0	0	48	196	0	0	0	1/4	1	0	1	6
23	93	5	6	0	49	200	0	6	0	1/2	2	0	3	0
24	98	0	0	0	50	204	1	0	0	3/4	3	0	4	6
25	102	0	6	0	51	208	1	6	0					
26	106	1	0	0	52	212	2	0	0					

Grosseur de 42 & 43 pouces.

sur Pieds de Longueur	Produit.				sur Pieds de Longueur	Produit.				sur Pieds de Longueur	Produit.			
	Pieces.	Pieds.	Pouces.	Lignes.		Pieces.	Pieds.	Pouces.	Lignes.		Pieces.	Pieds.	Pouces.	Lignes.
1	4.	1.	1.	0	27	112.	5.	3.	0	53	221.	3.	5.	0
2	8.	2.	2.	0	28	117.	0.	4.	0	54	225.	4.	6.	0
3	12.	3.	3.	0	29	121.	1.	5.	0	55	229.	5.	7.	0
4	16.	4.	4.	0	30	125.	2.	6.	0	56	234.	0.	8.	0
5	20.	5.	5.	0	31	129.	3.	7.	0	57	238.	1.	9.	0
6	25.	0.	6.	0	32	133.	4.	8.	0	58	242.	2.	10.	0
7	29.	1.	7.	0	33	137.	5.	9.	0	59	246.	3.	11.	0
8	33.	2.	8.	0	34	142.	0.	10.	0	60	250.	5.	0.	0
9	37.	3.	9.	0	35	146.	1.	11.	0	61	255.	0.	1.	0
10	41.	4.	10.	0	36	150.	3.	0.	0	62	259.	1.	2.	0
11	45.	5.	11.	0	37	154.	4.	1.	0	63	263.	2.	3.	0
12	50.	1.	0.	0	38	158.	5.	2.	0	64	267.	3.	4.	0
13	54.	2.	1.	0	39	163.	0.	3.	0	65	271.	4.	5.	0
14	58.	3.	2.	0	40	167.	1.	4.	0	66	275.	5.	6.	0
15	62.	4.	3.	0	41	171.	2.	5.	0	67	280.	0.	7.	0
16	66.	5.	4.	0	42	175.	3.	6.	0	68	284.	1.	8.	0
17	71.	0.	5.	0	43	179.	4.	7.	0	69	288.	2.	9.	0
18	75.	1.	6.	0	44	183.	5.	8.	0	70	292.	3.	10.	0
19	79.	2.	7.	0	45	188.	0.	9.	0	71	296.	4.	11.	0
20	83.	3.	8.	0	46	192.	1.	10.	0	72	301.	0.	0.	0
21	87.	4.	9.	0	47	196.	2.	11.	0					
22	91.	5.	10.	0	48	200.	4.	0.	0					
23	96.	0.	11.	0	49	204.	5.	1.	0	1/4	1.	0.	3.	3
24	100.	2.	0.	0	50	209.	0.	2.	0	1/2	2.	0.	6.	6
25	104.	3.	1.	0	51	213.	1.	3.	0	3/4	3.	0.	9.	9
26	108.	4.	2.	0	52	217.	2.	4.	0					

Grosseur de 42 & 44 pouces.

sur Pieds de Longueur.	Produit.				sur Pieds de Longueur	Produit.				sur Pieds de Longueur	Produit.			
	Pieces.	Pieds.	Pouces.	Lignes.		Pieces.	Pieds.	Pouces.	Lignes.		Pieces.	Pieds.	Pouces.	Lignes.
1	4	1	8	0	27	115	3	0	0	53	226	4	4	0
2	8	3	4	0	28	119	4	8	0	54	231	0	0	0
3	12	5	0	0	29	124	0	4	0	55	235	1	8	0
4	17	0	8	0	30	128	2	0	0	56	239	3	4	0
5	21	2	4	0	31	132	3	8	0	57	243	5	0	0
6	25	4	0	0	32	136	5	4	0	58	248	0	8	0
7	29	5	8	0	33	141	1	0	0	59	252	2	4	0
8	34	1	4	0	34	145	2	8	0	60	256	4	0	0
9	38	3	0	0	35	149	4	4	0	61	260	5	8	0
10	42	4	8	0	36	154	0	0	0	62	265	1	4	0
11	47	0	4	0	37	158	1	8	0	63	269	3	0	0
12	51	2	0	0	38	162	3	4	0	64	273	4	8	0
13	55	3	8	0	39	166	5	0	0	65	278	0	4	0
14	59	5	4	0	40	171	0	8	0	66	282	2	0	0
15	64	1	0	0	41	175	2	4	0	67	286	3	8	0
16	68	2	8	0	42	179	4	0	0	68	290	5	4	0
17	72	4	4	0	43	183	5	8	0	69	295	1	0	0
18	77	0	0	0	44	188	1	4	0	70	299	2	8	0
19	81	1	8	0	45	192	3	0	0	71	303	4	4	0
20	85	3	4	0	46	196	4	8	0	72	308	0	0	0
21	89	5	0	0	47	101	0	4	0					
22	94	0	8	0	48	205	2	0	0	1/4		1	0	5	0
23	98	2	4	0	49	209	3	8	0	1/2	2	0	10	0
24	102	4	0	0	50	213	5	4	0	3/4	3	1	3	0
25	106	5	8	0	51	218	1	0	0					
26	111	1	4	0	52	222	2	8	0					

Grosseur de 42 & 45 pouces.

sur Pieds de Longueur.	Produit. Pieces.	Pieds.	Pouces.	Lignes.	sur Pieds de Longueur.	Produit. Pieces.	Pieds.	Pouces.	Lignes.	sur Pieds de Longueur.	Produit. Pieces.	Pieds.	Pouces.	Lignes.
1	4	2	3	0	27	118	0	9	0	53	231	5	3	0
2	8	4	6	0	28	122	3	0	0	54	236	1	6	0
3	13	0	9	0	29	126	5	3	0	55	240	3	9	0
4	17	3	0	0	30	131	1	6	0	56	245	0	0	0
5	21	5	3	0	31	135	3	9	0	57	249	2	3	0
6	26	1	6	0	32	140	0	0	0	58	253	4	6	0
7	30	3	9	0	33	144	2	3	0	59	258	0	9	0
8	35	0	0	0	34	148	4	6	0	60	262	3	0	0
9	39	2	3	0	35	153	0	9	0	61	266	5	3	0
10	43	4	6	0	36	157	3	0	0	62	271	1	6	0
11	48	0	9	0	37	161	5	3	0	63	275	3	9	0
12	52	3	0	0	38	166	1	6	0	64	280	0	0	0
13	56	5	3	0	39	170	3	9	0	65	284	2	3	0
14	61	1	6	0	40	175	0	0	0	66	288	4	6	0
15	65	3	9	0	41	179	2	3	0	67	293	0	9	0
16	70	0	0	0	42	183	4	6	0	68	297	3	0	0
17	74	2	3	0	43	188	0	9	0	69	301	5	3	0
18	78	4	6	0	44	192	3	0	0	70	306	1	6	0
19	83	0	9	0	45	196	5	3	0	71	310	3	9	0
20	87	3	0	0	46	201	1	6	0	72	315	0	0	0
21	91	5	3	0	47	205	3	9	0					
22	96	1	6	0	48	210	0	0	0	1/4	1	0	6	9
23	100	3	9	0	49	214	2	3	0	1/2	2	1	1	6
24	105	0	0	0	50	218	4	6	0	3/4	3	1	8	3
25	109	2	3	0	51	223	0	9	0					
26	113	4	6	0	52	227	3	0	0					

Grosseur de 43 pouces.

sur Pieds de Longueur	Produit. Pieces.	Pieds.	Pouces.	Lignes.
1	4	1	8	2
2	8	3	4	4
3	12	5	0	6
4	17	0	8	8
5	21	2	4	10
6	25	4	1	0
7	29	5	9	2
8	34	1	5	4
9	38	3	1	6
10	42	4	9	8
11	47	0	5	10
12	51	2	2	0
13	55	3	10	2
14	59	5	6	4
15	64	1	2	6
16	68	2	10	8
17	72	4	6	1
18	77	0	3	0
19	81	1	11	2
20	85	3	7	4
21	89	5	3	6
22	94	0	11	8
23	98	2	7	10
24	102	4	4	0
25	107	0	0	2
26	111	1	8	4

sur Pieds de Longueur	Produit. Pieces.	Pieds.	Pouces.	Lignes.
27	115	3	4	6
28	119	5	0	8
29	124	0	8	10
30	128	2	5	0
31	132	4	1	2
32	136	5	9	4
33	141	1	5	6
34	145	3	1	8
35	149	4	9	10
36	154	0	6	0
37	158	2	2	2
38	162	3	10	4
39	166	5	6	6
40	171	1	2	8
41	175	2	10	10
42	179	4	7	0
43	184	0	3	2
44	188	1	11	4
45	192	3	7	6
46	196	5	3	8
47	201	0	11	10
48	205	2	8	0
49	209	4	4	2
50	214	0	0	4
51	218	1	8	6
52	222	3	4	8

sur Pieds de Longueur	Produit. Pieces.	Pieds.	Pouces.	Lignes.
53	226	5	0	10
54	231	0	9	0
55	235	2	5	2
56	239	4	1	4
57	243	5	9	6
58	248	1	5	8
59	252	3	1	10
60	256	4	10	0
61	161	0	6	2
62	265	2	2	4
63	269	3	10	6
64	273	5	6	8
65	278	1	2	10
66	282	2	11	0
67	286	4	7	2
69	291	0	3	4
68	295	1	11	6
70	299	3	7	8
71	303	5	3	10
72	308	1	0	0
$\frac{1}{4}$	1	0	5	$0\frac{1}{2}$
$\frac{1}{2}$	2	0	10	1
$\frac{3}{4}$	3	1	3	$1\frac{1}{2}$

Grosseur de 43 & 44 pouces.

sur Pieds de Longueur.	Produit. Pieces.	Pieds.	Pouces.	Lignes.	sur Pieds de Longueur.	Produit. Pieces.	Pieds.	Pouces.	Lignes.	sur Pieds de Longueur.	Produit. Pieces.	Pieds.	Pouces.	Lignes.
1	4.	2.	3.	4	27	118.	1.	6.	0	53	232.	0.	8.	8
2	8.	4.	6.	8	28	122.	3.	9.	4	54	236.	3.	0.	0
3	13.	0.	10.	0	29	127.	0.	0.	8	55	240.	5.	3.	4
4	17.	3.	1.	4	30	131.	2.	4.	0	56	245.	1.	6.	8
5	21.	5.	4.	8	31	135.	4.	7.	4	57	249.	3.	10.	0
6	26.	1.	8.	0	32	140.	0.	10.	8	58	254.	0.	1.	4
7	30.	3.	11.	4	33	144.	3.	2.	0	59	258.	2.	4.	8
8	35.	0.	2.	8	34	148.	5.	5.	4	60	262.	4.	8.	0
9	39.	2.	6.	0	35	153.	1.	8.	8	61	267.	0.	11.	4
10	43.	4.	9.	4	36	157.	4.	0.	0	62	271.	3.	2.	8
11	48.	1.	0.	8	37	162.	0.	3.	4	63	275.	5.	6.	0
12	52.	3.	4.	0	38	166.	2.	6.	8	64	270.	1.	9.	4
13	56.	5.	7.	4	39	170.	4.	10.	0	65	284.	4.	0.	8
14	61.	1.	10.	8	40	175.	1.	1.	4	66	289.	0.	4.	0
15	65.	4.	2.	0	41	179.	3.	4.	8	67	293.	2.	7.	4
16	70.	0.	5.	4	42	183.	5.	8.	0	68	297.	4.	10.	8
17	74.	2.	8.	8	43	188.	1.	11.	4	69	302.	1.	2.	0
18	78.	5.	0.	0	44	192.	4.	2.	8	70	306.	3.	6.	4
19	83.	1.	3.	4	45	197.	0.	6.	0	71	310.	5.	8.	8
20	87.	3.	6.	8	46	201.	2.	9.	4	72	315.	2.	0.	0
21	91.	5.	10.	0	47	205.	5.	0.	8					
22	96.	2.	1.	4	48	210.	1.	4.	0					
23	100.	4.	4.	8	49	214.	3.	7.	4	1/4		1.	0.	6. 10
24	105.	0.	8.	0	50	218.	5.	10.	8	1/2		2.	1.	1. 8
25	109.	2.	11.	4	51	223.	2.	2.	0	3/4		3.	1.	8. 6
26	113.	5.	2.	8	52	227.	4.	5.	4					

Grosseur de 43 & 45 pouces.

sur Pieds de Longueur.	Pieces.	Pieds.	Pouces.	Lignes.	sur Pieds de Longueur.	Pieces.	Pieds.	Pouces.	Lignes.	sur Pieds de Longueur.	Pieces.	Pieds.	Pouces.	Lignes.
1	4	2	10	6	27	120	5	7	6	53	237	2	4	6
2	8	5	9	0	28	125	2	6	0	54	241	5	3	0
3	13	2	7	6	29	129	5	4	6	55	246	2	1	6
4	17	5	6	0	30	134	2	3	0	56	250	5	0	0
5	22	2	4	6	31	138	5	1	6	57	255	1	10	6
6	26	5	3	0	32	143	2	0	0	58	259	4	9	0
7	31	2	1	6	33	147	4	10	6	59	264	1	7	6
8	35	5	0	0	34	152	1	9	0	60	268	4	6	0
9	40	1	10	6	35	156	4	7	6	61	273	1	4	6
10	44	4	9	0	36	161	1	6	0	62	277	4	3	0
11	49	1	7	6	37	165	4	4	6	63	282	1	1	6
12	53	4	6	0	38	170	1	3	0	64	286	4	0	0
13	58	1	4	6	39	174	4	1	6	65	291	0	10	6
14	62	4	3	0	40	179	1	0	0	66	295	3	9	0
15	67	1	1	6	41	183	3	10	6	67	300	0	7	6
16	71	4	0	0	42	188	0	9	0	68	304	3	6	0
17	76	0	10	6	43	192	3	7	6	69	309	0	4	6
18	80	3	9	0	44	197	0	6	0	70	313	3	3	0
19	85	0	7	6	45	201	3	4	6	71	318	0	1	6
20	89	3	6	0	46	206	0	3	0	72	322	3	0	0
21	94	0	4	6	47	210	3	1	6					
22	98	3	3	0	48	215	0	0	0					
23	103	0	1	6	49	219	2	10	6	$\frac{1}{4}$	1	0	8	$7\frac{1}{2}$
24	107	3	0	0	50	223	5	9	0	$\frac{1}{2}$	2	1	5	3
25	111	5	10	6	51	228	2	7	6	$\frac{3}{4}$	3	2	1	$10\frac{1}{2}$
26	116	2	9	0	52	232	5	6	0					

Grosseur de 44 pouces.

sur Pieds de Longueur	Pieces.	Pieds.	Pouces.	Lignes.
1	4	2	10	8
2	8	5	9	4
3	13	2	8	0
4	17	5	6	8
5	22	2	5	4
6	26	5	4	0
7	31	2	2	8
8	35	5	1	4
9	40	2	0	0
10	44	4	10	8
11	49	1	9	4
12	53	4	8	0
13	58	1	6	8
14	62	4	5	4
15	67	1	4	0
16	71	4	2	8
17	76	1	1	4
18	80	4	0	0
19	85	0	10	8
20	89	3	9	4
21	94	0	8	0
22	98	3	6	8
23	103	0	5	4
24	107	3	4	0
25	112	0	2	8
26	116	3	1	4

sur Pieds de Longueur	Pieces.	Pieds.	Pouces.	Lignes.
27	121	0	0	0
28	125	2	10	8
29	129	5	9	4
30	134	2	8	0
31	138	5	6	8
32	143	2	5	4
33	147	5	4	0
34	152	2	2	8
35	156	5	1	4
36	161	2	0	0
37	165	4	10	8
38	170	1	9	4
39	174	4	8	0
40	179	1	6	8
41	183	4	5	4
42	188	1	4	0
43	192	4	2	8
44	197	1	1	4
45	201	4	0	0
46	206	0	10	8
47	210	3	9	4
48	215	0	8	0
49	219	3	6	8
50	224	0	5	4
51	228	3	4	0
52	233	0	2	8

sur Pieds de Longueur	Pieces.	Pieds.	Pouces.	Lignes.
53	237	3	1	4
54	242	0	0	0
55	246	2	10	8
56	250	5	9	4
57	255	2	8	0
58	259	5	6	8
59	264	2	5	4
60	268	5	4	0
61	273	2	2	8
62	277	5	1	4
63	282	2	0	0
64	286	4	10	8
65	291	1	9	4
66	295	4	8	0
67	300	1	6	8
68	304	4	5	4
69	309	1	4	0
70	313	4	2	8
71	318	1	1	4
72	322	4	0	0
1/4		1	0	8	8
1/2		2	1	5	4
3/4		3	2	2	0

Grosseur de 44 & 45 pouces.

sur Pieds de Longueur.	Pieces.	Pieds.	Pouces.	Lignes.
1	4	3	6	0
2	9	1	0	0
3	13	4	6	0
4	18	2	0	0
5	22	5	6	0
6	27	3	0	0
7	33	0	6	0
8	36	4	0	0
9	41	1	6	0
10	45	5	0	0
11	50	2	6	0
12	55	0	0	0
13	59	3	6	0
14	64	1	0	0
15	68	4	6	0
16	73	2	0	0
17	77	5	6	0
18	82	3	0	0
19	87	0	6	0
20	94	5	0	0
21	96	1	6	0
22	100	5	0	0
23	105	2	6	0
24	110	0	0	0
25	114	3	6	0
26	119	1	0	0

sur Pieds de Longueur.	Pieces.	Pieds.	Pouces.	Lignes.
27	123	4	6	0
28	128	2	0	0
29	133	5	6	0
30	137	3	0	0
31	142	0	6	0
32	146	4	0	0
33	151	1	6	0
34	155	5	0	0
35	160	2	6	0
36	165	0	0	0
37	169	3	6	0
38	174	1	0	0
39	178	4	6	0
40	183	2	0	0
41	187	5	6	0
42	192	3	0	0
43	197	0	6	0
44	201	4	0	0
45	206	1	6	0
46	210	5	0	0
47	215	2	6	0
48	220	0	0	0
49	224	3	6	0
50	229	1	0	0
51	233	4	6	0
52	238	2	0	0

sur Pieds de Longueur.	Pieces.	Pieds.	Pouces.	Lignes.
53	243	5	6	0
54	247	3	0	0
55	252	0	6	0
56	256	4	0	0
57	261	1	6	0
58	265	5	0	0
59	270	2	6	0
60	275	0	0	0
61	279	3	6	0
62	284	1	0	0
63	288	4	6	0
64	293	2	0	0
65	297	5	6	0
66	302	3	0	0
67	307	0	6	0
68	311	4	0	0
69	316	1	6	0
70	320	5	0	0
71	325	2	6	0
72	330	0	0	0
1/4	1	0	10	6
1/2	2	1	9	0
3/4	3	2	7	6

Grosseur de 45 pouces.

sur Pieds de Longueur.	Produit. Pieces.	Pieds.	Pouces.	Lignes.
1	4.4.	1.	6	
2	9.2.	3.	0	
3	14.0.	4.	6	
4	18.4.	6.	0	
5	23.2.	7.	6	
6	28.0.	9.	0	
7	32.4.10.	6		
8	37.3.	0.	0	
9	42.1.	1.	6	
10	46.5.	3.	0	
11	51.3.	4.	6	
12	56.1.	6.	0	
13	60.5.	7.	6	
14	65.3.	9.	0	
15	70.1.10.	6		
16	75.0.	0.	0	
17	79.4.	1.	6	
18	84.2.	3.	0	
19	89.0.	4.	6	
20	93.4.	6.	0	
21	98.2.	7.	6	
22	103.0.	9.	0	
23	107.4.10.	6		
24	112.3.	0.	0	
25	117.1.	1.	6	
26	121.5.	3.	0	

sur Pieds de Longueur.	Produit. Pieces.	Pieds.	Pouces.	Lignes.
27	126.3.	4.	6	
28	131.1.	6.	0	
29	135.5.	7.	6	
30	140.3.	9.	0	
31	145.1.10.	6		
32	150.0.	0.	0	
33	154.4.	1.	6	
34	159.2.	3.	0	
35	164.0.	4.	6	
36	168.4.	6.	0	
37	173.2.	7.	6	
38	178.0.	9.	0	
39	182.4.10.	6		
40	187.3.	0.	0	
41	192.1.	1.	6	
42	196.5.	3.	0	
43	201.3.	4.	6	
44	206.1.	6.	0	
45	210.5.	7.	6	
46	215.3.	9.	0	
47	220.1.10.	6		
48	225.0.	0.	0	
49	229.4.	1.	6	
50	234.2.	3.	0	
51	239.0.	4.	6	
52	243.4.	6.	0	

sur Pieds de Longueur.	Produit. Pieces.	Pieds.	Pouces.	Lignes.
53	248.2.	7.	6	
54	253.0.	9.	0	
55	257.4.10.	6		
56	262.3.	0.	0	
57	267.1.	1.	6	
58	271.5.	3.	0	
59	276.3.	4.	6	
60	281.1.	6.	0	
61	285.5.	7.	6	
62	290.3.	9.	0	
63	295.1.10.	6		
64	300.0.	0.	0	
65	304.4.	1.	6	
66	309.2.	3.	0	
67	314.0.	4.	6	
68	318.4.	6.	0	
69	323.2.	7.	6	
70	328.0.	9.	0	
71	332.4.10.	6		
72	337.3.	0.	0	
$\frac{1}{4}$	1.1.0.	$4\frac{1}{2}$		
$\frac{1}{2}$	2.2.0.	9		
$\frac{3}{4}$	3.3.1.	$1\frac{1}{2}$		

Approbation du Cenſeur Royal.

J'Ai lû par ordre de Monſeigneur le Chancelier un Ma-
nuſcrit intitulé : *Traité de la Charpenterie, & des bois de
toute eſpece*, & je n'y ai rien trouvé qui puiſſe en empêcher
l'impreſſion. A Paris ce 10 Août 1750.

MONTCARVILLE.

PRIVILEGE DU ROY.

LOUIS, par la grace de Dieu, Roi de France & de
Navarre ; à nos Amés & Féaux Conſeillers, les Gens
tenàns nos Cours de Parlement, Maîtres des Requêtes ordi-
naires de notre Hôtel ; Grand Conſeil, Prevôt de Paris,
Baillif, Sénéchaux, leurs Lieutenans Civils, & autres nos
Juſticiers qu'il apartiendra ; SALUT. Notre bien amé Char-
les-Antoine Jombert, Libraire à Paris, & ordinaire pour
notre Artillerie & pour le Génie, Nous a fait expoſer qu'il
deſireroit faire imprimer & donner au Public, *un Nouveau
Tarif pour le Toiſé de la Maçonnerie & des bois de Charpente,
par le Sieur Meſange; & l'Application de la Geométrie aux
nouveaux Calculs, par le Sieur Robillard le fils*, s'il nous
plaiſoit lui accorder nos Lettres de Privilege pour ce néceſ-
ſaires. A CES CAUSES, voulant favorablement traiter l'Expoſant, Nous lui avons permis & permettons, par ces Préſentes, de faire imprimer leſdits Ouvrages en un ou pluſieurs
volumes, & autant de fois que bon lui ſemblera, & de les
vendre, faire vendre & débiter par tout notre Royaume,
pendant le tems de *douze* années conſécutives, à compter
du jour de la date deſdites Préſentes. Faiſons défenſes à
tous Libraires, Imprimeurs, & autres perſonnes, de quelque
qualité & condition qu'elles ſoient, d'en introduire d'impreſſion étrangere dans aucun lieu de notre obéiſſance : d'imprimer, faire imprimer, vendre, faire vendre, ni contrefaire leſdits Ouvrages, ni d'en faire aucuns Extraits, ſous quelque
prétexte que ce ſoit, d'augmentation, correction, change-
ment ou autres, ſans la permiſſion expreſſe & par écrit dudit Expoſant, ou de ceux qui auront droit de lui, à peine de

confiscation des Exemplaires contrefaits , & de trois mille
livres d'amende , contre chacun des contrevenans , dont un
tiers à Nous , un tiers à l'Hôtel-Dieu de Paris , l'autre tiers
audit Exposant , & de tous dépens , dommages & intérêts :
A la charge que ces Présentes seront enregistrées tout au
long sur le Registre de la Communauté des Libraires & Imprimeurs de Paris , dans trois mois de la date d'icelles , que
l'impression desdits Ouvrages sera faite dans notre Royaume & non ailleurs , en bon papier & beaux caracteres ,
conformément à la feuille imprimée & attachée pour modele
sous le contre-scel desdites Présentes ; que l'Impétrant se
conformera en tout aux Réglemens de la Librairie , & no-
tamment à celui du 10 Avril 1725 , qu'avant que de les ex-
poser en vente , le Manuscrit , ou Imprimé qui aura servi de
copie à l'impression desdits Livries seront remis dans le même
état où l'Approbation y aura été donnée , ès mains de notre
très-cher & Féal Chevalier le Sieur Daguesseau , Chancelier de France , Commandeur de nos ordres , & qu'il en
sera ensuite remis deux exemplaires dans notre Bibliotheque
Publique , un dans celle de notre Château du Louvre & un
dans celle de notredit très-cher & Féal Chevalier le Sieur
Daguesseau Chancelier de France ; le tout à peine de nul-
lité des Présentes ; du contenu desquelles vous mandons
& enjoignons de faire jouir ledit Exposant , & ses ayans cause , pleinement & paisiblement , sans souffrir qu'il leur soit
fait aucun trouble ou empêchement : Voulons que la copie
desdites Présentes , qui sera imprimée tout au long au com-
mencement ou à la fin desdits Ouvrages soit tenue pour due-
ment signifiée , & qu'aux copies collationnées par l'un de
nos Amés & Féaux Conseillers & Secretaires , foi soit ajoû-
tée comme à l'original : Commandons au premier notre Huis-
sier ou Sergent sur ce requis , de faire pour l'exécution d'i-
celles tous Actes requis & necessaires sans demander autre
permission , nonobstant clameur de Haro , Charte Norman-
de & Lettres à ce contraires : Car tel est notre plaisir. Donné
à Paris le 20 jour de Juillet , l'an de grace 1742 , & de notre Regne le 25. Par le Roy en son Conseil.

S A I N S O N.

*Regiſtré ſur le Regiſtre XI. de la Chambre Royale des Li-
braires & Imprimeurs de Paris , No. 76. fol. 64. conformément
aux anciens Réglemens, confirmés par celui du 28 Fevrier 1723.
A Paris ce 6 Septembre 1742.*

S A U G R A I N , Sindic.

ERRATA
Pour cette seconde Partie.

Cet Ouvrage étant difficile pour l'impression, il n'a pas été possible d'empêcher qu'il n'y ait fautes. C'est pourquoi le Lecteur est prié de corriger exactement celles qui sont ci-marquées, pour qu'il puisse se servir du Tarif en toute sûreté.

Page.	Colonne.	Longueur.	Au lieu de	Posez.
12	1	26	8 piés,	2
20	3	53	15 pouces,	5
22	1	19	2 pieces,	1
32	1	1	12 pouces,	1
33	3	66	0 pieces,	2
37	2	32	1 piece,	2
43	3	72	9 piés,	3
45	1	16	6 pieces,	1
47	3	67	3 pouces,	0
49	3	$\frac{1}{4}$	9 lignes,	$7\frac{1}{2}$
Ibid.	Idem.	$\frac{3}{4}$	8 pouc. 0,	7 $10\frac{1}{2}$
51	3	59	2 pieces,	9
56	3	à la fin,	ôtez les deux $\frac{1}{2}$	
59	3	72	1 piece,	2
65	3	67	1 ligne,	8
78	3	69	4 pouces,	2
85	1	19	2 piés,	1
88	1	17	4 pouces,	3
91	3	56	3 piés,	2
96	3	$\frac{3}{4}$	1 pied,	0
103	3	65	8 pouces,	3
121	2	46	0 pieces,	9
122	1	47	9 piés,	2
135	2	45	0 pouces,	9
Ibid.	Idem	47	9 pouces,	7

Page.	Colonne.	Longueur.	Au lieu de	Posez.
408	3	64	15 pieces,	95
Ibid.	Idem	71	10505,	105..5
413	1	12	15 pieces,	16
Ibid.	Idem	13	16 pieces,	17
414	3	$\frac{1}{4}$	2 pouces,	1
Ibid.	Idem	$\frac{1}{2}\frac{3}{4}$	1 pouce,	2
428	3		2½ lignes,	7½
429	2	38	67 pieces,	65
440	3	68	3 piés,	4
441	1	16	5 pouces,	1
442	1	13	1 pouce,	2
459	3	71	0 pouce,	1
Ibid.	Idem	72	1 pouce,	0
472	2	52	100 pieces,	101
473	2	33	6 lignes,	0
477	2	48	119 pieces,	109
485	3	$\frac{1}{4}$	1 pouc. 6 lign.	2..9
Ibid.	Idem	$\frac{1}{2}$	3 pouc. 0 lign.	5..6
Ibid.	Idem	$\frac{3}{4}$	4 pouc. 6 lign.	8..3
493	2	33	4 lignes,	0
496	1	16	9 pouces,	5
499	3	69	0 pouces,	9
Ibid.	Idem	$\frac{1}{4}$	3½ lignes,	2½
500	3	$\frac{1}{2}$	0 pouce,	9
502	1	16	2 piés,	3
503	2	39	1 pouce,	10
504	3	$\frac{1}{4}$	4 pouces,	3
510	3	66	5 pouces,	4
516	1	26	68 pieces,	69
519	3	$\frac{3}{4}$	0 pouce,	1
534	1	3	9 pieces,	6
Ibid.	3	60	104 pieces,	194
535	2	37	3 piés, 5 pouc.	0..0
540	3	63	192 pieces,	199
542	3	71	227 pieces,	237
555	1	25	07 pieces,	97
556	3	$\frac{3}{4}$	11 pouc. 3 lig.	11..9

F I N.

9 782329 499314